최신 온도센서 기술동향

접촉식, 비접촉식 온도센서의 동작 원리 및 응용

정용택 지음

홍릉과학출판사

머릿말

센서 기술은 최근 반도체 기술의 결합으로 소형화, 저전력화, 디지털화가 되면서 응용분야는 급속히 확대되고 있다. 스마트폰과 자동차에 각종 센서가 장착되어 운영되고 있으며, 공장 자동화 분야에서도 수많은 센서들이 계측 및 제어분야에서 활용되고 있다. 에너지 관련한 스마트그리드 분야에서도 공조 및 전등 제어 시스템에 센서들이 활용되고 있다. 그리고 기지국에 설치된 일기 예보용 시스템에도 온도, 습도, 풍향, 압력계 등의 센서들이 장착되어 운용되고 있다. 또한 차세대 미래 성장 동력으로 꼽히고 있는 사물인터넷(IoT, Internet of Thing) 분야가 최근 큰 관심을 받고 있는데, IoT의 핵심기술은 바로 센서를 통해 수집된 데이터를 인터넷 상에서 제어하는 기술이다. IoT 기술은 약 10여년 전에 "언제, 어디서나, 존재한다"라는 뜻의 라틴어인 유비쿼터스(ubiquitous) 기술과 일맥상통한 기술로, 유비쿼터스와 IoT의 공통 기반 기술은 바로 센서 기술이다. 현재 IoT 기술이 가장 많이 활용될 것으로 예상되는 분야 중의 하나가 스마트홈과 헬스케어 분야이며, 센서를 이용한 가전기기 제어, 가스밸브 차단, 원격검침, 침입감지, 걸음수, 이동거리 계산, 칼로리 소모량 분석, 수면상태, 심박수 등을 원격 관리하는 분야로 확대될 것으로 예상하고 있다.

센서의 활용범위가 워낙 넓기 때문에 센서에 대한 전체적인 시장 규모는 정확히 파악하기 어렵다. 다만 정부 기관에서 발표된 자료인 2013년 한국 산업자동화 시장보고서에 의하면, 산업자동화 분야에서 센서의 시장규모는 산업용 로봇 다음으로 큰 것으로 추정되며, 시장규모는 약 1.1조원 정도이며, 연평균 성장률도 다른 분야에 비해 평균 이상의 신장세를 나타내고 있다(표 참고). 또한 산업부에서 발표한 자료에 의하면, 2012년 전 세계 센서 시장 규모는 약 796억 달러(약 80조원)에서 2020년 1,417억 달러(약 150조원) 규모로 연평균 9.4% 정도 성장할 것으로 예상하고 있으며, 이중 국내 시장은 같은 기간 54억 달러

(약 5.5조원)에서 99억 달러(약 10조원)로 연평균 10.4%의 성장을 예상하고 있다. 이렇게 급성장이 예상되는 이유는 IoT 기술의 확산에 대한 기대가 예상되기 때문이다(출처 : 산업통산자원부, "2014년 스마트센서 심포지움", 2014년 3월 4일, 코엑스).

표. 주요 품목별 산업자동화 시장 예상 규모

(출처 : 2013 한국 산업자동화시장 전망보고서, FA 저널)

구분	2011년		2012년		2013년	
	시장규모 (억 원)	전년 대비 성장률(%)	시장규모 (억 원)	전년 대비 성장률(%)	시장규모 (억 원)	전년 대비 성장률(%)
머신비전	5,192	11.7	6,154	18.5	6,234	1.3
산업용 PC	967	4.9	1,028	6.3	1,078	4.9
PLC	2,392	2.3	2,425	1.4	2,563	5.7
HM	1,596	14.4	1,631	2.2	1,764	8.2
센서	10,544	9.8	11,134	5.6	11,523	3.5
산업용 로봇	16,275	13.6	17,642	8.4	16,230	-8.0
PLM	6,179	22	6,722	8.8	7,199	7.1
서보시스템	2,259	-6.5	2,320	2.7	2,387	2.9

해외의 시장분석 보고서인 Markets and markets사에서 "온도센서 시장, 주요 센서 및 어플리케이션 전망 및 분석(2011-2016)"이라는 보고서를 발표했는데, 이 보고서에 따르면 2010년 온도센서의 시장 규모는 32억 7,000만 달러(약 3.3조원)였지만, 2016년까지 45억 1,000만 달러(약 4.6조원)에 달할 것으로 전망하고 있으며, 이는 매년 5.6퍼센트의 CAGR (Compound Annual Growth Rate, 연평균성장률)로 성장하는 것으로 보고하였다. 그리고 온도 센서 출하량은 2010년 20억 2,000만대였으며, 약 10%의 CAGR로 2016년에는 35억 4,000대에 근접할 것으로 전망하였다. 온도 센서는 다양한 산업 분야에서 중요한 위치를 차지하고 있으며, 주로 디지털 기술과 함께 성장하고 있다. 온도 센서의 주요 응용 분야는 석유화학 산업, 자동차 산업, 가전 산업, 금속 산업, 음식/음료 산업 및 헬스케어 산업에 이르기까지 매우 다양하다. 이 중에서 가장 큰 응용 분야는 공정제어와 석유화학 분야이다. 두 번째로 큰 분야는 가전 분야이며, 자동차 산업 분야도 승객의 편안함과 엔진 효율성 및 성능 향상을 위해 온도 센서가 많이 응용되고 있다. 그리고 저전력, 소형화, 대량

생산 등과 같은 기회를 제공하는 마이크로 기술과 나노 기술의 개발로 신뢰성 높은 성능 및 저렴한 가격의 센서에 대한 요구가 늘어나고 있다. 최근 적외선 온도센서는 접점없이 끊임없는 온도 측정을 가능하게 해 주는 장점으로 인해, 음식 및 음료 산업과 화학 분야에서 많이 활용되고 있다.

한 가지 아쉬운 점은 이렇게 센서 시장이 확대되고 있지만, 국내에서 한국 기업이 차지하는 점유율은 23% 정도에 불과할 정도로 미약하다. 그 중에서 스마트폰에 장착되는 이미지 센서의 국내 자급률은 약 50% 정도로 비교적 높은 편이나, 기타 센서는 대부분 수입에 의존하고 있어 국내 점유율은 5% 미만이다. 그 이유 중의 하나는 국내 기업 및 학교에서 센서에 대한 관심이 부족한 것이 가장 크며, 센서 기술에 대한 전공자도 부족하고 정부의 투자도 부족한 것이 현실이다. 스마트폰용 이미지 센서처럼 국내에서도 투자와 관심을 가진다면 기타 물리적인 센서의 국내 점유율도 대폭 향상되어 이를 바탕으로 세계시장으로 진출할 수 있을 것으로 기대한다.

본 책은 기본적인 물리량인 온도를 측정할 수 있는 온도센서에 대해 센서종류 및 동작원리, 그리고 이들의 활용분야에 대해 정리를 해 보았다. 저자는 그간 "물리보안용 센서의 원리와 응용", "적외선 센서의 원리와 응용", "센서물리학 개론", "최신 적외선 센서 기술동향" 등 센서에 관한 책을 출판하였으며, 금번에 이전의 책에서 수록되었던 온도 센서 부분만 별도로 정리한 책으로 다소 부족한 부분이 있을 것으로 생각된다. 본 책은 온도센서의 기본적인 원리 및 활용분야에 대해 체계적으로 정리를 하였으며, 대학교 및 산업현장에서 온도 관련 업무를 수행하시는 분들에게 도움이 될 것으로 기대한다. 혹시 부족한 부분이 있으면 지도편달을 부탁드리는 바이다. 본 책은 세계적인 온도 전문 회사인 미국 오메가사의 기술 자료를 많이 인용하였는데, 기술자료를 인용하는데 흔쾌히 승낙하시고 제공해 주신 오메가코리아 관계자 분께 감사를 표한다.

2015년 1월

저자 정 용 택

이메일 : jyt0108@naver.com

차례

Part I 온도 센서 개요 / 1

Part II 접촉식 온도 센서 / 43

Part III 비접촉식 온도 센서 / 197

부록 온도센서에 관련된 데이터 시트 / 367

Part I

온도 센서 개요

1. 온도 측정 개요

CHAPTER 01

온도 측정 개요

1.1 온도센서 개요

온도는 열역학을 기술하는 기본적인 물리량 중의 하나로서, 두 물체 사이에 온도 차이가 있으면 온도가 높은 곳에서 낮은 곳으로 에너지가 이동하는데 이것을 우리는 열이라고 한다. 겨울철 전기히터 또는 모닥불을 피워 놓으면 그 부분의 온도가 주위보다 높아지고 점차 주변부로 열이 전달되어 우리는 따듯함을 느끼는 것이다. 따라서 온도는 물체의 물리량을 의미하며, 온도를 느끼는 것을 열이란 형태로 인식을 하게 된다. 열(heat)에 대해 위키백과에서 찾아보면 '열은 따뜻한 정도가 서로 다른 두 물체가 접촉했을 때 높은 온도의 물체에서 낮은 온도의 물체로 이동하는 에너지'로 정의한다. 물리학에서는 열과 에너지의 개념을 분명하게 구분하며, 열은 에너지의 이동형태로 정의한다. 열은 일상생활에서 흔히 "온도가 높음"이라는 뜻으로 많이 쓰이며, 열전도, 열대류, 열복사의 방법으로 이동한다. 요약해서 말하면 열이란 두 물체 사이의 온도 차이 때문에 이동하고 그 과정에 있는 에너지이며, 열이 전달된 후에는 에너지로 저장된다. 그러므로 온도는 물질의 뜨겁고 찬 정도를 나타내는 물리량으로 뜨거운 물질은 높은 온도를 가지고 있다는 것과 동의어이다.

온도측정은 오늘날 산업 사회에서 매우 다양한 분야에서 사용되고 있으며, 온도는 대부분의 공학도들에게는 매우 중요한 변수로 다뤄지고 있다. 제어 분야에서 온도는 측정 및 제어의 목적으로 주로 사용되고 있다. 온도계의 영어식 표현은 thermometer이다. 여기서 thermo는 "따뜻함"이라는 의미의 그리스어 표현이고, meter는 측정한다는 뜻이 결합된 용어이다. 초창기 온도계는 공기와 액체의 부피팽창 원리를 응용한 유리온도계로 온도를 측정하거나 또는 온도 변화를 측정하는 기구로 발전하였다. 온도계에는 두 가지 중요한 요소가 있는데, 하나는 온도를 감지하는 부분인 구부(수은온도계의 동그란 부분인 bulb)이며, 이는 온도에 따른 액체 또는 기체의 물리적 변화가 생기는 부분이다. 또 다른 하나는 이러한 물리적 변화를 수치화해서 눈금을 매기는 방법이다. 각각의 온도계는 뜨거운 정도를 측정할 수 있지만, 두 종류의 온도계에서 읽은 온도를 같은 눈금으로 정하는 데에는 약 100년 이상의 많은 세월이 걸렸다. 가장 최근 국제적으로 인증된 온도계의 눈금은 0.65K(−272.5℃)~1,358K(1,085℃)의 온도 범위에 대해 1990년 국제 온도학회에서 정해졌다.

1.2 유리온도계의 개발역사

오늘날 다양한 범위의 온도를 측정하기 위해서는 측정대상, 정밀도, 제어 또는 모니터링 등의 목적에 따라 다양한 형태의 프로브(probe)가 사용되고 있다. 일반적으로 온도는 접촉식 및 비접촉식 방법으로 측정한다. 이 중에서 유리온도계는 가장 오래된 측정기구이다. 어떤 물체의 온도를 측정하고 정량화하기 위한 시도는 AD 150여년 전으로 거슬러 올라갈 수 있다. 고대 비잔티움의 철학자와 알렉산드리아의 학자들은 물과 공기로 채워진 폐튜브 내에서 공기의 확장과 축소에 따라 물/공기 경계면이 이동한다는 사실을 알고 있었다. 후대에 이런 원리를 이용해서 공기의 확장과 축소에 의한 수년의 위치로부터 튜브 내에 있는 공기의 뜨거움과 차가움을 판단하는데 사용하였다. 이로부터 약 1,500년이 지난 16세기와 17세기의 유럽 과학자들에 의해 온도 계측에 대해 활발한 연구가 시작되었다. 최초의 온도측정 시도는 1558년과 1589년에 "Natural Magic"에 발표된 공기를 이용한 온도표시기였으며, 초창기 유리온도계는 주로 이탈리아에서 만들어지기 시작하였는데, 그 당시 이탈리아의 유리 가공 기술이 가장 뛰어났기 때문이다. 이때부터 1841년까지 약 18가지의 온도 측정방법이 발표되었다. 오늘날 시장에서 매우 다양한 종류의 유리온도계를 쉽게 볼 수 있으며, 유리로 된 온도계는 사용이 편리하고 가격이 저렴하며 높은 정밀도로 온도 측정용에 가장 많이 사용되고 있다. 유체의 특성, 특히 수은의 특성은 잘 알려져 있다. 유일한 단점은 유리관의 크기를 얼마나 정밀하게 가공하느냐에 따라 측정 온도의 정밀도와 분해능이 결정되는 점이다. 공기와 액체의 열팽창 원리를 응용하여 다양한 형태의 유리온도계가 개발되었다. 그러나 이러한 유리온도계가 표준으로 자리잡기까지는 매우 긴 세월이 필요했다.

16세기에 개발된 대표적인 온도계는 1592년에 갈릴레오 갈릴레이(Galileo Galilei)에 의해 제안된 온도표시기(thermoscope)이다. 갈릴레오 온도표시기는 이탈리아의 물리학자인 갈릴레오 갈릴레이의 이름을 딴 온도계이다. 이 온도계에는 눈금이 없기 때문에 눈금이 있는 온도계(thermometer)와 구분하기 위해 온도표시기라고 불렀다. 이 온도표시기는 그림 1-1과 같이 투명한 액체가 들어있는 유리관과 온도변화를 측정할 수 있게 해주는 내부에 여러 가지 물체들로 구성되어 있으며, 내부의 물체들은 온도변화에 따른 액체와의 밀도차이로 인한 부력으로 뜨거나 가라앉게 되어 있다. 이러한 물체의 이동을 통해 온도를 유추하였다. 갈릴레이는 이 물체들을 쉽게 구분할 수 있도록 각각 다른 색깔의 액체가 들어있는 유리구를 사용하였다. 온도가 변화하면 유리관 내에 있는 액체의 밀도 역시 온도에 따라 변하게 되며, 유리구들은 외부 액체의 밀도와 유리구의 밀도차이에 의해 자유롭게 떠오르거나 가라앉게 된다. 이러한 유리구들의 밀도는 서로 다르며, 밀도가 가장 작은 유리구가 가장 위에, 밀도가 가장 높은 유리구는 밑으로 위치하게 되어 온도를 잴 수 있게 고안하였다. 갈릴레이는 온도를 알아내기 위해 각 유리구에 금속판의 꼬리표를 매달아 두었는데, 금속판에는 서로 다른 온도가 적혀 있었다. 다른 유리구들과 위 아래로 어느 정도 간격을 유지한 채 떠있는 유리구가 현재의 온도가 되며, 이러한 유리구가 없이 완전히 뜨거나 가라앉아 있을 때는 떠있는 유리구와 가라앉은 유리구 사이의 간격이 온도범위를 나타내게 된다. 이와 같이 갈릴레이 온도표시기는 부력의 원리로 동작하였다. 즉, 그림 1-1 (b)에서 좌측의 그림에서 76°F의 유리구가 떠있으므로 이 액체의 온도는 76°F이며, 우측은 72°F와 68°F 사이인 70°F가 된다.

이와 같은 온도표시기에 대한 최초의 명확한 도표는 1617년 비안카니(Giuseppe Biancani)에 의해 발표되었으며, 1638년에 플루드(Robert Fludd)가 온도계에 눈금을 매긴 최초의 온도계(thermometer)를 만들었는데, 이것은 수직의 튜브로 되어 있었다. 그림 1-2와 같이 윗부분에 공기를 많이 모으기 위한 동그란 구부(bulb)가 있으며, 아랫부분은 물속에 잠겨 있는 구조로 되어 있었다. 튜브 내에 있는 수면의 위치는 공기의 팽창과 수축에 의해 오르락내리락 하며 이 위치로부터 온도를 유추하였는데, 이것은 공기의 온도에 따른 수축과 팽창 원리를 이용한 공기온도계(air thermometer)이다. 온도표시기에 눈금을 매긴 최초의 개발자는 플루드가 아니고, 약 1611년에서 1613년 사이의 사그레도(Francesco Sagredo) 또는 산토리우스(Santorio Sanctorius)라고 하는 의견도 있다.

그림 1-1 갈릴레오 온도표시기 외관 및 온도 측정 개념

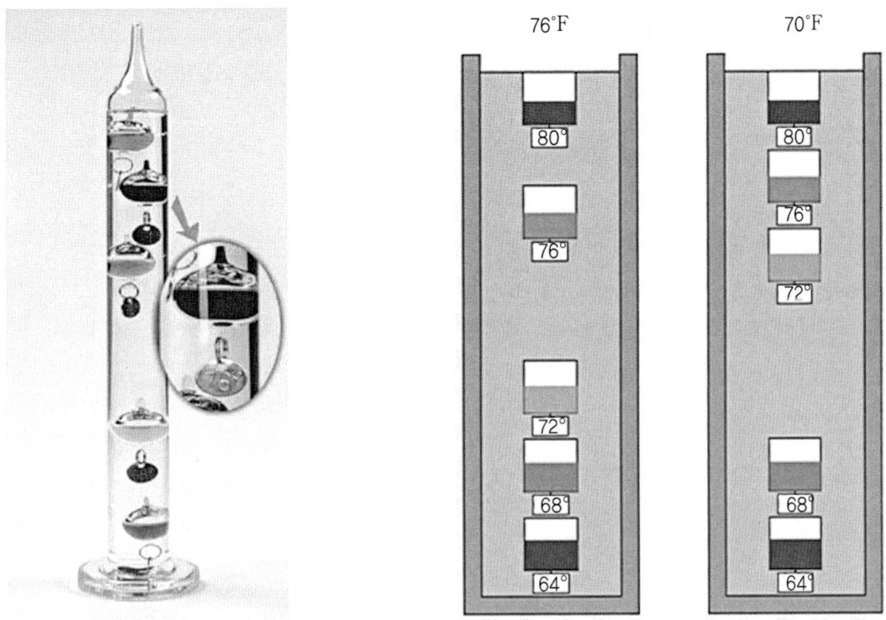

(a) 갈릴레오 온도표시기 외관 (b) 갈릴레오 온도표시기의 온도 측정 개념

온도계(thermometer)라는 용어는 1624년에 프랑스에서 나왔으며, 이 당시에 개발된 대부분의 온도계는 공기의 압력에 영향을 많이 받는 구조로 되어 있어 정확한 온도 측정용 온도계라고 볼 수 없었다. 약 1654년에 페디난도 메디치(Ferdinando II de'Medici)에 의해 현대적인 온도계가 만들어졌는데, 이것은 밀봉된 튜브 내에 알코올이 일부 채워져 있으며, 구부(bulb)와 스템(stem) 구조로 되어 있으며, 공기 압력과는 무관하고 오직 액체의 팽창에 의해서만 온도의 영향을 받도록 설계되었다. 이 이후 많은 과학자들에 의해 매우 다양한 액체를 이용한 온도계가 제작되었다. 그러나 제작된 온도계는 각각 다른 특성을 보여 표준적인 규격이 없었다. 물의 끓는점과 어는점을 표준점으로 하자고 1665년에 호이겐스(Christiaan Huygens)가 제안하였고, 1694년에 레날디니(Carlo Renaldini)는 이 표준점들을 국제표준으로 사용하자고 제안하였으며, 1701년에 뉴턴(Isaac Newton)은 얼음의 녹는 점과 인체온도 사이를 12등분하는 눈금을 제안하였다.

1708년과 1724년에 독일의 물리학자인 파렌하이트(Daniel Gabriel Fahrenheit)는 뢰머(Romer)가 만든 온도 눈금을 이용해서 온도계를 만들기 시작했으며, 오늘날 우리가 사용

그림 1-2 Fludd 온도계

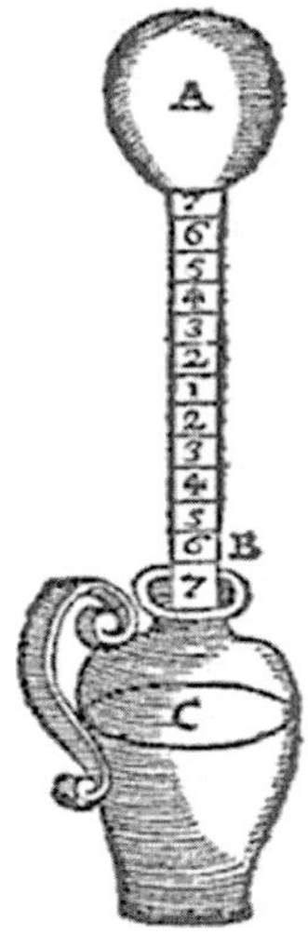

하고 있는 화씨온도의 눈금 체계로 표준화하였다. 파렌하이트는 유리관 벌브 내에 당시에 널리 사용하고 있었던 정령(알코올) 대신에 수은으로 바꿔 온도계의 성능을 업그레이드했다. 수은의 열팽창은 온도에 대해 거의 선형적으로 변하는 특성이 있었다. 그의 온도교정 기술은 한동안 비밀로 되어 있었으나, 바다소금, 얼음, 물의 혼합물들의 녹는점과 건강한 사람의 겨드랑이 온도를 기준점으로 했다는 것으로 알려져 있다. 이 온도계는 매우 높은 재현성을 가지고 있었으며 정확한 눈금을 가리켰다. 이러한 온도눈금 체계는 영국에서도 채용되었는데, 물의 끓는점을 212도로 정하였으며, 이 온도와 얼음 소금물의 녹는 온도 0도를 이용한 두 개의 교정점을 사용하였으며, 이것은 오늘날에도 사용하고 있다. 파렌하이트가 개발한 온도계는 그림 1-3과 같다. 그림 1-3(a)는 파렌하이트가 처음으로 개발한 정령(알코올) 온도계이며, 1-3(b)는 두 번째로 개발한 수은 온도계이며, 1-3(c)는 세 번째로 개발한 수은을 이용한 동물 온도계이다.[1]

1742년에 스웨덴의 천문학자인 셀시우스(Andres Celcius)는 섭씨 눈금 체계를 제안하였는데, 아직 누가 이런 체계를 제안했는지는 분명하지 않다. 물의 끓는점을 (0)으로 하고 얼음의 녹는점을 (100)으로 하여 이 사이를 100등분한 눈금을 제안하였다. 린네우스(Linnaeus)는 눈금의 기준을 얼음 위치를 (0)으로 하고 물의 끓는점을 (100)으로 바꾸었는데, 이것이 1948년에 섭씨온도라는 기준으로 채택이 되었다. 파렌하이트가 액체를 이용한 온

그림 1-3 파렌하이트가 개발한 온도계의 외관

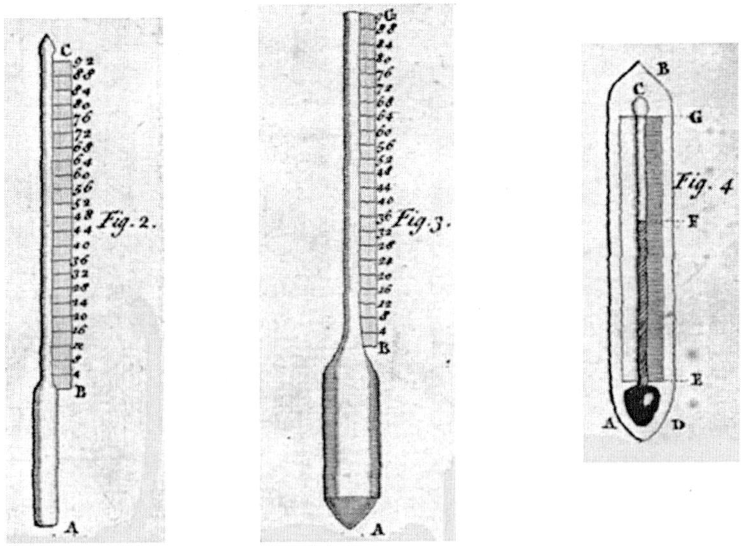

(a) (b) (c)

도계를 실험하고 있을 당시, 1802년에 프랑스의 화학자인 게이뤼삭(Jaspeh L Gay-Lussac)은 가스를 이용한 온도계로 실험을 하고 있었다. 그는 1787년에 Jacques Charles가 수행한 업적을 참고로 하여, 동일한 압력 하에서 공기의 부피는 온도가 1도 변할 때마다 일정한 율인 1/267로 팽창한다는 사실을 발표했다. 이것은 훗날 1874년 르뇨(Victor Regnault)가 1/273으로 수정하였으며, 또한 1/273.15℃에서는 압력이 제로가 된다는 사실을 발표하였다. 이러한 실험결과에 의해 절대온도 개념이 생기게 되었다.

화씨온도, 섭씨온도, 절대온도의 비교는 그림 1-4와 같다. 오늘날 사용하고 있는 온도 단위는 화씨온도(Fahrenheit temperature), 섭씨온도(Celsius temperature), 절대온도(Kelvin temperature) 3가지가 사용되고 있다. 화씨온도는 파렌하이트가 제안한 것으로 주로 미국과 유럽의 실생활에서 많이 사용하고 있으며, 섭씨온도는 셀시우스가 제안한 것으로 지금은 화씨온도 보다 섭씨온도가 전 세계적으로 많이 통용되고 있다. 일상생활에서는 물을 기준으로 한 화씨온도와 섭씨온도를 사용함에 있어 아무런 문제가 없으나 열역학 분야에서는 조금 더 다른 온도 체계가 필요하였다.

물리학의 새로운 온도기준은 1848년 영국의 물리학자인 바론 켈빈(Baron Kelvin)이 분

그림 1-4 화씨온도, 섭씨온도, 절대온도의 비교

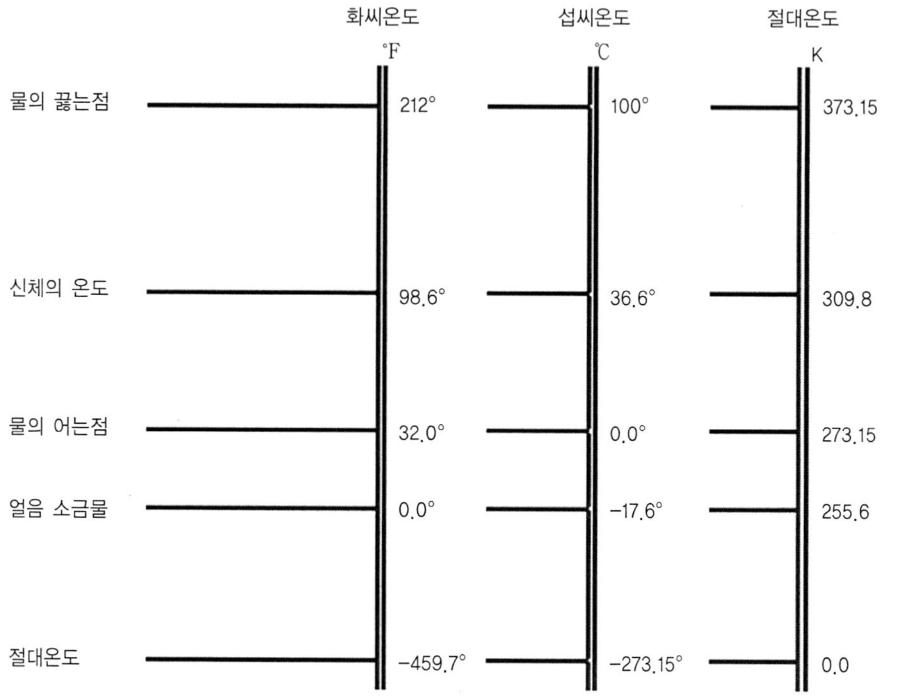

자의 운동에너지가 0이 되는 온도를 0K로 정의한 것으로, 0K의 정의는 이상기체의 부피가 0이 되는 온도이며, 더 이상 냉각될 수 없는 온도이며, 따라서 물질 내의 열에너지가 0인 온도이다. 그리고 온도 눈금은 섭씨온도의 눈금과 동일하게 정의하여, 0K = −273.15℃이며, 물이 어는 온도인 0℃는 273.15K가 된다. 열역학에서 사용하는 온도는 절대온도를 사용하며, 일상생활에서는 섭씨온도 또는 화씨온도를 사용한다. 이 3가지 온도의 변환관계 표 1-1과 같다.

초창기 온도계는 모두 기록할 수 없는 온도계였다. 즉, 온도계를 다른 온도의 환경으로

표 1-1 섭씨온도, 화씨온도, 절대온도 변환관계

	섭씨온도에서	섭씨온도로
화씨온도	[°F] = [℃] × 9/5 + 32	[℃] = ([°F] −32) × 5/9
절대온도	[K] = [℃] + 273.15	[℃] = [K] − 273.15

가져다 놓으면 처음에 읽었던 온도를 가리키지 않았다. 뜨거운 액체를 담고 있는 포터의 온도를 측정하기 위해서 사용자는 눈금을 읽을 때까지 뜨거운 액체 속에 온도계를 두어야만 했다. 이러한 비기록계 온도계를 뜨거운 액체 밖으로 끄집어내게 되면, 온도계가 가리키는 온도는 새로운 환경에 맞는 온도로 변화하기 시작하므로 이전의 온도를 알 수가 없었다. 이전의 온도를 알 수 있게 고안된 것이 기록온도계인데, 이것은 오랜 시간동안 온도 눈금을 유지할 수 있도록 디자인되어 있었으며, 온도계를 밖으로 끄집어내어 일정 시간이 지난 후에도 온도 확인이 가능하였다.

이러한 기록 온도계는 1782년 식스(James Six)에 의해 설계되고 제작되었다. 이때 디자인된 개념은 오늘날에도 "식스 온도계(Six's thermometer)"로 알려져 널리 사용되고 있다. 기구적인 기록온도계는 수은 유리온도계를 아래로 흔들면서 수동으로 리셋하기 전까지는 기록된 최고 또는 최저 온도를 유지할 수 있다. 식스 온도계는 그림 1-5와 같다. 가운데에 알코올 또는 기름으로 가득 채워진 큰 벌브가 U자관에 연결되어 있으며, U자관 내부에는 수은이 채워져 있으며, 끝 부분 위에 있는 벌브에는 진공 또는 알코올로 채워져 있다. 그

그림 1-5 식스 온도계(Six's thermometer)의 개념

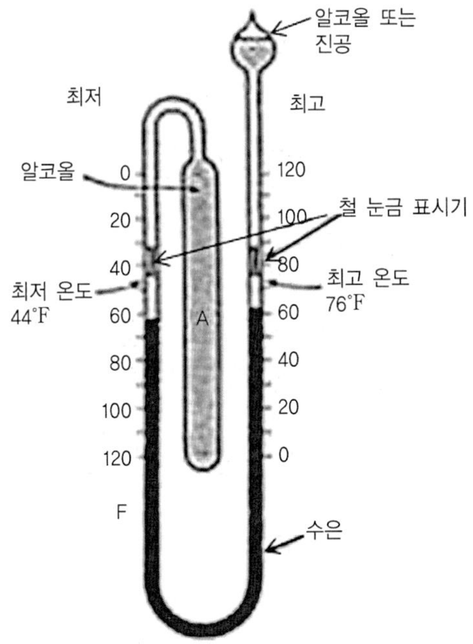

리고 U자관에는 두 종류의 눈금이 매겨져 있으며, 하나는 최대 온도를 기록하기 위함이고, 다른 하나는 최소 온도를 기록하기 위함이다. U자관의 굽어져 있는 부분에는 상온에서 액체인 금속성 물질인 수은이 담겨져 있다. 내부 벌브에 담겨져 있는 알코올은 외부 온도에 의해 열적 수축과 팽창을 하게 되는데, 이때 반대편 벌브의 진공으로 인해 수은과 알코올은 쉽게 움직일 수 있게 된다. 알코올의 위치에서 온도를 측정할 수 있다. 최대 최소 온도는 두 개의 작은 철 눈금표시기로부터 알 수 있는데, 이 표시기는 좁은 유리관 사이를 용수철처럼 움직이게 되어 있으며, 외부에서 자석을 이용하거나 수은을 흔들거나 하는 힘이 가해져야만 움직이게 되어 있다. 리셋된 상태에서 온도가 올라가게 되면 최대 온도 눈금표시기의 위치가 위로 올라가게 된다. 반대로 온도가 내려가게 되면, 수은의 위치가 변하여 최저 온도 눈금표시기의 위치가 변하게 된다. 이로부터 최대와 최소의 온도를 동시에 기록할 수 있게 되었다.

1866년 앨버트(Thomas Clifford Allbutt)는 인체의 온도 측정에 기존에 20분 정도 소요되는 것을 5분 내에 측정이 가능한 의학용 온도계를 개발하기도 하였다. 그 외 온도계의 개발 역사는 표 1-2와 같다.[2]

1.3 온도의 물리학

1.3.1 온도 정의

온도라는 물리적인 값은 물체 내에 있는 분자들의 평균 속도에 의해 결정된 통계적인 값이 측정된 결과이다. 어떤 물체의 온도를 T_1에서 T_2로 올리기 위해서는 에너지를 가해야 하는데, 이때 가해야 하는 에너지는 분자의 수와 크기에 따라 달라진다. 물체의 열역학적인 에너지를 온도의 개념으로 설명하기 위해서는 분자의 속도 분포를 통계적인 기반으로 생각을 해야 하며, 그러기 위해 열역학 법칙은 충분히 많은 수의 분자가 있는 경우에 한해서만 적용이 가능하다.

현대의 열역학에서 물체의 온도는 열을 더하고 제거하는 열 잠재력으로 설명이 되며, 온도 구배(크게 온도차가 나는 방향)는 물체 내에서 가장 크게 열의 영향을 받는 방향으로 결정된다. 열영향의 방향은 그림 1-6과 같이 항상 높은 쪽에서 낮은 쪽의 온도 방향으로 형성되며, 두 물체 사이의 열 정도 차이를 온도로 정의한다.

표 1-2 주요 온도 측정의 역사

연도	발명자	내용
1592	Gallileo Galilei	온도표시기(thermoscope)를 개발
1612	Santorio Sanctorius	의학용으로 온도표시기를 사용
1617	Giuseppe Biancani	온도표시기의 도표를 처음으로 정리
1624	Jean Leurechon	온도계(thermometer)라는 용어를 처음으로 사용
1629	Joshep Solomon Delmedigo	브랜디를 내장한 봉합된 유리온도계를 제안
1638	Robert Fludd	온도표시기에 눈금을 매긴 최초의 유리온도계 제안
1643	Evangelista Torricelli	수은 압력계를 개발
1654	Ferdinando de'Medici	알코올을 이용한 현대적인 유리온도계를 제안
1661	Christiaan Huygens	U-튜브를 개발
1695	Guillaume Amontons	온도계를 개선
1701	Ole Christensen Rømer	와인을 이용한 실용적인 유리온도계를 제작
1709	Daniel Gabriel Fahrenheit	알코올 온도계를 제작
1714	Daniel Gabriel Fahrenheit	수은을 이용한 온도계를 제작
1742	Alders Celcius	물의 끓는점 0, 어는점 100으로 하는 눈금체계 제안 (Linnaeus에 의해 어는점 0도, 끓는점 100도)
1782	James Six	최대, 최소 온도계를 개발(기록 온도계를 개발)
1800	A.L. Breguet	간단한 바이메탈 온도계를 제작
1818	H.Cr. Oersted	금속의 전기저항이 온도에 따라 변하는 것을 발견
1820	Thomas Johann Seebeck	열전기 효과를 설명(제베크 효과라고 함)
1821	H. Davy	서모커플을 최초로 제작
1840	Chr. Poggendorf	인체 측정용 니켈-은과 철로 된 서모커플 제작
1852	W. Thompson (Lord Kelvin)	열역학 제2법칙에 근거하여 열역학적 온도 눈금인 절대온도 개념을 제안
1864	Henri Becquerel	광학계를 이용한 복사온도계를 제안
1866	Thomas Clifford Allbutt	기존 인체온도 측정에 20분 소요되는 것을 5분 내에 측정 이 가능한 의학용 온도계를 개발
1871	William Siemens	백금 저항형 온도계(Pt RTD 센서)를 제작
1885	H.L. Callendar	백금 온도계의 고온 영역 실험식 제안
1887	H. le Chatelier & C Barus	기술적인 온도 측정용 서모커플을 제작
1892	H. le Chatelier	적외선 온도계를 최초로 개발
1930	Samuel Ruben	서미스터 온도센서를 개발

그림 1-6 온도의 정의

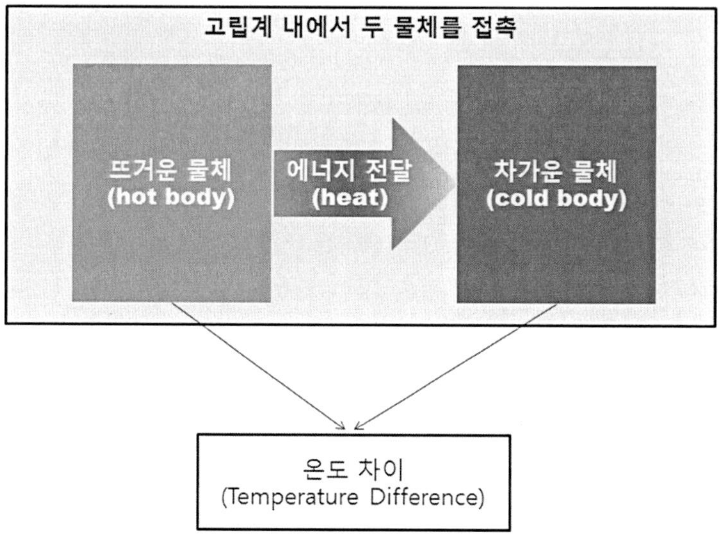

온도는 7개 기본 SI 단위 중의 하나이며, 측정 기술에서 가장 중요한 물리적인 변수 중의 하나이다. 온도 측정은 다음과 같이 크게 3가지 응용 분야로 나누어 볼 수 있다.

① 자연과학의 연구를 위한 정밀한 온도 측정

② 자동 제어를 위한 기술적인 온도 측정

③ 온도 지시계로 온도를 일정 시간 모니터

온도 측정 기술의 최종 목표는 모든 응용 분야의 요구조건에 대해 가격적인 측면과 적절한 허용 오차를 고려한 실질적인 해결책을 제시하는 것이다. 온도 측정의 많은 방법 중에서 특히 전기적인 온도 센서는 자동 제어를 위한 기술에는 반드시 필요한 기술이며, 온도를 전기적인 신호로 바꾸어 주는 역할을 한다.

1.3.2 열용량과 비열

열(heat)은 두 물체 사이의 온도 차이에 의해 전달되는 에너지를 의미한다. 열에너지에 사용되는 단위는 줄(J, joules), 칼로리(cal, calories), 킬로칼로리(Cal, kcal, kilocalories)를 사용하는데, 이들의 관계는 1 cal = 4.1868 J, 1 Cal = 1,000 cal이다. 물체가 데워지면 온도가 올라가는데, 데운다는 것은 일정양의 열을 물체에 전달한다는 의미이다. 열은 원자를 진동시키는 운동에너지 형태로 물체에 저장된다. 어떤 물체 내에 저장될 수 있는 열의 양은 물탱크와 비유하면 쉽게 이해할 수 있다. 물탱크는 부피가 크면 그 만큼 많은 물을 담을 수 있지만, 그 이상은 담을 수가 없다. 이와 마찬가지로 재료마다 열을 저장할 수 있는 양은 열용량(heat capacity)이라는 특성으로 규정된다. 서로 다른 재료들은 원자량이 다른 원자로 구성되어 있기 때문에 원자 진동에 의한 운동에너지는 각각 다르며, 따라서 열용량도 재료마다 다르다. 그림 1-7은 열용량에 대한 물리적인 개념을 나타내었다. 동일한 열을 가하였을 때, 열용량이 큰 물질의 온도는 조금만 올라가고, 열용량이 작은 물질은 온도가 상대적으로 많이 올라간다.

물리적으로 열용량은 어떤 물질의 온도를 1K 올리는데 필요한 열량으로 정의한다. 즉, 큰 온도변화 없이 열에너지를 흡수할 수 있는 능력을 의미한다. 물체가 열 Q를 흡수하게 되면, 물체의 온도 변화는 열에 의해 다음과 같이 변하게 된다. 여기서 T_f는 물체의 최종 온도, T_i는 물체의 초기 온도, C는 열용량이며, 열용량의 단위는 [J/K]이다.

$$Q = C(T_f - T_i) \tag{1-1a}$$

$$C = \frac{\Delta Q}{\Delta T} \tag{1-1b}$$

그림 1-7 열용량의 물리적인 개념

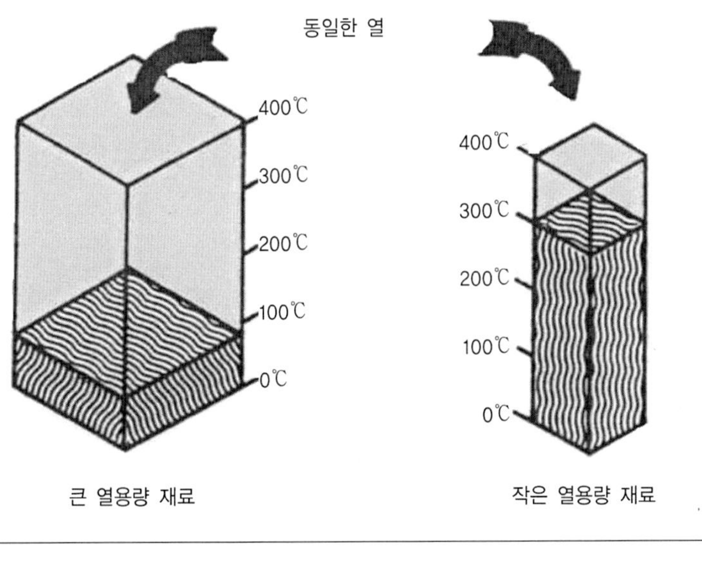

열용량은 물체의 크기에 따라 달라지기 때문에 일반적으로 비열(specific heat capacity)이라는 단위로 물질을 비교한다. 비열은 단위 질량 당 열용량을 의미하는 것으로 단위 물질의 열을 흡수하는 본질적인 능력을 의미한다. 물리적으로 비열(c)은 단위 질량(1g)의 물질을 1K 올리는데 필요한 열량(또는 에너지)으로 정의하며, 단위는 [J/(g · K)] 이다. 물체가 질량 m을 가지고 있다면, 식 (1-1)은 다음과 같이 쓸 수 있다.

$$Q = c \cdot m \cdot (T_f - T_i) \quad (1\text{-}2a)$$

$$c = \frac{Q}{m \cdot \Delta T} \quad (1\text{-}2b)$$

열용량은 대문자 C로 보통 표시하는 반면, 비열은 소문자 c로 표시하여 서로 구분한다. 고체는 열을 가하면 부피 팽창이 무시할 정도이며, 액체도 열에 따라 부피의 변화는 거의 미미하다. 그러나 기체의 경우에는 열을 가하게 되면 부피도 크게 팽창하기 때문에 압력에 대한 정의가 필요하다. 따라서 비열에는 체적을 일정하게 유지하면서 단위질량 물질을 1 K 올리는데 필요한 에너지를 정적비열(specific heat at constant volume, c_v)이라 하며, 압력을 일정하게 유지하며 단위질량 물질을 1K 올리는데 필요한 에너지를 정압비열(specific heat at constant pressure, c_p)이라 한다. 다음과 같이 수식적으로 표현할 수 있다.

$$c_v = \left(\frac{\delta Q}{dT}\right)_v = T\left(\frac{\partial S}{\partial T}\right)_v, \quad c_p = \left(\frac{\delta Q}{dT}\right)_p = T\left(\frac{\partial S}{\partial T}\right)_p \quad (1\text{-}3)$$

일반적으로 그림 1-8에서와 같이 정압과정은 온도상승 뿐만 아니라 피스톤 운동에 기여하지만, 정적과정은 온도상승에만 기여를 한다. 따라서 기체의 정적비열은 정압비열보다 항상 크다. 이와 유사한 표현으로 몰열용량(mole heat capacity)도 있다. 이것은 1몰의 물질을 1K 올리는데 필요한 열량으로 단위는 [J/(mol · K)]이다. 대표적인 재료에 대한 비열은 표 1-3과 같다.

표 1-3에 있는 단위는 [J/kg℃]인데, 다른 자료에는 [cal/g℃]로 표현하기도 한다. 이들 사이의 관계는 다음과 같다.

$$1\,\frac{\text{joule}}{\text{g} \cdot ℃} = 0.2388\,\frac{\text{cal}}{\text{g} \cdot ℃} \quad (1\text{-}4)$$

그림 1-8 정압과정과 정적과정 비교

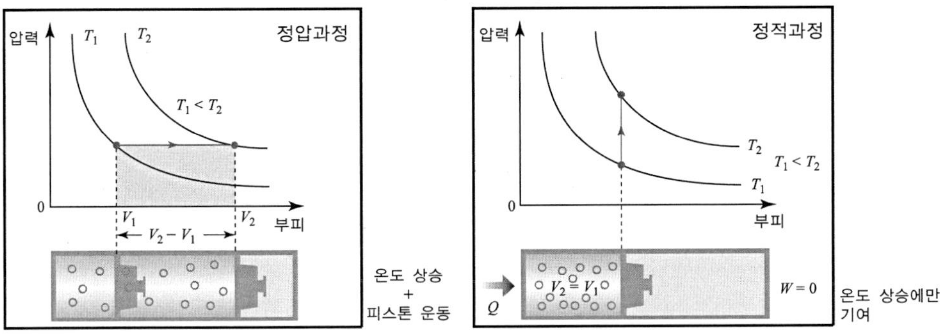

표 1-3 대표적인 재료의 비열(25℃ 기준, 단위: J/kg℃)

재료	c	재료	c
물	4,184	나일론	1,700
실리콘 오일	1,674	베이클라이트	1,598
스티로폼	1,300	폴리에스테르	1,172
테플론	998	공기(1기압)	995.8
알루미나	795	유리	780
실리콘	668	알루미늄	481
강철	452	니켈	443
망간	410	아연	389
구리, 다이아몬드	385	황동	381
은	238	주석	226
텅스텐	139	수은	138
백금	134	금, 흑연	130

어떤 물체가 열을 흡수하여 물리적인 상태가 변하게 되면(고체에서 액체로 또는 액체에서 기체로 변하게 되는 상황), 이와 같이 물체의 상태를 변하게 하는 단위 질량당 필요한 에너지의 양을 변환열(heat of transformation) L이라고 하며, $Q = m \cdot L$의 관계가 있다. 특히, 단위 질량당 액체에서 기체로 상태 변화가 일어나기 위해 필요한 변환열을 증기열(heat of vaporization) L_v라고 하며, 고체를 녹이기 위해 필요한 변환열을 융해열(heat of fusion) L_f라고 한다. 참고로 물의 증기열은 $L_v = 539$ cal/g= 40.7 KJ/mol= 2,256 KJ/kg이며, 물의 융해열은 $L_f = 79.5$ cal/g= 6.01 KJ/mol= 333 KJ/kg이다. 대기압 상태에서 고체에서 액체로 상이 변하는 특정한 온도를 녹는점(melting point)이라고 한다. 각 재료별 증기열과 융해열은 표 1-4와 같다. 그리고 이에 대한 물리적인 개념은 얼음 1g을 증기로 바꾸는 에너지인 그림 1-9와 같다.

융해열은 얼음을 물로 변환시키는데 필요한 에너지이며, 얼음이 물로 모두 변할 동안에는 온도가 일정하게 유지된다. 마찬가지로 증기열은 물을 증기로 바꾸는데 필요한 에너지이며, 물이 모두 증기로 변할 동안에 온도가 일정하게 유지된다. 앞에서 설명된 열역학적인 개념을 이해하기 위해 간단한 예제를 풀어보자. 앞의 그림처럼 −30℃의 1g 얼음을 120℃ 증기로 만드는데 필요한 열에너지를 계산해 보자. 먼저 −30℃부터 0℃까지 필요한 열에너지는 다음과 같다. 여기서 얼음의 비열은 2,090 J/kg이다.

$$Q = m_i c_i \Delta T = (1.0 \times 10^{-3}\,\text{kg})(2{,}090\,\text{J/kg}\cdot{}^\circ\text{C})(30^\circ\text{C}) = 62.7\,\text{J}$$

그 다음은 0℃ 얼음을 물로 변화시키는 열에너지는 다음과 같다.

$$Q = m L_f = (1.0 \times 10^{-3}\,\text{kg})(3.33 \times 10^{5}\,\text{J/kg}) = 333\,\text{J}$$

표 1-4 대표적인 재료들의 융해열과 증기열

재료명	녹는점(℃)	융해열(J/kg)	끓는점(℃)	증기열(J/kg)
헬륨	−269.65	5.23×10^3	−268.93	2.09×10^4
질소	−209.97	2.55×10^4	−195.81	2.01×10^5
산소	−218.79	1.38×10^4	−182.97	2.13×10^5
에틸알코올	−114	1.04×10^5	78	8.54×10^5
물	0.00	3.33×10^5	100	2.26×10^6
황	119	3.81×10^4	444.60	3.26×10^5
납	327.3	2.45×10^4	1,750	8.70×10^5
알루미늄	660	3.97×10^5	2,450	1.14×10^7
은	960.8	8.82×10^4	2,193	2.33×10^6
금	1,063	6.44×10^4	2,660	1.58×10^6
구리	1,083	1.34×10^5	1,187	5.06×10^6

그림 1-9 융해열과 증기열의 물리적인 개념(얼음 1g 기준)

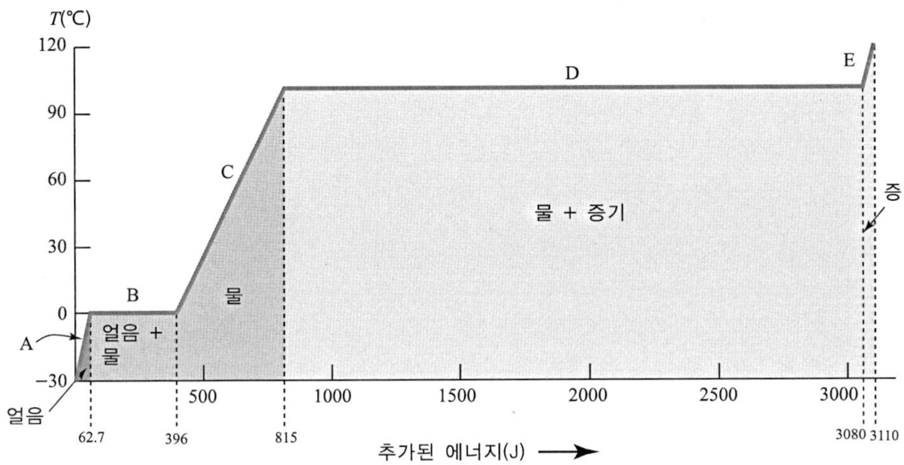

그 다음은 0℃ 물을 100℃ 물로 바꾸는데 필요한 열에너지이다.

$$Q = m_w c_w \Delta T = (1.0 \times 10^{-3}\,\mathrm{kg})(4.19 \times 10^3\,\mathrm{J/kg \cdot ℃})(100℃) = 419\,\mathrm{J}$$

그 다음은 100℃ 물을 100℃ 증기로 바꾸는데 필요한 에너지이다.

$$Q = mL_v = (1.0 \times 10^{-3}\,\mathrm{kg})(2.26 \times 10^6\,\mathrm{J/kg}) = 2.26 \times 10^3\,\mathrm{J}$$

그 다음은 100℃ 증기를 120℃ 증기로 바꾸는데 필요한 에너지이다.

$$Q = m_s c_s \Delta T = (1.0 \times 10^{-3}\,\mathrm{kg})(2.01 \times 10^3\,\mathrm{J/kg \cdot ℃})(20.0℃) = 40.2\,\mathrm{J}$$

따라서 앞의 그림 x축에 해당하는 에너지가 계산되며, 전체는 3,110 J의 에너지가 필요하다.

다음은 −10℃의 얼음 720g을 15℃의 액체상태로 만들기 위해서는 얼음이 흡수해야 하는 열에너지는 얼마인지 계산해 보도록 하자. 먼저, 얼음을 0℃까지 올리는 데 필요한 열에너지는 식 (1-2)를 이용하면 다음과 같다.

$$Q_1 = c_{얼음} \cdot m \cdot (T_f - T_i) = (2220)(0.72)[0℃ - (-10℃)] = 15.98\,\mathrm{kJ}$$

다음은 0℃의 얼음을 물로 상태변환 하기 위해 필요한 변환열이 필요한데 이 열은 다음과 같다. 앞에서 물의 융해열 $L_f = 333\,\mathrm{KJ/kg}$이다.

$$Q_2 = L_f m = (333)(0.72) = 239.8\,\mathrm{kJ}$$

다음은 0℃로 녹은 물을 15℃까지 가열하는데 필요한 열량이다.

$$Q_3 = c_{물} \cdot m \cdot (T_f - T_i) = (4,190)(0.72)(15℃ - 0℃) = 42.25\,\mathrm{kJ}$$

따라서 앞에서 계산한 3가지 열량을 모두 더한 $Q = Q_1 + Q_2 + Q_3 = 300$ kJ의 열이 필요하다. 이 상황에서 우리가 가지고 있는 열에너지가 210 KJ 밖에 없다고 하면, 이 얼음의 최종적인 상태와 물의 온도는 얼마일까? 물의 융해열은 333 KJ/kg인데, 가해줄 수 있는 에너지는 210 KJ 밖에 없으므로, 얼음에서 물로 변환양은 다음과 같다.

$$m = \frac{Q}{L_f} = \frac{(210 - 15.98)}{333} \approx \frac{194}{333} \approx 0.583\,\mathrm{kg}$$

그러므로 얼음으로 남아 있는 질량은 720g−583g=140g이며, 결론적으로 0℃의 얼음 140g과 0℃의 물 580g이 남아 있는 상태가 된다.

다음은 질량이 75g인 구리 덩어리가 312℃인 전기오븐에 의해 데워지고 있고, 일정 시간이 경과한 후 구리 덩어리를 물 220g을 담고 있는 비커 속으로 떨어뜨렸다고 하자. 이때 비커의 열용량 C_b는 45cal/K이고, 비커와 물의 초기 온도는 12℃라고 하자. 그리고 이 시스템은 완전 고립계라고 가정을 하고, 물은 증발되지 않는다고 가정을 하면, 열 평형상태에 도달하게 되면 이 시스템의 온도는 몇 도로 유지되고 있을까?(여기서, 구리의 비열 c_s는 0.0923cal/g · K, 물의 비열 c_w는 1.00cal/g · K이다)

- 최종 상태의 물 에너지 : $Q_w = c_w m_w (T_f - T_i)$
- 최종 상태의 비커 에너지 : $Q_b = C_b (T_f - T_i)$
- 구리의 최종 상태 에너지 : $Q_c = c_c m_c (T_f - T_i)$

열 평형상태의 의미는 위 3개의 에너지 합이 0이라는 의미이다.

$$Q_w + Q_b + Q_c = 0 \rightarrow c_w m_w (T_f - T_i) + C_b (T_f - T_i) + c_c m_c (T_f - T_i) = 0$$

따라서 $T_f = \dfrac{c_c m_c T_i + C_b T_i + c_w m_w T_i}{c_w m_w + C_b + c_c m_c}$가 된다. 분자의 항을 계산하면, (0.0923 cal/g · K)

(75g)(312℃)+(45 cal/K)(12℃)+(1.00 cal/g · K)(220 g)(12℃)=5339.8 cal가 되고, 분모의 항을 계산하면, (1.00 cal/g · K)(220 g)+45 cal/K+(0.0923 cal/g · K)(75g)=271.9 cal/℃가 된다. 따라서 T_f=(5339.8 cal)/271.9(cal/℃)=19.6℃가 된다. 구리의 열에너지 Q_c는 약 −2,020 cal이므로 열을 빼앗겼고, 이 열이 물과 비커의 온도를 12℃에서 19.6℃로 올리는데 사용되었다고 볼 수 있다.

1.3.3 열의 전달

절대온도 0K 보다 높은 온도를 가진 물체가 열평형 상태에 있으면, 분자의 평균 운동에너지에 의해 임의의 온도를 유지하게 된다. 물체가 가지고 있는 온도는 주위와 열평형 상태가 깨지게 되면 열에너지가 온도가 높은 곳에서 낮은 쪽으로 전달되는데, 그림 1-10과 같은 전도(conduction), 대류(convection), 복사(radiation)라는 3가지 방법으로 열에너지가 전달된다.

열전도(thermal conduction)는 에너지 전달이 고체 매개체를 통해 열이 전달되는 방식이며, 온도가 높은 쪽에서 분자의 운동이 활발하여 인접한 다른 분자들에게도 활발한 운동이 전해져서 고체 매개체 전체가 뜨거워지는 현상이다. 그림 1-11과 같이 이웃하는 원자들의 진동 또는 원자와 원자 사이를 움직이는 전자들에 의해 열이 전달되는 것이며, 고

그림 1-10 열전달의 3가지 법칙

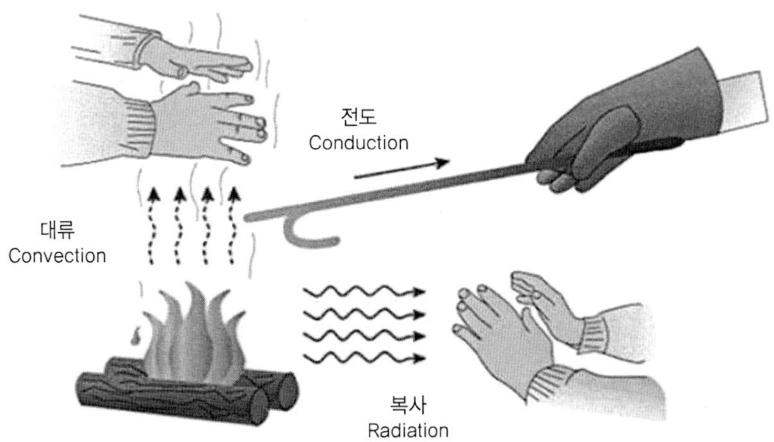

그림 1-11 열전도의 개념

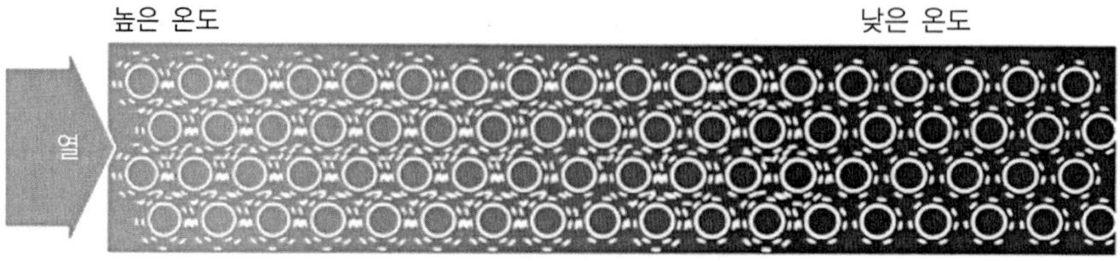

체 물체의 직접적인 접촉에 의해 열이 전달된다. 열이 잘 전도되는 물질인 금속과 같은 도체(구리, 은 등의 금속)는 빠르게 열을 전달하는 반면, 열이 잘 전달되지 않는 부도체(유리, 나무, 공기 등)에서는 열의 전도가 잘 되지 않는다.

열전도에 영향을 주는 인자는 그림 1-12와 같이 물체사이의 온도차이, 길이(또는 두께), 단면적, 그리고 재료의 열전도율이다. 열전도율은 열전달을 얼마나 잘 하느냐 하는 정도이며, 단위는 W/mK이다. 열전도율을 이용한 열류량은 다음과 같다.

$$Q = k\frac{A \cdot \Delta T}{L}[\mathrm{W/m^2}] \quad (1\text{-}5)$$

그림 1-12 열전도율의 개념

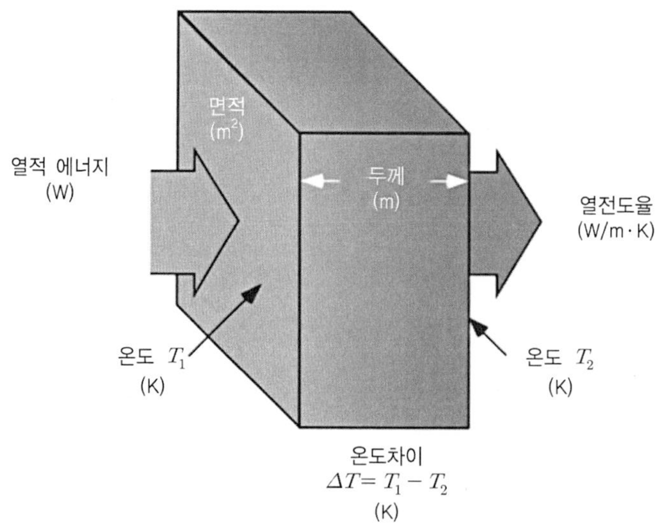

여기서, Q는 열류량(W/m^2), k는 열전도율(W/m · K), A는 재료의 단면적(m^2), ΔT는 양 끝단의 온도차이다. 위의 수식에서 전도를 하는 물체의 면적이 넓을수록, 길이가 짧을수록, 온도 차이가 클수록 열류량은 커지게 된다. 공기의 열전도율은 0.025 W/m · K, 스티로폼은 0.01 W/m · K, 물의 열전도율은 약 0.6 W/m · K, 알코올과 기름은 약 0.1~0.2 W/m · K, 유리와 콘크리트는 0.8 W/m · K, 강철은 약 50 W/m · K, 구리는 약 385 W/m · K, 은은 약 427 W/m · K이다. 특이하게도 다이아몬드는 도체가 아닌 부도체임에도 불구하고 열전도율이 900~2,300 W/m · K 정도로 매우 높으며, 다이아몬드와 유사 구조인 그래핀(Graphene)의 열전도율은 4,800~5,300 W/m · K으로 매우 높다. 따라서 다양한 응용 분야를 가진 꿈의 신소재라는 그래핀에 대해 최근 많은 연구가 이루어지고 있다.

열대류(thermal convection)는 그림 1-13과 같이 온도 차이에 따른 열팽창에 의한 액체 및 기체의 밀도 차이로 열이 전달되는 현상으로 높은 온도를 가진 입자가 직접 이동에 의해 열에너지가 전달되는 현상이다. 따라서 대류는 반드시 열을 전달하는 매개체가 있어야 하며, 가스와 액체가 주 매개체이다. 액체나 기체는 열전도율이 작지만 대류에 의한 열의 이동은 활발하게 일어난다. 대류에 의한 열전달은 전도와 유사한 관계식을 통해 다음과 같이 정의할 수 있다.

$$H = \alpha \cdot A \cdot (T_1 - T_2) \tag{1-6}$$

여기서, 대류계수 α는 유체의 비열, 점성, 그리고 움직이는 정도, 중력, 온도 기울기에 따

그림 1-13 대류 현상의 개념

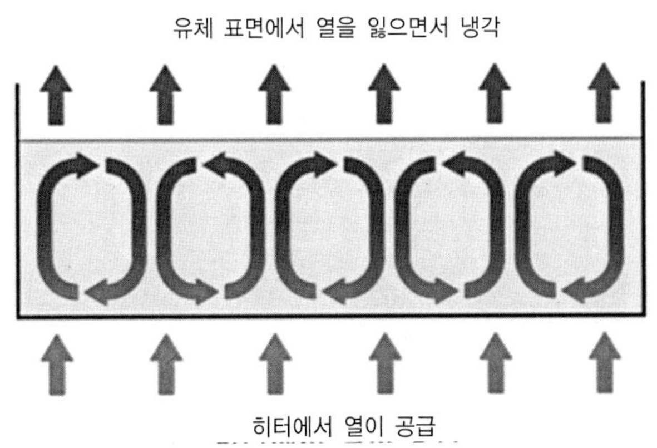

라 결정되며, 단위는 [W/(m^{2}K)] 이다. 예를 들어 중력을 고려한 수평면에서의 공기 대류계수는 다음과 같다.

$$\alpha = 2.49 \cdot \sqrt[4]{T_1 - T_2} \tag{1-7}$$

그리고 수직면에서의 공기 대류계수는 다음과 같다.

$$\alpha = 1.77 \cdot \sqrt[4]{T_1 - T_2} \tag{1-8}$$

위의 두 공기 대류계수는 한 쪽은 열손실을 무시할 수 있는 무한 열원이며, 물체 주위의 온도는 일정한 온도를 가지고 있는 가정하에서만 성립한다. 실생활에서 선풍기, 에어컨, 전기히터 등이 대류의 원리를 응용한 것이고, 지구상의 바람과 비와 같은 기상 현상은 공기의 대류에 의한 영향을 가장 많이 받아 발생한다. 기상 관측 및 예측을 위해서는 거대 대류 현상에 대한 시뮬레이션을 위해 슈퍼컴퓨터를 사용하고 있다.

전도와 대류 현상은 복사(radiation)에 비해 직관적으로 쉽게 알 수 있는 자연현상이다. 태양에서 지구까지 오는 빛에 대해 많은 과학자들이 생각을 하였다. 복사에 대한 개념이 생기기 전에는 열 또는 빛이 전달되기 위해서는 반드시 매개체가 있어야 한다는 고정 관념이 있었다. 보통의 파동은 모두 그 파동이 전달되는 매질이 필요하며, 수면파는 물이라는 매질이, 음파는 공기라는 매질로 전달되듯이, 19세기 빛이 파동이라는 확신을 가졌을 때 매질이 필요하다고 생각하였으며, 이러한 매질을 에테르(aether)라고 명명하였다. 초기에 에테르는 빛이 진공 중에도 전파되는 것으로 보아 물질이 텅 비어 버린 진공 속에도

그림 1-14 에테르 존재의 개념 및 이를 확인하기 위한 광학 장치

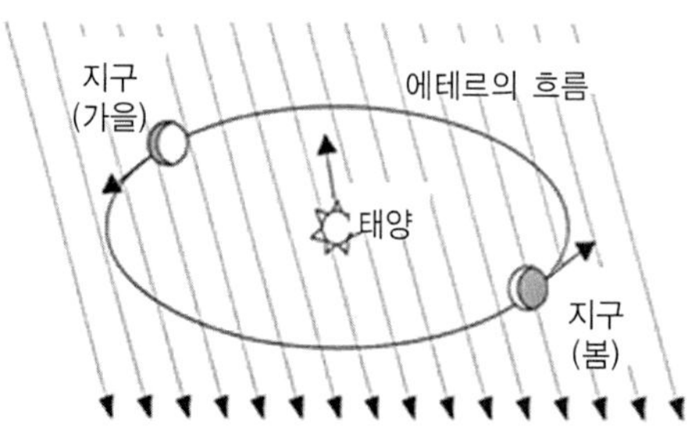

(a) 빛을 운반하는 에테르 속에서 지구의 움직임

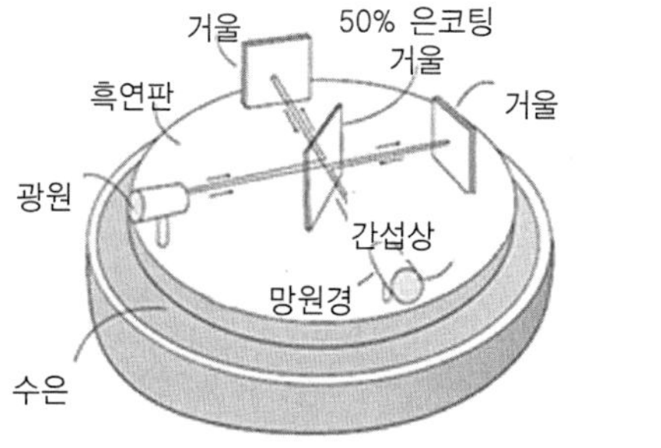

(b) 빛의 속도 차이를 측정하기 위한 간섭계

충만된 그 무엇이라 생각하였고, 또한 보통 물체의 운동에 거의 영향을 주지 않을 것으로 생각하였다. 빛의 파동설을 처음으로 제창한 호이겐스(Huygens)가 이와 같은 에테르의 존재를 가정하였다. 이러한 에테르의 존재를 확인하기 위해 미켈슨과 몰리(A. A. Michelson, E. W. Morley)가 간섭계를 이용해서 그림 1-14와 같은 실험을 하였다.[3] 에테르의 움직이는 방향과 거슬러 움직이는 방향에 따라 빛의 속도는 차이가 나서 간섭계로 돌아온 곳에서 간섭무늬가 나타날 것으로 예상하였으나 아무런 변화가 관측되지 않았다. 이 실험에서 두 가지 사실을 알 수 있는데, 파동이라는 빛을 전달하는 매개체인 에테르는 존재하지 않으며, 빛의 속도는 일정하다는 사실이다.

따라서 태양 빛은 높은 온도를 가지고 있는 전자기파로 지구까지 열에너지가 전달되며 이런 현상을 복사라고 이해하게 되었다. 태양빛과 모든 물체는 분자들의 열적 진동에 의해 전자기파의 형태로 에너지를 복사하여 열을 전달한다. 태양에서 전달되는 열에너지는 지구와 태양 사이에 아무런 매개체가 없기 때문에 100% 복사에 의해 전달된다. 그러나 지구까지 도달한 빛에너지는 지구를 감싸고 있는 대기에 의해 인간이 살기에 적절한 빛에너지만 지표에 도달하고 있다.

즉, 한 물체가 뜨거워지면 열을 내게 되는데 이를 복사(radiation)라 한다. 고체에서 방출되는 복사에는 여러 가지 파장(또는 진동수)을 가진 빛으로 구성되어 있다. 19세기 말에 물리학자들은 흑체에서 어떻게 여러 가지 진동수를 가진 복사가 나오며 이들은 물체 표면의 온도와 어떠한 관계가 있는지를 연구하였다. 1860년 키르호프(Kirchhoff)는 '흑체 복사 강도의 분포는 벽의 물질이나 공동(cavity)의 모양 및 크기와는 상관없고 오직 온도와 빛의 파장에만 관계된다.'라는 것을 밝혔다. 즉, 같은 온도로 데워진 물체는 돌이든 쇠든 방출하는 빛의 분포는 똑같다는 것이다. 이 당시만 해도 열복사는 전자기파와 아무런 관계가 없는 것으로 생각했으나, 1888년 헤르쯔(Heinrich Hertz)가 전자기파의 존재를 발견한 이후, 물리학자들은 가시광선이나 열복사에 전자기파 이론을 적용하기 시작하였다.

1.3.4 플랑크 복사법칙

1900년에 플랑크(Max Planck)는 복사에너지가 연속적으로 분포된 것이 아니라 $h\nu$의 양만큼 불연속적으로 양자화되어 있다는 가정을 통해 적외선 복사를 이론적으로 완성하였으며, 이와 같은 당시의 혁명적인 아이디어로 1905년 아인슈타인(Einstein)에 의해 광전자

효과를 설명할 수 있게 된 계기가 되었다. 광전자 효과 이전에 빛은 파동의 성질만 가지고 있다고 생각했으나, 광전자 효과의 실험적인 증명으로 물리학자들은 빛은 입자이자 파동의 성질을 동시에 가지고 있다는 사실을 알게 되었다. 이상적인 흑체에서 나오는 플랑크 복사법칙은 아래의 식과 같으며, 여기서 E는 분광복사휘도(Spectral Radiance), T는 흑체의 절대온도 K, k_B는 볼쯔만(Boltzmann) 상수로 1.38×10^{-16} erg/K, h는 플랑크 상수로 6.625×10^{-27} erg-sec, c는 빛의 속도로 3×10^{10} cm/sec이다.[4, 5]

$$E(\nu,\mathrm{T}) = \frac{2\mathrm{h}\nu^3}{\mathrm{c}^2}\frac{1}{[\exp(h\nu/k_BT)-1]} \tag{1-9}$$

$$E(\lambda,\ T) = \frac{2hc^2}{\lambda^5}\frac{1}{[\exp(hc/\lambda k_BT)-1]} \tag{1-10}$$

이 식에서 다음과 같은 슈테판-볼쯔만(Stefan-Boltzmann) 법칙과 빈(Wien)의 변위 법칙을 유도할 수 있다.

슈테판-볼쯔만 법칙 : $E = \sigma T^4$,

$\sigma = 5.6705\times10^{-5}\,\mathrm{erg}\cdot\mathrm{cm}^2\cdot\mathrm{K}^{-4}\cdot\mathrm{s}^{-1}$

(σ : Stefann-Boltzmann 상수)

빈의 변위 법칙 : $\lambda_{max} = \frac{3\times10^7}{T}$, ($\lambda$: Å, T: kelvin)

빈의 변위 법칙은 해당 온도에서 복사분포의 최대점이 되는 파장을 알려주는 관계식이며, 슈테판-볼쯔만 법칙은 모든 파장에서 방출되는 총 에너지에 대한 정보를 나타낸다. 그러므로 빈의 변위법칙은 온도가 올라감에 따라 최대 복사가 일어나는 파장이 짧아지는 것을 설명해 주며, 슈테판-볼쯔만 법칙은 온도가 올라감에 따라 곡선의 높이가 높아지는 것을 설명해 준다. 플랑크 복사법칙의 수식으로 온도별, 파장에 따른 계산 결과는 그림 1-15와 같다. 그림에서 알 수 있듯이 고전적인 방법에서 계산된 자외선 파국(Ultraviolet Catastrophe)을 플랑크 복사법칙에서는 잘 해결되었다.

열에너지의 전달방식을 역으로 이용하면 단열에 활용이 가능하다. 전도와 대류의 열류 차단을 위한 저항형 단열, 복사에 의한 열류차단을 위한 반사형 단열 및 열용량을 이용한 열류 지연을 시키는 용량형 단열 방법이 있다. 저항형 단열이란 열전도를 낮출 수 있는 재료로서 분자간 거리가 멀고 다공질이며 밀도가 낮은 재료를 이용한 단열방식이다. 기체

그림 1-15 플랑크 복사법칙의 계산 결과

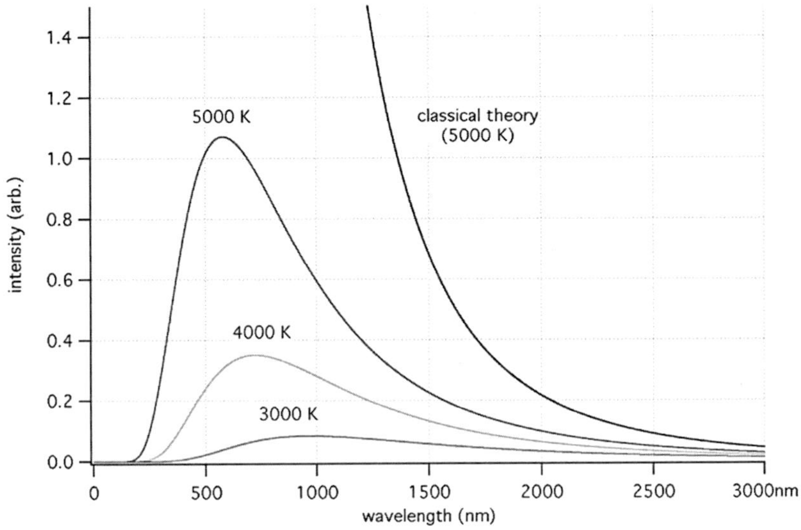

는 분자간 거리가 멀기 때문에 전도에 대해서는 최고의 단열재가 된다. 대표적인 저항형 단열재는 경량 콘크리트, 발포스티렌, 중공층 등이 있다.

반사형 단열은 복사열 흡수 및 방사율이 낮은 재료를 이용하여 복사열 에너지를 반사해서 단열하는 방법이다. 반사형 난열재의 종류로는 특별합금이나 코팅 처리한 철판, 알루미늄 블랭킷, 금속 블랭킷, 알루미늄 박판으로 처리한 석고 보드 등이 있다. 용량형 단열은 축열에 의해 열전달을 지연시키는 방법으로 열용량이 클수록 축열 효과는 크다. 대표적인 것이 벽의 두께이다. 얇은 벽의 경우에는 열용량이 적기 때문에 실온은 바깥기온의 변화와 같이 변화한다. 반면에 두꺼운 벽의 경우에는 열용량이 크기 때문에 실온은 바깥기온보다 완만하게 변한다. 이러한 열에너지 흐름을 응용한 예가 옷 복장에서도 나타난다. 겨울철에는 검은색 계통의 옷으로 열에너지를 흡수하여 몸을 따뜻하게 보온하고, 여름철에는 하얀색 계통의 옷으로 열에너지를 반사시켜 몸을 시원하게 유지시킨다.

1.4 온도센서 분류

절대온도 0K 이상의 온도에 있는 물체의 분자들은 열적 진동을 하게 되는데, 플랑크 복사법칙에 의해 물체의 온도에 해당하는 적외선이라는 형태의 에너지로 복사를 하게 된다. 적외선을 측정한다는 것은 다른 말로 표현하면 물체의 열 분포를 측정한다는 의미이며, 이것은 온도를 측정하는 것과 같은 개념이다. 그리고 온도는 열에너지의 흐름에 나타나는 물리적인 현상이며, 열에너지의 흐름은 전도, 대류, 복사의 형태로 전달되는 것이기 때문에 이를 응용하여 물체의 온도를 간접 또는 직접 측정할 수 있다.

온도센서의 분류는 표 1-5와 같이 온도를 측정하는 방법에 따라 접촉식과 비접촉식이 있으며, 측정하는 센서의 재료에 따라 반도체 재료를 이용한 양자형(quantum)과 반도체 재료가 아닌 재료를 이용한 열형(thermal)의 두 종류로 나눌 수 있다. 열형에는 입사하는 적외선에 대해 출력되는 신호에 따라 전기적인 출력을 내는 것, 기구적인 변화가 나타나는 것, 그리고 열색상 변화를 이용하는 것으로 나눌 수 있다. 전기적인 열형센서에는 다시 열저항형(thermoresistive), 볼로미터(bolometer), 초전체(pyroelectric), 서모파일(thermopile) 등으로 나눌 수 있으며, 열저항형에는 RTD, 다이오드, 서미스터 등으로 세분할 수 있다. 열색상(thermochromism) 열형센서에는 유기재료와 무기재료로 나눌 수 있으며, 유기재료 온도센서에는 크게 감온성 액정(thermochromic liquid crystal)과 류코염료(leuco

표 1-5 온도센서 분류

<table>
<tr><th rowspan="3">구분</th><th colspan="2" rowspan="3">열형</th><th colspan="4">양자형</th></tr>
<tr><th colspan="2">PC</th><th rowspan="2">PV</th><th rowspan="2">QW</th></tr>
<tr><th>내인성</th><th>외인성</th></tr>
<tr><td rowspan="4">비접촉식</td><td>전기적</td><td>기구적</td><td rowspan="4">PbSe
InSb
HgCdTe</td><td rowspan="4">Si:X
GaAs:X</td><td rowspan="4">InSb
HgCdTe</td><td rowspan="4">GaAs/AlGaAs</td></tr>
<tr><td rowspan="3">볼로미터
- VOx
- α-Si
초전체
서모파일</td><td>Golay Cell</td></tr>
<tr><td>광학적</td></tr>
<tr><td>광섬유</td></tr>
<tr><td rowspan="4">접촉식</td><td>전기적</td><td>기구적</td><td rowspan="4"></td><td rowspan="4"></td><td rowspan="4"></td><td rowspan="4"></td></tr>
<tr><td rowspan="3">열저항
- RTD
- 서미스터
- 다이오드
서모커플</td><td>유리온도계
바이메탈</td></tr>
<tr><td>열색상</td></tr>
<tr><td>감온성 액정
류코염료
무기재료</td></tr>
</table>

표 1-6 열형과 양자형 센서의 개략적인 특성 비교

특성	열형	양자형
반응 속도	느림	빠름
반응 파장 대역	넓음	제한적임
동작 온도	상온	냉각
비용	저가	고가
주요 응용 분야	민수용	군사용

dyes) 두 가지가 있다. 액정은 정밀한 응용 목적에 사용될 수 있으나 컬러 범위가 한정되어 있는 것이 단점이다. 류코염료는 넓은 온도영역에 사용이 가능하지만 반응하는 온도의 정밀도는 다소 떨어지는 단점이 있다. 무기재료에는 이산화티튬(titanium dioxide), 산화아연(zinc oxide) 등이 있다. 기구적인 열형센서에는 바이메탈(bimetal), 온도계(thermometer), 골레이셀(Golay cell) 등이 있다.

양자형 센서는 비접촉식으로 사용되는 센서이며, 크게 광전도형(PC, photoconductive), 광전압형(PV, photovoltaic), 양자우물형(QW, quantum well)의 3종류가 있으며, PC형에는 다시 불순물 레벨의 유무에 따라 외인성(extrinsic)과 내인성(extrinsic)으로 나눌 수 있다. PC형 내인성에는 PbSe, InSb, HgCdTe 반도체가 사용되며, PC형 외인성에는 Si과 GaAs에 불순물을 첨가한 반도체를 사용한다. PV형에는 InSb와 HgCdTe 반도체 재료가 사용되며, QW형에는 III-V족 화합물 반도체인 GaAs/InGaAs 반도체 재료가 주로 사용된다. 열형은 주로 민수용으로 사용되며, 양자형은 군사용으로 사용된다. 열형과 양자형의 기본적인 특성의 차이는 표 1-6과 같으며, 양자형은 반도체의 에너지갭을 이용하기 때문에 파장에 따라 감도 의존성이 매우 큰 반면, 열형은 파장에 따라 감도변화가 전혀 없다.

1.5 접촉식 온도 측정

접촉식으로 온도를 측정하기 위해서는 대상물체의 열적 에너지의 일부를 센서쪽으로 전달해야 한다. 센서 프로브(probe) 또는 센서를 대상물의 내부 또는 표면에 접촉시켰을 때, 대상물과 센서의 경계에서 열적 대류가 발생한다. 이때 센서 부분의 온도가 올라가거나 내려가거나 하면서 대상물과 열적 교환이 발생하게 된다. 아무리 작은 센서라고 하더라도 이러한 열적 교환으로 인해 온도측정에 오차가 발생하게 된다.

이러한 접촉식 온도 센서가 열에 반응을 할 때, 신호처리에 있어 두 가지 기본적인 방법을 생각할 수 있다. 즉, 평형상태에서 측정하는 방법과 예측하는 방법이다. 평형상태 측정법은 대상물체와 센서 사이에 뚜렷한 열적 교류상태가 더 이상 일어나지 않은 상태에서 측정하는 방법을 의미한다. 달리 말하면, 대상물체와 센서 사이에 발생하는 에너지 교환이 무시할 수 있을 정도로 미세하여 열적 평형상태에 도달했다는 것을 의미한다. 예측 방법은 측정 시간동안 평형상태에 도달하지 않았지만, 센서에서의 온도 변화율을 고려하여 일련의 계산 과정을 거쳐 평형상태를 미리 예측하는 방법이다. 센서를 대상물에 접촉하면 열적 평형상태에 도달하기까지는 많은 시간이 소요된다. 특히 건조한 표면인 경우는 더 많은 시간이 걸린다. 예를 들면, 병원용 전자식 온도계는 물의 온도를 측정하는데 약 5초 정도면 온도를 측정할 수 있지만, 동일한 센서를 이용해서 겨드랑이 온도를 측정하고자 한다면 약 3분 정도의 시간이 소요된다.

접촉식 온도 측정법에는 앞에서 언급된 대상물과의 열적 교환 이외에도 센서는 대상물만 접촉을 하고 있는 것이 아니고 주위와도 접촉을 공유하고 있으므로 이로 인해 측정 오차가 발생할 수 있다. 그림 1-16과 같이 센서를 대상물에 접촉했을 경우를 고려해 보면, 센서와 대상물과의 열적 교류 및 외부환경에 의해 실제 대상물의 온도가 T_B임에도 불구하고 임의의 순간 센서는 T_s라고 인식을 한다. 평형상태 측정법의 목표는 T_s가 T_B에 가능한 한 가깝도록 하는 것이다. 그리고 예측방법은 그림 1-16(b)와 같은 등가회로를

그림 1-16 센서를 대상물에 접촉했을 때의 등가 열적 회로

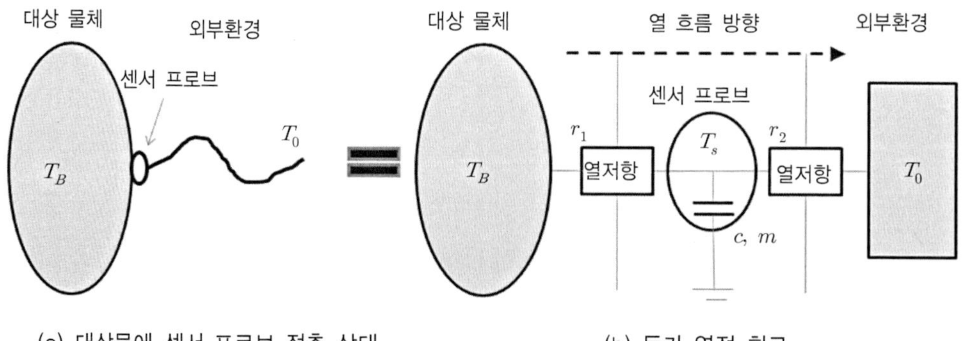

(a) 대상물에 센서 프로브 접촉 상태 (b) 등가 열적 회로

가정하여 온도를 측정하는 방법이다.[6]

이 그림에서 열저항은 어떤 매질의 열적 에너지 정도를 나타내는 값으로, 열전도와 반대되는 개념으로 $r = 1/\alpha$이다. 만약 대상물의 온도가 외부환경보다 온도가 높다고 하면 열 흐름 방향은 그림 1-16(b)와 같이 될 것이다. 모든 온도가 더 이상 변동이 없을 만큼 오랜 시간이 경과하여 3가지 온도가 정상상태에 있다고 가정하면 다음과 같은 에너지 보존법칙을 적용할 수 있다. 즉, 대상물에서 센서 쪽으로 흐르는 열적 에너지는 센서에서 외부환경 방향으로 빠져 나가는 에너지와 동일하다고 가정할 수 있다. 이러한 가정에서 다음과 같은 수식을 얻을 수 있다.

$$\frac{T_B - T_s}{r_1} = \frac{T_B - T_0}{r_1 + r_2} \tag{1-11}$$

이 식에서 센서의 온도 형태로 다시 풀어 쓰면 다음과 같다.

$$T_s = T_B - (T_B - T_0)\frac{r_1}{r_2} = T_B - \Delta T\frac{r_1}{r_2} \tag{1-12}$$

여기서, ΔT는 대상물과 외부환경 사이의 온도 차이이다. 위의 식에서 몇 가지 사실을 알 수 있다. 첫 번째는 센서에서 측정한 온도 T_s는 대상물의 온도 T_B와는 다르다는 것이다. 만약 대상물과 외부환경의 온도가 같다는 특정한 환경하에서는 센서의 온도와 대상물의 온도는 같을 것이다. 두 번째는 r_1/r_2의 비가 0으로 접근할수록 센서의 온도는 대상물의 온도와 같아질 것이다. 즉 측정오차를 최소화하기 위해서는 센서와 대상물의 열적 접촉을 좋게 해야 하며, 주위 환경과는 열적 접촉을 좋지 않게 해야 한다는 것이다. 그러나 이런 접촉의 방법은 실제상황에서 쉽지 않다.

식 (1-12)에서 ΔT를 0으로 만드는 가장 최선의 방법은 대상물 내부에 공동(cavity)을 만들어 센서를 안쪽에 설치하고, 센서와 내벽은 온도 전달이 잘 되도록 써멀그리스(thermal grease)로 접촉을 시키고, 에폭시와 마개를 이용해서 외부의 열을 차단하는 방법이다. 이렇게 하면 센서와 신호선의 일부가 외부에 노출되지 않기 때문에 정확한 측정이 가능하다. 그러나 이와 같이 대상물체에 공동을 만드는 것은 항상 가능한 방법이 아니다. 이러한 원리를 응용해서 의학용으로 체온을 정확히 측정하기 위해 겨드랑이의 온도를 측정하거나 귀속 온도를 측정하고 있다.

시간에 따라 센서에서 측정되는 온도가 변화하는 것은 다음과 같은 두 가지 경우이다. 주위 환경의 온도가 변화하거나 또는 센서를 대상물체에 접촉한지 시간이 얼마 지나지 않아 아직 온도가 안정화되지 않은 경우이다. 이 문제를 보다 간단하게 하기 위해 두 가지 가정을 하기로 한다. ① 센서와 주위 환경 사이의 열저항은 무한히 크다($r_2 \rightarrow \infty$). ② 대상물체의 온도는 센서가 접촉했을 때 온도 변화가 전혀 없다. 달리 말하면 대상물체는 센서보다 매우 커서 마치 센서에 비해 무한히 큰 '열 소스/싱크(heat source/sink)'라고 볼 수 있다. 이것을 달리 표현하면 대상물체는 무한히 큰 열 커패시터(heat capacity)를 가지고 있으며, 무한히 큰 열 전도성(heat conductivity)을 가지고 있는 것으로 가정할 수 있다. 이와 같은 상기의 2가지 가정 하에서 센서가 대상물체에 접촉한 순간($t=0$), 이것은 T_i의 온도를 가지고 있는 센서가 T_B의 온도를 가진 대상물체에 접촉을 한다는 의미이다. 냉각의 Newton 법칙에 의해 센서에 전달된 열의 이동 증가분은 어떤 순간의 센서 온도 T_s와 물체 온도 T_B 사이의 온도 기울기와 비례한다는 것으로 다음과 같다.

$$dQ = \alpha_1 (T_B - T_s) dt \tag{1-13}$$

여기서, $\alpha_1 = 1/r_1$은 센서와 대상물 경계면에서의 열 전도성이며, T_s는 변화하고 있는 온도이다. 몇 단계를 거치면 이 방정식의 해를 계산할 수 있으며, 그 결과는 식 (1-14)와 같으며 그래프로 표현하면 그림 1-17과 같다.

그림 1-17 센서의 시간에 따른 온도 변화

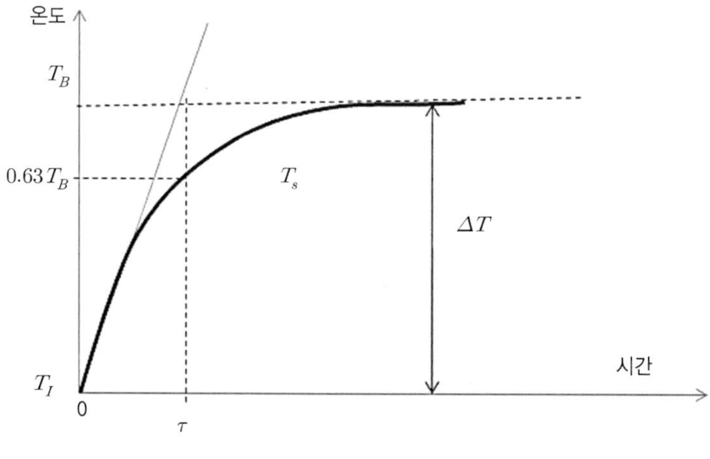

$$T_s = T_B - \Delta T e^{-t/\tau_T} \tag{1-14}$$

위 식에서 지수함수 부분의 시간이 e^{-1}이 되는 시간을 열시정수라고 정의하면, 열시정수 τ_T는 T_s가 T_B의 63.2%에 도달하기까지 걸린 시간이 된다. 열시정수가 작을수록, 센서의 응답속도는 빨라진다. 열시정수는 센서의 크기를 작게 만들거나 질량 m을 작게 하면, 식 (1-14)에서 열시정수를 작게 만들 수 있다. 그러므로 빠르고 정확한 온도 측정을 위해서는 대상물에 접촉하는 센서의 크기를 매우 작게 만들어야 한다.

만약 센서를 접촉한 후 매우 긴 시간($t \to \infty$)동안 기다린다면, 센서의 온도는 대상물체의 온도에 근접할 것이다. 이론적으로는 두 온도가 열적 평형상태에 도달하기까지는 무한대의 시간이 필요하다. 그러나 현실적으로는 이렇게 오랜 시간을 기다릴 수가 없다. 다행스럽게도 일정한 정도의 정밀도만 필요하기 때문에, 실제적인 상황에서는 5~10배의 열시정수 시간이면 준 평형상태에 도달한다고 볼 수 있다. 즉, $t = 5\tau$인 시점에 센서의 온도는 대상물체의 온도와 약 0.7% 정도의 온도차이만 있으며, $t = 10\tau$인 시점에는 0.005%의 온도차이만 존재한다. 이전까지는 이상적인 경우에 대해 알아보았지만, 지금부터는 보다 현실적인 내용에 대해 알아보고자 한다. 앞서의 첫 번째 가정인 주위환경의 열저항이 무한대고 아니고 일정한 값을 가지는 것이 현실적이다. 즉, $r_2 \neq \infty$이다. 이런 상황에서의 열시정수는 다음과 같다.

$$\tau_T = \frac{mc}{\alpha_1 + \alpha_2} = mc\frac{r_1}{1 + \dfrac{r_1}{r_2}} \tag{1-15}$$

이 경우 시간에 따른 온도변화는 그림 1-18과 같다. 이 결과에서 보듯이 아무리 오래 기다린다고 해도 센서 온도는 대상물체의 온도에 똑같이 도달하지 못한다. 그러므로 이 경우 평형상태에 도달하더라도 외부환경과의 열적 교류 때문에 실제 온도차이는 항상 δT만큼 존재하게 된다. 앞에서 설명된 열적인 내용은 접촉식 방법과 비접촉식 방법 모두에 적용되는 법칙이다. 접촉식과 비접촉식의 유일한 차이는 다음과 같다. 접촉식은 $r_1 \ll r_2$인 경우이며, 비접촉식은 $r_1 \gg r_2$인 경우이다. 달리 말하면, 접촉식 온도센서는 외부환경보다는 대상물체와 열적인 전도가 훨씬 좋다는 의미이며, 반대로 비접촉식은 대상물체와는 열적인 전도가 거의 없으며, 오히려 외부환경에 대한 열적인 전도가 지배적이라는 뜻이다. 따라서 접촉식 온도센서는 다음과 같은 구성요건을 갖추어야 한다.

그림 1-18 주위환경의 열저항이 무한대가 아닌 경우, 시간에 따른 온도변화

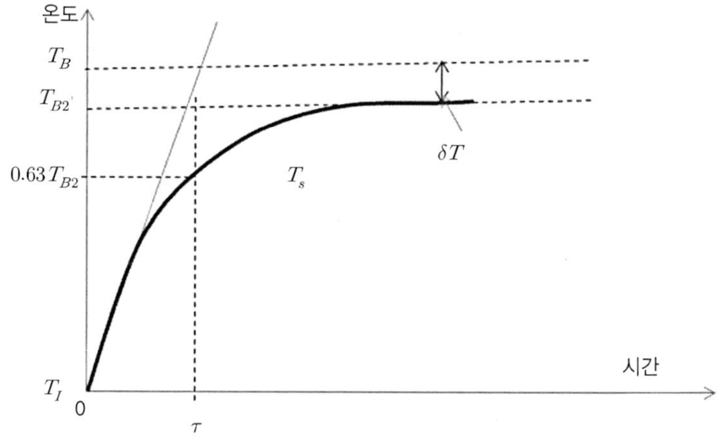

① 센서는 온도를 전기적인 신호로 바꾸어 주는 부분으로, 좋은 센서가 되기 위해서는 낮은 비열, 매우 작은 질량, 높은 열전도도, 온도에 따라 예측 가능한 민감도를 갖추어야 한다.

② 센서 신호선은 센서와 외부 전기회로 사이를 연결하는 전도성 도선이다. 따라서 신호선은 가능한 한 낮은 열전도도와 낮은 전기저항을 가져야 한다. 일반적으로 가격은 비싸지만 백금(platinum) 재료가 가장 적절하다. 또한 신호선은 센서를 지지하는 용도로 사용되기 때문에 기구적으로도 강해야 하며 안정적이어야 한다.

③ 센서 보호막은 센서를 외부환경과 분리하기 위해 필요한 것으로 보통 하우징 또는 코팅으로 처리한다. 좋은 보호막은 낮은 열저항(높은 열전도도)과 높은 전기저항을 가져야만 한다. 이렇게 해야만 수분이나 다른 요인으로부터 센서를 안정적으로 유지할 수 있다. 따라서 접촉식 온도센서 모듈의 형태는 그림 1-19와 같다.

1.6 비접촉식 온도 측정

접촉식은 측정하고자 하는 물체에 센서를 직접 접촉해서 측정하는 방법이고, 비접촉식은 물체에서 나오는 복사량을 측정해서 온도를 측정하는 방법이다. 비접촉식 온도계를 영

그림 1-19 접촉식 온도센서 모듈의 일반적인 구조

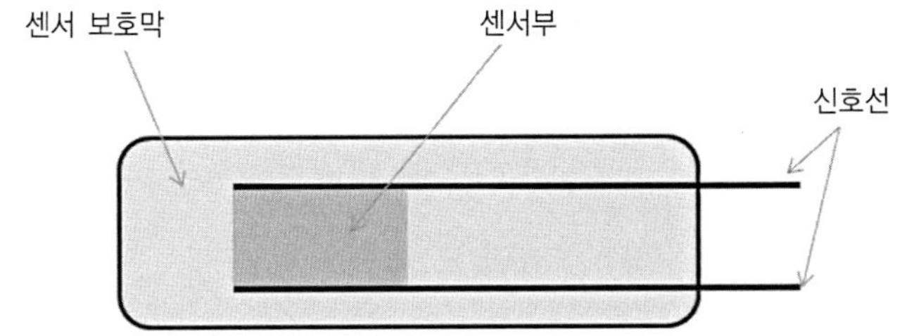

어로는 pyrometer라고 하는데, 이 용어는 그리스어로 열을 뜻하는 pyro에서 유래된 것이다. 1917년에 만들어진 최초의 pyrometer는 필라멘트로 만든 것인데, 필라멘트에서 나오는 가시광 색깔과 측정하고자 하는 금속에서 나오는 색깔을 눈으로 비교해서 온도를 유추한 것이었다. 주로 대장장이나 주물관련 종사자들이 사용한 방법이었으며, 고온의 금속 온도만 측정이 가능하였다. 이로 인해 pyrometer의 번역을 복사고온계 또는 고온계라는 용어로 번역이 되었다. 그러나 최근의 pyrometer는 영하의 물체 온도까지도 측정이 가능하므로 복사고온계 또는 고온계라는 표현은 맞지 않다. 따라서 pyrometer는 적외선 온도계로 번역을 하는 것이 옳으며, 이 책에서는 적외선 온도계로 통일하였다. 비접촉식인 적외선 온도계는 접촉식 온도계보다 다음과 같은 장점이 있다.

적외선 온도계의 가장 큰 장점은 온도 측정에 시간이 많이 소요되지 않는다는 것이다. 접촉식은 프로브 끝을 대상물체에 접촉을 해서 온도를 측정하는 방식으로 프로브 끝의 온도가 대상물체의 온도에 도달해야만 하는데, 열전도 특성 때문에 시간이 많이 소요된다. 그러나 적외선 온도계는 대상물체의 복사로부터 온도를 측정하기 때문에 ms(1/1,000초) 이내에 온도 측정이 가능하다. 이러한 특성으로 움직이는 물체의 온도 측정도 가능하다. 접촉식과 비접촉식의 온도 측정시간 차이는 그림 1-20과 같다. 다음 장점으로 적외선 온도계는 측정 대상물에 어떠한 영향도 주지 않고 측정이 가능하다. 적외선 온도계는 대상물체에서 나오는 복사 에너지의 양을 이용해서 온도를 유추하므로 온도를 측정하는 동안 물체에 어떠한 영향도 주지 않는다. 반면 접촉식은 측정하기 위해 프로브 끝을 물체 표면에 접촉을 해야만 하는데, 접촉한 자리의 표면 온도에 변화가 일어날 가능성이 있다. 반대로 프로브 끝 부분의 잦은 온도 변화로 인해 프로브의 수명이 짧아질 수 있다. 그러나 적외선 온도계는 비접촉식이므로 접촉식 센서에 비해 센서가 고장이 날 확률이 매우 낮다.

그림 1-20 접촉식과 비접촉식의 온도 측정 시간 비교

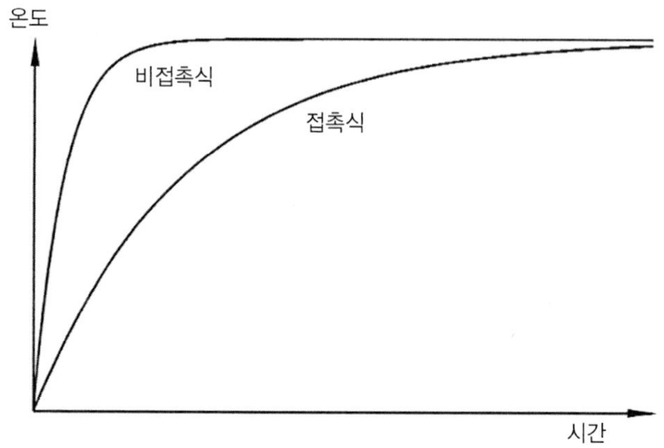

또한 적외선 온도계는 광학계를 잘 구성하면 작은 물체의 온도도 측정이 가능하다. 최근의 광학 기술로 0.2 mm 직경의 물체 온도 측정이 가능하며, 접촉식에서는 불가능한 매우 얇은 선의 온도 측정도 가능하다. 또한 접촉식에서는 측정이 불가한 매우 높은 온도의 대상물체, 해독성 물질 또는 물리적으로 접촉이 불가능한 대상물에 대한 온도 측정이 가능하다는 점이다.

열은 매우 서서히 전달되는 특성이 있기 때문에 얇은 호일과 플라스틱 필름과 같이 열전도율이 낮은 물체, 낮은 열용량 물체, 매우 작은 질량의 물체 등의 온도를 접촉식으로 측정하기에는 부적합하다. 그러나 비접촉식으로는 이러한 문제점을 극복할 수 있다. 또한 적외선 온도계로 우주 행성의 온도나 태양 표면의 온도처럼 멀리 떨어져 있는 물체의 온도, 용광로 내부의 매우 높은 온도, 음식의 조리 중, 음식보관의 온도 조절이 필요한 경우 등 접촉식 방법으로 할 수 없는 것을 적외선 온도계로는 측정이 가능하다.

이상과 같은 많은 장점이 있음에도 비접촉식으로 온도를 측정할 때에는 다음과 같은 주의사항이 필요하다.

① 온도를 측정하고자 하는 대상물과 온도계 사이에 먼지나 연기 등의 장애물이 없어야 한다.

② 비접촉식 온도계의 광학계 부분이 먼지나 액체 등에 오염이 되지 않도록 해야 한다.

③ 측정 대상물의 크기는 광학계에서 바라보는 면적보다 커야 한다.

SI 표준 단위(출처 : 한국표준과학연구원)

물리량	이름	단위	정의 (정의 연도)
길이	Meter	m	진공 속에서 빛이 1/299,792,458ch 동안 진행한 거리(1983)
질량	Kilogram	kg	90% platinum + 10% iridium 표준기(1901)
시간	Second	s	세슘 133 원자의 바닥상태에 있는 두 초미세 준위간의 전이에 대응하는 복사선의 9,182,631,770 주기의 지속시간(1967)
전류	Ampere	A	무한히 길고 무시할 수 있을 만큼 작은 원형 단면적을 가진 두 개의 평행한 직선 도체가 진공 중에서 1 m 간격으로 유지될 때, 두 도체 사이에 매 미터 당 2×10^{-7} N의 힘을 생기게 하는 전류(1948)
온도	Kelvin	K	물의 삼중점을 기본 고정점으로 선정하고 이 고정점 온도의 1/273.16(1967)
물질량	Mole	mol	탄소 12의 0.012 kg에 있는 원자의 개수와 같은 수의 구성요소를 포함한 어떤 물질계의 물질량(1971)
광도	Candela	cd	진동수 540×10^{12} Hz인 단색광을 방출하는 광원의 복사도가 어떤 주어진 방향으로 매 스테라디안(sr) 당 1/683 W일 때 이 방향에 대한 광도(1979)

특별한 명칭을 가진 SI 유도단위

(국가표준기본법 시행령, 대통령령 제22534호, 2010.12.20. 공포시행)

물리량	SI 단위			
	명칭	기호	다른 단위	SI 기본단위
평면각	radian	rad		$m \cdot m^{-1} = 1$
입체각	steradian	sr		$m^2 \cdot m^{-2} = 1$
진동수	Hertz	Hz		s^{-1}
힘	Newton	N		$m \cdot kg \cdot s^{-2}$
압력, 응력	Pascal	Pa	N/m^2	$m^{-1} \cdot kg \cdot s^{-2}$
에너지, 일, 열량	Joule	J	$N \cdot m$	$m^2 \cdot kg \cdot s^{-2}$
일률, 전력	Watt	W	J/s	$m^2 \cdot Kg \cdot s^{-3}$
전하량	Coulomb	C		$A \cdot s$
전위, 전위차, 기전력	volt	V	W/A	$m^2 \cdot kg \cdot s^{-3} \cdot A^{-1}$
전기용량	farad	F	C/V	$m^{-2} \cdot kg^{-1} \cdot s^4 \cdot A^2$
전기저항	ohm	Ω	V/A	$m^2 \cdot kg \cdot s^{-3} \cdot A^{-2}$
전기전도도	Siemens	S	A/V	$m^{-2} \cdot kg^{-1} \cdot s^3 \cdot A^2$
자기력선속	weber	Wb	$V \cdot s$	$m^2 \cdot kg \cdot s^{-2} \cdot A^{-1}$
자기력선속밀도	Tesla	T	Wb/m^2	$Kg \cdot s^{-2} \cdot A^{-1}$
인덕턴스	Henry	H	Wb/A	$m^2 \cdot kg \cdot s^{-2} \cdot A^{-2}$
섭씨온도	Celsius	℃		K
광선속	lumen	lm	$cd \cdot sr$	$cd \cdot sr$
조명도(광조도)	lux	lx	lm/m^2	$m^{-2} \cdot cd \cdot sr$
방사능	becquerel	Bq		s^{-1}
흡수선량	gray	Gy	J/kg	$m^2 \cdot s^{-2}$
선량당량	sievert	Sv	J/kg	$m^2 \cdot s^{-2}$
촉매활성도	katal	kat		$mol \cdot s^{-1}$

끓는점의 정의[7]

액체가 끓고 있을 때의 온도로 비등점이라고도 한다. 즉, 액체를 가열할 때 액체 표면에서 증발이 일어날 뿐만 아니라 액체 내부에서도 기화가 일어나는 온도를 말한다. 액체를 가열하면 액체가 증발하기 시작하므로 액체의 증기압이 커지게 되는데, 액체의 증기압이 외부의 압력과 같아지면 액체가 끓기 시작한다. 이때의 온도가 액체의 끓는점이므로 외부의 압력에 따라 끓는점은 변화하게 되며, 일반적으로 외부의 압력이 커질수록 끓는점은 높아지고 압력이 낮아지면 끓는점도 낮아진다. 따라서 액체의 끓는점을 나타낼 때에는 반드시 기압을 함께 표시해 주어야 한다. 보통 1기압 하에서 액체가 끓는 온도를 그 액체의 끓는점이라고 하는데, 특별히 1기압에서의 끓는점을 기준 끓는점이라고 하며, 물의 기준 끓는점은 100℃이다.

끓는점은 간단히 b.p(boiling point)로 나타내며, 순수한 물질은 물질 고유의 끓는점을 가지고 있으므로 끓는점을 측정하면 물질의 종류를 구별할 수 있다. 액체가 끓고 있는 동안에는 공급된 열이 액체 분자 사이의 인력을 끊어 기체로 만드는 데 쓰이므로(증기열이라고 함) 온도가 일정하게 유지된다. 따라서 순수한 액체의 가열 곡선에서 수평한 부분의 온도가 액체의 끓는점이다. 소금물처럼 물에 다른 물질이 녹아 있는 용액은 용질이 액체의 끓음을 방해하므로 순수한 물보다 끓는점이 높아지는데, 이를 끓는점 오름이라고 하다.

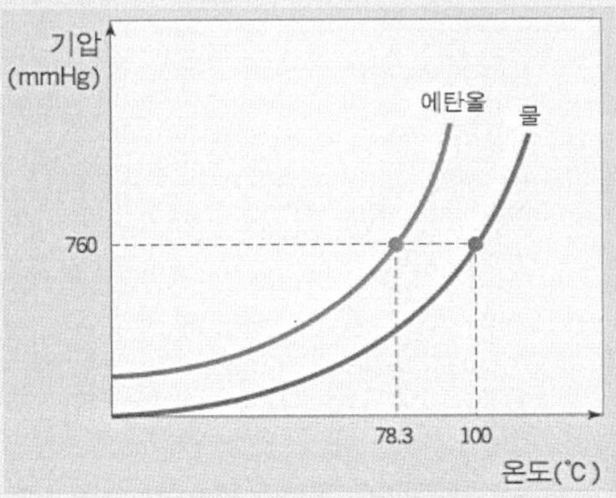

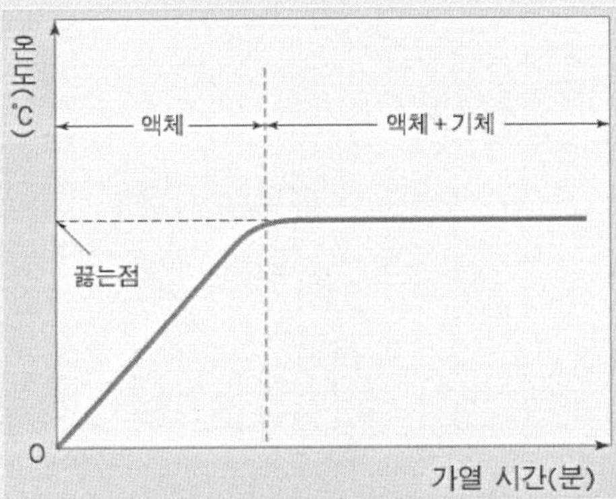

녹는점의 정의[8]

녹는점은 용융점 또는 융해점이라고도 한다. 녹는 물질이 순수한 물질이라면 그 물질이 녹는 동안 가열하여도 온도가 일정하게 유지되는 일정 온도구간이 나타나며, 고체와 액체가 공존할 때의 온도를 녹는점이라 한다. 순수한 물질은 녹는점(melting point)과 어는점(freezing point)이 항상 같으며, 각 물질마다 녹는점은 모두 다르므로 그 물질만이 가지는 고유한 성질인 물질의 특성이 된다. 아래 그림에서 보이는 녹는점에서 일정온도 구간이 나타나는 이유는 고체가 녹고 있는 동안 흡수한 열(융해열이라고 함)이 물질의 상태를 고체상태에서 액체상태로 변화시키는 데에 사용되기 때문이다. 일반적으로 압력 1기압에서의 융해온도를 그 물질의 녹는점이라 하며, 불순물이 함유되어 있거나 압력이 변하면 녹는점도 달라진다. 유리, 플라스틱 등 비결정질 고체에는 녹는점이 뚜렷하게 나타나지 않는다.

순수한 물질은 온도가 어는점 아래로 내려가도 얼지 않기도 한다. 이러한 현상을 과냉각(supercooling)이라고 한다. 과냉각은 액체가 평형상태에서의 상변화 온도 이하로 냉각되어도 상변화를 일으키지 않는 현상이다. 예를 들어, 보통의 물은 1기압에서 0℃에서 얼지만, 얼음의 핵을 형성할 물질이 없는 순수한 물은 −42℃까지 냉각되어도 얼지 않기도 한다. 과냉각 상태에 있는 물을 얼리려면 다른 이온이나 먼지입자를 넣어주거나 흔들어주면 된다. 이러한 원리는 인공강우에 이용되고 있다.

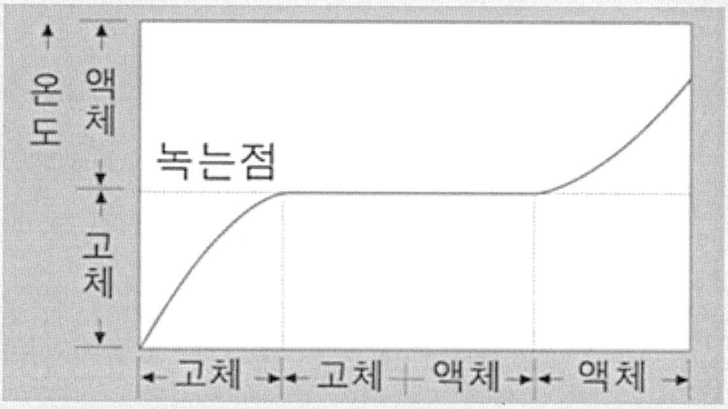

삼중점의 정의[9]

물질의 상태는 온도와 압력에 의해 달라진다. 이때 고체, 액체, 기체 3가지 상태가 공존하는 온도와 압력 조건을 삼중점(triple point)이라고 한다. 아래 그림에서와 같이 삼중점 이하의 압력에서는 기체의 온도를 낮추어도 액화되지 않고 곧바로 고체로 승화한다. 물은 삼중점에서의 압력이 대기압인 1기압보다 낮은 0.006기압이기 때문에 수증기의 온도를 낮추면 액화하지만, 이산화탄소는 삼중점에서의 압력이 5.1기압이기 때문에 일반적인 대기압 상태에서 냉각시키면 액체 상태를 거치지 않고 곧바로 고체로 승화한다. 이산화탄소를 액체로 만들기 위해서는 압력을 5.1기압 이상으로 올린 후 냉각시키면 된다. 대표적인 물질의 삼중점 값은 아래 표와 같다.

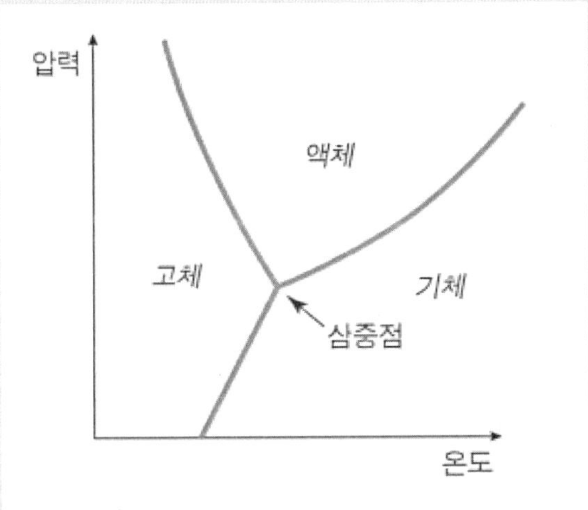

재료	온도(K)	압력(kPa)	재료	온도(K)	압력(kPa)
아세틸렌	192.4	120	질소	63.18	12.6
암모니아	195.40	6.076	에탄올	150	4.3×10^{-7}
아르곤	83.81	68.9	헬륨	2.19	5.1
수은	234.2	1.65×10^{-7}	백금	2045	2.0×10^{-4}
수소	13.84	7.04	티타늄	1941	5.3×10^{-3}
산소	54.36	0.152	물	273.16	0.6117

1.7 ITS-90 요약

1990년에 개최된 국제도량형총회에서 백금저항온도계가 표준 온도계로 정해졌는데, 이에 대한 상세 규격은 ITS-90에 정의되어 있다. 백금저항온도계를 아르곤의 삼중점(Ar TP, Argon triple point, −189.3442℃)에서 은의 어는점(Ag FP, Silver freezing point, 961.78 ℃)의 영역까지 표준 온도계로 사용하도록 규정하였으며, 아울러 이 온도 영역사이에서 교정을 위한 표준 온도에 해당하는 몇 개의 고정점(fixed points)을 표 1-7과 같이 정의하였다.

ITS-90에서 온도교정을 위해 두 개의 기준함수(reference function)와 8개의 편차함수(deviation function)를 정의하였는데, 각 구간별 온도범위(subrange)에 대한 편차함수는 표 1-8과 같다. 이에 대한 자세한 설명은 부록 A에 정리되어 있다. 표에 있는 편차함수의 저항비율 W는 $W = R(T_{90}) / R(273.16K)$로 정의된 비율이며, $R(T_{90})$은 측정된 백금저항 온도계의 저항(resistance)이며, $R(273.16K)$는 물의 삼중점 온도인 273.16K의 온도에서 측정된 저항이다. 편차함수는 다음과 같은 측정된 저항비율과 기준함수(W_r)의 차이로 정의된다.

$$\Delta W = W - W_r \tag{1-16}$$

ITS-90에서 아르곤 삼중점과 물의 삼중점 사이의 구간온도에 대한 기준함수는 다음과

표 1-7 ITS-90에서 규정한 고정점

ITS-90 고정점	T(K)	t(℃)
Ar TP	83.8058	−189.3442
Hg TP	234.3156	−38.8344
TPW(H_2O TP)	273.16	0.01
Ga TP	302.9166	29.7666
In FP	429.7485	156.5985
Sn FP	505.078	231.928
Zn FP	692.677	419.527
Al FP	933.473	660.323
Ag FP	1234.93	961.78

TP = triple point(삼중점), FP = freezing point(녹는점)

표 1-8 구간별 온도범위에 대한 고정점 및 편차함수(ITS-90 기준)

온도범위(℃)	고정점	편차함수
−189.3442~0.01	Ar TP, Hg TP, TPW	$\Delta W = a_4(W-1) + b_4(W-1)\ln W$
−38.8344~29.7646	Hg TP, TPW, Ga TP	$\Delta W = a_5(W-1) + b_5(W-1)^2$
0~29.7646	TPW, Ga TP	$\Delta W = a_1(W-1)$
0~156.5985	TPW, Ga TP, In FP	$\Delta W = a_{10}(W-1)$
0~231.928	TPW, In FP, Sn FP	$\Delta W = a_9(W-1) + b_9(W-1)^2$
0~419.527	TPW, Sn FP, Zn FP	$\Delta W = a_8(W-1) + b_8(W-1)^2$
0~660.323	TPW, Sn FP, Zn FP, Al FP	$\Delta W = a_7(W-1) + b_7(W-1)^2 + c_7(W-1)^3$
0~961.78	TPW, Sn FP, Zn FP, Al FP, Ag FP	$\Delta W = a_6(W-1) + b_6(W-1)^2 + c_6(W-1)^3 + d(W - W(660.323℃))^2$

같이 정의되어 있다.

$$\ln(W_r) = A_0 + \sum_{i=1}^{12} A_i \{[\ln(T_{90}/273.16K) + 1.5]/1.5\}^i \qquad (1\text{-}17)$$

식 (1-17)의 기준함수의 계수는 부록 A에 있는 표 A-6과 같다. 식 (1-17)의 근사적인 역함수는 다음과 같다.

$$T_{90} = \left\{B_0 + \sum_{i=1}^{15} B_i\left[\left((W_r)^{1/6} - 0.65\right)/0.35\right]^i\right\} \times 273.16K \qquad (1\text{-}18)$$

역함수를 사용하는 경우 온도오차는 약 ±0.1 mK 정도이다. 식 (1-18)에 있는 계수들의 값은 부록 A에 있는 표 A-6과 같다. ITS-90에서 구간온도 0℃부터 Ag FP(961.78℃)에 대한 기준함수는 다음과 같이 정의되어 있다.

$$W_r = C_0 + \sum_{i=1}^{9} C_i\left[(T_{90} - 745.15)/481\right]^i \qquad (1\text{-}19)$$

식 (1-19)의 기준함수의 계수는 부록 A에 있는 표 A-6과 같다. 식 (1-19)의 근사적인 역함수는 다음과 같다.

$$T_{90} = D_0 + \sum_{i=1}^{9} D_i \left[\left(W_r - 2.64 \right) / 1.64 \right]^i + 273.15K \tag{1-20}$$

역함수를 사용하는 경우 온도오차는 약 ±0.13 mK 정도이다. 식 (1-20)에 있는 계수들의 값은 부록 A에 있는 표 A-6과 같다. 그리고 ITS-90에서 661℃ 이하의 온도에 대한 저항비율은 $W(\text{Ga MP}) \geq 1.11807$ 또는 $W(\text{Hg MP}) \leq 0.844235$로 정의되어 있으며, 661~962℃ 구간온도에서의 저항비율은 $W(\text{Ag FP}) \geq 4.2844$로 정의되어 있다. ITS-90에 대한 상세한 내용은 부록 A에 정리되어 있다.

Part II

접촉식 온도 센서

CHAPTER 02

열저항 센서

2.1 저항의 정의

재료 내의 전자는 밀폐된 컨테이너 내부의 가스와 같이 불규칙적으로 움직이며, 특정 방향도 없고 재료 내부의 평균 전자 농도는 일정한 특성이 있다. 그림 2-1과 같이 길이가 l인 임의의 재료로 된 바의 양 끝단에 전압이 V인 배터리를 연결하면, 재료 내부에서의 전기장 E는 다음과 같다.

$$E=\frac{V}{l} \tag{2-1}$$

예를 들어 바의 길이가 1 m이고 배터리의 전압을 1.5 V라고 가정하면 전기장은 1.5 V/m의 세기를 가질 것이다. 이러한 전기장은 자유전자들에 작용을 해서 전기장의 방향에 일치하도록 움직이게 하여 재료 내부에 전류가 생성된다. 이 경우 전하 q가 이 재료 내부를 지난다고 하면, 정의에 의해 다음과 같이 단위 시간당 전하의 변화량이 전류가 된다.

$$i=\frac{dq}{dt} \tag{2-2}$$

전류의 SI 단위는 ampere로 1 ampere=1 coulomb/1s이며, 줄여서 A로 표시한다. 전류와 저항에 대한 소위 "국제" 전기단위는 1893년 국제전기협의회에서 최초로 도입되었고, 1948년 제9차 국제도량형총회에서 전류의 단위인 암페어는 무한히 길고 무시할 수 있을 만큼 작은 원형 단면적을 가진 두 개의 평행한 직선 도체가 진공 중에서 1미터의 간격으

그림 2-1 재료 내의 전압에 의한 전류 생성 방향

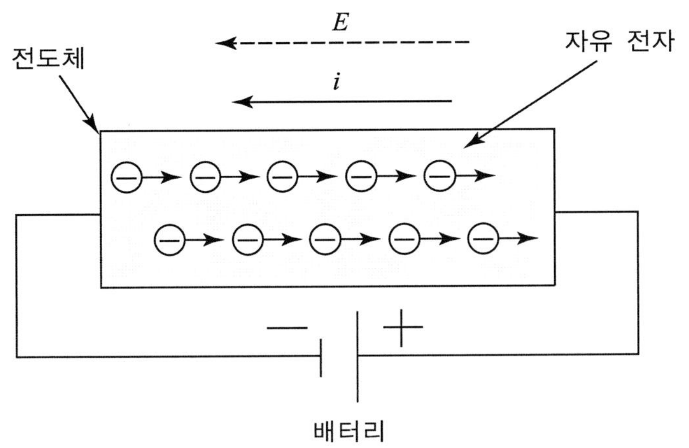

로 유지될 때, 두 도체 사이에 매 미터 당 2×10^{-7} 뉴턴(N)의 힘을 생기게 하는 일정한 전류로 정의하였다. ampere는 매우 큰 전류의 세기이므로 센서공학에서는 다음과 같이 일반적으로 이보다 훨씬 작은 단위를 사용한다.

1 microampere(μA)	$= 10^{-6}$ A
1 nanoampere(nA)	$= 10^{-9}$ A
1 picoampere(pA)	$= 10^{-12}$ A
1 femtoampere(fA)	$= 10^{-15}$ A

재료의 단면적 형태, 균질성 여부에 관계없이 어떤 단면적을 통과하는 전류는 주어진 전기장 하에서는 항상 일정하다. 이것은 서로 다른 직경으로 된 여러 개의 파이프를 흐르는 물과 동일한 개념이다. 즉 좁은 파이프로는 물이 빨리 흐르고 넓은 파이프 쪽에서는 물이 천천히 흐르는데, 단위 시간당 어떤 단면적을 통과하는 물의 양은 항상 일정하다. 이러한 이유는 파이프 속에 있는 물은 소멸되거나 새로 만들어지는 것이 아니기 때문이다. 이와 동일한 원리가 전류에도 적용이 된다. 물리학의 기본 법칙 중의 하나가 전하보존의 법칙이다. 정상상태 조건에서 재료 내에 있는 전하는 없어지지도 생성되지도 않는다.

전기 전도에 대한 간단한 메커니즘은 다음과 같다. 구리 전선과 같은 전도성 재료는 주기적으로 배치된 스프링과 같은 양전하를 가진 구리 이온들로 모델링할 수 있다. 이온들은 강한 전자기력에 의해 서로 구속되어 있다. 각각의 구리 원자들은 하나의 전도성 전자를 가지고 있는데, 이 전자는 격자 사이를 자유롭게 움직일 수 있다. 전기장 E가 구리 재료에 가해지면, 각 전자에는 $-eE$의 힘이 작용한다. 이 힘에 의해 전자는 가속이 되어 움직이게 된다. 그러나 원자 주위에 있는 전자들은 재료온도에 의해 끊임없이 진동을 하고 있으며, 이와 같은 진동을 하는 이웃 원자들 주위의 전자들에 의해 충돌이 일어나 매우 짧은 거리만 움직일 수 있다. 이러한 충돌로 전자의 운동에너지는 격자로 전달되거나 양의 이온에 포획된다. 임의의 전자가 포획이 되면, 다른 전자가 전기장의 방향에 따라 움직이게 되고 또 그 이웃의 격자와 충돌한다. 이러한 충돌사이의 평균 시간을 τ라고 하며, 이 시간은 재료의 종류, 구조, 불순물의 양에 따라 달라진다. 예를 들면, 상온에서 순수한 구리에서의 전도전자는 충돌시간 $\tau = 2.5 \times 10^{-14}$ s 동안에 약 0.04 μm 정도 움직인다. 전자들의 흐름 또는 일정한 표류는 재료 내부에서 유지되며, 재료 내의 원자들과의 전자충돌은 재료를 들뜨게 한다. 결과적으로 재료의 온도를 올리는 역할을 하게 된다. 이러한 이유로 저항성 재료에 전류를 흘리게 되면 소위 Joule 열이 발생하게 된다.

전류의 방향은 전기장의 방향과 일치하며, 전자흐름과는 반대방향이다. 그러므로 전류는 배터리의 양극에서 음극으로 흐르며, 전자는 이와 반대 방향으로 움직인다. 파이프를 따라 흐르는 물과는 달리, 전자가 양극 쪽으로 움직이기 시작하기 전에 미리 전자들이 충전될 필요는 없다. 전자들은 항상 도체 내부에 존재한다. 전도체 내에서 전기장은 전도체 내에서 빛의 속도로 전달되기 때문에, 전류는 전도체 내의 모든 부분에서 거의 동시에 나타난다고 볼 수 있다.

두 종류의 다른 재질로 동일한 형태의 봉(rod)을 만든다고 하면, 예를 들어 구리와 유리로 만든 봉에 동일한 전압을 가하게 되면, 이때 발생하는 전류는 매우 다르게 나타나는데, 이와 같이 전류를 잘 흐르게 하는 능력을 저항이라 부르며, Ohm의 법칙에 의해 저항은 다음과 같이 정의된다.

$$R = \frac{V}{i} \tag{2-3}$$

인덕턴스와 축전 기능이 없는 순수한 저항체 재료에서는 전압과 전류의 위상은 같아, 전류와 전압은 저항에 의해 항상 동일하게 변한다. 그리고 저항특성을 가지고 있는 재료를 저항체라고 부른다. 저항의 SI 단위 표현은 1ohm(Ω) = 1 volt/1ampere이며, 크기에 따라 다음과 같이 사용한다.

1 milliohm(mΩ)	$= 10^{-3}$ Ω
1 kilohm(kΩ)	$= 10^{3}$ Ω
1 megohm(MΩ)	$= 10^{6}$ Ω
1 gigohm(GΩ)	$= 10^{9}$ Ω
1 terohm(TΩ)	$= 10^{12}$ Ω

전류를 물의 흐름과 비교하면, 파이프 내의 압력(Pascal)은 저항체 내에 흐르는 전압(V)과 같으며, 전류(C/s)는 물의 양(L/s)과 같으며, 저항(Ω)은 파이프 내 물의 흐름을 방해하는 것과 같다. 물의 흐름은 파이프가 짧고, 넓고, 아무런 방해물이 없을 때 잘 흐른다. 만약 파이프 내부에 필터가 있다면 물의 흐름은 방해를 받아 물 흐름의 저항이 커지게 된다. 인체의 혈관 내를 피가 흘러 다니는 것과 유사하다.

전기회로의 디자인은 키르히호프(Kirchhoff) 법칙에 따라 설계를 하는데, 이는 독일 물리학자인 Gustav Robert Kirchhoff(1824-1887)의 이름에서 따 온 것으로, 원래 배관 연결을 위해 고안된 아이디어를 전기 회로에 적용한 것이다. 저항은 소자의 특성이며, 저항체의 재료와 구조에 따라 달라진다. 따라서 재료 자체의 특성을 규정하기 위한 것으로 비저항(specific resistivity) ρ는 다음과 같이 정의한다.

$$\rho = \frac{E}{j} \tag{2-4}$$

여기서, 전류밀도 $j = i/A$이며, A는 재료의 단면적이다. 비저항의 SI 단위는 Ω · m이다. 비저항의 역수를 전도도(conductivity) $\sigma = 1/\rho$로 정의하여 자주 사용하는 물성 중의 하나이며, 전도도의 SI 단위는 $[1/\omega]$의 단위를 갖는 siemens이다.

평균충돌시간 τ, 전하량 e, 전자질량 m, 단위 체적당 전도 전자수 n을 사용하여 어떤 재료의 비저항은 다음과 같이 정의한다.

$$\rho = \frac{m}{ne^2\tau} \tag{2-5}$$

그리고 전도체의 단면적 A, 길이 l이라 하면 저항과 비저항은 다음과 같다. 여기서

(l/A)를 기하학적 인자라고 한다.

$$R = \rho\left(\frac{l}{A}\right) \tag{2-6}$$

전도체의 비저항 또는 전도도는 항상 일정하지 않고 온도 t에 따라 변하는데, 상대적으로 좁은 온도 대역에서는 근사적으로 선형적인 관계로 볼 수 있기 때문에 비저항과 온도와의 관계는 다음과 같다.

$$\rho = \rho_0\left(1 + \alpha\frac{t - t_0}{t_0}\right) \tag{2-7}$$

여기서, ρ_0는 표준온도(보통은 0℃ 또는 25℃를 기준으로 함) t_0에서의 비저항이다. 넓은 온도범위에서 저항은 온도에 따라 선형적인 관계는 아니다. 그림 2-2는 텅스텐 금속의 온도에 따른 저항특성 변화인데, 선형적인 관계로 고려를 해도 그렇게 큰 오차는 발생하지 않는다. 그러나 2차 함수를 이용하면 보다 넓은 온도영역에서 더 정확한 계산이 가능하다. 온도 t를 ℃, ρ를 $\Omega \cdot$m로 하여 이차식을 유도하면 다음과 같다.

그림 2-2 텅스텐 금속의 온도에 따른 비저항 특성

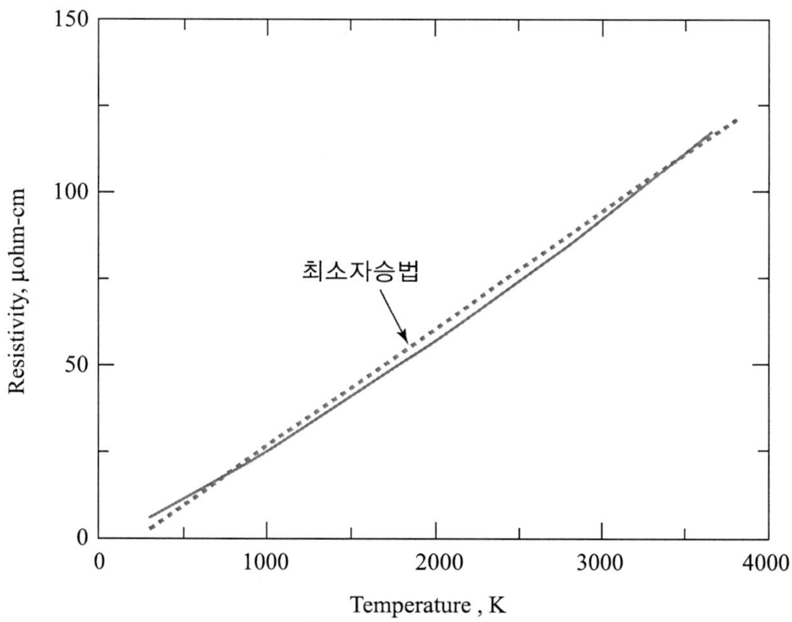

$$\rho = 4.45 + 0.0269t + 1.914 \times 10^{-6} t^2 \qquad (2\text{-}8)$$

대부분의 금속들은 온도가 증가하면 저항이 증가하는 양의 온도계수(PTC, positive temperature coefficient) 특성을 가지고 있으나, 반도체와 산화물은 대부분 음의 온도계수(NTC, negative temperature coefficient) 특성을 가지고 있다. 금속에서 온도가 증가하면 자유전자가 그만큼 많아져서 충돌이 일어날 확률이 점점 높아지기 때문에 저항이 증가하는 원인이 된다. 반면 반도체는 온도가 증가하면 저항에 기여하는 소수운반자 농도가 증가하며, 전류에 기여하는 전하의 농도가 높아지므로 저항이 작아진다. 저항체를 전기회로에 사용할 때, 그것의 저항은 가능한 한 온도에 따라 변화가 작아야 한다. 좋은 저항체는 온도계수 $\alpha = 10^{-5}$ 또는 이 보다 작은 재료이다. 그러나 센서 기술에서는 온도계수가 높거나 예측이 가능한 나쁜 저항체가 센서로 좋은 역할을 한다. 온도 측정용으로 서미스터(thermal과 resistor의 합성어)와 저항형 온도 센서(RTD, resistive temperature detector)가 주로 사용되는데, 이들의 온도계수는 매우 크다.

1821년에 험프리 다비(Humpry Davy)는 금속의 전기저항은 온도에 따라 변한다는 사실을 밝혔으며, 1871년에 윌리엄 지멘스(William Siemens)는 처음으로 백금저항이 온도계로 사용이 가능함을 보였으며, 1887년에 휴 캘린더(Hugh Callendar)는 실제로 사용이 가능한 백금저항온도계를 소개하였다. 1930년에 사무엘 루벤(Samuel Ruben)이 서미스터 온도계를 발표하였다. 이와 같이 금속성 재료 또는 세라믹 재료들이 온도에 따라 저항이 변하는 특성을 가진 센서를 열저항(thermoresistive) 센서라고 부른다. 온도와 저항이 상관관계를 가지고 있기 때문에 저항을 측정하여 온도를 유추하는 방법이다.

이와 같은 열저항 센서는 회로부가 간단하고, 높은 민감도, 장시간의 안정성 등의 장점이 있다. 이러한 센서는 RTD(resistance temperature detector), 서미스터, 다이오드 센서 등 3가지 그룹으로 나눌 수 있다. RTD 센서는 금속성 재료의 온도에 따른 저항 특성을 이용한 센서이며, 대표적인 것이 백금온도센서이다. 이 센서는 앞장에서 설명되었듯이 ITS-90의 표준온도센서로 사용되고 있다. 서미스터는 세라믹 반도체 재료의 온도에 따른 저항 특성을 이용한 센서이며, 다이오드 센서는 반도체의 pn 접합 다이오드의 온도에 따른 전류변화 특성을 이용한 센서이다.

2.2 RTD(Resistance Temperature Detector) 센서

모든 금속 재료들뿐만 아니라 일부 반도체들도 온도에 따라 저항이 변하는 특성을 가지고 있다. 이러한 특성을 이용하면 훌륭한 온도센서로 사용이 가능하다. 특히 금속성 물질의 저항 변화를 이용해서 온도를 측정하는 센서를 RTD(resistance temperature detector) 센서라고 하며, 세라믹 재료의 저항 변화를 이용해서 온도를 측정하는 센서를 서미스터(thermistor)라고 한다. 두 센서 모두 온도에 따라 저항이 변하는 특성을 이용해서 저항을 모니터링 하여 온도를 역으로 추정하는 센서이다. 금속 재료를 이용한 RTD 센서는 매우 넓은 온도영역에서 우수한 정밀도로 온도를 측정할 수 있다. RTD용으로 순수한 금속재료를 사용하며, 주로 백금, 니켈, 구리, 텅스텐 등의 재료가 사용 가능하며, 대표적인 재료의 온도에 따른 저항 변화는 그림 2-3과 같다. 백금이 정밀도, 안정성, 반응시간 등에서 우수한 특성을 가지고 있어 주로 백금이 가장 많이 사용된다.

백금은 열팽창계수가 유리와 거의 유사하며, 공기 및 수분에 대해 매우 안정적이며, 고온으로 가열하여도 변하지 않는 특성이 있다. 백금을 이용한 고전적인 RTD의 구조는 1932년 메이어(C.H. Meyers)의 의해 고안되었다. 그는 그림 2-4와 같이 십자가 모양의

그림 2-3 RTD 재료의 온도에 따른 저항 특성

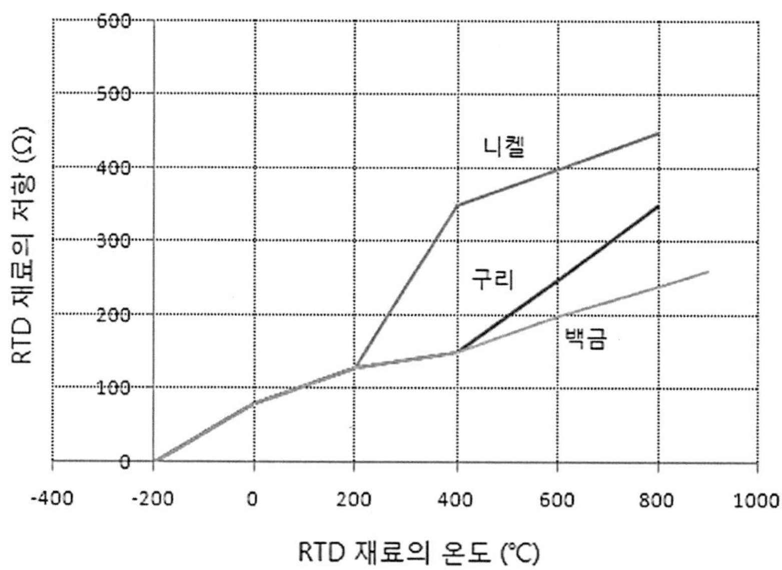

그림 2-4 메이어가 제안한 백금 RTD 디자인

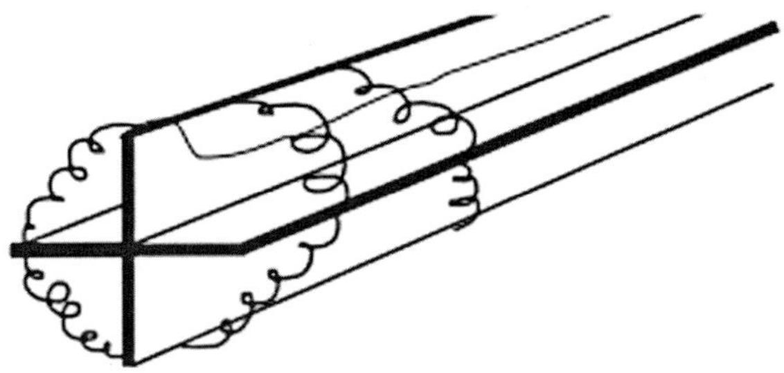

운모판 위에 나선형의 백금선을 감고 그것을 유리튜브에 부착하였는데, 이런 구조는 저항을 최대로 올리면서도 선재에 가해지는 스트레인(변형)을 최소화하기에 적합한 구조이었다.

이 구조는 백금선을 매우 안정적으로 유지하게 하지만, 백금과 측정 배선 사이의 열적 접촉이 불안정하여 매우 느린 열반응 시간을 보였다. 따라서 이러한 구조적인 문제점 때문에 오늘날 거의 사용하지 않고 있다. Meyers의 개념을 이용하여 에반스와 번스(Evans and Burns)는 그림 2-5와 같은 새장(bird cage) 디자인을 제안하였는데, 이것은 시간과 온도에 의해 유발되는 저항제약은 최소로 줄일 수 있었으며, 이런 형태의 RTD 센서는 실험실 연구용으로 주로 사용되었다. 그러나 깨어지기 쉽고 진동에 민감한 구조로 인해 산업용으로 사용하기에는 부적합하였다. 그 이후 그림 2-6과 같은 구조로 산업용에서 사용

그림 2-5 에반스와 번스가 제안한 새장 모형

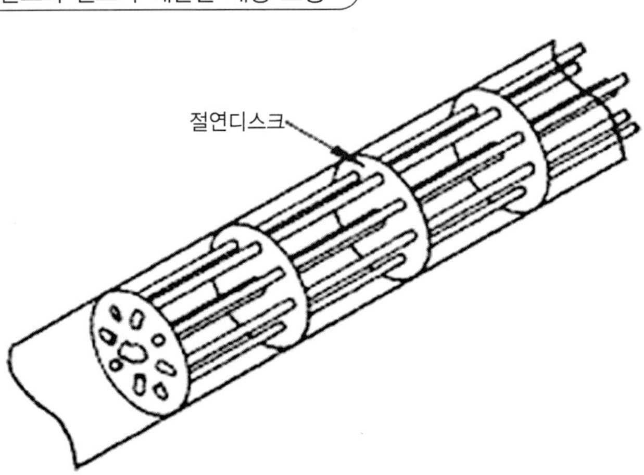

그림 2-6 산업용으로 개선된 RTD 디자인

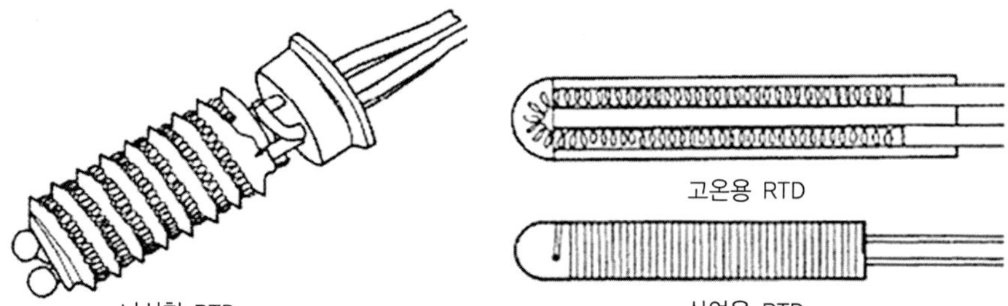

할 수 있는 디자인들이 제안되었는데, 백금선을 세라믹 코어나 유리관에 감아서 자기적인 유도나 잡음을 제거할 수 있는 권선형(wire wounded)을 디자인하였다. 백금선을 세라믹 코어에 감고난 후에는 유리를 녹여서 완전히 밀봉시켰다. 백금선과 세라믹 코어의 열팽창 계수가 완전히 일치하지 않기 때문에 시간이 지나면서 백금선의 열팽창에 의해 저항이 변하게 되고, 결과적으로 백금선 자체의 저항이 변하게 되었다.

현대적인 제조 방법은 세라믹 기판 위에 백금 또는 기타 금속을 얇게 증착시켜 박막형 또는 필름형 도체로 만드는데, 이러한 박막 타입의 증착 기술로 인해 고저항을 유지시키기 위해 여러 번 감아야 하는 노고를 줄일 수 있게 되었고, 결과적으로 매우 저렴한 RTD 센서의 대량생산이 가능하게 되었다. 이와 같은 박막 타입의 RTD는 권선형의 형태보다는 덜 안정적이지만, 크기가 작고 생산비용이 덜 들고, 사용자에게 편리하기 때문에 가장 많이 사용되고 있다. 현재 사용 중인 상업용 권선형과 박막형의 구조는 그림 2-7과 같다.

선재를 코일로 감은 형태의 권선형은 선재를 코일로 감은 형태와 세라믹 맨드릴 주위에 선재를 감은 형태가 있으며, 이때 사용하는 백금 선재의 직경은 약 0.0005~0.0015 inch 정도이다. 백금선과 연결하기 위해 직경이 약 0.008~0.015 inch 정도인 신호선을 사용한다. 이 형태는 500℃까지는 측정이 안정적이고, 550℃ 이상에서 계속 사용하면 약간의 저항 변화가 발생하고(일반적으로 0.1 Ω 이내) 또한 온도의 급변에 따라서 약간의 히스테리시스 현상이 발생할 수 있다. 박막형은 기판 위에 금속을 증착하여 만들며, 패턴의 길이가 최대가 되도록 설계하여 제작한다. 이것은 감지부위가 노출되어 있기 때문에 응답속도가 빠르며, 표면적이 넓어 공기 온도를 측정할 때에 매우 효과적이다. 보통 −50℃~500℃ 영역의 온도 측정에 좋다. 기타 운모판형도 있는데, 이것은 운모판에 백금 저항선을 감고

그림 2-7 권선형과 박막형의 내부 구조 및 외형

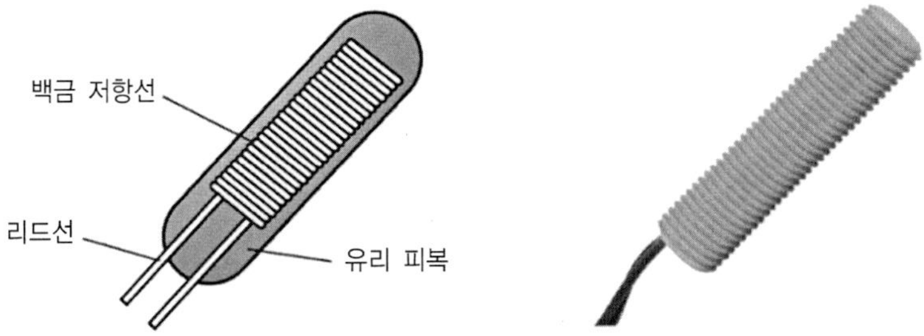

(a) 권선형의 내부 구조 및 외형

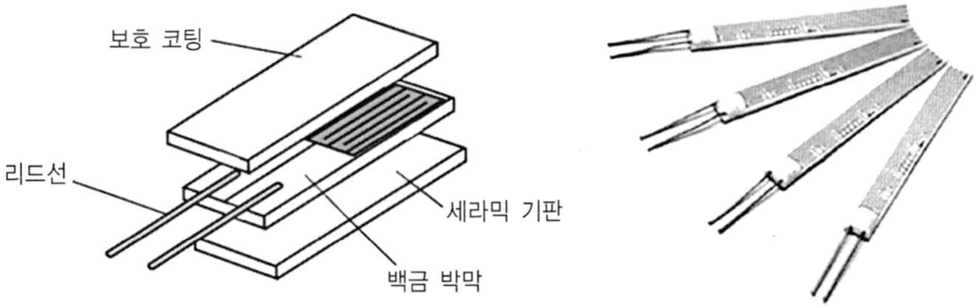

(b) 박막형의 내부 구조 및 외형

절연용 운모판을 양면에 덮은 후 그 위에 반원형의 스테인리스 스프링판을 덮고, 다시 가는 스테인리스선으로 묶은 형태인데, 이것은 온도감지 속도가 빠르고 진동에도 강한 장점은 있으나, 습기에 약한 단점이 있다. 백금 자체의 저항은 매우 작기 때문에 RTD 센서의 전체 저항을 올리기 위해 기판 위에 금속을 지그재그로 하여 전자의 경로를 매우 길게 디자인한 것이 특징이다. 이것은 조도센서인 CdS 셀의 저항을 높이기 위해 만든 구조와 동일한 개념이다.

모든 금속 재료는 온도가 증가하면 저항도 증가하는 특성을 가지고 있는데, RTD의 저항을 크게 할수록 오차를 줄일 수 있다. 다른 온도센서와 비교해서 온도에 따른 RTD의 저항은 매우 선형적인 특성을 가지고 있는데, 소위 알파(α)라고 부르는 온도계수에 의해 RTD의 출력 결과는 다르게 나타나며, 몇몇 제조업체에서는 온도계수를 서로 다르게 제조하여 생산하고 있다. 여기서 온도계수인 α는 온도 구간이 0℃~100℃ 사이에서 다음과 같은 저항변화로 정의된 값이다. 여기서 R_{100}은 100℃에서의 RTD 저항, R_0는 0℃에서의 RTD 저항이다.

$$\alpha(/K) = \frac{(R_{100} - R_0)}{(R_0 \times 100℃)} \tag{2-9}$$

RTD용 금속재료로는 니켈(Ni), 구리(Cu), 백금(Pt) 등을 주로 사용하고 있으며, RTD 센서별 특징은 표 2-1과 같다. 일반적인 산업용은 연간 0.1℃ 이내, 특수용도는 연간 0.0025℃ 이내의 변형만 가져올 정도로 매우 우수하다. 이들 재료를 이용하여 만든 RTD 센서의 저항은 약 100Ω 정도로 매우 작고, 또한 온도에 대한 변화율도 0.4Ω/℃ 정도로 매우 작다. RTD 센서는 수동형 소자이기 때문에 외부에서 전원을 인가하여 저항을 측정해야 한다. 외부 전원에 의한 전류 흐름으로 인해 RTD 내부에서 열이 생성되어 오차의 원인이 될 수도 있다. 이러한 오류로 인해 약 1℃ 정도의 오차가 생길 수도 있으므로 가능한 매우 작은 전류를 흐르게 해야 한다.

RTD는 저항체이기 때문에 저항 변화를 읽기 위해서는 저항체에 전류를 흘려주고 전압을 모니터링해야 한다. 그러나 RTD 센서를 측정 시스템에 연결하기 위해 사용하는 신호선에 저항이 존재하면 오차가 발생할 수 있다. 예를 들어, 그림 2-8(a)와 같이 2개 신호선을 가진 RTD 센서를 측정시스템에 연결하면, 신호선 저항 R_L에 의해 그만큼 전압강하가 생기게 된다. 만약 각 신호선에 0.3Ω의 저항이 있다고 하면, 저항 측정시 0.6Ω만큼 더해지게 된다. 온도계수가 $\alpha = 0.00385$인 RTD 센서를 사용한다면, 부가적인 저항에 의해 발생하는 온도 오차는 0.6Ω/(0.385Ω/℃)=1.6℃가 된다. 따라서 2-선 측정법은 측정 대상물과 온도센서가 매우 가까운 거리에 있을 때 측정이 가능한 방법이다.

표 2-1 RTD 센서별 비교

재료	온도계수(/K)	저항값(0℃ 기준)	허용오차(측정온도, ℃)
Pt	0.003750 0.003850 0.003850 0.003910 0.003920 0.003926	1,000Ω 1,000Ω 100Ω 100Ω 100Ω 100Ω	±0.2% (−200~800) ±0.1% (−200~800) ±0.2% (−200~800) ±0.5% (−200~800) ±0.1℃ ±0.5%
Ni	0.00618	110Ω	±0.5% (−70~320)
Ni-Fe	–	1,000Ω(21.1℃, 기준) 2,000Ω(21.1℃, 기준)	±0.5% ±0.5%
Cu	–	100Ω(25℃, 기준)	±0.2% (−190~260)

그림 2-8 RTD 센서의 신호 측정법

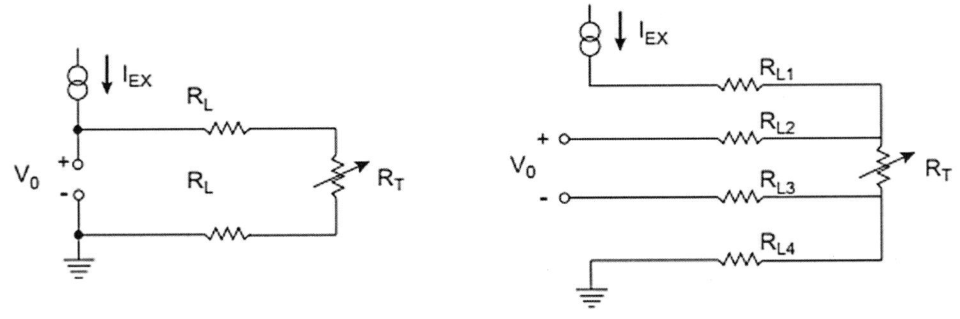

(a) 2-선 측정법 (b) 4-선 측정법

또한 10 ft(약 3 m)보다 긴 신호선을 사용한다면, 신호선에 의한 저항을 보상해 줄 필요가 있다. 선호도 높은 RTD 측정 방법은 그림 2-8(b)와 같은 4-선 측정법이다. 한 쌍의 신호선을 통해 전류를 흘려주고, 나머지 한 쌍의 신호선에서 전압을 측정하는 방법이다. 센서에 연결된 신호선에는 무시할 정도로 작은 전류가 흐르기 때문에 신호선에 의한 저항 R_{L2}와 R_{L3}는 무시가 가능하다.

4-선 측정법이 오차없이 측정할 수 있는 가장 좋은 방법이지만, 비용적인 측면을 고려해서 나온 방법이 3-선 측정법이다. 그림 2-9(a)의 휘스톤브릿지 구성의 전류소스 측정법에서는 신호선에 있는 저항은 보상이 가능하다. 즉, 브릿지 구성에서 R_{L1}과 R_{L3}는 반대

그림 2-9 RTD 센서의 3-선 측정법

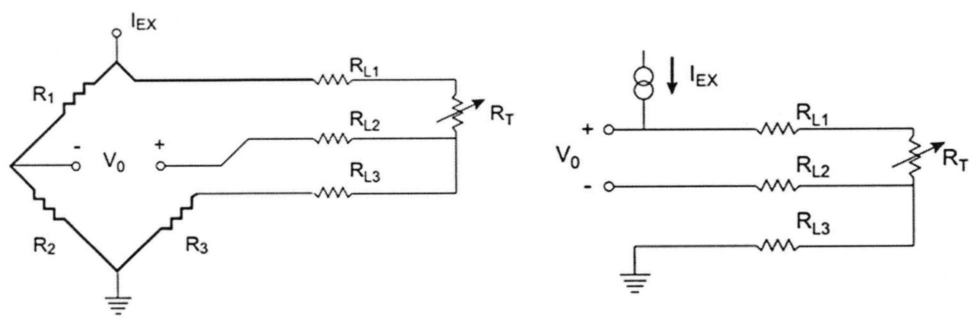

(a) 휘스톤브릿지 구성의 3-선 측정법 (b) 여자전류 소스를 이용한 3-선 측정법

그림 2-10 휘스톤브릿지 3-선 측정법에서의 오차 계산

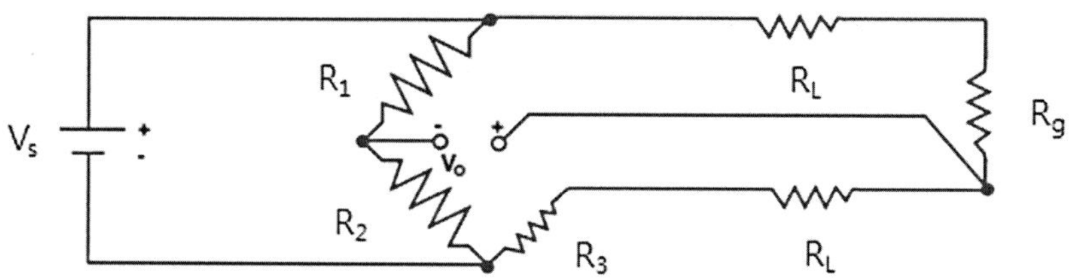

편에 위치해 있기 때문에 상쇄된다. 그리고 R_{L2}로 흐르는 전류는 매우 작기 때문에 무시가 가능하다. 마찬가지로 그림 2-9(b)와 같은 여자전류 소스법에서는 오직 R_{L1}의 저항만이 측정에 오차로 기여할 수 있다.

3-선 측정법은 산업용에 주로 사용하고 있는 방법이다. 휘스톤브릿지 측정법에서의 오차는 다음과 같다. 그림 2-10의 회로도에서 인가전압 V_s와 측정전압 V_o는 알고 있고, 이를 통해 R_g를 계산하는 것이 우리의 목적이다. 여기서 단순화하기 위해 $R_1 = R_2$라고 하면, 측정전압은 다음과 같다.

$$V_o = V_s\left(\frac{R_3}{R_3 + R_g}\right) - V_s\left(\frac{1}{2}\right) \tag{2-10}$$

여기서, $R_g = R_3$이 되면 $V_o = 0$가 되어 브릿지 회로는 균형을 이루게 된다. 이것은 수동으로 조절이 가능하지만, 만약 수동으로 브릿지 균형을 조절하지 않게 되면, R_g는 다음과 같다.

$$R_g = R_3\left(\frac{V_s - 2V_o}{V_s + 2V_o}\right) \tag{2-11}$$

식 (2-11)은 신호선의 저항이 0이라고 가정할 때 적용되는 수식이다. 만약 RTD 센서가 브릿지 회로에서 멀리 떨어져 있다고 하면, 즉 신호선이 매우 길다고 가정을 하면, 신호선 저항 R_L 성분을 다음과 같이 고려해야 한다.

$$R_g = R_3\left(\frac{V_s - 2V_o}{V_s + 2V_o}\right) - R_L\left(\frac{4V_o}{V_s + 2V_o}\right) \tag{2-12}$$

그림 2-11 브릿지 회로의 구성 예

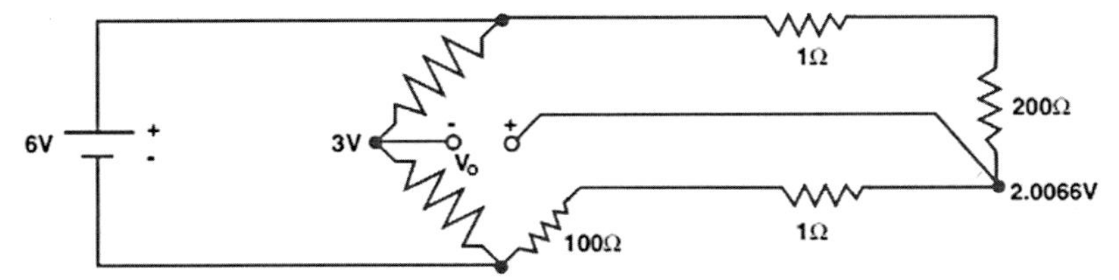

만약 V_o이 매우 작다고 하면, 즉 브릿지 회로가 거의 균형에 근접하게 되면 R_L 오차항은 거의 무시가 가능하다. 이런 회로는 저항 변화가 매우 작은 스트레인게이지와 같은 소자에는 적합하지만, RTD 소자는 온도에 따라 저항이 많이 변하기 때문에 오차항을 무시할 수가 없다. 만약 그림 2-11과 같은 회로에서 R_L을 모르는 상황이라면, 식 (2-11)에 의해 R_g는 다음과 같이 계산할 수 있다.

$$R_g = 100\left(\frac{6-2(3-2.0066)}{6+2(3-2.0066)}\right) = 100\left(\frac{6-1.9868}{6+1.9868}\right) = 199.01\,\Omega$$

정확한 값은 200 Ω이 되어야 하는데, 이로 인한 온도의 오차는 약 2.5℃ 정도가 된다. 따라서 신호선 저항 성분 R_L을 측정할 수 없거나, 브릿지 회로가 균형에 도달하지 않게 되면, 3-선 측정법으로는 RTD 센서의 정확한 온도를 측정할 수가 없다. 보다 정확한 온도를 측정하기 위해서는 4-선 측정법을 이용해야 한다. RTD 센서는 신호선에 따라 2-선식, 3-선식, 4-선식으로 구분이 된다. IEC와 ASTM에서는 그림 2-12와 같이 빨간색과 흰색을 표준으로 정의하고 있으며, 온도센서 전문업체인 Omega사는 빨간색과 검은색을 표준으로 정의하고 있다.

신호선의 보호막 재질을 선택할 때에도 주의를 해야 한다. 가장 중요한 요소는 사용하고자 하는 온도구간이며, 그 이외에도 내마모성(abrasion resistance)과 수분침투성도 고려

표 2-2 대표적인 신호선 보호막 재질의 특성

보호막 재질	온도 범위	내마모성	수분 침투성
PVC	−40 ~ 105℃	매우 우수	우수
PFA	−267 ~ 260℃	우수	매우 우수
유리섬유	−73 ~ 482℃	미흡	미흡

그림 2-12 백금 RTD 센서의 배선 색깔 정의

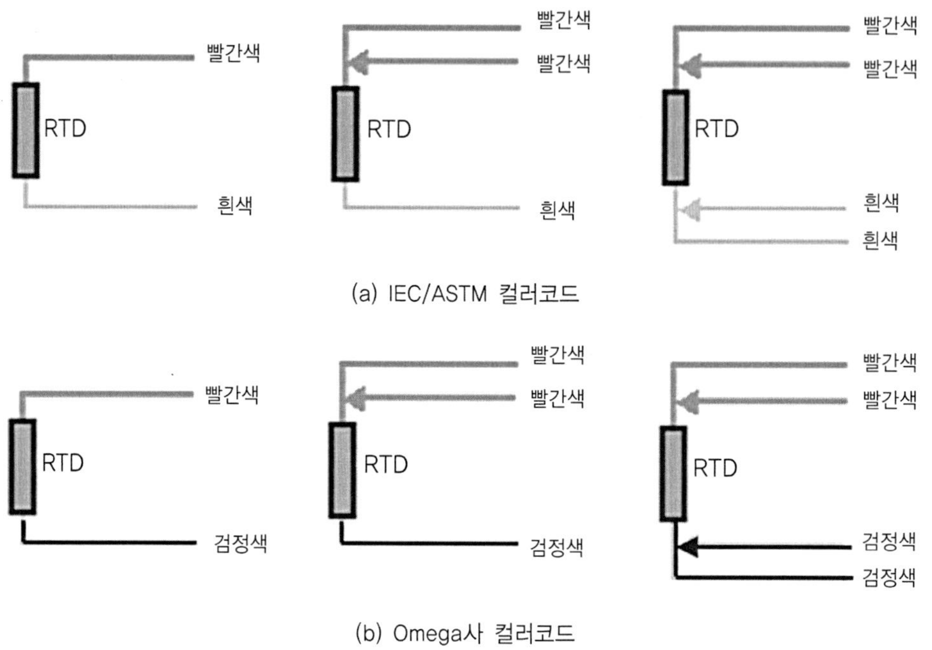

해야 한다. 가장 대표적으로 사용하는 신호선의 보호막 재질의 특성비교는 표 2-2와 같다.

1889년에 영국과학협회(BAAS, British Association for the Advancement of Science)의 주관으로 캘린더(Callendar)가 실제적인 온도 표준법을 제안하였는데, 그는 온도 측정용 표준으로 백금저항온도계(platinum resistance temperature detector, RTD)를 정하자고 제안하였으며, 물의 어는점과 물과 황의 끓는점을 표준점으로 하여, 0℃부터 660℃(알루미늄 녹는점)까지 RTD의 저항과 온도 관계식을 다음과 같이 제안하였다.

$$R(t) = R(0)(1 + A \times t + B \times t^2) \tag{2-13}$$

여기서, A와 B는 0℃, 100℃, 260℃에서 실험적으로 유도된 값이다. 제7차 국제도량형총회가 열린 1925년에 반 듀센(Van Dusen)이 식 (2-13)의 적용 구간을 −200℃까지 확장시킬 수 있도록 개선된 실험식을 다음과 같이 제안하였다.

$$R(t) = R(0)\left[1 + A \times t + B \times t^2 + (t - 100)C \times t^3\right] \tag{2-14}$$

이 식을 제안한 사람의 이름을 따서 Callendar-van Dusen 실험식이라고 하며, 이 식을 다른 형태로 표현하면 다음과 같다.

$$R_t = R_0\left\{1+\alpha\left[1-\delta\left(\frac{t}{100}\right)\left(\frac{t}{100}-1\right)-\beta\left(\frac{t}{100}\right)^3\left(\frac{t}{100}-1\right)\right]\right\} \quad (2\text{-}15a)$$

$$A=\alpha\left(1+\frac{\delta}{100}\right),\ B=-\alpha\delta\times10^{-4},\ C=-\alpha\beta\times10^{-8} \quad (2\text{-}15b)$$

여기서, t는 ℃ 단위의 온도이며, 상수 A, B, C는 센서의 제조에 사용되는 백금의 특성에 의해 결정되는 값이다. 여기서 δ는 아연의 어는점(419.58℃)과 같이 매우 높은 온도에서 보정을 통해 얻어지는 값이며, β는 영하의 온도에서 보정을 통해 얻어지는 값이다. 현재 0℃ 보다 높은 온도에서는 식 (2-13)을 사용하고, 0℃ 보다 낮은 온도에 대해서는 식 (2-14)를 사용한다. 0℃ 이상의 온도에 대해서는 일반적으로 2차 다항식을 사용하는데, 이 경우, 저항과 온도의 관계식은 다음과 같다.

$$t=-\frac{A}{2\cdot B}-\sqrt[2]{\left(\frac{A}{2\cdot B}\right)^2+\frac{R(t)-R(0)}{R(0)\cdot B}} \quad (2\text{-}16)$$

위 식에서 2차 다항식(0℃ 이상)과 3차 다항식(0℃ 이하)의 온도에 따른 저항 변화량인 민감도(sensitivity)는 각각 다음과 같다.

$$\frac{\Delta R}{\Delta t}=R(0)(A+2\cdot B\cdot t) \quad (2\text{-}17a)$$

$$\frac{\Delta R}{\Delta t}=R(0)\left(A+2\cdot B\cdot t-300℃\cdot t^2+4\cdot C\cdot t^3\right) \quad (2\text{-}17b)$$

위 식으로 계산된 대표적인 RTD 센서들의 민감도는 그림 2-13과 같다. 그림에 표시된 숫자들은 0℃에서의 저항을 나타내는데, Ni100과 Pt100은 0℃에서 저항이 100 Ω, Pt500은 500 Ω, Pt1000은 1,000 Ω, Pt2000은 2,000 Ω을 의미한다. 온도계수 $\alpha=0.00385$/K인 Pt100 RTD 센서인 경우, 0℃에서의 저항은 100 Ω, 100℃에서의 저항은 138.5 Ω이 된다. 만약 $\alpha=0.003911$/K인 Pt100 RTD 센서인 경우, 100℃에서의 저항은 139.11 Ω이 된다. 백금 RTD 센서에 대한 규격은 다음과 같은 3가지 규격이 인정을 받고 있다. DIN 43760 표준($\alpha=0.00385$/K), 미국표준($\alpha=0.003911$/K), ITS-90 표준($\alpha=0.003925$/K)으로 구분되며, 각 규격별 변수 A, B, C는 표 2-3과 같다. 백금의 온도계수가 차이가 나는 이유는 금속의 순도와 관계가 있다. 순도가 높을수록 온도계수는 큰 값을 가진다. 대개 온도계수

그림 2-13 대표적인 RTD 센서의 민감도

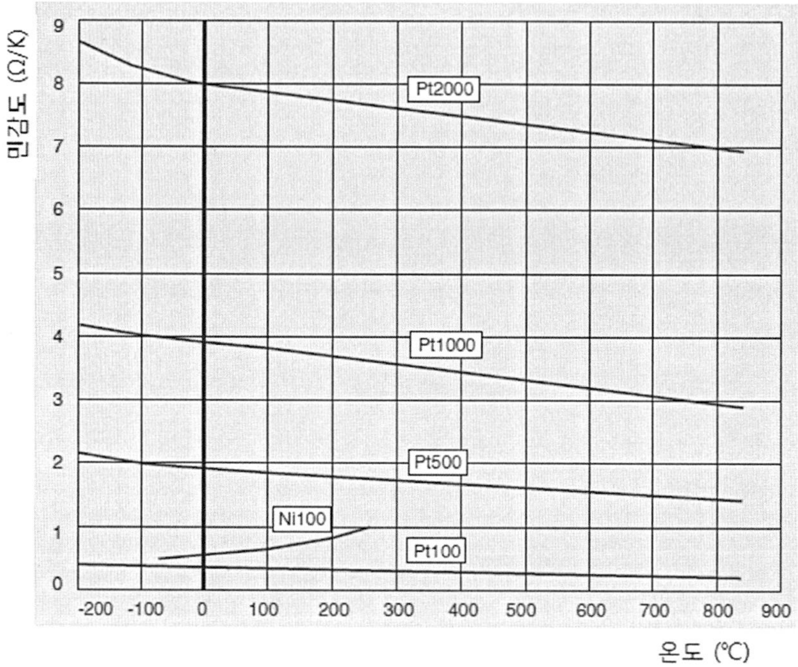

가 0.00385인 유럽규격과 0.00392인 미국규격 2개로 구분하며, 이에 대한 온도-저항 관계의 차이는 그림 2-14와 같으며, 자세한 온도-저항관계는 부록 B에 있다. 부록 B에는 백금 이외에도 구리와 니켈의 온도-저항도 같이 수록되어 있다.

유럽규격(EN 60751)에는 다음과 같은 3가지 등급의 허용오차가 있다.

1) Class AA = ±(0.1+0.0017×T)℃ 또는 0℃에서 100.00±0.04 Ω
2) Class A = ±(0.15+0.002×T)℃ 또는 0℃에서 100.00±0.06 Ω

표 2-3 RTD 규격별 Callendar-Van Dusen 계수

규격	온도계수(α)	A	B	C*
DIN 43760	0.003850	3.9080×10^{-3}	-5.8019×10^{-7}	-4.2735×10^{-12}
미국	0.003911	3.9692×10^{-3}	-5.8495×10^{-7}	-4.2325×10^{-12}
ITS-90	0.003926	3.9848×10^{-3}	-5.870×10^{-7}	-4.0000×10^{-12}

* 0℃ 이하의 온도에 대해서만 해당하며, 0℃ 이상에서는 C = 0.0

그림 2-14 유럽규격과 미국규격의 온도-저항 차이

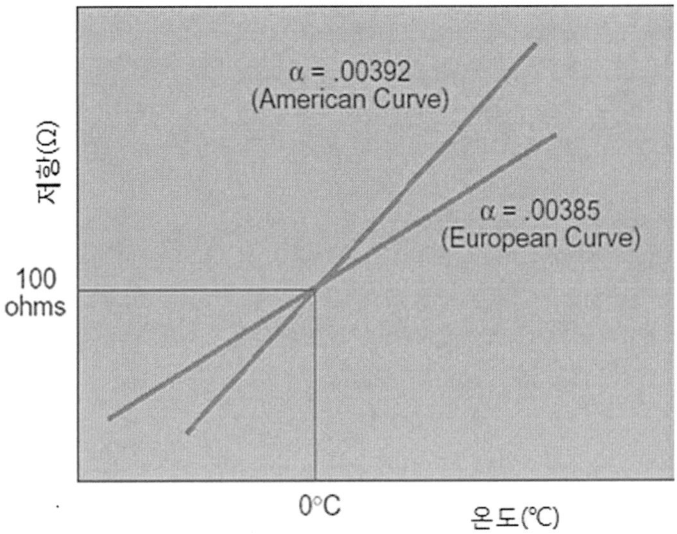

3) Class B=±(0.3+0.005×T)℃ 또는 0℃에서 100.00±0.12 Ω

4) Class (1/10)B=±1/10(0.3+0.005×T)℃ 또는 0℃에서 100.00±0.012 Ω

여기서, 4번째인 Class 1/10B는 표준규격에 포함되어 있지 않다. Omega사에서는 유럽규격의 모델은 모델숫자 끝자리에 "E"를 추가하여 구분하는데, 예를 들면 "PR-10-2-100-1/4-6-E"로 사용한다. 미국 표준 모델은 TCR이 0.00392/℃로 구분하며, Omega 사에서는 모델 끝자리에 "E" 대신에 "A"로 대체하여 유럽식과 미국식을 구분하고 있다. RTD 센서의

표 2-4 RTD 센서등급별 규격과 형태에 따른 온도 신뢰구간

Class	규격	선재 형태	박막 형태
AA	±(0.1+0.0017×T)℃ 100.00±0.04 Ω @0℃	−50 ~ 250℃	0 ~ 150℃
A	±(0.15+0.002×T)℃ 100.00±0.06 Ω @0℃	−100 ~ 450℃	−30 ~ 300℃
B	±(0.3+0.005×T)℃ 100.00±0.012 Ω @0℃	−196 ~ 600℃	−50 ~ 500℃
(1/10)B	±1/10(0.3+0.005×T)℃ 100.00±0.012 Ω @0℃	0 ~ 100℃	0 ~ 100℃

표 2-5 Omega사의 대표적인 RTD 센서의 오차 규격

온도(℃)	저항(Ω)	오차범위(℃)
−200	±0.56	±1.3
−100	±0.32	±0.8
0	±0.12	±0.3
100	±0.30	±0.8
200	±0.48	±1.3
300	±0.64	±1.8
400	±0.79	±2.3
500	±0.93	±2.8
600	±1.06	±3.3

등급과 형태에 따른 신뢰구간은 표 2-4와 같다. 그리고 일반적으로 가장 많이 사용되는 RTD 센서는 Class B이며, Omega 사에서 판매 중인 대표적인 RTD 센서의 온도별 허용오차 범위는 표 2-5와 같다.

1990년에 개최된 국제도량형총회에서 백금저항온도계가 표준 온도계로 정해졌는데, 이에 대한 상세 규격은 ITS-90에 정의되어 있다. 백금저항온도계를 아르곤의 삼중점(Ar TP, Argon triple point, −189.3442℃)에서 은의 어는점(Ag FP, Silver freezing point, 961.78℃)의 영역까지 표준 온도계로 사용하도록 정하였다. 표준백금저항온도계(Standard Platinum Resistance Thermometer)은 영문 첫 글자를 따서 SPRT라고 약자로 표시하기도 한다. SPRT에 사용되는 백금은 순도가 99.999% 이상이어야 하며, 저항이 25.5 Ω, 2.5 Ω, 0.25 Ω이 되도록 하여 사용한다. SPRT의 형상에는 캡슐형과 긴 스템형이 있다. 캡슐형의 내부 형상은 그림 2-15와 같다.

백금 저항을 올리기 위해 유리 보호관 또는 금속 보호관 내부에 나선형으로 길이를 늘려 저항을 보통 25.5 Ω이 되도록 설계한다. 정확한 저항 측정에 필요한 4-선 측정법을 위해 신호선은 4가닥이 나오도록 유리-백금을 진공으로 봉합하여 제작한다. 긴 스템(stem)형 SPRT의 외관과 신호선이 연결된 형상은 그림 2-16과 같다.[10] 캡슐형과 마찬가지로 신호선은 4가닥으로 되어 있으며, 신호선 연결부는 캡슐형도 외부 스트레스에 의한 충격을 완화시킬 수 있는 구조로 연결되어 있다.

그림 2-15 SPRT 센서의 내부 및 외부 형상

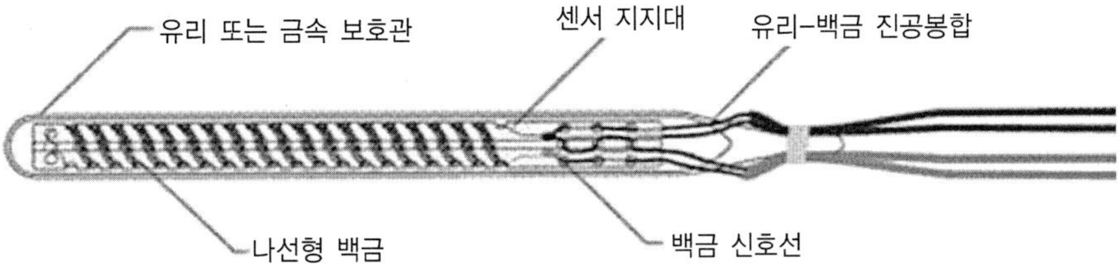

(a) 캡슐형 SPRT 내부 구조

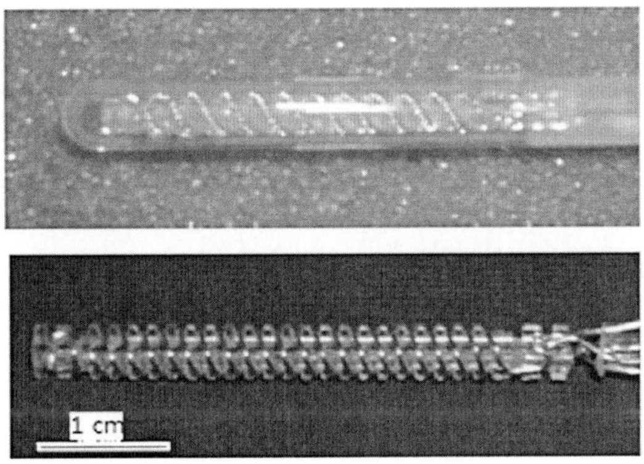

(b) 캡슐형 SPRT 외부 형상

그림 2-16 긴 스템형 SPRT 외관 및 신호선 연결 형상

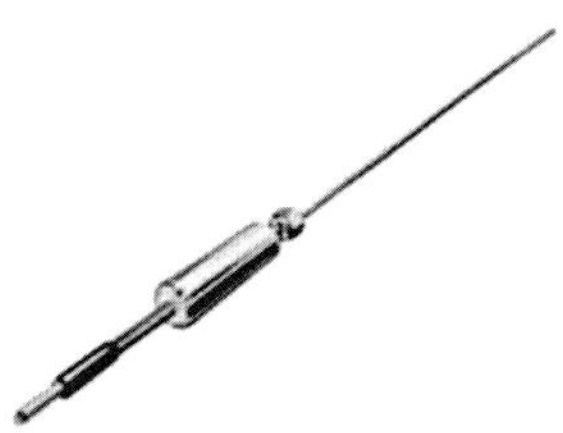

(a) 스템(stem)형 SPRT 외부 형상

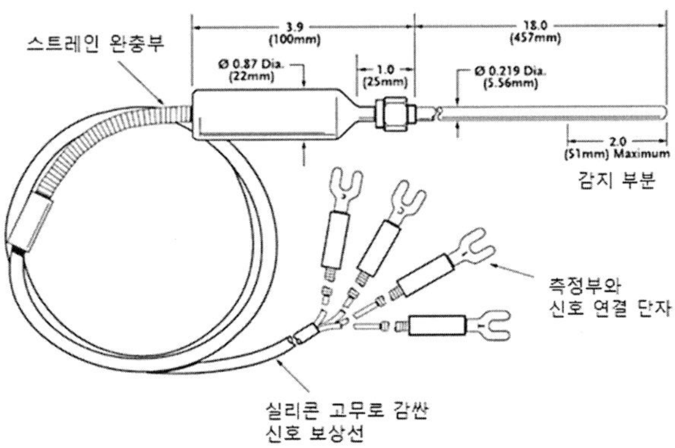

(b) 신호선이 연결된 스템형 SPRT

그림 2-17 SPRT 측정시 고려해야 할 사항

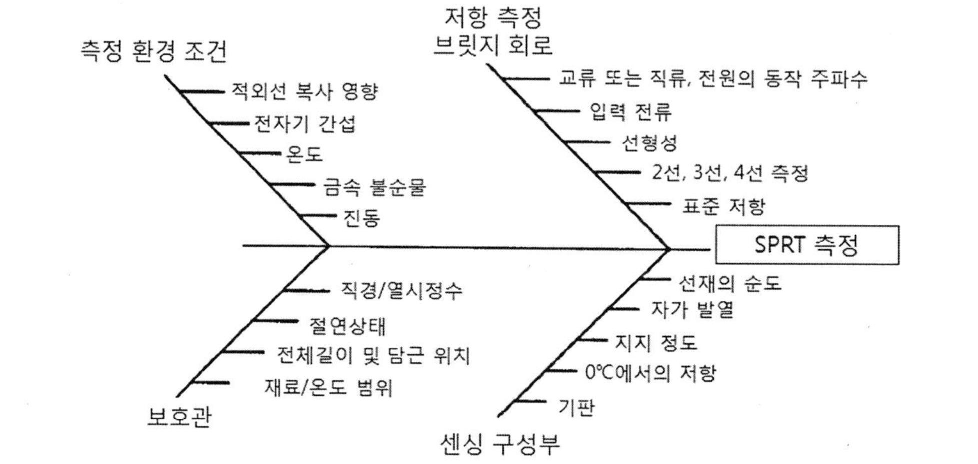

SPRT는 백금선의 변형, 탄성변형, 오염, 대기환경, 기계적 또는 열적 충격 등의 외적 환경에 매우 민감하고, 정밀한 측정을 목적으로 제작되었기 때문에 잘 숙련된 전문가가 취급해야 한다. SPRT 측정 시 고려해야 할 항목은 그림 2-17과 같이 환경조건, 저항측정 회로, 보호관, 센싱 구조부 등으로 나눌 수 있다.

백금은 고가이기 때문에, 보다 가격이 저렴한 니켈(Ni)을 이용한 RTD 센서도 제작되고 있다. 이 센서로 측정이 가능한 온도는 약 −60℃~250℃로 백금에 비해 매우 협소하며, 허용오차도 백금에 비해 다소 큰 편이다. 니켈에 대한 표준은 DIN 43760 규격에 자세히 언급되어 있다. 만약 온도계수가 $\alpha = 0.00618/K$인 Ni100 RTD 센서를 0℃~100℃ 사이에서 사용한다면, 0℃에서의 저항이 100 Ω, 100℃에서의 저항이 161.85 Ω이 된다. 이 센서를 −60℃ ~ 250℃로 확장해서 사용한다면, 다음과 같이 백금과 유사한 온도-저항 다항식 관계식을 사용한다.

$$R(t) = R(0)(1 + A \cdot t + B \cdot t + C \cdot t^4 + D \cdot t^6) \tag{2-18}$$

여기서, $A = 0.5485 \times 10^{-2}/K$, $B = 0.665 \times 10^{-5}/K^2$, $C = 2.805 \times 10^{-11}/K^{-4}$, $D = -2 \times 10^{-17}/K^6$이다. DIN 43760 규격에 의하면, 표준은 0℃에서 100 Ω의 저항을 갖는 니켈을 사용하지만, 경우에 따라서 R(0)가 10 Ω, 1,000 Ω, 5,000 Ω의 RTD 센서를 사용하기도 하며, 허용하는 표준 온도오차는 다음과 같다.

그림 2-18 다양한 형태의 RTD 프로브

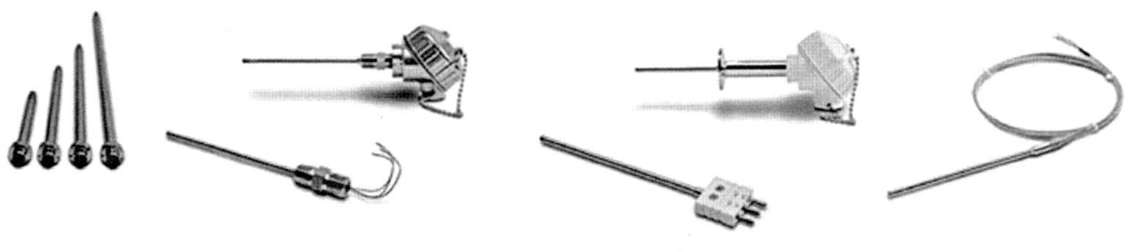

$$\Delta t = \pm(0.4℃ + 0.007 \cdot |t|),\ 0 \sim 250℃ \qquad (2\text{-}19a)$$

$$\Delta t = \pm(0.4℃ + 0.028 \cdot |t|),\ -60 \sim 0℃ \qquad (2\text{-}19b)$$

RTD 센서는 측정하고자 하는 대상물의 종류(액체, 가스, 고체 표면)에 따라 적합한 형상을 고려해야 한다. 먼저, 액체의 온도를 측정하고자 할 때에는 프로브(probe) 형태의 센서를 사용한다. 프로브는 RTD 저항 센서부, 보호막, 신호선, 단자로 구성된 것을 의미하며, 측정하고자 하는 액체에 내성을 가진 보호막을 사용한다. 백금 RTD 프로브에는 그림 2-18과 같이 다양한 형태의 프로브가 생산되고 있으며, 측정상황에 적합한 형태의 프로브를 선택해서 사용해야 한다. 각 센서 제조사마다 특별한 용도로 제작을 하고 있으므로 상세한 스펙에 대해서는 센서 제조사의 홈페이지에서 확인할 수 있다.

공기나 가스 흐름의 온도를 측정하고자 할 때에는 유체의 온도가 센서로 전달되는 속도가 매우 느리기 때문에 상당한 주의가 필요하다. 그러므로 공기 또는 가스에 적합하게 설계된 센서를 사용해야 한다. 그림 2-19와 같이 Omega사에서 제작한 RTD-805 또는 RTD-806 센서는 센싱부가 공기 흐름에 직접 접촉할 수 있는 구조로 디자인되어 있는데, 슬롯을

그림 2-19 Omega사의 공기온도 측정용 RTD 센서 종류

통해 센싱부로 공기가 빠르게 지나가게 되어 있다. 이런 형태의 센서는 실험실 또는 클린룸의 공기 온도 측정용에 대중적으로 사용되고 있다.[11] 그리고 가스의 노출에 대해 보호막이 필요한 경우에는 RTD-860과 같이 매우 작은 직경의 프로브를 이용한 센서를 사용할 수도 있다. 이 경우에는 온도 전달이 약간 느릴 수는 있지만, 센싱부가 바로 노출되었을 경우 가스에 의한 부식을 막을 수 있다.

고체 표면의 온도를 정확하게 측정하는 것은 매우 어렵다. 앞장의 접촉식 온도측정에서 보았듯이 측정 대상물의 표면에 접촉한 센싱부와 주위 공기에 의한 온도 영향을 얼마나 최소화할 수 있는가에 따라 정확도는 좌우된다. 또한 측정 대상물의 온도가 손실없이 센싱부에 전달되어야 하므로 센싱부의 면적이 넓은 것이 좋다. 이런 용도에 맞는 대표적인 센서는 그림 2-20과 같다. 이 중에서 가장 정확하고 빨리 측정할 수 있는 센서는 SA1-RTD 센서이다. 그리고 고체 표면과 센싱부 표면이 밀착되어 열이 잘 전달될 수 있도록 볼트, 나사, 열전도성 그리스(thermal grease), 접착제(glue 또는 cement) 등을 사용하면 더 좋은 결과를 얻을 수 있다.[12]

그림 2-20 Omega사의 표면 온도 측정용 RTD 센서 종류

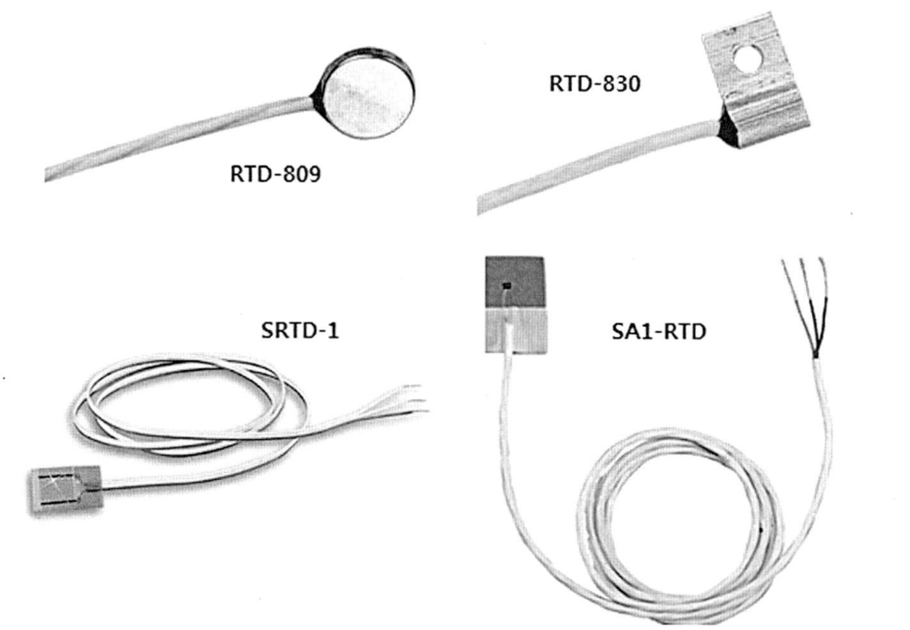

2.3 서미스터 (Thermistor)

서미스터(thermistor)의 영어 용어인 thermistor는 열을 뜻하는 thermal과 저항을 뜻하는 resistor의 합성어로 되어 있다. 말 그대로 온도의 변화에 따라 저항이 민감하게 변하는 저항체를 의미한다. 온도에 따른 저항변화를 이용하는 금속성 물질인 RTD 센서와는 달리, 서미스터는 세라믹 재료의 온도에 따른 저항변화를 이용해서 온도를 측정하는 센서이다. 이러한 서미스터에는 Ge, Si, 금속산화물 등을 이용해서 그림 2-21과 같이 물방울 모양, 바 형태, 원통형, 직사각형, 두꺼운 필름 등의 다양한 형태가 있다.

서미스터에는 일반적인 세라믹 소결형의 NTC(negative temperature coefficient) 서미스터, 티탄산바륨계($BaTiO_3$), 산화아연계(ZnO-NiO), 산화염으로 대표되는 PTC(positive temperature coefficient) 서미스터, 어떤 온도에서 급격하게 저항값이 바뀌는 CTR(critical temperature resistor) 서미스터 등이 있다. 이들 온도에 따른 저항 변화 특성은 그림 2-22와 같다. 일반적인 목적으로 NTC 서미스터가 가장 많이 사용되고 있으며, PTC 서미스터는 낮은 온도 조절용 발열체로 이용되고 있으며, CTR 서미스터는 일부 특수한 용도로 이용되고 있다. 그리고 대표적인 서미스터 재료는 표 2-6과 같다.

서미스터를 온도 센서로 사용하려면 저항을 측정하는 회로가 필요하다. 이것은 소위 '제로부하저항'(zero-power resistance) 측정기법이 필요하다. 이것은 서미스터 내부를 흐

그림 2-21 서미스터의 구조 및 외형

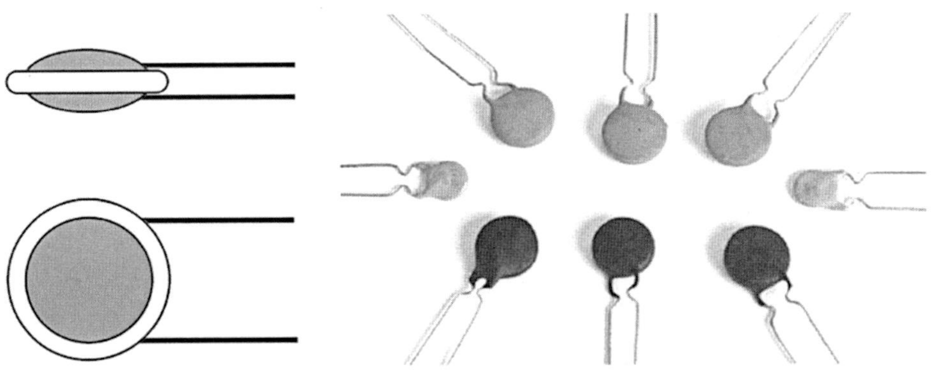

(a) 서미스터의 구조 (b) 외형

그림 2-22 서미스터 종류별 온도-저항 특성

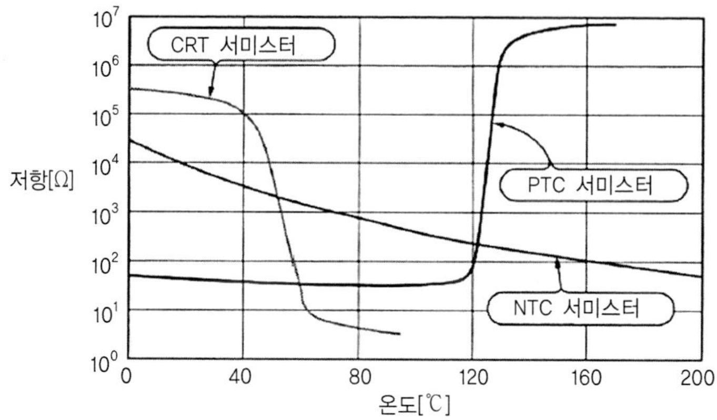

르는 전류에 의해 온도가 상승하지 않도록 하는 방법이며, 자기발열 효과에 의한 서미스터 내부에서의 온도 상승은 다음과 같다.

$$\triangle T_H = r\frac{N^2 V^2}{R} \tag{2-20}$$

표 2-6 서미스터의 용도별 대표적인 재료

<table>
<tr><th colspan="2">구분</th><th>결정 형태</th><th>화학 조성</th></tr>
<tr><td rowspan="4">NTC</td><td rowspan="3">고온용</td><td>Spinel 계</td><td>Al_2O_3-CoO-$CaSiO_3$
Al_2O_3-CoO-MnO-$CaSiO_3$
Al_2O_3-NiO-CoO-$CaSiO_3$
MgO-Cr_2O_3-MgO-Fe_2O_3
MgO-Al_2O_3-NiO-Cr_2O_3</td></tr>
<tr><td>Perovskite 계</td><td>BaO-TiO_2-MgO-Fe_2O_3-Mn_2O_3
PbO-TiO_2-MgO-Fe_2O_3-Mn_2O_3</td></tr>
<tr><td>ZrO 계</td><td>ZrO-Y_2O_3-ZrO-CeO_3</td></tr>
<tr><td>저온용</td><td>Spinel 계</td><td>Mn-Ni-Co
Mn-Ni-Co-Cu
Mn-Ni-Cr</td></tr>
<tr><td colspan="2" rowspan="3">PTC</td><td>$BaTiO_3$ 계열</td><td>Curie 온도 조절용 : Pb, Sr, Sn, Zr
소결 촉진용 : Al_2O_3, SiO_2, TiO_3</td></tr>
<tr><td>ZnTiNiO 계열</td><td>-</td></tr>
<tr><td>Polymer 계열</td><td>-</td></tr>
</table>

여기서, r은 열저항, V는 저항 측정을 위해 인가하는 직류전압, R은 온도 측정에 사용된 서미스터의 저항, N은 측정 사이클(예를 들어 $N=0.1$이라는 의미는 전압을 측정시간의 10% 동안만 인가한다는 의미)을 의미한다. 일반적인 직류 측정에서 $N=1$이다. 그러므로 식 (2-20)에서 알 수 있듯이 제로부하저항 측정을 위해서는 서미스터의 저항이 높아야 하고, 열저항이 작고, 짧은 시간에 저전압으로 저항을 측정해야 한다. NTC 서미스터에 전류가 흐를 경우, 전력 소모에 의해 약간의 열이 발생하게 된다. 이러한 자기발열 효과는 가해진 부하뿐만 아니라 열방출 인자와 소자의 기하학적 형상에 기인한다. 일반적으로 소자의 크기가 작으면 작을수록 인가해줄 수 있는 최대 부하도 작아지고, 측정시 필요한 부하의 양도 작아진다. 전기적 부하에 의한 NTC 서미스터의 자기발열 효과는 다음과 같다.[13]

$$P = V \times I = \frac{dH}{dt} = \delta \times (T_i - T_o) + C_{th} \times \frac{dT}{dt} \tag{2-21}$$

여기서, P는 인가된 전력, V는 서미스터에 인간된 순간전압, I는 서미스터에 흐르는 순간 전류, dH/dt는 시간에 따라 저장된 열에너지의 변화, δ는 서미스터의 열시정수(dissipation factor), T_i는 서미스터의 순간온도, T_o는 서미스터 주위온도, C_{th}는 서미스터의 열용량이다. 서미스터에 일정한 전력이 가해졌을 때, 초기에는 온도가 상당히 증가하지만, 시간이 지남에 따라 온도변화는 줄어들게 된다. 일정한 시간이 경과되면 평형상태에 도달하게 되고, 이때 전력은 열전도 혹은 대류에 의해 소모된다. 이와 같은 열평형 상태에서는 식 (2-21)의 마지막 항인 dT/dt는 사라지게 되어 식 (2-21)은 다음과 같다고 볼 수 있다.

$$P = V \times I = \delta \times (T_i - T_o) \tag{2-22}$$

여기서, 옴의 법칙인 $V = IR$을 이용하면, $I = [\delta \times (T_i - T_o)/R(T)]^{1/2}$ 또는 $V = [\delta \times (T_i - T_o)/R(T)]^{1/2}$가 된다. 대표적인 NTC 서미스터의 전류-전압 특성은 그림 2-23과 같다. 이 그림에서 보듯이 전류-전압 특성은 세 부분으로 나눌 수 있다. 전류-전압의 곱이 작은 영역은 선형적으로 증가하는 구간인데 이 영역에서 자기발열에 의한 소모는 무시할 정도이다. 이 영역에서는 옴의 법칙에 따라 전류와 전압과는 비례관계에 있다. 서미스터의 저항값은 외부온도에 의해 결정되며, 이 구간에서는 서미스터가 센서로 사용될 수 있다. 이런 선형적인 구간이 끝나는 지점에서 최대 전압까지는 비선형적으로 증가하는 구간이며, 이 구간에서는 저항값은 감소하기 시작한다. 최대전압에서 자기발열에 의한 저항의

그림 2-23 NTC 서미스터의 전류-전압 특성

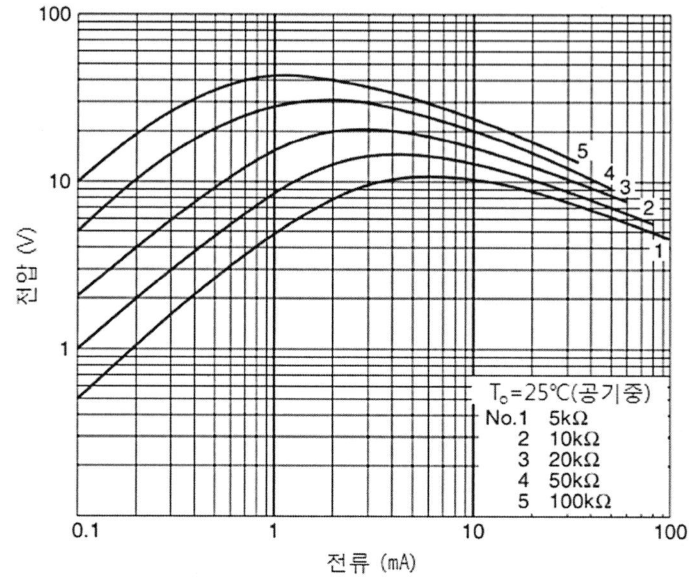

감소율 $\Delta R/R$은 전류의 증가율 $\Delta I/I$와 같다. 전류가 더 커지게 되면 전압은 감소하게 되는데, 이 영역에서의 저항은 감소하게 되고, 소자의 온도가 급격하게 증가하는 영역이다. 따라서 이 영역에서는 센서로 사용할 수가 없다.

NTC 서미스터의 명목상 저항(Rn)은 일반적으로 25℃에서의 값을 의미한다. 저항값과 열시정수에 따른 최대 권장 전압은 표 2-7과 같다. 측정하기 위해 인가하는 최대전압에

표 2-7 저항범위와 열시정수(δ)에 따른 최대 측정전압

저항 범위(Ω)	최대 측정 전압(V)			
	δ=2 mW/℃	δ=5 mW/℃	δ=10 mW/℃	δ=20 mW/℃
R 〈 10				0.10
10 〈 R 〈 100		0.13	0.18	0.24
100 〈 R 〈 1K	0.25	0.38	0.53	0.24
1K 〈 R 〈 10K	0.73	1.1	1.5	2.0
10K 〈 R 〈 100K	2.1	3.2	4.6	
100K 〈 R	6.4	9.7	14.5	

의한 가열로 인한 오차는 1% $\Delta Rn/Rn$ 이내이다.[14] 일반적으로 전류-전압이 선형적인 구간에서의 자기가열에 의한 효과는 무시해도 될 만큼 작은 오차로 볼 수 있다.

표 2-7에 있는 열시정수(또는 열방산 정수라고도 함)는 전력 소비에 따른 소자 자체의 온도 변화의 비로 정의된다. 단위는 mW/K 또는 mW/℃이며, 평형상태에서 1K 온도상승에 필요한 부하량을 의미한다. 열시정수가 높을수록 서미스터에 의해 주위에 소모되는 열이 많다는 것을 의미한다. 이러한 열시정수 측정은 서미스터에 부하를 걸어 V/I 비가 T_{85} =85℃에서의 저항과 같아지도록 하여 다음 식으로부터 계산한다. 여기서 T_i는 주위 온도이다.

$$\delta = \frac{V \times I}{(T_{85} - T_i)} = \frac{P}{(T_{85} - T_i)} \tag{2-23}$$

냉각 열시정수(thermal cooling time constant) τ_c는 무부하 상태에서 서미스터가 소자의 평균 온도에서 주위온도와의 차이가 63.2% 변하는데 소요되는 시간으로 정의된다. 열시정수는 소자의 형태에 따라 제일 크게 의존하는데, 소자의 크기가 작을수록 열시정수는 작다. 보통 이 값은 25℃인 곳에서 85℃인 NTC 서미스터를 냉각시켜 소자온도가 47.1℃에 도달할 때 걸리는 시간으로 결정한다. 서미스터의 열용량(C_{th})은 서미스터의 온도를 1K 높이는데 필요한 열량을 의미하며, 단위는 mJ/K이다. 열방출 인자와 열시정수와의 관계는 다음과 같다.

그림 2-24 NTC 서미스터의 온도-저항 특성

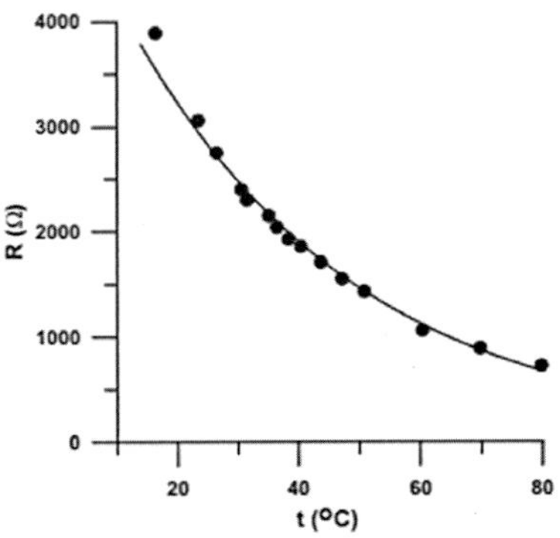

(a) 온도에 따른 서미스터의 저항

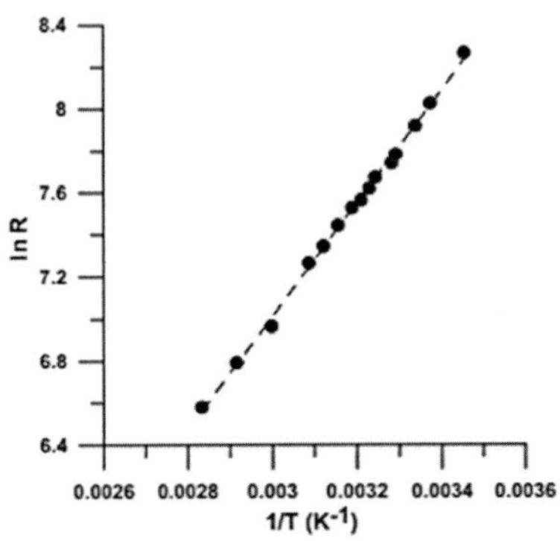

(b) 온도와 저항의 대수 관계

$$C_{th} = \delta \cdot \tau_c \tag{2-24}$$

전형적인 금속산화물 서미스터는 NTC 특성을 가지고 있는데, 이것은 온도가 증가하면 저항이 감소하는 특성을 보인다. 그리고 NTC의 저항은 재료의 비저항과 물리적인 크기에 의해 결정이 되며, 저항과 온도 사이의 관계는 일반적으로 그림 2-24와 같이 비선형적인 특성을 가지고 있다.

그림 2-24의 저항-온도 관계로부터 NTC 서미스터의 전달함수는 다음과 같이 가정할 수 있다.

$$R = R_0 e^{\beta\left(\frac{1}{T} - \frac{1}{T_0}\right)} \tag{2-25a}$$

$$\beta = \frac{1}{\left(\frac{1}{T} - \frac{1}{T_0}\right)} \cdot \ln\left(\frac{R}{R_0}\right) \tag{2-25b}$$

여기서, R은 온도 T(단위 K)에서 서미스터의 저항, R_0는 기준온도 T_0에서 서미스터의 저항, T는 온도, T_0는 기준온도, β는 절대온도 단위의 재료상수 또는 1℃ 온도 상승에 필요한 파워의 양으로 정의되며, 민감지수(sensitivity index)라고 한다. 일반적으로 β값은 기준온도 $T_0 = 85$℃(358.16K)와 $T = 25$℃(298.16K)를 대입하여 계산한 값을 사용한다. 만약 기준온도 T_0를 매우 높게 설정하게 되면, 이 기준온도에서의 서미스터 저항은 $R_0 = A$가 되며, 이 경우 식 (2-25)는 다음과 같이 단순화시킬 수 있다.

$$R = A e^{\frac{\beta}{T}} \tag{2-26}$$

이렇게 단순화시킨 전달함수로는 25℃에서 약 9%, 55℃에서 0.6%, 125℃에서 1.6%의 오차를 가져올 수 있다. 식 (2-26)을 대수형태(logarithmic form)로 변환하면 다음과 같다.

$$\ln(R) = \ln(A) + \beta\frac{1}{T} \tag{2-27}$$

이 식의 결과는 그림 2-24(b)와 같으며, $\ln(R)$은 1/T에 대해 선형적인 관계를 가지며, 이 직선의 기울기는 β, y축과의 절편은 $\ln(A)$가 된다.

NTC 서미스터의 전기저항에 대한 온도계수 α는 다음과 같다.

$$\alpha = \frac{1}{R}\frac{dR}{dT} \tag{2-28}$$

이 식에서 β의 항으로 바꾸게 되면 다음과 같은 관계식을 얻을 수 있으며, 여기서 α의 단위는 K^{-1}이다.

$$\alpha = -\frac{\beta}{T^2} \tag{2-29}$$

대량 생산되는 서미스터의 일반적인 온도 오차는 ±10% 정도이며, 특수 제작시 1% 보다 더 작은 오차를 내는 서미스터도 만들 수 있으나 생산가격이 매우 높아지게 된다. 실제적으로 서미스터의 저항에서 정확한 온도를 읽어내기 위해서는 전달함수가 정확해야 하는데, 일반적으로 식 (2-25) 보다는 다음과 같은 Steinhart-Hart 공식을 많이 사용하고 있다. 여기서 A, B, C는 3가지 온도 고정점에서 보정을 통해 계산된 상수이며, 저항 R은 Ω, 온도 T는 K 단위이다.

$$\frac{1}{T} = A + B[\mathrm{Ln}(R)] + C[\mathrm{Ln}(R)]^3 \tag{2-30}$$

이 식을 저항으로 풀면 다음과 같다.

$$\ln R(T) = \frac{1}{3}\left[\sqrt[3]{-\frac{27}{2}\left(\frac{A-1/T}{C}\right) + \frac{3}{2}\sqrt{3}\left(\sqrt{27\left(\frac{A-1/T}{C}\right)^2 + 4\left(\frac{B}{C}\right)^3}\right)} - \sqrt[3]{\frac{27}{2}\left(\frac{A-1/T}{C}\right) + \frac{3}{2}\sqrt{3}\left(\sqrt{27\left(\frac{A-1/T}{C}\right)^2 + 4\left(\frac{B}{C}\right)^3}\right)}\right] \tag{2-31}$$

식 (2-31)의 정밀도는 −50~150℃ 범위에서 약 0.2℃ 이내의 오차를 제공하며(A, B, C는 −20, 50, 120℃의 세 가지 온도에서 교정), 만약 온도범위를 줄이면 정밀도는 좋아진다. 저항의 오차로 인해 발생하는 온도의 불확정성은 다음과 같다.

$$\Delta T = 100 \cdot \frac{\Delta R}{R} \cdot \frac{1}{\alpha} \tag{2-32}$$

Omega사에서 생산하고 있는 44000 Series 서미스터의 외관은 그림 2-25와 같으며, 모델별 Steinhart-Hart의 상수 A, B, C는 표 2-8과 같다.[15] 그리고 온도별 저항 테이블은 부록 C에 상세히 나와 있다.[16]

그림 2-25 Omega사 44000의 외관 규격

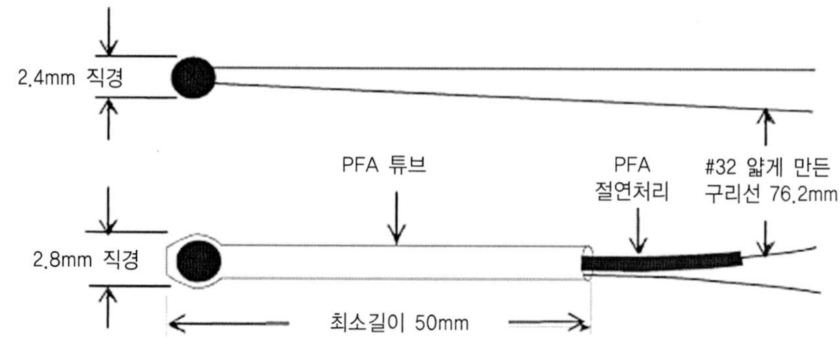

표 2-8 Omega사의 모델별 Steinhart-Hart 상수

모델 #	R(25℃)	A	B	C
44004 44033	2,252	1.468×10^{-3}	2.383×10^{-4}	1.007×10^{-7}
44005 44030	3,000	1.403×10^{-3}	2.373×10^{-4}	9.827×10^{-8}
44007 44034	5,000	1.285×10^{-3}	2.362×10^{-4}	9.285×10^{-8}
44006 44031	10,000	1.032×10^{-3}	2.387×10^{-4}	1.580×10^{-7}
44008 44032	30,000	9.376×10^{-4}	2.208×10^{-4}	1.276×10^{-7}

2.4 실리콘 저항형 PTC 센서

실리콘 결정의 전기전도 성질은 양의 온도계수(positive temperature coefficient, PTC) 특성을 가진 온도 센서로 사용할 수 있다. 현재 미세하게 가공된 구조의 실리콘 저항형 센서는 온도보상 또는 온도측정을 위해 사용되고 있다. Si PTC 센서는 우수한 선형성과 장기간 안정성(연간 ±0.05 K)을 가지고 있다. 순수한 실리콘, 폴리실리콘, 또는 단결정 실리콘은 본질적으로 저항에 대해 음의 온도계수(negative temperature coefficient, NTC) 특성을 가지고 있다. 그러나 순수한 Si에 주기율표상 5족 원소인 안티몬(Sb), 비소(As),

그림 2-26 n형 실리콘의 온도에 따른 비저항 특성

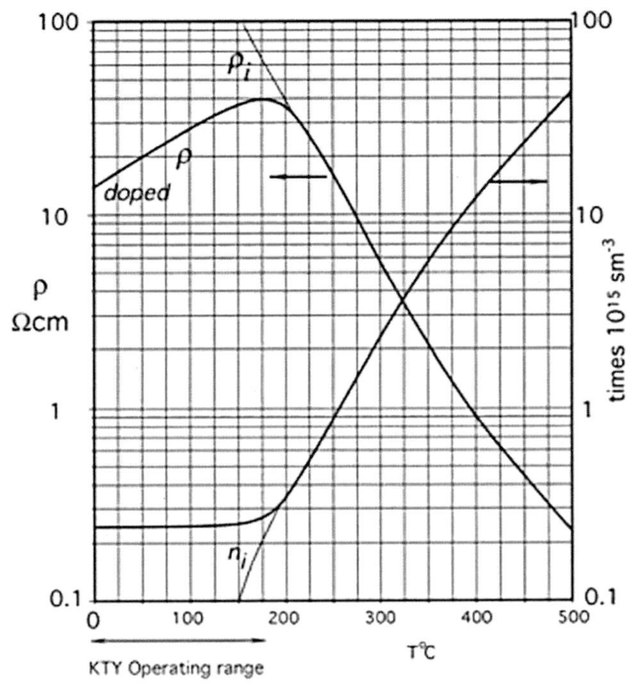

인(P) 등의 n형 불순물을 첨가하게 되면 어떤 온도 영역에서는 온도에 대해 PTC 특성을 나타내게 된다. 이 온도영역에서는 전하 운반자 이동도(mobility)가 감소하기 때문이다. 반면 높은 온도영역에서는 열적에너지에 의해 가전도대에 있는 전자가 전도대로 더 많이 천이를 하여 내인성 운반자 농도(intrinsic carrier concentration)가 증가하게 되어 저항이 감소한다. 그러므로 그림 2-26에서 보듯이 약 200℃ 이하의 온도에서의 비저항은 PTC 특성을 보이게 되며, 200℃ 이상의 온도에서는 NTC 특성을 보이게 된다.

Siemens사는 퍼짐저항(spreading resistance)의 원리에 기반을 두고 Si 온도센서를 개발하였다. 퍼짐저항의 용어는 그림 2-27(a)와 같이 저항 측정을 한쪽 면을 통해서 하기 때문이다. 이때의 저항은 다음과 같다.

$$R = \frac{\rho}{\pi \times d} \tag{2-33}$$

여기서, R은 센서의 저항(Ω), ρ는 n형 반도체의 비저항(Ω×cm), d는 측정 포인트 직경

그림 2-27 퍼짐저항 측정 개념 및 Siemens사의 KTY 센서 구조

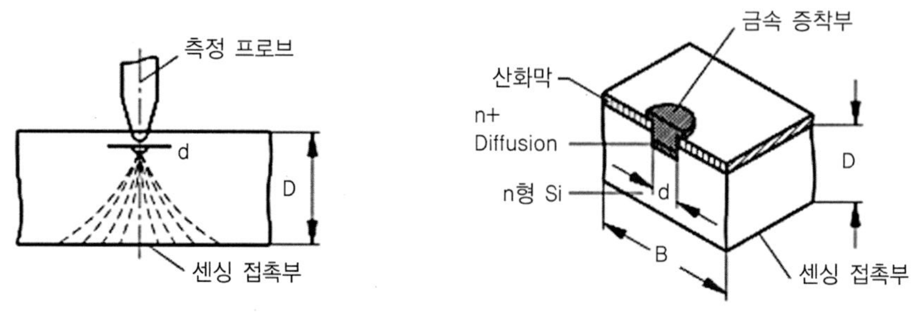

(a) 퍼짐저항 측정 개념 (b) Siemens사 센서 구조

(cm)이다. 이 측정법에서 측정 포인트의 직경(d)은 반도체의 두께(D)나 크기에 비해 무시할 정도로 매우 작기 때문에 거의 무관하다. 퍼짐저항의 원리를 이용한 대표적인 온도센서는 그림 2-27(b)와 같은 구조의 Siemens사에서 만든 KTY 센서이며, 이 칩의 크기는 약 $500\times500\times240\mu m$이다. 저항을 측정하는 부위의 접촉저항을 줄이기 위해 금속을 증착시키고, 산화막을 이용해서 금속의 접촉면적을 규정하며, 이 금속 접촉면적이 측정직경에 해당하는데, 이 직경 d는 센서칩의 크기에 비해 무시할 정도로 매우 작게 만든다.

대표적인 PTC 실리콘 센서의 민감도는 0.7%/℃ 정도인데, 이것은 저항이 매 온도마다 0.7% 정도 변한다는 것을 의미한다. KTY 센서의 온도 대 저항의 관계는 그림 2-28과 같으며, 이 관계식의 전달함수는 다음과 같다.[17] 여기서 R_0와 T_0는 표준점에서의 저항과 온도(K)이다. KTY-81 센서는 −55~150℃ 범위에서 사용이 가능한 센서이며, $A=0.007874K^{-1}$, $B=1.874\times10^{-5}K^{-2}$이다.

$$R_T = R_0\left[1 + A(T-T_0) + B(T-T_0)^2\right] \tag{2-34}$$

그림 2-27(a)와 같은 퍼짐저항 온도센서는 Si과 금속 사이가 좋은 옴접촉(ohmic contact)이 되지 않고 비대칭적인 구조로 인해 전류 방향에 따라 임의의 저항 성분이 존재하게 된다. 이러한 저항 성분이 생기지 않도록 그림 2-29와 같은 대칭적인 센서구조가 제안되었다. 이 구조에는 두 개의 퍼짐저항 센서를 서로 직렬로 연결하고, 금속과 실리콘 사이는 좋은 옴접촉을 유지하도록 설계되어 있다. 그리고 이러한 센서 구조로 인해 낮은 전기용량을 가지게 되는데, 이것은 고전압에서 센서를 보호할 수 있다는 의미이다.

그림 2-28 KTY 실리콘 온도센서의 전달함수(R_0 =1kΩ @ 25℃)

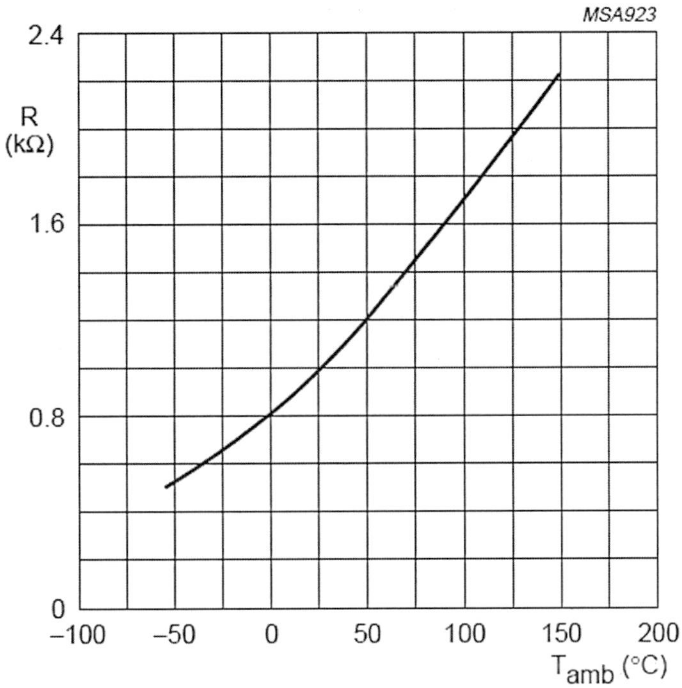

그림 2-29 대칭구조를 가진 Si 온도센서의 내부구조 및 외관

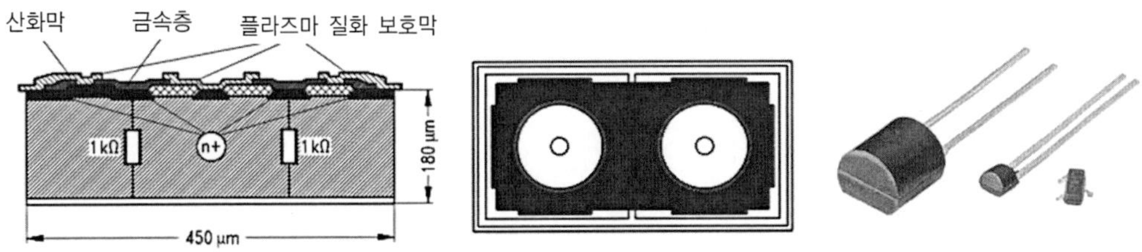

(a) 측면에서 본 내부 구조 (b) 위에서 본 금속 패턴 위치 (c) KTY 센서의 외관

2.5 다이오드 온도 센서

p형 반도체와 n형 반도체를 접촉시키면 페르미(Fermi) 에너지 레벨을 중심으로 접촉면이 그림 2-30과 같이 된다. 이와 같은 접촉을 pn 접합 또는 다이오드(diode)라 한다. pn

접합면이 평형상태에 도달하게 되면, pn 접합부에서는 서로의 전자와 정공이 재결합하여 사라지며, 이들 다수의 캐리어(전자, 정공)가 없는 공핍층(depletion area)이 형성된다. 공핍층 내에는 n형 쪽은 양으로 대전되고, p형 쪽은 음으로 대전된다. 이러한 것을 소수 캐리어(minority carrier)라고 한다. 이로 인해 양쪽 면 사이에 다음과 같은 내부 확산전위(V_{bi}, built-in potential, $q\phi_f$)라는 전위차가 생기게 된다.

$$V_{bi} = \frac{kT}{q} \ln\left(\frac{N_A N_D}{n_i^2}\right) \tag{2-35}$$

즉 p형 쪽으로 유입된 전자는 그곳에서는 소수 캐리어가 되며, n형 쪽으로 유입된 정공은 그곳에서의 소수 캐리어가 된다. 이에 대하여 p형이나 n형 반도체에서 주로 전기전도도에 기여하는 캐리어, 즉 p형 쪽의 정공이나 n형 쪽에 있는 전자들을 다수 캐리어(majority carrier)라고 한다. 따라서 p-n 접합에 외부전압을 인가하면 p형 및 n형 반도체 영역의 소수 캐리어의 농도가 증가하며, p-n 접합을 통해서는 상대방 영역으로 소수 캐리어가 주입된다. 이것을 (소수) 캐리어의 주입이라 하며, p-n 접합의 정류작용이나 접합형 트랜지스터 동작의 기본이 된다. 이처럼 주입된 소수 캐리어의 수명은 10^{-6}~10^{-3}초 정도로 매우 짧으며, 이 시간이 경과되면 이들 여분으로 주입된 소수 캐리어들은 그곳에 있는 다수 캐리어들과 결합되어 소멸되는데, 이것을 캐리어의 재결합(recombination)이라고 한다. 즉, 이와 같은 재결합으로 과잉된 소수 캐리어가 소멸됨으로써 각 반도체 영역 내의

그림 2-30 pn접합시 생성되는 내부 확산전위(built-in potential)

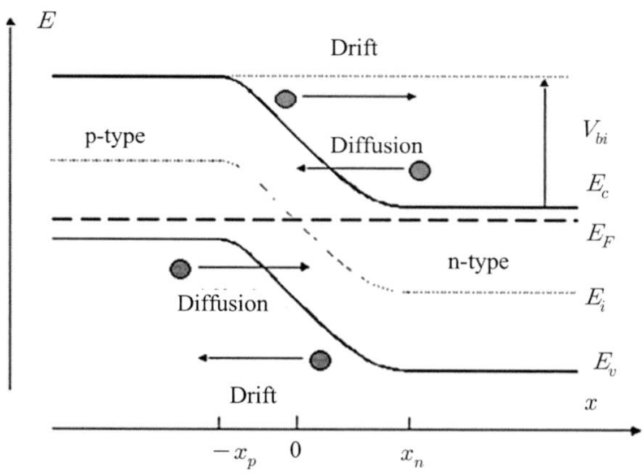

캐리어들은 그들의 온도에 따라 결정되는 일정수의 농도를 유지하게 된다. 이 상태를 열적 평형상태라고 한다.

pn 접합은 반도체에서 가장 기본이 되는 형태이다. pn 접합에 bias의 방향을 조절하면 그림 2-31과 같이 내부 확산전위가 낮아지기도 하고 높아지기도 하면서 도체와 부도체의 성질을 가지게 된다. 역방향의 전압을 가하게 되면 전위차가 평형상태보다 커져서 내부 확산폭이 넓어지게 되어 전류가 거의 흐르지 않게 된다. 반면 순방향의 전압을 가하게 되면 접합의 전위가 낮아지게 되어 전자와 정공의 흐름이 더욱 많아지게 되면서 내부 확산폭은 더 좁아지게 되어 전류가 많이 흐르게 된다. 이것이 다이오드의 기본 원리이다. 이것을 수식으로 표현하면 다음과 같은 다이오드 전류방정식이 된다.

$$I_D = I_s\left[e^{\frac{qV_D}{nkT}} - 1\right] \tag{2-36}$$

여기서, I_D는 다이오드에 흐르는 전류이며, I_s는 역방향 포화전류, q는 전하량(1.6021×10^{-19} Coloumb), V_D는 다이오드에 걸리는 전압, k는 Boltzmann 상수(1.38×10^{-23} J/K), T는 K 단위의 온도이며, n은 이상계수로 실리콘의 경우 낮은 전류(다이오드 동작)에서는

그림 2-31 바이어스에 따른 내부 확산전위 변화

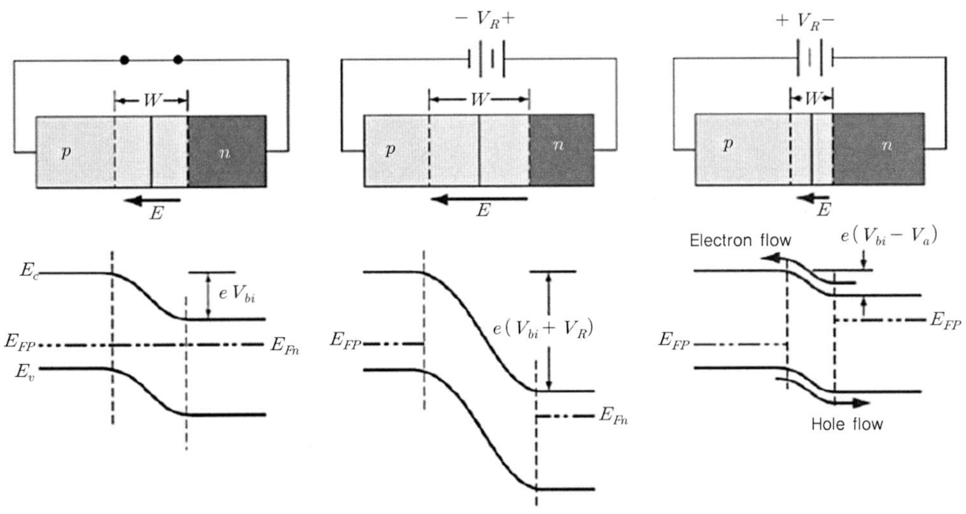

(a) 제로 바이어스 (b) 역방향 전압 상태 (c) 순방향 전압 상태

2, 높은 전류(트랜지스터 동작)에서는 1이다. 식 (2-36)의 온도에 따른 전류-전압 특성 결과는 그림 2-32와 같다. 순방향 전압에서 온도가 올라감에 따라 문턱전압이 감소하며, 역방향 전압에서는 온도가 올라감에 따라 제너(Zener) 전압도 증가하며, 역방향 전류 영역에서 포화전류는 온도가 올라감에 따라 증가하는 특성이 있다. 다이오드 온도센서는 순방향 전압의 특성을 이용해서 온도를 측정하게 된다.

다이오드의 전류-전압 방정식인 식 (2-36)에서 온도 의존성을 보기 위해 온도의 함수로 바꾸어 쓰면 다음과 같다.

$$I_D(V_D, T) = I_s(T)\left[e^{\frac{V_D}{nV_T(T)}} - 1\right] \tag{2-37}$$

$$V_T(T) = \frac{kT}{q} = 86.142\left(\frac{\mu N}{K}\right)T \tag{2-37a}$$

$$I_s(T) = I_s(T_0)\,e^{\left(\frac{T}{T_0}-1\right)\frac{V_G(T)}{nV_T(T)}}\left(\frac{T}{T_0}\right)^{\frac{3}{n}} \tag{2-37b}$$

그림 2-32 온도에 따른 전류-전압 특성 변화

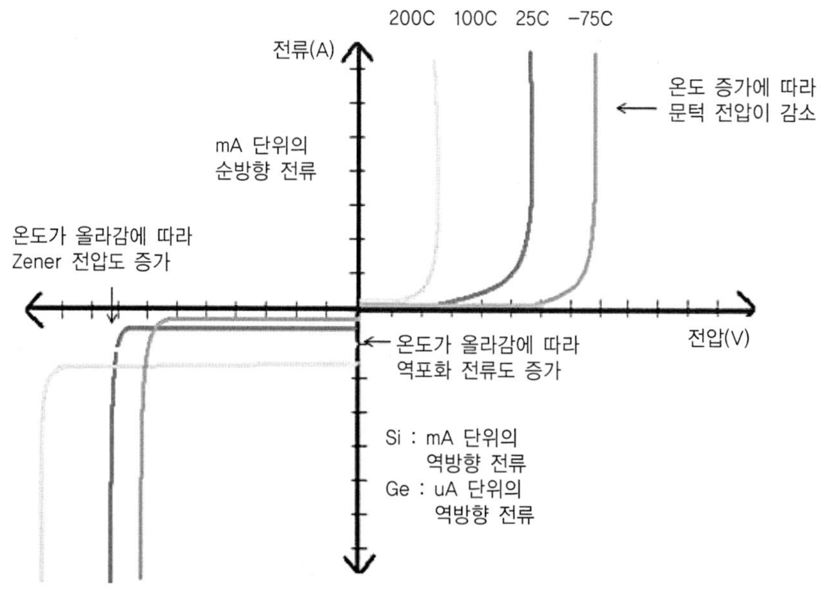

식 (2-37a)에서 온도가 실온인 $T = 300\,\mathrm{K}$에서는 $V_T(300) \approx 26\mathrm{mV}$가 되며, V_G는 반도체의 에너지갭에 해당하며, 실리콘인 경우 상온에서 이 값은 약 $V_G(300) = 1.12\,V$가 된다. T_0는 표준온도인데 보통 300K를 사용한다. 역방향 전류모드에서는 $I_R = -I_D \approx I_s$이므로 역방향 전류에서의 온도 미분형태는 다음과 같다.

$$\frac{1}{I_R}\frac{dI_R}{dT} \approx \frac{1}{I_s}\frac{dI_s}{dT} = \frac{1}{nT}\left(3 + \frac{V_G}{V_T}\right) \tag{2-38}$$

이 영역에서 대부분의 다이오드는 $n = 2$이므로 이 값을 식 (2-38)에 대입하고 상온에서의 값을 계산하면 다음과 같다.

$$\frac{1}{I_R}\frac{dI_R}{dT} \approx \frac{1}{2(300K)}\left(3 + \frac{V_G}{V_T}\right) \approx 0.08\,/\,K \tag{2-39}$$

식 (2-39)의 의미는 온도가 약 9 K 정도 상승해야만 역전류가 2배가 된다는 의미이며, 10배 정도 올리려면 온도가 약 30 K 정도 상승해야 한다. 실제 상황에서는 표면과 누설전류 때문에 온도계수가 이론적으로 계산한 값보다 훨씬 낮게 측정된다.

전류-전압 특성에서 순방향 영역을 이용해서 온도를 측정하는 방식에는 그림 2-33과 같이 정전류(constant current) 모드와 정전압(constant voltage) 모드가 가능하다. 순방향 전압 영역에서는 식 (2-37)을 다음과 같이 볼 수 있다.

$$I_D(V_D, T) = I_s(T)\left[e^{\frac{V_D}{nV_T(T)}} - 1\right] \approx I_s(T)\,e^{\frac{V_D}{nV_T(T)}} \tag{2-40}$$

이 식에서 양변에 로그를 취하여 V_D항에 대해 정리하면 다음과 같다.

$$V_D \approx nV_T(T)\ln\frac{I_D(T)}{I_s(T)} \tag{2-41}$$

식 (2-37b)에서 I_s에 대해 온도 편미분을 취하게 되면 다음과 같이 근사할 수 있다.

$$\frac{\partial I_s(T)}{\partial T} \approx \frac{I_s(T)}{T}\left(3 + \frac{E_g}{kT}\right) \tag{2-42}$$

따라서 정전류 모드에서의 온도계수(TCV)는 다음과 같다.

그림 2-33 정전류와 정전압 모드에서 다이오드의 전류-전압 특성

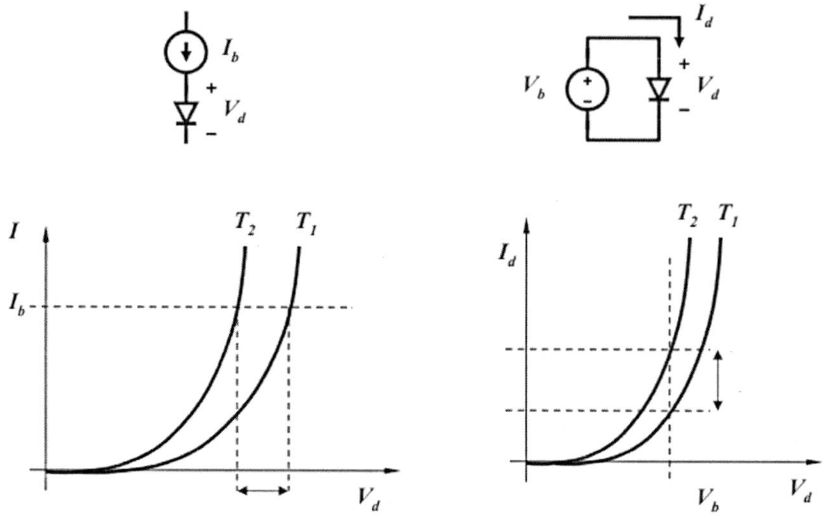

(a) 정전류 모드에서 온도 측정 (b) 정전압 모드에서 온도 측정

$$TCV = \frac{\partial V_D}{\partial T} \approx \frac{V_D}{T} - n\frac{V_T}{T}\left(3 + \frac{E_g}{kT}\right) \tag{2-43}$$

여기서, 온도 $T = 290\,\text{K}$, 정전류 $I_d = 10\,\text{mA}$, $I_s = 1\,\text{pA}$, $n = 1$이라고 하면, 온도에 따른 전압 변화량인 TCV는 약 $-2\,\text{mV/K}$ 정도가 된다. 유사한 방법으로 정전압 모드에서의 온도계수(TCI)는 다음과 같다.

$$TCI = \frac{\partial I_D}{\partial T} \approx \frac{I}{T}\left(3 + \frac{E_g}{kT} - \frac{qV_b}{nkT}\right) \tag{2-44}$$

여기서, 온도 $T = 300\,\text{K}$, 정전압 $V_b = 0.65\,\text{V}$, $I_s = 1\,\text{pA}$, $n = 1$이라고 하면, 온도에 따른 전류 변화량인 TCI는 약 6 mA/K가 된다. 따라서 다이오드 또는 트랜지스터는 훌륭한 온도 센서로 사용이 가능하다. 트랜지스터 온도센서는 가격이 매우 저렴하고 간단하기 때문에 여러 분야에서 사용되고 있다. 그림 2-34는 상용화된 PN100 실리콘 트랜지스터의 온도에 따른 오차범위를 나타내고 있다. 온도의 측정범위가 1.4 K~500 K까지 가능하며, 25 K 이상의 온도에서의 온도 민감도는 2.3 mV/K로 일정한 특성을 가지고 있어 선형보정 없이 사용이 가능하다. 액체헬륨의 온도에서도 측정이 가능하므로 극저온의 온도 측정용으로

그림 2-34 PN100 실리콘 트랜지스터 온도 센서의 출력 특성

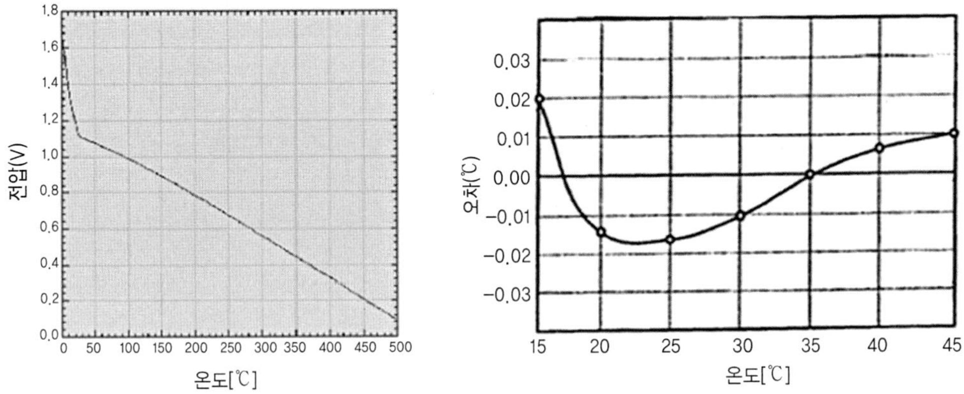

(a) 온도에 따른 출력전압 특성

(b) 상온 근처에서의 최대 측정 오차

사용이 가능하며, 가격은 매우 저렴하고, 크기도 매우 작게 제작이 가능한 점이 장점이다.

또한 다이오드의 전류-전압 특성을 이용해서 정류작용을 하게 되며, 다이오드 2개를 붙여서 만든 트랜지스터를 이용해서 증폭 작용을 하게 된다. 접합 부분을 통하여 계속 소수 캐리어의 주입이 이루어지면 과잉 소수 캐리어가 있는 동안 그 부분의 전기저항은 감소한다. 이 소수 캐리어의 주입에 의한 전기저항의 변동, 즉 전기저항의 변조(變調)를 이용한 것이 바이폴러 접합 트랜지스터(bipolar junction transistor)이다. 이처럼 열적 평형상태에서 이탈된 캐리어의 농도 분포상태를 쉽게 만들어 낼 수 있는 것이 또 다른 특성이다. 대표적인 반도체 센서의 외관은 그림 2-35와 같다.

그림 2-35 반도체 센서의 외관 형태

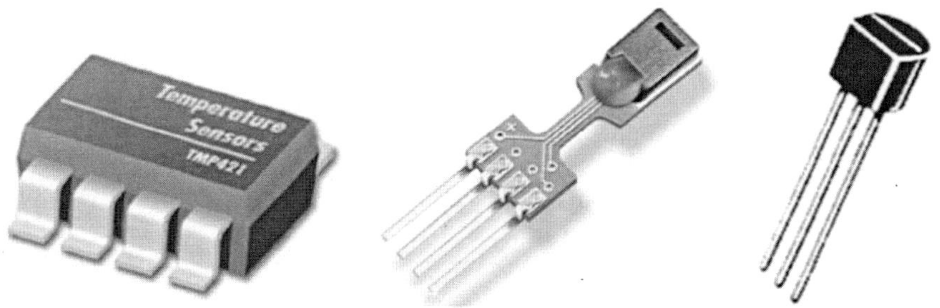

CHAPTER 03

서모커플 센서

3.1 볼타전지의 원리

1780년 이탈리아의 동물학자인 갈바니(Luigi Galvani)는 해부실험 중 개구리의 다리가 불꽃이나 해부칼과 접촉할 때 경련을 일으키는 것을 발견하고, 그 현상을 연구한 결과 이것이 전기와 관계가 있다는 사실을 처음으로 발표하였다. 이때 작용한 전기는 뇌에서 발생하여 동물의 근육에 흘러들어간다고 생각하여 '동물전기'의 존재를 주장하였다. 하지만 모든 사람들이 이에 동의한 것은 아니었다. 롬바르디아에 있는 파비아 대학교의 실험 물리학 교수인 볼타(Alessandro Volta)는 1792년과 1793년에 출판한 자기 논문에서 전기는 근육 수축의 자극원은 맞지만, 전기는 외부원인인 두 금속(놋쇠와 철)으로부터 온다고 주장했다. 볼타는 서로 다른 한 쌍의 금속을 가까운 거리에 위치시킨 다음, 두 금속에 혀를 대봄으로써 자신의 추측을 검증하였는데, 당시 어떤 측정 장치로도 감지할 수 없었던 미세한 전류를 감지할 수 있을 정도로 혀가 민감하다는 사실이 밝혀졌다. 이후 1800년 왕립학회 모임에서 볼타는 새로운 전지를 공개하였는데, 은과 주석의 얇은 판들로 이루어진 더미로, 판들은 번갈아 놓은 사이사이로 소금물에 담가놓았던 판지로 분리되어 있었는데, 이것이 바로 근대 전지의 원형인 볼타파일(voltaic pile)이다. 이 실험으로 전지의 위와 아래에 전선을 연결하면 전기가 흐fms다는 것을 관찰하였다.[18]

볼타가 제안한 볼타파일을 기초로 해서 만든 것이 그림 3-2와 같은 오늘날 화학전지의 원형인 볼타전지이다. 묽은 황산 용액이 든 그릇에 구리판과 아연판을 넣고 두 금속을 도선으로 연결하면, 두 금속 중 아연이 이온화 경향이 크기 때문에 아연 이온(Zn^{2+})이 용액

그림 3-1 갈바니 전지와 볼타파일

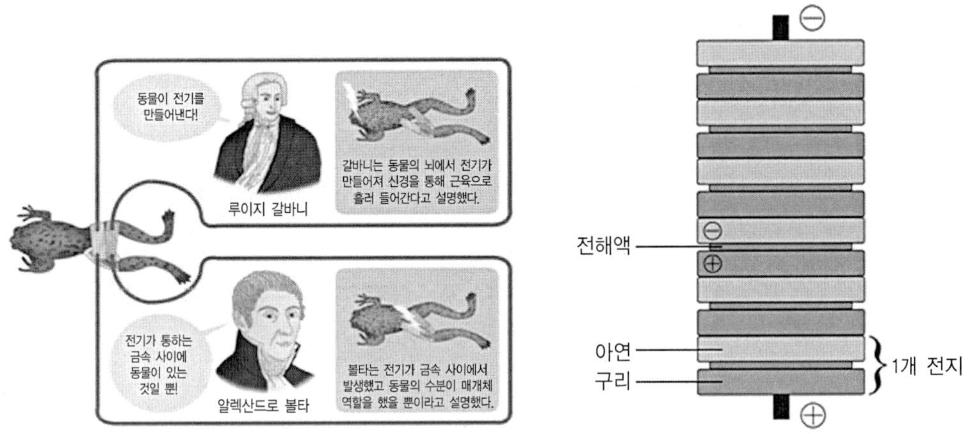

(a) 전지에 대한 갈바니와 볼타의 생각 (b) 근대 전지 모형인 볼타파일

에 녹아 나온다. 아연판의 전자는 도선을 통해 구리판으로 이동하여, 모여 있는 수소이온(H^+)에게 전자를 주게 된다. 이때 전자는 아연판과 구리판으로 이동하므로 아연이 (−)극, 구리는 (+)극이 된다. 이러한 볼타화학전지는 과일을 이용해도 동일한 효과를 얻을 수 있다. 레몬, 바나나, 귤, 복숭아, 사과, 고구마, 오이, 토마토 등 다양한 과일과 채소로도 전지를 만들 수 있으며, 과즙이 풍부한 과일이나 채소가 좀 더 유리하다. 이는 과일이나 채소에 함유된 시트르산이나 타르타르산 등의 산성 성분이 전해질로 작용하기 때문에 가능하다.

그림 3-2 볼타전지의 원리와 응용

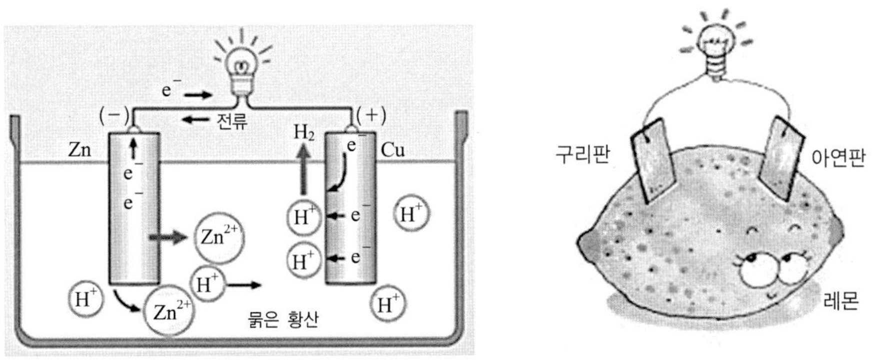

과일과 채소에 함유되어 있는 즙의 양과 산성도에 따라 전압도 약간씩 차이가 난다.

3.2 열전 효과(Thermoelectric effect)

볼타전지 이후로 19세기에 많은 과학자들은 종류가 다른 두 금속을 접촉해서 새로운 전지 또는 물리현상에 대해 연구를 하게 되었다. 이 중에서 얻은 연구 결과 중 하나가 바로 열과 전기적 에너지 변환 관계를 이용한 열전 효과(thermoelectric effect)이다. 이 효과에는 가역 반응과 비가역 반응이 알려져 있으며, 비가역 열전 효과의 대표적인 것이 줄(Joule) 효과이다. 이것은 전류(I)가 비가역적인 열(P)로 변환되는 효과로 다음과 같은 수식으로 표현된다. 여기서 R은 저항을 의미한다.

$$P = RI^2 \tag{3-1}$$

반면에 제베크(Seebeck), 펠티에(Peltier), 톰슨(Thomson) 3가지 효과는 가역적인 열전 효과이다. 서모커플(thermocouple)은 열을 뜻하는 thermo와 쌍이라는 의미인 couple이 합쳐진 단어로 열전대라고도 한다. 서모커플은 약 100년 이상 온도측정과 온도제어용으로 널리 사용된 온도센서이다. 이 센서는 제베크(Seebeck) 효과를 이용한 것으로 두 종류의 금속을 붙여서 넓은 온도범위를 측정할 수 있는 센서이다. 이 센서의 원리는 1821년 독일 물리학자인 제베크가 비스무스(Bi)와 구리(Cu)를 이용하여 연결된 선에서 온도에 따라 전압이 발생하는 것을 발견하였다. 이런 현상을 발견자의 이름을 따서 제베크(Seebeck) 효과라고 부른다. 제베크가 그 당시 열전효과를 실험한 개념도는 그림 3-3과 같다.[19]

제베크는 비스무스와 구리를 연결하고 그 안에 나침반을 배치하였다. 이 장치에서 비스무스의 한쪽을 뜨겁게 가열하면 온도차이로 인하여 반시계방향으로 전류가 유도되며, 이 유도전류로 인하여 자기장이 아래의 나침반에 영향을 미쳐 나침반의 방향이 변화하는 것으로 열전효과를 처음으로 규명하였다.

펠티에 효과(Peltier effect)는 1834년에 프랑스의 시계공(watch maker)이자 후에 물리학자가 된 진 찰스 펠티에(Jean Charles Athanase Peltier, 1785-1845)에 의해 발견된 물리현상이다. 이것은 서로 다른 두 금속에 전류를 흘렸을 때 그림 3-4와 같이 서로 다른 금속의 양단면에 온도차가 일어나는 현상을 발견하였다. 펠티에 효과는 두 가지의 다른 물질

그림 3-3 제베크의 열전효과 실험 개념도

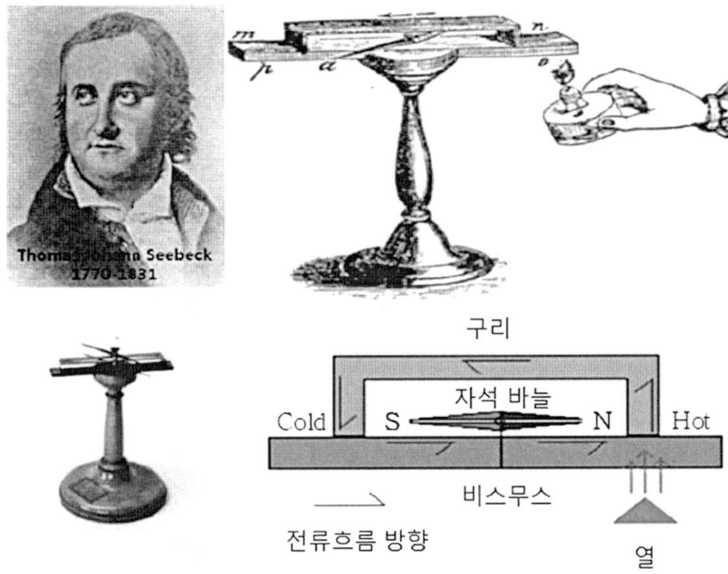

들 간의 접합을 거쳐 전류가 흐를 때 일어나는 열의 방출과 흡수를 의미한다. 전류가 어떤 한 방향으로 흐를 때 열이 발생된다면 전류가 그 반대방향으로 흐르면 열을 흡수하기 때문에 펠티에 효과는 가역적이다. 이 효과를 응용한 제품은 반도체 재료가 나오기 전까지는 실용화가 되지 못하였다. 앞서 제베크 효과에서와 마찬가지로 금속재료로는 온도차이가 거의 나지 않아 실용적인 목적으로 사용되지 못하였으나, Bi와 Te 반도체 재료가 나오면서 비로소 실용적으로 사용하게 되었다.

그림 3-4 펠티에 효과의 개념

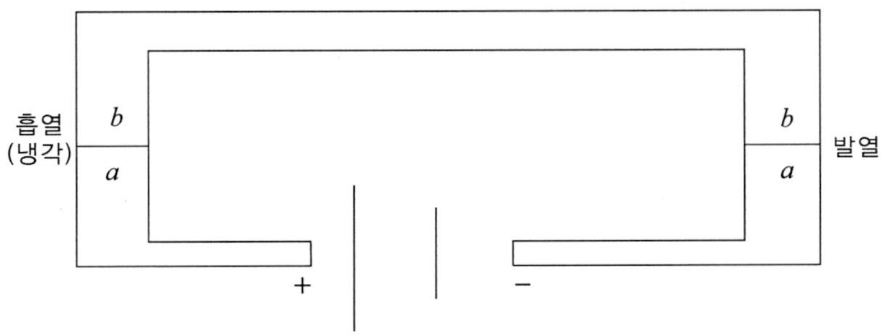

접합에 전류가 흐르게 되면 도체에 전류가 흐를 때 전기저항 때문에 생기는 줄열(Joule heat) 효과에 추가하여 펠티에 효과에 의한 열 발생이나 흡수가 일어난다. 전자가 금속에서 반도체로 흐를 때 금속의 페르미(Fermi) 에너지 준위에 있는 전자들이 반도체의 전도대로 움직이게 된다. 따라서 전도전자들은 금속에서 반도체로 움직일 때 평균 운동에너지가 ΔE만큼 증가하게 된다. 이 운동에너지의 변화는 열의 흡수로 발생한다. 즉 열에너지가 전자의 평균 운동에너지를 증가시키는데 이용된다. 또한 그림 3-4에서 전류를 반대방향으로 흘려주는 경우에는 전자의 운동에너지는 ΔE만큼 감소되고 그와 관련된 열이 발생하게 된다. 즉, 전자들이 접합을 지나갈 때 평균 운동에너지가 변화되기 때문에 전류의 방향에 따라서 열이 흡수되거나 발생하게 된다. 이와 같은 열의 흡수 또는 발생은 다음과 같이 정의할 수 있다.

$$dQ_P = \pm p \cdot i \cdot dt \quad (3\text{-}2)$$

여기서, i는 전류, t는 시간, 계수 p는 전압의 단위를 가진 재료의 열기전력 특징을 나타내는 것으로 펠티에 계수라고 한다.

펠티에 효과는 두 가지 목적으로 사용된다. 즉, 접합에 가하는 전류의 방향을 제어함으로써 열을 생성하거나 열을 제거할 수 있다. 이것은 정밀한 온도제어가 필요한 소자에 적합하다. 그리고 펠티에 열은 Joule 열과는 달리 인가하는 전류의 크기에 직접 비례하는 관계에 있다는 점에서 펠티에 열은 Joule 열과는 원인이 구분된다. 따라서 펠티에 효과는 냉각형 열화상 카메라의 센서를 냉각하는 용도로 사용되는 냉각기의 기본원리로 사용되고 있다.

톰슨 효과(Thomson effect)는 1851년 영국의 물리학자인 윌리엄 톰슨(William Thom-

그림 3-5 톰슨 효과(톰슨 계수가 양인 경우)

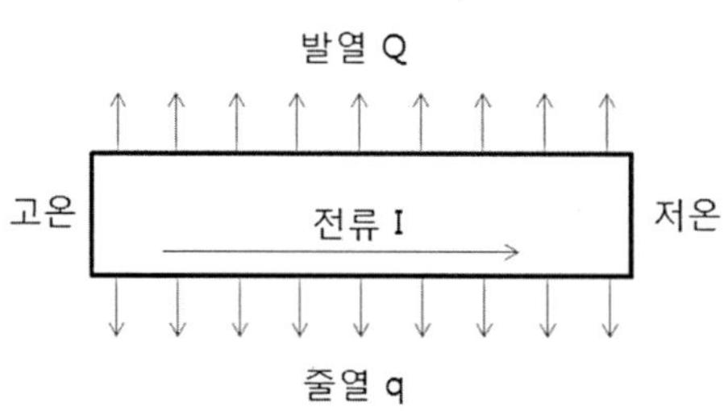

son)에 의해 발견된 물리현상이다. 그는 기존의 제베크 효과와 펠티에 효과가 서로 연관된 것임을 밝혀내고 이들 사이의 상관관계를 정리하였다. 이 과정에서 그림 3-5와 같이 도체(금속 또는 반도체)인 막대기의 양끝을 다른 온도로 유지하고 전류를 흘릴 때, 줄열(Joule's heat) 이외에 발열 또는 흡열이 일어나는 현상을 발견했는데 이것을 톰슨 효과라고 한다.

도체 막대기의 양끝의 온도차를 ΔT, 전류를 I, 단위시간의 발열량을 Q라 하면, ΔT가 작은 범위에서는 Q는 다음과 같다.

$$Q = \sigma \cdot I \cdot \Delta T \tag{3-3}$$

여기서, 비례상수 σ를 톰슨계수라 한다. 고온 쪽에서 저온 쪽으로 전류를 흘릴 때 발열하는 경우를 양으로 하며, 전류의 방향을 반대로 하면 발열, 흡열이 반대로 된다. 톰슨계수인 σ는 물질에 따라 다른 물질상수이고 또한 온도에 따라서도 다르다. 실온에서 구리, 아연 등은 양의 값을 가지며, 철과 백금 등은 음의 값을 가진다. 특이하게도 납의 σ는 거의 제로인 특성이 있어 열기전력 측정을 할 때 기준물질로 사용한다.

이상의 3가지 열전 효과 중에서 톰슨 효과는 실용적으로 거의 사용되지 않고 있으나, 제베크 효과는 온도 측정용 센서인 서모커플에 응용되어 사용되고 있으며, 펠티에 효과는 소형 에어컨과 냉장고 등의 냉각기 응용에 널리 사용되고 있다.

3.3 서모커플 동작 원리

서모커플 센서는 기본적으로 제베크 효과를 이용한 센서이며, KS 규격에는 서모커플을 열전대라고 번역하여 사용하고 있다. 본 책에서는 편의상 열전대라는 표현 대신에 서모커플로 영어발음대로 표기하기로 한다. 서모커플은 금속선의 양단간에 온도차($\Delta T = T_1 - T_2$)가 발생하면 저온단은 (−)로 대전되고 고온부는 (+)로 대전되어 금속선의 양단간에 전위차가 발생하는데 이를 제베크 전압이라 한다. 이의 기본적인 개념은 그림 3-6과 같다. 제베크 전압은 전자들을 금속선의 고온단으로 되돌려 보내려는 방향으로 작용하며, 제베크 전위가 저온단으로 전자의 이동을 일으키는 열적 구동력과 정확히 균형을 이룰 때 평형상태가 된다. 이와 같이 재료 양단간의 온도차에 의해 발생하는 열기전력(thermoelectromotive force)을 제베크 전압이라 하며, 양단간의 온도차가 매우 적은 범위에서 제베크 전압(V_s)은 온도차 ΔT에 비례하여 다음과 같은 식으로 표현이 가능하다.

$$V_s = \alpha_A \cdot \Delta T \tag{3-4}$$

여기서, 비례상수 α_A를 재료 A의 제베크 계수(Seebeck coefficient)라 하며, 단위 온도차

그림 3-6 제베크 효과의 개념

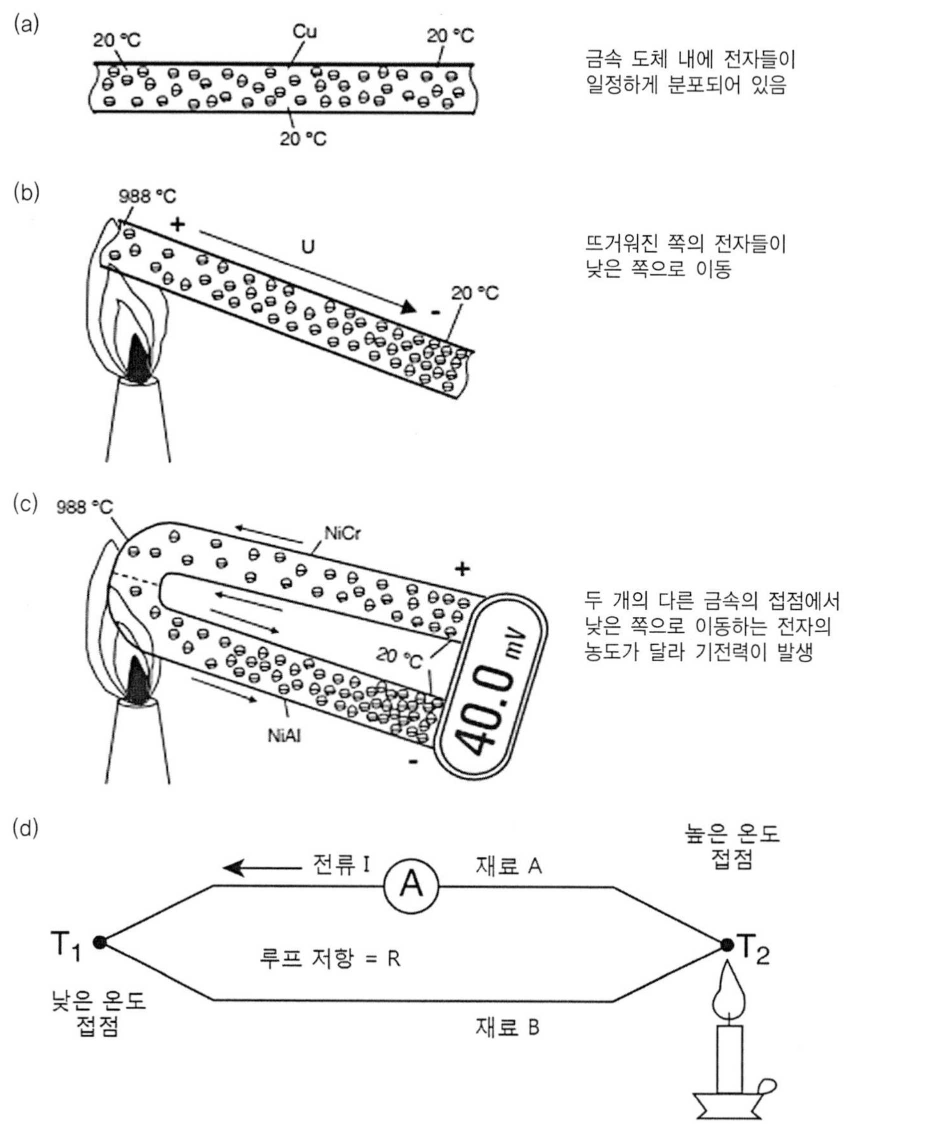

에서 유도되는 전압을 의미한다. 일반적으로 금속에서는 수 μV/K의 아주 작은 값을 가지며, 반도체에서는 수백 μV/K의 값을 가진다. 이 제베크 계수의 값이 클수록 당연히 열전효과에 의하여 발생하는 기전력이 커지므로 좋은 열전소자가 된다.

그러나 어떤 재료의 절대 제베크 계수를 직접 측정할 수 있는 방법은 없다. 예를 들어 재료 A의 절대 제베크 계수를 측정하기 위하여 재료 A로만 구성된 접점을 만들어 전압계에 연결하면, 각 전선에 유기된 제베크 전위는 서로 정확하게 상쇄되어 전압계에는 전위차가 나타나지 않는다. 따라서 제베크 전압은 연결하는 전선이 연구하려는 재료와 다른 경우에 한해서 측정이 가능하다.

서모커플은 두 종류의 소선(금속선) A와 B를 접합하여 절대온도를 읽는 것이 아니고, 그림 3-7과 같이 측정 접점부(hot junction)와 레퍼런스 접점부(reference junction) 사이에서의 온도 차이로부터 측정 접점부의 온도를 환산하는 원리이다. 즉, 한쪽 접촉점을 기준점으로 삼고 측정하고자 하는 부위에 다른 접촉점을 위치하면 기전력의 크기로 온도 차를 알 수 있으므로 기준점 온도와 비교하여 온도를 유추할 수 있다. 서모커플은 그림에서처럼 서로 다른 두 종류의 소선을 한쪽 끝에 접점을 시켜 놓은 것인데, 이 부위를 측정 접점부(일명 hot junction)라고 하며, 다른 쪽은 두 금속의 끝이 붙어 있지 않고 신호출력회로와 전기적으로 연결되어 있으며, 이 부위를 레퍼런스 접점부(일명 cold junction)라고 한다. 제베크 효과가 발견된 당시에는 hot junction과 cold junction이라는 용어를 사용하였으나, 온도 측정 분야에서는 측정 접점부(measuring junction)와 레퍼런스 접점부(refer-

그림 3-7 서모커플 접점 정의

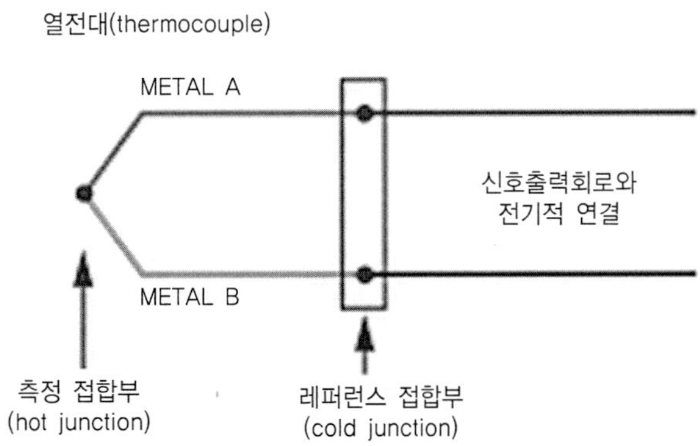

ence junction)라는 용어로 사용한다. 그 이유는 측정하는 온도가 레퍼런스 접점부의 온도보다 더 낮은 경우도 많기 때문이다. 레퍼런스 접점부에서의 출력전압은 측정 접점부와 레퍼런스 접점부의 온도에 따라 달라지는데, 이런 이유로 서모커플 센서를 절대온도를 측정하는 센서가 아니고 상대적인 온도를 측정하는 센서라고 한다. 그러므로 물체의 정확한 온도를 측정하기 위해서는 레퍼런스 접점부의 온도를 알고 있어야만 한다.

서모커플의 동작 원리에서 오해를 불러 일으키는 요소가 있는데, 측정 접점이 전기적인 소스 역할을 하여 접점 자체에서 신호 전압이 발생한다고 생각하는 부분이다. 이 개념은 잘못된 것이다. 실제적인 열기전력 효과는 서모커플 도체 전체의 온도 차이와 온도 구배에 의해 일어나는 현상으로 이해해야 한다. 즉, 열기전력은 접점에 의해 생기는 것이 아니고, 접점으로부터 시작된다는 것이다. 즉, 그림 3-8과 같이 온도를 측정하는 영역, 전압계에서 기전력을 측정하는 영역, 이 두 영역 사이에 온도가 서서히 변화하는 영역 등 크게

그림 3-8 온도 구배에 의한 서모커플의 열기전력 변화

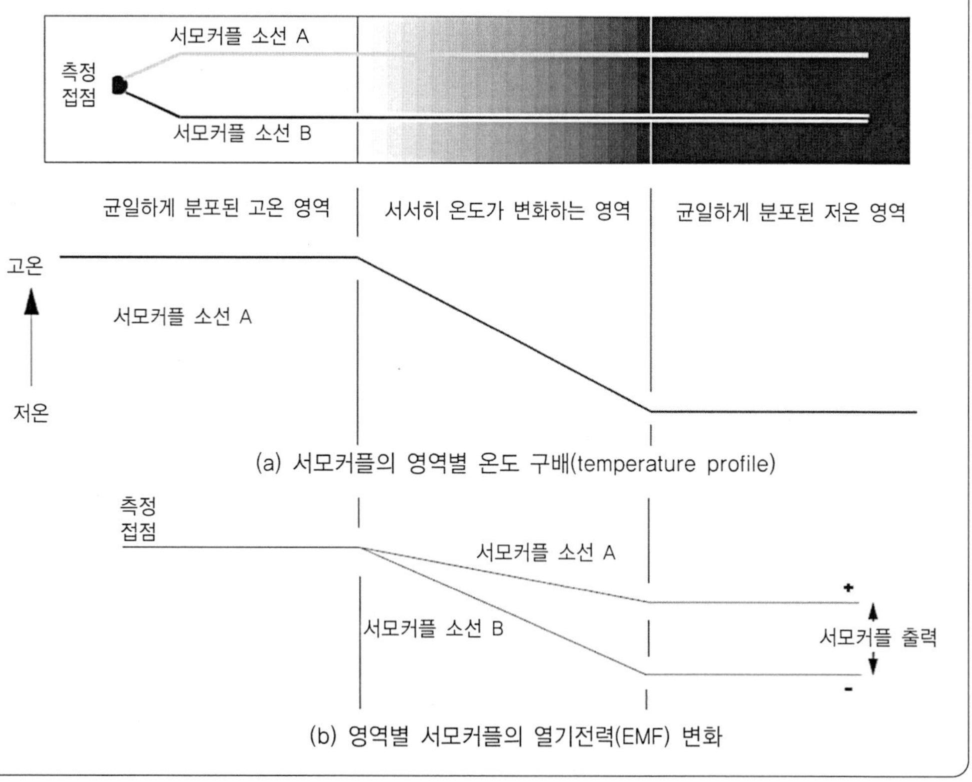

3가지 영역으로 나누어서 볼 수 있다.[20]

측정 접점에서는 연결이 시작되는 지점이기 때문에 이 지점에서 서모커플 배선 사이에는 아무런 전위차가 일어나지 않으며, 균일하게 분포된 고온영역에서도 온도 구배가 없기 때문에 열기전력에 변화는 없으며, 마찬가지로 전압계가 있는 저온 영역에서도 온도 구배가 없기 때문에 열기전력에 변화는 없다. 중간 영역인 온도가 변화하는 영역에서 서모커플 배선 사이에 열기전력의 차이가 발생하게 되면, 이 차이가 결국 서모커플의 전체 출력 전압으로 나타나게 된다.

3.4 중간금속 법칙, 중간온도 법칙과 부가전압 법칙

서모커플에는 "중간금속 법칙(law of intermediate metals)", "중간온도 법칙(law of intermediate temperatures)", "부가전압 법칙(law of additive voltages)" 등 3가지 법칙이 존재한다. 이러한 법칙을 이용해서 서모커플의 출력전압을 측정하는데 사용하고 있다. 여기에 나오는 기호들은 다음과 같은 의미를 가지고 있다. T_1은 욕조 1의 온도이고, T_2는 욕조 2의 온도이다. V_{1-R}은 온도 T_1을 레퍼런스 보정 온도인 T_R을 통해 측정된 전압이며, V_{1-2}은 V_{1-R}과 V_{2-R} 사이의 전압 차이이며, $V_{1-2} = V_{1-R} - V_{2-R}$로 정의된다. 이런 기호를 일관되게 사용하지 않으면 (−) 값이 나올 수 있으니 유의해야 한다. 편의를 위해, 두 개의 서모커플 소선 A와 B는 전압계에 연결되어 있으며(편의상 표시는 되어 있지 않음), 측정하고자 하는 온도는 레퍼런스 온도보다 항상 높다고 하여 전압이 (−)가 되지 않도록 가정 하였다. 따라서 만약 레퍼런스 전압이 측정전압 보다 높으면 온도 측정 전압은 (−)가 될 수도 있다. 그리고 모든 서모커플의 소선은 전압계의 측정 단자에 연결되어 있다고 가정하였다.

먼저, 중간금속의 법칙은 제3의 금속 물질을 중간에 삽입하더라도 측정 전압에는 변함이 없다는 것이다. 여기서 중요한 것은 새롭게 생기는 두 개의 접점 온도는 항상 동일해야 한다는 전제 조건이 있다. 그림 3-9를 통해 중간금속의 법칙을 쉽게 이해할 수 있다. 서모커플 소선 A와 소선 B로 이루어진 서모커플로 온도를 측정하고 있는데, 여기에 제3의 금속인 소선 C를 그림과 같이 어디에 삽입하더라도 전압계에서 측정하는 전압 V_{1-2}는 변함이 없다. 중요한 것은 소선 C로 인해 새롭게 생긴 2개의 접점 온도는 항상 동일해야

그림 3-9 중간금속의 법칙 개념

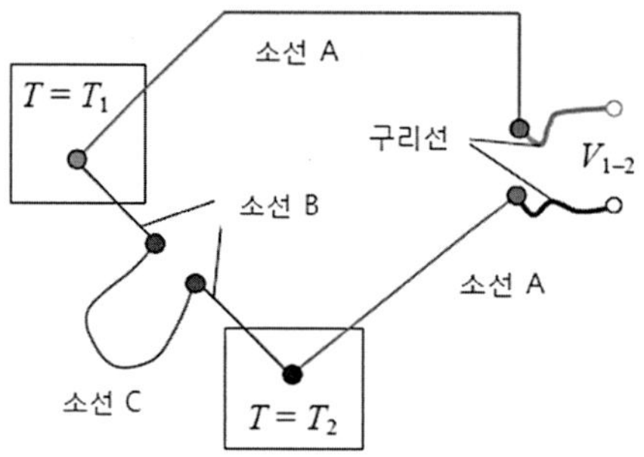

한다. 그림은 좌측과 우측에서 전압계에서 측정한 전압은 항상 동일한 결과를 얻을 수 있다는 것을 설명하고 있다.

다음은 중간온도 법칙이다. 동일한 서모커플로 T_1과 T_2 사이의 온도 차이를 측정하고, 동일한 서모커플로 T_2와 T_3 사이의 온도 차이를 측정한다고 하면, 전체 출력전압인 $V_{1-2}+V_{2-3}$은 V_{1-3}과 같다는 것이 중간온도 법칙이다. 이것은 하나의 물체 온도측정 이외에 여러 물체들의 온도 차이를 서모커플로 측정하고 있는 상황에 적용할 수 있다. 이에 대한 개념적인 설명은 그림 3-10과 같다. 즉, 3가지 다른 온도 T_1, T_2, T_3를 측정하고 있다면, 최종 측정전압은 중간온도 법칙에 의해 다음과 같다.

$$V_{1-3} = V_{1-2} + V_{2-3} \tag{3-5}$$

그림 3-10 중간온도 법칙의 개념

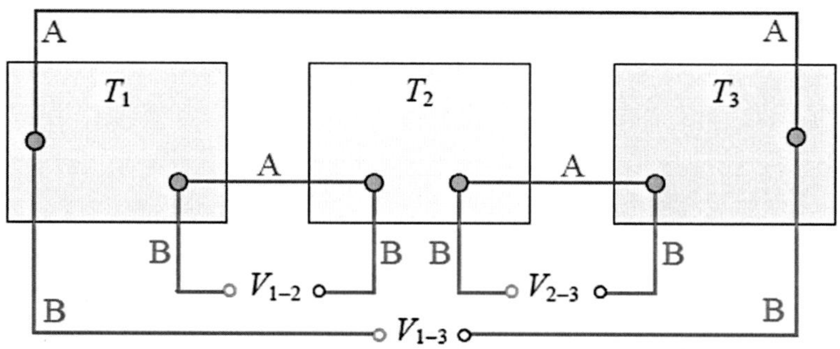

이 그림에서 보면 총 6개의 금속접점이 있으며, 각 박스에는 2개의 금속접점이 있다. 복잡함을 없애기 위해 전압계의 구리선은 무시할 정도로 짧다고 가정을 하고, 여기서 A와 B는 각각 다른 서모커플 금속 A와 금속 B를 의미한다. 이 그림에서 중간에 레퍼런스 접점(레퍼런스 온도 T_R는 0℃)이 있다고 하면, 출력전압 V_{1-3}은 다음과 같다.

$$V_{1-3} = V_{1-R} - V_{3-R} \tag{3-6}$$

이 식에서 V_{2-R}을 더하고 빼고 하면 다음과 같다.

$$V_{1-3} = (V_{1-R} - V_{2-R}) + (V_{2-R} - V_{3-R}) \tag{3-7}$$

여기서, $V_{1-2} = V_{1-R} - V_{2-R}$이고, $V_{2-3} = V_{2-R} - V_{3-R}$이므로, 결론적으로 식 (3-7)은 식 (3-5)가 된다.

온도가 각각 $T_1 = 160$℃, $T_2 = 100$℃, $T_3 = 20$℃인 3개의 다른 욕조가 있다고 가정을 하고, J 타입의 서모커플과 전압계를 이용해서 각 욕조 사이의 전압차 V_{1-2}, V_{1-3}, V_{2-3}을 측정하고자 하는데, 이 3개의 전압값을 중간온도의 법칙을 이용해서 예측을 해 보도록 하자. 먼저, 레퍼런스 온도 T_R를 0℃라고 하고, V_{1-R}은 온도 T_1과 T_R 사이의 전압차이라고 하고, 나머지 V_{2-R}과 V_{3-R}도 같은 방법으로 측정된 전압이라고 정의하고, 그리고 V_{1-2}는 V_{1-R}과 V_{2-R} 사이의 전압이라 정의하자. 여기서 만약 $T_1 > T_2$라고 하면, 서모커플 출력전압은 온도에 따라 증가하기 때문에 V_{1-2}는 양의 값을 가지며, 그리고 $T_1 < T_2$이면, V_{1-2}는 음의 값을 가질 것이다. 먼저 J 타입의 서모커플 테이블에서 각각 V_{1-R}, V_{2-R}, V_{3-R}을 찾을 수 있다.

160℃에서 $V_{1-R} = 8.560$ mV,

100℃에서 $V_{2-R} = 5.268$ mV,

20℃에서 $V_{3-R} = 1.019$ mV이다.

따라서 $V_{1-2} = V_{1-R} - V_{2-R} = 8.560\text{ mV} - 5.268\text{ mV} = 3.292\text{ mV}$,

$V_{1-3} = V_{1-R} - V_{3-R} = 8.560\text{ mV} - 1.019\text{ mV} = 7.541\text{ mV}$,

$V_{2-3} = V_{2-R} - V_{3-R} = 5.268\text{ mV} - 1.019\text{ mV} = 4.249\text{ mV}$가 된다.

또한 이것은 중간온도 법칙을 적용하여도 동일한 결과를 얻을 수 있다. 즉, $V_{1-3} = V_{1-2} + V_{2-3} = 3.292\text{ mV} + 4.249\text{ mV} = 7.541\text{ mV}$로 위에서 계산한 결과와 같다.

앞의 계산의 $T_1 > T_2 > T_3$ 조건과는 달리, $T_1 < T_2 < T_3$의 경우에도 동일하게 계산을 할 수 있다. 즉, $T_1 = 20℃$, $T_2 = 100℃$, $T_3 = 160℃$라고 하면, $V_{1-2} = V_{1-R} - V_{2-R} = 1.019\ \mathrm{mV} - 5.268\ \mathrm{mV} = -4.249\ \mathrm{mV}$, $V_{1-3} = V_{1-R} - V_{3-R} = 1.019\ \mathrm{mV} - 8.560\ \mathrm{mV} = -7.541\ \mathrm{mV}$, $V_{2-3} = V_{2-R} - V_{3-R} = 5.268\ \mathrm{mV} - 8.560\ \mathrm{mV} = -3.292\ \mathrm{mV}$가 된다. 마찬가지로 중간온도 법칙을 적용하면, $V_{1-3} = V_{1-2} + V_{2-3} = -4.249\ \mathrm{mV} - 3.292\ \mathrm{mV} = -7.541\ \mathrm{mV}$로 위에서 계산한 결과와 동일하다.

다음은 서모커플을 이용해서 0℃ 레퍼런스 보정을 하지 않고 온도를 측정하는 경우를 고려해 보자. 그림 3-11과 같이 구리-콘스탄탄 금속을 이용해서 집에서 서모커플을 간단히 제작하여 임의의 온도 T_H를 측정하고자 한다. 이때 전압계에서 $V_{H-a} = 2.644\ \mathrm{mV}$로 측정되었으며, 측정방의 대기온도는 $T_a = 20℃$이다. 구리-콘스탄탄은 T형 서모커플이며, 온도-전압 테이블에서 2.644 mV는 $T_{H-R} = 64.0℃$에 해당한다. 그러나 테이블의 값은 0℃의 레퍼런스 보정을 한 경우의 값이고, 반면에 본 측정의 레퍼런스 온도인 $T_a = 20℃$이다. 따라서 중간온도의 법칙을 적용해서 $T_H = T_{H-R} + T_a = 64.0℃ + 20.0℃ = 84.0℃$로 계산할 수 있는데, 이것은 잘못된 결과이다. 중간온도의 법칙은 온도를 더하는 것이 아니라 오직 전압을 더해야 한다. 올바른 계산 절차는 다음과 같다. 우선 레퍼런스 온도 $T_R = 0℃$로 정해야 하고, 중간온도법칙에 의해 레퍼런스 기준으로 하면 $V_{H-a} = V_{H-R} - V_{a-R}$로 쓸 수 있다. 여기서 V_{H-a}가 측정된 값인 2.644 mV이고, V_{H-R}은 측정대상의 온도와 레퍼런스 온도인 0℃ 사이에서 측정되는 전압이며, V_{a-R}은 대기온도인 20℃와 레퍼런스 온도인 0℃ 사이에서 측정된 전압이다. 그리고 V_{H-R}과 V_{a-R}은 서모커플 온도-전압 테이블에서 찾을 수 있는데, 20℃에서 해당하는 $V_{a-R} = 0.789\ \mathrm{mV}$이다. 따라서 중간온도 법칙에 의해 $V_{H-R} = V_{H-a} + V_{a-R} = 2.644\ \mathrm{mV} + 0.789\ \mathrm{mV} = 3.433\ \mathrm{mV}$이며, 온도-전압 테이블에서 이 전압은 $T_H = 81.6℃$에 해당하기 때문에 대상물의 온도는

그림 3-11 레퍼런스 보정없는 온도 측정 구성

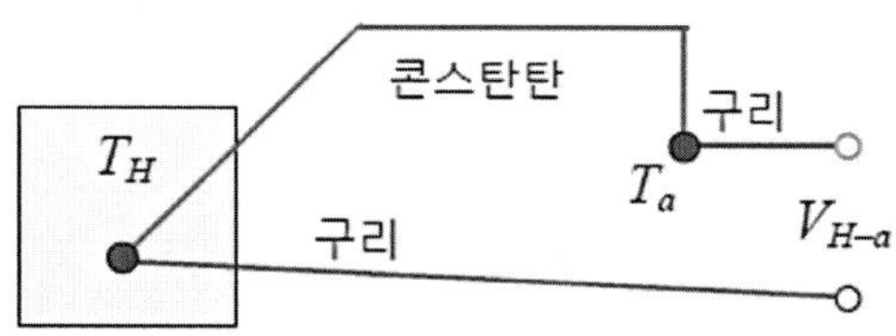

그림 3-12 부가전압 법칙의 개념

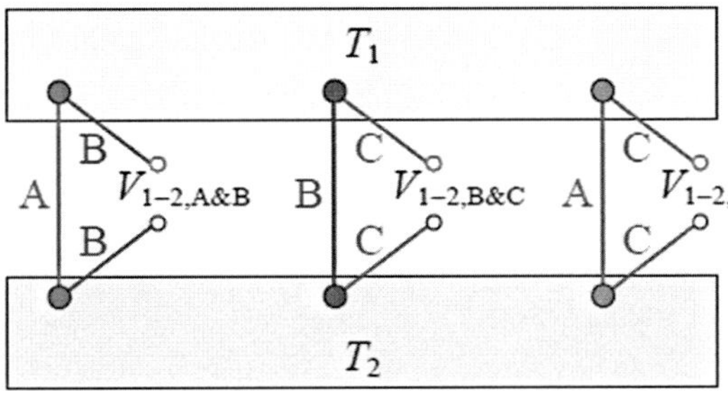

84℃가 아니라 81.6℃가 정확한 온도이다. 이를 통해 레퍼런스 보정이 없어도 온도-전압 테이블을 이용해서 대상물의 온도를 계산할 수 있다.

세 번째 서모커플에서 고려될 수 있는 법칙이 부가전압의 법칙이다. 이것은 서모커플 소선 A, B, C 3개를 이용해서 그림 3-12와 같이 동일한 온도차인 $T_1 - T_2$를 측정한다고 할 때, 소선 A와 C에 의해 측정된 전압은 소선 A와 B로 측정한 전압과 소선 B와 C로 측정한 전압의 합과 동일하다는 법칙이다. 그림과 같이 6개의 서모커플 접점이 있으며, 위에 3개의 접점은 T_1의 동일한 온도 내에 있고, 아래 3개의 접점은 T_2 온도 내에 있으며, 여기서 알파벳 A, B, C는 각각 서모커플 소선 A, B, C를 의미한다. 이 상태에서 부가전압의 법칙을 수학적으로 표현하면 다음과 같다.

$$V_{1-2,\,A\&C} = V_{1-2,\,A\&B} + V_{1-2,\,B\&C} \tag{3-8a}$$

$$V_{1-2,\,A\&B} = V_{1-2,\,A\&C} - V_{1-2,\,B\&C} \tag{3-8b}$$

3.5 서모커플 기전력 측정

서모커플의 기전력을 전압계로 바로 측정할 수는 없다. 왜냐하면 전압계의 단자와 서모커플의 단자 사이에서 또 다른 기전력이 유발되기 때문이다. 예를 들어, 구리-콘스탄탄(Cu-C)으로 된 T형 서모커플의 기전력을 그림 3-13과 같이 전압계로 직접 측정한다고 가정해 보자. 전압계에서 기전력 V_1을 측정하기를 기대하지만, 전압계의 단자를 서모커플에 연결하게 되면, 또 다른 접점인 J_2와 J_3가 생기게 된다. 다행히 J_3는 동일한 구리

그림 3-13 전압계로 직접 서모커플 기전력 측정

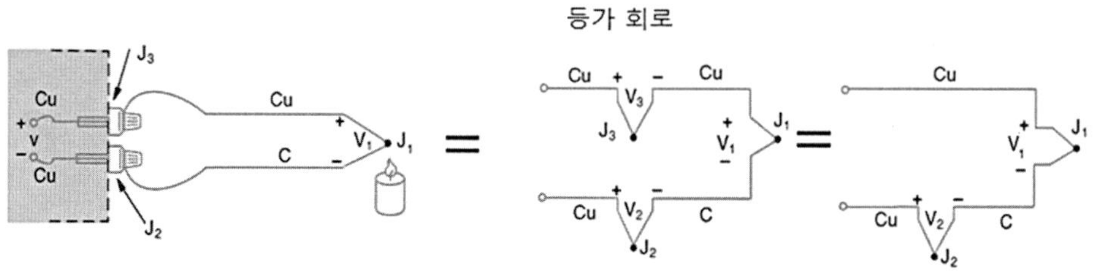

재질이라 전위차가 없지만, J_2 접점에서는 이종의 재질 연결로 또 다른 전위차인 V_2가 발생하게 된다. 결과적으로 전압계에서는 J_1과 J_2 접점에서 발생하는 전위차의 합을 읽게 된다. 즉, 이것은 J_2에서의 온도를 알아야만 물체의 온도인 J_1의 온도를 정확히 측정할 수 있다는 의미이다.[21]

따라서 그림 3-14와 같이 J_2 접점을 0℃인 얼음통 속에 넣어두게 되면, 접점 J_1의 온도를 측정할 수 있게 된다. 이렇게 하여 전압계에서 읽게 되는 전압은 다음과 같다.

$$V = (V_1 - V_2) \simeq \alpha(t_{J_1} - t_{J_2}) \tag{3-9}$$

여기서, 온도 t는 절대온도인데, 이를 섭씨온도 T로 표시하면 다음과 같다.

$$\begin{aligned} V = (V_1 - V_2) &= \alpha\left[\left(T_{J_1} + 273.15\right) - \left(T_{J_2} + 273.15\right)\right] \\ &= \alpha\left(T_{J_1} - T_{J_2}\right) = \alpha\left(T_{J_1} - 0\right) = \alpha T_{J_1} \end{aligned} \tag{3-10}$$

그림 3-14 얼음통(0℃) 접점 사용 및 등가회로

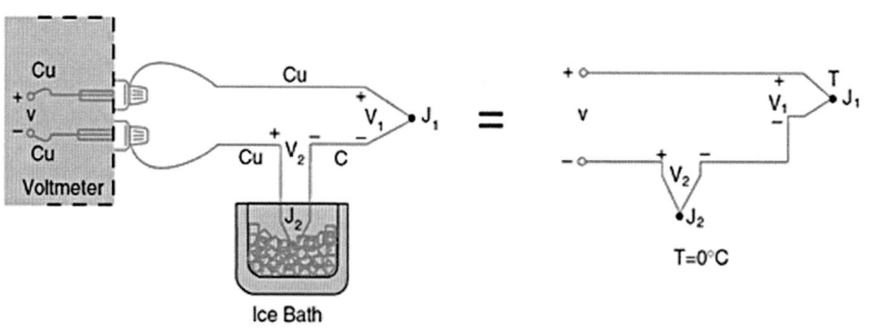

여기서 유의해야 할 사항은 얼음통 속에서의 출력 전압 V_2는 0 volt가 아니며, 이 전압은 절대온도의 함수로 주어진다는 것이다. 그리고 얼음속의 레퍼런스 접점에서 읽은 전압 V를 0℃의 온도로 환산한 것이다. 얼음의 온도는 정밀하게 조절이 가능하기 때문에 이 방법은 매우 정확한 방법이라 할 수 있다. 앞의 예에서 사용한 구리-콘스탄탄 서모커플의 구리선은 전압계의 터미널 단자인 구리 금속과 동일하기 때문에 그림 3-14와 같은 간단한 등가회로가 가능하다. 만약 다른 종류의 서모커플을 사용한다면 등가회로는 달리 설명되어야 한다. 예를 들어, J형 서모커플은 철-콘스탄탄(Fe-C)으로 이루어져 있는데, 이 경우는 그림 3-15와 같이 구리-철(Cu-Fe) 접점 포인트가 늘어나게 된다. 만약 접점 J_3와 J_4의 온도가 다르다면 오차가 발생할 수 있다. 따라서 그림 3-15(b)와 같이 등온블럭(isothermal block)을 사용하여 두 접점의 온도를 동일하게 해야만 오차를 없앨 수 있다.

등온블럭은 전기적으로는 부도체이지만 열적으로는 매우 훌륭한 열전도체이므로 접점 J_3와 J_4는 동일한 온도로 유지시킨다. 그리고 Cu-Fe 접점이 서로 반대로 작용하기 때문에 블록의 절대온도는 별로 중요하지 않게 된다. 따라서 전압계에서 읽는 전압은 다음과 같이 간략화할 수 있다.

$$V = \alpha(T_1 - T_{REF}) \tag{3-11}$$

여기서 얼음통 대신에 그림 3-16(a)과 같이 또 다른 등온블럭으로 대체를 하게 되면, 새로운 레퍼런스 온도인 T_{REF}를 가지게 된다. 여기서 더 나아가 그림 3-16(b)와 같이 J_3, J_4, J_{REF} 3가지 접점을 등온블럭으로 합쳐도 식 (3-11)은 여전히 성립된다. 두 개의 서모

그림 3-15 J형 서모커플을 전압계에 연결한 경우 접점 포인트

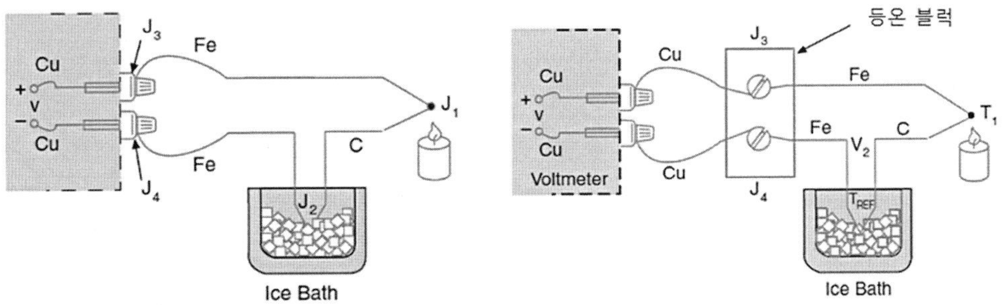

(a) 서모커플을 전압계에 직접 연결한 경우 (b) 서모커플을 등온블럭을 통해 연결한 경우

그림 3-16 등온블럭의 확장 개념

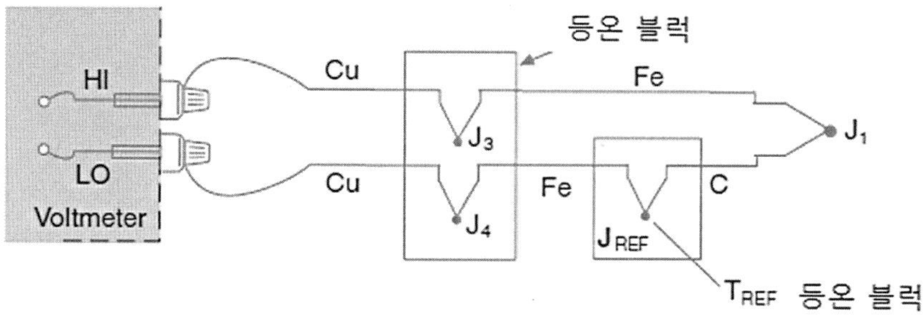

(a) 얼음통 대신 등온 블록으로 대체한 경우

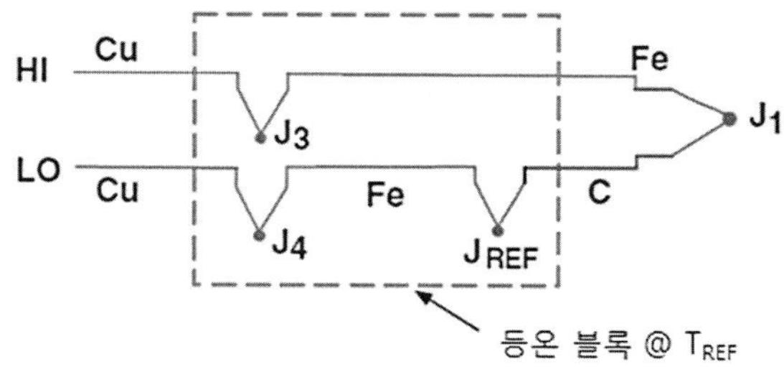

(b) 세 접점을 등온 블록으로 대체한 경우

커플 단자를 연결해야 하기 때문에 이런 연결 구조는 여전히 불편하다. 그래서 Cu-Fe 접점(J_4)과 Fe-C 접점(J_{REF})을 서로 연결해서 전압계 쪽의 (−) 단자인 LO에 연결되는 Fe 배선을 제거하게 되면, 그림 3-16(b)와 같이 이 세 접점을 하나의 등온블록으로 묶을 수 있다.

이 경우 전압계의 전압은 다음과 같은 형태가 된다. 여기서 α는 Fe-C 서모커플의 제베크 계수이다.

$$V = \alpha\left(T_{J_1} - T_{J_{REF}}\right) \tag{3-12}$$

이것을 앞서 설명한 중간금속의 법칙에 의해 추가 접점을 없앨 수 있다. 이런 원리를 응용해서 그림 3-17(a)에서 보듯이 서모커플 접점에 두 개의 다른 소선 사이에 위치한 세 번째 소선(그림에서 Fe)은 부가적인 소선에 의해 형성된 접점이 동일한 온도로 유지된다면 전압계의 출력 전압에는 아무런 영향을 주지 않는다. 이것은 매우 좋은 방법으로 그림 3-17(b)와 같이 LO 단자에서 Fe 배선을 완벽히 제거해도 된다. 여기서 접점 J_3와 J_4를

그림 3-17 중간법칙에 의해 제거된 Fe와 Fe-C 서모커플의 등가회로

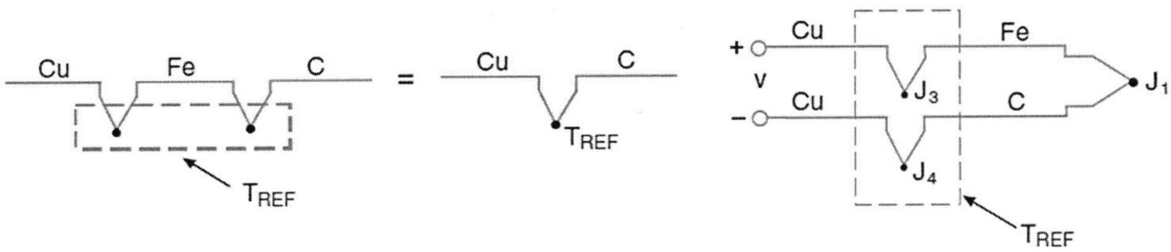

(a) 중간 금속의 법칙에 의해 Fe를 제거　　(b) Fe-C 서모커플의 등가회로

얼음통 내부에 넣게 되면, 새로운 레퍼런스 접점이 된다. 논리적으로 얼음 대신에 등온블럭의 온도를 직접 측정하여 대상물 J_1의 온도를 계산할 수 있다.

온도에 따라 저항이 변하는 서미스터를 사용하면 레퍼런스 접점(등온블럭)의 절대온도를 측정할 수 있다. 이 경우 접점 J_3, J_4와 서미스터는 등온블럭에 의해 동일한 온도를 유지해야 한다. 컴퓨터로 제어가 가능한 디지털 멀티미터를 사용하게 되면 다음과 같은 순서로 온도를 측정할 수 있다.

① 레퍼런스의 온도를 알기 위해 서미스터의 저항을 측정한다.
② 서미스터로부터 레퍼런스의 절대온도 T_{REF}를 환산한다.
③ 절대온도를 레퍼런스 접점 전압인 V_{REF}로 환산한다.
④ 전압 V를 측정하고, 여기에 V_{REF}를 더하여 V_1을 계산한다.
⑤ 계산된 V_1에서 측정하고자 하는 온도 T_1을 계산한다.

이러한 과정을 소프트웨어 보상이라고 하며, 등온블럭의 온도를 측정할 수 있는 것은 서미스터뿐만 아니라 RTD, 다이오드 센서 등도 가능하다. 레퍼런스 접점부의 온도를 측정하기에 적합한 온도 센서는 다음과 같다.

① 서미스터 : 이 센서는 빠른 응답속도와 크기가 작은 것이 장점이지만, 선형보정을 해야 하는 것과 제한된 정밀도를 갖고 있는 것이 단점이다.
② RTD : 이 센서는 정확하고 안정적이고 좋은 선형성을 갖고 있지만, 크기가 크다는 것과 가격이 고가인 것이 단점이다.
③ 다이오드 : 이 센서는 서모파일 연결부 근처의 온도를 측정하는데 주로 사용하며, 정밀도는 약 ±1℃ 정도로 큰 편이다.

④ IC 센서 : 이 센서는 레퍼런스 접점부 근처에 주의깊게 설치를 해야 하며, 약 1℃ 이하의 정밀도를 갖는 것이 장점이다.

여기서 논리적으로 다음과 같은 질문이 나올 수 있다. RTD나 서미스터와 같이 절대온도를 직접 측정할 수 있는 센서가 있는데, 왜 레퍼런스 보정이 필요한 서모커플을 사용해야 하느냐 이다. 여기에 대한 가장 중요한 답은 다른 온도센서들은 측정할 수 있는 영역이 제한적인 반면, 서모커플은 상당히 넓은 온도범위를 측정할 수 있으며, 다양한 대기조건에도 최적화되어 있다는 장점이 있다. 또한 다른 센서에 비해 매우 강인하며, 납땜과 용접 기술에 의해 점용접이 가능하다. 달리 말해, 서모커플은 신호선과 매우 쉽게 연결이 가능하며, 레퍼런스 보정과 소프트웨어적으로 전압-온도 변환을 계산할 수 있기 때문에 다용도로 사용이 가능한 온도 변환기이다.

서모커플 측정법은 매우 많은 지점의 온도를 모니터하고자 할 때에도 유용하게 사용할 수 있다. 이것은 그림 3-18과 같이 하나 이상의 서모커플에 대해 동일한 등온 레퍼런스 접점을 사용하는 방법이다. 리드 릴레이를 사용하면 전압계에 여러 개의 서모커플을 동시에 연결할 수 있다. 서모커플의 종류에 관계없이 전압계와 릴레이의 전기 배선은 구리선이다. 앞에서 설명했듯이 서모커플의 종류에 관계없이 등온블럭(이것을 zone box라고 함)에 연결하여 소프트웨어적으로 계산을 하면 온도를 모니터할 수 있다. 접점블럭의 온도센

그림 3-18 Zone Box를 이용한 다중 위치의 온도 모니터링 방법

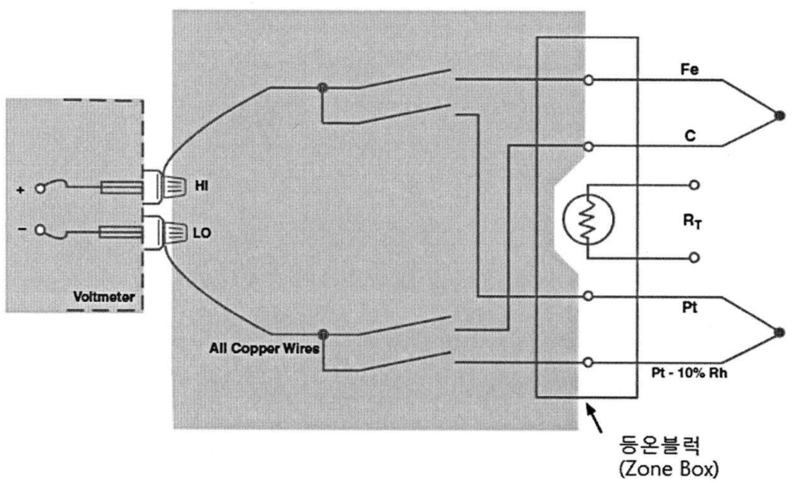

서 R_T는 온도구배에 따른 오차를 최소화하기 위해 블록의 중앙에 위치시키는 것이 좋다. 소프트웨어 보상은 서모커플을 사용해서 온도를 측정하는데 있어 가장 좋은 도구이다. 많은 수의 서모커플을 동일한 zone box에 연결하고, 구리선으로 스캐너와 전압계 사이를 연결하게 되면, 서모커플의 종류에 관계없이 온도의 측정 및 계산이 가능하다. 부가적으로 zone box 내부에 데이터 수집 시스템을 탑재하게 되면, 한 쌍의 배선을 가진 테스트용과 같이 서모커플을 단순히 연결해서 사용하면 된다. 그리고 모든 변환 과정은 컴퓨터를 이용해서 계산하면 된다. 이 시스템의 유일한 단점은 레퍼런스 접점 온도를 계산하는데 약간의 부가적인 시간이 필요할 뿐이다. 이와 같은 시간을 줄이기 위해 하드웨어 보상 방법도 사용되고 있다.

레퍼런스 접점의 온도를 측정하고 이에 동등한 전압을 소프트웨어 보상으로 계산하는 방법 대신에 레퍼런스 접점의 옵셋(offset) 전압을 상쇄하도록 배터리를 사용하는 방법이 있는데, 이것을 하드웨어 보상이라고 한다. 하드웨어 보상 전압과 레퍼런스 접점 전압의 조합으로 0℃ 접점에 해당하는 것과 동일한 효과를 얻을 수 있다. 그림 3-19에서 보상 전압 e는 온도측정 센서인 서미스터의 저항 R_T의 함수로 주어지며, 전압계에서 측정된 V는 0℃ 접점으로 환산된 값이며, 이로부터 NBS 테이블을 이용해서 온도로 직접 환산이 가능하다.

이와 같은 회로를 "전자 얼음점 레퍼런스(electronic ice point reference)"라고도 한다. 이와 같은 회로는 다양한 서모커플과 전압계와 같이 상용적으로 사용이 가능하다. 이 회로의 큰 단점은 서모커플 종류에 따라 각각 다른 얼음점 레퍼런스 회로가 필요하다는 것이다. 리드 릴레이 스캐너를 이용해서 서모커플 입력 블록을 보상할 수 있는 보다 실용적

그림 3-19 하드웨어 보상회로 개념

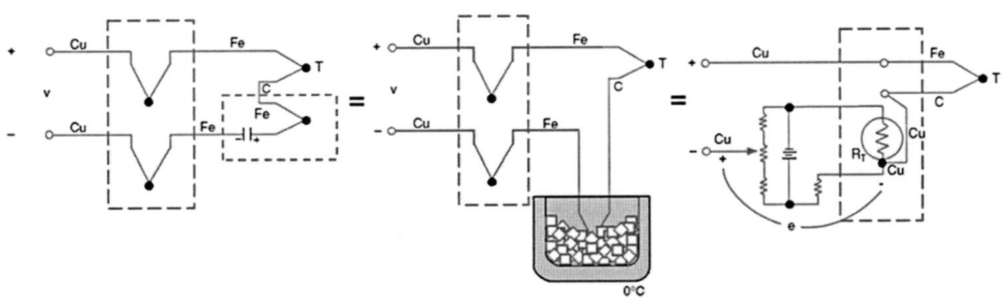

그림 3-20 실용적인 하드웨어 보상 회로

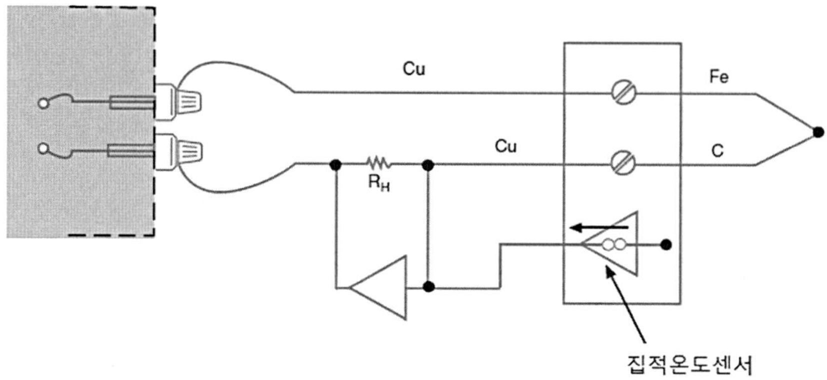

인 얼음점 레퍼런스 회로는 그림 3-20과 같다. 블록 내에 있는 모든 서모커플들은 동일해야 하지만, 각 입력블록은 이득 저항기를 간단히 변경함으로써 다른 서모커플도 수용이 가능하다. 이와 같은 전자 얼음점 레퍼런스 또는 하드웨어 보상회로의 장점은 레퍼런스 온도보상을 위한 어떤 계산도 필요 없다는 것이다. 이것은 소프트웨어 보상보다 두 단계 작업량을 절약할 수 있으며, 그만큼 빨리 온도 측정이 가능하다는 것이다. 두 가지 종류의 온도보상법에 대한 비교는 표 3-1과 같다.

Omega사에서는 다양한 종류의 "전자 얼음점 레퍼런스" 회로를 내장한 하드웨어 보상회로 제품을 출시하고 있다. 그 중에서 대표적인 제품이 그림 3-21과 같은 3가지 모델이 있다. TAC-386 모델과 TAC80B는 J, K, T형 서모커플을 연결해서 사용할 수 있으며, MCJ 모델은 총 9가지의 서모커플(J, K, T, E, R, S, G, C, D)에 대해 보상할 수 있다. 3가지 제품 모두 내부에 배터리를 내장하고 있으며, 정기적으로 교정을 할 수 있도록 되어 있다.[22, 23, 24]

대표적으로 K 타입 서모커플을 이용해서 온도를 측정할 수 있는 회로 디자인은 그림

표 3-1 온도보상 비교

구분	하드웨어 보상	소프트웨어 보상
장점	측정이 빠름	온도 계산시 시간이 필요함
단점	회로당 하나의 서모커플만 가능	어떤 종류의 서모커플도 가능함

그림 3-21 Omega사의 하드웨어 보상회로 제품

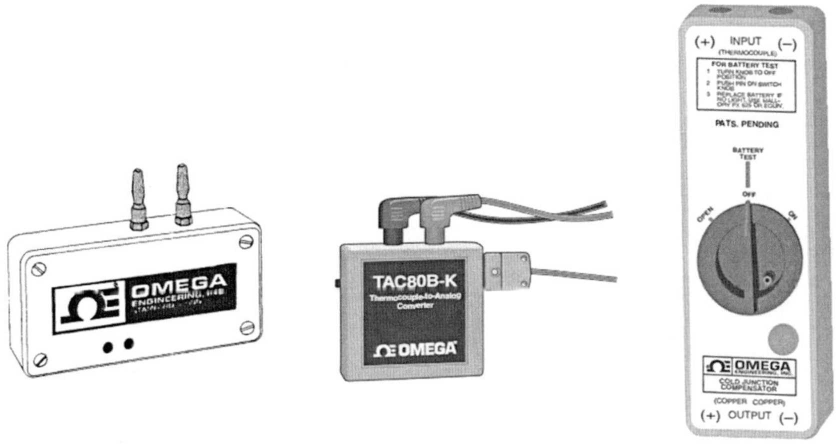

(a) TAC-386 (b) TAC80B (c) MCJ 시리즈

3-22와 같다. 이 회로에서 AD8495 서모커플 증폭기를 이용한 것이 특징이다. 이 증폭기는 K 타입 서모커플을 위해 특별히 제작된 증폭기이며, 이 솔루션은 소프트웨어 코딩이 전혀 필요 없다. 서모커플의 미소한 신호가 AD8495 증폭기에 의해 122배 증폭이 되며, 출력 신호 민감도는 5 mV/℃(달리 표현하면 200℃/V)이다. 저대역 필터(RFI 필터)에 의해 고주파 공통모드잡음과 차동잡음이 제거되며, 저주파 공통모드 잡음은 AD8495의 계측용 증폭

그림 3-22 AD8495를 이용한 K 타입 서모커플의 측정 솔루션

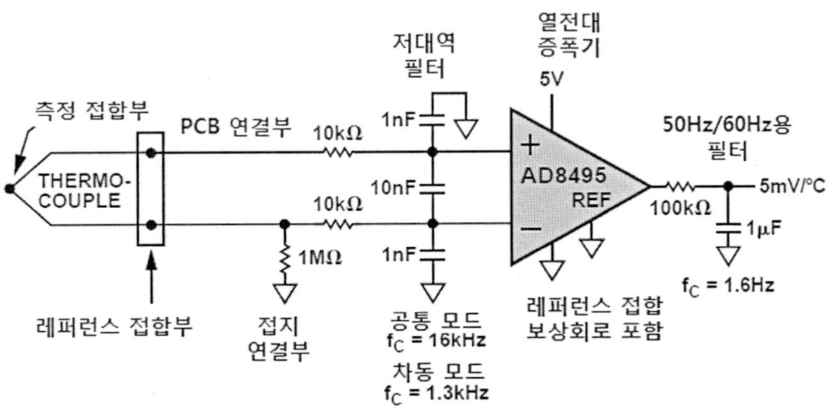

표 3-2 Analog Devices사 증폭기 모델별 소자 온도 범위

Part No.	서모커플 타입	최적의 온도 범위	
		레퍼런스 접점부의 외부온도	측정 접점부
AD8494	J	0℃~50℃	J타입의 전 범위
AD8495	K	0℃~50℃	K타입의 전 범위
AD8496	J	25℃~100℃	J타입의 전 범위
AD8497	K	25℃~100℃	K타입의 전 범위

기에 의해 제거된다. 그리고 증폭기를 거친 이후에도 외부 50 Hz/60 Hz 필터에 의해 잡음이 제거된다. AD8495 증폭기 내부에는 외부온도의 변화를 보상해 줄 수 있는 온도센서가 내장되어 있기 때문에 별도의 온도보상회로는 필요 없으며, 주위의 온도는 0℃~50℃ 사이를 유지해야 한다. 측정하고자 하는 온도 범위가 −25℃~400℃ 구간에서는 선형성 오차에 의해 발생하는 온도차이는 2℃ 이내이다. 만약 이 범위를 벗어나는 온도를 측정해야 한다면, 별도의 마이크로프로세스와 온도 보상 테이블이 필요하다. 그리고 1MΩ의 저항이 접지로 연결되어 있는데, 이것으로 서모커플 팁의 형태가 절연상태이든지 접지상태이든지 관계없이 사용할 수 있다. AD8495와 같은 서모파일용 증폭기는 Analog Devices사에서 제공하고 있으며, J타입과 K타입용 증폭기가 판매되고 있다. 모델별 사용환경 온도는 표 3-2와 같다.

두 개의 서모커플 선을 하나의 접점으로 붙이는 방법에는 납땜(soldering), 은납땜(sliver-soldering), 용접(welding) 등 여러 가지가 있다. 서모커플 선을 납땜으로 접점을 만든다고 할 때, 그림 3-23과 같이 서모커플 접점에 땜납인 제3의 금속물질이 개입이 된다. 그러나 서모커플 양쪽의 온도가 동일한 상태를 유지하게 되면, 땜납에 의한 오차는 생기지 않는다. 다만 땜납이 녹지 않고 접점을 안정적으로 유지할 수 있는 온도 상한선 제한에

그림 3-23 땜납에 의한 접점 형성

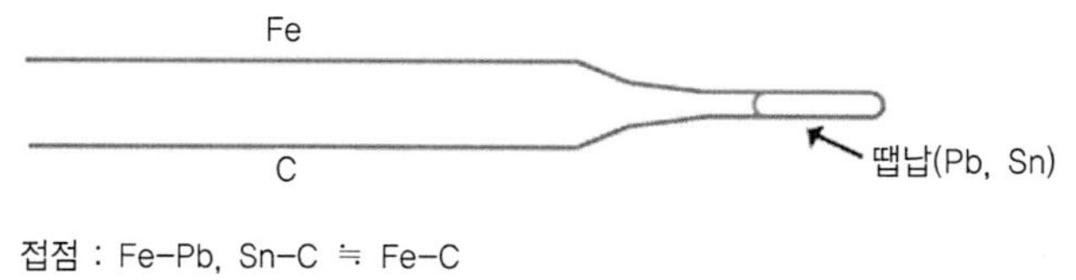

영향을 받게 되어, 고온 측정용에는 적합하지 않다. 이 방법은 누구나 할 수 있기 때문에 일반적인 온도 측정용 접점을 만들 때 가장 많이 사용하는 방법이다.

보다 높은 온도를 측정하기 위해서는 납땜 방법보다는 용접 방법이 좋다. 그러나 용접은 아무나 쉽게 할 수 있는 작업이 아니며, 용접시 높은 온도와 용접용 가스 등에 의해 서모커플의 특성이 변하게 될 우려가 있다. 그러므로 용접시 어려운 점은 접점이 형성될 때 서모커플 금속에 이물질이 유입될 가능성이 있어 서모커플 고유의 특성이 변할 우려가 있다는 것이다. 그래서 상업용으로 판매되는 대부분의 서모커플의 접점은 고가의 용량방전(capacitive-discharge) 기술을 이용해서 용접된 제품으로 판매되고 있다.

서모커플은 사용을 하다보면 특성이 변할 수 있기 때문에 교정을 해야 할 필요가 있다. 서모커플의 성능은 서모커플에 연결된 모든 회로들의 물리적, 화학적 특성이 얼마나 균일한가에 따라 영향을 받는다. 그래서 서모커플을 만들 때, 균일성(또는 동종성)을 유지할 수 있도록 주의깊게 만들어야 한다. 사용 중에 서모커플의 여러 부분들은 서로 다른 열적, 화학적 환경에 노출되는데, 이러한 결과로 서모커플 각 부위들에서 물리적으로 변화가 생기게 된다. 이러한 물리적 변화와 더불어 온도 차이로부터 유도되는 열기전력(emf)에 의해 서모커플 배선은 화학적, 금속학적으로 특성에 변화가 생길 수 있다. 시간이 지나면 처음에 만들었을 때와는 다른 열기전력이 출력되어 오차를 일으키게 된다. 이러한 변화는 짧은 시간 내에서는 거의 무시가 가능할 정도로 변화량이 적다. 그러나 어떤 특수한 상황에서는 변화량이 크게 나타날 수도 있다. 따라서 서모커플을 안정적으로 오랜 시간동안 사용하기 위해서는 허용하는 최대 온도 이하에서만 사용해야 하며, 사용하는 환경 또한 깨끗해야 한다. 이를 위해 다음절에서 설명하겠지만, 보호관(thermowell)이나 보호덮개 등을 사용해야 한다.

서모커플 금속이 극한의 온도 환경에 오래 노출되어 있으면, 공기 중에 있는 입자들이 금속으로 침투하게 되어 금속의 특성이 약간씩 변하게 된다. 높은 온도 어닐링(annealing) 또는 냉간가공(cold working) 작업에 의해 특히 많이 일어나며, 거칠게 다루는 작업장이나 진동이 있는 곳에서도 특성이 변할 수 있다. 전기로 내부의 온도를 측정하는 그림 3-24를 보면, 전기로 내부와 전기로 바깥에서 멀리 떨어진 부분에서 서모커플 배선의 온도 구배는 거의 없고, 대부분 전기로에서 막 벗어난 지점에서 서모커플 배선의 온도가 급격히 변하게 된다. 그러므로 서모커플의 측정 접점이 있는 전기로 내부에서는 열기전력의 변화

그림 3-24 전기로 온도구배 개념

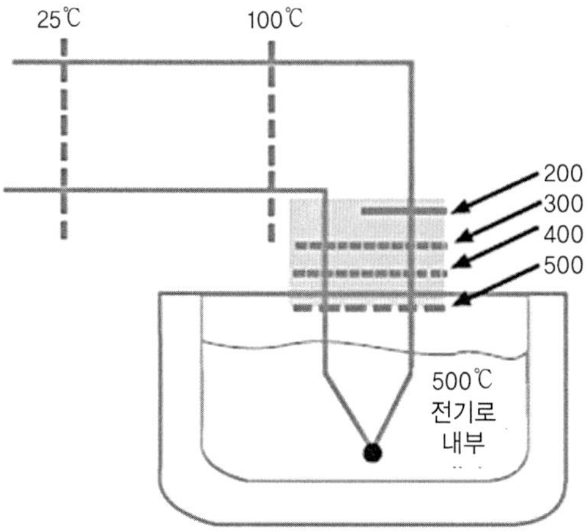

가 거의 없으며, 그림에서 그림자 진 영역에서 대부분 온도 구배가 있어 여기에서 서모커플 배선에서 열기전력이 거의 다 생성된다. 따라서 어닐링 또는 노화에 의해 서모커플 출력 신호에 변화가 생겼다면, 측정 접점 부위만 교체한다고 해서 문제가 해결되는 것이 아니고, 서모커플 전체를 교체해야 한다.

서모커플 배선을 완벽하게 제조할 수는 없다. 제조 공정 중에 일부 결함이 존재할 것이며, 이로 인해 출력전압에 오차를 유도할 수도 있다. 급격한 온도 구배가 있는 곳에 오래 두게 되면, 이러한 불균일성으로 인해 파열이 될 수도 있다. 그러나 제조자의 입장에서는 어느 부위에 결함이 있는지를 알 수가 없기 때문에, 측정시 급격한 온도구배가 생기지 않도록 환경을 만드는 것이 중요하다. 금속 절연체를 사용하거나 서모커플 배선을 안전한 장소에 둠으로써 온도구배를 어느 정도 줄일 수 있다.

서모커플이 고온 속에 있게 되면 금속 절연체에 의한 분류 임피던스(shunt impedance)의 영향을 받을 수도 있다. 온도가 증가하면 가상적인 접점에 의해 절연저항은 지수함수적으로 감소한다. 그림 3-25(a)와 같이 개회로(open circuit)의 서모커플이 고온에 놓여 있다고 하면, 누설저항 R_L은 충분히 작아 전압계 방향으로 폐회로를 형성하여 부정확한 전압이 측정될 우려가 있다. 그리고 서모커플 소선의 직경이 작은 경우, 서모커플 소선의 저항 R_s는 누설저항보다는 매우 큰 값을 가지므로 $R_L \ll R_s$로 볼 수 있다. 따라서 새로

그림 3-25 누설저항과 가상접점

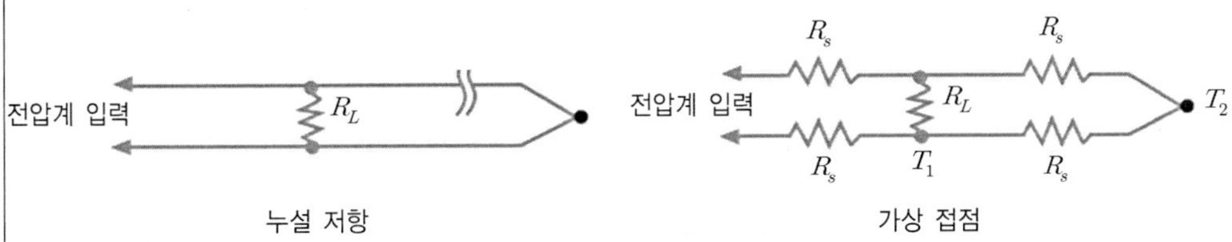

운 서모커플의 가상접점 R_L이 생기게 되며, 그 출력 전압은 T_2가 아닌 T_1에 비례하는 값으로 나타나게 된다.

그러므로 고온이라는 환경은 서모커플 소선에 치명적인 영향을 미칠 수 있다. 절연체 내부의 불순물들과 화학물질들이 서모커플 금속 소선 쪽으로 확산해서 들어가서 온도-전압 특성이 표준과 달라지게 할 수도 있다. 따라서 서모커플을 고온에서 사용하고자 할 때에는 절연체도 주의깊게 선택을 해야 하며, 측정하고자 하는 대기 조건에 적합한 금속성 또는 세라믹 보호관을 사용해야만 이런 오차를 없앨 수 있다. 그리고 절연체에 사용된 일부 염료는 물이 있는 환경에서 전해액으로 작용할 수도 있으며, 이것은 또 다른 전류를 생성시킬 수도 있다. 이 값은 제베크 효과에 의한 값보다 수백 배 이상으로 측정이 된다. 따라서 서모커플 소선을 가혹한 대기환경이나 액체로부터 보호를 해야만 한다.

서모커플의 무게를 아무리 작게 해도 미소한 질량은 항상 존재한다. 이러한 질량은 측정하고자 하는 대상물과 에너지를 교환하므로, 서모커플에 의해 측정된 온도값이 약간 달라질 수 있다. 만약 측정하고자 하는 물체의 질량이 작다고 하면, 서모커플도 이에 맞추어서 작아야만 한다. 그러나 작은 소선으로 만든 서모커플은 오염, 어닐링, 스트레인, 분류 임피던스 등에 더욱 취약해 진다. 서모커플 연장선(extension wire)을 사용하게 되면 이런 효과를 줄일 수 있다. 이러한 연장선은 측정하고자 하는 서모커플과 전압계 사이가 멀리 떨어져 있을 때 유용하게 사용할 수 있다. 연장선은 서모커플 타입과 거의 유사한 제베크 계수를 가진 금속으로 만들며, 선저항에 의한 효과를 작게 하기 위해서 조금 더 큰 직경의 선재를 사용한다. 연장선은 프리미엄급 서모커플 보다 훨씬 낮은 온도에서 사용해야 하며, 연장선에 온도 구배도 매우 작게 만들어서 서모커플 출력전압에 연장선에 의한 영향을 최소화해야 한다.

3.6 서모커플의 타입별 특성

서모커플은 앞에서 설명한 제베크(Seebeck) 효과를 이용하여 넓은 범위의 온도를 측정하기 위해 두 종류의 금속을 접촉해서 만든 센서이다. 양 접점에 온도를 달리 해주면 온도차에 비례하여 열기전력이 생기며, 한쪽 접촉점을 기준점으로 삼고 측정하고자 하는 부위에 다른 접촉점을 위치하면, 기전력의 크기로 온도 차를 알 수 있으므로 기준점 온도와 비교하여 온도를 측정할 수 있다. 금속재료에 따라 B, R, S, K, E, J, T형으로 부르며, 온도를 측정하고자 하는 범위에 따라 적절한 타입의 서모커플을 사용한다. 서모커플은 여러 가지의 종류가 있지만 사용 장소 및 용도에 따라서 적절한 것을 선정하는 것이 중요하다. 온도를 정확하게 측정하기 위해서는 서모커플의 내열, 내식, 내진성 등을 고려한 보호관 등의 선정과 구조 및 취부 방법 등에 유의해야 한다. 서모커플은 종류가 다양하기 때문에 외관상 쉽게 구별하기 위해 색상을 달리하여 구별하고 있으며, 가장 많이 사용하는 유형인 K형은 노란색으로 구분한다. 일반적으로 자주 사용되는 서모커플은 J, K, T형이며, 상온에서 이들 서모커플의 전압은 각각 52 μV/℃, 41 μV/℃, 그리고 41 μV/℃ 정도 변화한

그림 3-26 서모커플 종류별 기전력의 온도 특성

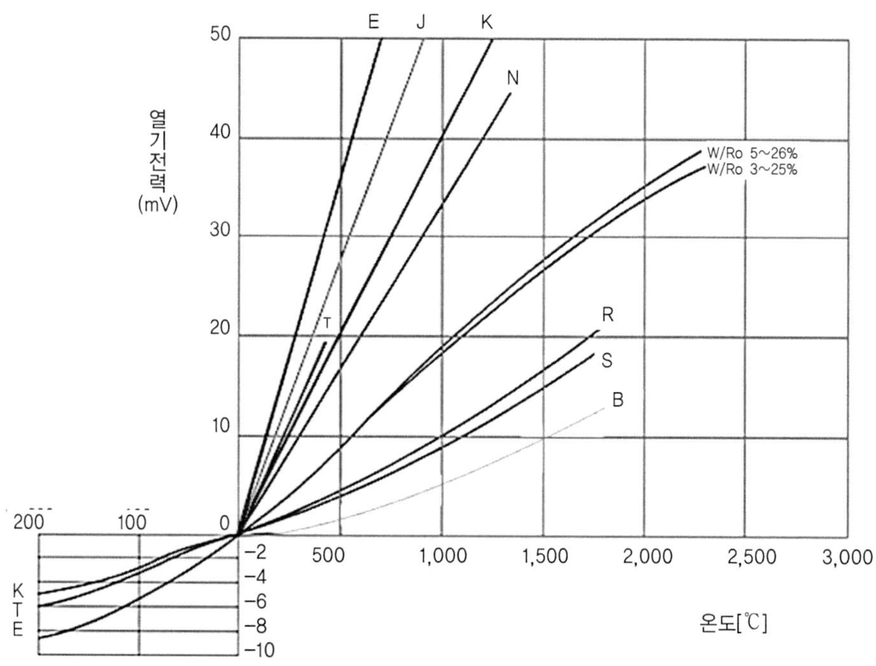

다. 25℃ 상온에서의 제베크 계수는 표 3-3과 같으며, 이들 서모커플 타입별 상세특성은 표 3-4와 같다. 그리고 측정온도 범위에 따른 전압 출력 특성은 그림 3-26과 같다.[25]

표 3-3 25℃에서 서모커플 타입별 제베크 계수

서모커플 타입	제베크 계수(μV/℃)
E	61
J	52
K	41
N	27
R	9
S	6
T	41

표 3-4 서모커플 타입별 특징(ANSI 컬러 코드)

분류(컬러)	금속종류/측정범위/특징
R형 Green	13% Pt/Rh(+) : Pt(−), 0~1,480℃ 산화 및 비활성 분위기 내에서 지속적으로 사용 가능하나, 진공, 환원 또는 금속증기 분위기 내에서는 사용이 불가능
S형 Green	10% Pt/Rh(+) : Pt(−), 0~1,600℃ 1886년 LeChatelier에 의해 처음으로 개발된 서모파일로 안티몬의 녹는점인 630.755℃와 금의 녹는 점인 1,064.43℃ 사이의 표준 서모파일로 널리 사용
K형 Yellow	10% Ni/Cr(+) : 5% Ni/Al/Si(−), −200℃~1,260℃ 오늘날 산업용 서모파일로 가장 많이 사용되고 있으며, 산화와 환원이 있는 부식성 분위기에서는 사용할 수 없음
E형 Purple	10% Ni/Cr(+) : Constantan(−), −200℃~900℃ 산업용 서모파일 중 기전력 특성이 가장 높으며, 화력 및 원자력 발전소 등에서 주로 사용
J형 Black	Fe(+) : Constantan(−), 0~760℃ E형 다음으로 기전력 특성이 높고, 750℃까지 환원, 비활성, 산화 또는 진공 분위기에 추천되며, 저렴한 가격으로 다양한 곳에서 사용되고 있으나, 538℃ 이상의 유황 분위기에서는 사용할 수 없음
T형 Blue	Cu(+) : Constantan(−), −200℃~350℃ 습한 분위기에서 부식에 강하며, 0℃ 근처인 온도 측정에 적합하며, 기전력 특성이 안정되고 정확하기 때문에 실험용으로 폭넓게 사용
N형 Orange	89%Ni/14.2%Cr/1.4%Si(+): 95.5%Ni/4.4%Si/0.1%Mg(−), 0~1,300℃ 호주 국방성의 재료연구 실험실에서 처음으로 개발, 600℃~1,250℃의 온도범위에서 사용시 K형 서모파일보다 안정되고 산화에 우수한 저항력을 갖고 있음
B형 Gray	30% Pt/Rh(+) : 6% Pt/Rh(−), 870℃~1,700℃ 용융점 및 기계적 강도가 높고, 산화 및 중성 분위기에서 지속적으로 사용할 수 있으며, 다른 백금 및 로듐 서모파일보다 환원 분위기에서 장시간 사용이 가능하며, 특히 정밀 측정 및 고온 하에 내구성을 요구하는 용도에 적합

서모커플은 측정하는 온도 영역에서 선형적이지 않은 특성이 있다. 예를 들면, T타입의 서모커플은 0℃에서는 제베크 계수가 39μV/℃이지만, 100℃ 근처에서는 약 47μV/℃로 기울기가 변한다. 이러한 서모커플의 비선형 특성을 보상하기 위해서 3가지 방법이 사용된다. 가장 많이 사용되는 방법이 측정하고자 하는 온도 범위 내에서 일정한 기울기를 갖는 서모커플 타입을 선택하여 사용하는 것이다. 이것은 복잡한 계산과정이 필요없는 장점은 있으나, 한정된 온도 영역만 측정이 가능하다는 제약사항이 있다. 두 번째 방법은 서모커플의 출력전압과 온도의 값을 테이블로 만들어서 이것을 메모리에 저장하여 사용하는 방법이다. 측정된 값이 테이블에 없으면, 테이블에서 가장 가까운 두 개의 값을 선형회귀법을 통해 온도로 환산하는 방법이다.

각 서모커플별 온도와 전압 사이의 테이블은 NIST의 사이트에서 다운로드할 수 있으며,[26] 이 책의 부록 D에 표로 정리되어 있다. 여기에 정리되어 있는 테이블과 방정식은 레퍼런스 접점부 온도가 0℃일 때 적용할 수 있는 것이며, 만약 0℃가 아니면 레퍼런스 접점 보상을 실시해야 한다. 세 번째 방법은 서모커플의 실험식을 이용하는 방법이다. 이것은 레퍼런스 접점 보상을 통해 읽은 기전력 전압으로부터 온도로 환산하는 방법이다. 서모커플 레퍼런스 접점 보상은 다음의 식으로부터 환산이 된다.

$$\Delta V = V@J_1 - V@J_2 \tag{3-13}$$

여기서, ΔV는 서모커플의 출력 전압, $V@J_1$은 측정 접점부에서 생성된 전압, $V@J_2$는 레퍼런스 접점부에서 생성된 전압이며, 이 식은 레퍼런스 접점부에 있는 두 연결단자의 온도가 동일해야 한다. 식 (3-13)에서 측정된 ΔV값을 아래식의 V에 대입하면 온도로 환산이 된다.

$$T = a_0 + a_1 V + a_2 V^2 + \cdots + a_n V^n \tag{3-14}$$

여기서, V는 volt 단위의 기전력 값이고, T는 ℃의 온도이다. 미국 표준국(National Bureau of standard, NBS)에서 서모커플 타입별 다항식 계수값을 발표하였으며, 몇 가지 대표적인 서모커플에 대한 다항식의 계수는 표 3-5와 같다. n이 증가할수록 정확도는 증가하며, 9차항의 경우 정확도는 약 ±1℃ 정도이다. 제조된 서모커플의 특성은 항상 일정하지는 않고 어느 정도 오차를 가지게 되는데, 규격마다 허용하는 오차 범위가 약간 다르다. 표 3-6은 미국 규격인 ASTM에서 정한 허용오차이며, 표 3-7은 국제 규격인 IEC에서 정한

규격이다.

표 3-5 NBS 다항식 계수표

	E형	J형	K형	R형
범위	−100~1000℃	−100~760℃	0~1370℃	0~1000℃
오차	±0.5℃	±0.1℃	±0.7℃	±0.5℃
a_0	0.104967248	−0.048868252	0.226584602	0.263632917
a_1	17189.45282	19873.14503	24152.10900	179075.491
a_2	−282639.0850	−218614.5353	67233.4248	−48840341.37
a_3	12695339.5	11569199.78	2210340.682	1.90002E+10
a_4	−448703084.6	−264917531.4	−860963914.9	−4.82704E+12
a_5	1.10866E+10	201844314	4.83506E+10	7.62091E+14
a_6	−1.7680E+11		−1.18452E+12	−7.20026E+16
a_7	1.71842E+12		1.38690E+13	3.71496E+18
a_8	−9.19278E+12		−6.33708E+13	−8.03104E+19
a_9	2.06132E+13			

표 3-6 미국 규격의 타입별 허용오차(ANSI MC96.1-1982, ASTM E230)

타입	온도범위(℃)	표준 허용오차(큰쪽)	특수 허용오차(큰쪽)
J	0~760	±2.2℃ 또는 ±0.75%	±1.1℃ 또는 ±0.4%
K/N	0~1250 −200~0	±2.2℃ 또는 ±0.75% ±2.2℃ 또는 ±2.0%	±1.1℃ 또는 ±0.4% −
T	0~370 −200~0	±1.0℃ 또는 ±0.75% ±1.0℃ 또는 ±1.5%	±0.5℃ 또는 ±0.4% ±0.5℃ 또는 ±0.8%
E	0~870 −200~0	±1.7℃ 또는 ±0.5% ±1.7℃ 또는 ±1.0%	±1.0℃ 또는 ±0.4% ±1.0℃ 또는 ±0.5%
R/S	0~1400	±1.5℃ 또는 ±0.25%	±0.6℃ 또는 ±0.1%
B	870~1700	±0.5%	±0.25%

표 3-7 국제 규격의 타입별 허용오차(EN 60584-2, JIS C 1602)

타입	1등급	2등급	3등급
J	−40~375℃ / ±1.5℃ 375~750℃ / ±0.4%	−40~333℃ / ±2.5℃ 333~750℃ / ±0.75%	-
K/N	−40~375℃ / ±1.5℃ 375~1000℃ / ±0.4%	−40~333℃ / ±2.5℃ 333~1200℃ / ±0.75%	−167~40℃ / ±2.5℃ −200~−167℃ / ±1.5%
T	−40~125℃ / ±0.5℃ 125~350℃ / ±0.4%	−40~133℃ / ±1.0℃ 133~350℃ / ±0.75%	−67~40℃ / ±1.0℃ −200~−67℃ / ±1.5%
E	−40~375℃ / ±1.5℃ 375~800℃ / ±0.4%	−40~333℃ / ±2.5℃ 333~900℃ / ±0.75%	−167~40℃ / ±2.5℃ −200~−167℃ / ±1.5%
R/S	0~1100℃ / ±1.0℃ 1100~1600℃ / ±[1+0.3%×(T-1100)]℃	0~600℃ / ±1.5℃ 600~1600℃ / ±0.25%	–
B	–	600~1700℃ / ±0.25%	600~800℃ / ±4℃ 800~1700℃ / ±0.5%

3.7 잡음 제거 기술

일정 시간동안 잡음을 평균하는 아날로그-디지털(A/D, analog to digital) 적분 기술을 이용하면 전원을 타고 입력되는 잡음은 대부분 줄일 수 있다. 만약 적분 시간이 입력 전원 주파수의 정수배만큼 충분히 길지 않게 되면, 완벽한 잡음제거는 어렵다. 먼 거리에 떨어져 있는 서모커플 회로는 전원선과 관련된 잡음에 취약하기 때문에, 서모커플의 전압 측정시 사용되는 A/D 적분기술은 잡음제거에 매우 유용하다. 서모커플의 출력신호는 매우 작기 때문에 A/D로 신호변환하기 전 단계에서 신호 증폭을 하게 되는데, 보통 약 100배 정도로 증폭시킨다. 일반적으로 서모커플의 길이는 상당히 긴 편이며, 신호 레벨은 매우 낮기 때문에 신호 전달 과정에서 외부 전자기장에 의한 잡음이 신호와 같이 증폭되어 원래 신호와 잡음 신호를 구분하기가 매우 어려운 경우가 종종 발생하며, 가끔 신호 전압보다 잡음 전압이 훨씬 큰 경우도 발생할 수 있다.

가드(guard) 기술은 공통모드(common mode)에서 생성된 잡음으로부터 발생하는 간섭 현상을 줄일 수 있는 가장 일반적인 기술이다. 만약 그림 3-27과 같이 동일한 배관에 220 volt 전원선과 서모커플의 신호선을 지나가게 해 놓은 경우, 전원선과 서모커플 사이의 커

그림 3-27 가드 구조에 의한 전원선 잡음 제거 원리

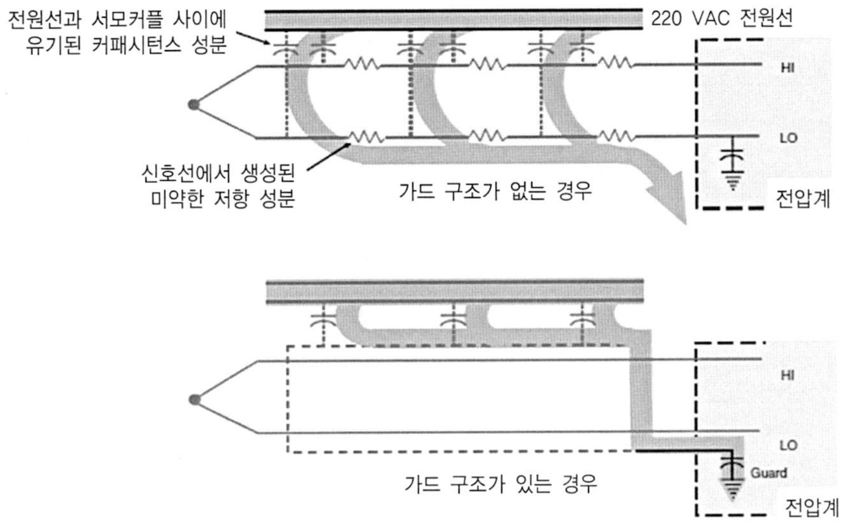

패시턴스에 의해 서모커플 양단에 동일한 크기의 AC 신호가 생성된다. 이와 같은 공통모드 신호는 완벽한 접지가 구성된 이상적인 회로에서는 문제가 되지 않지만, 우리가 사용하는 전압계는 이상적이지 않기 때문에, LO 단자와 접지단자(또는 기구물 단자) 사이에 약간의 커패시턴스가 존재하게 된다. 이와 같은 커패시턴스와 서모커플 신호선의 저항을 통해 전류가 흐르게 되는데, 결국 이것이 잡음 신호로 기여하게 된다. 전압계 회로부를 감싸고 있는 전압계 기구물인 금속박스는 물리적으로 접지가 되어 있지 않다. 그러므로 이러한 가드 구조를 사용하게 되면, 서모커플 신호선을 감싸고 있는 접지선에 연결되도록 하여 간섭에 의한 잡음전류를 차단할 수 있다.

이와 같이 서모커플의 보호막(shield)을 가드와 연결시키게 되면, 보호막이 접지에 연결되었을 때 생성되는 그라운드 루프(ground loop)를 어느 정도 제거해 주는데 도움을 준다. 따라서 전압계의 가드는 서모커플 접점을 공통모드 잡음원(noise source)과 직접 연결할 때 생성되는 잡음 전압을 제거하는데 유용하다. 그림 3-28(a)는 전기에 의해 가열되는 전기로 중심부의 온도를 측정하기 위해 서모커플을 연결해 놓은 사례이다. 이 경우 전기로 중심부의 전위는 120 Vrms가 된다. 이때 서모커플에는 외부 전원에 의한 잡음전류가 유도되는데, 이와 같은 경우의 등가회로는 그림 3-28(b)와 같다.

그림 3-28 전기로 온도 측정시 생성된 잡음전류의 가드에 의한 제거

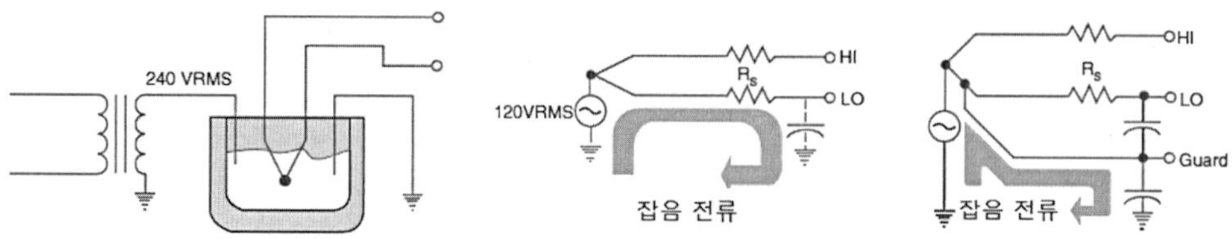

(a) 전기로 내부 온도 측정용 서모커플 위치 (b) 전기로 전원에 의해 생성된 잡음 전류 (c) 가드 구조에 의한 잡음 제거

여기서, 전압계의 Lo 단자와 전압계 몸통인 샤시 사이의 기생 커패시턴스에 의해 낮은 단자쪽으로 전류가 흐르게 되며, 이 전류에 의해 서모커플 신호선의 저항 R_s에 의해 잡음 전압이 생기게 된다. 따라서 이 잡음 전압은 전압계의 Hi-Lo 단자에 잡음이 유입되어 영향을 받게 된다. 여기서 그림 3-28(c)와 같이 가드선을 서모커플에 직접 연결하게 되면 Lo 단자쪽으로 흐르는 전류를 거의 막을 수가 있게 되어, 더 이상 기생 전류에 의한 잡음전압은 전압계에 영향을 주지 못한다. 이 그림에서 알 수 있듯이 가드에 의해 잡음전류를 줄이는 것도 중요하지만, 신호선에서 생성되는 저항 R_s를 최소화하는 것도 잡음저항을 줄이는 매우 중요한 요소이다. 이렇게 하기 위해서는 저항이 적은 큰 직경의 서모커플을 사용하면 잡음을 그만큼 줄일 수 있다. 이상은 전기적인 잡음에 의해 생성된 잡음을 제거하는 방법이었고, 자기적인 잡음으로 유도되는 잡음도 있다. 이것은 서모커플을 동일한 방향으로 꼬면 비교적 쉽게 해결이 가능하다. 이렇게 만든 서모커플을 twisted pair라고 하여 판매하고 있다.

이외에도 페라이트 코어를 이용하는 방법도 있다. 리드 배선, 연장 배선, 신호 배선 등은 안테나 역할을 할 수 있으며, 이를 통해 유입되는 전자기간섭을 최대한 줄여줄 수 있는 것이 Omega사에서 판매하고 있는 니켈-아연 페라이트 코어이다. 이 페라이트 코어는 상당량의 전자기간섭을 제거하는데 큰 도움이 된다. Omega사에서 판매 중인 페라이트 코어의 외관은 그림 3-29와 같다.[27] 그리고 Omega사에서는 프로브, 커넥터, 서모커플 와이어 3가지 요소에서 발생되는 전기잡음을 최대한으로 억제하고, 사용상 편리성을 고려한 서모커플 시스템을 제작하여 판매하고 있다. 그림 3-30과 같이 접지를 고려하여 프로브와 커넥터 사이를 금속 스트랩으로 접지가 저절로 연결되도록 하며, 최종적으로 내부 접지선까

그림 3-29 Omega사의 다양한 페라이트 커넥터 외관

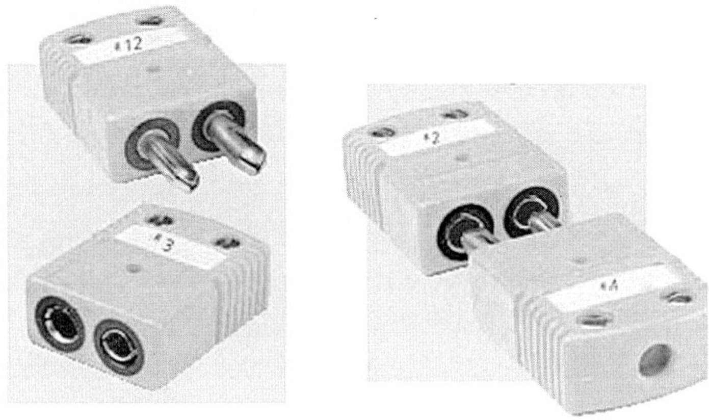

지 연결이 되도록 설계되어 있다. 또한 서모커플의 종류에 따라 색상을 달리하고 있다. 그림에서 노란색으로 되어 있는 것은 K형 서모커플 용도임을 한 눈에 알 수 있다.[28]

그림 3-30 프로브부터 시험장치까지 연속된 접지 구성 설계 및 시스템 외관

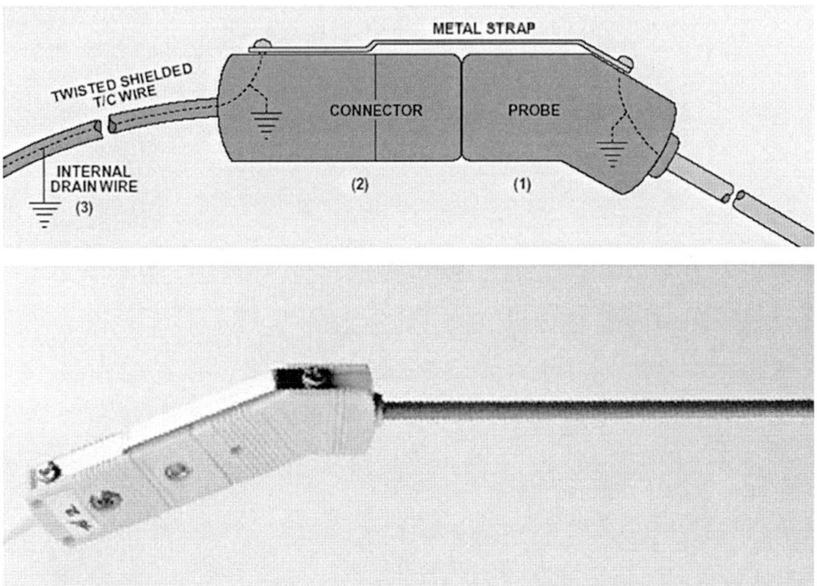

3.8 서모커플 진단법

앞에서 언급된 대부분의 오차 원인들은 서모커플을 온도 상한선까지 사용함으로써 악화된 것이며, 대부분의 응용 분야에서는 이런 조건이 아니다. 그러나 만약 높은 온도와 가혹한 환경에서 작은 서모커플을 통해 얻은 오차가 있는 결과에 대해 어떻게 보정을 할 것인가? 여기에 대한 믿을 수 있는 진단 프로세스가 필요하다고 생각한 리드(R. P. Reed)는 이에 대한 해결책으로 이벤트 기록, 존박스(zone box) 테스트, 서모커플 저항 기록 등 3가지 방법을 제안했다.

첫 번째 방법인 이벤트 기록은 테스트는 아니며, 측정에 영향을 줄 수 있는 모든 합당한 이벤트를 기록하는 것이다. 예를 들면, 다음과 같다.

3월 18일 이벤트 기록

10:43	전원 불량
10:47	시스템 전원 재가동
11:05	M821을 K타입 서모커플로 교체
13:51	새로운 데이터 획득 프로그램 사용
16:07	M821에서 오차가 발생

M821은 J타입 서모커플을 사용해서 온도를 계산하는 프로그램인데, 이벤트 기록에 의하면 K타입 서모커플로 변경했는데 프로그램은 아직 J타입이었기에 오차가 생성된 것으로 알 수 있다. 그러나 대부분의 이상한 현상에 대해 쉽게 발견할 수는 없지만, 이러한 이벤트 기록은 측정 시스템에서 변경 사항에 대해서 시각적으로 볼 수 있게 해 주며, 이 방법은 수백 개 이상의 측정 데이터를 측정하는 시스템에서는 매우 유용한 방법이다.

두 번째는 존박스 테스트 방법이다. 존박스는 얼음통 레퍼런스 위치에 있으며 온도를 알고 있는 등온블럭이다. 만약 그림 3-31과 같이 존박스 내에서 서모커플을 일시적으로 직접 합선을 시키게 되면, 이 온도 측정 시스템은 존박스의 온도(대부분 거의 상온)에 매우 근접한 결과가 나와야 한다. 만약 서모커플 신호선 저항이 합선시키는 구리선보다 저항이 더 크다면, 구리선에서의 전압은 $V=0$가 될 것이다. 합선을 시키지 않은 일반적인 상황에서 온도 T_J를 측정한다고 하면, 시스템의 결과는 다음과 같다.

$$V \cong \alpha(T_J - T_{REF}) \tag{3-15}$$

그림 3-31 존박스 내부 합선 방법

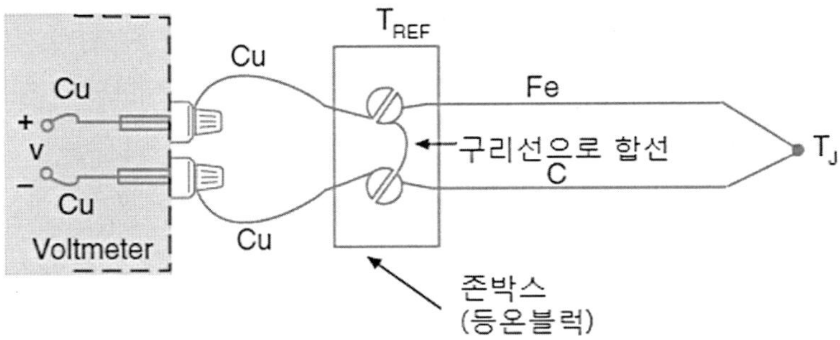

여기서 합선을 시킨 경우의 출력값은 다음과 같다.

$$0 = \alpha\left(T_J' - T_{REF}\right) \tag{3-16}$$

$$T_J' = T_{REF}$$

그러므로 전압계의 전압 $V = 0$은 존박스의 온도를 나타낸다. 그러므로 먼저 온도 T_J를 측정하고, 다음에 존박스에서 구리선으로 두 개의 서모커플 선을 합선시켜 전압계에서 T_J 대신 존박스의 온도인지를 확인한다. 이와 같이 간단한 방법은 제어기, 스캐너, 전압계, 존박스 들이 모두 제대로 동작을 하는지 확인하는데 매우 유용한 방법이며, 서모커플 선 자체 보다는 테스트에 관계된 것을 점검하는 방법이다.

세 번째는 서모커플 저항 기록이다. 서모커플 저항의 급격한 변화는 센서로서 경고와 같다. 서모커플 선들의 각 세트에 대해 저항 대 시간을 기록하게 되면, 급격한 저항 변화 상태를 즉각 알 수 있다. 이를 통해 선이 끊어졌는지, 절연이 잘못되어 중간에서 합선이 되었는지, 진동 누적으로 인한 변화인지, 또 다른 원인에 의해서 기인했는지 추측할 수 있다.

그림 3-32와 같이 서모커플 소선이 1,200℃의 온도가 있는 탄층(coal seam)부를 지나 온도를 측정하고 있는 시스템에서 측정한 온도가 갑자기 300℃에서 1,200℃로 올라갔다고 가정을 하자. 이 경우 가능한 해석은 탄층부가 서모커플 측정접점 위치로 옮겨졌거나, 서모커플 절연층 부분이 파손되어 뜨거운 지점에서 두 개의 소선이 합선이 되었다고 볼 수 있다.

그림 3-32 서모커플 소선이 탄층부를 지나 온도를 측정하는 경우

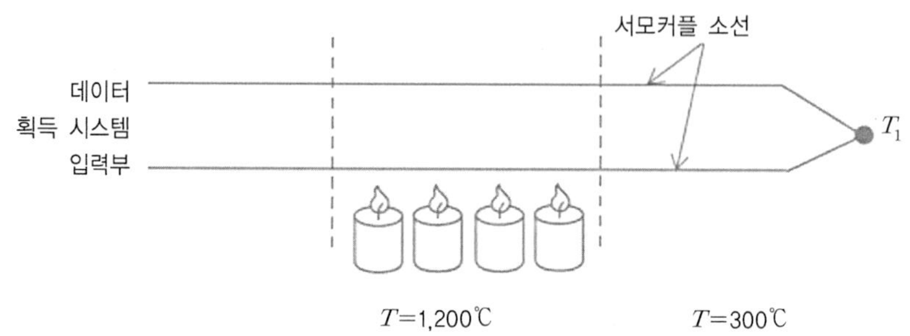

만약 서모커플 저항을 시간에 따라 계속해서 기록하고 있었다고 하면, 실제로 이와 같은 일이 생기는 것을 미리 막을 수 있다. 서모커플의 저항은 원리적으로 온도에 따라 변하게 되어 있다. 그러나 저항에 있어 급격한 변화가 생긴다는 것은 무엇인가가 잘못되었다는 것을 나타낸다. 저항이 급격히 떨어지는 경우가 생기면, 그림 3-33과 같이 절연 부분에 문제가 생겨 서모커플 선이 효과적으로 줄어들었다는 것을 의미한다. 즉, T_1이 아니라 새로운 접점인 T_s의 온도를 측정하게 된다. 그러므로 저항 측정법은 서모커플 특성 변화를 추적하는데 부가적인 정보를 제공해 주는 좋은 방법이다.

서모커플 소선의 저항을 측정하는 것은 그리 쉽지 않다. 왜냐하면 서모커플은 전압을 생성시키게 되는데, 이 전압에 의해 저항 측정시 큰 오차가 발생할 수 있다는 점이다. 따라서 서모커플 저항 측정은 배터리의 내부 저항을 측정하는 방법과 유사한 방법으로 측정해야 하며, 이것은 그림 3-34와 같이 알려진 "옵셋 보정 옴 측정(offset compensated ohms measurement)"으로 사용해서 측정을 한다. 먼저 전압계에서 옴전류 소스를 인가하지 않고 서모커플의 옵셋 전압을 측정하고, 다음에 옴전류 소스를 켜서 저항 양단의 전압

그림 3-33 저항 변화의 원인

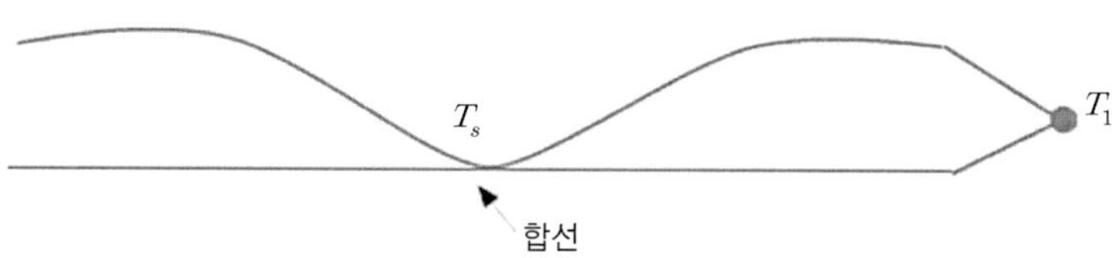

그림 3-34 옵셋 보정 옴 측정법

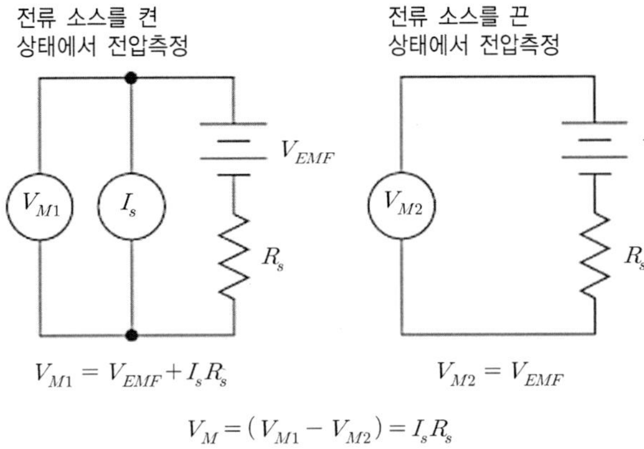

을 다시 측정한다. 전압계의 소프트웨어로 서모커플의 옵셋 전압을 보상하고 난 후, 실제 서모커플 소스 저항을 계산하는 방법이다. 일반적으로 소선의 직경에 따른 표준저항은 표

표 3-8 서모커플 소선 직경에 따른 저항(20℃, 61 cm 선재 길이당 저항)

AWG No.	Diameter Inches	Thermocouple type								
		K	J	T	E	R	S	$G(W)$	$C(W5)$	$D(W3)$
6	0.1620	0.23	0.014	0.012	0.027	0.007	0.007	0.008	0.009	0.009
8	0.1285	0.037	0.022	0.019	0.044	0.011	0.011	0.012	0.015	0.015
10	0.1019	0.058	0.034	0.029	0.069	0.018	0.018	0.020	0.023	0.022
12	0.0808	0.091	0.054	0.046	0.109	0.029	0.028	0.031	0.037	0.035
14	0.0641	0.146	0.087	0.074	0.175	0.047	0.045	0.049	0.058	0.055
16	0.0508	0.230	0.137	0.117	0.276	0.073	0.071	0.078	0.092	0.088
18	0.0403	0.374	0.222	0.190	0.448	0.119	0.116	0.126	0.148	0.138
20	0.0320	0.586	0.357	0.298	0.707	0.190	0.185	0.200	0.235	0.220
24	0.0201	1.490	0.878	0.753	1.780	0.478	0.464	0.560	0.594	0.560
26	0.0159	2.381	1.405	1.204	2.836	0.760	0.740	0.803	0.945	0.890
30	0.0100	5.984	3.551	3.043	7.169	1.910	1.850	2.030	2.380	2.260
32	0.0080	9.524	5.599	4.758	11.31	3.040	1.960	3.220	3.800	3.600
34	0.0063	15.17	8.946	7.660	18.09	4.820	4.660	5.100	6.040	5.700
36	0.0050	24.08	14.20	12.17	28.76	7.640	7.400	8.160	9.600	9.100
38	0.0040	38.20	23.35	19.99	45.41	11.95	11.60	12.90	15.30	15.30
40	0.0031	60.88	37.01	31.64	73.57	19.30	18.60	20.60	24.40	23.00

* AWG : American Wire Gauge (미국 전선 규격)

3-8과 같다. 여기서 AWG는 미국 전선규격인데, AWG 번호는 전선의 직경에 반비례한다. 그리고 서모커플 소선의 지름에 따른 상용온도는 국제규격(KS C 1602:1997, JIS C 1602)에 의해 표 3-9와 같이 정해져 있다. 미국 전선규격인 AWG와 영국전선규격인 SWG 사이의 관계는 부록 E와 같다.

이 외에도 서모커플로 온도를 측정할 때 오차로 발생할 수 있는 조건들은 그림 3-35와 같이 여러 가지 요인이 있을 수 있다. 크게 환경, 측정, 서모커플 소선, 조립 등 4가지 요인으로 볼 수 있으며, 각 요인에 대해 항상 기록하고 점검을 해야만 정확한 온도를 측정할

표 3-9 서모커플의 상용온도 및 과열 사용 온도

종류	소선 지름(mm)	상용 온도(℃)	과열 사용 온도(℃)
B	0.50	1,500	1,700
R/S	0.50	1,400	1,600
N	0.65 1.00 1.60 2.30 3.20	850 950 1,050 1,100 1,200	900 1,000 1,100 1,150 1,250
K	0.65 1.00 1.60 2.30 3.20	650 750 850 900 1,000	850 950 1,050 1,100 1,200
E	0.65 1.00 1.60 2.30 3.20	450 500 550 600 700	500 550 600 750 800
J	0.65 1.00 1.60 2.30 3.20	400 450 500 550 600	500 550 650 750 750
T	0.32 0.65 1.00 1.60	200 200 250 300	250 250 300 350

그림 3-35 서모커플 온도 측정시 오차 유발 요인

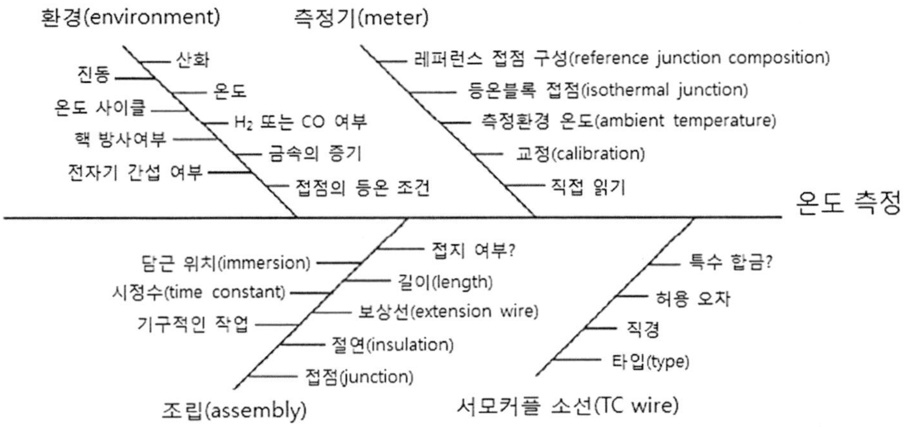

수 있다. 만약 온도 측정시 오차가 의심되면 이 그림에 있는 요인들을 하나씩 점검을 하면 해결이 가능하며, 이 중에서 하나라도 소홀히 하게 되면 온도 측정에 오차가 발생할 수 있다.

3.9 시스 서모커플(Sheath thermocouple)

서모커플의 소선을 노출한 채로 사용하면 외부의 물리적, 화학적 작용을 받아 열화가 현저히 일어나고 수명이 짧아지기 때문에 특수한 경우를 제외하고는 보호관(sheath)을 사용한다. 서모커플은 제작 형태에 따라 일반 서모커플(KS C1602)과 시스 서모커플(KS C1615) 두 가지로 분류한다. 일반 서모커플은 서모커플 소선을 원하는 길이만큼 절단 및 측정접점을 용접하여 세라믹 재질로 된 절연관에 삽입 및 조립하고, 보호관과 단자판을 조립한 형태이다. 이에 대한 내용은 보호관 부분을 참고하기 바란다. 특히 금속보호관을 사용해서 서모커플과 일체형으로 만든 것을 “시스 서모커플(sheath thermocouple)”이라고 한다. 시스 서모커플은 그림 3-36과 같이 금속보호관과 서모커플 소선 사이에 무기 절연재(MgO, Al_2O_3, ZrO_2 등)를 단단하게 충진하여 보호관과 서모커플 소선 사이를 전기적으로 절연시킨 일체화된 구조로 되어 있다. 그래서 시스 서모커플을 정확하게 표현하면, “무기질 절연 금속시스 서모커플(Mineral Insulated Metal Sheathed Thermocouple)”이며, 경우에 따라서 MI 케이블이라 부르기도 한다. 터미널 연결부에 보호관을 부착하여 사용하

그림 3-36 시스 서모커플의 내외관 구조

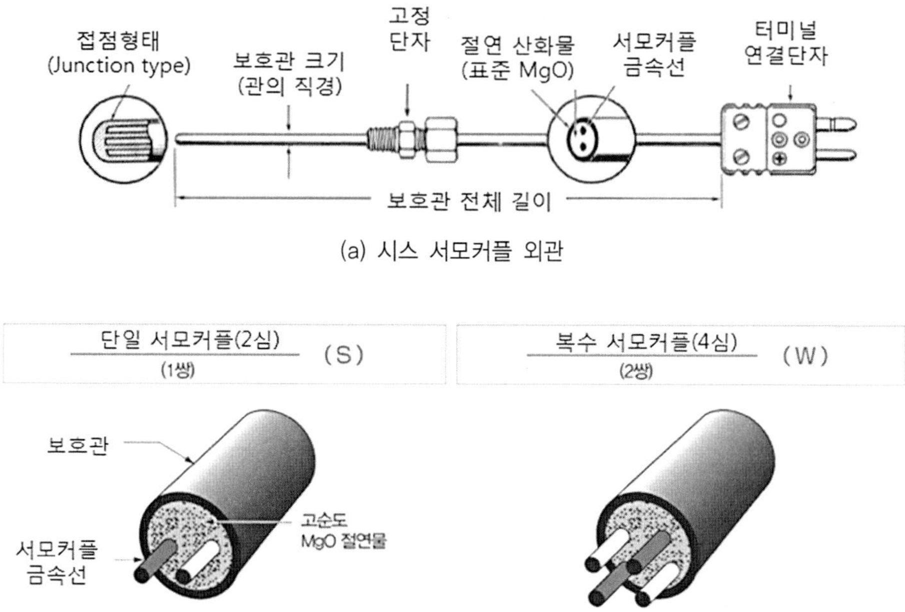

(a) 시스 서모커플 외관

(b) 시스 서모커플 내부 구조

는 경우도 있다. 이 부분에 대해서는 보호관 부분에서 다시 언급할 예정이다. 측정 원리는 일반 서모커플과 동일하지만 구조가 다르다. 일반적인 서모커플과 구분하기 위해 서모커플 타입을 표시하는 영문자 앞에 S를 붙여 사용한다. 시스 서모커플은 금속 시스의 두께는 얇고, 내부 절연체는 고압으로 충진되어 있어 굽혀도 내부 소선의 이동이 없으며, 자유자재로 구부려 사용할 수 있고, 강도, 내열, 내진성이 우수한 것이 일반형 서모커플과 구분된다. 이러한 특징으로 일반형 열전대로 적용하기 어려운 제강, 제트엔진, 터빈 핵반응로 등 신뢰성을 요구하는 특수 분야에서 광범위하게 사용되고 있다.

주로 사용하는 시스의 금속 보호관 재질의 특성은 표 3-10과 같으며, 규격화된 금속 시스 재질의 주성분은 표 3-11과 같다. 스테인리스강은 Cr이 Ni보다 많은 구성을 차지한 반면, 인코넬은 Ni이 Cr 보다 더 많이 함유되어 있는 재질이다. SUS316 스테인리스강은 음식과 화학분야에서 가장 많이 사용되며, 산업용으로 870℃까지 사용이 가능하다. 316L 스테인리스강은 316에서 탄소 성분을 제거한 것으로 900℃까지 사용이 가능하다. 304 스테인리스강은 낮은 온도용으로 가장 많이 사용되며, 가격이 가장 저렴하여 주로 음식, 음료 수, 화학물의 온도를 측정하고자 할 때 사용되며, 최고 사용온도는 900℃까지이다. 304L 스테인리스강은 304에서 탄소 성분을 제거한 것으로 900℃까지 사용이 가능하다. 310 스테인리스강은 기구적인 것과 부식성이 304와 비슷하지만 약간 우수하며, 최대 사용온도는 1,150℃까지이다. 321 스테인리스강은 사용온도가 870℃까지이며, 고온 영역(480~870℃)에서 탄소 침투에 대한 우수한 내성을 가지고 있으며, 주로 우주와 화학 응용 분야에서 사용된다. 446 스테인리스강은 최대 사용온도가 1,150℃이며, 고온에서 황에 대한 강한 내성을 가지고 있다. 인코넬 600은 최대 사용온도가 1,175℃이며, 산업용에서 가장 많이 사용되는 보호관 재질이다. 인코넬 601의 사용온도는 인코넬 600과 동일하며, 매우 우수한 산화저항 특성이 있다. 인코넬이 800은 최대 사용온도가 1,095℃이며, 히터의 보호관 재료로 널리 사용되고 있으며, 황에 대해서는 600보다 더 우수한 내성이 있다.

표 3-10 시스 서모커플 보호관 재질의 특성

재질	최고 사용온도(℃)	특성
SUS 304	1,000	내산, 내열성이 양호
SUS 321	1,000	티타늄을 함유하고 있어, SUS304보다 내식성이 우수하며, 임계부식에 대해 내식성이 우수하나, 유황, 환원염에 약함
SUS 316	1,000	몰리브덴을 함유하고 있어 내열, 산화에 저항력이 우수한 최적의 고온 강도를 유지
SUS 310	1,015	Ni, Cr을 함유하고 있어 내열, 산화에 저항력이 우수한 최적의 고온 강도를 유지
INCONEL 600	1,250	고Cr, Ni강으로 내열, 내식, 환원염에 강함
SUS 446	1,125	고Cr강으로 내열, 내산화에 특히 우수하며, 유황 환원성 가스에 강함
HASTELLOY X	1,260	내산성, 환원성 환경에 저항력이 우수

표 3-11 규격화된 금속 시스의 주성분

KS 기호	금속시스 재질	주성분
A	SUS 304	18% Cr - 8% Ni
	SUS 321	18% Cr - 9% Ni + Ti
	SUS 347	18% Cr - 9% Ni + Nb
	SUS 316	18% Cr - 12% Ni - 2.5% Mo
	SUS 310S	25% Cr - 20% Ni
B	NCF 600	72% Ni - 15% Cr - 8% Fe

KS에서 스테인리스강 시스의 기호를 A, 인코넬의 기호를 B로 표시

시스 금속 내부에 절연재로는 MgO가 주로 사용되는데, 99.8%부터 95% 이상의 순도를 사용한다. 600℃ 이하의 낮은 온도 또는 정밀도를 높이 요구하지 않는 경우에는 95%~98% 순도의 MgO를 사용한다. 반면, 고온 또는 높은 안정도와 정밀도가 요구되는 측정에는 99.4% 이상의 MgO를 사용해야 한다. 당연히 순도에 따라 시스 서모커플의 가격 차이는 많이 난다. 절연재는 보통 600℃가 넘어가게 되면 절연 저항능력이 떨어지므로 열기전력이 절연재를 통해 누설되어 정밀도 및 안정도가 떨어지게 된다. 또한 가공할 때 시스 서모커플의 절연재에 공기 중의 습기가 침투되지 않도록 해야 한다. 시스 서모커플을 원자재 상태에서 절단할 때, 그 절단 부위는 반드시 에폭시류 또는 다른 적당한 재료로 밀봉하여 습기를 차단해야 한다. 시스 서모커플을 가동, 조립하기 전에 건조로에서 약 200℃ 정도에서 충분히 건조한 후 사용해야 한다. KS 규격에서 허용하는 전기적 특성은 표 3-12와 같다. 다만, 접지형의 경우에는 본 규격은 적용하지 않는다.

시스 서모커플 측정접점은 일반적으로 외부 기구로부터의 충격 또는 환경으로부터 보호하기 위해 보호관(sheath) 내부에 있도록 하여 사용한다. 서모커플과 보호관은 전기적으로 분리되어 있으며, 일부 빠른 반응 속도를 위해 보호관의 끝부분에 측정접점을 직접 접합한 접지형을 사용하기도 한다. 시스 서모커플 측정접점 외관의 형태와 사용용도는 표 3-13과 같이 크게 접지형, 비접지형, 노출형 등의 3가지가 있다. 전원이 접지된 디지털 온도계를 통해 온도를 읽을 경우에는 노출형을 사용하고, 배터리로 사용하는 휴대용 온도계로 온도를 읽을 경우에는 접지형을 사용한다. 노출형이 가장 빠른 응답속도를 보이며, 일반적으로 0.01 mm 직경의 서모커플의 경우 반응속도는 약 1초 미만이다. 다만 노출형의 경우, 온도 측정 프로세스에 서모커플 소선이 부식이 될 수 있는 환경은 피해야 한다. 비

표 3-12 시스 서모커플의 전기적 특성 시험(KS C1615)

항목	금속시스 바깥지름(mm)	평가기준
절연저항	1.0, 1.5, 1.6, 2.0	5 MΩ / 100 VDC 이상
	3.0, 3.2	5 MΩ / 250 VDC 이상
	4.5, 4.8, 6.0, 6.4, 8.0	5 MΩ / 500 VDC 이상
내전압	1.0, 1.5, 1.6, 2.0	100 VAC에서 1분간 견딜 것
	3.0, 3.2	250 VAC에서 1분간 견딜 것
	4.5, 4.8, 6.0, 6.4, 8.0	500 VAC에서 1분간 견딜 것

표 3-13 시스 서모커플의 측정접점 형태

종류	접지형	비접지형	노출형
외관	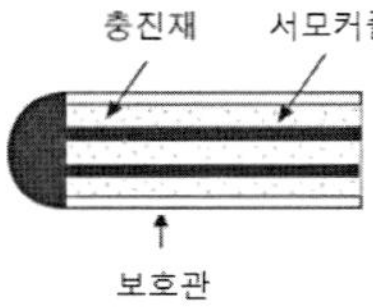	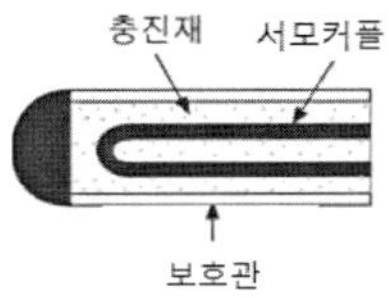	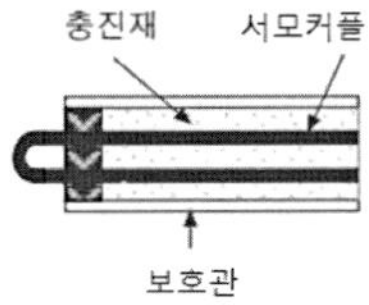
설명	열전대를 보호관 선단부에 직접 용접하여 접합시킨 구조로써 응답이 빠르고 고온, 고압의 온도 측정에 적합하나, 절연이 되어 있지 않아 사용상에 제약이 따름	열전대가 보호관과 완전히 절연된 구조로써 접지형에 비해 응답속도는 떨어지지만, 외부의 영향(부식, 고압, 고온 등)에 대한 변화가 적어 장시간 사용이 가능	열전대를 보호관 밖으로 노출시킨 구조로써 응답속도는 가장 빠르나 기계적인 강도가 떨어지므로 내부식성 환경이나 고온, 고압의 환경에서는 사용할 수 없음

표 3-14 금속 시스의 외경에 따른 응답시간

금속시스의 외경(mm)	응답시간(sec)	
	접지형	비접지형
1.0	0.2	0.2
1.6	0.4	0.5
3.2	1.2	1.4
4.8	2.9	3.8
6.4	4.3	6.9
8.0	6.1	8.3

접지형과 접지형의 경우, 서모커플 소선은 물리적으로 보호관에 의해 전체적으로 보호를 받고 있기 때문에 부식이 될 수 있는 환경에서도 사용이 가능하지만, 반응 속도가 느린 것이 단점이다. 시스 서모커플은 일반적인 서모커플 보다 온도 측정시 응답시간이 빠른 것이 장점이며, 접지형과 비접지형의 금속시스 외경에 따른 응답시간은 표 3-14와 같다.

시스 서모커플은 일반적인 보호관식 서모커플(일체형이 아닌 분리형태이며, 대부분 비금속 보호관을 사용하는 경우)에 비해 다음과 같은 특징을 가지고 있다.

1) 빠른 응답속도 : 시스 서모커플은 서모커플 소선과 절연재 및 보호관이 하나의 구조로 되어 있기 때문에 열전도율이 높아 형상에 따라 미소 온도 변화에도 빠른 응답성이 있다.

2) 폭넓은 응용범위 : 외경이 가늘어서 작은 측정물의 온도 측정이 가능하고 고온 고압

에 강하며, −200~1,600℃까지 폭넓은 온도 범위에서 사용이 가능하다.

3) 고응답성 : 외경이 작다는 것은 열용량이 작다는 것이므로, 온도변화에 민감하게 반응한다.

4) 취급 용이성 : 시스 외경의 두배 반경까지 구부릴 수 있어서 현장에 구애받지 않고 쉽게 설치하여 사용할 수 있다.

5) 긴 수명 : 일반적인 서모커플과 비교하여 열기전력의 저하 또는 단선 등의 사고와 무관한 화학적으로 안정된 산화마그네슘으로 절연시켜 기밀성이 뛰어나며 보다 오래 사용할 수 있다.

6) 기계적 강도 및 내압성 : 고진동, 부식성 환경, 고온, 저온 등의 악조건에서도 시스 재질을 용도에 맞게 선정하면 안심하고 사용할 수 있다. 외경이 가는 시스라도 650℃에서 500kg/cm^{2}의 내압 강도를 가지고 있다.

7) 제조 가능한 시스 외경 및 길이 : 외경은 1.0mm~12.7mm까지 있으며, 길이는 약 300mm까지 제조가 가능하다. 시스외경과 재질에 따른 사용이 가능한 온도는 ASTM과 KS 규격에서 규정이 되어 있으며 표 3-15와 같다.[29] 시스의 직경이 클수록 높은 온도에서 사용이 가능하며, SUS 계열보다는 인코넬 계열이 더 높은 온도에서 사용이 가능하다. 그리고 KS 규격에서 정한 시스 측정 온도별 허용하는 오차 범위는 표 3-16과 같다.

이러한 보호관으로 서모커플을 보호하고 있지만, 고온에서 오랫동안 사용하게 되면, 산화문제, 오염 문제, 금속 피로 문제 등으로 인해 서모커플의 온도 특성에 영향을 미칠 수 있다. 직경 3mm인 K형과 N형 시스 서모커플을 1,200℃의 진공 챔버 내에 두었을 때, 시

표 3-15 시스 서모커플의 시스직경에 따른 상용온도(℃)

(출처 : KS C1615:1991, JIS C 1605)

시스 바깥지름(mm)	1.0, 1.5, 1.6, 2.0	3.0, 3.2	4.5, 4.8		6.0, 6.4		8.0	
시스 종류 / 시스서모커플	A, B	A, B	A	B	A	B	A	B
SK	650	750	800	900	800	1000	900	1050
SE	650	750	800	900	800	900	800	900
SJ	450	650	750		750		750	
ST	300	350	350		350		350	

* A : 오스테나이트계 스테인리스강, B : 니켈 크롬 인코넬 합금

표 3-16 시스 서모커플의 온도에 대한 허용 오차

(출처 : KS C1615:1991, JIS C 1605)

시스서모커플	측정 온도	클래스	허용 오차
SK	0℃ 이상, 1050℃ 이하 −200℃ 이상, 0℃ 이하	0.75급 1.5급	±2.5℃ 또는 ±0.75% ±2.5℃ 또는 ±1.5%
SE	0℃ 이상, 900℃ 이하 −200℃ 이상, 0℃ 이하	0.75급 1.5급	±2.5℃ 또는 ±0.75% ±2.5℃ 또는 ±1.5%
SJ	0℃ 이상, 750℃ 이하	0.75급	±2.5℃ 또는 ±0.75%
ST	0℃ 이상, 350℃ 이하 −200℃ 이상, 0℃ 이하	0.75급 1.5급	±2.5℃ 또는 ±0.75% ±2.5℃ 또는 ±1.5%

간에 따른 온도 변화량은 그림 3-37과 같다. 인코넬 재질의 시스 서모커플의 온도 변화량이 가장 작으며, 310 스테인리스강은 비교적 큰 온도 변화량을 보인다. 대부분의 스테인리스강은 1~2% 정도의 망간을 함유하고 있으며, 304 스테인리스강은 2% 망간이 함유되어 있고, 인코넬에는 최대 1%의 망간이 함유되어 있다. 보호관 내에 망간이 1% 함유되어 있으면, 1,100℃에서 1,000시간 경과하면 약 −10℃ 정도의 온도변화가 생기는 것으로 보고되고 있다. 벤틀리(Bentley) 등의 실험에 의하면, 1,200℃에서 직경 3 mm인 스테인리스강 보호관을 사용한 N형 시스 서모커플은 약 1,000시간 경과하면 −24℃의 온도변화가 생기는 것이 관측되었다.

그림 3-37 시스 서모커플의 재질에 따른 온도 변화량(3 mm 직경의 시스 서모커플을 1,200℃ 진공)

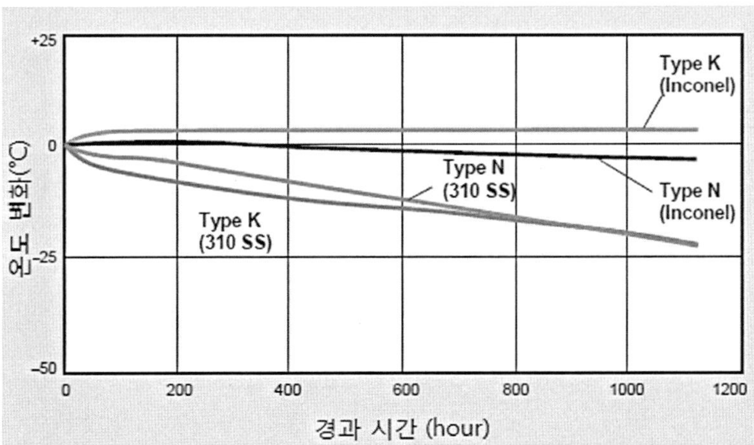

수분 침투는 보호관의 성능에 많은 영향을 미친다. 특히 수분은 산화마그네슘(MgO)에 빠르게 침투하여 절연저항 특성을 나쁘게 만들며, 수분에 의한 이러한 변화는 서모커플의 특성에도 심각한 영향을 미친다. 이렇게 감소된 절연저항으로 인해 온도 측정시 큰 오차가 발생할 우려가 있다. 이러한 수분은 서모커플 제조 공정 또는 수리 과정 중에 유입이 될 수도 있고, 심지어 장기간 창고에 보관하거나(대략 6개월 이상), 비행기로 운반시 발생하는 대기압의 변화로도 유입이 될 가능성이 있다. 그러므로 운반 중이거나 설치하여 운용 중에도 수분이 유입되지 않도록 주의가 필요하다. 다양한 환경에 적합한 보호관 재질에 대해서는 부록 F를 참고하여 선택하면 된다.[30]

보통의 온도측정 환경에서는 그림 3-38과 같은 3가지 형태의 보호관과 결합된 시스 서모커플을 사용하며, 유체가 흐르는 배관에 구멍을 내어 보호관을 배관에 고정시켜 유체의 온도를 측정하는 용도로 사용한다. 온도센서를 측정하고자 부위에 고정하는 방법에는 배관에 구멍을 내어 프로브를 집어넣어 사용하는 방법도 있지만, 보호관을 사용해서 주위

그림 3-38 온도센서용 보호관의 일반적인 형태

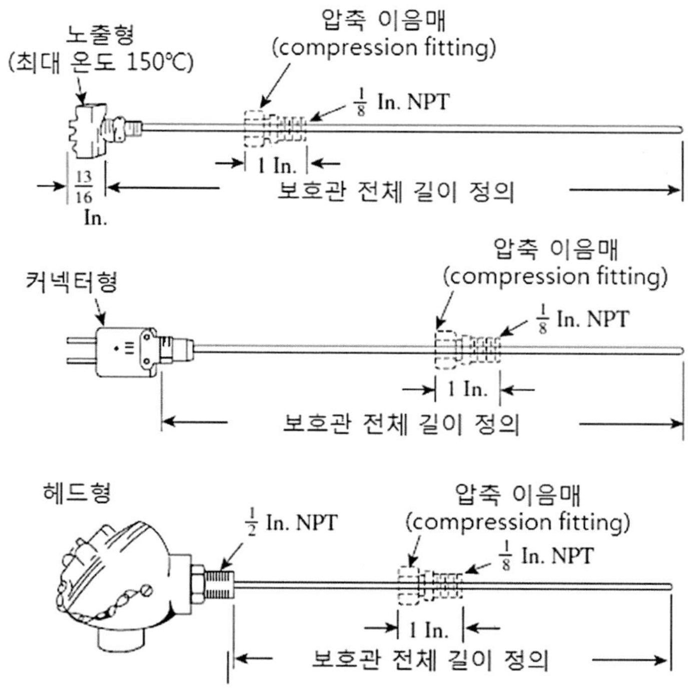

그림 3-39 Omega사의 다양한 형태의 보호관 헤드형 모델

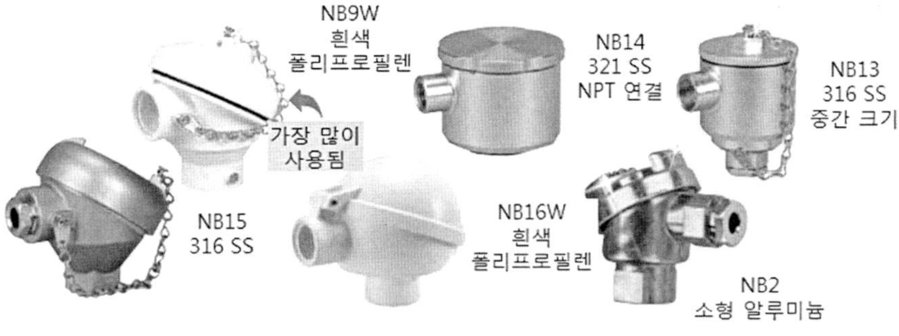

진동에 의해 서모커플이 흔들리지 않게 배관에 단단히 고정하는 것이 좋다. 신호선을 연결하는 단자부의 형태는 노출형, 커넥터형, 덮개가 있는 헤드형이 있다. 노출형은 권장하는 주위의 온도가 150℃ 이하인 곳이며, 빗물이나 수분이 많은 장소에는 적합하지 않고, 매우 깨끗한 환경에서만 사용이 가능하며, 구성이 간단하고 비용이 적게 들기 때문에 간단한 온도 측정용으로 적합하다. 커넥터형은 측정부의 신호선과 연결을 주기적으로 변경하고자 할 때 편리하게 사용할 수 있어, 하나의 온도측정기로 여러 종류의 온도센서를 연결해서 계측하는 용도에 적합하다. 그리고 헤드형은 신호선의 노출부위가 없기 때문에 주위 환경에 무관하게 사용이 가능한 장점 때문에 산업용 온도 계측 분야에 사용되고 있다. 온도계 전문회사는 여러 종류의 헤드형을 제작하고 있는데, Omega사에서 판매하고 있는 다양한 형태의 헤드형 보호관은 그림 3-39와 같다. 폴리프로필렌으로 만든 보호관을 가장 많이 사용하고 있으며, 음식이나 약품 제조용에 사용하는 위생용 보호관도 있다.

3.10 특수 서모커플

규격화된 서모커플 이외에도 용도는 낮지만, 기존의 서모커플의 문제점을 개선하기 위해 새로운 서모커플들이 많이 만들어지고 있다. 표 3-17에 대표적인 특수 서모커플에 대한 특징을 간략히 요약하였다. Pt·40%Rh−Pt·20%Rh 서모커플의 열기전력은 1500℃에서 약 3.1mV, 1900℃에서 약 4.4mV이다. Nicrosil-Nisil 서모커플은 오스트레일리아의 N. A. Burley에 의해 1972년에 발표된 것이며, 새로운 합금을 조합시킨 서모커플이다. 이것

표 3-17 특수 서모커플의 종류 및 특징

종류	최고 사용온도(℃)	특징
Pt·40% Rh-Pt·20% Rh	1,900	열기전력은 R 타입에 비해 매우 낮음
Ir-Ir-40% Rh	2,000	고가 서모커플로서 제조가 어려움
W-Re W-W·26% Re W-W·20% Re W-W·10% Re W·5% Re-W·26% Re W·7% Re-W·26% Re W·3% Re-W·25% Re	2,800 (상용 2,400)	W·5% Re-W·26%Re가 대표적이며, 환원성 또는 불활성 상황에 사용이 가능
Chromel-0.07% Fe·Au	2,000	열기전력이 큼(2,000℃에서 약 5 mV)
Nicrosil-Nisil	1,200	K 타입의 개선형이며, 고온 영역에서 재료의 성질이 시간에 따라 잘 변하지 않음

은 K타입에 비해 1,000~1,300℃에서 내산화성이 우수한 것이 특징이다.

3.11 보상도선 (Compensation wire)

보상도선은 서모커플의 소선으로부터 기준접점(또는 계측기 단자)까지 연장할 때에 사용하는 도선이다. 그림 3-39와 같이 현장에 설치된 서모커플에서 기전력을 측정하는 전압계가 있는 곳까지 멀리 떨어져 있는 경우, 서모커플과 비슷한 열전 특성을 가진 전선을 사용하는데 이것을 서모커플 연장선(extension wire) 또는 보상도선(compensation wire)

그림 3-40 서모커플 보상도선 사용 개념

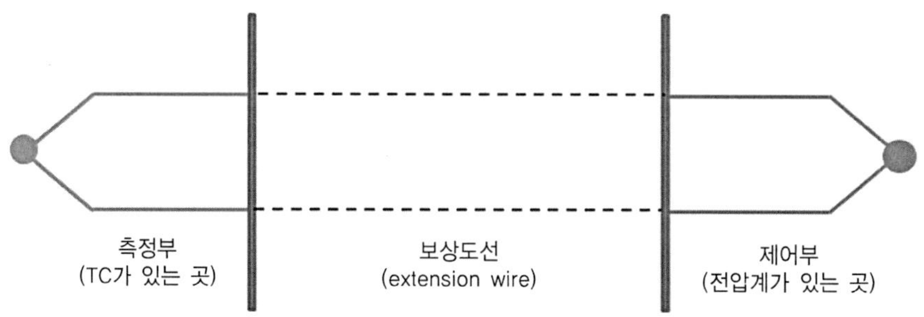

이라고 한다. 서모커플 소선과 다른 금속을 연장선으로 하여 회로적으로 연결하게 되면, 그 접점 부위에서 발생하는 열기전력의 차이로 인해 오차가 생길 수 있다. 실험실에서는 그 접점부위를 얼음으로 보정을 하여 열기전력 발생을 억제하여 오차를 줄일 수 있지만, 일반 측정 현장에서는 얼음을 이용한 레퍼런스 보정이 불가하므로 보상도선을 사용한다.

보상도선은 서모커플 소선과 다른 재질의 금속이지만 서모커플 소선과 일정 온도 범위(약 150℃ 이하) 내에서는 제베크 계수가 거의 유사하여 접점에서 열기전력에 의한 오차를 최소화할 수 있다. 서모커플과 동일한 재료를 사용하게 되면 비용이 많이 들기 때문에 이와 유사한 재료를 사용한다. 보상도선은 보상도선 심선을 절연 및 내열 목적으로 도선 바깥에 보통 테플론, 폴리염화비닐(polyvinyl chloride), 나일론, 고무, 석면(asbestos), 광섬유 등의 재료를 입혀서 전기적으로 절연을 시켜 사용한다. 매우 높은 온도용으로는 리프레실(refrasil) 또는 넥스텔(nextel) 등이 사용된다. 서모커플 연장선을 물속에 담구어 사용하는 경우, 또는 습도가 많은 경우, 또는 용제, 부식, 화염 등에 저항이 필요한 경우에는 테플론 재료를 주로 사용한다. 그러나 대체로 보상도선이 설치되는 위치는 일반적인 대기 환경이므로 특수한 경우를 제외하고는 가격이 비교적 저렴한 폴리염화비닐 재료를 이용한 절연체를 가장 많이 사용한다. 이러한 보상도선 기호는 서모커플의 E, J, K, T와 같은 형태로 사용하는데, 서모커플 타입 뒤에 X를 추가한 EX, JX, KX, TX로 표현한다. 이렇게 하는 이유는 서모커플과 유사한 특성을 가진 재료를 사용해야 하기 때문에 서모커플 타입과 유

그림 3-41 국가별 서모커플 보상도선 컬러코드

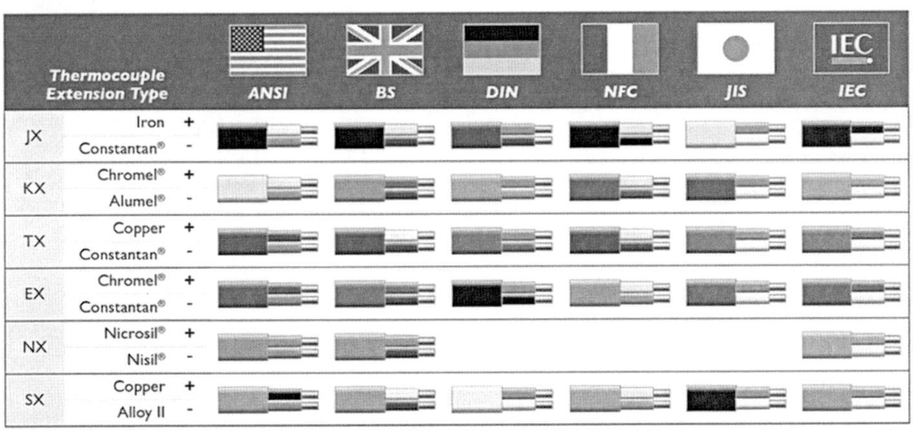

사한 형태로 표시하는 의미이다. 그리고 잘못 연결할 실수를 방지하기 위해 보상도선에는 그림 3-40과 같은 컬러코드를 사용하며, 미국 기준으로 (−) 신호선은 항상 빨간색으로 표시하고, 국제 규격인 IEC 기준으로 (−) 신호선은 항상 흰색으로 구분한다. 참고로 Omega 사에서 판매 중인 대표적인 보상도선 형상은 그림 3-42와 같다. 이 그림에서 (a)는 커넥터가 노란색이므로 K 타입의 보상도선임을 알 수 있다. 일반적인 보상도선은 (b)와 같이 다발 형태로 판매를 하며, 반드시 외관의 색상을 고려해서 구입을 해야 한다.

서모커플 소선과 회로적으로 접촉하는 접점온도에서 서모커플 소선의 제베크 계수와 보상도선의 제베크 계수가 같아 마치 서모커플 소선과 동일한 소선을 연결한 것과 같이 그 접점부의 온도에 따른 열기전력이 발생하지 않아야 한다. 그러나 보상도선이 서모커플 소선과 다른 재질이기 때문에 어느 정도의 오차가 발생하는데, 그 오차는 서모커플이 측정한 값에 큰 영향을 주지 않는 범위 내에서 허용오차가 규정되어 있다. 허용오차는 한국산업규격(KS C 1609)에서 규정되어 있으며, 다음의 식을 이용해서 오차를 계산할 수 있다.

$$\Delta t(℃) = (e_t - E_t) / \Delta E_t = (t' - t) \tag{3-17}$$

여기서, Δt는 온도 t℃에서 보상도선의 오차, e_t는 온도 t℃에서 보상도선의 열기전력, E_t는 온도 t℃에서 조합하여 사용하는 서모커플의 기준 열기전력, ΔE_t는 온도 t℃ 부근

그림 3-42 Omega사에서 판매 중인 보상도선 형태

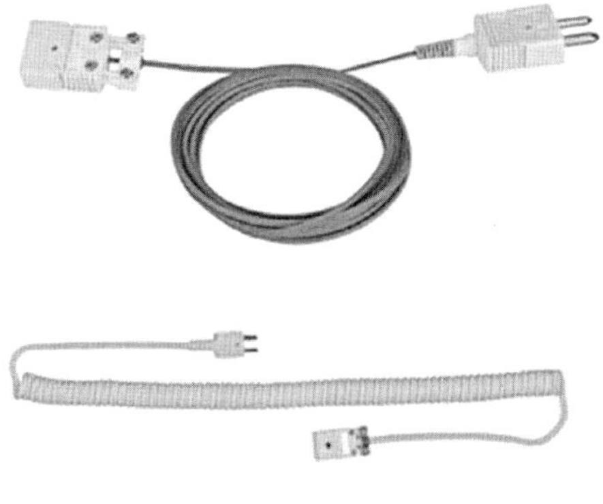

(a) 커넥터에 연결된 보상도선(K-type)

(b) 일반적인 보상도선 형태

에서 온도차 t℃ 당의 기준 열기전력의 차(기준 열기전력표에서 산출), t'는 보상도선과 서모커플의 접속점 온도, t는 보상도선의 (+) 측심선과 (−) 측심선으로 서모커플을 구성하였을 때의 온도이다. 보상도선은 심선에 각 용도에 적합한 피복을 하고, 충분한 기계적 특성과 내구성을 갖추어야 한다. 그러나 그 재료 등에 대해서는 KS에서 특별히 정하고 있지는 않다. 보상도선의 종류별 허용치에 대해 KS C 1609:2008에 의해 표 3-18, 표 3-19와 같이 정해져 있다.

보상도선을 서모커플 소선의 재질과 관련하여 분류하면 두 가지로 크게 나눌 수 있다. 하나는 도상도선의 재질이 서모커플 소선과 같은 재질을 사용하는 경우이고, 다른 하나는 보상도선의 사용온도 범위 내에서 서모커플의 열기전력 특성과 거의 유사한 재료를 사용하는 경우이다. 전자를 연장형(extension)이라 하며, 후자를 보상형(compensation)이라 한다. 표 3-18에서 KX, EX, JX, TX 등의 정밀급은 연장형에 속하고, BX, RX, SX, WX, VX 등의 보통급은 보상형이다. 이와 같이 연장형과 보상형의 장단점은 표 3-20과 같다.

표 3-18 서모커플 보상도선의 허용치(KS C1609:2008)

<table>
<tr><th rowspan="2">사용
서모커플</th><th rowspan="2">보상도선
기호</th><th colspan="2">구성재료(%)</th><th rowspan="2">사용구분 및
허용치에 의한 구분</th><th rowspan="2">피복
색상</th></tr>
<tr><th>P(+)</th><th>N(−)</th></tr>
<tr><td>B</td><td>BX-G</td><td>구리</td><td>구리</td><td>일반용 보통급</td><td>회색</td></tr>
<tr><td>R</td><td>RX-G
SX-G</td><td rowspan="2">구리</td><td rowspan="2">구리 및 니켈
합금</td><td>일반용 보급형</td><td rowspan="2">녹색</td></tr>
<tr><td>S</td><td>RX-H
SX-H</td><td>내열용 보통급</td></tr>
<tr><td rowspan="3">K</td><td>KX-G
KX-GS
KX-H
KX-HS</td><td>니켈 및 크롬
합금</td><td>니켈을
주로 한 합금</td><td>일반용 보통급
일반용 정밀급
내열용 보통급
내열용 정밀급</td><td rowspan="3">노란색</td></tr>
<tr><td>WX-G
WX-H</td><td>철</td><td rowspan="5">구리 및 니켈
합금</td><td>일반용 보통급
내열용 보통급</td></tr>
<tr><td>VX-G</td><td>구리</td><td>일반용 보통급</td></tr>
<tr><td>E</td><td>EX-G
EX-H</td><td>구리 및 니켈
합금</td><td>일반용 보통급
내열용 보통급</td><td>자색</td></tr>
<tr><td>J</td><td>JX-G
JX-H</td><td>철</td><td>일반용 보통급
내열용 보통급</td><td>흑색</td></tr>
<tr><td>T</td><td>TX-G
TX-GS
TX-H
TX-HS</td><td>구리</td><td>일반용 보통급
일반용 정밀급
내열용 보통급
내열용 정밀급</td><td>청색</td></tr>
</table>

비고 1. KX-G, KX-GS, KX-H, KX-HS, EX-G, EX-H, JX-G, JX-H, TX-G, TX-GS, TX-H, TX-HS의 심선은 조합하여 사용하는 서모커플과 동일 재료이다.

비고 2. BX-G, RX-G, RX-H, SX-G, SX-H, WX-G, WX-H, VX-G의 심선은 조합하여 사용하는 서모커플과는 다른 종류의 재질이나, 사용온도 범위에 대해서는 서모커플과 동일하다고 간주할 수 있는 열전적 특성을 가져야 한다.

비고 3. 보통급 보상도선은 보통의 온도 측정에 사용하는 데 적당하다.

비고 4. 정밀급 보상도선은 오차의 허용오차가 보통급의 약 1/2로서 특히 정밀성을 필요로 하는 온도 측정에 사용하는 데 적당하다.

사용 구분	사용 구분의 기호	사용 온도 범위
일반용	G	−20 ~ 90℃
내열용	H	0 ~ 150℃

BX-G, RX-G 및 SX-G의 사용 온도범위는 0~90℃로 한다.

표 3-19 보상도선의 타입별 허용오차

<table>
<tr><th>기호</th><th>서모커플과의 접속점의 온도 (℃)</th><th>보상도선 오차의 허용차 (℃)</th></tr>
<tr><td>BX-G</td><td>0~100</td><td>−[a]</td></tr>
<tr><td>RX-G
SX-G
RX-H
SX-H</td><td>0~150</td><td>+3[b]
−7</td></tr>
<tr><td>KX-G</td><td rowspan="6">−20~150</td><td>±2.5</td></tr>
<tr><td>KX-GS</td><td>±1.5</td></tr>
<tr><td>KX-H</td><td>±2.5</td></tr>
<tr><td>KX-HS</td><td>±1.5</td></tr>
<tr><td>WX-G</td><td rowspan="2">±3.0</td></tr>
<tr><td>WX-H</td></tr>
<tr><td>VX-G</td><td>−20~100</td><td rowspan="3">±2.5</td></tr>
<tr><td>EX-G
EX-H</td><td rowspan="6">−20~150</td></tr>
<tr><td>JX-G
JX-H</td></tr>
<tr><td>TX-G</td><td>±2.0</td></tr>
<tr><td>TX-GS</td><td>±1.0</td></tr>
<tr><td>TX-H</td><td>±2.0</td></tr>
<tr><td>TX-HS</td><td>±1.0</td></tr>
</table>

a. BX-G는 (+)측과 (−)측에 동일 재질의 심성(동)을 사용하고 있으므로, 오차의 허용차는 규정하지 않는다.
b. 서모커플 R 및 S의 기준 열기전력 특성이 비직선성이므로, 실제의 온도 측정 오차를 나타내는 것은 아니다.

표 3-20 연장형과 보상형의 장단점 비교

구분	장점	단점
연장형	- 온도범위에서 높은 정밀도를 제공 - 오차곡선의 직선성이 양호 - 사용 가능한 온도범위를 필요에 따라 확대 가능	- 가격이 높음
보상형	- 사용온도의 범위를 좁히면, 연장형과 비슷한 정도의 정밀도를 얻을 수 있음 - 가격이 저렴함	- 서모커플과 다른 재질이기 때문에 넓은 온도영역에서는 오차가 큰 편임 - 보상접점이 이종금속의 접촉이므로 접촉불량 가능성이 있음

CHAPTER 04

보호관

4.1 보호관(Thermowell)의 종류

온도 센서는 제작형태에 따라 일반형과 시스형으로 나눈다. 일반형은 센서 길이를 원하는 길이만큼 절단하여, 낮은 온도와 일반적인 환경에서는 피복형 나선 형태로 사용하기도 한다. 그러나 일반적으로 절연체인 세라믹 재질 또는 금속 재질로 된 보호관(thermowell)에 삽입 및 조립하고, 보호관과 단자판을 조립한 형태로 사용한다. 나선의 피복으로 사용하는 재질의 사용 가능한 온도는 표 4-1과 같다. 일반적인 재질은 보통 200℃ 이하의 온도

표 4-1 보호관 재질의 최대 사용온도

재료	최대사용온도(℃)
PVC	65~85
폴리우레탄(Polyurethane)	65~85
폴리테트라 플루오로에틸렌(PTFE)	190~260
폴리머(Polymer)	200~280
유리 섬유(Glass Fiber)	400~480
세라믹 섬유(Ceramic Fiber)	800~1,200
세라믹 비드(Ceramic Beads)	1,100~1,950
마그네시아(Magnesia) / 스테인리스강	600~900
마그네시아(Magnesia) / 인코넬	800~1,050
마그네시아(Magnesia) / 니크로벨(Nicrobel) 또는 마그네시아(Magnesia) / 니크로실(Nicrosil)	1,100~1,200

그림 4-1 세라믹 비드형 보호관 종류

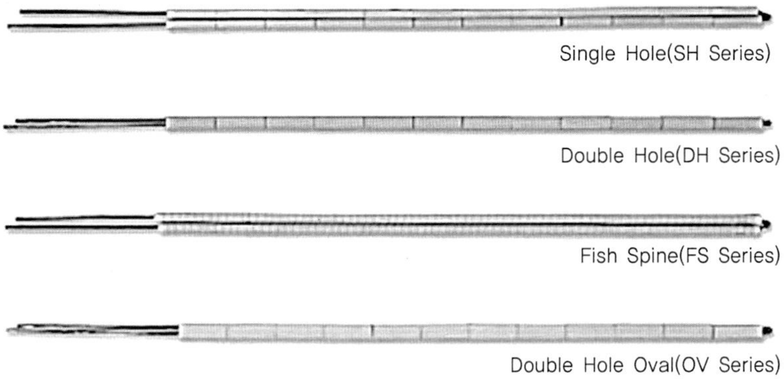

에서 사용하는 것을 권장하지만, 넥스텔(Nextel) 절연재료인 경우에는 1,200℃의 환경에서도 사용이 가능하다. Omega 사에서 제조한 넥스텔 절연재료는 지속적으로 사용하는 환경의 온도는 1,200℃이지만, 짧은 시간 동안에는 약 1,425℃까지도 사용이 가능하다.[31] 또한 그림 4-1과 같은 세라믹 비드형(beaded)으로 된 보호관은 약 2,000℃까지도 견딜 수 있으며, 형태에 따라 4가지 종류가 있다.[32]

보호관의 재질은 크게 금속 보호관과 비금속 보호관으로 나눈다. 금속 보호관은 주로 스테인리스강과 인코넬(Inconel) 재료를 사용하며, 비금속 보호관은 금속 보호관에 비해 사용 온도가 비교적 높다. 금속보호관에 대한 사용온도와 특성은 표 4-2, 비금속보호관의 특성은 표 4-3과 같다.[33] 그리고 보호관이 가져야 할 특성은 다음과 같다.

① 측정하고자 하는 온도와 그 온도의 압력에서 충분히 견딜 수 있을 것
② 피측정물에 의해 부식 및 여타의 화학반응을 일으키지 않을 것
③ 기체의 유통을 막을 수 있을 것
④ 급격한 온도변화에 의해 파손되지 않을 것
⑤ 진동, 충격 등의 기계적 힘에 충분히 견딜 수 있을 것
⑥ 보호관 자신이 측온부에게 유해가스를 발생하지 않을 것
⑦ 외부온도 변화를 신속히 온도센서에 전달하도록 감응속도가 좋을 것.

매우 낮은 온도에서 Cr-Ni과 Ni 합금인 오스테나이트계 합금은 매우 낮은 인성(toughness) 특성으로 저온의 응용 분야에서 사용된다. 일반적으로 유체가 흐르는 배관 내부

표 4-2 금속보호관 재질의 종류 및 특성

명칭	주성분	사용 온도(℃)	특성
SS-41	보통 강관	600	가격이 저렴하고 기계적 강도가 우수
SUS304	18%Cr-8%Ni	800	내산 내열성 양호
SUS316	17%Cr-13%Ni	850	고온에서 내식성 있음
SUS316L	18%Cr-14%Ni-2.5%Mo	850	탄소 함유량이 작고, 내산성, 내알칼리성이 316보다 우수
SUS310S	25%Cr-20%Ni	950	내열성 양호, 유황을 품은 고온도 고농도 가스에 약함
SUS347	20%Cr-12%Ni	850	용접구조물, 기타 일반 화학용
SANDVIK P4	27%Cr	1,000	고크롬강, 내열유황을 품은 환원염에 약함
80Ni 20Cr	80%Ni-20%Cr	1,100	중성산화분위기에 강하고 환원유황에 약함
INCONEL	72%Ni-16%Cr	1,000	내열 환원염에 약함
CANTAL	24%Cr-5.5%Al	1,100	내열, 유화물의 부식에도 강함
UMCO 50	30%Cr-20%Fe-Bal Co	1,100	내열, 내마모, 내식성, 유화분위기에 강함
크리맥스	50~65% Cr	1,350	내열 내식성이 우수
티탄	99.7% Ti	400	염소, 초산, 염산, 염수 등에 대한 내식성 우수
HASTELLOY C	16.5%Cr-17%Mo-4.5%Fe		산화성 및 환원성 분위기에 대하여 내융성이 있음
HASTELLOY B	28%Mo-5%Fe		염화수소가스, 유산, 인산에 대하여 내융성이 있음
TEFLON 코팅	SUS304에 TEFLON 코팅	200	저온도의 내약품성이 큼
Glass 코팅	SS-41에 Glass 코팅	350	내약품성이 큼

의 온도 측정에는 비금속 재료보다 밀봉시키는 방법이 쉽다는 장점 때문에 금속 재료를 주로 사용한다. 그러나 금속은 1,150~1,200℃까지만 사용이 가능한 단점이 있다. 이 보다 더 높은 온도에서는 표면 산화와 기계적인 강도에 문제가 생겨 장시간 사용을 할 수 없는 단점이 있다. 1,000℃ 이상의 고온에서 보호관이 가져야 할 조건을 모두 만족시키는 재료는 거의 없다. 그러므로 측정 장소의 환경, 진동조건 등을 고려하여 적절한 재료를 선택해야 한다. 비금속보호관 재료는 내열성은 좋으나 기계적 강도가 약하며, 특히 세라믹 계열인 자기보호관은 알칼리에 약하므로 유의해야 한다. 반면 금속보호관은 내열성은 비금속

표 4-3 비금속보호관 재질의 종류 및 특성

재질	최고사용 온도 (℃)	특성
석영	1,100	투명, 불투명이 있으며, 강도는 낮고 알칼리에 약하고 산성에 강함
자기보호관 1종	1,500	열충격에 양호하나, 알칼리에 약함
자기보호관 2종	1,600	알루미나60%-이산화규소 40%를 소결한 재질, 급냉, 급열과 알칼리에 약하고, 연소가스에 강함
자기보호관 특종	1,800	화학 안정성이 매우 우수, 철 주조, 용광로 온도 측정에 적합
재결정 실리콘 카바이드(Y1)	-	99.9% 실리콘 카바이드로 구성, 중성에서는 2,200℃까지 측온이 가능
점토점착 실리콘카바이드 (Y3)	1,700	열전도성이 우수, 산화타입의 보호관보다 정확한 온도측정에 우수
Cermat(chrome-Alumina)	2,200	알루미나 77%와 크롬 23%로 구성, 내열, 내마모에 우수
Cermat(chrome-therm)	2,200	Mo 60% + ZrO_2 40%로 구성, 열전도에 우수, 열충격에 강함
자기결정 실리콘카바이드 (Y2)	2,300	99.9% 실리콘 카바이드로 구성
질소접착 실리콘카바이드 (Y4)	1,750	Y3와 유사한 특성, Si_3N_4를 포함하여 용융 알루미늄 측온용으로 가장 적합
지르코니아	2,400	100% 지르코니아로 구성, 강알칼리염이나 알칼리 금속 이외의 1900℃ 이내 특수 구조, 용광로, 용융 유리 측온에 안전하게 사용

에 비해 약하지만 기계적 강도가 우수하고 알칼리에 강한 장점이 있다.

ASTM(American Society for Testing Materials)에서 보호관은 다음과 같이 정의되어 있다.[34] 보호관은 한쪽 끝이 막혀 있으며 온도센서를 삽입할 수 있고, 배관과 밀봉 부착이 가능하도록 디자인된 재진입 가능한 튜브로 정의되어 있다. 일반적인 의미로 보호관은 측정 대상물 외벽에 드릴로 구멍을 내고 고정하여 유체나 고압과 해로운 환경으로부터 온도센서를 보호할 수 있도록 디자인된 것이다. 보호관의 일반적인 형태는 그림 4-2와 같이 나사산형, 소켓 용접형, 직접 용접형, 플랜지형 등 4가지 종류가 있다. 이름에서 알 수 있듯이 나사산형은 탭을 낸 배관 벽면 속으로 직접 나사산을 만들어 고정하는 형태이며, 소켓 용접형은 보통 배관 연결 소켓으로 용접하는 식이며, 직접 용접형은 배관 내부로 직접 용접하는 형태이며, 플렌지형은 관 노즐 위에 짝이 맞는 플렌지로 고정시키는 방식이다.

그림 4-2 보호관의 일반적인 형상

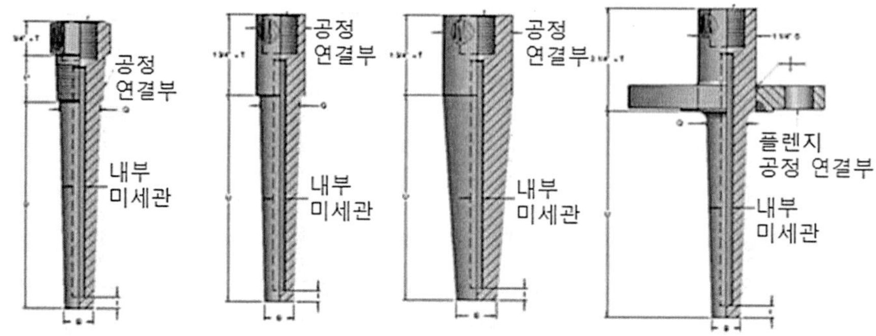

보호관 각 부의 정의 및 명칭은 그림 4-3과 같으며, 보호관의 규격은 다음과 같은 대표적인 8가지 단계로 치수를 선택한다.[35]

① 프로세서 접합부(process connection) 크기 : 배슬(vessel) 또는 배관과 연결되는 보호관 부분의 크기이다. 스레드(thread) 크기, 플렌지 크기, 파이프 크기 등으로 표시하기도 한다.

② 삽입 길이(insertion length) : 일반적으로 U 크기라고도 부르며, 그림에서처럼 보호관이 측정하고자 하는 매질 부분에 잠기는 부분의 치수이다. 정밀한 측정을 위해 온도 센서의 민감한 부분은 모두 이 내부에 위치해 있어야 한다.

③ 연결 접속부 길이(lagging extension) : 이 부분은 T로 표시한다. 보호관이 삽입된 배슬 또는 배관이 절연이 되었을 때 사용하며, 프로세스 접합과 보호관의 장치 연결

그림 4-3 보호관 각 부의 치수 정의

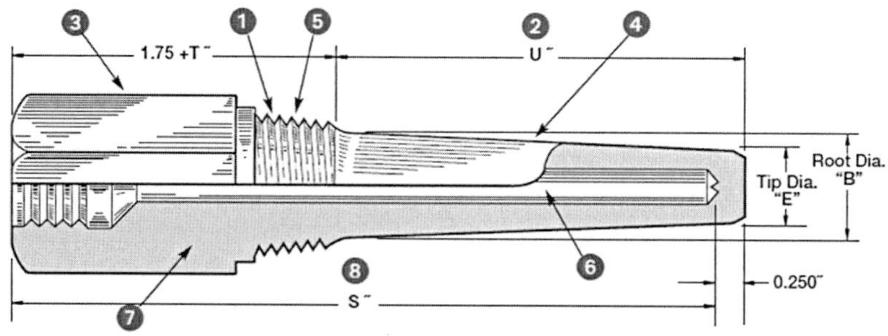

부 사이의 절연 두께에 의해 결정되는 여분의 길이이다. 표준 연결 접속부 길이는 3"이다.

④ 생크 구조(shank construction) : 보호관이 프로세스에 삽입된 부분의 형태이며, 그림 4-4(a)와 같이 테이퍼드(tapered)형, 직선형, 계단형 등 3가지가 있다. 그림 4-3의 형태가 테이퍼드형이다. 일반적으로 강도와 진동에 강한 장점을 가지고 있는 테이퍼드형이 주로 사용된다.

⑤ 프로세스 연결 형태 : 보호관이 배슬 또는 배관과 연결되는 부분의 형태를 의미한다. 대표적인 플렌지형은 그림 4-4(b)와 같다.

⑥ 미세관 크기(bore size) : 온도센서부가 보호관 내부에 삽입될 수 있는 관의 크기를 의미한다. 허용 오차가 있어야 온도센서를 쉽게 설치할 수 있으므로 이 치수는 매우 중요하다. 표준 미세관 크기로는 0.260" 또는 0.385"가 있다.

⑦ 재료 : 측정 대상물과 조건에 따라 재료들은 부식에 대한 내성과 강도가 달라지므로 표 4-2와 표 4-3을 참고로 재료를 선정해야 한다.

⑧ 장치 삽입 길이(instrument insertion length) : 이것은 보통 "S" 치수라고 부르기도 하며, 온도센서의 탑재되는 스레드부터 스템의 끝부분까지의 길이를 정의한 것이므

그림 4-4 생크구조 및 플렌지 구조

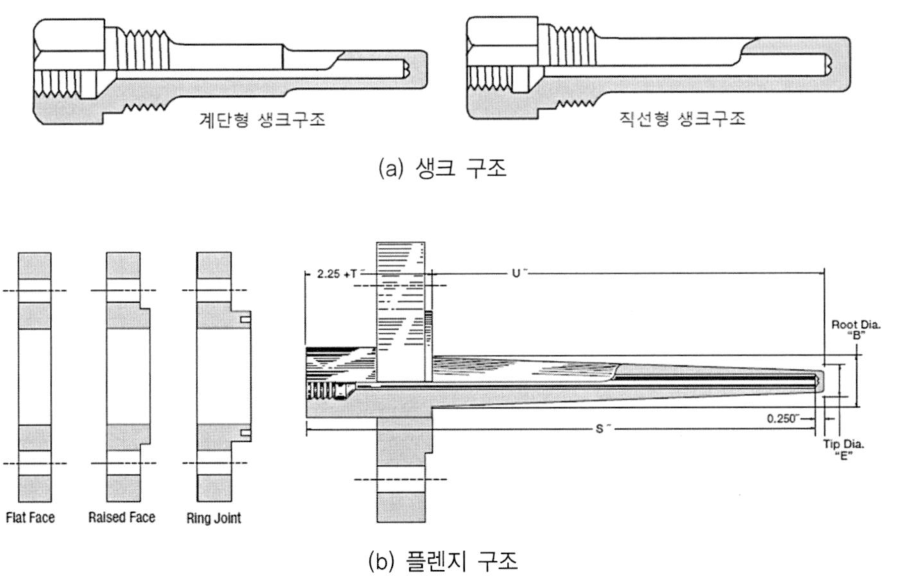

그림 4-5 헤드형 보호관 선택 가이드

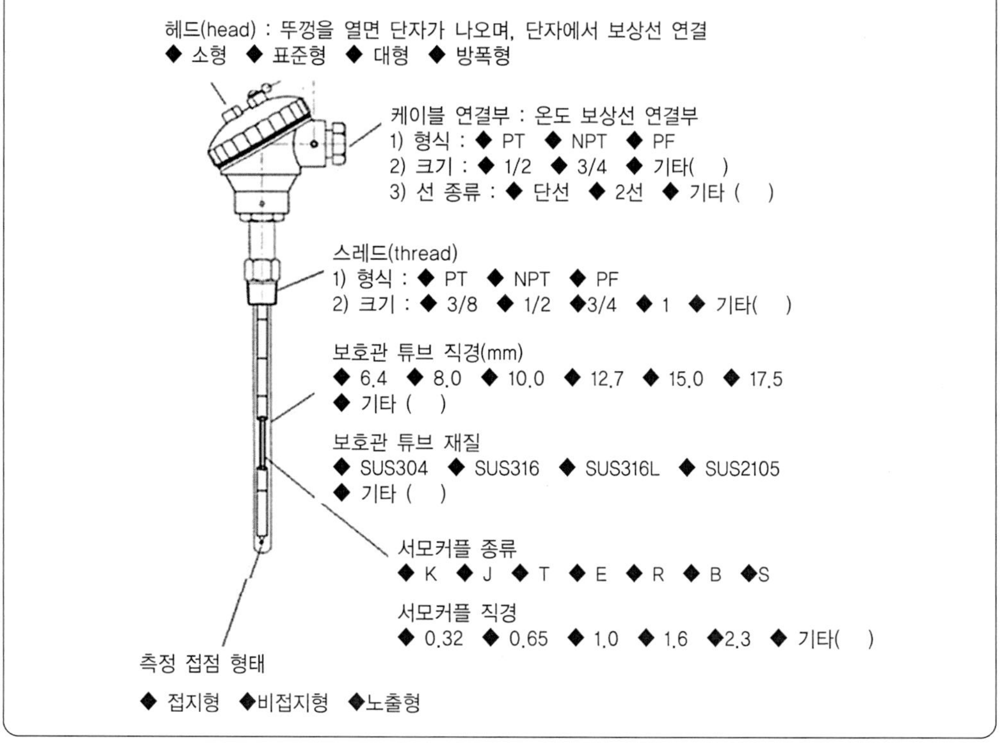

로, 이것은 보호관의 사양이라기보다는 온도센서의 사양에 해당한다.

⑨ 측정 인셋(measuring inset) : 세라믹 봉 또는 금속 봉 내부에 삽입되는 온도센서(서모커플 또는 RTD 센서)이다.

이와 같은 헤드형 보호관을 선택하기 위해 그림 4-5와 같은 표를 옆에 두고 각 항목별로 체크하여 선택하면 된다.[36]

4.2 보호관 설치 기준

시스 서모커플과 유사하게, 계측 부분의 접속 부위를 보호하기 위해 일반적으로 헤드형 덮개를 보호관 끝부분에 일체형으로 붙여서 사용한다. 헤드형 보호관의 형태는 그림 4-6과 같이 사용용도에 따라 스트레이트형, 고정 니플(nipple) 부착형, 고정 플랜지(flange) 부착형, L형으로 구분된다. 그리고 보호관을 이용하여 배관 내에 흐르는 유체(액체 또는

그림 4-6 보호관 헤드형 종류 및 배관 설치 방법

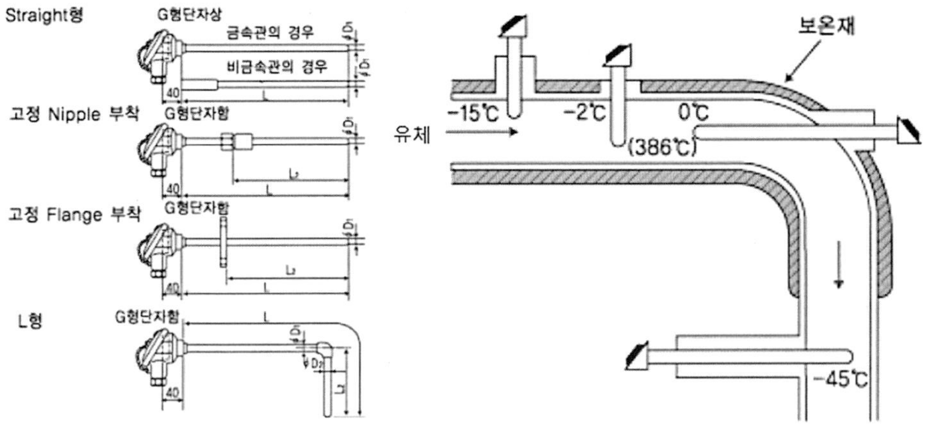

(a) 보호관 헤드형 종류　　　　(b) 보호관을 배관에 고정하는 방법

기체)의 온도를 측정하기 위해 유체가 지나가는 적당한 위치에 구멍을 내고, 여기에 보호관을 고정시켜서 온도를 측정한다.

보호관의 전체 길이 중에서 측정하고자 하는 위치에서 압축 이음매를 통해 보호관을 고정시켜서 사용한다. 이음매의 위치는 측정하고자 하는 매체의 종류에 따라 달라지는데, 경제적으로 권장하는 보호관의 길이는 표 4-4와 같다. 가스 매체인 경우는 보호관 팁 직경의 15~20배 정도로 길게 해야만 가스 흐름의 온도가 보호관에 제대로 전달된다. 여기서 설치 길이는 파이프 배관 부품을 포함한 길이를 의미한다. 가장 많이 사용하는 보호관의 직경에 대해 최소한의 설치길이는 표 4-5와 같다.

산업 분야에서 온도측정을 요구하는 응용 분야는 매우 다양하다. 어떤 경우에는 표준화된 온도센서를 사용할 수가 없고, 온도측정을 최적화하기 위해 특별한 디자인이 요구된다.

표 4-4 매체 종류에 따른 보호관의 센싱 최소 설치길이

매체 종류	최소 설치길이	비고
가스	15~20배	보호관 팁의 직경
액체	5~10배	
고체	3~5배	

표 4-5 보호관 직경에 따른 최소 설치길이

	보호관의 직경(mm)				
	9	11/12	14/15	22	25
매체	최소 설치길이				
가스	180	250	300	450	500
액체	80	110	160	250	300

예를 들면, 설치길이를 매우 짧게 하든지 또는 보호관의 질량을 최소화해서 사용한다. 온도센서는 측정 대상물과 짧은 시간 내에 열적 평형이 되도록 열적 접촉을 좋게 만들어야 한다. 유체의 속도가 증가할수록 열전달은 잘 이루어지므로 설치길이는 줄어들 수 있으며, 경우에 따라서는 표 4-4에서 규정한 길이보다 짧게 설치해도 오차가 생기지 않는다. 설치에 필요한 길이만큼 디자인하기가 어려운 경우, 센서를 변경하든가 설치 방법을 변경할 수도 있다. 일반적으로 테이퍼드(tapered) 보호관을 사용하면, 그림 4-7(a)와 같이 요구 길이보다 설치길이를 약 30% 정도 줄일 수 있다. 그리고 직경이 작은 배관인 경우, 그림 4-7(b)와 같이 연결 어댑터(adaptor)를 보호관과 일체화시켜 사용해도 된다.

또한 그림 4-8(a)와 같이 센서의 연결 어댑터 방향을 활용하면 필요한 길이만큼 배관에 설치할 수 있다.

그림 4-7 보호관 길이를 줄이고 작은 직경의 배관에 설치

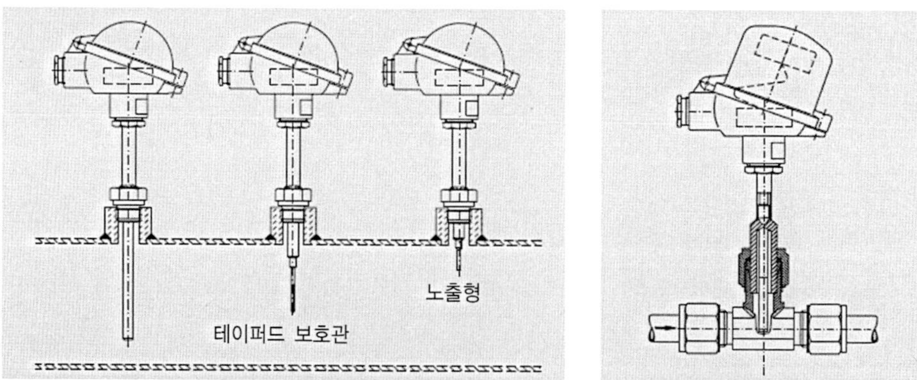

(a) 보호관 길이를 줄이는 방법　　(b) 작은 직경의 배관에 보호관을 설치

그림 4-8 다양한 위치에서 보호관 설치 및 원뿔형 보호관 설치

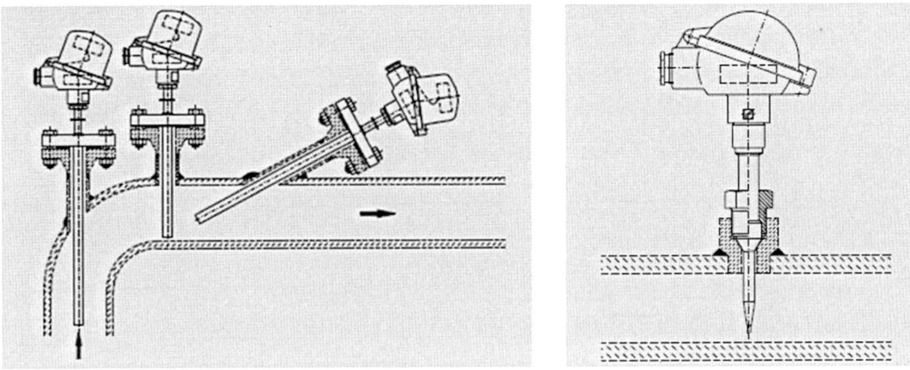

(a) 배관 내 다양한 위치에서 보호관 설치 (b) 원뿔형 보호관 설치

① 배관의 직경을 늘리는 방법

② 설치 각도를 수직 대신에 기울여 설치

③ 배관의 굽어진 곳에 설치

위의 ③번과 같은 방법은 배관 내부의 단면적을 최소화하고 보호관에 최소한의 스트레스를 준다는 점에서 추천되는 방법 중의 하나이다. 그리고 보호관이 없이 온도센서를 직접 설치할 수도 있다. 이 경우 반응속도도 빠르고, 작은 직경의 센서 프로브를 사용해서 설치깊이도 줄일 수 있다. 보호관 없이 온도센서 프로브를 직접 설치하는 경우의 최소 설치깊이는 표 4-6과 같다.

배관에 나사로 고정하거나, 플랜지로 고정하거나, 용접 등의 방법으로 보호관을 설치한다. 배관 내에 있는 보호관의 단면적은 유체에 의해 배관 내에서 압력을 받게 된다. 최대

표 4-6 센서 프로브 직경에 따른 최소 설치길이

	센서 프로브 직경(mm)		
	1.5	3	6
매체	최소 설치길이		
가스	30	60	100
액체	8	30	60
고체	5	20	30

1,450 psi(100 bar) 정도의 낮은 압력이 가해지는 경우에는 나사 고정법으로도 충분하다. 플랜지 고정법은 최대 2,320.6 psi(160 bar)까지이며, 용접법은 최대 10,152.64 psi(700 bar)까지 보장한다. 가스합성 응용 분야에서는 58,015.07 psi(4000 bar) 정도의 압력이 생성되는데, 이 경우에는 빠른 응답속도와 센서를 교체하기 쉬운 구조인 그림 4-8(b)와 같은 원뿔형의 보호관을 사용한다. 이런 방법으로 접착시킨 후 압력을 가해서 밀봉여부를 확인해야 하는데, 일반적으로 동작압력의 1.5배 정도의 테스트 압력을 인가하여 3분 동안 가해서 밀봉에 이상이 있는지 확인하는 것을 권장한다.

세라믹 보호관은 쉽게 깨질 우려가 있고, 충격에 약하며, 고온에서 기계적인 강도가 낮기 때문에 다음과 같은 몇 가지 규칙을 지켜야 한다.

① 길이를 짧게 유지해야 함
② 반드시 수직으로 설치해야 함
③ 매우 천천히 높은 온도로 접근해야 함
④ 유체에 의한 표면 증착으로 무게가 늘어나지 않도록 해야 함
⑤ 유체의 움직이는 입자들에 의한 충격 스트레스를 받지 않도록 해야 함
⑥ 오븐에서 건조시킨 후 보관할 것

센서의 측정 위치가 반드시 챔버의 중심에 있지 않아도 된다. 벽으로부터 거리가 짧을수록, 즉 설치길이가 짧을수록 실제로 온도 프로파일은 일정하게 유지된다. 세라믹 보호관 재료들은 열 충격에 대한 민감도가 서로 다르다. 알루미나(Al_2O_3)의 순도가 증가할수록 온도변화에 대한 내성은 감소하는 특성이 있다. 세라믹 보호관에 미세한 크랙이 가게 되면, 이 틈으로 외부에서 이물질이 침투하게 되며, 이로 인해 열 전압에 변화가 생기게 된다. 이러한 크랙을 피하기 위해서는 주의를 가지고 보호관을 설치해야 하는데, 급작스러운 온도 변화는 피하고 서서히 온도가 올라가도록 해야 한다. 만약 센서를 고온의 챔버 내 중앙에 설치를 해야 한다면, 센서를 챔버 벽에 설치한 후 10분 정도 기다린 후 다시 약 10 cm 정도 밀어 넣고 다시 5~10분 정도를 기다린다. 챔버의 외부 온도로부터 천천히 챔버 내부 온도로 다가가야만 센서는 천천히 데워져서 오래 사용이 가능하다. 만약 이런 절차가 없이 바로 챔버로 세라믹 보호관이 온도 스트레스를 받게 되면, 열 스트레스로 인해 세라믹 튜브는 파괴되기가 쉬워 온도에 오차를 유발할 수가 있다.

불행히도 기구적인 강도를 강화해서 측정을 하게 되면, 측정 특성에 부정적인 영향을

표 4-7 상황에 따른 최적의 보호관 조건

문제점	보호관 형상으로 해결	운영조건 변경
공명점에 근접한 외부 진동	- 고정되지 않은 길이 부분을 줄임 - 외부 직경을 키움	- 유량 흐름 속도를 줄임 (매체 밀도는 영향이 없음)
끝부분에 높은 압력이 가해짐	- 팁의 외부 직경을 증대 - 더 강한 보호관 재질로 변경	- 동작하는 압력을 줄임
보호관이 유량에 의해 스트레스를 받음	- 설치된 부분의 보호관 직경을 증대 - 길이를 짧게 함 - 더 강한 보호관 재질로 변경	- 유량의 속도를 줄임 - 매체 밀도를 줄임 - 작용하는 압력을 줄임

미치게 된다. 즉, 상대적으로 보호관의 두께를 두껍게 하면, 열용량 때문에 반응시간이 길어질 수 있다. 반응 시간을 줄이기 위해서는 기술적으로 가능한 범위 내에서 측정 인셋(온도센서 프로브)과 보호관 내의 허용 오차를 작게 하든지, 보호관 팁 부분의 두께를 줄이든지, 측정 인셋의 직경을 줄이든지 해야 한다. 일반적으로 배관 내에 설치된 보호관이 유체에 의한 진동을 줄이기 위해 보호관의 삽입길이를 짧게 설치하는데, 이렇게 하면 상대적으로 큰 열적 손실이 발생할 수 있다. 이것을 개선하기 위해서는 측정 인셋의 온도 민감부분의 길이를 줄이거나, 보호관 팁의 두께를 줄여야 한다. 이와 같이 보호관에 가해지는 부하에 따른 대처 방법을 간략히 정리하면 표 4-7과 같다.

매우 높은 스트레스를 받는 보호관의 경우에는 계단형의 직경이 변경된 위치, 스레드,

표 4-8 보호관 디자인 결정에 필요한 조건

항목	필수 정보	유용한 정보
기본	- 시스템 - 디자인	- 특별히 해로운 조건 - 기하학적인 설치 조건
매체	- 조성 - 온도 - 압력 - 유량 속도	- 운영조건에서 밀도 - 테스트 압력 - 평상시 부피, 질량 흐름률 - 배관 크기
재료	- 온도 상한선 - 부식 내성 - 용접성	- 획득 가능한 재료 사양 - 부식과 마모에 대한 문제 - 연결 재료들 특성
기하학	- 직경 - 길이 - 연결부 크기	- 최대 가능한 직경 - 반응 시간 - 열전도의 오차

용접 이음매 부분 등에서 스트레스 피크가 생기지 않도록 해야 한다. 보호관 외부에 날카로운 부분이 없도록 완전히 둥글게 만들고, 용접 이음매 부분을 덜 민감한 위치로 옮기게 되면, 소위 노치 효과(Notch effect)를 효과적으로 줄일 수 있다. 보호관의 외부 직경이 연속적으로 변하는 테이퍼형 보호관은 부가적인 외부 힘으로 작용할 수 있는 소용돌이(vortex)의 형성을 없애주는 효과가 있으므로, 유량의 형태를 조절하는 것도 중요하다. 이러한 보호관 형상 고려 이외에도 다양한 운영조건도 같이 고려를 해야 한다. 종합적으로 최적의 보호관 형상 및 조건은 표 4-8과 같은 약 4가지 항목에 대해 고려를 하면 찾을 수 있다.

4.3 응용 분야별 특별 온도센서 디자인[37]

4.3.1 전기로 내에서 뜨거운 가스 온도 측정

가스의 낮은 열전도도 특성으로 인해 온도센서는 가스의 온도 변화를 매우 서서히 감지하게 되며, 용광로와 같은 전기로 벽면의 차가운 쪽에서 나오는 열적 복사에 의한 오차도 생길 수 있다. 이를 해결하기 위해서 그림 4-9(a)과 같은 진공 온도센서 시스템을 사용해야 한다. 압축공기로 만든 진공 쪽으로 뜨거운 가스를 빼내면서 가스의 온도를 측정하면

그림 4-9 가스 온도 측정 디자인

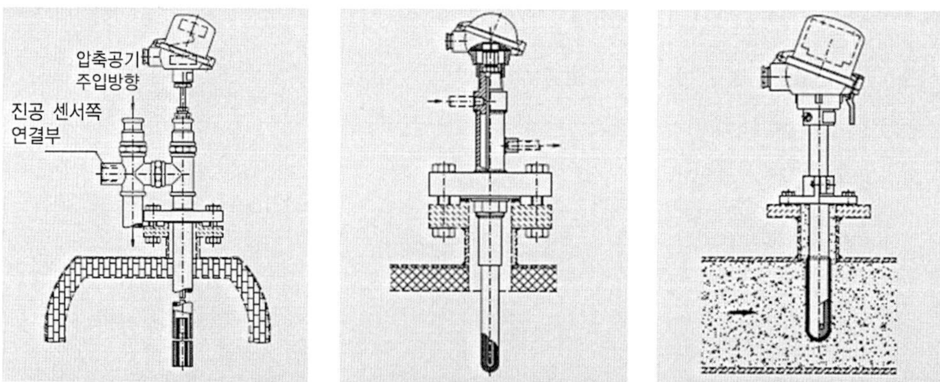

(a) 용광로 내 진공센서 사용 (b) 고압 반응기 내 주입가스 서모커플 (c) 거친 가스 내 방호 코팅된 서모커플

오차를 줄일 수 있다.

4.3.2 고온/고압 반응기 내의 온도 측정

이 경우에는 안쪽과 바깥쪽 모두 세라믹 보호관에 내장된 온도 센서를 사용하며, 그림 4-9(b)와 같이 서모커플 소선을 내압 커넥터로 봉입하여 단자함 쪽으로 연결한다. 불활성 가스를 피팅 재료를 통해 주입시키게 되면 서모커플 특성에 영향을 줄 수 있는 유체(예, 황)에 대응이 가능하다. 이러한 가스 주입은 보호관 내부에 압력이 증가할 수도 있지만, 가스 주입을 조절하든지 또는 적절한 배출구를 부착하든지 하여 해결을 할 수가 있다. 주입 가스의 압력이 배관 내부 압력보다 높아지면 역류가 생길 수 있으므로, 매우 적은 양으로 주입을 시킬 필요가 있다. 작은 조각과 분말의 공기압 수송 시스템에서 온도를 측정하여 발화한계의 초과 여부를 판단하는데 사용한다. 그림 4-9(c)와 같이 배관 내에 설치된 온도 센서는 유체 입자들에 의해 매우 큰 마모 작용을 받게 된다. 스텔라이트(Stellite)와 같은 재료로 코팅된 보호관을 사용하면 어느 정도의 마모는 견딜 수 있다. 또는 보호관의 전면부에 산란시킬 수 있는 보호막을 설치해서 해결할 수도 있다. 이러한 센서 디자인은 나무와 석탄 공정, 시멘트와 유리 산업, 석탄을 이용하는 발전소 등에 적용할 수 있다.

4.3.3 연도 가스 채널(Flue Gas Channel)에서의 온도 측정

높은 굴뚝의 필터 시스템은 열에 매우 취약하다. 그러므로 온도가 증가하는 것을 가급적이면 매우 빠른 시간 내에 알아내야 한다. 그림 4-10(a)와 같이 수평으로 설치하게 되면, 시스 온도 센서는 충분히 튼튼하지 않아 설치길이를 최소로 해야 하므로 특별히 디자인된 센서를 사용한다. 즉, 온도센서를 그림과 같이 유체의 흐름 방향인 L자형으로 굽혀서 사용한다.

4.3.4 각진 온도센서를 이용하여 용융 금속과 소금 욕조의 온도 측정

이런 형태의 온도 센서는 비철 금속의 용융로와 소금욕조의 경화 과정의 온도를 측정하는데 주로 사용된다. 그림 4-10(b)와 같이 각진 온도센서를 뚜껑이 없는 용기에 수직으로 설치하여, 용기 바깥에 복사열이 없는 곳에 연결부와 연결 케이블을 고정시킨다. 이 경우 보호관으로 열 충격에 내성이 강한 세라믹 재료 또는 금속 재료를 사용한다. 녹아있는 액체 부분에 잠긴 보호관은 최대의 열 스트레스를 받으므로 소모성으로 생각해야 한다. 만

그림 4-10 빠른 온도 변화를 감지하는 구조

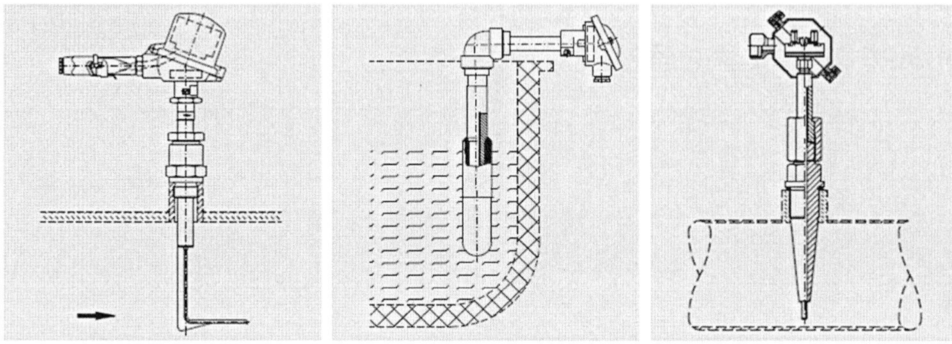

(a) 빠른 반응속도를 가진 온도센서 구조 (b) 가열로에 각진 온도센서 (c) 열전달 특성이 우수한 팁 구조

약 이 잠기는 부분에 부가적인 보호막을 보호관에 설치하게 되면 수명은 좀 오래갈 수 있다. 소각장, 회전형 가마, 유동층 가열로, 공기 가열기 등의 응용 분야에 사용되는 금속 세라믹 또는 기공 세라믹 보호관은 우수한 내열 특성, 경도, 내마모, 산과 알칼리 증기에 대한 내성을 가져야 한다.

4.3.5 매우 빠른 반응시간을 가진 저항형 온도센서

프로세스 온도가 매우 빨리 변화하는 경우에도 그림 4-10(c)와 같이 특별히 고안된 보호관 디자인이 필요하다. 이것은 높은 열 전도성 재료 내에 측정 인셋 팁 안쪽으로 측정 저항체를 소결한 구조이다. 측정 팁 자체는 어댑터 슬리브(adapter sleeve)로 디자인된 것이며, 보호관의 미세관 크기와 거의 유사하며, 측정 인셋은 교환이 가능한 구조이다. 이런 구조는 매우 우수한 열전도가 가능하며, 유체의 속도가 $v = 0.4$ m/s 정도인 경우 반응 시간을 거의 3초 이내로 만들 수 있다. 이와 같은 디자인의 온도센서는 주로 핵발전소 내부 순환루프와 화학 시스템에서 에너지 관련 분야의 응용에 사용된다. 유체의 속도의 제한은 15 m/s, 압력 제한은 거의 175 bar, 최대 측정온도는 330℃이다.

4.3.6 플라스틱 사출구에서 온도 측정

사출 프로세스에서 온도 측정은 생산물의 좋은 품질과 작업성에 매우 중요하다. 이 프로세스에서는 다음과 같은 요인으로 온도 측정에 어려움이 있다.

① 온도센서는 사출구에서 나오는 흐름과 간섭이 있을 수 있다.

② 프로세스 압력이 300~500 bar 정도로 매우 높기 때문에 온도센서는 매우 강인해야 한다.

③ 외부에 노출된 열 자켓에 의해 온도센서가 영향을 받을 수 있다.

이런 목적을 충족시키기 위해서는 질량이 나가는 온도센서 부분을 짧게 만들고, 그림 4-11(a)의 좌측과 같이 여러 단계의 센서팁 측정위치를 고려해야 한다. 그리고 외부의 열원체에 의한 효과를 피할 수가 없기 때문에 온도 구배를 측정해서 온도를 계산해야 한다. 이러한 작업을 통해 사출된 플라스틱 질량의 온도에 대한 의미 있는 값을 얻을 수 있다.

4.3.7 식품과 약제 산업 분야에서 온도 측정

이런 분야에서 온도센서는 엄격한 위생 규칙을 따라 디자인을 해야 한다. 이것은 어떠한 조그만 틈새도 있어서는 안 된다는 의미이다. 그렇지 않으면 그 틈새를 통해 식품이나 약제의 찌꺼기가 센서에 붙을 우려가 있다. 따라서 센서는 해체작업 없이도 살균되고 매우 깨끗하게 유지되어야 한다. 이런 특징을 줄여서 CIP(Clean In Place) 기능과 SIP(Sterilising In Place) 기능으로 구분한다. 따라서 보호관 헤드는 증기 제트로 청소할 때 봉합된 채로 유지하기 위해서는 매우 높은 수준의 보호 기능을 가져야 한다. 또한 측정 작업은 높은 정밀도로 매우 빠른 응답시간(3초 이내)에 이루어져야 하며, 고순도의 합금 스테인리

그림 4-11 특수 목적용 온도 측정 디자인

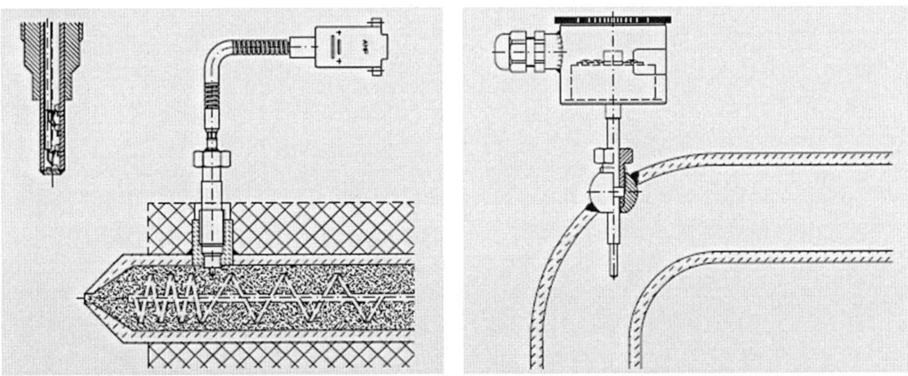

(a) 배출구에서 온도센서　　(b) 위생분야에서 온도 측정 시스템 디자인

스강 재료를 사용해야 한다. 그림 4-11(b)와 같이 다양한 각도로 온도 센서를 설치하고, 위생적인 응용을 위해 볼형 용접 어댑터로 온도센서를 고정한다.

CHAPTER 05

온도계측 및 제어

온도 계측기는 사용에 따라 온도 측정값만 지시하는 지시계(indicator), 온도 측정값을 기록지 또는 그 외의 매체를 통해 기록하는 기록계(recorder), 설정한 온도값을 조절하는 기능이 있는 조절계(controller)로 구분된다. 또 지시 기능과 기록 기능을 동시에 갖는 계측기를 지시기록계, 지시와 조절 기능이 있으면 지시 조절계이다. 온도센서로부터 측정된 온도값을 나타내는 방법에 따라 계측기 종류는 구분된다. 측정 방법에 따라 전위차계, 디지털 전압계, 전자식 자동 평형계기, 가동 코일형계기, 증폭기가 붙은 가동 코일형계기 또는 디지털 온도계가 있다.

5.1 온도계측

전위차계(potential meter)는 표준 서모커플의 교정 등과 같이 정밀한 정확도를 필요로 하는 온도측정에 사용된다. 전위차계의 정밀도는 브리지 회로를 구성하는 가변 저항의 정밀도에 영향을 받으므로 정밀 측정 시에는 항온실에서 측정해야 하고 가변저항의 오차를 보정해야 한다. 또한 브리지 회로에 전류를 공급하는 표준전지의 정밀도에 따라 전위차계의 등급이 결정된다. 만약 전압계로 어떤 전원의 기전력을 측정한다고 하면, 측정된 전원의 단자전압은 $V=\epsilon-ir$(여기서 r은 전원의 내부저항)이 된다. 즉, 전원 양단에 전압계를 연결하면 미세하게 전원을 통과하는 전류가 있을 수밖에 없으며, 그러한 상태에서 $r=0$이 아닌 한 $V\neq\epsilon$일수밖에 없다. 그러나 만일 전원에 직접 전류가 흐르지 않는 상태

그림 5-1 미지전지의 기전력을 측정하기 위한 전위차계 회로

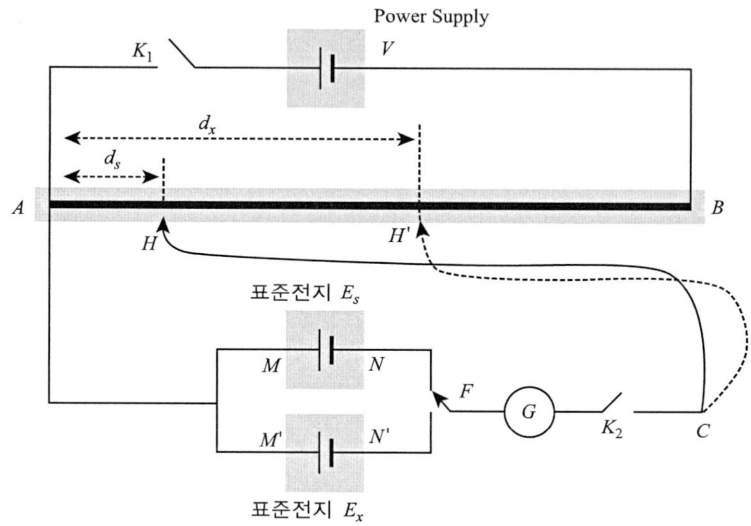

에서 그 전원의 전위차를 측정할 수 있다면 바로 기전력을 측정하는 것이 되는데, 이러한 목적을 달성할 수 있게 해 주는 장치가 바로 전위차계이다. 이런 목적을 위해 사용하는 대표적인 회로가 그림 5-1과 같다. 이 회로에서 AB는 굵기가 같은 긴 저항선이고, E_s는 표준전지의 기전력, E_x는 측정하고자 하는 전지의 미지 기전력이다(서모커플의 두 단자가 여기에 해당됨). 외부 전원 V는 E_s 또는 E_x보다 기전력이 큰 전원이다. F는 검류계 G를 위 아래로 연결할 수 있는 전환 스위치이고, H는 AB 사이의 저항선에 이동 접촉시키는 스위치이다. 전환 스위치 F를 이용해서 검류계 G가 표준전지 E_s와 연결되게 한 후 나머지 스위치 K_1과 K_2를 닫고 이동형 스위치 H를 적당한 위치에 이동시키면서 검류계가 0이 되는 H의 위치 d_s를 찾는다. 이때 d_s의 길이에 해당하는 저항을 R_s라 하고 기전력 V에 의해서 AB 전체 저항선에 흐르는 전류는 I이다. 표준전지와 연결된 도선 AM과 HN에 전위차가 0이라는 의미는 A점과 M점의 전위는 같고 H점과 N점에서의 전위는 같다는 의미이며, 저항체 부분 AH의 전위차 IR_s와 표준전지 양단 MN의 전위차, 즉 기전력 E_s와 같다는 의미이다. 따라서 $E_s = IR_s$가 된다. 그 다음 전환 스위치를 미지전지 E_x 쪽으로 연결하고 이동형 스위치 H를 이동하여 마찬가지로 검류계 G가 0이 되는 위치인 d_x를 찾는다. 이때 길이 d_x에 해당하는 저항을 R_x라고 하면 $E_x = IR_x$가 된다. 따라서 전류 I에 대해 두 식을 풀게 되면 미지전지의 기전력은 다음과 같다.

$$E_x = \frac{R_x}{R_s} \cdot E_s \tag{5-1}$$

슬라이더 저항선의 전기저항은 길이에 비례하므로 식 (5-1)은 다음과 같다.

$$E_x = \frac{d_x}{d_s} \cdot E_s \tag{5-2}$$

전위차계의 또 다른 응용은 전압 분배기이다. 이를 위한 기본적인 회로는 그림 5-2와 같다. 전위차계는 가변저항의 양쪽 끝단에 전압을 인가하고 가변 슬라이더를 움직임으로써 전압 분배기로 사용되기도 한다. 그림에서 R_L단의 전압은 다음의 식에서 계산할 수 있다.

$$V_L = \frac{R_2 R_L}{R_1 R_L + R_2 R_L + R_1 R_2} \cdot V_s \tag{5-3}$$

만약 R_L의 저항이 다른 두 저항에 비해 매우 크다고 하면 다음과 같이 근사할 수 있다.

$$V_L = \frac{R_2}{R_1 + R_2} \cdot V_s \tag{5-4}$$

예를 들어, $V_s = 10\,\mathrm{V}$, $R_1 = 1\,\mathrm{K\Omega}$, $R_2 = 2\,\mathrm{K\Omega}$, $R_L = 100\,\mathrm{K\Omega}$이라고 하면, 부하저항 R_L에 가해지는 식 (5-4)에 의해 전압은 다음과 같다.

$$\frac{2\,\mathrm{K\Omega}}{1\,\mathrm{K\Omega} + 2\,\mathrm{K\Omega}} \cdot 10\,V = \frac{2}{3} \cdot 10\,V \approx 6.667\,V$$

그림 5-2 전위차계 회로의 기본 구성도

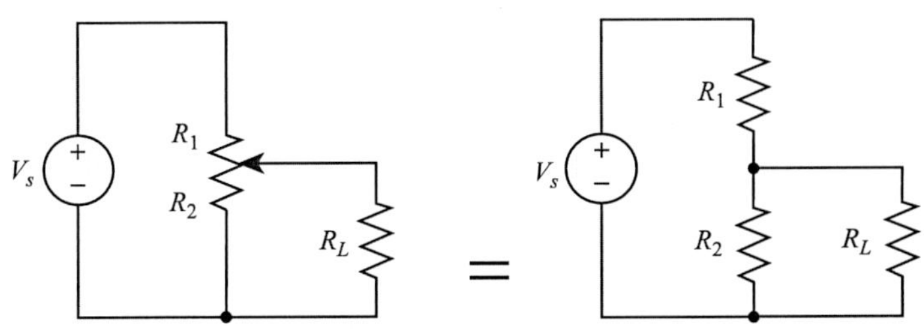

그림 5-3 자동평형계기를 이용한 서모커플 기전력 측정

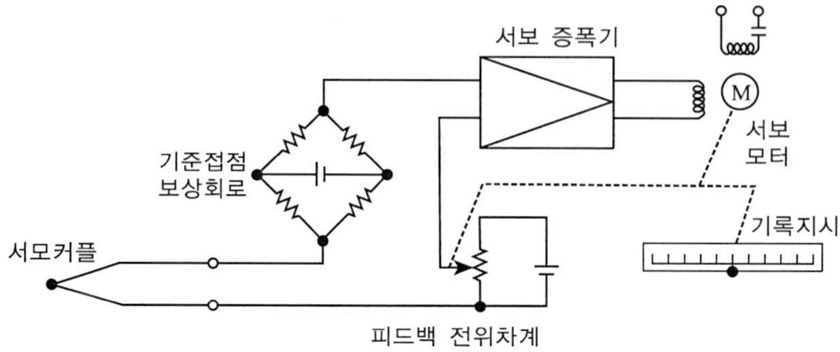

자동평형계기는 전위차계나 휘스톤브리지와 같은 전위차계의 검류계로 전류를 검출하는 대신, 전위차를 차이전압으로 검출하여 증폭 및 출력해서 서보모터를 구동하여 섭동접점을 움직이게 되는데, 평형점에 도달하면 차이전압은 0이 되어 서보모터가 정지한다. 이것은 변동전압에 대해 자동적으로 추종, 변동전압 자동기록이 가능하나, 기계적 결합, 응답속도의 한계로 높은 속도의 기록은 불가능한 단점이 있다. 이에 대한 기본적인 개념은 그림 5-5와 같다.

디지털 온도계(digital thermometer)는 서모커플로부터 나오는 신호를 통일된 신호(4~20 mA, 0~5 volt 등)로 받아 이것을 온도값의 숫자로 표시하는 계기이며, 아날로그 계기처럼 눈금을 읽는데 사전지식이 필요하지 않아 일반적인 온도측정에 널리 사용되고 있다. 이것은 서모커플의 기전력을 숫자로 표시하는 계기이며, 디지털 신호를 GP-IB 또는 RS232C 신호 변환기능을 이용하면 컴퓨터와 같이 구성하여 기능을 확대할 수 있다. 디지털 온도계는 휴대용과 판넬용으로 구분되며, 이동이 잦은 곳에는 휴대용을 사용하고, 자동제어 등 상시 온도를 측정하는 곳은 판넬용이 사용된다. 최근 디지털 멀티미터(DMM)는 저항, 전압, 전류뿐만 아니라 서모커플의 기전력까지 측정할 수 있는 제품이 나오고 있다. Omega 사에서 제공하고 있는 휴대용 디지털 온도측정기 및 DMM은 그림 5-4와 같다. 휴대용의 경우에는 서모커플이 보통 K형에 대해서만 온도측정이 가능하지만, 판넬용은 대부분의 표준 서모커플을 지원할 뿐만 아니라 RTD 센서를 연결하면 바로 온도로 표시해 준다. 다만, 이 경우 온도계수가 얼마인지를 반드시 확인해야 한다. 그림에 있는 판넬용의 경우는 100Ω 백금센서의 2-선 및 3-선 측정이 가능하고, 온도계수가 0.00385인 경우이다.

그림 5-4 Omega사의 디지털 온도 측정기인 휴대용, 판넬용, DMM

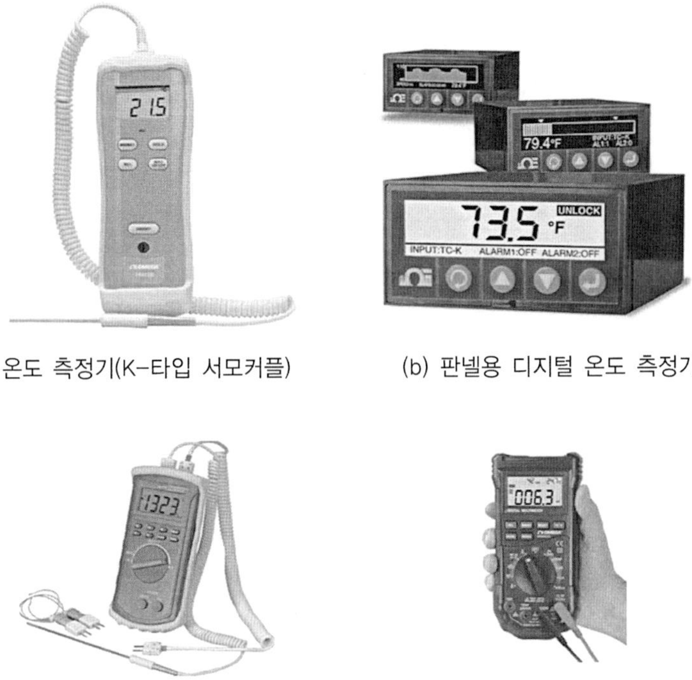

(a) 디지털 온도 측정기(K-타입 서모커플)　(b) 판넬용 디지털 온도 측정기

(c) 2-채널 온도 측정기(4개-타입 서모커플)　(d) DMM(K-타입 서모커플)

최근에 나오는 판넬용 디지털 온도계 제품들은 대부분 PID 제어 기능을 포함하고 있다.

RTD 센서의 경우는 온도에 대한 저항 변화를 측정해야 하는데, 센서 자체에 전류가 흐르게 되면 자가발열에 의한 오차가 발생할 수 있다. 이런 문제점을 해결하기 위한 방법이 3-선식과 4-선식이다. 가장 정확한 측정법은 4-선식이지만, 일반적으로 3-선식이 가장 많이 사용되고 있다. 자세한 내용은 장의 열저항 센서부분에 자세히 설명되어 있다. 일반적인 DMM을 이용해서 3-선식으로 저항을 측정하는 방법은 그림 5-5와 같다. 이 그림에 있는 저항 R_{L1}, R_{L2}, R_{L3}는 신호선에 존재하는 저항으로 실제로는 매우 작은 값이다.

5.2 온도제어

온도센서는 온도측정 뿐만 아니라 온도제어를 위해서도 사용된다. 온도제어는 여러 분

그림 5-5 DMM을 이용한 RTD 센서의 3-선 측정법

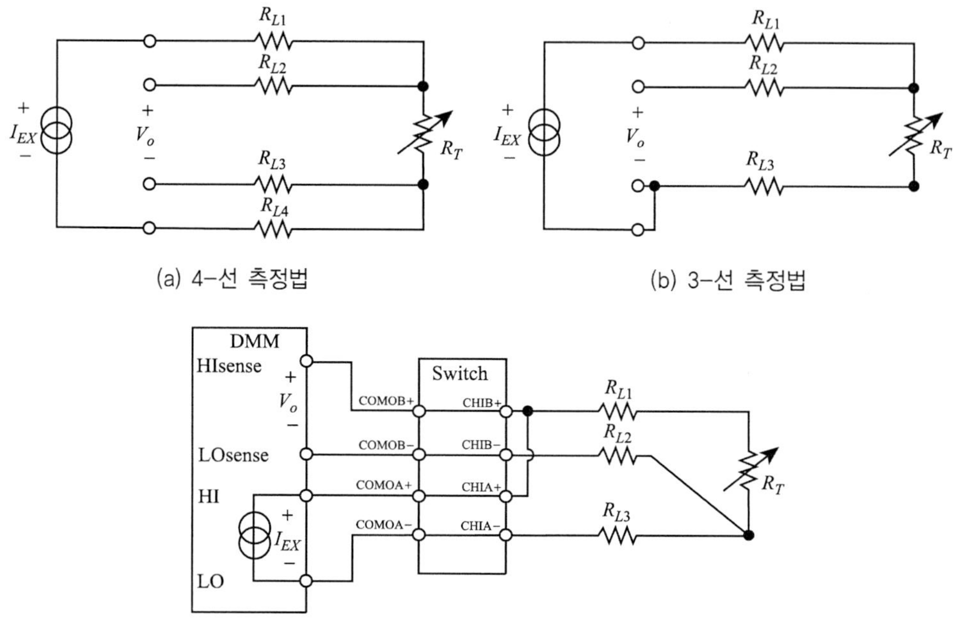

(a) 4-선 측정법　(b) 3-선 측정법

(c) DMM을 이용한 RTD 센서의 3-선 측정법

야에서 응용이 되고 있다. 온도제어를 위한 알고리즘에는 많은 방법이 제안되었지만 오늘날 가장 많이 사용되고 있는 기본 개념은 PID(proportional 비례, integral 적분, derivative 미분) 알고리즘이다. 이는 온도변동을 최소화하여 정해진 온도에 빨리 도달하도록 하는 알고리즘으로써 욕조의 물 온도를 조절하는 것과 비슷한 개념이다. 욕조 물의 온도가 너무 뜨겁거나 너무 차갑지 않도록 더운 물 호스와 차가운 물 호스의 꼭지를 틀었다 잠갔다 하면서 물 온도를 맞추는데, 정확한 온도를 맞추는 데에는 많은 시간이 소요된다. 온도제어를 위한 기본적인 구성은 그림 5-6과 같다.

온도조절기는 온도센서의 전기적인 신호를 받아 설정온도와 비교하여 조작기에 조작신호를 보내는 기기이며, 조작신호의 형태는 릴레이 출력, 전압출력, 전류출력 등이다. 조작기는 전기로 등을 가열하거나 냉각하는 조작기로써 히터에 공급하는 전류를 개 · 폐하는 전자 개폐기, 연료를 공급하는 솔레노이드 밸브 등을 의미한다. 온도센서로는 보통 서모커플, 서미스터 등을 사용한다. 이상적인 온도제어는 그림 5-7(c)와 같은 경우이며, 오버슈트, 헌팅, 응답의 지연이 없고 어떠한 외란에 대해서도 설정한 값을 제어하는 것이다. 그

그림 5-6 온도조절기 시스템 개요

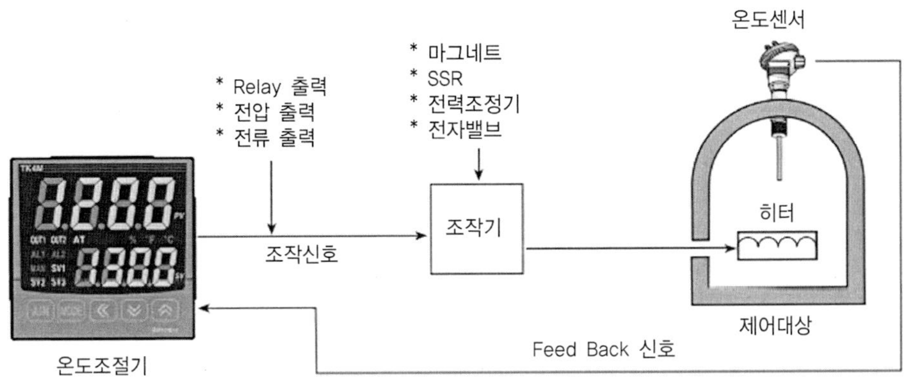

러나 실제로는 제어대상의 특성에 의해 이상적인 온도제어를 실현시키기가 어렵다. 일반적으로 응답을 빠르게 하면 오버슈트나 헌팅이 발생하게 되고, 반대로 응답이 늦으면 설정값에 도달하는 시간이 길어지게 된다.

이와 같은 제어 프로세스에 사용될 수 있는 알고리즘은 여러 가지가 알려져 있다. 이 중에서 가장 간단한 방법이 그림 5-8과 같은 on/off 스위치 방식이다. 이는 현재 온도(PV)가 설정값(SV) 보다 낮을 때는 출력이 on 되어 히터에 전원이 공급되며, 설정값(SV) 보다 높을 때는 출력을 off 하여 히터의 전원을 끊는 방법이며, 현재 온도와 설정값을 비교하여 히터의 전원을 on, off 하여 온도를 제어하는 방식이다. 그림과 같이 초기 전원 투입시 설정값을 넘는 양을 오버슈트라고 하며, 설정값을 기준으로 일정한 싸이클을 일으키는 것

그림 5-7 온도 제어의 종류, (c)가 최적의 온도 제어

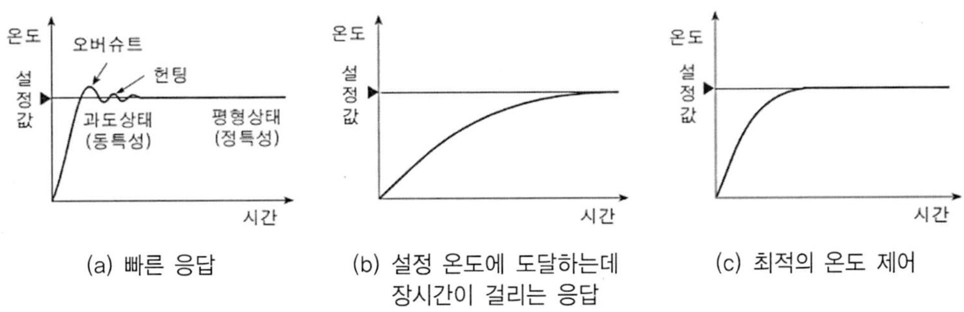

그림 5-8 on-off 제어 방식의 특징

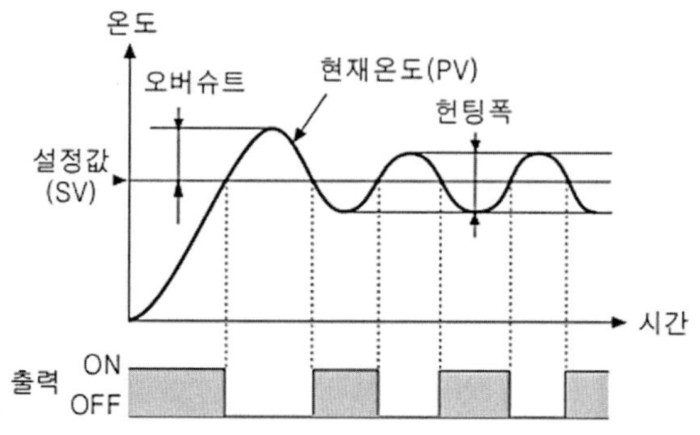

을 헌팅이라 한다. 이와 같이 on/off 제어는 오버슈트와 헌팅이 발생하므로 정밀한 온도제어는 적합하지 않지만, 가정용 기기와 같은 단순한 제품 또는 일부 산업용 기기에는 적용이 가능하다.

비례제어(proportional control)는 설정값에 대해서 비례대를 가지며, 비례대 내에서 설정값과 현재 온도의 편차에 비례하는 조작량을 출력하는 제어동작으로 이에 대한 개념은 그림 5-9와 같다. 현재 온도가 A지점에 도달할 때까지 조작량은 100%가 되어 출력은 on으로 유지하고, A 지점(비례대 하한선)을 넘어서면 비례 주기를 갖게 되고, 각 주기 내에서 제어출력이 on, off 반복된다. 설정값에 도달하면 조작량은 50%가 되어 on, off 시간은 1:1이 된다. 그리고 설정값보다 상승하면 제어출력의 on 시간은 짧아지고 off 시간은 길어진다. 결국 on/off 제어에서 발생하는 헌팅현상을 줄일 수 있으나, 설정값에 도달하는 데에는 시간이 많이 걸리고 오프셋(offset)이 존재하는 단점이 있다. 비례제어 동작에서는 제어대상의 열용량, 히터용량 등에 의해 제어 온도가 안정상태에 도달하여도 설정값에 대하여 일정한 오차가 위 또는 아래로 생기게 되는데, 이 오차를 오프셋이라 한다. 이 오차는 비례제어에서만 발생하며, 리셋볼륨으로 수정할 수 있다. PID 제어에서는 이 오프셋을 자동으로 없애준다. 비례대를 크게 하면, 설정값보다 낮은 온도에서 제어출력이 on, off 동작을 하기 때문에 현재온도가 설정값에 도달하는 시간이 길어지게 되고, 오프셋도 커지게 된다. 만약 비례대를 작게 하면, 설정값에 근접해서 제어출력이 on, off 동작을 하므로 현재온도가 설정값에 도달하는 시간은 짧고 오프셋도 작아지지만 헌팅 현상이 발생하기 쉽게 된다.

그림 5-9 비례제어의 조작량과 출력 on, off 주기

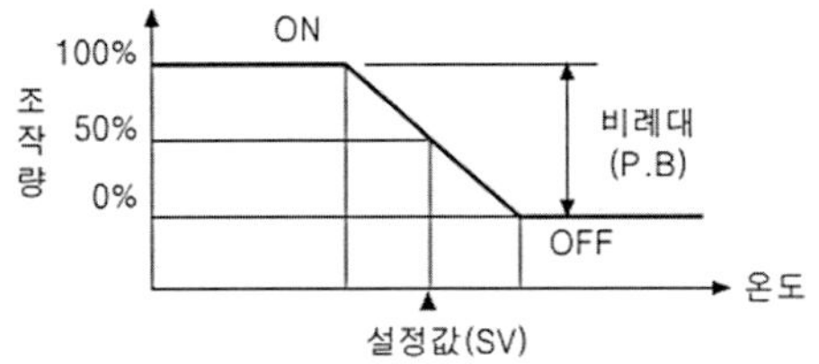

(a) 비례 조작량의 개념

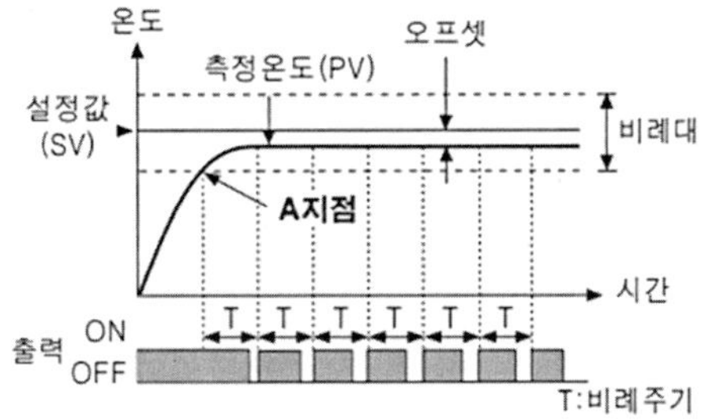

(b) 비례 주기를 가진 출력 on, off 주기

비례적분제어(proportional integral control)는 그림 5-10과 같이 비례제어에서 발생하는 오프셋을 적분동작이 자동으로 수정하여 설정값에서 안정되게 온도를 제어할 수 있다. 그러나 외란에 의한 급격한 온도변화에 대해서 제어온도가 안정될 때까지는 시간이 걸리는 단점이 있다. 또한 적분동작 단독으로 사용할 수 없으며, 비례제어와 같이 사용해야 한다. 적분시간을 짧게 하면 수정 동작이 강하게 되어 오프셋을 짧은 시간 내에 없앨 수 있지만 헌팅이 발생하는 원인이 될 수 있으며, 반대로 적분시간을 길게 하면 수정 동작이 약해지므로 오프셋을 없애는 데는 긴 시간이 소요된다. 적분시간은 적분동작의 강도를 나타내는 단위로 그림 5-11과 같이 편차가 일정할 때까지 적분동작에 의해 얻어지는 조작량과 비례동작에 의해 얻어지는 조작량이 같아지는 데까지 걸리는 시간을 적분시간(reset time)이라 한다. 그러나 적분시간을 너무 짧게 하면 수정 동작이 너무 강해져서 헌팅이 발생하는 원인이 된다.

그림 5-10 비례적분 제어의 개념

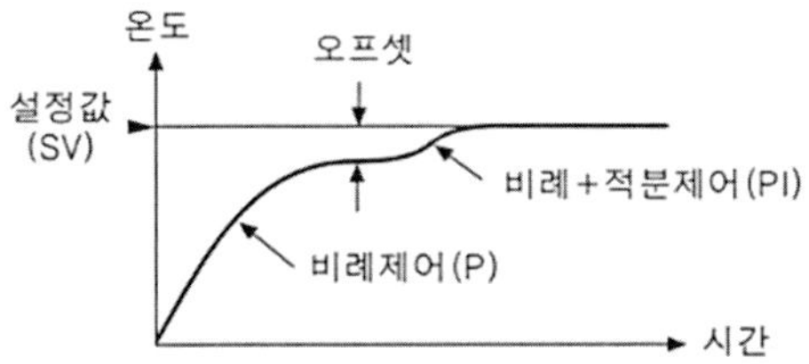

(a) 비례제어의 개념

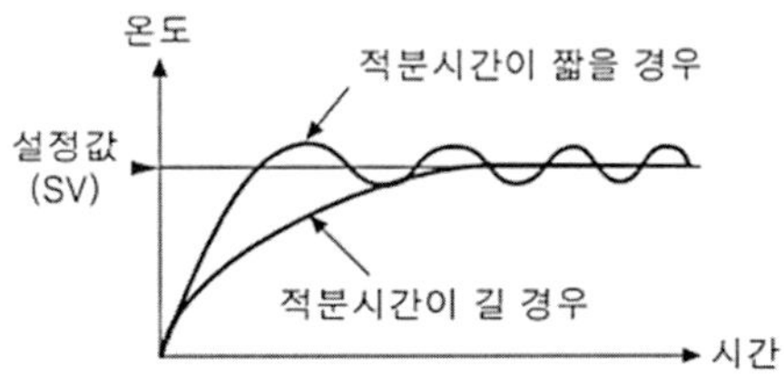

(b) 적분시간에 따른 설정값 도달시간

그림 5-11 적분동작의 적분시간 개념

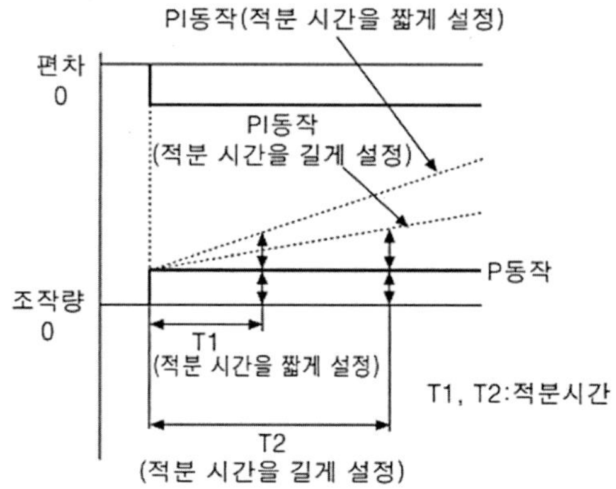

비례미분제어(proportional derivative control)는 그림 5-12와 같이 비례제어와 비교해서 외란에 의한 급격한 온도변화에 대한 응답이 빠르며, 단시간 내에 제어를 안정시킬 수 있다. 미분동작은 온도변화의 기울기에 비례하는 조작량으로 수정동작을 행하므로 급격한 외란에 대해서 큰 조작량을 주어 단시간 내에 제어온도를 안정시킬 수 있다. 미분시간을 짧게 하면 외란 온도에 대한 수정 동작이 약해져서 급격한 온도변화에 대한 응답이 늦어지며, 설정값까지 도달하는 시간은 길어지지만 오버슈트가 발생하지 않는다. 반면, 미분시간을 길게 하면 외란 온도에 대한 수정 동작이 강하게 되어 급격한 온도변화에 대한 응답이 빨라지고, 설정값에 도달하는 시간은 짧아지지만 오버슈트가 발생하기 쉽다.

결론적으로 PID 제어는 그림 5-13과 같이 비례제어, 적분제어, 미분제어를 합친 것으로

그림 5-12 비례미분 제어의 개념

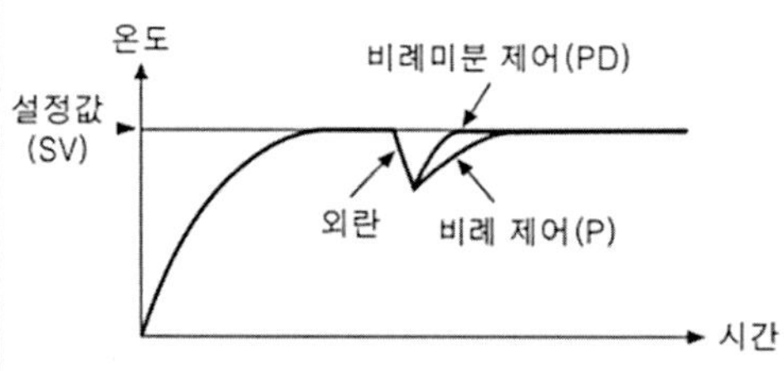

(a) 비례미분제어의 개념

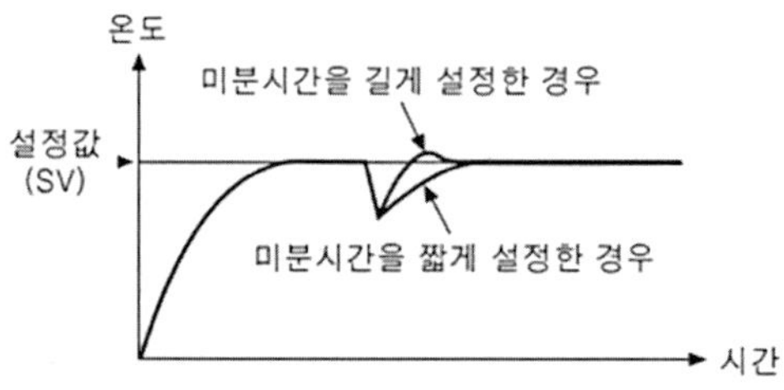

(b) 미분시간에 따른 설정값 도달시간

그림 5-13 PID 제어의 개념

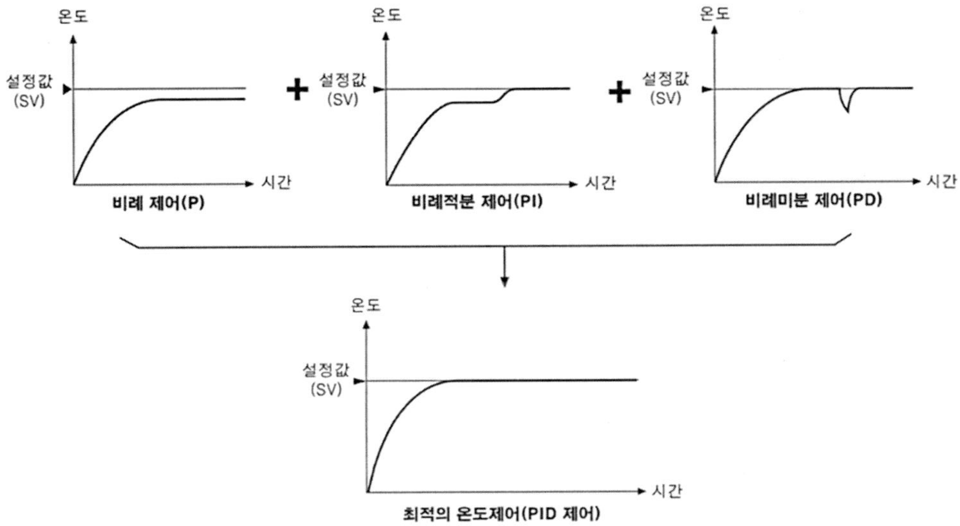

지연시간을 가진 제어대상에도 뛰어난 제어결과를 나타낸다. 비례제어에서는 오버슈트나 헌팅이 없는 부드러운 제어를 행하고, 적분동작으로 오프셋을 자동적으로 수정하고, 미분동작으로 외란에 대한 응답을 빠르게 할 수 있으므로 PID 제어로 이상적인 온도제어가 가능하다.

CHAPTER 06

기타 접촉식 온도센서

6.1 부피팽창 온도센서

6.1.1 열팽창의 물리적 해석

모든 물체는 온도에 따라 팽창 또는 수축을 하는 특성이 있다. 온도가 올라가면 원자와 분자들의 진동이 커져서 원자 간의 평균 거리는 증가하게 되고, 따라서 결정 전체를 보면 부피가 처음보다 늘어나게 된다. 그림 6-1을 보면 초기 온도 t_0에서 t_1으로 온도가 상승하게 되면, 질량은 동일하지만 그만큼 부피는 늘어나게 된다. 반대로 온도가 냉각되면 반대 현상이 관측된다.

그림 6-1 온도에 의한 부피 팽창

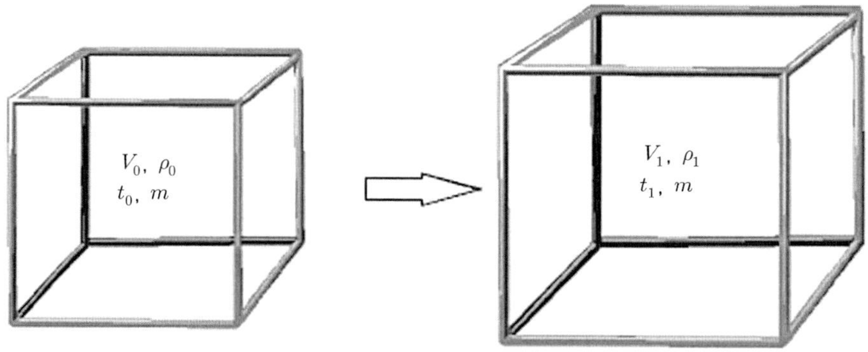

기체의 경우에는 압력과 온도에 의해 부피가 변하지만, 액체와 고체는 압력 보다는 온도에 의한 팽창이 더 크게 작용한다. 일반적인 온도에 의한 열팽창 부피계수 α_V는 다음과 같이 정의된다.

$$\alpha_V = \frac{1}{V}\left(\frac{\partial V}{\partial T}\right)_p \tag{6-1}$$

여기서, p의 의미는 열에 의해 팽창이 일어나는 동안 압력은 일정하게 유지되는 상태를 의미한다. 그리고 첨자 V는 일반적인 정의로 부피 팽창을 의미한다. 기체의 경우, 압력을 일정하게 유지하는 것이 매우 중요하다. 왜냐하면 기체의 부피는 온도뿐만 아니라 압력에 의해서도 변하기 때문이다. 고체의 경우는 압력에 의한 부피 변화는 거의 없기 때문에 압력을 일정하게 유지할 필요는 없으며, 매우 높은 정밀도를 요구하지 않으면 압력은 일정하다고 가정을 하고 계산을 해도 무방하다.

열팽창에 의한 고체 막대의 길이 변화는 온도에 의한 선팽창계수(linear expansion coefficient)에 의해 결정되는데, 이에 대한 개념은 그림 6-2와 같다. 일차원적인 측면에서 보면, 초기 온도 T_0일 때 길이를 L_0, 온도 T_1일 때 길이를 L_1이라고 하면, L_0과 L_1의 관계는 다음과 같다.

$$L_1 = L_0[1 + (T_1 - T_0)] \tag{6-2}$$

여기서, $\Delta L = L_1 - L_0$, $\Delta T = T_1 - T_0$라 하면, 선형열팽창계수(linear thermal expansion coefficient)를 다음과 같이 정의할 수 있으며, 이 값은 재료마다 다른 값을 가지게 된다.

그림 6-2 열팽창에 의한 막대의 길이 변화

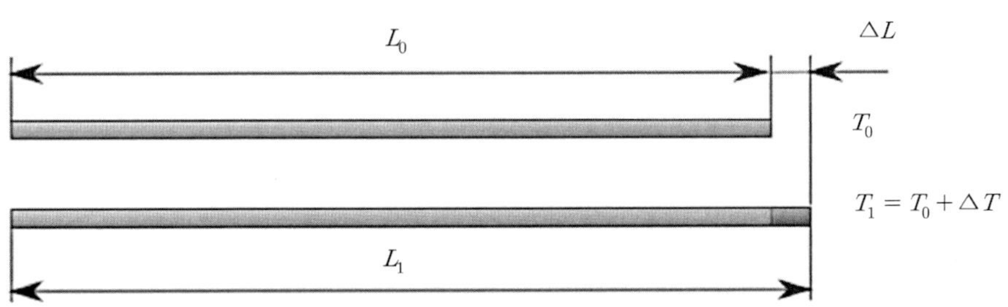

표 6-1 대표적인 재료의 선형열팽창계수 (단위: ℃×10⁻⁶)

재료	α	재료	α
폴리에틸렌	216	스테인리스 304	17.2
테플론	99	구리	16.6
나일론	90	금	14.2
Plexiglas(Lucite)	72	주석	13.0
폴리카보네이트	70	알니코(영구자석)	12.6
아연	35	강철(SAE 1020)	12.0
카드뮴	30	철	12.0
납	29	니켈	11.8
알루미늄	25	동	9.3
연납(50-50)	23.6	일반유리	9.0
황동	20.0	알루미늄(폴리크리스탈)	8.0
은	19.0	텅스텐	4.5
인듐	18.0	실리콘	2.6

고체의 경우 압력을 무시한다고 하면, 선형 팽창계수는 다음과 같다. 여기서 L은 막대의 길이이며, $\triangle L/\triangle T$는 온도 변화에 의한 선형 변화량을 의미한다.

$$\alpha_L = \frac{\triangle L}{L} \cdot \frac{1}{\triangle T} \tag{6-3}$$

대표적인 재료에 대한 선형열팽창계수는 표 6-1과 같다. 더 정확하게 표현하면 팽창계수 α는 온도에 따라 다른 값을 가지지만, 일반적인 엔지니어링 목적에서는 이를 무시하고 사용한다. 또한 재료들의 축방향에 대해서도 등방성이라 보고 모든 방향으로 동일한 것으로 가정한다. 따라서 체적에 대한 변화율은 다음과 같이 표현할 수 있다.

$$\triangle V = 3\alpha \cdot V \cdot \triangle T \tag{6-4}$$

온도에 따른 부피팽창을 이용한 온도센서에는 바이메탈(bimetal)과 유리온도계 두 종류가 있다.

6.1.2 유리온도계

주변에서 쉽게 볼 수 있는 유리온도계는 수은이나 붉은 색소를 첨가한 알코올 온도계이다. 유리온도계는 진공상태의 가느다란 유리관에 수은이나 알코올을 적당량 넣은 것이며, 열을 얻은 수은이나 알코올의 부피가 열적 평형상태가 될 때까지 늘어나 유리관 위로 올라간다. 열적 평형상태가 되면 온도계 속의 액체 부피는 더 이상 변하지 않기 때문에, 이때의 수은주나 알코올의 높이를 읽으면 측정하려는 물질의 온도가 된다. 알코올온도계는 수은온도계보다 부피 팽창비율이 크기 때문에 눈금을 읽기 편하지만 끓는점이 78℃로 낮아서 높은 온도를 측정하기가 어려운데, 이러한 알코올 온도계의 단점을 해결한 것이 수은온도계이다. 수은온도계는 상대적으로 눈금이 더 정확하다고 볼 수 있지만 눈금 간격이 상대적으로 좁다.

유리온도계의 장점은 가격이 비교적 저렴하고 정확도가 좋은 편이며 사용자가 숙련되지 않아도 사용하기가 쉬우며, 가장 큰 장점으로는 측정에 부수적으로 필요한 장비가 필요 없다는 것이다. 그러나 단점으로는 취급시 깨지기가 쉬우며, 정밀한 정확도를 갖지 못하고, 측정 범위 별로 나누어져 있으며, 자동 기록 및 조절을 할 수 없는 단점이 있다. 그리고 구부(bulb)에 사용되는 액체를 감온액이라고 하는데, 온도 영역에 따른 감온액의 종류는 표 6-2와 같다.[38]

온도계의 정밀도는 주로 제조과정에 의해 결정되지만, 사용방법에 의해서도 영향을 받게 된다. 앞에서도 언급되었듯이 압력이 온도계 구부(bulb)에 가해지게 되면 어느 정도 읽는 데에 영향을 주게 되며, 또한 유체에 담그는 정도에 따라서도 정밀도에 많은 영향을 준다. 대부분 상용으로 판매되고 있는 온도계에는 그림 6-3과 같이 유체에 담그는 깊이를 표시하는 선이 그어져 있다. 만약 온도계를 충분히 깊게 담그지 않으면 실제보다 낮은 온도로 나타나게 되고, 너무 깊이 담그게 되면 높게 온도가 측정된다. 일반적으로 측정하고자 하는 유체에 온도계를 전부 잠기게 해서 측정하지는 않도록 설계되어 있다.

표 6-2 온도 영역에 따른 감온액의 종류

구분	종류	온도 영역	비고
유기 화합물	알코올(alcohol) 톨루엔(tolulene) 펜탄(pentane) 크레오소트(creosote)	−80℃~70℃ −80℃~100℃ −200℃~30℃ −5℃~200℃	
수은류	수은 수은 - 8.5% 탈륨합금 수은 - 갈륨 합금	−35℃(−38.9℃ 응고) −56℃(−59℃ 응고) 1,000℃	하한 하한 상한

그림 6-3 유리온도계 각 부분의 명칭

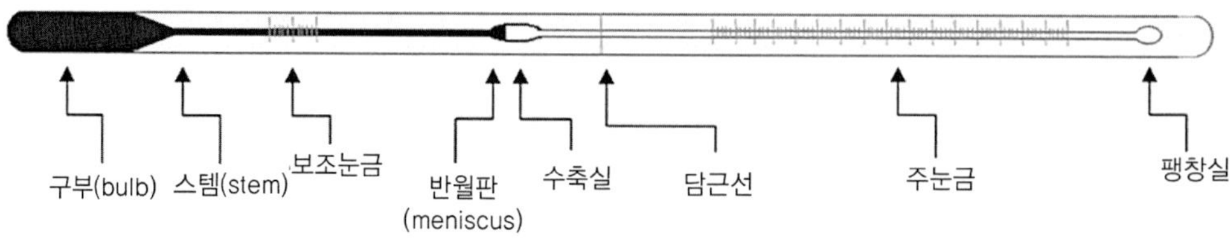

유리온도계 각 부분에 대한 역할은 다음과 같다.

① 구부(bulb) : 감온액(thermometric liquid)의 대부분을 보관하고 있는 저장소
② 스템(stem) : 내부의 온도에 따라 액체가 움직이도록 모세관이 있는 유리 튜브
③ 보조눈금 : 레퍼런스 온도를 나타내는 좁은 온도 범위이며, 대부분 얼음점 근처의 온도 범위이다. 이 눈금은 주눈금보다 아래에 위치해 있으며, 만약 주눈금에 레퍼런스 온도가 포함되어 있다면 보조눈금은 사용하지 않음
④ 반월판(meniscus) : 모세관 현상에 의해 주위가 중앙에 비해 올라가든지 내려가든지 관 속의 액면이 이루는 곡면을 의미
⑤ 수축실(contraction chamber) : 모세관 길이를 제한하기 위해 보조눈금과 주눈금 사이에 위치한 모세관 구멍의 확장
⑥ 담근선 : 온도계를 측정하고자 하는 물체(또는 액체)에 담구어야 하는 위치를 표시
⑦ 주눈금 : 온도에 의해 확장되는 감온액의 위치를 온도로 눈금을 매긴 곳으로 눈에 잘 보이도록 유리관과 다른 색으로 구분되어 있음
⑧ 팽창실(expansion chamber) : 충분한 압력의 고온의 건조된 불활성 기체를 봉입하여 허용된 이상의 온도로 올라갈 경우, 감온액이 분리되는 것을 방지

유리온도계의 측정범위와 정밀도는 구멍의 크기, 튜브의 길이, 온도계에 있는 유체의 특성에 의해 결정된다. 100℃ 온도 범위에서 0.1℃ 정밀도를 갖는 수은 온도계를 만든다면 약 600 mm 길이의 관이 필요하다. 제조자가 눈으로 읽는 스케일을 얼마나 잘 만드느냐 하는 것이 문제가 될 수도 있다. 가끔 가독성을 높이기 위해서 온도계 몸통을 원형이 아닌 형태로 만들기도 한다. 그러나 눈금을 읽는 부분을 원형으로 만들게 되면 유리를 확대하는 역할을 하게 되어 액체부분이 더 넓게 퍼지게 되어 쉽게 읽을 수 있다. 현재 원형의 온도계가 표준으로 되어 있으며, 상용으로 사용되고 있는 표준 온도계는 표 6-3과 같

표 6-3 표준 유리 온도계의 온도범위와 분해능

낮은 온도(℃)	높은 온도(℃)	분해능(℃)	길이(mm)	재료
−1	51	0.1	460	수은
−1	101	0.1	610	수은
−1	210	0.1	610	수은
−10	110	1	300	수은
100	650	2	405	수은
200	1,200	5	405	수은
−10	500	2	405	수은
20	750	5	405	수은
20	930	5	405	수은
−35	50	1	305	알코올
−10	260	1	305	알코올
0	300	2	305	알코올
20	500	2	405	알코올
−1	101	0.2	450	알코올
−1	201	0.5	430	알코올
−50	50	1	305	알코올

다. Omega 사에서는 다양한 형태의 유리온도계를 제작, 판매하고 있다. 대표적인 유리온도계는 그림 6-4와 같다. 일반용인 보급형 온도계는 측정 가능한 범위가 −20~110℃, 눈금은 1℃ 단위로 매겨져 있으며, 온도 정밀도는 1℃ 정도이며, 가격은 대부분 $10 미만으로 매우 저렴하다. 반면 특수용인 검증 온도계는 측정범위가 매우 한정적으로 −5~20℃ 정도이며(이는 모델마다 약간씩 다름), 눈금은 0.1℃ 단위이며, 측정 정밀도는 0.2℃로 매우 우수하다. 가격은 $50~$70 정도이다. 이 온도계는 높은 정밀도를 가지고 있으므로 온도를 검증하는 목적으로 사용된다.[39]

6.1.3 바이메탈 온도계

바이메탈은 열팽창 계수가 다른 두 종류의 얇은 금속판을 포개어 용접으로 붙여 한 장으로 만든 막대 형태의 부품이며, 그림 6-5와 같이 열을 가했을 때 휘는 정도가 다른 성질을 이용하여 온도를 측정하는 원리이다. 열팽창이 작은 금속으로는 보통 니켈(Ni)과 철

그림 6-4 보급형 유리온도계와 특수용인 검증 온도계 외관(Omega사 홈페이지 참고)

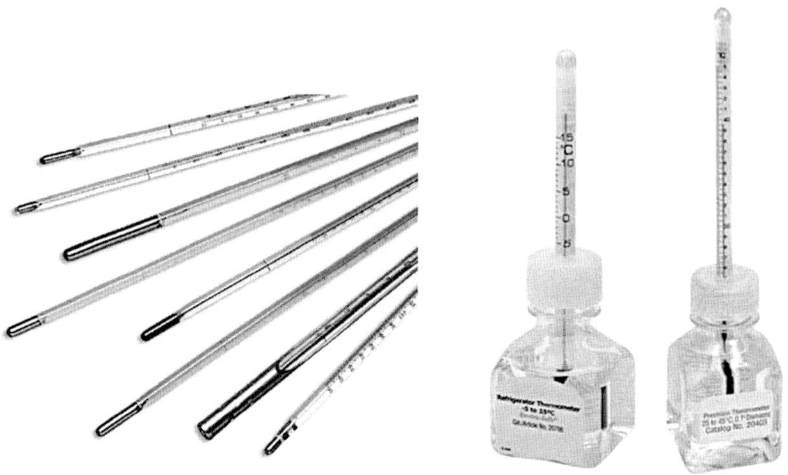

(a) 보급형 유리온도계 (b) 검증 온도계

(Fe)의 합금이 사용되며, 팽창이 큰 금속으로는 니켈 · 망간 · 철의 합금, 니켈 · 몰리브덴 · 철의 합금, 니켈 · 망간 · 구리의 합금 등을 주로 사용한다. 그림 6-5(a)와 같이 얼음으로 냉각시키게 되면, 수축이 잘 되는 구리 쪽이 빨리 굽어지기 때문에 아래 방향으로 막대가 휘게 되고, 열을 가하게 되면, 마찬가지로 팽창이 잘 되는 구리 쪽이 더 많이 늘어나기

그림 6-5 바이메탈 온도 조절기의 동작 원리

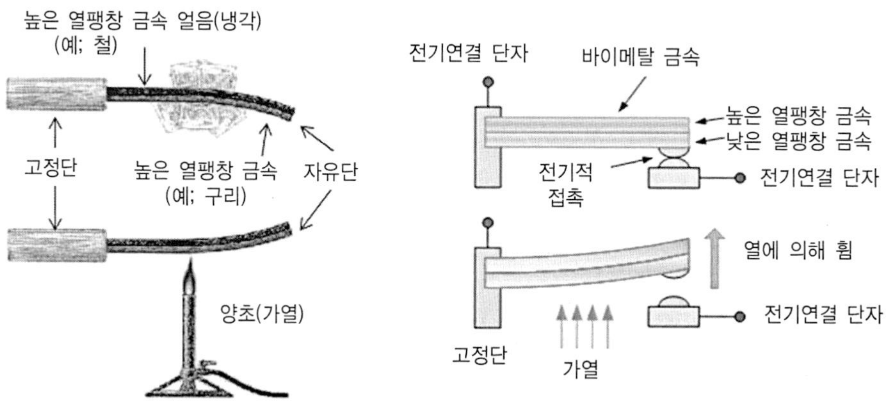

(a) 바이메탈 동작원리 (b) 바이메탈 원리를 응용한 온도조절기

그림 6-6 바이메탈 온도계 기본 원리

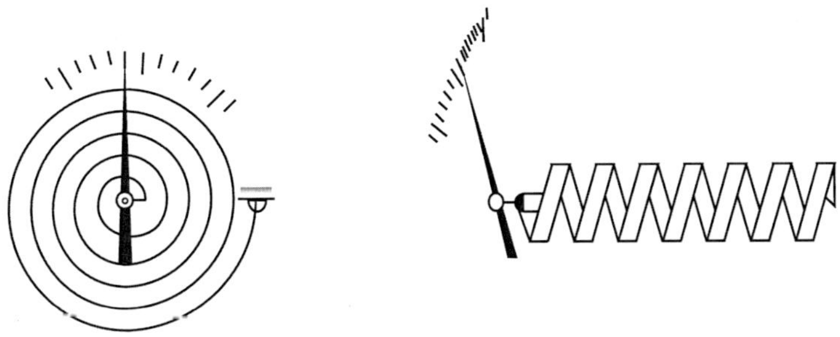

(a) 코일형　　(b) 나선형

때문에 막대가 위쪽으로 향하게 된다. 이런 원리를 응용한 것이 그림 6-5(b)와 같은 온도조절기(thermostat)이다. 온도조절기는 일정 온도를 기준으로 스위치를 on/off 하는 역할을 하여 일정 온도가 유지되도록 하는 소자이다. 바이메탈 온도스위치는 전기밥솥, 전기포터, 다리미, 전기장판 등 다양한 분양에 응용되고 있다.

바이메탈의 온도 계측용으로는 그림 6-6과 같은 2가지 형태가 사용되고 있다. 하나는 바이메탈이 코일 형태이며, 이것은 코일이 온도에 따라 팽창 정도가 다른 원리를 응용하여 온도를 측정하는 방식이며, 다른 하나는 나선형 형태로 온도에 따라 나선의 뒤틀림 정도를 온도로 환산하는 방식이다. 일반적으로 코일형 보다는 나선형 방식이 정밀도가 우수하기 때문에 코일형은 방안의 온도 조절과 같은 대기 온도 측정용으로 사용되며, 나선형은 산업용의 온도 측정용으로 사용되고 있다.

먼저 코일형의 기본적인 원리를 응용한 것이 바이메탈 자동 온도조절기이다. 자동 온도조절기의 개략적인 내부 구조는 그림 6-7과 같다. 바이메탈을 이용한 온도조절기는 구조가 간단하고 가격이 저렴하며 수명이 길기 때문에 실내 온도조절기 용도로 많이 사용되고 있다. 온도조절기 다이얼의 윗부분은 온도를 설정하는 부분이고, 아랫부분은 현재 측정 온도를 나타내고 있는 부분이다. 온도조절기 다이얼로 온도를 설정하면 설정 온도의 위치에 따라 바이메탈이 코일형으로 감기는 양에 차이가 생긴다. 그림에서 보면 낮은 온도는 많이 감기게 되고, 높은 온도는 적게 감기게 된다. 경우에 따라서는 반대일 수도 있다. 설정된 온도 이하에서는 스위치와 바이메탈이 떨어져 있어 스위치는 off 상태를 유지하고 있다가, 온도가 상승하여 바이메탈이 스위치 위치까지 연결이 되면 접점 신호가 히터제어

그림 6-7 코일형 자동 온도조절기 내부 구조

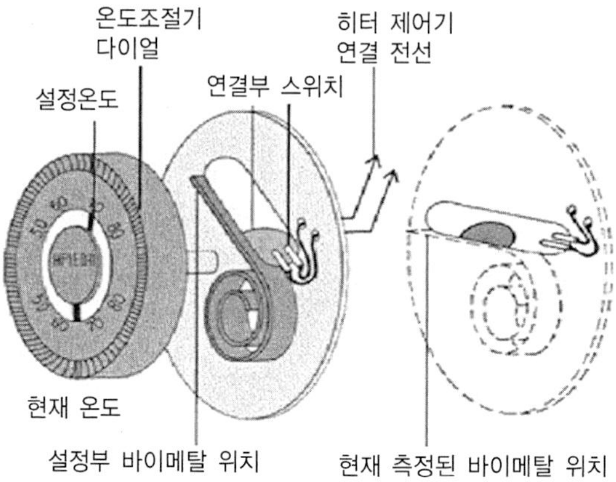

기로 전달되어 전원이 on/off 되는 원리로 동작한다.

나선형의 원리를 응용한 것이 바이메탈 온도계이다. 대표적인 바이메탈 온도계의 구조와 온도 센싱 원리는 그림 6-8과 같다. 이 그림에서 스템은 케이스와 수직 방향으로 되어 있지만, 수평 방향도 가능하며, 스템은 주로 스텐인리스강으로 만든다. 그리고 정밀한 온도 측정을 위해서는 스템 끝부분을 액체인 경우에는 약 2", 가스인 경우에는 약 4" 정도를 잠기게 해야 한다. 그림에서 1/2" NPT 연결부로 표시되어 있지만, 종류별로 구입이 가능

그림 6-8 바이메탈 온도계의 구조 및 온도 센싱 원리

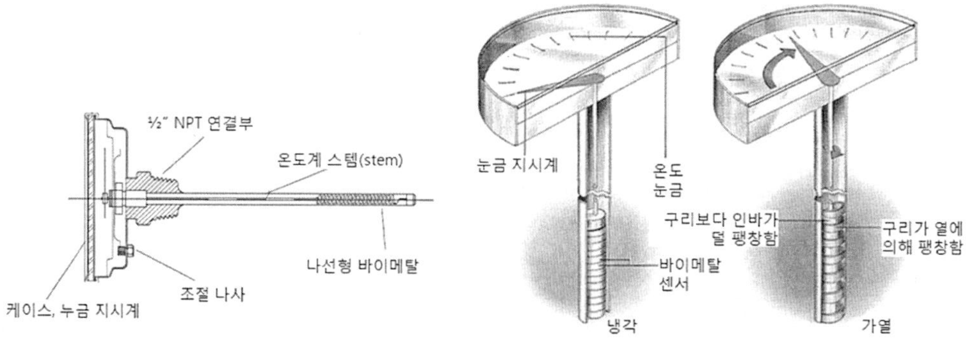

(a) 바이메탈 온도계의 구조 (b) 바이메탈 온도계가 냉각, 가열시 변화 원리

표 6-4 바이메탈 온도계 측정범위별 허용 온도 오차

측정 범위(℃)	지시부 크기(mm)		
	60	70	100, 125, 150
−50~50, −30~50	±2%	±2%	±2%, 눈금 1℃인 경우는 ±1%
0~50			±2% 또는 ±1%
0~100			±2%, 눈금 1℃인 경우는 ±1%
0~150, 0~200			±2%, 눈금 2℃인 경우는 ±1%
0~250			±2%
0~300, 0~350			±2% 또는 ±1%
0~400			±2%, 눈금 5℃인 경우는 ±1%
0~500			±2% 또는 ±1%

하다. 참고로 NPT는 미국 나사의 규격으로 National Pipe Thread Taper의 약자이다. 조절나사는 바이메탈 센서를 교정할 때 사용한다. 온도를 감지하는 부분은 스템 내부에 있는 나선형 바이메탈이다. 그림에서와 같이 구리와 인바(invar) 재료로 만든 바이메탈인 경우, 온도가 올라가면 구리의 열팽창 계수가 인바보다 크기 때문에 나선 부분의 간격이 점점 벌어지게 되어, 벌어진 만큼 눈금 지시계를 움직이게 되어 있다. 이와 같은 원리로 측정이 가능한 온도 범위는 대략 −50℃~500℃ 정도이며, 온도 구간별 허용오차는 표 6-4와 같다.[40] 그리고 바이메탈 온도계의 가장 큰 장점은 외부에 어떤 부가적으로 전기적인 회로가 전혀 필요 없다는 것이다.

6.2 열색상 센서(Thermochromic sensor)

6.2.1 감온성 액정센서

감온성의 영어표현은 thermochromic인데, 열을 의미하는 thermo와 색을 의미하는 chromic의 합성어로 열에 따라 색이 변한다는 뜻이다. 즉, 감온성 액정(TLC, thermochromic liquid crystal)은 백색광이 입사할 때 온도에 따라 반사된 색상이 달라지는 특성을 이용한 센서이다. 액정(liquid crystal)은 막대기 모양의 분자 결합상태를 하고 있으며, 이것이 향하는 방향에 질서가 있어 결정과 같지만 위치는 액체처럼 움직일 수 있다. 이름 그대로 액체이면서 결정인 액체결정이다. 액정은 특정온도 이상에서는 방향의 질서도 없어져서 순수한 액체가 되고, 온도가 내려가면서 방향에서의 질서가 생긴다. 그리고 온도를

그림 6-9 라이니처가 관측한 액정 현상

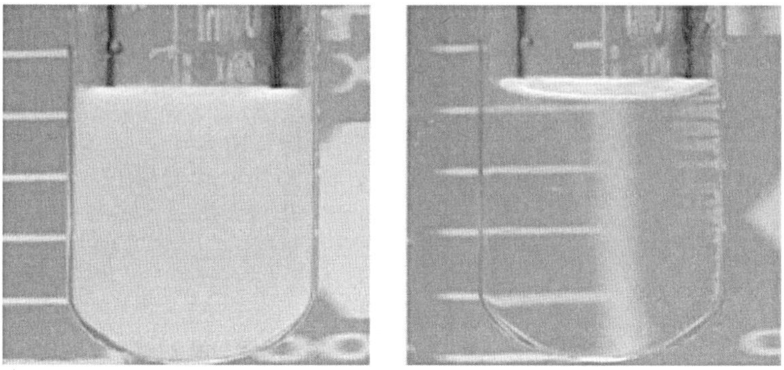

145℃ < T < 179℃ 액정상　　　T > 179℃ 액정상

더욱더 내리면 액체가 응고하는 것과 같이 위치의 이동도 없어지는 순수한 고체가 된다. 순수 액체와 고체 사이의 중간단계를 액정이라 하면, 이는 물질의 열적 위상(phase)의 한 상태이다. 이런 현상은 1888년 오스트리아의 식물학자 프레드릭 라이니처(Frederick Reinitzer)가 식물에서 콜레스트롤의 기능을 밝히는 과정에서 벤조산 콜레스테릴(cholesteryl benzoate)에서 처음 발견하였다. 액정이란 이름은 라이니처가 그 당시에 온도제어시스템 장치를 갖춘 편광현미경으로 많은 실험을 했던 독일의 과학자 레만(Lehmann)에게 시료를 보내 레만이 관측한 결과, 그림 6-9와 같이 "액체처럼 유체의 성질을 가지면서도 고체처럼 광학적인 성질을 갖는다"고 해서 명명되었다.

이후 독일 화학자들이 자연상에 존재하는 물질이 아닌 네마틱(nematic)상의 액정 재료를 처음으로 합성하여 물질분석을 시작하였다. 분석결과 액정마다 특성이 다른 것을 발견했고, 고체표면에서 액정이 특정 방향으로 정렬할 수 있다는 것을 발견하였다. 그 이후 연구는 소강상태를 보이다가 1968년 RCA에서 얇은 박막형태의 액정 셀에 전기장을 인가하면 구름 낀 것과 같은 불투명상태에서 투명상태로 변한다는 결과를 이용하여 최초의 LCD를 제작하였으며, 그 이후 디스플레이 용도로 액정관련 기술이 비약적으로 발전하게 되었다. 액정이 영상을 표현할 수 있는 것은 이것이 빛의 편광을 조작할 수 있기 때문이다. 이는 액정에 가해지는 조건에 따라 광학적인 성질, 특히 복굴절체나 광활성체로서의 성질이 달라지므로 빛의 통과를 제어할 수 있기 때문이다.[41]

액정은 이를 구성하는 분자의 배열 특성에 따라 그림 6-10과 같이 네마틱(nematic), 스

그림 6-10 액정의 종류

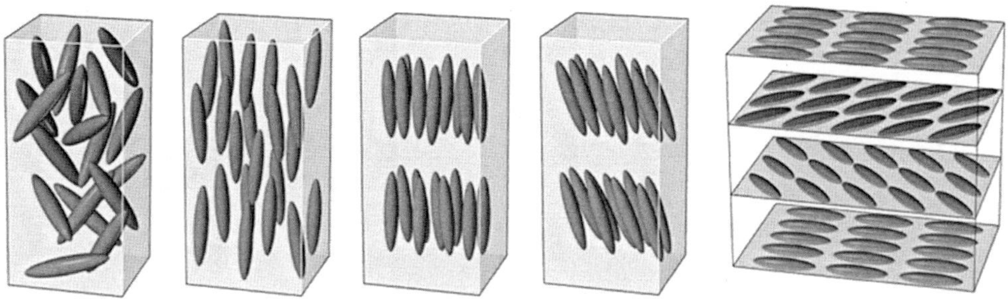

메틱(smectic), 콜레스테릭(cholesteric) 등 세 상태로 분류할 수 있다. 액체상은 분자들이 무질서하게 배열되어 있는 상이며, 네마틱 액정은 분자의 긴 축이 일직선으로 배열되어 있으나 그 끝부분은 배열되지 않은 상태이며, 분자들이 서로 평행하려는 경향은 있으나 위치는 제멋대로이다. 따라서 위치성이 없기 때문에 액체와 같은 동일한 특성을 가지고 있다. 스메틱 A 액정은 분자들이 층으로 배열되어 있으며, 분자의 긴 축은 배열층 평면에 수직으로 층을 이루고 있으며, 스메틱 C 액정은 분자들이 층으로 배열되어 있으며 분자의 긴 축은 배열층 평면에 대해 기울어져 있는 상태이다. 스메틱에서 각 분자의 방향은 한 방향이지만 각각의 위치는 평면상으로만 움직일 수 있다. 콜레스테릭 액정은 각 층의 배열은 네마틱과 비슷하게 배열되어 있으나 층의 배열 사이에 각도를 가지고 있는 상태이며, 방향이 연속적으로 변하여 나선모양으로 배치되어 있다. 나선의 주기는 분자 종류에 따라 다르지만 주기에 의한 빛의 반사 성질이 있으므로 나선 주기가 가시광선의 파장과 유사해지면 색상을 띠게 된다. 액정에 따라서 온도에 의한 나선 주기가 변하는 것이 있는데, 이것을 이용한 것이 감온성 액정 온도계이다. 또한 이 상태에 전기장을 인가하면 액정 분자가 전기장 방향으로 배열하기 때문에 광학활성이 없어지며, 이러한 특성으로 전기장에 의해 편광특성이 다양하게 변화되고 이를 이용하여 액정표시장치를 만들 수 있다.

액정의 감온 특성을 간략히 요약하면 그림 6-11과 같다. 입사하는 빛은 액정(검은색)층 사이에서 브래그 회절(Bragg diffraction)의 원리에 기반한 반사에 의한 간섭으로 반사된 빛의 색상은 달라진다. 온도가 올라가면 액정 층 사이의 간격은 좁아지게 되어 파란색의 빛이 나게 되고, 온도가 내려가게 되면 액정 층 사이의 간격은 넓어지게 되어 빨간색의

그림 6-11 TLC의 동작 원리

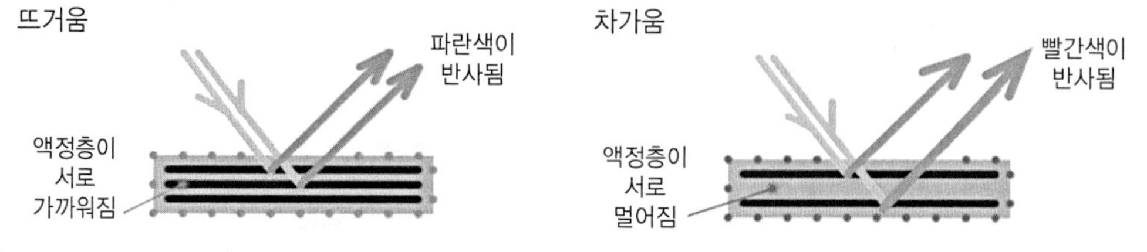

빛이 난다.

이러한 TLC의 반사된 빛의 색상 변화는 그림 6-12와 같이 투명에서부터 온도가 올라갈수록 노란색, 초록색, 파란색, 보라색으로 변하며, 더 높은 온도로 올라가게 되면 다시 투명으로 변한다. 또한 고온에서 다시 온도를 내려도 같은 순서로 색상이 변하는 가역적인 특성을 가지고 있다. 색상-온도 표시 간극은 TLC의 조성에 따라 동작온도는 −30℃~120℃ 범위에서 0.5℃에서 20℃까지 조절이 가능하며, TLC의 반응 시간은 약 10 ms 정도이다.

그림 6-12 온도에 따라 반사되는 파장

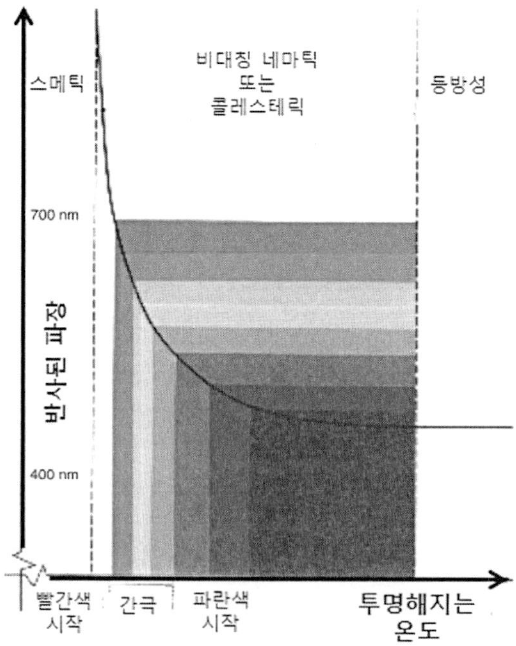

이러한 특성으로 온도 지시계로 많이 사용된다. 색상 표시간극 내에서는 온도에 따라 빨간색부터 파란색까지 부드럽게 색상이 변한다. 순수한 액정 재료는 두껍고 점성이 있는 유체이며 기구적인 스트레스에 민감하며 기름기가 있어 온도 지시계로 사용하기에는 불편한 점이 많다. 이런 점을 해결하기 위해 액정 재료의 소량만을 포함하고 있는 미세-봉합 프로세스가 개발되었다.

감온성 액정 온도센서는 가역적인 온도지시계이며, 실제 온도를 빠르고 쉽게 확인할 수 있게 해 준다. 사용하기 매우 편리하며, 가격도 저렴한 편이다. 이 센서의 내부 구조는 그림 6-13과 같다. 접착식 형태의 라벨은 검정색 밑판 위에 마이크로캡슐로 된 TLC가 코팅되어 있으며, 이 부분이 온도에 반응하는 부분이며, 눈금과 덮개로 보호된 구조로 되어 있다. TLC의 각 부분은 온도에 따라 색깔(예를 들면, 오렌지색, 노란색, 초록색, 파란색 등)이 다르게 표시된다. 이러한 색상 변화는 가역적이며, 냉각이 되면 역순으로 색상이 변하게 된다.

온도를 인식하는 부분인 TLC는 온도에 따라 분자 구조가 바뀌며, 이에 따라 액정에 의해 반사되고 흡수된 빛에 영향을 주어 마치 온도에 따라 색상이 변하는 것처럼 보인다. 지시기의 온도눈금에 도달하게 되면, TLC 분자들이 약간 비틀어지게 되고, 비틀어진 TLC 분자들에 의해 가시광 중에 빨간색과 파란색 부분은 흡수하고 녹색부분은 반사하게 된다.

그림 6-13 감온성 액정 스트립의 내부 구조

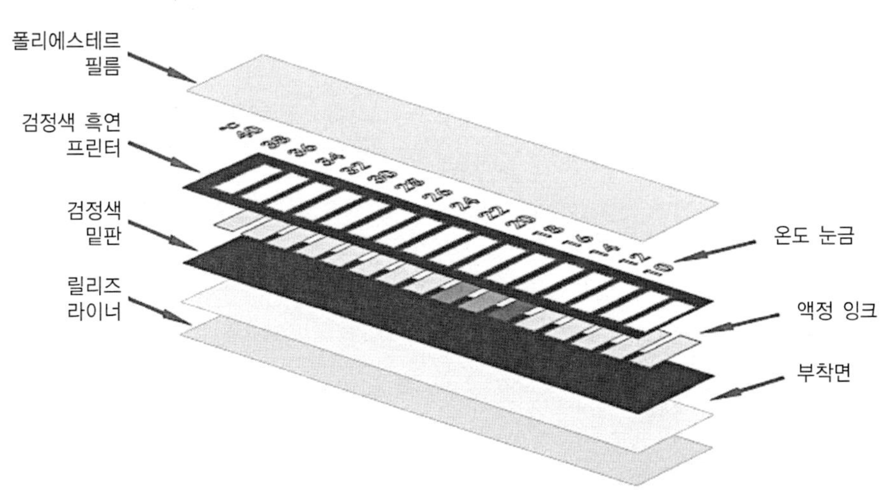

그림 6-14 감온성 액정 스트립의 온도 지시 내용

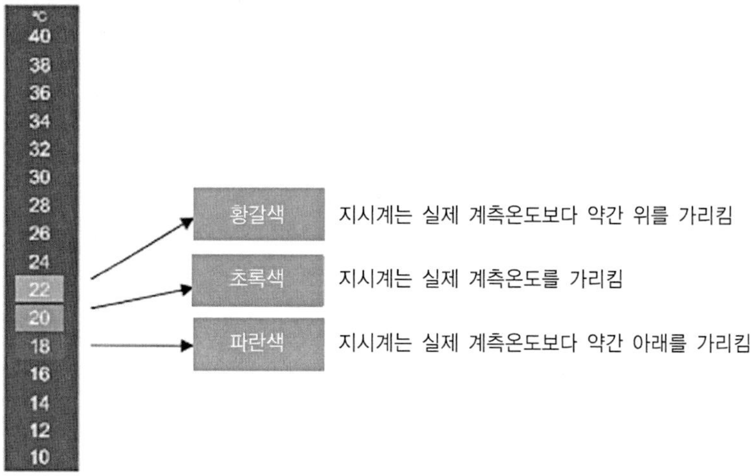

이렇게 하여 온도가 녹색에 도달한 것을 인식하게 된다. 반대로 온도가 내려가게 되면, 분자들은 비틀어진 위치에서 원래 위치로 돌아가게 되고, TLC는 가시광의 다른 부분의 색상을 반사하게 된다. 일반적인 TCL 온도 지시계는 약 ±1℃의 오차를 가지고 있으며, 의학용으로는 약 ±0.5℃의 오차를 가지고 있다. 일반적으로 폴리에스테르 필름의 두께는 약 70~200μm 정도이다.

실제 계측 온도의 한 가지 사례로 그림 6-14를 들 수 있다. 현재의 온도는 초록색으로 변경된 사각형 부분이다. 만약 초록색이 보이지 않으면 온도는 황갈색과 파란색의 중간에 있는 부분이라고 보면 된다. 온도범위와 크기는 소비자가 원하는 형태로 다양하고 쉽게 제작이 가능하다. 이마의 열을 측정하거나 실내, 냉장고, 아쿠아리움, 의학용에서 간편한 온도 측정용도로 많이 사용되고 있다. Omega 사에서 판매 중인 다양한 형태의 TCL 센서는 그림 6-15와 같다. 그리고 1975년에 발명된 무드 반지에 이 센서가 사용되고 있는데, 무드 반지는 신체의 온도가 올라가게 되면 색상이 변하도록 되어 있어 착용자의 감정 상태를 볼 수 있도록 고안된 것이다.

6.2.2 류코염료 센서

류코염료(Leuco Dye)는 1960년대에 미국의 NCR사가 최초로 개발한 염료로서 최근 팩

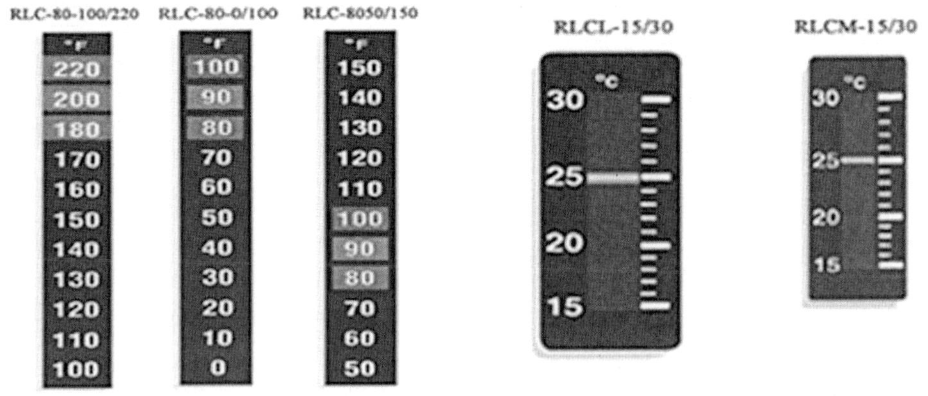

그림 6-15 Omega사에서 판매 중인 다양한 형태의 TCL 센서

스용지, 신용카드 영수증 용지로 대단히 많이 사용되고 있는 감열지 기술이다. 감열이란 열을 받으면 색상이 나오는 현상을 말하며, 감열지는 감열물질을 코팅한 종이이다. 이 종이에 열기록 헤드가 접촉하면 그 부분은 검정색으로 변하여 팩스와 영수증 내용을 읽을 수 있게 된다. 이것은 프린터의 토너나 잉크가 필요 없는 장점이 있다. 감열기능을 나타내는 화합물은 매우 많아 총칭해서 류코염료라고 부른다. 이들은 외부자극에 의해서 무색의 화합물이 색깔을 나타내게 되거나, 거꾸로 유색의 화합물이 무색으로 변한다. 외부자극이 반드시 열일 필요는 없다. 열이면 감열, 빛이면 감광, 압력이면 감압이라고 부른다.

최초의 감열물질은 그림 6-16에 표시한 산/알칼리 적정에 쓰는 유명한 지시약인 페놀프탈레인이다. 이 화합물은 pH 0~8.2 범위에서는 무색인데, pH 8.2~12.0 범위의 알칼리성에서는 분홍색이 된다. 그래서 페놀프탈레인은 류코염료의 하나이며, 이 수용액은 산성과 알칼리성을 구별해 주는 지시약으로 사용되고 있다. 일찍이 NCR사가 관심을 가졌던 pH

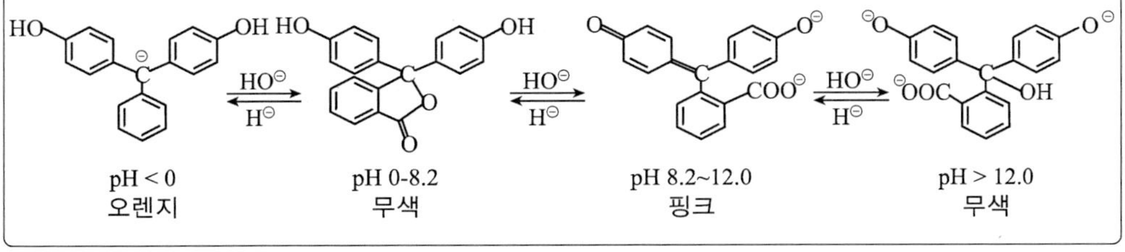

그림 6-16 페놀프탈레인의 pH에 의한 변색

범위는 무색의 페놀프탈레인에 산을 더 가해서 발색시키는 기술이었다. 이 기술이 어려운 것은 글씨 부분에서만 페놀프탈레인이 산과 반응해서 색깔이 나타나도록 하고, 나머지 부분에서는 산과 반응하지 않도록 만드는 것이었다. 이를 해결하기 위해 처음에는 유기산을 캡슐로 페놀프탈레인과 함께 종이에 코팅을 하였다. 연필 대신 뾰족한 물체로 글씨를 써보니 캡슐이 터져 유기산이 흘러나왔고 페놀프탈레인과 반응해서 오렌지색 글씨가 나타났다. 이 종이는 외부자극이 압력이었기 때문에 감압지라 불렀다.

이 감압지 기술은 계속 개선되어 수많은 다른 류코화합물이 합성되었고, 최근에는 성능이 더 우수한 플루오란 류코염료들이 개발되었다. 그림 6-17은 현재 감열지에 쓰이는 플루오란 류코염료와 산의 관계를 나타낸다. 염료의 구조 중 R_1, R_2, R_3는 모두 치환기인데, 이들의 구조에 따라 조금씩 색깔이 변하게 되고 각 회사의 기술도 이에 따라 달라진다. 그림에서 옥타데실포스폰산은 약한 산인데, 열을 받으면 산성도가 높아져 염료와의 화학반응을 일으킬 수 있게 된다. 저온에서 약한 산이 열을 받아 강한 산이 되었을 때 열에 의해 생긴 산을 열산이라 부른다. 즉, 감열의 직접적인 핵심은 열산을 만드는 것이고, 발색은 그에 따른 이차적인 결과인 것이다. 그림 6-17의 플루오란 류코염료와 그림 6-16의 류코염료를 비교해 보면, 플루오란 류코염료는 고리를 이루는 산소 원자가 한 개 더 있어서 페놀프탈레인 류코염료보다 더 안정적이고 색조도 더 진하다. 그래서 지금은 거의 플루오란 류코염료가 주류를 이루고 있다. 플루오란을 이용한 감열지를 만들기 위해서는 4층의 구조가 필요하다. 기판 종이 위에 먼저 염료를, 그 위에 산을, 그리고 맨 위 층에는 첨가제를 코팅한다. 첨가제는 종이의 구겨짐을 막고, 감열 헤드의 마모를 감소시키고 전열성을 높이기 위한 약품들이다. 이 종이에 열을 가하면 그림 6-17의 반응이 일어나 색깔이 나타나게 된다.[42] 류코염료는 감열지 응용 이외에도 페인트, 크레용, 잉크 등 다양하게 사용되고 있다.

그림 6-17 감열지에서 플루오란 류코염료와 산과의 반응에 의한 발색

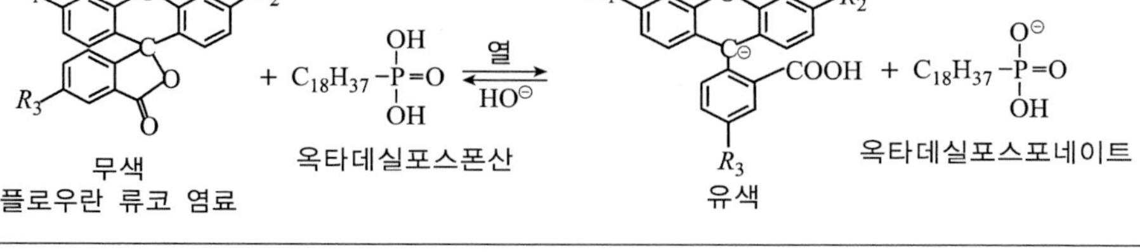

그림 6-18 류코염료의 두 가지 온도감지 방식

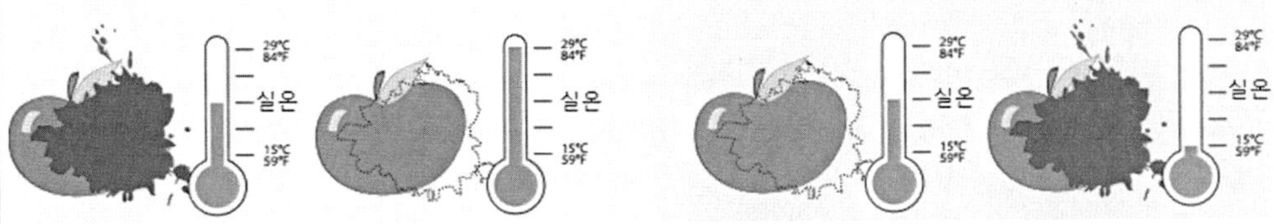

(a) 색상에서 투명으로 변화(color to clear) (b) 투명에서 색상으로 변화(clear to color)

류코염료를 이용한 감온성 잉크에는 그림 6-18과 같이 색상에서 투명(color to clear)으로 변하는 것과 투명에서 색상(clear to color)으로 변하는 두 가지 형태가 있다. 그림 6-18(a)와 같은 경우는 색상 뒤에 있는 그림을 보기 위해 색상이 있는 부분을 문지러거나 열을 가하면 색상이 사라져 뒤에 있었던 그림이 나타나는 현상이다. 이것은 보통 약 29℃ 정도에서 이런 현상이 나타난다. 그림 6-18(b)와 같은 경우는 약 15℃로 냉각을 하게 되면 투명한 상태의 염료가 색상이 변하게 되는 현상이다.

감온성 염료잉크를 그림 6-19와 같이 두 가지 온도감지 방식의 염료를 혼합해서 만들 수도 있다. 그림 6-19(a)의 경우는 빨간색 감온성 잉크와 검정색 감온성 잉크를 각각 색상을 칠하게 되면, 상온에서는 두 가지 색이 동시에 보이지만, 여기에 열을 가하게 되면 두 가지 색상이 모두 사라지게 되어, 배경에 있넌 그림이 나타넌다. 그림 6-19(b)의 경우는 이와 반대 현상으로 실온에서는 두 가지 색상이 보이지 않지만, 온도를 내리게 되면 두 가지 색상이 나타나게 된다.

그림 6-19 두 가지 염료를 혼합한 경우, 상태 변화 비교(1)

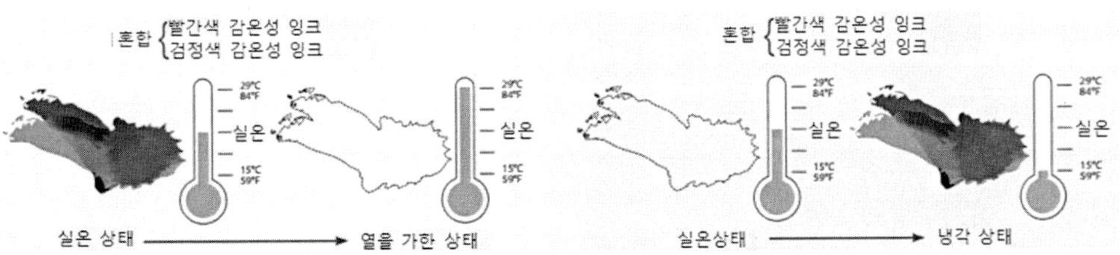

(a) 색상에서 투명으로 변화(color to clear) (b) 투명에서 색상으로 변화(clear to color)

그림 6-20 두 가지 염료를 혼합한 경우, 상태 변화 비교(2)

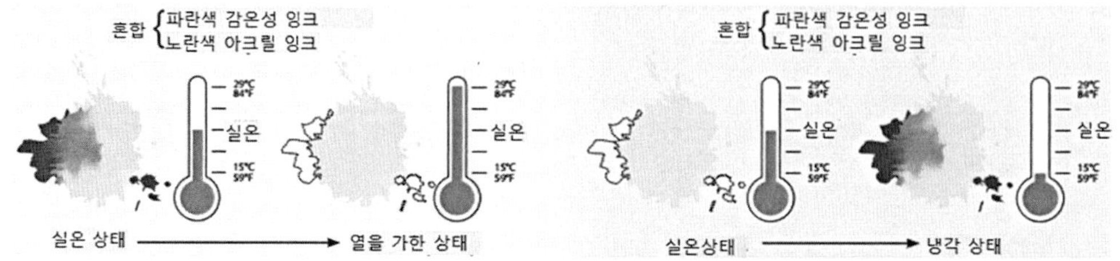

(a) 색상에서 투명으로 변화(color to clear) (b) 투명에서 색상으로 변화(clear to color)

그림 6-20은 감온성 잉크와 일반적인 아크릴 페인트를 혼합한 경우이다. 그림 6-20(a)는 파란색이 감온성 잉크이고, 노란색은 일반 아크릴 페인트이다. 두 가지 색상을 같이 칠하게 되면, 상온에서는 겹치는 부분이 초록색으로 나타난다. 여기에 온도를 가하게 되면, 파란색 부분은 사라지고 노란색만 남게 된다. 그림 6-20(b)의 경우는 노란색만 보이다가 온도를 내리게 되면, 파란색 부분의 감온성 염료 색상이 나타나게 되어 겹치는 부분은 초록색으로 보인다.

류코염료는 액정에 비해 온도 정밀도는 낮은 편이며, 단지 온도가 높다 또는 낮다 또는 적당하다 정도의 정성적인 양을 표현하는데 적합하다. 이러한 류코염료는 색상을 띠는 색소 물질을 혼합해서 사용하며, 유기성 류코염료는 약 −5℃~60℃ 사이에서 반응을 하며, 보통 약 3℃ 정도의 온도가 변해야 염료 색상이 변한다. 류코염료가 사용되고 있는 응용분야 중에서 대표적인 것이 듀라셀 배터리의 상태 표시기이다. 저항성분이 있는 곳에 열을 감지하는 용도로 류코염료의 막을 입히고, 배터리가 동작을 하게 되면 그때 인가되는 전류의 양을 눈으로 확인하는 용도로 사용된다. 염료의 형태는 삼각형 모양으로 된 저항체 위에 칠하게 되고, 저항체로 흐르는 전류의 양에 따라 발열 정도를 감지하여 임계 온도를 넘어서게 되면 색상이 변하도록 되어 있다. 자외선에 노출하거나 높은 온도에 보관하게 되면 류코염료의 수명은 줄어들며, 약 200~230℃ 이상의 온도를 가하게 되면 비가역 손상을 입게 되어 있어 공정 중에 약 250℃에서 짧은 시간만 노출되어야 한다.[43]

6.2.3 무기재료 센서

열 색상효과(thermochromic effect)는 전이온도에서 구조적인 상 변화로 인해 색상이 바뀌는 현상이다. 특히 1949년 모트(Mott)는 반도체-금속 천이를 근거리 밴드 모델을 도입하여 이론적으로 설명을 하였으며, 1963년 허바드(Hubbard)는 이 이론을 더 발전시켜서 부분적으로 채워진 좁은 밴드 내에 있는 전자에 의한 에너지 갭은 0으로 줄어들어 부도체-금속 천이가 일어나는 것을 발견하였다. Ti_2O_3, V_2O_3, VO_2, VO 재료들은 그림 6-21과 같이 낮은 온도에서 반도체 특성을 가지고 있으며, 임계온도에서 금속의 천이하는 특성이 있다. 이러한 산화물 반도체의 전기적 특성에 대해서는 1959년 모린(Morin)에 의해 열-전도 현상이 밝혀졌다. 이와 같은 천이-금속 산화물들은 대부분 열 색상효과가 있으며, 임계온도 Tc에서 상변화로 인해 광학적, 전기적 특성이 변함으로 나타나는 현상이다.[44]

이산화바나듐(VO_2) 재료에 대한 실험적, 이론적인 연구가 많이 이루어졌으나, 천이에 대한 주된 원인은 아직 밝혀지지 않고 있다. 순수한 VO_2 단결정의 반도체-금속 천이온도는 68℃이며, 낮은 온도에서 단사정계(monoclinic) 구조로 있다가 높은 온도에서 사방정계(tetragonal) 구조로 상이 변하는 특성이 있으며, 이에 대한 개념적인 설명은 그림 6-22

그림 6-21 산화바나듐과 산화티타늄의 Mott 천이

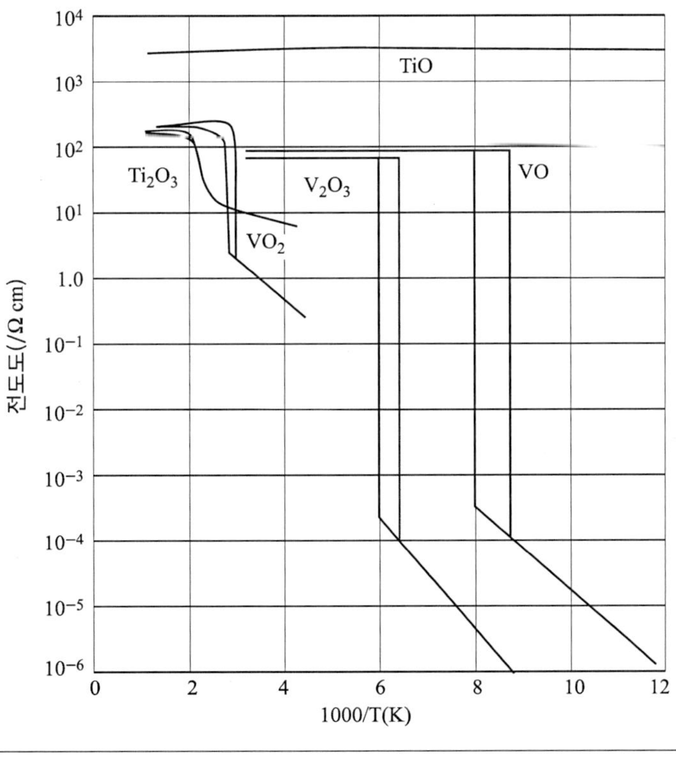

그림 6-22 VO_2의 개념적인 밴드 구조

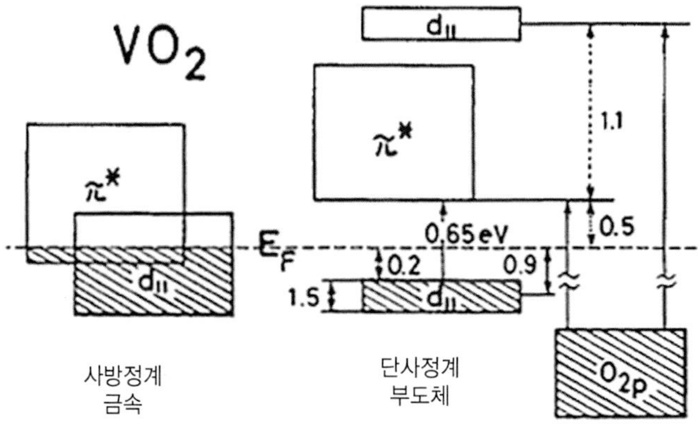

와 같다.

이러한 재료들은 빌딩의 에너지 효율을 올리기 위해 태양빛 제어 코팅용으로 응용이 가능하다. 이산화바나듐을 그림 6-23과 같이 유리 위에 얇게 코팅을 하게 되면, 임계온도 이하의 온도 근처에서는 빛이 많이 입사하게 되어 실내 온도가 올라가며, 임계온도보다 높은 온도에서는 빛이 차단되어 선선하게 유지할 수 있다. 순수한 이산화바나듐의 임계온도는 68℃인데, 여기에 불순물을 도핑하여 임계온도를 낮출 수 있다. 텅스텐은 별로 매력적이지 않은 갈색을 띠는 문제점이 있어 이에 대한 대응으로 금을 도핑하여 파란색/초록색이 나오도록 조절할 수 있다.

그림 6-23 색변화 재료를 스마트 유리에 응용한 개념

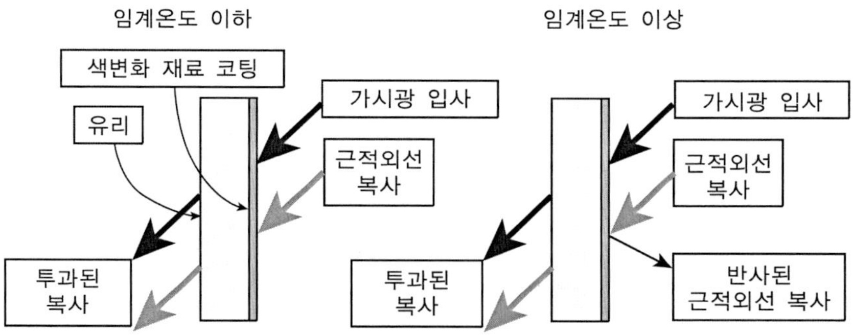

표 6-5 무기재료의 색상변화 온도

재료명	변이온도(℃)	색상 변화	
		저온	고온
Cuprous mercury iodide	67	밝은 빨간색	어두운 갈색
Silver mercury iodide	47~51	노란색	노란 오렌지색
Mercury iodide	126	빨간색	노란색
dimethylammonium-tetrachoronickelate	110	빨간색	파란색
diethylammonium-tetrachoronickelate	52~53	밝은 초록색	노란색
Nickel sulfate	155	녹색	노란색
Chromium oxide	400	빨간색	회색

이산화바나듐 이외에도 이산화티탄늄(titanium dioxide)과 산화아연(zinc oxide)은 상온에서는 흰색인데, 열을 가하게 되면 노란색으로 변화한다. 산화인듐(indium oxide)은 열을 가하게 되면 어두운 노란색에서 노란갈색으로 변화한다. 산화납(lead oxide)도 동일한 색으로 변한다. 이러한 색상 변화는 에너지 레벨과 전자 특성에 의해 일어난다. 기타 무기재료의 색상변화는 표 6-5와 같다.

6.2.4 기타 온도 지시기

온도 지시기는 열에 민감하며 가용성의 특성을 가지고 있는 결정성 고체로 이루어져 있다. 열을 받았을 때, 고체가 갑자기 액체로 변하게 되어 온도를 감지하게 되는 원리이다. 이러한 녹는점은 재현성이 있으며, 주위 환경에 의해 영향을 받지 않는 특성이 있다. 이러한 온도 지시기는 표면의 온도를 직접 측정하는 것이며, 표면에 의한 효과만이 관측이 된다. 그리고 신호를 얻는데 있어 시간적인 지연이 없다는 장점도 있다. 크레용이나 래커로 극미량의 질량으로 마크를 만들어 놓으면, 표면과 빠르게 열평형 상태를 이루게 된다. 작은 질량으로 온도를 읽기 때문에 대상 물체의 온도를 유지한 채로 온도를 읽을 수 있다. 또 다른 장점은 사용이 간편하고 가격이 저렴하다는 것이다. 온도 지시기에는 크레용, 래커, 팰릿과 같은 형태로 사용한다.

크레용은 가장 많이 사용되는 가용성 온도 지시기이다. 여기에는 약 30℃부터 400℃까지 100여종의 온도 등급을 가지고 있으며, 각각은 1% 범위 내의 정밀도를 가지고 있다.

그림 6-24 Omega사의 크레용과 래커 온도 지시기

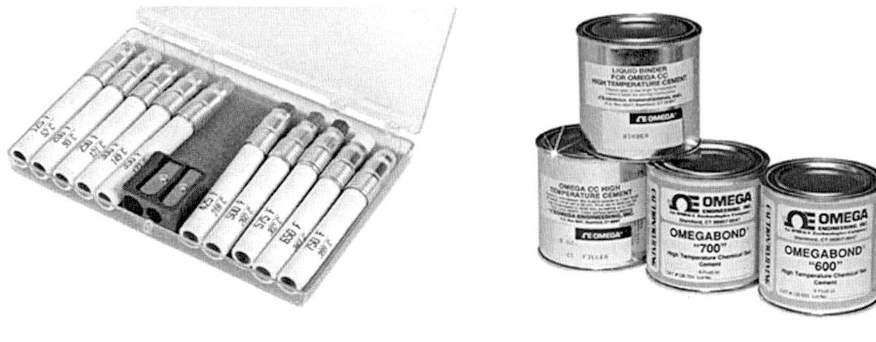

(a) 온도별 크레용 온도 지시기

(b) 온도별 래커 온도 지시기

크레용의 사용법은 매우 간단하다. 테스트 하고자 하는 물체의 표면에 크레용으로 마크를 하고, 예정된 녹는점으로 온도가 되면 마크는 액체로 급격히 변하게 되어 관측자는 원하는 온도에 도달했음을 직관적으로 알 수 있게 된다. 그러나 주기적인 온도 변화가 있거나 (크레용의 마크가 증발할 수 있음), 표면이 매우 미끄러워 크레용 마크가 새겨지지 않거나, 물체가 액체화된 크레용을 흡수해 버리는 상황에서는 사용을 할 수가 없다.

래커는 예정된 온도에 도달하면 흐릿한 색상의 액체상태에서 광택이 나거나 투명해지는 특성으로 변하는 온도지시기이다. 이러한 상변화 액체는 크레용보다는 훨씬 더 다양한 응용이 가능한 가용성 코팅 재료이다. 화학적으로 래커는 정밀하게 교정된 녹는점을 갖는 고형물질을 포함하고 있으며, 이러한 고형물질들이 예정된 온도에 도달하게 되면 액체화된다. 그러나 다시 온도를 내리게 되면 원래상태로 돌아가지는 않고 빛이 나는 코팅된 채로 남아 있게 된다. 따라서 래커를 칠한 부분이 빛이 나는 코팅으로 변해 있으면 이미 예정된 온도에 도달했었다는 것을 알 수 있다. 래커도 매우 다양한 온도 등급을 가지고 있다. 그림 6-24와 같이 Omega 사에는 다양한 형태의 크레용과 래커를 제조 및 판매하고 있다.[45]

색상 변화 물질(Color Changing Materials)

주변 환경에 따라 가시광의 색상이 바뀌는 물질이 있는데 이런 물질을 색변화 물질(chromogenic material)이라 한다. 여기에는 4가지 범주가 있는데, 전기 색변화(electrochromic, EC), 열 색변화(thermochromic, TC), 광 색변화(phtochromic, PC), 압전 색변화(piezochromic, PEC)이다. 광학적 특성의 변화는 흡수, 반사, 산란의 형태로 나타나며, 색변화는 가장 흥미 있는 분야 중의 하나이다.

열색변화(thermochromic, TC) 재료 : 온도에 따라 색상이 변하는 물질이다. 이런 특성을 보이는 재료에는 반도체, 액정, 금속 재료들이 있다. 색상은 임계온도에서 바뀌는데, 이런 임계온도도 다른 재료를 도핑하여 변경시킬 수 있다.

광색변화(photochromic, PC) 재료 : 이것은 빛을 받으면 투명한 상태에서 색상을 내며, 빛을 제거하거나 줄이면 다시 투명한 상태로는 돌아가는 재료이다. 이 재료는 1880년대로 거슬러 올라갈 만큼 오래 전에 발견된 현상 중의 하나이다. 일반적으로 PC 재료는 에너지를 흡수하는 특성이 있는데, 전자기 복사(주로 자외선 복사)에 의해 상태 변화가 생겨서 나타나는 현상이다. 주된 응용 분야는 선글라스 분야이다.

전기색변화(electrochromic, EC) 재료 : 스마트 창문, 눈부심 방지 백미러, 전환 가능한 모터사이클 헬멧 등에 응용되는 재료이다. 스마트 창문의 경우, 건물의 창문과 자동차 선루프에 주로 사용된다. 이것은 움직이는 부분이 없으며 가격을 최소화할 수 있는 것이 장점이다. 약 5 volt의 전압을 인가하면 가시광과 근적외선의 빛을 반사 또는 흡수시킬 수 있다.

(a) 스마트 창문

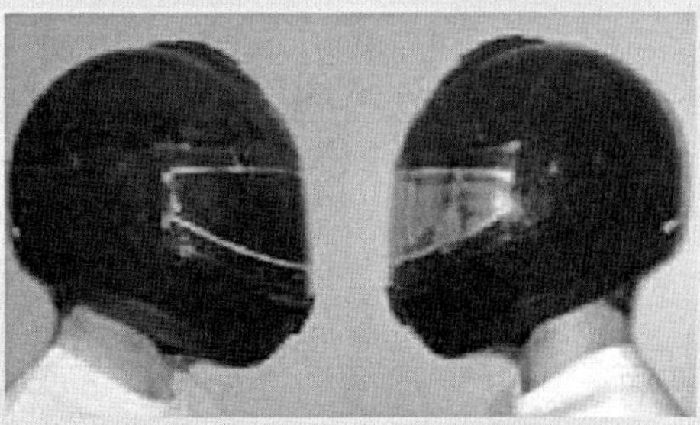

(b) 전환식 모터사이클 헬멧

감열지(thermal printing paper) 원리

표면을 가열하면 녹아서 서로 섞여 발색하는 무색염료와 유기산을 바른 기록용지가 감열지이다. 최소 2가지 성분의 반응에 의한 발색방식을 취하고 있으며, 전자공여성을 지닌 무색의 류코염료(크리스탈바이올렛락톤 등)와 전자수용성 발색제(페놀계 산성물질)를 미립화하여 결합제와 함께 종이에 바른 것이다. 서멀헤드로부터 2~10 ms 동안에 열로 가열하면 미립자가 용융되어 크리스탈바이올렛락톤에 페놀이 작용하게 되고, 따라서 락톤 고리가 열리면서 전자의 이동이 일어나 발색하게 된다.

감열지는 기본이 되는 원지부분과 색을 내는 장치가 되는 발색층의 2중 구조로 되어 있다. 발색층에는 마이크로캡슐이라 불리는 아주 작은 캡슐 모양으로 된 무색염료와 색을 내기 위한 발색제가 접착제와 함께 칠해져 있다. 이 발색층에 팩스나 계산기의 열이 가해지면 마이크로캡슐이 녹아 무색염료와 현색체가 함께 녹아 검게 발색하여 검게 변한 부분이 그림이나 글자가 된다. 약 60℃~150℃의 열을 가해야 발색하기 때문에 보관시 난로 등의 열원에 가까이 두면 검게 변하므로 주의해야 한다. 이러한 약점을 보완하기 위하여 발색층에 보호막을 입히는 방법을 사용하여 햇빛이나 용제에 의해 변하지 않도록 처리한 장기보존용 감열지도 개발되었다.

감열프린터는 감열지에 열을 가해 검게 변색시켜 인쇄하는 방식으로 상점의 영수증과 은행의 대기표나 팩시밀리 등에서 흔히 볼 수 있으며, 프린트의 속도가 80 mm~300 mm/sec로 매우 빠르고, 가격이 저렴하고 소음이 없으며 소형화의 장점으로 응용 분야가 폭넓게 확산되고 있다.

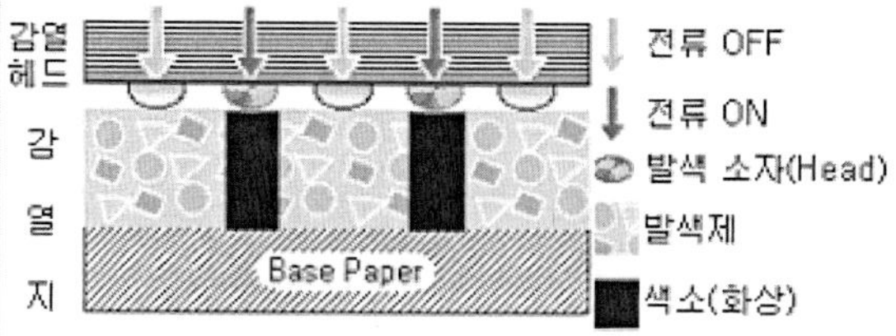

감열지의 발색 원리

Thermal Head

CHAPTER 07

접촉식 온도센서의 실험

실험에 앞서 접촉식 온도센서들에 대한 장단점은 표 7-1과 그림 7-1과 같다. 이들 센서들이 어떻게 동작하는지, 그리고 다양한 온도 프로브와 소자들의 출력 신호가 어떻게 다른지 다음과 같은 간단한 실험을 통해 이해할 수 있다. 우선 준비해야 할 장치들은 다음과 같다.

1) 프로브를 고정시킬 수 있는 스탠드가 있는 전열기(hot plate)
2) 찬물이 담겨 있는 비커
3) 얼음통(영섬 보성용)
4) 서모커플 연결 박스
5) RTD 출력 박스
6) 전압계(마이크로 볼트 단위를 읽을 수 있는 것)
7) 저항계
8) 유리 온도계
9) 바이메탈 온도계
10) 서모커플 2종류
11) RTD 프로브
12) 서미스터 프로브

실험 준비는 다음과 같다.

1) 스탠드가 있는 전열기를 탁자 위에 고정시킨다.

2) 찬 물이 든 비커를 전열기 위에 올려놓는다.
3) 유리 온도계를 비커 내부에 적절한 깊이만큼 담근다.
   이때 유리 온도계를 너무 단단히 고정시키지 말고, 손으로 위 아래로 위치를 조절하면서 원하는 위치에서 적절한 힘으로 조여서 고정시킨다.
4) 바이메탈 온도계 프로브가 약 5 cm 이상 잠기도록 설치한다.
5) RTD 센서를 물속에 담그고, 적절한 길이의 출력 신호선을 연결한다.
6) 서미스터를 물속에 담그고, 저항계에 연결한다.
7) 서모커플을 물속에 담그고, 2개의 서모커플을 연결박스에 연결한다.
8) 서모커플 연결박스에 전압계를 연결한다.

실험 순서는 다음과 같다.

1) 각 센서들의 초기값을 읽고 기록한다. 서미스터, RTD, 서모커플 등의 센서로부터 읽은 값과 유리 온도계에서 읽은 값을 서로 비교한다. 초기값이 다르게 나오는 센서가 있으면 원인을 찾아서 해결하여 유사한 값이 나오도록 설정한다.
2) 전열기를 최대 온도로 설정하여 물을 가열한다.
3) 적절한 시간 간격으로 유리 온도계의 값이 약 94℃가 될 때까지 각 센서에서 나온 출력값을 기록하여 서로 비교한다. 시간 간격은 온도가 약 5℃ 상승할 때마다 기록하는 것이 적절하다.
4) 유리 온도계의 눈금이 94℃에 도달하면 전열기의 전원을 끈다. 그리고 물이 식을 때까지 어떤 장치도 만지지 않는다.
5) 온도가 하강할 때에도 동일한 방법으로 온도를 기록한다.
6) 물이 상온으로 돌아오면 물을 버리고 실험을 종료한다.

실험에 대한 분석은 다음과 같이 한다.

1) RTD의 저항값을 저항-온도 테이블을 이용해서 온도로 환산한다.
   만약 테이블에 없는 값이면 그 중간값을 택한다.
2) RTD로 획득한 온도값을 다른 온도의 결과값과 비교한다.
   a) 바이메탈 온도값과 RTD 온도값을 비교하는 그래프를 그린다.
   b) 서모커플의 mV값, 서미스터의 저항, RTD의 온도 그래프를 그린다.
3) 이 결과를 보고 다음의 질문에 답해 본다.

a) 유리 온도계와 바이메탈 온도계의 그래프를 비교해 보고, 여러분은 이 그림에서 어떤 결론을 내릴 수 있는가?

b) 서모커플의 그래프를 보고, 서모커플로 온도를 측정할 때는 특히 어떤 부분을 중요하게 생각을 해야 하는가?

c) 서미스터의 그래프를 보고, 온도 대 저항의 관계는 어떤 형상인가? 이 그림에서 서미스터로 온도를 측정할 때 장점은 무엇이라 생각하는가?

d) 다음과 같은 상황에서 온도를 측정할 수 있는 가장 적합한 온도센서는 어떤 것이라고 생각하는가? 그리고 그 이유는 무엇인가?

d-1) 뜨거운 기름이 분당 약 100리터로 10 cm 직경의 파이프 내부를 흐르고 있다. 측정 위치로부터 약 450 m 떨어진 컨트롤 룸에서 컴퓨터로 신호를 읽고 있다.

d-2) 약 20,000리터의 통 안에 물이 여러 가지 화학물과 섞여 있다. 혼합된 물의 평균 온도를 측정해서 항상 65℃(±1℃)로 유지시켜야 한다. 히터의 최대 전원을 사용하면 분당 약 10℃의 온도를 올릴 수 있는 히터가 외부에 설치되어 있다.

d-3) 압출기 앞단에 전기로를 설치해서, 약 15 cm 직경, 25 cm 길이가 되는 알루미늄 원통으로 만들고자 한다.

전기로는 약 10 cm 길이로 10개 부분으로 나누어져 있다.

각 부분은 화덕의 온도 제어용으로 천연가스가 흐르는 양을 제어밸브(4~20 mA)로 제어하고 있다.

각 부분의 온도는 200℃~400℃(±10℃)까지 밸브로 제어하여 원하는 온도를 유지해야 한다.

d-4) 냉각 건조 프로세스를 위해 챔버에 액체질소를 이용해서 제어하고 있다. 원하는 온도 영역은 −70℃~−10℃ 사이이다.

제어밸브는 솔레노이드 밸브의 on/off를 이용한다.

d-5) 전기로는 판을 가열하기 위해 히터가 내장되어 있다.

원하는 온도 영역은 100℃~300℃ 사이를 조절하고자 한다.

열판의 크기는 $10\times10\ cm^2$이고, 공기에 노출되어 있다.

히터의 크기는 $3\times3\ cm^2$이다.

표 7-1 접촉식 온도센서의 장단점 비교

	NTC 서미스터	Pt RTD	서모커플	pn 다이오드
센서 형태	세라믹	백금선	열전	반도체 접합
온도측정범위 (일반적)	−100~325℃	−200~650℃	−200~1200℃	−70~150℃
정밀도 (일반적)	0.05~1.5℃	0.1~1.0℃	0.5~5.0℃	0.5~5.0℃
안정성 (@100℃)	0.2℃/year(에폭시) 0.02℃/year(유리)	0.05℃/year(필름) 0.002℃/year(선재)	가변적	〉1℃/year
출력형태	NTC 저항변화 −4.4%/℃(일반적)	PTC 저항변화 0.00385Ω/℃	열기전력 10μV~40μV/℃	디지털, 다양한 출력
선형성	지수 함수적	좋은 선형성	비선형적	선형적
반응 시간	빠름, 0.12~10초	느림, 1~50초	빠름, 0.1~10초	느림, 5~50초
전기적 잡음 민감도	영향 덜 받음 (고저항인 경우)	영향 덜 받음	영향 많이 받음	PCB 설계에 따름
비용	적절	선재: 높음 필름: 낮음	낮음	적절
배선저항 효과	낮은 저항에서 영향 받음	큰 영향 받음	TC 확장 케이블 필요	N/A
장점	- 높은 민감도 - 높은 정밀도 - 적절한 가격 - 강인함 - 기밀봉착	- 높은 정밀도 - 높은 안정성 - 우수한 선형성	- 넓은 온도측정범위 - 자체 신호발생 - 자체 열없음 - 강인함	- 사용하기 쉬움 - PCB 장착가능 - 강인함 - 적절한 비용
단점	- 비선형 - 자체 열발생 - 수분에 취약	- 배선저항 오차 - 느린 반응시간 - 진동저항 - 크기 - 패키지 제한	- 온도보정 필요 - 낮은 정밀도 - 낮은 안정성 - TC 확장 케이블 필요	- 낮은 정밀도 - 제한된 응용 분야 - 낮은 안정성 - 느린 반응시간

그림 7-1 접촉식 센서의 장단점 비교

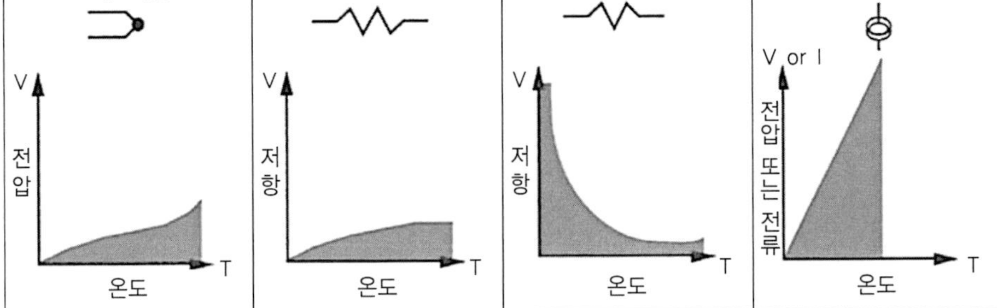

	서모커플	RTD	서미스터	반도체 센서
장점	ㅁ 자가 전원 ㅁ 간단함 ㅁ 단단함 ㅁ 가격이 저렴함 ㅁ 다양한 응용 분야 ㅁ 넓은 온도 측정 범위	ㅁ 가장 안정적 ㅁ 가장 정확함 ㅁ 서모커플에 비해 선형성이 우수	ㅁ 큰 출력 신호 ㅁ 빠른 응답속도 ㅁ 2-선 측정이 가능	ㅁ 선형성이 가장 우수 ㅁ 큰 출력 신호 ㅁ 가격이 저렴
단점	ㅁ 비선형적 특성 ㅁ 낮은 출력의 기전력 ㅁ 레퍼런스 보정 필요 ㅁ 안정성이 약함 ㅁ 민감도가 낮음	ㅁ 가격이 높음 ㅁ 전류소스가 필요 ㅁ 낮은 저항 변화율 ㅁ 낮은 절대 저항 ㅁ 자가 발열	ㅁ 비선형적 특성 ㅁ 한정된 온도측정 범위 ㅁ 깨지기 쉬움 ㅁ 전류소스가 필요 ㅁ 자가 발열	ㅁ T 〈 200℃ ㅁ 전원공급기가 필요 ㅁ 반응속도가 느림 ㅁ 자가발열 ㅁ 제한된 구성

Part III

비접촉식 온도 센서

CHAPTER 08

적외선의 물리학

8.1 적외선의 발견

중세의 과학자들은 사람 눈에 보이는 빛에 대해 많은 연구를 하였다. 특히 사람 눈에 보이는 색에 대해 연구를 많이 하였는데, 물리학자 뉴턴 당시까지만 해도 빛에는 색이 없다고 믿었으며, 색을 물체 자체의 고유한 성질이라고 생각했다. 예를 들어 사과가 빨간 것은 사과가 고유한 성질인 빨간색을 갖고 있기 때문이라는 것이다. 이러한 이론은 나타났다 사라지는 무지개 색에 대해서는 설명하기 어려운 현상이었다. 고대 학자인 데카르트는 빛이 프리즘을 통과할 때 프리즘 재질의 특수한 성질로 무지개색이 나타난다고 설명하였다. 즉, 원래 색이 없던 빛이 프리즘의 재질로 여러 가지 색을 가진 빛으로 변화하게 된다는 이론이었다.

1666년 뉴턴은 그림 8-1과 같은 프리즘 실험을 통해 데카르트의 설명이 맞는지 실험을 해 보았다. 프리즘 현상에 대한 데카르트의 설명이 옳다면, 프리즘 B를 통과한 빛의 색은 빨간색이 될 수 없다. 그러나 뉴턴의 실험결과는 이와는 달리 프리즘 B를 통과한 빛의 색도 빨간색으로 나타났다. 이것은 데카르트의 설명에 반하는 결과였다. 따라서 뉴턴은 프리즘 현상을 설명하기 위해 '빛에는 여러 색에 대응하는 종류들이 있으며, 같은 재질에 대해 각 종류의 빛이 굴절되는 정도는 다르다.'라는 가설로 자신의 실험결과를 설명하였다. 1704년 그는 '광학'이라는 책을 출판하였는데, 여기서 가장 큰 크기의 빛 입자가 최대 진동수인 적색을 만들고, 가장 작은 크기의 빛 입자가 최소 진동수인 청색을 만들어 낸다고 발표했다.

그림 8-1 뉴턴이 실험한 이중 프리즘 실험 개요

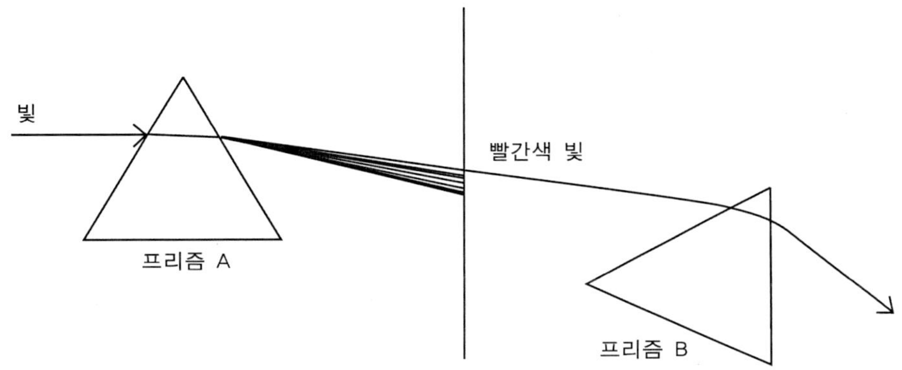

1800년대에 영국의 왕립 천문학자인 윌리엄 허셀(William Herchel)이 프리즘을 이용해서 가시광선 온도를 그림 8-2와 같이 측정하는 실험을 시도하였다. 빨간색 바깥에 아무런 빛이 없는 곳에 있는 온도계의 온도가 예상했던 것보다 훨씬 높게 나온 것을 우연히 발견하였다. 이에 허셀은 눈에 보이지는 않지만 어떤 형태의 전자기파가 존재한다는 사실을 처음 발견하였으며, 빨간색 너머에 있다는 의미에서 적외선(infrared, 赤外線)이라고 최초로 명명하였다.

1830년경에 모든 물체는 적외선을 발산한다는 사실을 알게 되었으며, 노빌리(Nobili)에

그림 8-2 William Herchel의 적외선을 발견한 프리즘 실험

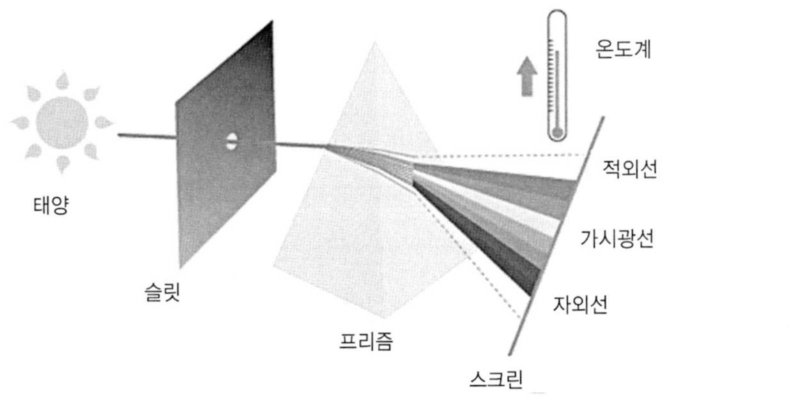

의해 두 금속의 열기전력 차이를 이용한 최초의 서모커플(thermocouple)이 발명되어 보다 정확한 온도를 측정할 수 있게 되었다. 1859년 키르히호프(Kirchhoff)는 적외선의 흡수(absorption)와 방사(emission)는 서로 비례관계에 있음을 증명하였으며, 1879년 슈테판(Stefan)은 적외선의 복사량은 온도의 4제곱에 비례한다는 사실을 발표했으며, 1884년 볼쯔만(Boltzmann)은 슈테판의 주장을 이론적으로 증명하였다. 1893년 율리어스(Julius)는 적외선 흡수는 원자가 아니라 분자에서 일어난다는 사실을 발표했으며, 1896년 빈(Wien)은 적외선 복사량이 온도와 파장의 함수임을 제시하였다. 1900년 12월 독일 베를린 대학의 이론물리학 교수였던 맥스 플랑크(Max Planck)는 독일 물리학회에서 흑체복사의 에너지는 플랑크 상수라는 특정한 상수와 진동수 곱의 정수배가 되어야 한다는 주장을 했다. 바로 이것이 현대 물리학의 시발점이 되었으며, 적외선 복사현상을 이론적으로 최초로 정립한 계기가 되었다. 이 이론으로 미세 에너지는 불연속적이라는 양자 역학적인 개념을 받아들이게 되었다.

적외선은 영어로 infrared이며, 한자로 赤外線이라고 한다. Infrared는 '빨간색'을 뜻하는 red에 '넘어'라는 뜻을 가진 infra라고 하는 접두어가 합해진 것으로 풀이하면 '빨간색 너머'라는 뜻이다. 이러한 영문의 뜻을 그대로 한자로 풀이한 것이 赤外線이다. 빨간색은 사람 눈으로 볼 수 있는 가시광선(visible light) 중의 하나이다. 가시광선은 무지개색이라고 하는 '빨주노초파남보'의 일곱 가지 색이 존재하는 빛의 영역이다. 사람의 눈으로 인식할 수 있는 파장을 기준으로 가시광선 중에서 빨간색 바깥에 있는 빛을 적외선이라 하며, 보라색 바깥에 있는 빛을 자외선(紫外線, ultraviolet)이라 한다.

전자기파 스펙트럼에서 적외선은 그림 8-3과 같이 0.75 μm에서 1,000 μm 파장 영역에 해당하며, 가시광선에 비하면 매우 넓은 영역 대이다. 적외선은 일부 구간마다 각각의 특성이 다르므로 파장 대역을 세분화해서 부르기도 한다. 일반적으로 구분하는 방법, 국제조명위원회(International Commission on Illumination, CIE)에서 분류하는 방법, ISO에서 구분하는 방법, 천문학자들이 분류하는 방법 등 다양한 방법이 있다. 일반적인 분류방법은 표 8-1과 같다. 근(近)적외선, 단(短)적외선, 중(中)적외선, 원(遠)적외선, 극(極)적외선 등 5개 영역으로 세분한다. NIR과 SWIR 영역에서는 주로 반사된 광을 이용한 응용 분야가 많기 때문에 반사 적외선(reflected infrared)이라고 부르기도 하며, MWIR과 LWIR은 물체에서 스스로 방사하는 광(즉, 온도)을 이용한 응용 분야이기 때문에 열 적외선(thermal infrared)이라 부르기도 한다.

그림 8-3 전자기파에서 적외선 영역

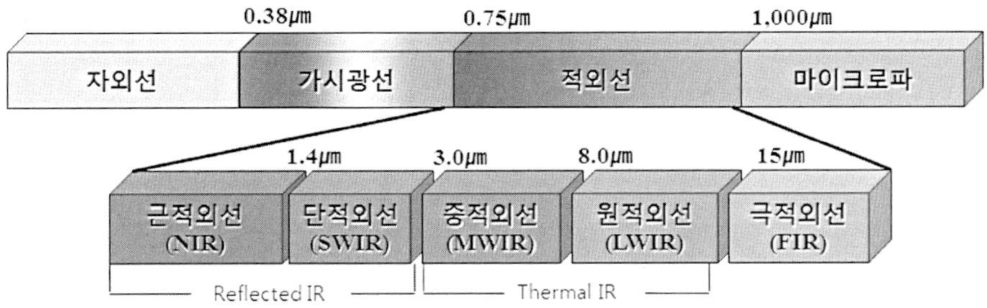

표 8-1 파장에 따른 적외선 대역의 분류

적외선 이름	파장 대역
근적외선(NIR, Near InfraRed)	0.75 μm~1.4 μm
단적외선(SWIR, Short Wavelength InfraRed)	1.4 μm~3.0 μm
중적외선(MWIR, Middle Wavelength InfraRed)	3.0 μm~8.0 μm
원적외선(LWIR, Long Wavelength InfraRed)	8.0 μm~15.0 μm
극적외선(FIR, Far InfraRed)	15.0 μm~1,000 μm

CIE에서는 0.7~1.4 μm를 IR-A, 1.4~3.0 μm를 IR-B, 3.0~1,000 μm를 IR-C로 구분한다. ISO 20473에 의하면 근적외선(near infrared, NIR) 영역을 0.78~3.0 μm, 중적외선(mid infrared, MIR) 영역을 3.0~50 μm, 원적외선(far infrared, FIR)을 50~1,000 μm 영역으로 구분한다. 그리고 천문학에서는 근적외선을 (0.7~1)~5 μm, 중적외선을 5~(25-40) μm, 원적외선을 50~1,000 μm로 구분한다.

8.2 플랑크(Planck) 복사법칙

1900년 12월 14일 독일 베를린 대학의 이론물리학 교수였던 플랑크(Max Planck)는 독일 물리학회에서 흑체복사의 에너지가 플랑크 상수라는 특정한 상수와 진동수의 곱의 정수배가 되어야 한다는 주장을 했는데, 바로 이것이 새로운 20세기 현대물리학의 시발점이 되었다. 막스 플랑크는 자신이 얻은 새로운 복사법칙에 대한 이론적 근거를 찾는 과정에서 뜻하지 않게 볼쯔만(Boltzmann)의 통계역학이 가정하고 있었던 원자론적인 엔트로피 법칙을 받아들이지 않으면 안 되는 곤란한 상황에 봉착하게 되었다. 즉, 플랑크가 얻어낸 복사식은 당시 물리학에서 동시에 받아들이기 힘들었던, 연속적인 전자기학과 불연속적인 볼쯔만 통계역학을 모두 받아들일 때에만 보다 일관적으로 설명이 된다는 문제점을 지니고 있었다.

눈에는 연속된 물질처럼 보이는 물과 같이 매끄러운 물질도 원자라는 작은 알갱이로 구성되어 있다는 것을 받아들이는 것은 그리 어렵지 않다. 그런데 20세기가 시작되던 1900년에 쉽게 받아들일 수 없는 새로운 사실이 밝혀졌다. 에너지와 운동량과 같은 물리량도 연속된 양이 아니라 불연속적인 값으로만 존재한다는 것이 밝혀진 것이다. 뉴턴역학을 기초로 하는 고전 물리학에서는 에너지, 운동량, 속도와 같은 물리량은 알갱이로 이루어진 물질과는 달리 연속적인 양이라고 생각해 왔다. 정지한 물체에 에너지를 가하면 속도가 증가하면서 운동에너지도 증가한다. 이때 우리는 에너지가 0에서부터 연속적으로 증가할 것이라고 생각한다. 그런데 사실은 이게 아니고, 에너지도 덩어리로 되어 있기 때문에 덩어리로 주고받을 수밖에 없고, 따라서 에너지도 이 덩어리의 정수배로만 증가한다는 것이다. 예를 들어 에너지 덩어리의 크기가 10이라면 물체가 가질 수 있는 에너지는 10, 20, 30, … 이런 값만 가능하다는 뜻이다. 이런 에너지 덩어리를 에너지 양자라고 부르고 에너지가 이렇게 덩어리를 이루고 있는 것을 에너지가 양자화되어 있다고 말한다. 에너지가 양자화되어 있으면, 에너지와 관련된 다른 물리량도 양자화되어 있어야 한다. 물리량이 양자화되어 있다는 것을 우리가 경험을 통해 인지하기는 매우 어렵다. 연속된 물리량만을 취급해 온 뉴턴역학은 심각한 타격을 입지 않을 수 없게 되었다. 뉴턴역학이 양자화되어 있는 물리량을 다룰 수 없다면 이런 물리량을 다루는 새로운 이론이 필요한 것이다.

그러면 1900년대 근처에 물리학자들은 에너지가 양자화되어 있다는 사실을 어떻게 알게 되었을까? 19세기 물리학자들을 괴롭힌 문제 중 하나가 흑체복사(blackbody radiation)에 있었다. 사람이 물체를 볼 수 있는 것은 이 물체들이 빛을 스스로 내거나 물체표면에서 반사되어 왔기 때문이다. 흑체란 외부에서 오는 빛을 모두 흡수하고 반사하지 않는 물질을 말한다. 검은 물체는 빛을 가장 작게 반사하므로 이런 물체를 완전한 흡수체라는 의미에서 흑체라고 부르지만, 엄밀한 의미에서 검은 물체도 일부의 빛을 반사하므로 완전한 흡수체는 아니다. 그러나 흑체를 완전한 흡수체로 가정하면, 흑체에서는 반사광이 나오지 않으므로 흑체에서 나오는 빛은 스스로 내는 빛뿐이다. 19세기 물리학자들은 흑체가 내는 빛의 파장과 세기가 물체의 온도에 따라 어떻게 달라지는지를 설명하려고 시도하였다. 그런데 온도에 따라 물체가 내는 빛의 색깔(파장)이 달라지는 것을 설명하는 것이 흑체복사의 문제였다. 온도가 낮은 물체는 붉은색의 빛을 내고, 온도가 높아지면 푸른색 계통의 빛을 낸다는 것은 잘 알고 있었다. 이것은 낮은 온도에서는 붉은 빛의 세기가 강하지만, 온도가 높아지면 푸른빛의 세기가 강해진다는 것을 뜻한다. 따라서 흑체복사의 문제란 물체의 온도에 따라 왜 다른 색깔의 빛이 나오는지를 설명하는 문제였다.

이러한 흑체복사에 대해 1900년 플랑크의 이론적인 복사법칙이 나오기 전까지는 두 가지 이론이 알려졌었다. 1879년 슈테판이 실험적으로 발견하고, 1884년 볼쯔만(Boltzmann)이 맥스웰(Maxwell)의 전자기학을 이용하여 이론적으로 열복사와 온도와의 관계를 최초로 설명하였는데, 이것은 이후의 열복사 연구에 중요한 계기가 되었다. 이 법칙에 의하면 온도 T인 흑체의 단위면적에서 단위시간에 방출되는 복사에너지 s는 $s = \sigma T^4$로 쓸 수 있으며, 비례상수 σ를 슈테판-볼쯔만 상수(Stefan-Boltzmann constant)라고 정의하였다. 1886년 미국 천문학자인 랭글리(Langley)는 적외선 강도를 측정할 수 있는 볼로미터(bolometer)를 개발해서 흑체 구리에서 발생하는 에너지와 태양에서 발생하는 에너지를 비교하는 실험을 통해 흑체복사에 대한 정량적인 실험을 하였으며, 그 관계를 나타내는 구체적인 실험결과를 발표하였다. 1887년 러시아의 블라드미르 미켈슨(Wladimir Michelson)은 슈테판-볼쯔만 법칙을 자신의 이론과 결합해 랭글리의 실험적 결과에 정성적인 설명을 부여하였으나 정량적으로 설명하기에는 부족하였다.

곧이어 1893년 독일의 빌헬름 빈(Wilhelm Wien)은 슈테판-볼쯔만 법칙을 보다 일반적인 방법으로 유도하는 한편, 절대온도 T에서 흑체로부터 방출되는 복사에너지 밀도가 최대로 되는 파장에 반비례한다는 빈의 변위법칙(Wien's displacement law)을 발표했는데, 그 관계식은 $\lambda_m = b/\mathrm{T}$이며, 여기서 b는 Wien의 상수이다. 이 상수는 고전 역학적으로는 계산이 불가능하며, 양자역학에 의해서만 계산이 된다. 이 법칙에 의해 물체를 가열했을 때의 색은 온도를 높일수록 짧은 파장의 빛으로 이동함을 나타내는 것으로 온도가 높을수록 빨간색에서 보라색 쪽으로 이동해 가는 것을 설명할 수 있었다. 그러나 이 법칙은 높은 진동수의 전자기파에는 잘 맞았지만 낮은 진동수에서는 잘 맞지 않았다.

1900년 12월 14일에 플랑크가 앞선 두 가지 실험 및 이론을 완벽하게 정리한 복사법칙을 독일 물리학회에서 발표하였다. 그의 가장 큰 업적은 복사에너지가 연속적으로 분포된 것이 아니라 $h\nu$의 양만큼 불연속적으로 양자화되어 있다는 가정이었다. 다시 말해 에너지는 임의의 작은 양으로 주고받을 수 있는 것이 아니라 일정한 크기의 덩어리 형태로만 주고받을 수 있다는 것이다. 이것을 식을 이용하여 나타내면 진동수가 ν인 전자기파의 에너지는 $h\nu$라는 에너지 덩어리로만 방출할 수 있다는 것이다. 플랑크는 이 이론으로 1918년 노벨 물리학상을 받았다.

이러한 혁명적인 아이디어로 1905년 아인스타인(Einstein)에 의해 광전자 효과(photoelectron effect)를 설명할 수 있게 된 계기가 되었다. 광전자 효과 이전에 빛은 파동의 성질만 가지고 있다고 생각했으나, 광전자 효과의 실험적인 증명으로 물리학자들은 빛은 입자이자 파동의 성질을 동시에 가지고 있다는 사실을 알게 되었다. 이상적인 흑체에서 나오는 플랑크 복사법칙은 다음 식과 같으며, 여기서 E는 분광복사휘도(spectral radiance), T는 흑체의 절대온도 K, k_B는 Boltzmann 상수로 1.38×10^{-16} erg/K, h는 Planck 상수로 6.625×10^{-27} erg-sec, c는 빛의 속도로 3×10^{10} cm/sec 이다.[46, 47]

$$E(\nu, T) = \frac{2h\nu^3}{c^2}\frac{1}{[\exp(h\nu/k_B T) - 1]} \tag{8-1}$$

$$E(\lambda, T) = \frac{2hc^2}{\lambda^5}\frac{1}{[\exp(hc/\lambda k_B T) - 1]} \tag{8-2}$$

이 식에서 슈테판-볼쯔만 법칙과 빈의 변위법칙을 유도할 수 있다.

슈테판-볼쯔만 법칙 :

$$E = \sigma T^4 \tag{8-3}$$

$\sigma = 5.6705\times10^{-5}\ \mathrm{erg\cdot cm^2\cdot K^{-4}\cdot s^{-1}}$

(σ : 슈테판-볼쯔만 상수)

빈의 변위법칙 : $\lambda_{max} = \dfrac{3\times10^7}{T}$ (λ: Å, T: kelvin) (8-4)

빈의 변위법칙은 해당 온도에서 복사분포의 최대점이 되는 파장을 알려주는 관계식이며, 슈테판-볼쯔만 법칙은 모든 파장에서 방출되는 총 에너지에 대한 정보를 나타낸다. 그러므로 빈의 변위법칙은 온도가 올라감에 따라 최대 복사가 일어나는 파장이 짧아지는 것을 설명해 주며, 슈테판-볼쯔만 법칙은 온도가 올라감에 따라 곡선의 높이가 높아지는 것

그림 8-4 플랑크 복사법칙의 계산 결과

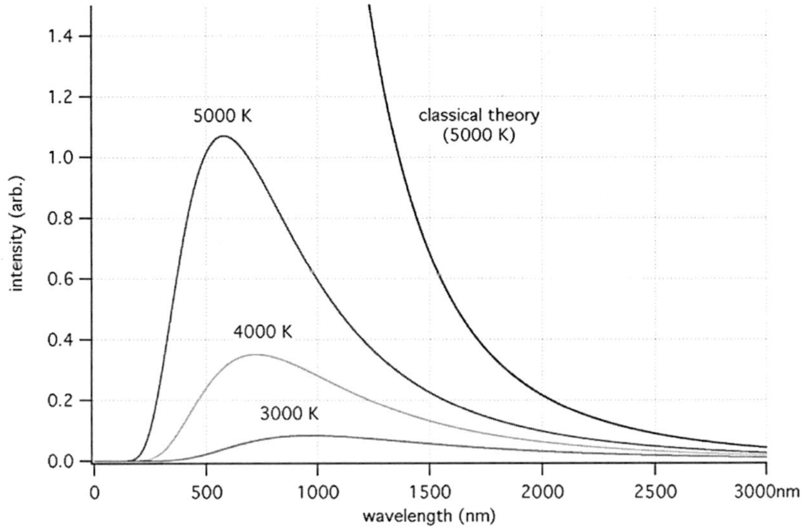

을 설명해 준다. 그림 8-4는 플랑크 복사법칙의 수식으로 온도별, 파장에 따른 계산 결과이다. 그림에서 알 수 있듯이 고전적인 방법으로는 해결할 수 없었던 자외선 파국(ultraviolet catastrophe)을 플랑크 복사법칙에서는 해결할 수 있게 되었다. 이에 대한 수학적인 유도과정은 현대 물리학 교재나 웹사이트를 참고하면 된다.[48]

8.3 흑체의 정의

흑체(black body)는 모든 각도에서 다양한 주파수를 가지고 입사하는 전자기파 복사를 완벽하게 흡수하는 이상적인 물체를 의미한다. 따라서 열적 평형상태에 있는 흑체에서 나오는 전자기파 복사를 흑체복사라고 하며, 이때 발산하는 전자기파 복사는 플랑크의 복사법칙을 따른다. 열적 평형상태에 있는 흑체는 다음과 같은 두 가지 특성이 있다.

① 이는 이상적인 방사체(ideal emitter)로서, 동일한 온도에 있는 어떤 다른 방사체보다 항상 에너지가 높다.

② 이는 분산 방사체(diffuse emitter)로서, 에너지는 방향에 관계없이 등방성으로 복사된다.

1860년 키르히호프(Kirchhoff)가 "입사하는 모든 빛을 완벽하게 흡수하고, 반사하거나 흡수되지 않는 무한히 얇은 두께를 가진 물체이다. 나는 이것을 간단히 줄여서 흑체라고 정의한다."라고 처음으로 흑체에 대한 개념을 도입하였으며, 오늘날 무한히 얇은 두께라고 하는 조건은 삭제하고 사용되고 있다. 흑체의 외형적인 개념은 그림 8-5와 같이 외부로 복사(radiation)하지 않는 벽면을 가진 공동(cavity)에 조그만 구멍(hole)이 있는 것과 같은 개념이다. 빛이 구멍 안쪽의 공동으로 들어가면, 공동의 내부가 매우 넓어서 한번 들어온 빛은 외부로 빠져나가지 못한다. 그림과 같은 구멍을 가진 물체는 입사하는 복사의 파장이 구멍의 직경보다 더 크다면 입사하지 못하고 반사할 것이기 때문에 부분적으로는 완벽한 흑체는 아니지만 흑체에 대한 개념적인 이해를 위해서 자주 사용하는 모델이다. 공동의 온도가 일정하다고 하고 내부로 들어온 빛들이 열적으로 평형상태에 있다고 가정을 하면 구멍을 통해 빛들이 빠져나갈 수 있다. 만약 구멍이 작다면, 이 구멍을 통해 들어오고 나가는 복사량은 공동 내부의 열적 평형상태에는 영향을 거의 주지 못할 것이다. 따라서 구멍의 크기보다 훨씬 짧은 파장의 빛이 구멍을 통해 나가는 복사는 구멍과 공동의 특성과 관계없이 온도의 함수로만 주어진 에너지 특성을 보일 것이며, 이는 흑체복사와 거의 유사하다.

한 물체가 뜨거워지면 열을 내게 되는데 이를 복사(radiation)라 한다. 고체에서 방출되는 복사에는 여러 가지 파장(또는 진동수)을 가진 빛으로 구성되어 있다. 19세기 말에 물리학자들은 흑체에서 어떻게 여러 가지 진동수를 가진 복사가 나오며 이들은 물체 표면의 온도와 어떠한 관계가 있는지를 연구하였다. 1860년 키르히호프는 '흑체 복사 강도의 분포는 벽의 물질이나 공동의 모양 및 크기와는 상관없고 오직 온도와 빛의 파장에만 관계

그림 8-5 흑체의 개념

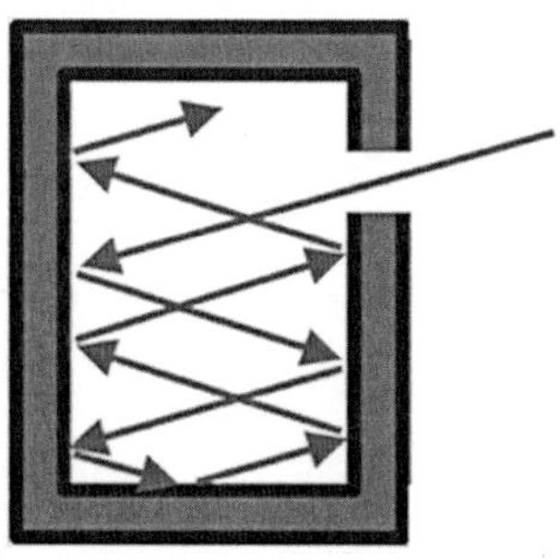

된다.'라는 것을 밝혔다. 즉, 같은 온도로 데워진 물체는 돌이든 쇠든 방출하는 빛의 분포는 똑같다는 것이다. 이 당시만 해도 열복사는 전자기파와 아무런 관계가 없는 것으로 생각했으나, 1888년 하인리히 헤르쯔(Heinrich Hertz)가 전자기파의 존재를 발견한 이후, 물리학자들은 가시광선이나 열복사에 전자기파 이론을 적용하기 시작하였다.

흑체 소스의 상업적인 사용은 비접촉식 온도계의 온도 교정을 위해 개발되었으며, 이후 적외선을 이용한 열화상 카메라의 성능 분석을 위해 성능이 우수한 흑체가 개발되었다. 대표적인 상업용 흑체 소스 제조사는 미국의 SBIR 사, Mikron 사 등이 있으며, 이들 업체에서 다양한 형태의 제품을 제공하고 있다. 흑체 소스의 핵심 기술은 온도를 정확하게 제어하는 기술인데, 상업용으로 출시된 제품들의 온도 편차는 평균 ±0.5℃ 이내로 제어하고 있다.

흑체를 이용해서 온도에 따른 복사를 측정하면 앞서 이론적으로 정의된 플랑크 복사법칙에서 예측한 결과인 그림 8-6을 얻게 된다. 그림에서 저온에서부터 약 1,300K 온도까지

그림 8-6 흑체의 온도에 따른 복사 스펙트럼

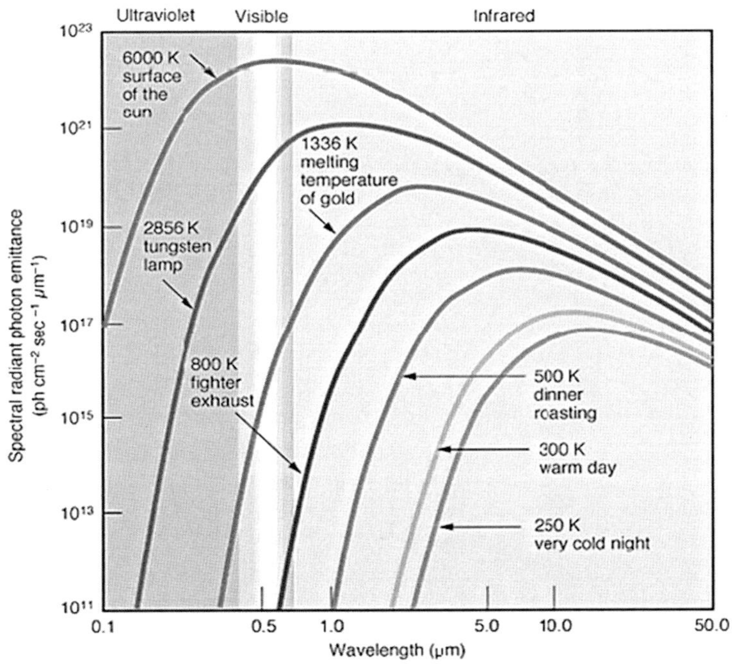

나오는 대부분의 복사 에너지 피크 파장은 적외선 영역에 해당한다. 즉, 사람이 생활하는 일반적인 온도인 300K 근처의 피크 파장은 8~14 μm에 해당하며, 500K 근처의 피크 파장은 3~5 μm에 해당한다. 표 8-1의 적외선 분류에서 LWIR 영역은 사람 체온과 관련된 응용 분야에 사용되고, MWIR 영역은 군사용의 미사일 추적기 분야에 사용된다. FIR 영역은 분자의 진동 에너지와 관련되어 있어 고체 표면물리 연구에 활용되고 있다.

8.4 적외선의 대기 투과도

자연에서 관측되는 자외선에서 적외선까지의 스펙트럼은 그림 8-7과 같다. 태양의 표면에서는 약 5,700K의 복사 에너지가 방출되며, 이 중에서 약 70~75% 정도의 복사 에너지

그림 8-7 태양과 지표면에 의한 흑체복사와 고도에 따른 흡수율

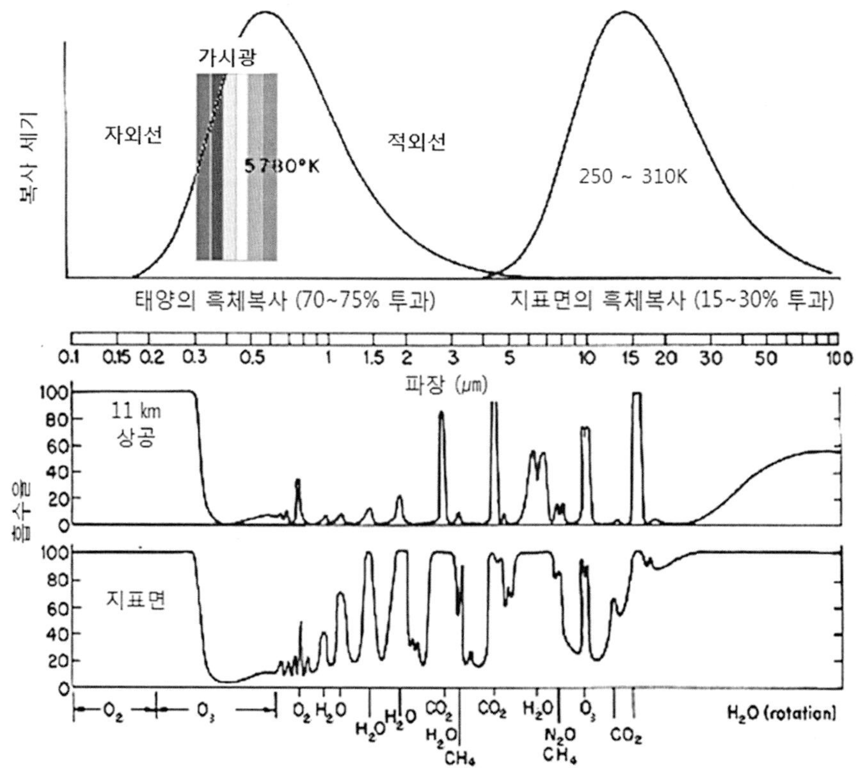

그림 8-8 전자기파의 대기 투과도 특성

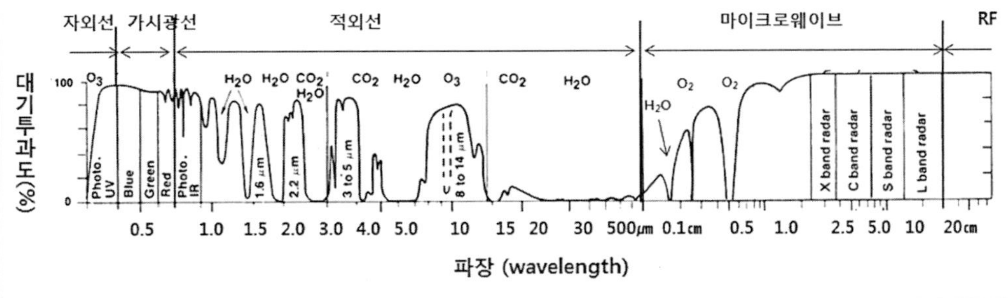

가 지구 표면으로 도달한다. 이에 해당하는 영역이 자외선과 가시광선, 일부 적외선 영역이다. 태양의 입사 에너지에 의해 지구 표면은 데워져서 약 250~310K의 복사 에너지를 공간으로 방출하게 된다. 대기 중에는 다양한 이원자로 된 분자들(특히 수분과 이산화탄소)이 존재하는데, 이들 분자들의 진동에너지에 의해 복사 에너지가 흡수를 하게 되며, 지표면의 대기 밀도가 높기 때문에 지구 상공보다는 지표면에서 분자들에 의한 흡수 효과가 더 크게 나타난다.

전자기파의 전 영역 대기 투과도(atmospheric transmission) 특성은 그림 8-8과 같다. 극적외선 영역은 이산화탄소와 수분에 의해 대부분 흡수가 되어 적외선이 대기를 투과하지 못하는 반면, 다른 파장 대역의 적외선은 이산화탄소와 수분에 의해 일부 흡수가 발생하지만 대기를 투과하는 영역이 존재하는데, 이 영역대가 바로 NIR, SWIR, MWIR, LWIR 영역에 해당한다. 그리고 마이크로웨이브와 가시광선 영역은 분자들의 영향을 덜 받으며, 대기 투과도가 적외선에 비해 매우 우수하다. 단파장의 자외선 영역의 대기 투과도가 떨어지는 것은 공기 중에 존재하는 입자들과의 산란(scattering) 때문이다.

적외선은 분자들에 의한 흡수효과로 투과 특성이 좋지 않지만, 가시광선에 비해 적외선이 안개를 통과해서 물체를 잘 볼 수 있는 것은 산란이 잘 생기지 않는 특성 때문이다. 빛의 파장은 입자 크기에 따라 두 가지 종류의 산란이 존재하는데, 입자 크기가 파장보다 작은 경우는 레일리 산란(Rayleigh scattering)이 발생하고, 입자 크기가 파장보다 같거나 큰 경우에는 미 산란(Mie scattering)이 발생한다. 그림 8-9와 같이 레일리 산란은 전방향으로 산란이 발생하며 산란의 세기는 파장의 4제곱근 역수($1/\lambda^4$) 관계에 있다. 따라서 긴 파장(빨간색) 보다는 짧은 파장(파란색)에서 이 산란 효과가 더 크게 나타난다. 가시광

그림 8-9 레일리(Rayleigh) 산란과 미(Mie) 산란의 비교

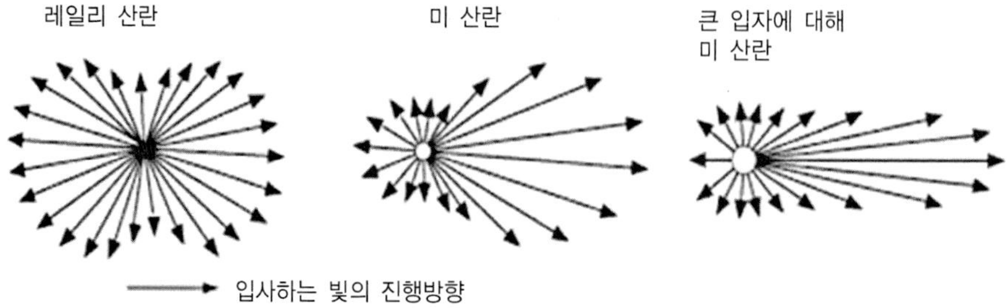

선 영역에서 레일리 산란이 발생하는 확률은 그림 8-10과 같다. 자외선 영역의 투과도가 떨어지는 이유가 바로 레일리 산란 때문이다. 반면, 미 산란은 진행방향으로 빛이 나아가려는 특성이 있으며, 산란의 세기는 파장의 역수(1/λ)로 서서히 줄어드는 효과가 있다.

그림 8-11은 관측자의 위치에 따른 레일리 산란과 미 산란을 개념적으로 설명한 것이다. 관측자의 머리 위에 위치한 하늘 부분에서 입자 부유물에 의해 두 산란이 동시에 발생하지만, 미 산란은 그대로 우주 공간으로 진행을 하므로 관측자에게 보이는 것은 주로 레

그림 8-10 가시광선 영역에서 레일리 산란의 비율

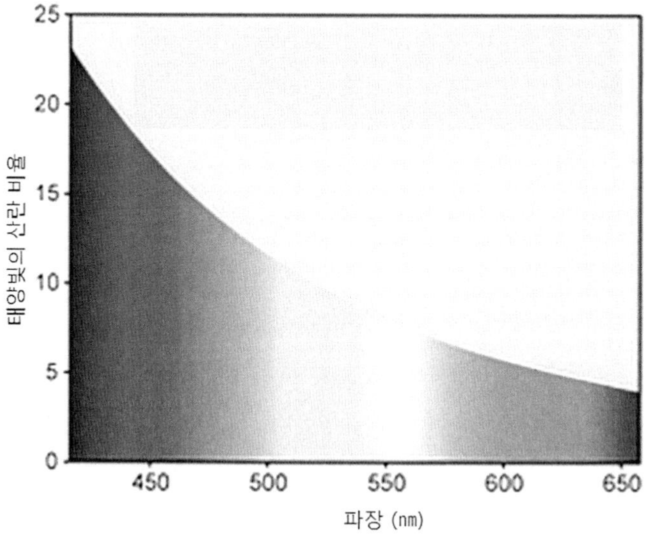

그림 8-11 관측자의 위치에 따른 레일리와 미 산란의 형태

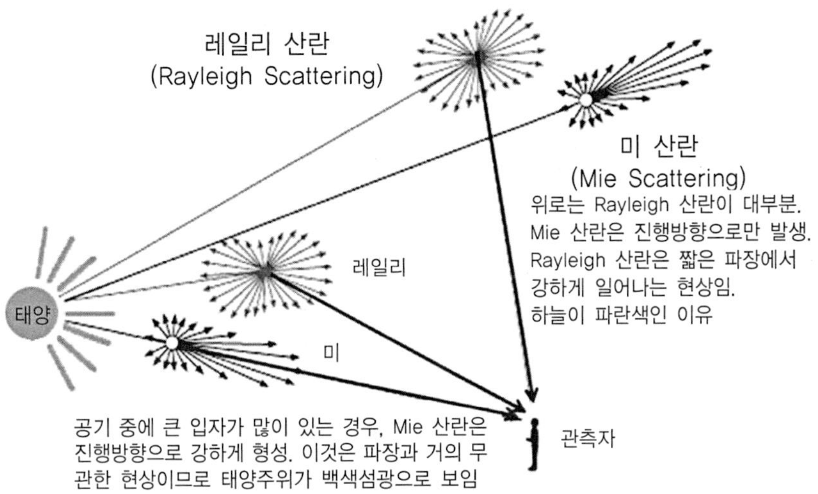

일리 산란에 의한 효과이다. 그리고 일몰 또는 일출시에 공기 중에 큰 부유물이 있으면 미 산란효과가 우세하게 나타나는데 이로 인해 태양 주위에 백색섬광이 생기는 원인이 된다. 맑은 날 대기에 있는 공기의 주성분은 질소와 산소 분자, 미량의 연기 입자 등인데, 이런 입자들은 가시광선에 비해 충분히 작기 때문에 레일리 산란이 주로 발생하며, 이런 이유로 맑은 날에 하늘이 푸르게 보이며, 우주에서 볼 때 대기는 엷은 푸른색으로 보이는 원인이 된다. 구름이 하얗게 보이는 것은 미 산란으로 태양광이 그대로 투과해서 지표면으로 오기 때문이다. 단, 물방울이나 얼음이 빛을 회절하거나 굴절하거나 하면 무지개 색으로 나타나기도 한다.

따라서 두 가지 산란효과는 파장이 길면 현저히 감소하여 산란에 의한 감쇄가 상당히 줄어든다. 적외선은 가시광선보다 파장이 길기 때문에 두 가지 산란현상이 현저히 낮게 나타나는 특성이 있어 가까운 거리의 경우, 기후조건에 관계없이 비교적 깨끗한 영상획득이 가능하다. 그러나 대기환경이 좋지 않으면 적외선으로도 볼 수 있는 거리가 제한된다. 이에 대한 실험적인 관계식이 많이 제시되어 있는데, 그 중에 대표적인 것이 크루즈 모델(Kruse model)이다. 대기를 통과하는 빛은 공기 분자에 의한 산란과 흡수, 공기 중에 떠다니는 고체 또는 액체 입자들과 흡수와 산란 등에 의해 영향을 받는다. 대기를 통과하는 빛의 투과도는 비어 램버트 법칙(Beer Lambert law) 수식으로 다음과 같다.

$$T(\lambda, L) = \frac{P(\lambda, L)}{P(\lambda, 0)} = \exp[-\gamma(\lambda)L] \tag{8-5}$$

여기서, $T(\lambda, L)$은 파장 λ에서 대기 중의 총 투과도, $P(\lambda, L)$은 방사체로부터 거리 L만큼 떨어진 곳에서의 신호 출력, $P(\lambda, 0)$는 방사체의 출력, $\gamma(\lambda)$는 단위 길이당 총 소멸계수 또는 감쇄계수이다. 특히 감쇄계수는 흡수와 산란의 합으로 표현이 가능하다. 여기서 α_m과 α_a는 분자와 에어로졸 흡수계수, β_m과 β_a는 분자와 에어로졸의 산란계수이다.

$$\gamma(\lambda) = \alpha_m(\lambda) + \alpha_a(\lambda) + \beta_m(\lambda) + \beta_a(\lambda) \tag{8-6}$$

흡수에 의한 효과는 감쇄에 거의 영향을 주지 않고 대부분 에어로졸에 의한 산란에 의해 감쇄가 일어난다. 따라서 식 (8-6)의 감쇄계수는 β_a와 유사하다고 가정을 할 수 있으며, 크루즈 모델에 의해 가시거리에 따른 감쇄효과는 다음과 같다.

$$\beta_a(\lambda) = \frac{3.912}{V}\left(\frac{\lambda}{0.55}\right)^{-q} \tag{8-7}$$

여기서, λ는 μm 단위의 파장이며, V는 가시거리이다. 그리고 $q = 0.585\,V^{1/3}$($V<6$ km), $q = 1.6$($V > 50$km), $q = 1.3$(6 km$< V <$50 km)로 주어진다. 여기서 가시거리는 인간의 눈이 가장 반응을 잘 하는 파장인 0.55 μm에서 볼 수 있는 거리로 정의된다. 가시거리가 좋지 않은 상황에서는 식 (8-7)로 많은 오차가 발생할 수 있어 가시거리가 6 km 이하인 경우의 q값은 $q = 0$($0< V <0.5$ km), $q = V - 0.5$(0.5 km $< V <$1 km), $q = 0.16\,V + 0.34$(1 km$< V <$6 km)으로 세분해서 계산한다. 감쇄계수를 이용하면 거리에 따른 감쇄정도를 예측할 수 있다. 그리고 기후조건에 따른 감쇄정도는 표 8-2와 같다. 이러한 실험식을 이용해서 다양한 대기조건에 따른 감쇄정도는 그림 8-12와 표 8-3과 같다.[49]

표 8-2 기후조건에 따른 대기 감쇄정도

조건	실험식	
비	Att_{rain}(dB/km) $= 1.076 \times R^{0.67}$, R은 비가 내리는 속도(mm/hr)	
눈	Att_{snow}(dB/km) $= aS^b$, S는 눈이 내리는 속도(mm/hr)	
	젖은 눈	$a = 0.0001023 \times \lambda(\text{nm}) + 3.7855466,\ b = 0.72$
	건조한 눈	$a = 0.0000542 \times \lambda(\text{nm}) + 5.4958776,\ b = 1.38$

표 8-3 대기조건에 따른 감쇄율

가시거리(km)	대기 감쇄(dB/km)				기후조건
	λ=1.86 μm	λ=3.1 μm	λ=8.5 μm	λ=10 μm	
0.01	1696.94	1696.94	1696.94	1696.94	안개 10~20 μm 직경
0.02	848.47	848.47	848.47	848.47	
0.04	424.23	424.24	424.24	424.24	
0.05	339.38	339.38	339.38	339.38	
0.2	84.84	84.84	84.84	84.84	
0.4	42.42	42.42	42.42	42.42	
0.5	33.93	33.93	33.93	33.93	
0.6	25.12	23.78	23.01	21.16	먼지 1~2 μm 직경
0.7	19.12	17.14	14.02	13.57	
0.8	14.86	12.61	9.32	8.88	
0.9	11.73	9.42	6.30	5.90	
1	9.38	7.13	4.31	3.97	
1.5	5.68	4.14	2.31	2.10	먼지 0.01~2 μm 직경
2	3.87	2.14	1.39	1.25	
2.5	2.82	1.88	0.89	0.76	
3	2.13	1.36	0.59	0.52	
3.5	1.66	1.01	0.41	0.35	
4	1.32	0.77	0.29	0.24	
4.5	1.07	0.60	0.20	0.17	
5	0.87	0.47	0.14	0.12	
5.5	0.78	0.37	0.15	0.08	
8	0.45	0.22	0.06	0.045	맑음
10	0.36	0.17	0.048	0.039	
14	0.25	0.12	0.034	0.027	
24	0.15	0.074	0.020	0.016	
50	0.072	0.035	0.0097	0.0078	
54	0.047	0.019	0.004	0.0028	매우 맑음
60	0.042	0.017	0.0035	0.0027	

그림 8-12 기후조건에 따른 파장별 대기 감쇄율 특성

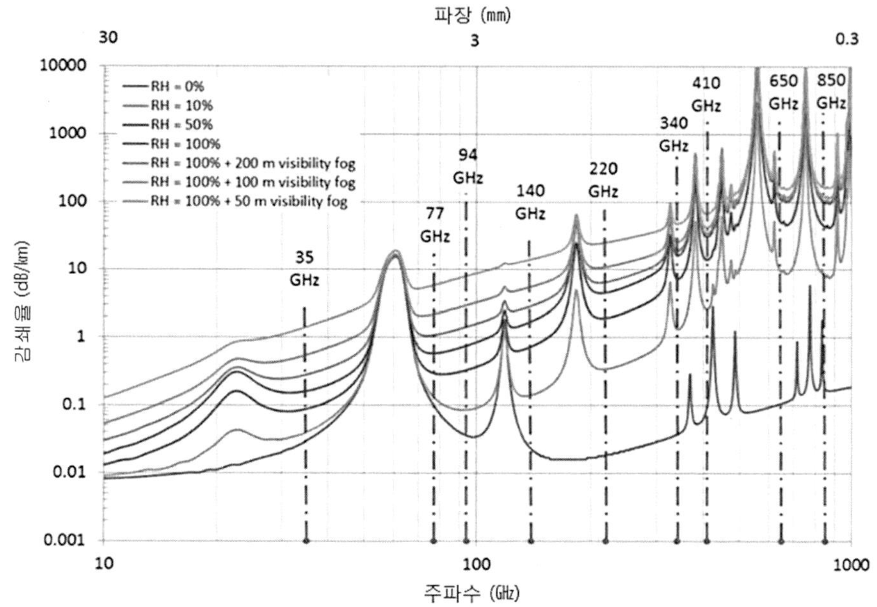

CHAPTER 09

적외선 광학계

9.1 적외선 투과용 재료

포토다이오드, LED, 카메라 등에 빛이 입사하는 부분에 내부 전기회로 보호 및 빛을 잘 투과시키기 위해 투과창(window)을 장착해서 사용한다. 센서들이 좋은 특성을 내기 위해서는 투과창의 성능이 우수해야 하며, 투과창이 가져야 할 특성으로 측정 대상물로부터 방사하는 빛을 최대한 많이 투과시킬 수 있어야 한다. 또한 주변 온도 및 습도 환경에 강해야 하며, 자외선에 의한 부식과 열적 충격에도 강해야 하고, 전자기파를 어느 정도 차폐해야 하는 등 다양한 기능을 가져야 한다.

빛이 수직으로 투과창에 입사하는 경우, 빛의 반사 및 투과에 대한 물리적인 개념은 그림 9-1과 같다. 두께가 d, 굴절률이 n인 투과창 표면으로 I_0 빛의 세기로 수직 입사하고, 표면에서의 반사를 R, 투과창 내부에서의 흡수계수를 α, 투과창 내부에서 빛의 간섭현상을 무시한다면, 그림에서 투과창을 투과하여 나온 빛을 모두 합하면 다음과 같다.[50]

$$I = (1-R)^2 I_0 e^{(-\alpha d)} + R^2(1-R)^2 I_0 e^{(-3\alpha d)} + R^4(1-R)^2 I_0 e^{(-5\alpha d)} + \dots$$
$$= I_0 \frac{(1-R)^2 e^{(-\alpha d)}}{1-R^2 e^{(-2\alpha d)}} \tag{9-1}$$

따라서 광 투과도(optical transmission) T는 다음과 같다.

그림 9-1 수직입사 빛의 내부반사에 의한 광에너지 흐름

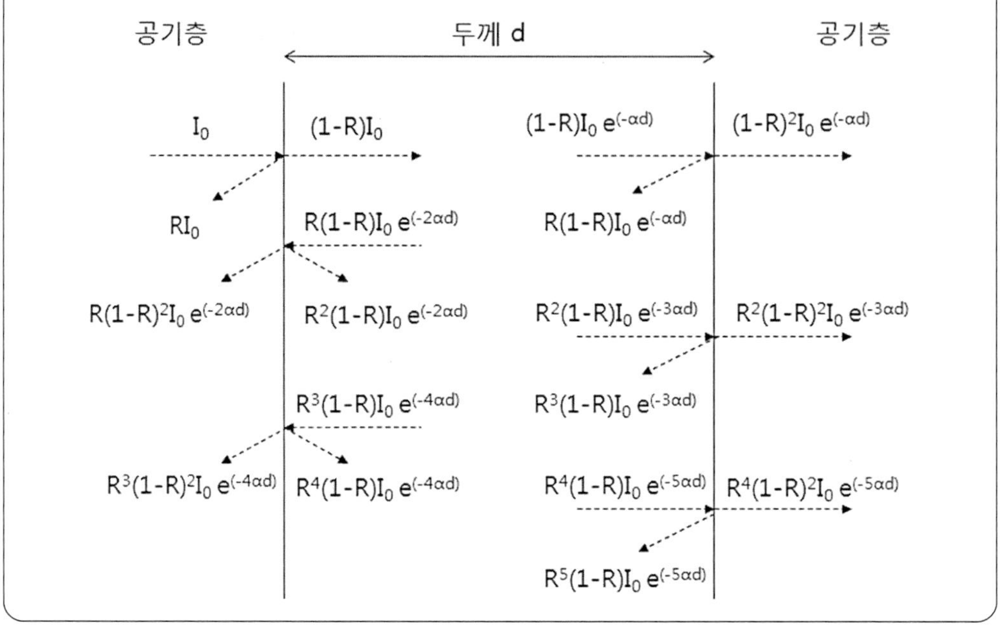

$$T = \frac{I}{I_0} = \frac{(1-R)^2 e^{(-\alpha d)}}{1-R^2 e^{(-2\alpha d)}}, \quad R = \frac{(n-1)^2}{(n+1)^2} \tag{9-2}$$

위 식에서 투과도 T를 높게 하려면 반사율 R이 작거나, 흡수계수 α와 투과창의 두께 d가 작아야 한다. 반사율을 작게 하려면 굴절률 n이 공기의 굴절률인 1에 근접한 재료를 선택하는 것이 좋으며, 일반적으로 흡수계수 및 굴절률은 파장의 함수로 주어진다. 파장에 따른 대표적인 투과창 재료의 투과도 특성은 그림 9-2, 표 9-1과 같다.[51]

플루오리드(fluoride) 계열은 수분에 매우 취약한 특성이 있지만, 낮은 굴절률로 반사율이 낮아 높은 투과도 특성 때문에 전통적으로 가장 많이 사용해 온 투과창 재료들이다. 그러나 바륨플루오리드(BaF_2)는 발암물질로 분류되어 있기 때문에 칼슘플루오리드(CaF_2)로 대체되어 사용되고 있다. 이들 재료는 수분에 매우 취약한 단점이 있기 때문에 표면에 수분흡착을 방지하는 코팅을 하여 사용했지만, 기계적인 강도가 약하다는 단점이 있다. KRS5 재료의 투과도 특성은 매우 우수하지만 수분에 약하다는 단점이 있다. 사파이어는 수분에 강하고 기계적 강도는 우수하지만, SWIR 영역만 투과한다는 단점이 있다. 반면 Ge과 ZnSe는 SWIR에서부터 LWIR 영역까지 고른 투과도 특성을 가지고 있으며, 두 재료

그림 9-2 대표적인 적외선 투과창 재료의 투과도

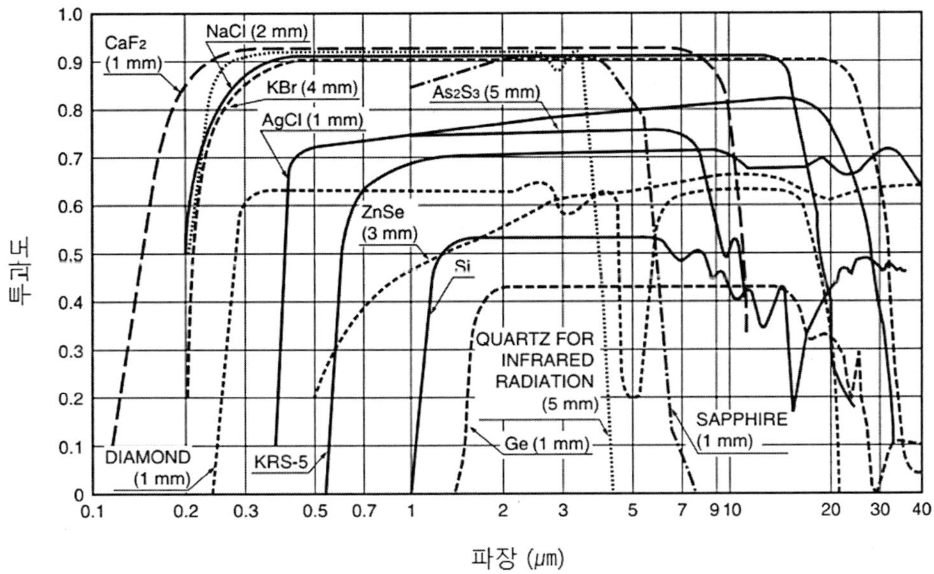

표 9-1 적외선 영역에서 사용하는 대표적인 투과창 재료

재료명	화학 기호	파장대역 [μm]	굴절률	
			λ=4 μm	λ=10 μm
Calcium Fluoride	CaF_2	0.13~12	1.4096	1.3002
Sapphire	Al_2O_3	0.15~5.5	1.6752	–
Silicon	Si	1.2~9.0	3.429	–
Germanium	Ge	2.0~17.0	4.0242	4.0003
Gallium Arsenide	GaAs	0.9~16.0	3.3246	3.2952
Thallium Bromoiodide	KRS_5	0.6~40.0	2.3834	2.3720
Zinc Sulfide	ZnS	0.37~14.0	2.2518	2.2001
Fused Silica	SiO_2	0.17~3.3	1.3888	–
Zinc Selenide	ZnSe	0.5~22	2.4331	2.4065
Barium Fluoride	BaF_2	0.15~12.5	1.4558	1.4014
IR Polymer	–	0.15~22	1.4~1.6	

그림 9-3 칼로겐화합물의 적외선 투과도 특성

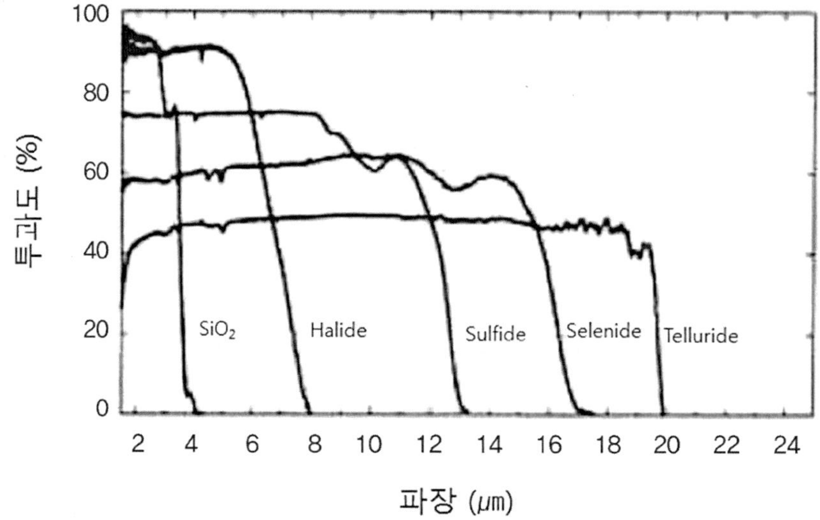

모두 수분에 매우 강한 특징이 있다. 다만, Ge이 ZnSe 보다 기계적 강도가 5~6배 정도 우수하기 때문에 열화상 카메라용 투과창 재료로 가장 많이 사용되고 있다.

이러한 재료들을 렌즈와 같은 형태로 가공하기 위해서는 큰 덩어리 형태로부터 기계적인 도구를 이용해서 갈아내야 하는데, 이는 많은 비용이 발생하고 대량생산에는 적합하지 않다. 수분에 강하고, 어느 정도의 기계적인 강도를 유지하고, 손쉽게 가공이 가능한 재료가 칼코겐화합물(chalcogenide)이다. 칼코겐화합물은 주기율표상에서 산소가 속해 있는 16번째 그룹의 원소인 황(S), 셀레늄(Se), 텔루륨(Te), 폴로륨(Po)을 주성분으로 하는 비산화물계 유리상 물질이다. 칼로겐화합물의 적외선 투과특성은 그림 9-3과 같다. 텔루륨을 사용한 칼로겐화합물은 약 20 μm까지 투과하는 특성을 가지고 있으며, 적외선 투과창 재료로 칼로겐화합물의 가장 큰 장점은 그림 9-4에서 보듯이 적은 비용으로 대량생산이 가능한 금형가공 및 사출가공이 가능하다는 점이다.

실내 침입자 감지용 및 자동조명의 인체인지용으로 사용되고 있는 열선감지기(passive infrared detector, PIR)에는 폴리머(polymer) 계열을 이용한 프레넬 렌즈가 많이 사용되고 있다. 폴리머는 가격이 매우 저렴하고, 수분에 강하며, 대량생산이 가능한 장점은 있으나, 열에 약하기 때문에 열이 많이 나는 곳에는 사용할 수 없다. 폴리머는 주로 민수용에 가장

그림 9-4 금형으로 만든 칼로겐화합물 렌즈

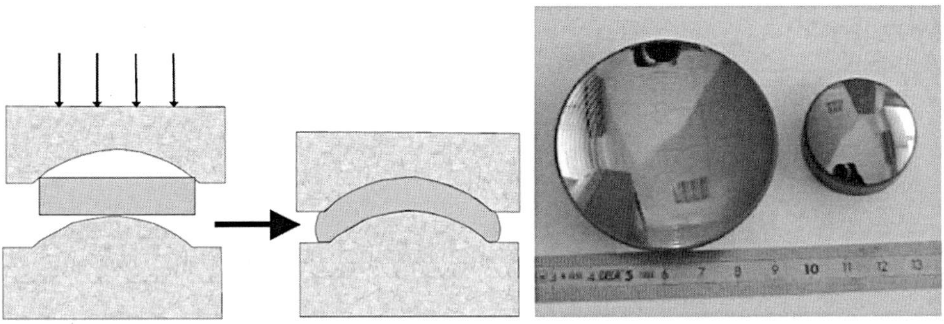

(a) 금형 과정의 개념

(b) 22Ge:20As:58Se 칼로겐화합물을 몰드로 만든 비구면(왼쪽), 구면(오른쪽) 렌즈

많이 사용되고 있다.

투과창 재료는 두께가 얇을수록 적외선을 잘 투과시키는데, 무조건 얇게 만들게 되면 기구적으로 매우 취약하게 된다. 따라서 다음과 같은 파열계수(modulus of rupture)의 수식을 활용해서 투과창 반경의 크기에 따라 적절한 두께를 결정해서 사용한다.

$$Th = \frac{\sqrt{1.1(p)(Dia)^2}}{MR} \tag{9-3}$$

여기서, Th는 inch 단위의 두께, Dia는 직경, p는 psi 단위의 압력차, MR은 psi 단위의 파열계수이다. 적외선 투과창에 적용되는 재료별 MR은 다음과 같다. BaF_2=3,900, CaF_2=5,300, ZnSe=8,000, Ge=10,500, Sapphire=65,000이다. 만약 1기압에서 사용한다면 기압 p=14.7 psi 값을 사용하여 직경에 따른 두께를 결정하면 된다. 그림 9-5는 기압과 직경에 따른 CaF_2의 최소 안전두께 관계이다. 이 그림에서 2 inch 직경의 CaF_2를 1기압(14.7 psi)에서 사용한다면, 최소 두께는 약 2.8 mm임을 알 수 있다.[52]

Ge, Si, GaAs와 같은 재료들은 굴절률이 다른 재료들에 비해 상대적으로 크다. 굴절률이 큰 재료인 경우는 반사방지코팅(antireflection coating, 또는 줄여서 AR coating)을 하여 반사율을 작게 해야 한다. 이런 재료들은 AR 코팅을 하여 반사율을 작게 해야 효과적이다. AR 코팅 원리는 1886년 레일리경(Load Rayleigh)에 의해 제시되었는데, 기판의 굴절률 n_s, 공기의 굴절률 n_0라고 하면, 코팅을 할 재료의 굴절률은 $n_1 = \sqrt{n_0 n_s}$에 해당하

그림 9-5 CaF_2의 최소안전 두께

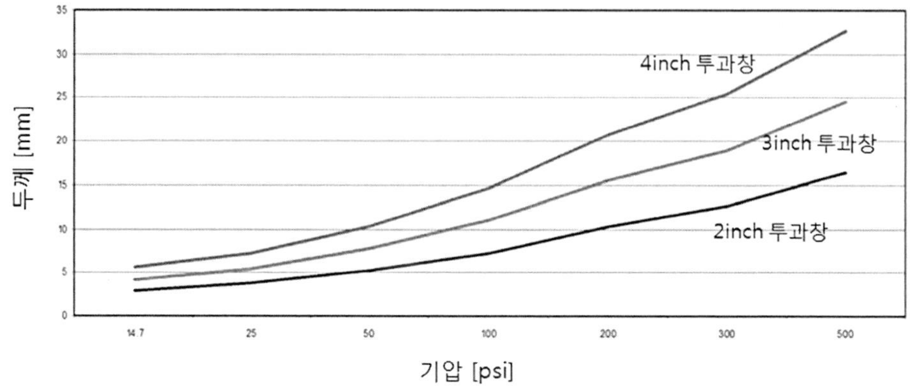

는 재료를 선택하면 된다는 뜻이다. 즉, 굴절률이 1.5인 투과창에 AR 코팅을 한다고 하면 $n_1 \simeq 1.22$가 된다. 그리고 AR 코팅을 하고자 하는 막의 두께는 $n_1 d = \lambda/4$의 조건을 만족하면 된다. 유리에 단층, 이층, 복수층의 AR 코팅을 한 경우의 효과는 그림 9-6과 같다.[53]

유리의 굴절률은 약 1.5인데, 반사율 $R = (1.5-1)^2/(1.5+1)^2 \simeq 0.04$로 그림과 같이 반사율이 약 4% 정도이다. 여기에 AR 코팅을 한다면 앞서의 Rayleigh 법칙에 의해 코팅층

그림 9-6 유리에 AR 코팅을 한 경우 반사도 개선 효과

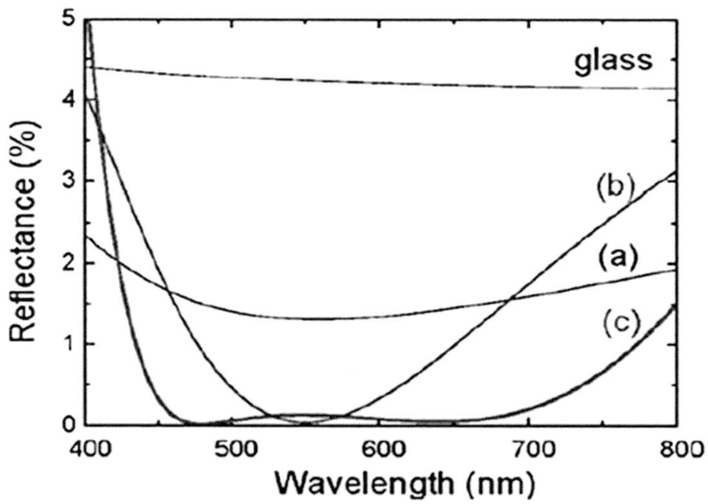

의 굴절률은 약 1.22가 되는데, 이런 굴절률을 가진 재료는 드물기 때문에 가장 근접한 굴절률($n=1.38$)을 가진 마그네슘플루오리드(MgF_2)로 코팅을 하게 되면, 반사율은 약 1.5%까지 낮출 수가 있다. 이번에는 굴절률 $n=1.69$인 산화알루미늄(Al_2O_3)을 유리에 먼저 코팅하고, 그 다음 마그네슘플루오리드(MgF_2)를 이중으로 코팅 박막을 입히게 되면 (b)와 같이 약 550 nm 근처에 약 0%의 반사율을 가질 수 있도록 만들 수 있다. 이번에는 공기/MgF_2/ZrO_2/CeF_3/유리 구조로 3층 코팅을 하게 되면 (c)와 같이 일정구간의 반사율이 약 0%에 근접하게 만들 수 있다.

9.2 적외선용 렌즈

투과창은 앞에서 설명한 바와 같이 두 가지 역할을 하는데, 단순히 외부 환경에서 회로 내부를 보호하고 원하는 대역의 빛을 투과시켜주는 역할을 한다. 하지만, 렌즈(lens)는 투과창의 역할 뿐만 아니라 원하는 대역의 빛을 센서에 집광시켜주는 역할을 한다. 망원경에 사용되는 렌즈의 역할은 멀리 떨어져 있는 물체를 가까이 있는 것과 같이 볼 수 있도록 하는 것이고, 현미경에 사용되는 렌즈는 매우 근접한 사물을 확대해 주는 역할을 하는 것이다. 사용목적에 따라 투과창을 사용하지 않고 렌즈만 사용하는 경우도 있다. 따라서 이 경우 렌즈의 재질은 투과창에 사용된 재질과 동일한 재질로 사용해야 하며, 렌즈의 투과율이 낮으면 그만큼 효율이 낮아지기 때문이다. 라틴어의 lentils는 렌즈의 어원인데, lentile은 식물의 씨앗의 일종인데, 이 씨앗은 가운데는 평편하고 양쪽 끝은 동그랗게 되어 있는 모양에서 렌즈라는 용어가 만들어졌다. 카메라에서 핵심기술은 이미지센서뿐만 아니라 이미지센서까지 빛을 전달해 주는 광학계 기술도 매우 중요하다. 광학계에는 렌즈와 조리개 등의 부품으로 구성되어 있다. 특히 렌즈의 특성에 따라 카메라로부터 획득된 영상의 질이 좌우된다. 렌즈를 통하면 피사체는 이미지 센서인 결상면(CCD 또는 CMOS 이미지 센서)에서는 반전되어 나타난다. 무한대에서 입사하는 빛이 렌즈에 평행하게 입사하게 되면, 렌즈를 거쳐 광축상에서 교차하는 점과 렌즈 중심과의 거리를 초점거리라고 한다.

공기 중에 있는 렌즈의 초점거리는 다음과 같은 일명 렌즈제작자 공식(lensmaker's equation)을 이용해서 계산할 수 있다.

$$\frac{1}{f} = (n-1)\left[\frac{1}{r_1} - \frac{1}{r_2} + \frac{(n-1)d}{nr_1r_2}\right] \tag{9-4}$$

여기서, f는 렌즈의 초점거리(focal length), n은 렌즈의 굴절률(refractive index), r_1은 빛이 입사하는 쪽의 렌즈곡률 반지름, r_2는 빛이 나가는 쪽의 렌즈곡률 반지름, d는 광축에 있는 렌즈의 두께를 의미한다. 만약 렌즈의 두께가 렌즈곡률 반지름에 비해 매우 작다고 하면 다음과 같은 근사식으로부터 계산할 수도 있다.[54]

$$\frac{1}{f} \approx (n-1)\left[\frac{1}{r_1} - \frac{1}{r_2}\right] \tag{9-5}$$

빛이 렌즈를 통과하게 되면 다음과 같은 3가지 법칙을 따른다. 그림 9-7(a)와 같은 볼록렌즈인 경우, i) 렌즈 축에 나란하게 입사한 광선은 굴절 후 초점을 지나며, ii) 렌즈의 초점을 지난 광선은 굴절 후 렌즈 축에 나란하게 나가며, iii) 렌즈의 중심을 지난 광선은 그대로 나간다. 그림 9-7(b)의 오목렌즈에도 동일한 원리가 적용된다. i) 렌즈의 축에 나란하게 입사한 광선은 굴절 후 허초점에서 나온 것처럼 퍼져 나간다. ii) 렌즈의 허초점을 향하여 입사한 광선은 굴절 후 렌즈 축에 나란하게 나간다. iii) 렌즈의 중심을 지난 빛은 그대로 나간다.

얇은 볼록렌즈에 대한 기본적인 개념은 그림 9-8과 같다. 피사체의 영상은 렌즈를 통해 역상으로 상이 뒤집혀서 결상면인 센서 쪽으로 상이 맺히게 된다. 먼 거리에서 광이 평행으로 입사하여 렌즈를 통해 한 점으로 집광되는 위치를 초점거리(그림에서 f)라고 하며, 렌즈부터 물체까지의 거리를 p, 렌즈부터 상이 맺히는 거리를 q라고 하면, 다음과 같은

그림 9-7 볼록렌즈와 오목렌즈의 상 맺힘 원리

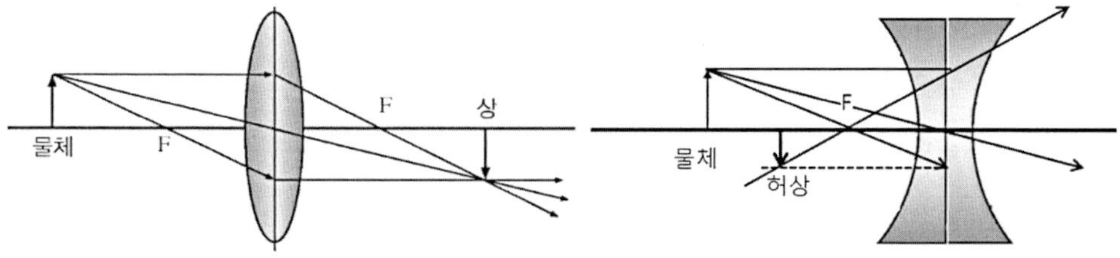

(a) 볼록렌즈의 상 맺힘 원리 (b) 오목렌즈의 상 맺힘 원리

그림 9-8 얇은 볼록렌즈에서 상 맺힘 기본 개념도

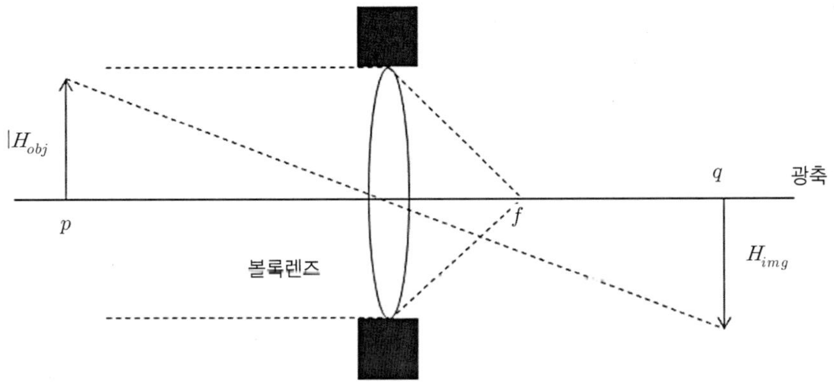

관계식이 성립한다. 여기서 M은 렌즈에 의해 확대된 배율을 의미하며, (−)의 의미는 역상을 의미한다.

$$\frac{1}{p}+\frac{1}{q}=\frac{1}{f}, \quad M=\frac{H_{img}}{H_{obj}}=-\frac{q}{p} \tag{9-6}$$

위의 수식의 의미는 다음과 같다. 초점거리가 5 cm, 물체의 위치는 20 cm 떨어진 곳에 있다고 하면, 상이 맺히는 거리 q와 배율 M은 다음과 같이 계산할 수 있다. 즉, 상이 맺히는 위치는 6.67 cm, 배율은 0.33배가 된다.

$$q=\frac{1}{[(1/f)-(1/p)]}=6.67,\ M=-\frac{q}{p}=-\frac{6.67}{20}=-0.33$$

그림 9-9와 같이 각각의 초점거리가 F_1, F_2인 얇은 렌즈 두 개가 거리 $Z_{separation}$만큼 떨어져 있는 경우를 생각해 보자. 이 경우 $f_{combination}$은 다음과 같다.

$$f_{combination}=\left[\frac{1}{f_1}+\frac{1}{f_2}-\frac{Z_{separation}}{f_1 f_2}\right]^{-1} \tag{9-7}$$

그러나 실제 상황에서는 렌즈로 빛이 입사하게 되면, 렌즈의 수차(aberration)로 인해 맺히는 상이 흐릿해 진다. 수차에는 그림 9-10과 같이 크게 색수차(chromatic aberration)와 구면수차(spherical aberration) 두 가지가 있다. 색수차는 파장이 다른 빛이 입사하게 되면 파장에 따른 굴절률의 차이로 인해 생기는 현상으로 그림 9-10(a)에서와 같이 적색은

그림 9-9 두 개 렌즈 시스템의 초점거리 정의

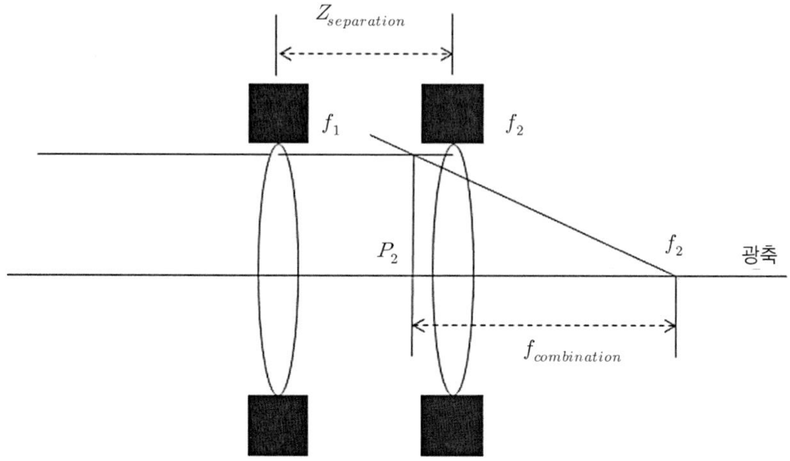

조금 더 먼쪽에서 초점이 생기는 반면, 이 보다 파장이 짧은 청색은 렌즈 가까운 곳에 초점이 생긴다. 이러한 색수차를 없애기 위해서 기술적으로는 여러 장의 렌즈를 겹쳐 사용하여 색수차를 보정하고 있지만 완벽한 제거는 불가능하고 색수차에 의한 초점의 흐림을 최소한으로 줄일 수는 있다. 반면 그림 9-10(b)와 같이 빛이 렌즈를 통과하는 위치에 따라 빛의 경로차에 의해 생기는 수차를 구면수차라고 한다. 이러한 구면수차는 렌즈의 곡면을 비구면으로 설계한 비구면렌즈를 이용하여 극복하고 있다. 따라서 이러한 수차를 완벽히 제거하는 것은 불가능하고, 최소한으로 줄이기 위해서는 여러 겹의 렌즈를 사용해야 하며,

그림 9-10 색수차와 구면수차에 의한 초점 흐림

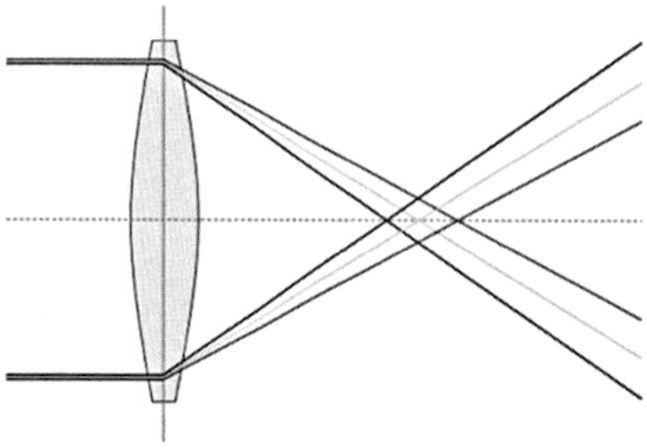

(a) 색수차에 의한 초점 흐림

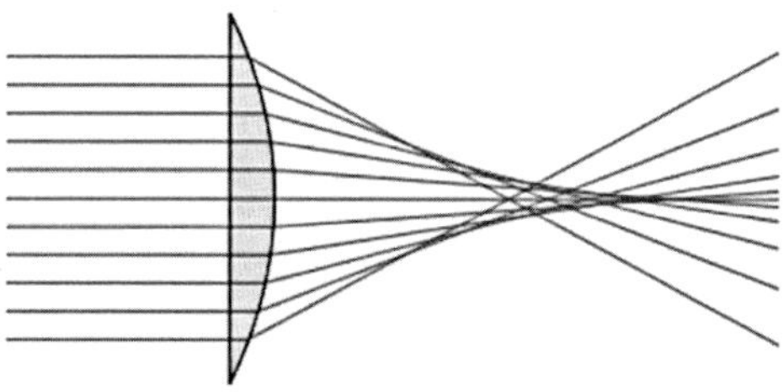

(b) 구면수차에 의한 초점 흐림

이런 능력에 따라 렌즈의 가격이 좌우된다.

광학계 시스템에서 다양한 조리개(aperture)들의 크기 및 위치는 영상의 질과 복사량 전달에 큰 영향을 미친다. 렌즈는 빛을 집광하는 목적으로 사용하는 것인데, 빛을 얼마나 유효하게 집광할 수 있는가를 정의한 것이 조리개값(F/#, F number)이다. F/#는 조리개를 개방했을 때의 렌즈의 밝기에 해당하는 것인데, 렌즈의 초점거리를 f, 렌즈의 유효직경을 D라고 할 때, F/#$= f/D$로 정의한다. 그림 9-11과 같이 조리개를 가지고 있는 단일 렌즈 시스템을 생각해 보면, 구경 조리개는 광축 방향으로 입사하는 대상물을 볼 수 있는 각도를 결정하는 역할을 한다. 특히 가장자리 광선은 F/#를 결정하는 중요한 변수이다. 그림에서 보면 3가지 종류의 F/#를 다음과 같이 표시할 수 있다.

$$(\mathrm{F}/\#)_{\text{대상물, 유한한 거리}} = \frac{p}{D_{lens}} \tag{9-8}$$

$$(\mathrm{F}/\#)_{\text{영상, 유한한 거리}} = \frac{q}{D_{lens}} \tag{9-9}$$

$$(\mathrm{F}/\#)_{\text{영상, 무한대 거리}} = \frac{f}{D_{lens}} \tag{9-10}$$

F/#가 커지면, 그만큼 조리개 개방이 작아진다는 것을 의미하므로 빛의 광량이 적게 입사한다는 뜻이다. 예를 들어, F/#=3은 F/#=1에 비해 위의 수식에서 두 가지가 있을 수 있다는 의미이다. 하나는 F/#=1에 비해 조리개의 직경이 1/3로 줄어들었다는 의미이거나, 조리개의 크기는 그대로 유지하면서 초점거리가 3배 늘어났다는 의미이다. 조리개의

그림 9-11 렌즈의 F/# 개념

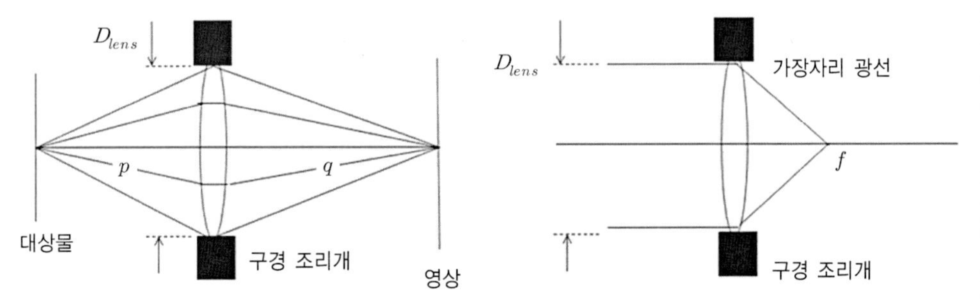

그림 9-12 렌즈의 밝기와 F/#와의 관계

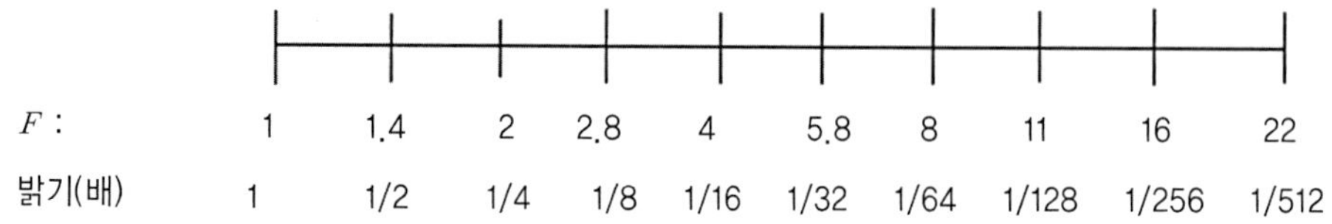

한 스텝은 밝기로 보면 2배씩 광량이 변화한다. 그림 9-12는 F/#와 밝기의 관계이다.

그림 9-12에서 알 수 있듯이 F/# 값의 한 단계는 밝기로 보면 2배씩 줄어든다. 즉, 한 단계 움직일 때마다 그림 9-13과 같이 빛이 입사하는 면적이 반으로 줄어든다는 것을 의미하며, 면적 A_1은 면적 A_2의 2배이다. A_1의 초점거리가 1, F 값을 1, A_1의 직경을 d_1, A_2의 직경을 d_2라고 가정하면,

$$A_1 = 2 \cdot A_2$$

$$A_1 = \pi\left(\frac{d_1}{2}\right)^2 = \frac{\pi \cdot (d_1)^2}{4},\ A_2 = \pi\left(\frac{d_2}{2}\right)^2 = \frac{\pi \cdot (d_2)^2}{4}$$

$$(d_1)^2 = 2 \cdot (d_2)^2,\ d_2 = \sqrt{(d_1)^2 \cdot \frac{1}{2}} = d_1 \cdot \frac{\sqrt{2}}{2}$$

$$\text{F number}(A_2) = \frac{f}{D} = \frac{f}{d_2} = \frac{1}{\left(\frac{\sqrt{2}}{2}\right)} = 1.4$$

그림 9-13 Aperture 면적 관계

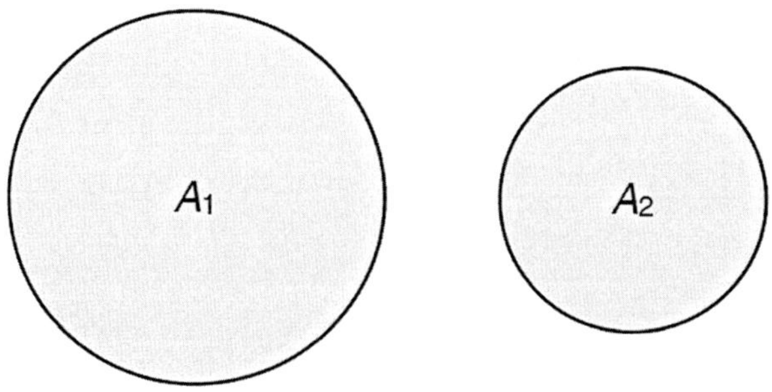

위의 계산식에 따라 A_2의 F/#는 1.4가 된다. 이러한 방식으로 3번째 이후의 면적을 계산하게 되면 F/#는 그림 9-12와 같은 결과를 얻을 수 있다. F/#는 밝기와 밀접한 관계에 있다. F/1.4인 렌즈를 장착하는 카메라는 F/2인 렌즈를 장착하는 카메라의 절반의 밝기(조도)로 같은 화질의 영상을 얻을 수 있다는 것을 의미한다.

프레넬 렌즈(Fresnel lens)는 1748년 카운트부폰(Count Buffon)이 유리렌즈의 두께를 줄이고 빛의 손실을 최소화할 수 있는 방법으로 유리렌즈 표면을 계단 모양으로 가공하면 된다는 아이디어를 제안하였으며, 1822년 프랑스의 물리학자인 오거스틴 프레넬(Augustin Fresnel)이 구면수차를 없앤 등대용 렌즈로 제작하면서 실용화가 이루어졌다. 이 렌즈는 계단 모양의 표면을 이용한 것으로 고성능의 화질을 요구하는 렌즈 목적이 아닌 용도에 적합하다.

프레넬 렌즈의 원리를 볼록렌즈와 비교해서 설명하면 그림 9-14와 같다. 볼록렌즈의 내부를 제거하면 두께가 매우 얇고 같은 초점거리를 갖는 프레넬 렌즈를 만들 수 있다. 프레넬 렌즈는 구면 렌즈에 비해 무게가 가볍고, 두께가 얇으며, 플라스틱 재질인 경우 원하는 형태로 굽힐 수 있으며, 흡수에 의한 광손실을 최소화할 수 있는 장점이 있다. 특히 낮은 흡수손실 특성은 적외선 응용 분야에서 가격을 낮출 수 있는 요인 중의 하나이다.

프레넬 렌즈를 양산할 때 가장 어려운 부분은 그림 9-15와 같은 작은 그루브(groove)의 표면을 가공하는 일이다. 그루브 간격이 좁을수록 보다 정밀한 렌즈 특성을 나타낸다. 그루브를 설계하는 가장 일반적인 방법은 모든 그루브들이 동일한 피치 간격을 갖도록 하는 것이다. 단색광이 렌즈 쪽으로 수직으로 입사한다고 가정을 하면 렌즈를 지나가는 빛은 그림 9-15와 같이 그루브의 측면 부분에서 굴절이 일어나서 초점거리로 빛이 모아지게 된

그림 9-14 프레넬(Fresnel) 렌즈의 가공 원리

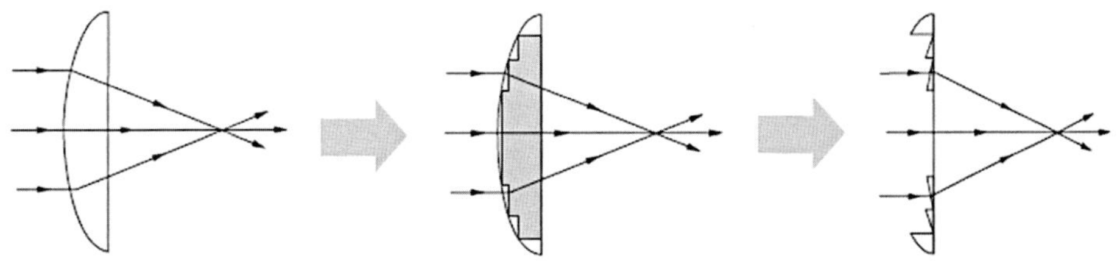

(a) 평블록렌즈 (b) 내부를 제거한 블록렌즈 (c) 프레넬 렌즈

그림 9-15 프레넬 렌즈 그루브 각도의 계산

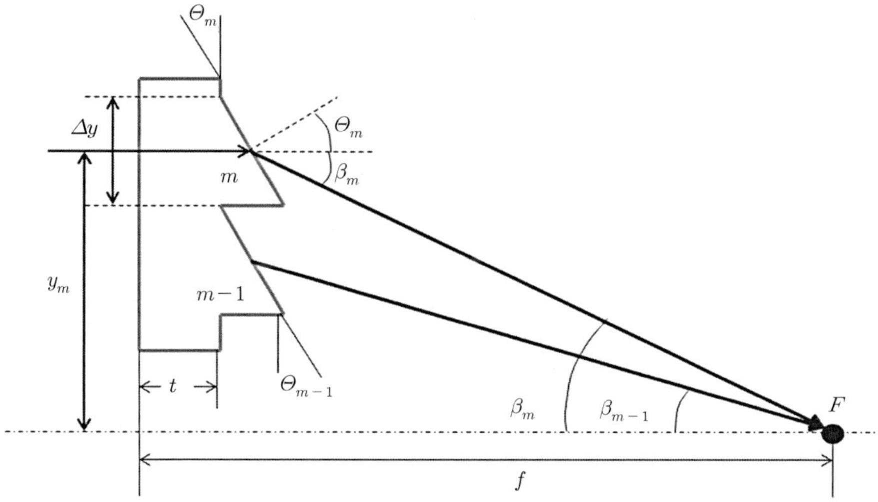

다. 이때 그루브의 중심을 지나가는 빛에 다음과 같은 Snell의 법칙을 적용할 수 있다.

$$\sin\Theta_m = n\sin(\Theta_m + \beta_m) \tag{9-11}$$

여기서, n은 해당 파장에서의 굴절률이며, 수식의 사인 항에 있는 각도는 그림 9-15에서 정의한 각도이다. 광축에서 m번째 떨어져 있는 그루브의 각도는 간단한 계산을 하면 다음과 같다.

$$\Theta_m = \tan^{-1}\left[\frac{y_m}{n\sqrt{y_m^2 + (f-t)^2} - (f-t)}\right] \tag{9-12}$$

이 식에서 $y_m' = y_m/f$, $t' = t/f$라고 하면, 다음과 같은 프레넬 렌즈의 기본적인 그루브 각도에 관한 식을 얻을 수 있다.[55]

$$\Theta_m = \tan^{-1}\left[\frac{y_m'}{n\sqrt{y_m'^2 + (1-t')^2} - (1-t')}\right] \tag{9-13}$$

물리보안용 침입감지센서에 많이 사용되는 열선감지기는 원적외선에서 나오는 열원을 감지한다. 이러한 열선감지기에 사용되는 렌즈들은 거의 대부분 프레넬 렌즈를 사용하며,

사용하는 재질은 저밀도 폴리에틸렌($n=1.51$) 또는 고밀도 폴리에틸렌($n=1.54$)을 가공해서 사용한다. 다양한 프레넬 렌즈에 대한 정보는 Fresnel Tech라고 하는 회사의 홈페이지에서 자세히 볼 수 있다.[56]

세라믹 계열이나 반도체 재료는 렌즈 또는 투과창으로 만들기 위해서는 그라인딩(grinding)과 연마(polishing) 작업을 거쳐야 하는 불편함이 있어 가격이 비교적 고가이다. 그러나 우수한 탄성과 안정성을 가진 폴리머(polymer) 계열의 플라스틱 재료들을 이용하면 이러한 연마 작업이 필요없이 금형으로 사출을 통해 대량 생산 및 가격이 저렴한 장점이 있다. 기계적인 스트레스를 받아도 투과율에 전혀 영향을 미치지 않는 우수한 탄성과 수분, 습기뿐만 아니라 산과 알칼리 계열에도 전혀 반응하지 않을 정도로 우수한 안정성을 가지고 있어 장시간 사용해도 투과율에 전혀 변화가 없는 장점을 가지고 있다. 또한, 세라믹이나 반도체 재료와는 달리 투과창의 직경이 커져도 두께를 얇게 유지한 채 사용이 가능하다. 다만, 주위 온도가 약 200℃ 이상을 초과하는 환경에서는 사용할 수 없는 단점이 있으므로 미사일 추적기 등의 군수용으로는 부적합하지만, 일반 상업용 분야에서는 폴리머 계열의 재료(주로 polyethylene)를 가장 많이 사용한다. 폴리머 계열의 적외선 재료를 생산 및 판매하고 있는 미국의 Fresnel Technology사의 대표적인 폴리머 제품 계열에 대한 적외선 특성은 그림 9-16과 같다. LWIR 영역에서 약 50% 이상의 투과도는 특성을 보이고 있다.[57]

그림 9-16 Polymer 계열의 적외선 투과도 특성

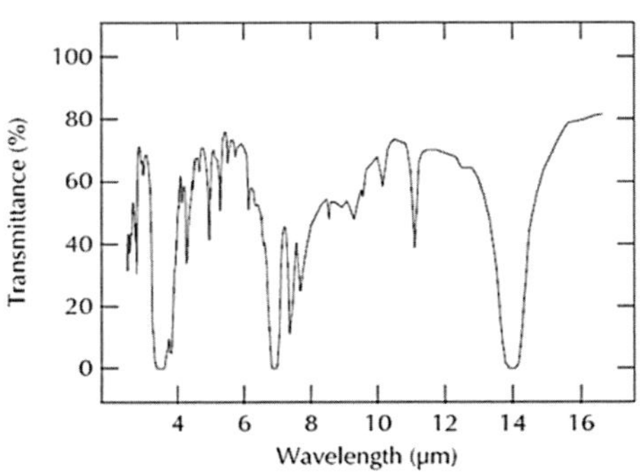

(a) Poly IR2의 IR 투과 특성(두께=0.38 mm)

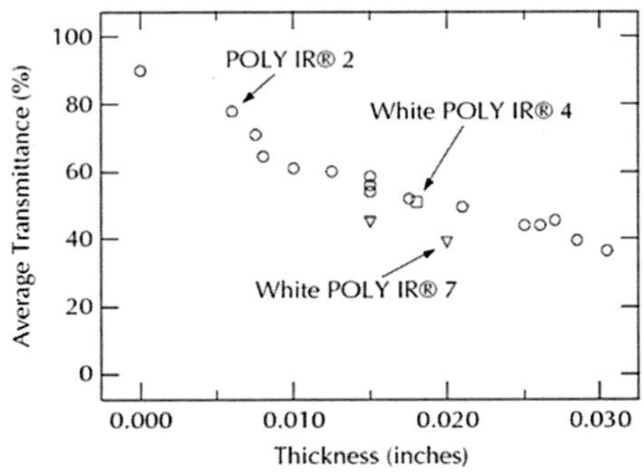

(b) LWIR 영역에서 사용이 가능한 Poly IR 계열의 두께에 따른 IR 투과 특성

9.3 시야각 정의

조리개에 의해 광량을 조절하지만, 조리개와 센서간의 거리로 인해 센서가 볼 수 있는 각이 한정되는데, 이것을 시야각(field of view, FOV)이라고 하며, 수평과 수직 두 가지 측면에서 FOV를 정의한다. 이것은 렌즈와 초점거리에 의해 결정된다. 시야각은 결정된 이미지크기 내에서 촬영할 수 있는 범위를 각도로 나타낸 것으로, 주로 촬영영역을 유추하고자 할 때 사용한다. 시야각은 초점거리와 이미지크기를 알면 구할 수 있다. 이미지크기는 주로 CCD 또는 CMOS 이미지센서의 크기로 대체 가능하므로 시야각은 큰 이미지센서를 사용할수록 커진다. 특히 비접촉식 적외선 온도계인 경우 측정 대상물의 크기를 FOV가 규정하기 때문에 이는 매우 중요한 개념이다. FOV는 그림 9-17에서 주어진 것처럼 광학 시스템이 볼 수 있는 각도 개념이며, 다음과 같이 정의된다.

$$FOV_{half-angle} = \left|\tan^{-1}\left(\frac{h_{obj}}{p}\right)\right| = \left|\tan^{-1}\left(\frac{h_{img}}{q}\right)\right| \tag{9-14}$$

그림과 같이 FOV는 빛을 감지하는 부분(센서 배열, 필름크기, 개별소자)의 크기에 의해 결정된다. 따라서 F/#와 FOV는 광량을 얼마나 잘 보내주는가 하는 정도 및 이미지의 질을 결정하는 중요한 변수들이다. 작은 F/#와 큰 FOV는 빛 흐름의 효율을 향상시켜 주는 반면 이미지의 질은 큰 수차로 인해 좋지 않은 영향을 받을 수 있다. 반대로 큰 F/#와 작은 FOV는 빛 흐름의 효율을 떨어뜨리지만 색수차에 의한 효과가 작기 때문에 더 좋은 이미

그림 9-17 시야각(FOV)의 개념

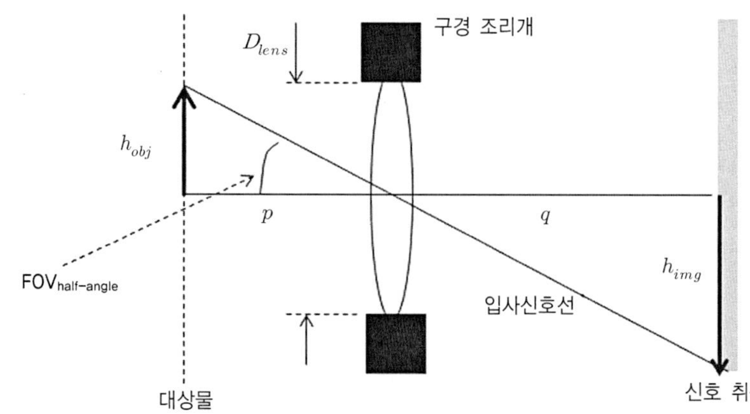

지를 얻을 수가 있다. 또한 렌즈의 초점거리가 길면 FOV가 작아지므로 상대적으로 물체를 확대해서 볼 수도 있고, 렌즈의 초점거리가 짧으면 FOV가 넓어지므로 이미지의 배율은 작아진다. 거리에 따른 렌즈의 초점거리별 취득되는 사진의 변화는 그림 9-18과 같다. 이 그림에서 센서크기는 1/3인치를 기준으로 측정한 영상이며, 초점거리가 길수록 영상이 확대되어 보인다. 일반적으로 렌즈의 초점거리가 30 mm 이하인 경우를 광폭(wide angle) 렌즈라고 하며, 100 mm 이상을 망원(telescope) 렌즈라고 하며, 30 mm~100 mm 사이를 표준 렌즈로 구분한다. 그리고 물체까지 거리와 물체의 크기를 안다고 하면, 이에 해당하는 초점거리는 다음과 같다.

$$f_v = v \times \frac{L}{V},\ f_h = h \times \frac{D}{H} \tag{9-15}$$

여기서, f_v는 수직방향의 초점거리, f_h는 수평방향의 초점거리, v는 센서의 수직크기, h는 센서의 수평크기, V는 물체의 수직크기, H는 물체의 수평크기, L은 렌즈와 물체사이의 거리이다. 현재 출시되고 있는 CCD 이미지 센서는 일반적으로 2/3인치, 1/2인치 등으

그림 9-18 초점거리에 따른 거리별 영상의 차이

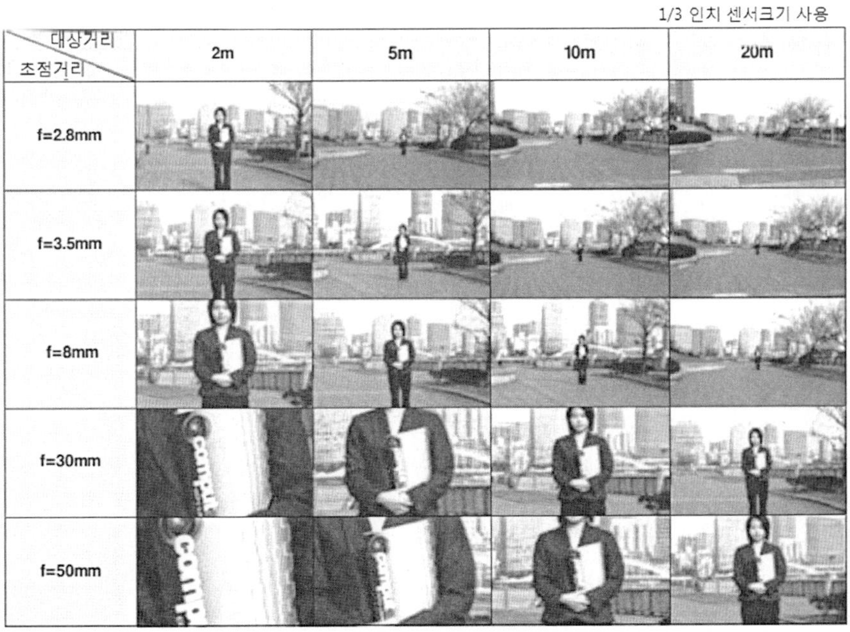

표 9-2 이미지 센서의 크기에 따른 수직 및 수평크기

	2/3"	1/2"	1/3"	1/4"
v (mm)	6.6	4.8	3.6	2.7
h (mm)	8.8	6.4	4.8	3.6

로 표시를 하는데, 각 해당인치에 해당하는 수직 및 수평(또는 가로 및 세로) 크기는 표 9-2와 같다.

그림 9-19는 식 (9-15)를 이용해서 적합한 초점거리를 계산한 사례를 나타낸 것이다. 1/2인치 크기의 이미지 센서를 사용하는 경우, 거리가 2.5 m 떨어진 330 mm × 440 mm 물체에 적합한 렌즈의 초점거리는 36 mm로 계산할 수 있다.

$$f_v = 6.4 \times \frac{2500}{330} \approx 36\,\mathrm{mm}, \; f_h = 6.4 \times \frac{2500}{440} \approx 36\,\mathrm{mm} \tag{9-16}$$

적외선은 가시광선보다 범위가 넓어서 렌즈의 회절(diffraction)과 수차 효과 때문에 적외선 이미지 센서에서 촬영된 영상 이미지에 어느 정도의 흐림 현상이 존재하게 된다. 이러한 회절 현상은 렌즈를 사용하는 시스템에서는 필수적으로 발생하는 물리현상으로 이것은 근본적으로 없앨 수는 없다. 회절은 F/#에 의해 발생하는데, 수차와 관계없이 회절에 의한 효과로 회절제한성능(diffraction-limited performance)이 좋은 시스템이다. 회절에

그림 9-19 적합한 초점거리를 갖는 렌즈

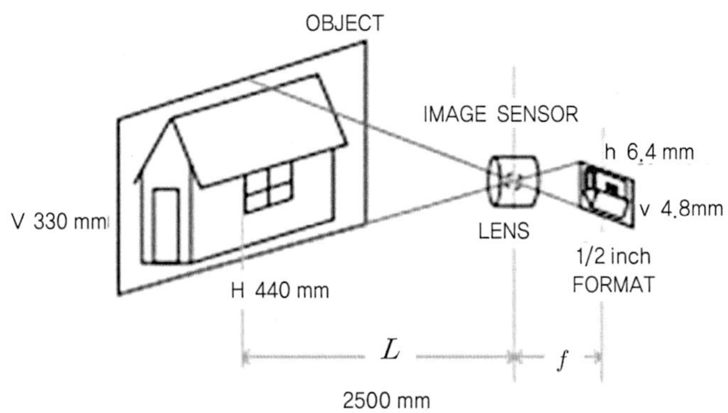

그림 9-20 회절제한성능(diffraction-limited performance) 현상

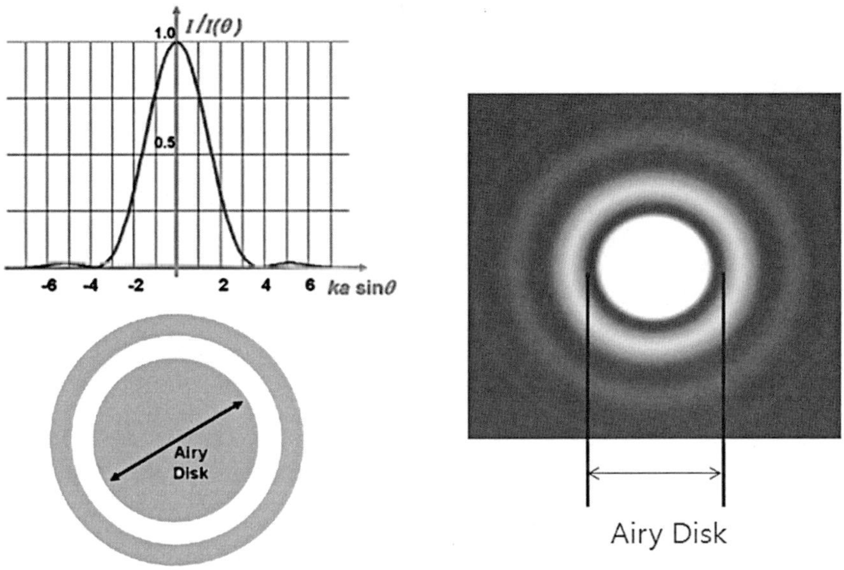

(a) 회절에 한정된 광출력 분포

(b) 회절에 한정된 실제 이미지 사진

의한 빔의 퍼짐 직경은 해당 파장과 F/#에 의해 다음과 같은 식으로 정의할 수 있다. 그림 9-20과 같이 이 직경에 해당하는 원을 에어리 디스크(Airy disk)라고 한다.

$$d_{회절} = 2.44 \cdot \lambda \cdot F/\# \qquad (9\text{-}17)$$

점원(point source)의 회절 패턴은 이미지 센서에 링과 같은 모양으로 형성되는데, 첫 번째 어두운 링이 나타나는 부분까지가 약 84%의 광량이 나오는 영역이다. 예를 들어 F/# =2, λ=10 μm라고 하면, 렌즈를 통과해서 나온 회절 때문에 발생하는 점의 직경은 약 48 μm가 된다. 만약 F/#=8이라고 하면 점의 직경은 192 μm로 더 커진다. 반면에 F/#를 작게 할수록, FOV를 크게 할수록 수차로 인한 영향은 더 커진다. 수차와 회절에 의한 영향은 서로 상반관계(Trade-Off)에 있으므로 이 둘 사이의 관계를 잘 고려해서 사용해야 한다.[58]

CHAPTER 10

적외선 센서

10.1 적외선 센서 분류

절대온도 0 K 이상의 온도에 있는 물체의 분자들은 열적 진동을 하게 되는데, 플랑크 복사법칙에 의해 물체의 온도에 해당하는 적외선이라는 형태의 에너지로 복사를 하게 된다. 적외선을 측정한다는 것은 다른 말로 표현하면 물체의 열 분포를 측정한다는 의미이며, 이것은 달리 온도를 측정하는 것과 같은 개념이다. 그리고 온도는 열에너지의 흐름에 나타나는 물리적인 현상이며, 열에너지의 흐름은 전도, 대류, 복사의 형태로 전달되는 것이기 때문에 이를 응용하여 물체의 온도를 간접 또는 직접 측정할 수 있다.

적외선 센서는 온도센서 분류인 표 1-4에서 비접촉식 센서에 해당하는 센서이며, 표 10-1과 같이 크게 반도체 재료를 이용한 양자형(quantum)과 반도체 재료가 아닌 재료를 이용한 열형(thermal)의 두 종류로 나눌 수 있다. 열형에는 입사하는 적외선에 대해 출력되는 신호에 따라 전기적 타입, 기구적 타입, 그리고 광학적 타입으로 나눌 수 있다. 전기적 열형센서에는 다시 볼로미터(bolometer), 서모파일(thermopile), 초전체(pyroelectric) 등 3가지로 나눌 수 있으며, 기구적 열형센서에는 골레이셀(Golay cell), 광학적 열형센서는 광섬유 센서가 있다. 양자형에는 광전도형(PC, photoconductive), 광전압형(PV, photovoltaic), 양자우물형(QW, quantum well), Type II 초격자 등 4종류가 있으며, PC형에는 다시 불순물 레벨의 유무에 따라 외인성(extrinsic)과 내인성(extrinsic)으로 나눌 수 있다. PC형 내인성에는 PbS, PbSe, InSb, HgCdTe 반도체가 사용되며, PC형 외인성에는 Si과 GaAs에 불순물을 첨가한 반도체를 사용한다. PV형에는 SWIR용으로 InGaAs, MWIR용

표 10-1 적외선 센서의 분류

구분				대표적인 센서 재료
열형	전기적	볼로미터		- 게르마늄(Ge) - 산화 바나듐(VOx) - 비정질 실리콘(α-Si)
		서모파일		- Pt : 50%Zn + 50%Sb - Bi_2Te_3 : Sb_2Te_3
		초전체	강유전체	- $BaSrTiO_3$ - $LiTaO_3$ - PZT
			초전체	- TGS - PVDF
	기구적			- 골레이 셀(Golay Cell)
	광학적			- 광섬유(Optical Fiber)
양자형	광전도형(PC)		내인성	- PbS - PbSe - InSb - HgCdTe(MCT)
			외인성	- Si:X - GaAs:X
	광전압형(PV)			- InGaAs - InSb - HgCdTe(MCT)
	양자우물(QW)			- GaAs/AlGaAs
	Type II 초격자			- InAs/GaInSb

으로 InSb와 HgCdTe, LWIR용으로 HgCdTe 반도체 재료가 사용되며, QW형에는 III-V족 화합물 반도체인 GaAs/InGaAs 반도체 재료가 주로 사용되며, Type II 초격자에는 InAs/GaInSb 등의 재료에 대해 연구 중에 있다. 대부분의 열형 센서는 냉각이 필요없는 상온에서 동작하며, 다른 말로 비냉각형 적외선 센서라고 한다. 반면, 양자형은 액체질소 온도에서 동작하므로 냉각 시스템이 필요하기 때문에 냉각형 적외선 센서라고 한다.

열형센서인 볼로미터, 초전체, 서모파일 센서는 온도 측정뿐만 아니라 적외선 카메라 및 물리보안용과 같은 다양한 용도로 사용되고 있다. 비냉각형 적외선 센서인 열형센서의 대표적인 3가지 종류에 대해 전기적인 출력 형태에 따라 다음과 같이 구분하다. ① 볼로미터는 적외선이 입사 또는 온도가 변하면 내부의 저항이 변하는 원리, ② 서모파일은 적외선이 입사 또는 온도가 변하면 기전력이 변하는 원리, ③ 초전체는 적외선의 입사 또는 온도가 변함에 따라 내부 분극이 변하는 원리이다. 이러한 열형 센서에는 최소한 두 가지 중요한 부분이 있는데, 하나는 적외선을 흡수하는 흡수체이고, 다른 하나는 온도 센서 또는 온도 변환기이다. 두 부분의 역할은 입사하는 복사량에 대해 온도 변화가 최대가 되도록 하고, 센서의 열질량(thermal mass)은 최소가 되도록 해야 한다.

10.2 볼로미터(bolometer) 센서

볼로미터(bolometer)는 적외선을 받으면 내부 저항이 변하는 센서로 동작원리가 접촉식 센서인 RTD, 서미스터와 동일하다. 볼로미터는 그리스어의 광선(ray)을 뜻하는 bolo와 계측이라는 의미의 meter가 합해져서 만들어진 단어로 광선, 특히 적외선을 측정한다는 의미이다. 볼로미터는 1878년 미국의 천문학자인 사무엘 랭글리(Samuel P. Langley)에 의해 제안된 아이디어이며, 볼로미터에 사용되는 원리는 서미스터의 저항온도계수(TCR, temperature coefficient of resistance) 효과와 동일한 원리이다. 볼로미터의 전기적인 신호를 읽어내기 위해 그림 10-1과 같은 광전도형 또는 휘스톤브리지 회로가 사용된다. 여기서 볼로미터의 TCR은 다음과 같다.

그림 10-1 볼로미터 출력 신호 회로

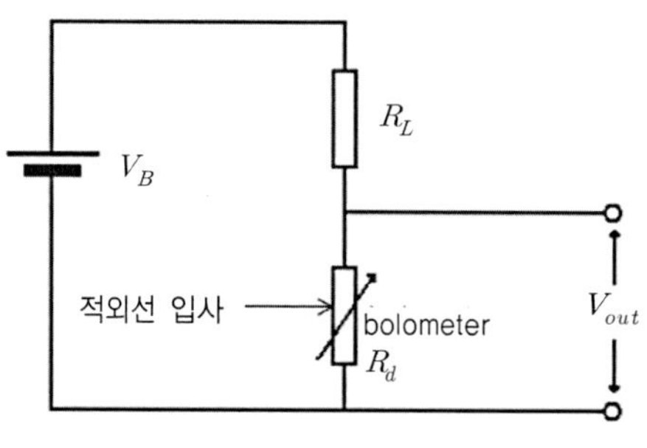

(a) 부하 저항 회로

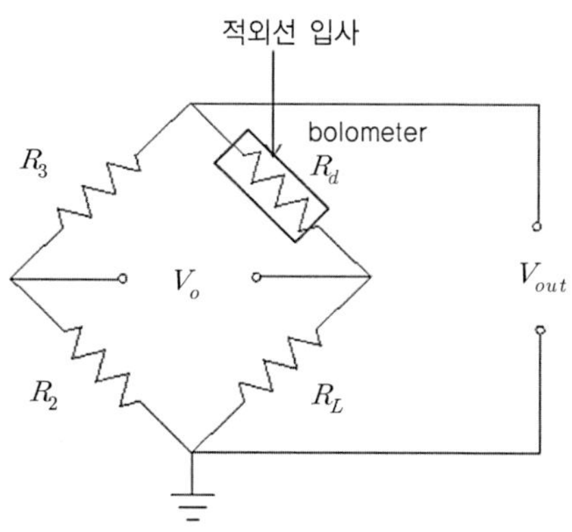

(b) 휘스톤브리지 회로

$$\alpha = \frac{1}{R_d}\frac{dR_d}{dT_d} \tag{10-1}$$

볼로미터에는 금속, 반도체, 초전도체(superconductor) 등 3가지 종류가 있다. 금속 볼로미터는 마이크로웨이브 영역에서 주로 사용되며, 온도에 선형적인 변화 특성을 가지고 있다. TCR은 약 0.5%/℃로 매우 낮은 편이며, 온도에 따른 저항값은 다음과 같은 식을 따른다. 여기서 α는 볼로미터의 TCR 계수이며, R_0는 기준 온도에서의 저항이다.

$$R = R_0(1+\alpha\Delta T_d) \tag{10-2}$$

반도체의 TCR 값은 (−)이며, 온도에 대해 지수함수적으로 저항이 변한다. 이와 같은 지수함수적인 특성 때문에 상대적인 저항 변화는 약 3%/℃ 정도로 매우 큰 편이다. 그러나 이와 같이 저항이 큰 변화로 인해 생성된 전류는 내부적인 열적 상승 원인이 될 수 있고, 이로 인해 저항이 다시 감소하고 전류는 더 증가하게 되고, 따라서 열적 상승이 더 발생하여 재료가 타버릴 때까지 열적인 제어가 안 될 가능성도 있다. 초전도체 볼로미터는 저항이 0인 초전도성을 나타내는 전이온도 근처에서 동작을 한다. 전이 온도 영역에서 저항 변화는 매우 급격히 발생하기 때문에 매우 큰 TCR 값을 만들 수 있다. 그러나 초전도체의 전이온도는 극저온에서 동작하므로 실용적이지 못한 단점이 있다. 현재는 극적외선 영역과 마이크로웨이브 영역의 탐지 소자로 주로 활용되고 있으며, 천문학 연구 분야에 주로 사용되고 있다. 따라서 반도체형 볼로미터가 적외선 센서용에 주로 사용된다.

볼로미터를 적외선 센서로 사용하기 위해서는 그림 10-2와 같이 적외선을 흡수하는 흡수 재료가 도포된 얇은 금속 박막이 열 저장소에 열전도 계수 K인 선에 연결된 구조이다. 외부에서 적외선이 입사하게 되면 흡수층 온도가 올라가게 되며, 센서의 감지속도를 결정하는 열시정수(thermal time constant)는 열용량 C와 열전도계수 G의 비와 같다(τ=C/G). 내부의 저항 변화를 저항 온도계로 온도를 측정하고, 측정이 끝나면 내부에 있는 열이 열 저장소로 빠지게 되어 있다. 볼로미터가 적외선에 잘 반응하기 위해서는 주위환경과 낮은 열전도, 적외선을 최대한 많이 입사할 수 있도록 수광면적을 크게 할 수 있는 구조, 높은 저항온도계수를 갖는 저항체 재료, 낮은 1/f 잡음 특성 등을 구현해야 한다. 최근 반도체 기술의 발달로 CCD와 같이 높은 해상도를 가질 수 있는 마이크로볼로미터(microbolometer)에 대해 1940년대 후반부터 현재까지 많은 연구가 진행되었으며, 열화상 카메라의 상용제품으로 나오고 있다. 현재 상용되고 있는 재료로는 바나듐 산화물(VO_x), 비정

그림 10-2 볼로미터의 개념

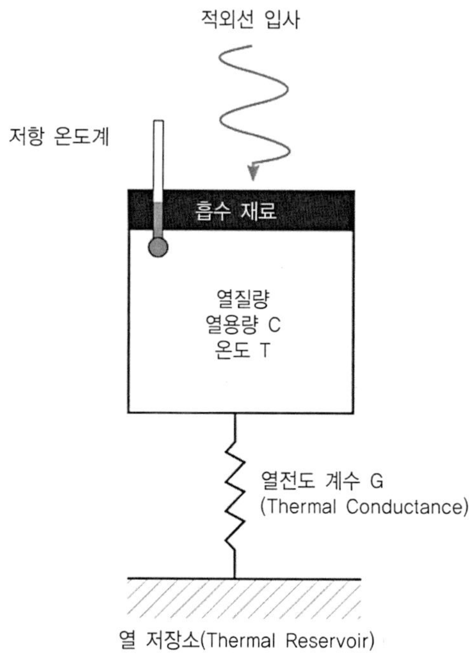

질 실리콘(amorphous-Si), 그리고 실리콘 다이오드 등이 사용되고 있다.

볼로미터는 입사된 적외선을 흡수하여 열적으로 고립된 멤브레인(membrane) 저항체의 온도가 올라가고, 이 온도변화는 흡수된 적외선 에너지에 비례해서 볼로미터 저항체의 전기저항변화 원리로 감지된다. 이러한 온도변화를 잘 감지하기 위한 구조적인 연구들이 많이 시도되었다. 기본적인 설계 방향은 볼로미터의 주위환경과의 낮은 열전도, 적외선이 최대한 많이 입사할 수 있도록 수광면적을 최대한 크게 할 수 있는 구조, 높은 저항온도계수를 갖는 저항체 물질, 낮은 1/f 잡음 특성 등을 구현하는 쪽으로 연구되었다. 그리고 카메라로 만들기 위해서는 가시광의 CCD 및 CMOS처럼 높은 해상도를 가지기 위해서는 많은 픽셀로 구현해야 한다. 볼로미터를 매우 작은 크기의 픽셀로 만들어 사용하므로 마이크로볼로미터라고 부른다. 최근 MEMS 관련한 제조공정 기술의 발달로 약 17 μm 픽셀 크기를 가지는 VGA급 제품들이 나오고 있다. 대표적인 마이크로볼로미터의 단면도는 그림 10-3과 같다.[59]

볼로미터와 주위와의 열전도를 최소화하기 위한 용도인 다리(leg)는 길면서도 작은 단

그림 10-3 마이크로볼로미터의 소자 구조 및 단면도

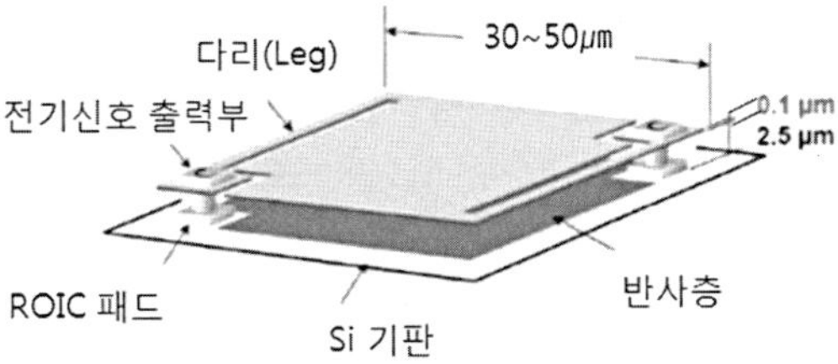

(a) 마이크로볼로미터 소자 구조

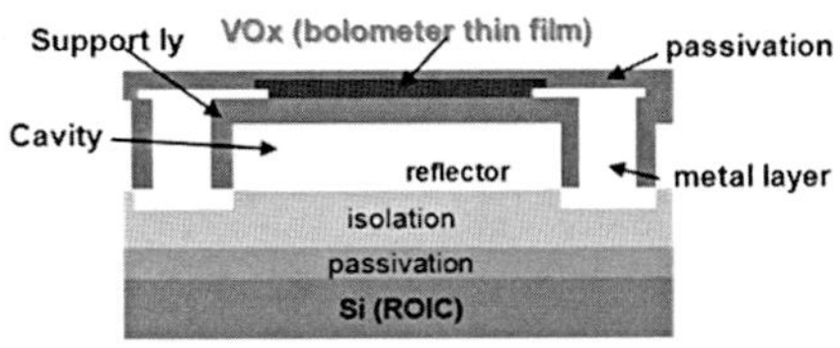

(b) 마이크로볼로미터 단면도

면적 및 낮은 열전도를 가지는 물질이며, 통상 열전도는 10^{-8} W/K 정도이다. 그리고 볼로미터와 주위 대기로부터 열손실을 막기 위해 약 0.01 mbar 정도의 진공을 유지한다. 이러한 진공을 장기간 유지하기 위해 게터(getter)라는 재료를 사용하여 진공을 유지하고 있다. 수광면적을 나타내는 필 팩터(fill factor)는 입사하는 적외선을 흡수하는데 사용하는 픽셀 면적으로 정의하는데, 주변 회로부품 때문에 일반적으로는 약 60~70% 정도의 필 팩터를 가지고 있다. 그러나 다양한 구조 설계를 통해 필 팩터를 약 90%까지 구현한 제품도 있다.

바나듐 산화물은 상온에서 2~3%/K의 TCR 특성이 있으며, 바나듐 산화물은 VO_2, V_2O_5, V_2O_3 등 많은 상이 존재한다. 단결정의 VO_2와 V_2O_5는 4%/K 이상의 TCR 특성이 있으나 제조하기가 어렵다. 고압의 산소 분위기에서 바나듐 타깃을 이용한 이온빔 증착을 하게 되면 V_2O_5가 형성되나 저항이 매우 높다. 반면 V_2O_3는 저온에서 반도체로부터 금속상으로 상변태를 겪으며 상온저항이 매우 낮다. 소자의 저항이 높을수록 노이즈가 증가하기 때문에 낮은 저항을 가지는 V_2O_3의 생성이 중요하다. 이외에도 바나듐-텅스텐 산화물 및 Ti-W 도핑을 통해 5%/K 이상의 TCR 재료가 연구되고 있다. 비정질 실리콘(a-Si)은 액정디스플레이의 TFT 또는 태양전지의 활성층으로 주로 사용되었으며, 2000년에 마이크로볼로미터에 처음 적용되었다. 비정질 실리콘은 2~3%/K 정도의 TCR을 가지고 있으며, 기존 반도체 생산설비에서 그대로 제조될 수 있다는 장점으로 관심을 받았다. 비정질 실리콘으로 된 볼로미터 멤브레인은 매우 얇아 열용량이 낮으므로 열전도를 낮게 유지하는 설계가 필요하며, 1/f 잡음이 비교적 큰 것이 단점이다.

볼로미터의 TCR 값은 적외선 센서의 성능이 얼마나 좋은지 평가할 수 있는 물리특성이며, 이 값은 볼로미터의 온도를 조절하면서 볼로미터의 저항이 온도에 따라 변화하는 정도를 측정해서 계산할 수 있다. 볼로미터 재료가 금속인 경우는 일반적으로 TCR의 부호가 (+)값을 가지며, 비금속인 경우는 (−)값을 나타낸다. TCR의 부호에 관계없이 절대값이 높을수록 적외선 센서용의 볼로미터 성능이 우수하다고 볼 수 있다. 따라서 이러한 TCR 값을 측정하기 위해서는 볼로미터의 온도를 조절할 수 있는 히터가 필요한데, 보통 열전냉각기(thermoelectric cooler, TEC)를 사용한다. 이때 주의할 점은 볼로미터의 온도를 변화시킬 때, 외부에서 볼로미터로 입사하는 주위환경은 동일하게 유지시켜야 한다. 따라서 일반적인 온도를 조절하는 챔버 속에서 측정을 하게 되면, 볼로미터의 온도도 변할 뿐만 아니라, 볼로미터로 입사하는 적외선의 복사량도 그만큼 많아지므로 오류를 범할 수 있다. 따라서 볼로미터만 온도를 조절할 수 있도록 TEC와 같은 히터를 사용해서 볼로미터의 온도를 조절하고, 저항변화는 일반적인 파라미터 분석기를 이용해서 각 온도별 전류-전압 특성을 측정한다. 대표적인 볼로미터의 전압-전류 특성 결과는 그림 10-4와 같다. 여기서 좌측 시편 A와 같이 온도에 따라 전류-전압 특성에서 선형성이 없는 경우는 볼로미터 센서로 부적합하며, 우측의 시편 B와 같이 온도에 따라 전류-전압 특성에서 선형성이 우수하면 볼로미터 센서로 적합한 센서이다.

볼로미터의 온도별 전류-전압 특성에서 온도별 저항값을 계산하면 그림 10-5와 같은 선형적인 직선을 얻게 되는데, 여기서 이 직선의 기울기 중에서 선형성이 우수한 영역을 선

그림 10-4 대표적인 볼로미터의 전류-전압 측정 결과

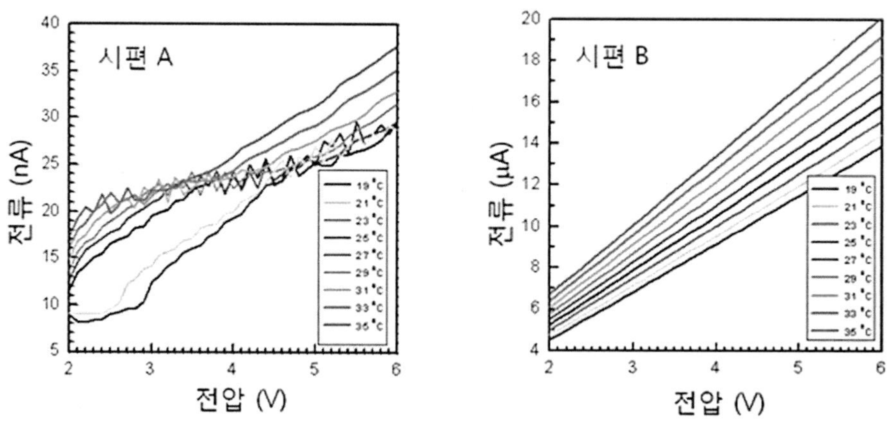

그림 10-5 전류-전압 결과에서 TCR 계산

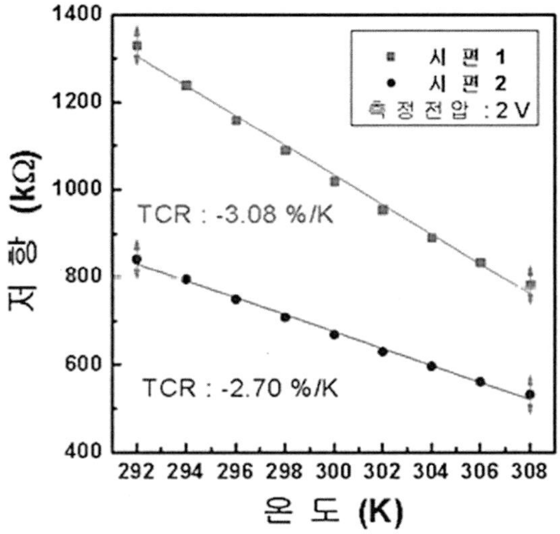

택해서 다음과 같이 계산하여 해당 볼로미터의 TCR 값을 얻을 수 있다. 이 그림에서 시편1의 TCR 절대값이 시편2의 절대값보다 크므로 시편1이 더 우수한 볼로미터 재료라고 볼 수 있다.[60]

$$\mathrm{TCR}[\%/\mathrm{K}] = \frac{(\text{고온저항} - \text{저온저항})}{(\text{상온저항} \times \text{온도차이})} \times 100 \qquad (10\text{-}3)$$

실리콘 다이오드는 p-n 접합 또는 쇼트키(Schottky) 장벽접합의 정방향 전압의 온도 의존성을 통해 적외선 센싱이 가능한 원리를 이용한 것이다. 일반적으로 pn 접합의 경우 0.7 V, 쇼트키 다이오드의 경우 0.6 V의 정방향 전압을 가지며, 1~2 mV/K의 온도-전압특성을 통해 약 0.2%/K의 TCR 특성이 있다. 이것은 앞의 VO_x 계열과 비정질 실리콘에 비해 낮은 값이다. 그러나 다이오드가 저항체보다 훨씬 작은 면적으로 구현할 수 있기 때문에 매우 작은 픽셀 크기도 구현할 수 있다는 장점이 있다.

10.3 초전체 센서

자연계에 존재하는 고체들을 특성에 따라 분류할 때, 물리학에서 가장 많이 사용하는 고체의 분류 방법이 전도성(conductivity)이다. 즉, 금속처럼 전기저항이 매우 작은 재료들은 쉽게 전기가 통하지만, 나무 등과 같이 전기저항이 매우 큰 경우는 전기가 통하지 않는다. 전기가 잘 통하는 물체를 도체(conductor)라고 하며, 반대로 전기가 통하지 않는 물체를 부도체(insulator)라 한다. 이 사이에 어떤 조건에 따라 전기가 통하는 물체를 반도체(semiconductor)라 한다. 이와는 달리 어떤 임계온도 이하에서는 저항이 전혀 없는 재료를 초전도체(superconductor)라 한다.

도체는 물질 내에 존재하는 자유전자에 의해 전기가 잘 통하지만, 부도체는 대전입자가 원자 주위에 속박되어 있어 일정 거리만 이동하게 되는데, 이러한 이동 정도를 전기쌍극(electric dipole)이라 한다. 자연계에 존재하는 절연체는 모두 유전체(dielectrics)라고 할 수 있다. 절연체는 전압을 인가해도 아무런 변화를 일으키지 않는 것이 아니라, 절연체도 원자 또는 분자들로 이루어져 있기 때문에 실제로 전기장 속에 놓이면 그림 10-6과 같이 평균적으로 플러스와 마이너스 전하의 많고 적음에 따라 치우침이 일어나며, 절연체 양쪽 면에 전극을 입혀 놓으면 내부 분극(polarization)의 영향으로 전극에 고정전하가 생성되어 전기쌍극이라는 현상으로 관측된다.

그림 10-6 전기장에 의한 분극 생성

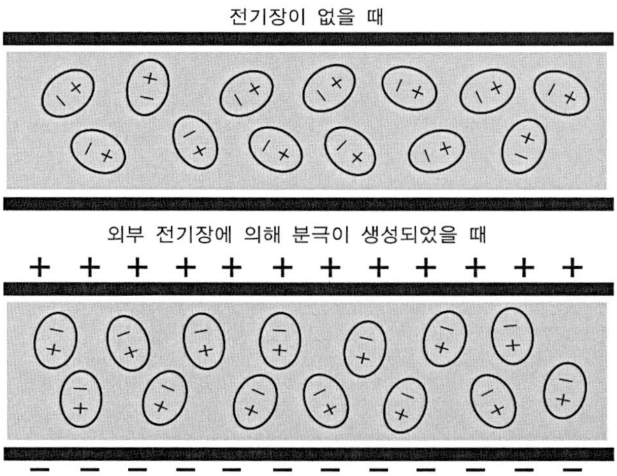

그림 10-7 유전체의 분극 현상 및 자발분극의 정의

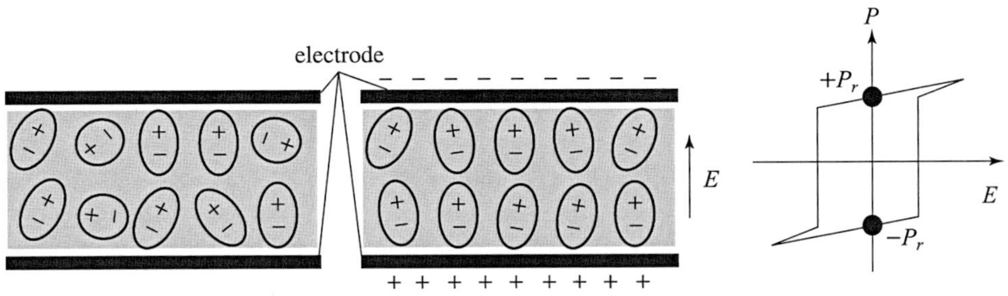

(a) 무극성 분자 (b) 전기장에서의 유전체 분극 (c) 자발분극 정의

이러한 전기쌍극의 크기는 유전율(permittivity)에 의해 결정된다. 이 중에서 외부의 압력에 의해 분극이 변하는 재료를 압전체(piezoelectric material)라 하며, 이는 압력을 뜻하는 piezo와 전도성을 의미하는 electricity의 합성어이다. 압전체 중에서 열 또는 적외선의 변화에 의해서 분극이 변하는 재료를 초전체(pyroelectric material)라고 한다. 이것은 열을 의미하는 pyro와 전도성을 의미하는 electricity의 합성어이다. 또한 초전체 중에서 외부에서 전기장을 가하지 않았는데도 전기분극이 0이 아니고, 그림 10-7(b)와 같이 자발분극(spontaneous polarization)이라는 일정한 분극값(+Pr, −Pr)을 가진 재료를 강유전체(ferroelectric material)라 한다.

초전효과의 개념에 대해서는 고대 그리스 시대의 철학자인 테오프라스토스(Therphrastus)에 의해 최초로 알려졌다고 보고 있다. 그는 볏짚과 나무조작을 끌어당기는 성질을 가진 어떤 돌에 대해 기술을 하였는데, 이 돌을 황금호박이라는 뜻의 그리스어로 lyngourion이라고 명명하였다. 그 이후 1717년 루이스 레머리(Louis Lemery)가 초전성(pyroelectricity)에 관한 과학적인 논문을 처음으로 발표하였으며, 1756년 프랜츠 애피누스(Franz Aepinus)가 이런 현상을 실험적으로 증명하였다. 1824년에 데이비드 브루스터(David Brewster)는 그가 연구하였던 로셀염(Rochelle salt)의 특성을 기술하면서 "pyroelectricity"라는 용어를 처음으로 사용하였다. 그리고 1859년에 존 가우게인(John Gaugain)은 초전전하의 변화를 측정하는 시험장치를 최초로 만들어서 측정하였다. 그 이후 1878년에 윌리엄 톰슨(William Thomson)은 초전성에 대한 주된 이론적인 기틀을 정립하였다. 1938년 예우 타(Yeou Ta)는 초전체 재료인 전기석(tourmaline)이 적외선 센서로 사용될 수 있음을 처음으로 제안하였고, 이를 계기로 2차 세계대전 당시, 미국과 영국, 독일에서 초전체를 이용한 적외선 센서를 개발하여 실전에 응용하였다. 그러나 이때 사용된 문서들은 비밀로 분류되어 공개되지 않았다. 1962년에 제이 쿠퍼(J. Cooper)는 티탄산바륨($BaTiO_3$)을 이용한 빠른 적외선 센서에 대한 상세 데이터를 발표하였으며, 같은 해에 0.2 K만큼 작은 온도변화도 감지할 수 있는 초전체 센서를 개발하였다. 1969년에 카벤넥(Le Carvennec)은 초전체를 이용한 열화상 이미지 센서를 개발하였다.

19세기에는 로셀염이 주로 초전 센서용으로 연구되었으나, 1915년 이후 재료공학의 발전으로 KDP(KH_2PO_4), ADP($NH_4H_2PO_4$), $BaTiO_3$, PZT 등 초전 특성을 가진 다양한 재료들이 알려지게 되었다. 1969년에 카와이(H. Kawai)가 PVF, PVDF에서 압전 특성을 발견했는데, 이들 재료 역시 초전특성을 동시에 가지고 있다. 현재는 초전 특성을 가진 재료가 약 1,000여개 이상 알려져 있다. 초전체를 만드는 공정은 압전체를 만드는 공정과 거의 유사하다.

초전체에는 주로 강유전체가 많이 쓰인다. 강유전체는 초전체에 속하는 재료로서 자발분극의 방향이 외부 전기장을 인가하였을 때 쉽게 바뀌는 성질을 가진 재료이다. 이러한 강유전체의 특성은 그림 10-8의 전기이력곡선에서 잘 설명된다. 즉, 전기장이 없는 상태에서도 분극이 어느 정도 존재하는데, 이것을 자발분극이라 한다. 또한 외부 전기장의 세기 및 방향에 따라 항상 일정한 분극 값을 나타내는 특성이 있다. 이러한 강유전체의 특징은 다음과 같이 요약할 수 있다. 높은 유전상수, 높은 압전상수, 높은 전기저항, 상대적으로

그림 10-8 강유전체의 전기이력곡선

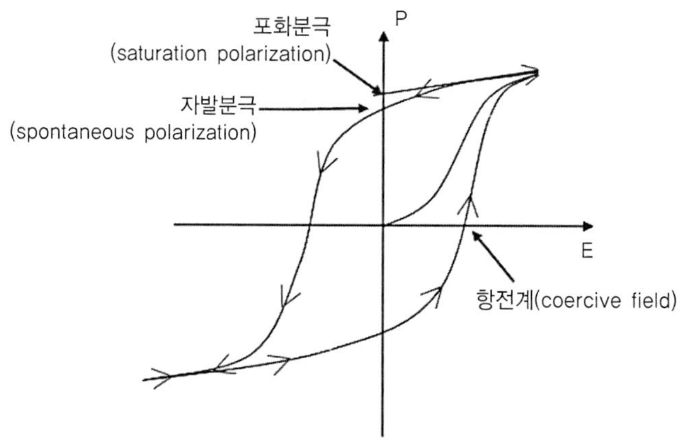

낮은 유전손실, 낮은 습도 민감도, 높은 초전 계수, 높은 임계온도 등의 특성을 가진 재료이다. 강유전체로 사용되는 초전체는 크게 두 가지로 나눌 수 있는데, 단결정 초전체(single crystal pyroelectric material)와 세라믹 초전체(ceramic pyroelectric material)이다.

초전계수(pyroelectric coefficient)가 γ인 초전체에 온도 변화를 균일하게 ΔT만큼 변하게 했을 때, 전기분극 ΔP의 관계는 다음과 같다. 이러한 초전효과는 반드시 온도에 변화가 있어야만 관측이 된다.

$$\Delta P = \gamma \cdot \Delta T \tag{10-4}$$

그러므로 초전계수는 다음과 같이 표현할 수 있다.

$$\gamma = \frac{\partial P_s}{\partial T} \tag{10-5}$$

여기서, P_s는 자발분극이며, 초전계수의 단위는 [C/(m^2·K)]이다. 그림 10-9와 같이 초전체 사이에 (+), (−) 전극을 붙여 놓고 외부에서 온도를 변화시키면 초전체의 내부 분극이 변하게 되고, 따라서 전극에 고정전하량이 변하게 되어 결국 전류의 크기가 변하게 된다. 적외선이 지속해서 입사하게 되면 전기쌍극의 변화가 없어 고정전하에 아무런 변화가

그림 10-9 초전체의 온도변화에 따른 전류 변화

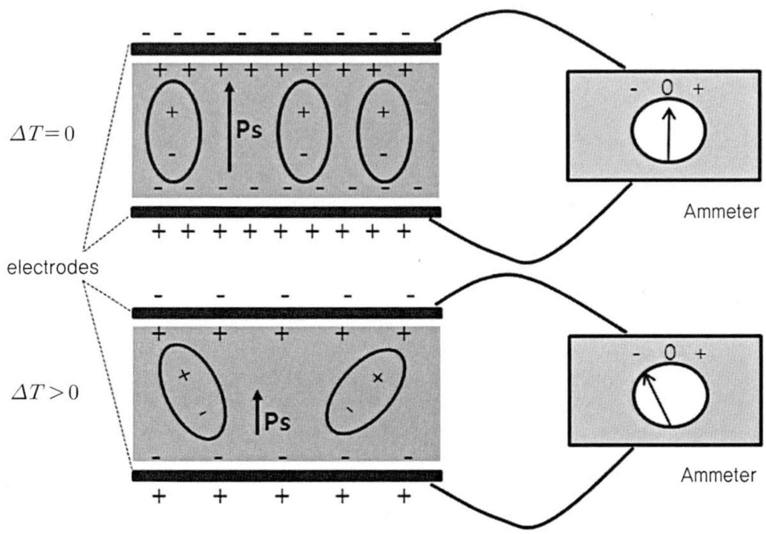

일어나지 않는다. 따라서 입사하는 적외선에 변화가 있어야 재료 내부의 전기쌍극이 변하여 전기적 특성을 측정할 수 있다. 이를 위해 적외선이 입사하는 부분에 쵸퍼(chopper)를 설치하여 적외선을 교류 형태로 입사하게 한다. 이때 쵸퍼의 회전수는 시정수(time constant)를 고려하여 적절한 속도로 움직여야 한다. 너무 빠르거나 느리면 적외선의 변화를 초전체는 인식하지 못한다. 그리고 특정 온도 이상이 되면 초전특성이 사라지는데 그 온도를 큐리온도(Curie temperature) 또는 임계온도라 한다.

즉, 초전체는 온도 변화에 따라 표면전하량이 변하는 특성이 있는데, 이것은 다음과 같은 수식으로 표현이 가능하다.

$$\Delta Q = \gamma \cdot \Delta T \tag{10-6}$$

여기서, ΔQ는 초전체 표면에서 변화된 전하량, S는 초전체의 전극면적이다. 또한 생성된 전하와 분극변화 사이의 관계는 다음과 같다.

$$Q = \Delta P \cdot S \tag{10-7}$$

여기서, 분극의 단위는 [C/m^2]이다. 만약 초전체 전체에 균일하게 미소한 온도 변화가 생긴다면, 분극의 미소변화는 다음과 같다.

$$\Delta P_i = \gamma_i \cdot \Delta T \tag{10-8}$$

여기서, γ_i는 3축에 대한 초전 계수로 주어지며, 초전효과는 벡터로 쓸 수 있다. 초전체의 특성은 그림 10-10과 같은 전기적, 열적, 기구적인 열역학 변환관계로 시각화할 수 있다. 전기적, 기구적, 열적인 부분의 쌍을 연결하는 3개의 짧은 굵은선은 각각 열용량(heat capacity), 탄성(elastic), 전기적 유전율이라는 물리량을 정의한다. 예를 들면, 조그만 온도변화 T는 엔트로피 S에 변화를 주며, 이 엔트로피는 열용량에 온도를 나눈 값에 비례한다. 이 그림에서 열적인 변화가 전기적 변화로 가는 경로에는 두 가지가 있음을 보여 주고 있는데, 하나는 부피의 변화가 없이 일정한 변형 상태를 유지하고 있으면서, 온도변화에 의해 전기적인 변위가 생기는 현상이 있는데, 이를 일차 초전효과(primary pyroelectric effect)라고 한다. 다른 하나는 이차 초전효과(secondary pyroelectric effect)라고 하는 현상인데, 온도가 변하면 결정의 부피변화를 동반하면서 전기적인 변위가 발생하는 현상을 의미한다. 일차 초전효과를 직접 측정하는 것은 매우 어렵지만, 이차 초전효과는 열팽창

그림 10-10 초전성의 열역학적인 변환 관계

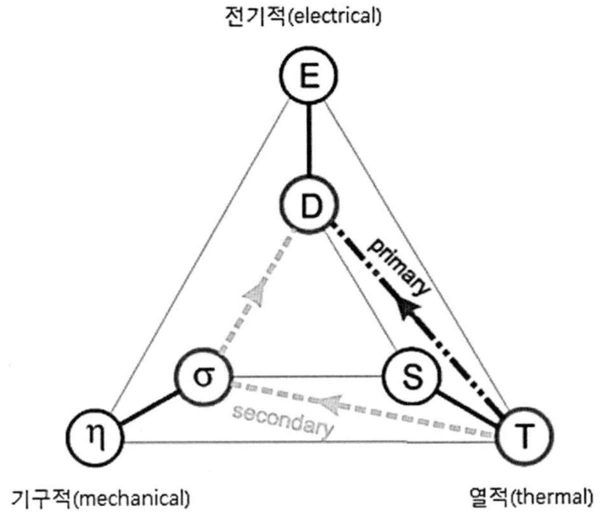

계수, 탄성상수(elastic stiffness), 압전변형상수(piezoelectric strain constant) 등의 값으로부터 계산할 수 있다. 그러므로 일정한 변형 상태에서의 초전 효과를 실험적으로 측정한다는 것은 일차와 이차 초전효과의 합을 측정하는 것이다.

초전효과는 미시적인 스케일로 보면 결정 구조 내에서 전기적으로 대전된 원자들에 의한 비대칭적인 상호작용 때문에 생기는 현상이다. 즉, 그림 10-11(a)와 같이 양이온과 음이온의 비대칭적인 구조로 인해 $(x_1 - x_2)$ 방향을 따라 자발분극이 생성되고, 이 방향을 따라 양이온의 위치 에너지가 그림 10-11(b)와 같이 비대칭적으로 형성된다. 이 상태에서 격자 온도가 상승하는 자극을 받게 되면, 위치에너지 우물 내에 양자화된 에너지 레벨 $(E_1 \sim E_n)$에 변화가 일어나게 되고, 격자 내의 평균 평형 위치가 A에서 B로 변하게 된다. 이러한 변화가 거시적으로 전기적인 쌍극자 모멘트에 변화가 생겨 초전효과로 나타나게 된다. 결정의 분극은 다음과 같은 온도, 변형 η_{ij}, 전기장 E_i의 함수로 주어진다.

$$P_k = P_k(T, \eta_{ij}, E_i) \tag{10-9}$$

그리고 변형은 온도, 기구적인 변형력(stress), 전기장의 함수이다. 만약, 전기장의 세기가 0이면, 분극과 변형의 변화율은 다음과 같이 쓸 수 있다.

그림 10-11 양이온과 음이온의 배열과 이로 인한 위치 에너지 분포

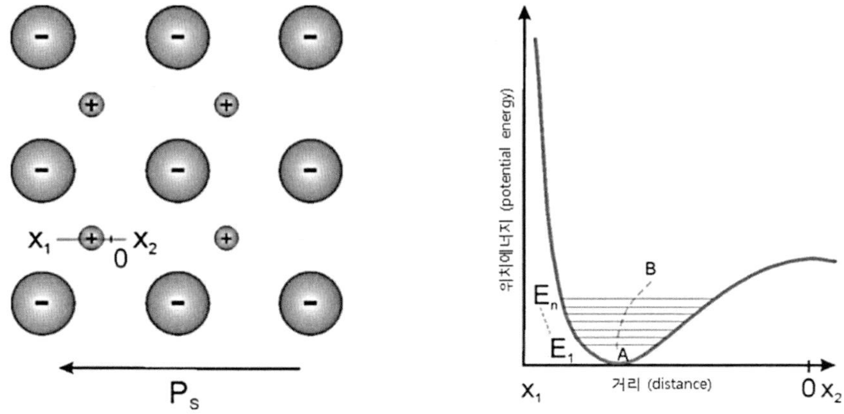

(a) 양이온과 음이온의 2차원 배열

(b) 비대칭적인 양이온과 음이온에 의한 위치에너지 분포

$$dP_k = \left(\frac{\partial P_k}{\partial T}\right)_{\eta_{ij}} dT + \left(\frac{\partial P_k}{\partial \eta_{ij}}\right)_T d\eta_{ij} \tag{10-10}$$

$$d\eta_{ij} = \left(\frac{\partial \eta_{ij}}{\partial T}\right)_{\sigma_{lm}} dT + \left(\frac{\partial \eta_{ij}}{\partial \sigma_{lm}}\right)_T d\sigma_{lm} \tag{10-11}$$

변형력이 결정에 동일하게 작용한다고 하면($\sigma_{lm} = const$), 위의 식에서 총 초전효과는 다음과 같이 쓸 수 있다.

$$\left(\frac{\partial P_k}{\partial T}\right)_{\sigma_{lm}} = \left(\frac{\partial P_k}{\partial T}\right)_{\eta_{ij}} + \left(\frac{\partial P_k}{\partial \sigma_{lm}}\right)_{\eta_{ij}} \cdot \left(\frac{\partial \sigma_{lm}}{\partial \eta_{ij}}\right)_T \cdot \left(\frac{\partial \eta_{ij}}{\partial T}\right)_{\sigma_{lm}} \tag{10-12}$$

$$\gamma_k^\sigma = \gamma_k^\eta + d_{klm}^\eta \cdot C_{lmij}^T \cdot \alpha_{ij}^\sigma \tag{10-13}$$

여기서, $\left(\frac{\partial P_k}{\partial T}\right)_{\sigma_{lm}} = \gamma_k^\sigma$, 총 초전 계수, $\left(\frac{\partial P_k}{\partial T}\right)_{\eta_{ij}} = \gamma_k^\eta$, 일차 초전 계수, $\left(\frac{\partial P_k}{\partial \sigma_{lm}}\right)_{\eta_{ij}} = d_{klm}^\eta$, 압전 계수(piezoelectric moduli), $\left(\frac{\partial \sigma_{lm}}{\partial \eta_{ij}}\right)_T = C_{lmij}^T$, 탄성 순응계수(elastic compliance coefficient), $\left(\frac{\partial \eta_{ij}}{\partial T}\right)_{\sigma_{lm}} = \alpha_{ij}^\sigma$, 열팽창 계수이다. 위 식에서 두 번째 항이 이차 초전효과를

설명하는 항이며, 이차 초전효과는 d_{klm}^{η}, C_{lmij}^{T}, α_{ij}^{σ}의 곱에 의해 결정된다. 비록 이차 초전효과는 압전성에 의해 나타나지만, 결정에서 대칭성을 가지는 압전체에서만 나타나는 특성이다. 강유전체의 경우 대체로 일차 효과와 총 초전효과가 큰 값을 보이며, 이차효과는 대체로 작은 양의 값을 가지므로 총 효과에서 일차효과를 상쇄하는 역할을 한다. 강유전체가 아닌 재료에서는 상대적으로 초전효과가 작기 때문에 이차효과의 비중이 상대적으로 크다. 예를 들어 전기석(tourmaline)의 경우, 총 효과의 80%가 이차효과에서 기인된다. 일차 초전효과에 대한 양자역학적인 해석은 1945년 맥스 본(Max Born)에 의해 처음으로 제안되었다. 그는 논문에서 일차 초전계수는 온도에 비례한다고 하였으며, 후에 격자 동역학을 다루면서 T^3에 비례한다고 수정하였다.

전기장 E가 극성 축을 따라 극성물질의 양단에 걸렸을 경우, 변위 D는 다음과 같다.

$$D = \varepsilon_0 E + P_s \tag{10-14}$$

만약 E를 고정시키고 온도만 변화시킨다면, 위 식은 다음과 같다.

$$\frac{\partial D}{\partial T} = \frac{\partial P_s}{\partial T} + \varepsilon_0 E \frac{\partial \varepsilon_r}{\partial T} \tag{10-15}$$

$$p_g = p + \varepsilon_0 E \frac{\partial \varepsilon_r}{\partial T} \tag{10-16}$$

여기서, p_g를 일반화된 초전계수, p를 초전계수라고 한다. 그리고 우변의 두 번째 항은 유도된 초전효과라고 하며, 극성이든 아니든지 간에 유전체라면 모두 나타나는 성질이다. 강유전체는 임계온도 근처에서 유전상수의 온도변화율이 매우 크기 때문에 이로 인해서 나타나는 p_g의 크기는 매우 클 수 있다. p를 주로 이용하는 경우를 초전모드라고 하고, p_g를 이용하는 경우는 유전성 볼로미터 모드(dielectric bolometer mode)라고 한다. 그러나 이를 이용하기 위해서 매우 안정적인 DC 전압을 인가하는 것이 쉽지 않다는 문제점이 있다.

유전성 볼로미터 모드에 대해서 흥미로운 점이 있는데, DC 전압이 매우 큰 상태에서는 유전손실 값이 매우 작아지는데, 이것은 DC 전압이 매우 큰 상태에서는 구역벽(domain wall)의 움직임이 저지되기 때문이다. 이에 따라서 유전손실과 관련된 잡음이 감소되어 검출 성능이 보통의 초전센서보다 우수한 수준으로 올릴 수 있다. 초전센서는 여러 가지

용도로 사용되고 있는데, 그 용도에 따라서 물질의 선택 기준은 다르다. 이 중에서 가장 빈번하게 사용되는 기준은 다음과 같은 4가지가 있다.[61]

① $F_D = \dfrac{p}{C_p \rho \sqrt{\varepsilon_0 \varepsilon_r \tan\delta}}$, 초전형 점 센서

② $F_i = \dfrac{p}{C_p \rho}$, 빠른 펄스 센서

③ $F_v = \dfrac{p}{C_p \rho \varepsilon_0 \varepsilon_r}$, 대면적 센서

④ $F_{vd} = \dfrac{p\xi}{C_p \rho \varepsilon_0 \varepsilon_r}$, 비디콘(vidicon)

여기서, C_p는 비열, ρ는 밀도, ε_0는 진공에서의 유전율, ε_r은 유전상수, $\tan\delta$는 유전손실, ξ는 역열방산계수(reciprocal thermal diffusivity), p는 초전상수이다. 위의 식에서 대체로 p/ε_r 값이 클수록 좋은 초전재료가 된다는 사실을 알 수 있다.

뉴만(Neumann)은 분극 P는 결정체의 점그룹 대칭성에 의해 결정된다고 하였는데, 대칭중심(center of symmetry)을 가지는 결정체(crystal)에는 초전 효과가 없다는 이론이다. 즉 초전 효과는 규칙적인 대칭성이 없는 결정축을 따라 존재한다는 것이다. 고체물리에서 원자가 주기적으로 배열되어 있는 물체를 결정체라고 하며, 모든 결정체는 그 대칭관계에 의해 32개 결정군으로 분류된다. 그 중 대칭 중심을 갖는 12개 그룹은 압전성이 없고, 나머지 20개 그룹 중에서 전기적으로 부도체인 결정체에서 압전 특성이 존재한다. 이 중에서 비대칭성이 큰 10개 그룹은 전계 및 응력이 가해지지 않은 상태 하에서 자발적으로 분극되어 있다. 결과적으로 압전 현상은 결정 구조의 이온 변형에 의해서 발생하며, 외부 응력이 가해지지 않은 상태에서는 압전재료 내의 전하 분포가 대칭적이고 전기적으로 중성이지만, 외부 응력이 가해지면 전하의 분포가 비대칭적이 된다. 이러한 결정체의 종류를 분류하면 그림 10-12와 같다. 로셀염(Rochelle salt), 티탄산바륨($BaTiO_3$), PZT(Pb[ZrxTi1-x]O_3) 등은 강유전체의 특성이 있는 물질로서 압전체와 초전체 특징을 모두 가지고 있으며, 초전체는 압전 특성을 동시에 가진 결정체이다. 압전체 결정체 중에서 일부는 초전 특성을 동시에 가지고 있으며, 수정과 같은 결정체는 압전특성만 가지고 있다.[62] 이처럼 보통의 유전체와 압전체의 구분은 결정체 구조에서 차이가 있다. 일반 유전체는 180도 점대칭을 갖는 재료로서 어떤 위치에서도 결정 구조는 거의 변하지 않는다. 반면에 압전체는 점대칭 구조를 이루지 않고 있어 180도 뒤집으면 원자와 이온의 위치가 원래와는 다른

그림 10-12 32개 결정체 점 그룹의 유전 특성별 분류

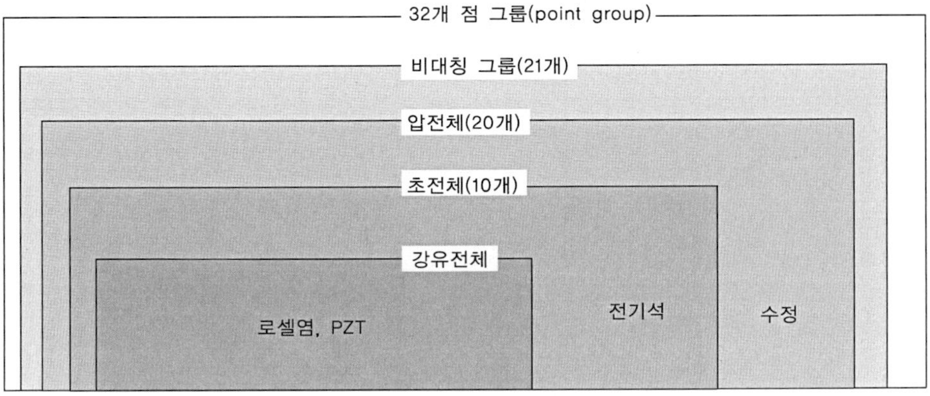

위치에 놓이게 되어 한쪽으로 전하가 모이게 되면서 전기쌍극이 생성된다.

온도변화에 의해 생성된 초전 전하를 직접 측정한다는 것은 매우 어려운데, 그 이유는 테스트에 사용되는 결정체의 전도도가 완전히 0이 아니기 때문이다. 그러므로 초전 특성을 관찰하기 위한 측정 시스템은 초전 전하 측정 동안, 테스트에 사용되는 결정체의 양 전극 사이 전압이 실제적으로 0이 되도록 디자인을 해야 한다. 이런 조건을 만족하는 시스템을 1881년에 큐리(Curie) 형제가 그림 10-13과 같은 측정 시스템을 최초로 개발하였다.[63]

그림 10-13 초전 특성을 연구하기 위해 고안된 측정 장치

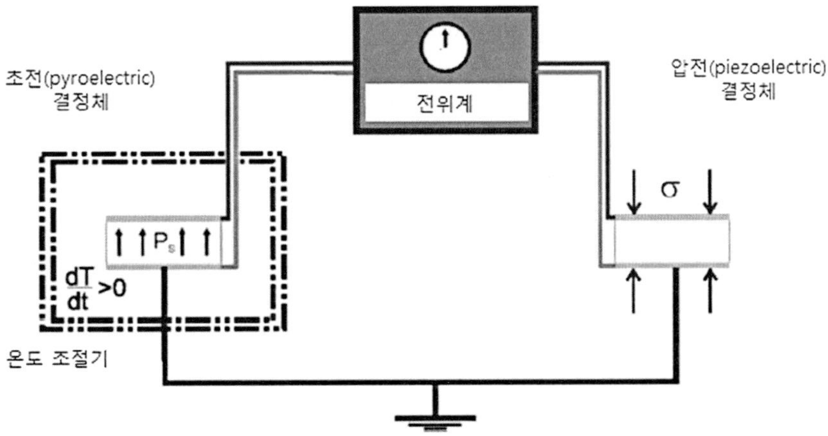

금속 전극을 가진 초전 결정체를 전위계를 통해 압전 결정체인 수정의 전극과 병렬로 연결하였으며, 전위계는 양단의 전압이 0이 되도록 유지시켰다. 이렇게 하여 외부의 역학적인 응력으로 유도된 압전체의 표면 전하에 의해 초전 결정체 표면에 형성된 초전 전하들은 보상이 되고 있다. 이때 수정의 압전계수와 외부에서 인가한 응력에 의해 표면 전하량 q를 계산할 수 있다. 전극 면적 S와 초전 전하량 q로부터 초전체의 자발분극 변화량 ΔP_s를 계산할 수 있다. 온도 조절기로 온도를 ΔT만큼 변화시키면, 이로 인해 초전체의 분극에 변화가 생기며, 다음과 같은 식으로부터 초전계수를 계산할 수 있다.

$$\gamma = \frac{q}{S\Delta T} = \frac{\Delta P_s}{\Delta T} \tag{10-17}$$

또 다른 측정 방법이 1956년에 치노웨더(Chynoweth) 등에 의해 제시되었는데, 이것은 그림 10-14와 같이 금속 전극을 가지고 있는 초전 결정체에 펄스로 가열하는 방법에 기반하고 있다. 외부의 변조된 적외선 복사에 의해 전극의 온도는 올라가게 된다. 이때 외부의 회로에서 초전 전하에 의해 생성된 전류를 측정하는 방법이다. 수식적으로 보면, 외부 광원의 세기 $W(t)$는 쵸퍼의 주파수 ω에 의해 주기적으로 변조되고 있으므로 다음과 같다. 여기서 S는 초전체의 전극 면적, d는 초전체의 전극 사이의 두께, C는 열용량이다.[64]

그림 10-14 초전 효과 측정 시스템 개요

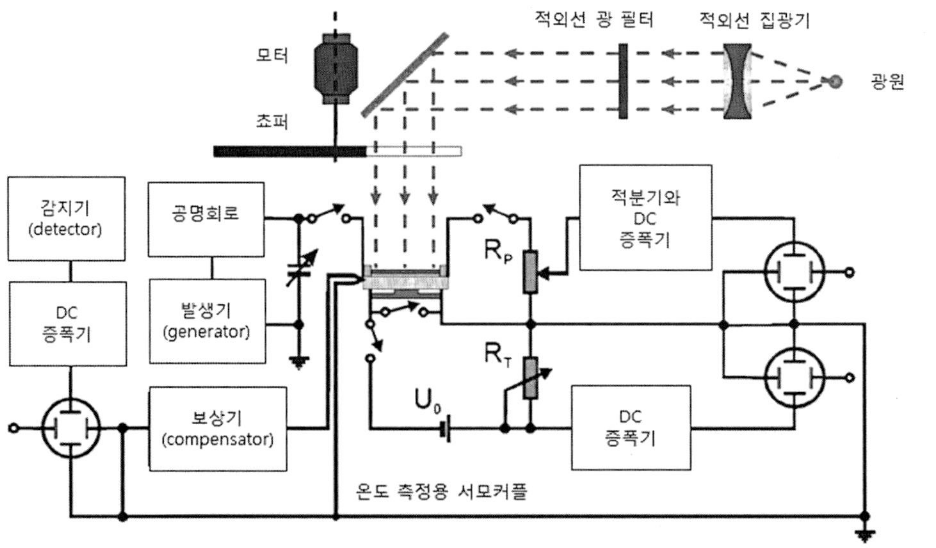

$$W(t) = W_0 S e^{i\omega t} = S h \rho C \frac{dT}{dt} \tag{10-18}$$

입사광원이 네모파(square-wave)로 입사하고, 열전도율을 G, 초전체와 주위 온도 차이를 θ라고 하면, 다음과 같은 관계에 있다.

$$C \frac{d\theta}{dt} + G\theta = S\varepsilon_1 W_0 e^{i\omega t} \tag{10-19}$$

위 식의 해는 다음과 같다.

$$\theta(t) = \frac{S\varepsilon_1 W_0}{G + i\omega C} e^{i\omega t} \tag{10-20}$$

그리고 외부 광에 의해 생성된 초전 전류는 다음과 같다.

$$I = S \frac{dP_m^s}{dt} = S \frac{dP_m^s}{dT} \frac{dT}{dt} = S \cdot p_m^\sigma \cdot \frac{dT}{dt} \tag{10-21}$$

여기서 단위 광 입력 파워 당 초전 전류는 다음과 같다.

$$\frac{I(t)}{W(t)} = \frac{\frac{dP_s}{dt} S \frac{dT}{dt}}{S h \rho C \frac{dT}{dt}} = \frac{p_m^\sigma}{h \rho C} \tag{10-22}$$

그러므로 초전 계수는 다음과 같다.

$$p_m^\sigma = \frac{W(t)}{I(t) \cdot h \rho C} \tag{10-23}$$

단결정 초전체는 유전상수가 100 이하로 낮고 유전손실도 작으며 재료의 성능지수가 대체로 큰 장점을 지니고 있다. 하지만 초전상수가 작고 습기에 약하며 다양한 성분이 첨가된 단결정을 재현성 있게 제조하기 어려울 뿐만 아니라 제조단가 및 가공비 등이 높은 문제가 있다. 단결정 초전재료의 대표적인 것으로 황산 트리글리신(TGS, Triglycine sulfate), 리튬탄탈레이트($LiTaO_3$), 그리고 폴리비닐리덴디플루오리드(PVDF) 등이 있다. 일반적으로 초전 계수와 높은 유전상수를 가진 $BaTiO_3$와 TGS 계열의 재료가 가장 많이 사용되고 있다. 티탄산바륨($BaTiO_3$)은 페로브스카이트(perovskite)형 결정구조를 가지고 있으

표 10-3 대표적인 단결정 초전체의 물리적 특성

재료 종류	초전계수[$\mu C/m^2/K$]	유전상수	임계온도[℃]
TGS	280	38	49
DTGS	550	43	61
$LiTaO_3$	230	47	665
$(Sr\text{-}Ba)Nb_2O_6$	550	400	121
PVDF	27	12	80

며, 단결정 및 세라믹 형태로 많은 연구가 이루어지고 있다. 그 이외에 리튬탄탈레이트($LiTaO_3$) 단결정 재료도 많이 사용되고 있다. 이 재료는 높은 임계온도로 인하여 온도 안정성이 뛰어나기 때문에 단소자형 검출기에 적합하다. 반면에 열전도도가 높기 때문에 비디콘 등의 응용에는 부적합하다. 대표적인 단결정 초전체의 물리적인 특성은 표 10-3과 같다.

TGS는 $(NH_2CH_2COOH)_3H_2SO_4$의 식을 갖는 고분자 화합물로써 높은 재료평가지수를 갖고 있지만 습도에 매우 약한 단점을 갖고 있다. 이러한 단점을 보완하기 위해 몇몇 물질들을 첨가하여 사용하는데, 첨가 물질들은 deuterium(D), beryllium(B), fluorite(F), manganese(M), phosphorous(P), arsenic(As), lithium(Li), alanine(A) 등이 있다. 첨가 물질에 의해 변형된 형태로는 DTGS, ATGSAs가 있으며, 이들의 물리적 특성은 표 10-4와 같다. $LiTaO_3$는 습도에 강하며 임계온도가 높아 열적으로 매우 안정한 특성을 지니고 있다. 단소자형 검출기에는 적합한 반면, 높은 열전도도로 인해 비디콘 등의 응용에는 부적합하다.

PVDF는 $(CH_2\text{-}CF_2)_n$의 식을 갖는 TGS와 같은 고분자 물질로서 매우 극성이 강한 고분

표 10-4 대표적인 TGS 재료의 물리적 특성

재료 종류	초전계수[$\mu C/m^2/K$]	유전상수	임계온도[℃]
TGS	330	30	49
DTGS	270	19	62
LTGS	400	40	49
ATGSAs	700	30~32	51
ADTGSP	460	22	60

그림 10-15 초전체 온도센서의 내부 구조 및 외형

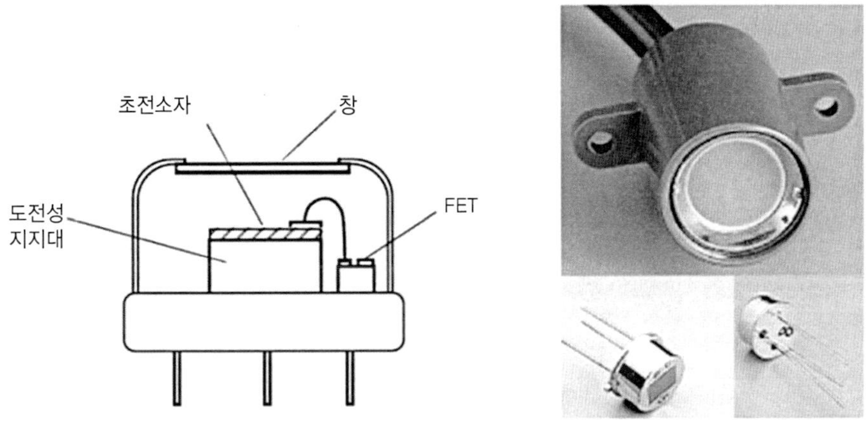

자이다. 주로 얇은 박막으로 만들어 사용하며 TGS보다 열, 습도에 강하고 기계적으로 튼튼한 장점을 갖고 있다. 그러나 유전손실이 높은 단점이 있으며, PVDF는 큰 단면적으로 이용하기 때문에 전압감도가 높고, 낮은 열전도도와 낮은 유전상수로 인해 비디콘 등의 응용에 적합하다. 세라믹 초전재료는 단결정 초전재료에 비해 내구성이 좋고 전압출력에 대한 성능지수가 우수하고 다양한 성분이 첨가된 재료를 재현성 있게 제조할 수 있는 장점이 있다. 세라믹 초전재료는 유전율의 크기에 따라 사용 용도를 달리하게 되는데, 유전율이 작으면 단순 적외선 감지소자에 적합하며, 1,000 이상으로 크면 이미지 센서에 적합하다. 주로 PZT를 기본으로 하여 여기에 La_2O_5, $SrTiO_3$, NbO_5, FeO_3 등을 첨가하여 임계온도 및 초전상수를 변화시켜 사용한다. 세라믹 초전재료들 중 단소자형 검출기로 많이 쓰이는 재료들은 PZT($Pb(Zr,Ti)O_3$), PT($PbTiO_3$), PLT($(Pb, La)TiO_3$), PCT($(Pb, Ca) TiO_3$)가 있다. 이와 같은 재료를 이용하여 만든 온도센서는 그림 10-15와 같다.

10.4 서모파일 센서

서모커플(thermocouple)은 종류가 다른 두 금속의 접촉 부위에 온도를 가하면 열기전력이 발생하는 원리이며, 서모파일(thermopile) 센서는 이러한 서모커플 센서가 다발로 모여 있는 센서이다. 서모파일은 서모커플과 같이 열접점(hot junction)과 냉접점(cold juc-

그림 10-16 서모파일의 동작 원리

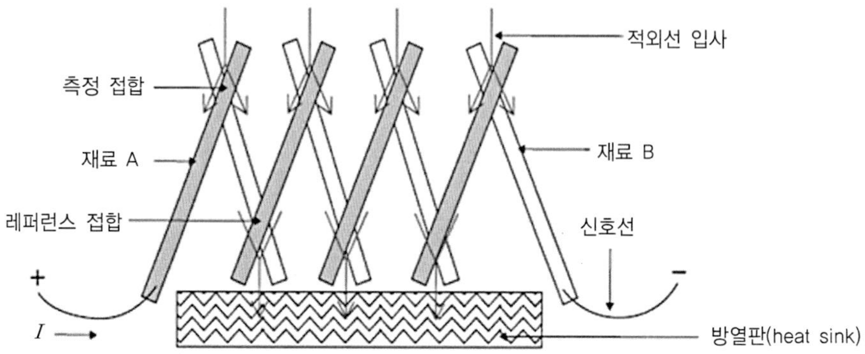

tion)이 존재하는데, 열접점 쪽으로 적외선이 입사하고 냉접점 쪽은 방열판(heat sink) 쪽으로 연결되어 있다. 서모파일의 기본적인 동작원리는 그림 10-16과 같다. 재료 A와 재료 B로 만들어진 서모파일의 더미들이 열원(heat source)과 히트싱크 사이에 있으며, 두 재료의 열접합 쪽인 접합부위에 적외선을 흡수할 수 있는 재료로 얇게 만들어 놓으면 제베크 효과에 의해 냉접합 쪽인 히트싱크 쪽으로 전압이 발생하게 된다. 서모파일은 서모커플을 여러 개로 묶어 놓은 것인데, 만약 n개의 서모커플을 병렬로 연결해 놓으면, 제베크 효과에 의해 유도된 전압의 변화는 다음과 같다.

$$\Delta V = n S(T) \Delta T \tag{10-24}$$

여기서, $S(T)$는 μV/K의 단위인 제베크 계수이며, 이 값은 온도와 재료의 특성에 의해 결정되는 값이다. 이로부터 입사한 적외선(열)과 전압과의 관계로부터 온도를 환산할 수 있다. 이러한 형태의 적외선 센서는 응답시간이 수십 ms로 느린 단점이 있지만, 저온에서부터 고온까지 적외선의 검출이 가능하다는 장점이 있다.

서모파일을 적외선 센서로 사용하려면 두 가지를 고려해야 하는데, 하나는 적외선 흡수체이고 다른 하나는 온도 변환기이다. 적외선이 서모파일의 측정 접합부로 입사하게 되면, 측정 접합부의 흡수층이 복사 에너지를 보다 많이 흡수할 수 있도록 열 소스의 역할을 한다. 측정 접합부와 레퍼런스 접합부 사이의 온도차이가 제베크 효과에 의해 출력 전압으로 변환된다.

그림 10-17과 같은 하나의 접합 쌍을 가진 서모파일을 고려해 본다면, 주위 환경과 열을

그림 10-17 열용량 C, 열 임피던스 K인 서모파일 구조

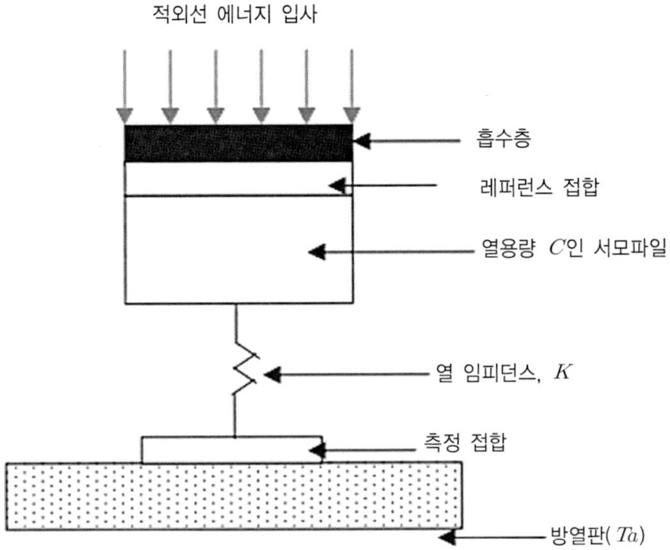

교환하는 쪽이 열 입력부이고(온도 T), 주위의 온도가 T_a인 방열판 쪽으로 전도를 통해 열이 손실되고, 흡수층의 온도는 주위 온도와 거의 동일하다고 가정을 하면, 복사를 통한 열손실은 무시할 수 있다. 이런 조건에서의 에너지 균형은 다음과 같다. 여기서 P_e는 흡수층에 흡수되는 W 단위의 복사에너지이고, K는 W/K의 단위를 가지며 서모파일과 방열판 사이의 열전도율이다. 그리고 C는 J/K의 단위인 서모파일의 열용량이다.

$$C\frac{d\Delta T}{dt} + K\Delta T = P_e \tag{10-25}$$

열용량은 서모파일의 질량 m과 비열 C_p의 곱으로 표시할 수 있으며, 열전도율 K는 다음과 같다. 여기서 L은 길이(m), A는 단면적(m^2), k는 재료의 전도도(W/mK)이다.

$$K = \frac{Ak}{L} \tag{10-26}$$

만약 흡수층에서 흡수하는 에너지의 흡수율이 일정하다고 하면, 식 (10-25)의 해는 다음과 같다.

$$\Delta T = \frac{P_e}{K}\left(1 - e^{Kt/C}\right) \qquad (10\text{-}27)$$

그리고 $\tau = C/K$인 열 시정수로 고쳐 쓰면, 온도 변화는 다음과 같다.

$$\Delta T = \frac{P_e}{K}\left(1 - e^{-t/\tau}\right) \qquad (10\text{-}28)$$

서모파일의 출력전압은 제베크 계수에 온도를 곱한 것과 같으므로 출력전압은 다음과 같다.

$$V = nS\Delta T = nS\frac{P_e}{K}\left(1 - e^{-t/\tau}\right) \qquad (10\text{-}29)$$

그리고 서모파일의 민감도는 입사하는 광량 대 출력전압의 비이므로 다음과 같다.

$$\text{민감도} = \frac{V}{P_e} = \frac{nS}{K}\left(1 - e^{-t/\tau}\right) \qquad (10\text{-}30)$$

위의 식에서 반응 시간을 빠르게 하기 위해서는 작은 열시정수를 가져야 하므로 열전도율 K는 높아야 하고, 열용량 C는 작아야 한다. 반면, 민감도를 최대로 하기 위해서는 큰 제베크 계수와 많은 수의 서모커플의 다발, 그리고 열전도율 K가 작아야 한다. 반응 시간과 민감도 측면에서 보면 서모파일과 방열판 사이의 열전도율 K를 최적화해야 함을 알 수 있다.

초창기 서모파일은 그림 10-18과 같이 접합부는 백금(Pt)과 ZnSb로 만들고, 열저항층은 페럴린(parylene)으로 만들었다. 열저항층인 페럴린의 주된 역할은 소자의 민감도를 높이기 위한 것이었으며, 앞에서 언급되었듯이 이것은 반응시간에도 영향을 준다. 적외선을 받아들이기 위해 소자의 위쪽에 흡수층이 있다. 이 흡수층은 측정하고자 하는 파장을 고려해야 하지만, 일반적으로 넓은 영역대를 흡수할 수 있도록 디자인되며, 주로 검은색 태국니스(Chemglaze z-306) 페인트에 흡수율을 최대로 하기 위해 10% 탄소를 첨가한 것을 사용하였다. 표 10-5는 서모파일 제작에 일반적으로 사용되는 재료들의 특성을 요약한 것이다. 이렇게 하여 제작된 서모파일의 성능은 민감도가 $0.27\mu V/W/m^2$ 이상, 반응 시간은 20 ms 이하, 전기 저항은 30 KΩ 이하이다. 민감도를 좋게 하기 위해 열 임피던스 층의 두께를 두껍게 하면 민감도는 좋아지지만 반응시간이 급격히 느려진다. 흡수층의 두께도

그림 10-18 서모파일 디자인 단면도 사례

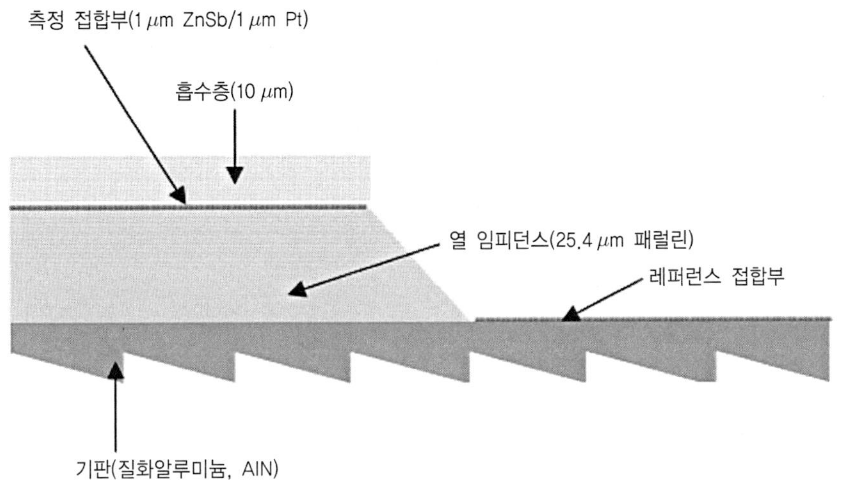

표 10-5 서모파일 센서 제조에 사용된 재료들의 물리적 특성

	밀도(kg/m^3)	비열(J/kgK)	전도율(W/mK)	전기비저항(Ωm)
백금 층	21,450	133	71.6	10.6×10^{-8}
ZnSb 층	6,880	200	60	12.5×10-4
질하알루미늄	3,260	800	165	10^9
페럴린	1,289	712	0.084	8.8×10^{14}
흡수층	1,400	669	0.209	

적외선을 많이 흡수하도록 충분히 두껍게 해야 한다. 하지만 반대로 반응시간에 영향을 줄 수 있다. 또한 흡수층의 두께가 두꺼울수록 보다 넓은 파장대역을 흡수할 수 있다. 따라서 민감도와 반응시간을 고려해서 좋은 서모파일을 만들기 위해 고려해야 할 사항은 다음과 같다.

① 열저항층의 두께와 기하학적 구조

② 측정 접합부와 레퍼런스 접합부 사이의 간격 크기

③ 흡수층의 두께

최근 반도체 기술의 발달로 매우 작은 영역에 서모파일을 이용한 센서가 양산되고 있다. 서모파일 센서는 실리콘 MEMS(미세가공기술)로 제작하는데, MEMS 기술로 제작된 서모파일의 형태는 그림 10-19와 같다. 실리콘 기판을 wet 에칭으로 약 두께가 1 μm 정도인 멤브레인을 제작하고, 멤브레인은 보통 열전도율이 낮은 SiO_2/Si_3N_4 재료를 사용해 증착으로 제작한다. 멤브레인 위에 두 가지 다른 종류의 열기전력 재료를 증착하는데, 멤브레인의 중심부에 측정 접합이 오도록 하고, 히트싱크 쪽인 Si 기판 쪽은 냉접합인 레퍼런스 접합이 연결되도록 한다. 이렇게 하여 멤브레인 위에 실리콘과 알루미늄으로 구성된 서모파일로 구성하고, 실리콘 기판은 방열판(heat sink) 역할을 하도록 되어 있다. 서모파일 재료는 플래티늄(platinum)과 Zn와 Sb의 50 : 50으로 혼합한 비정질 반도체 재료를 가장 많이 사용하고 있다. 이 외에도 Bi_2Te_3와 Sb_2Te_3 재료를 사용한 것도 있으며, 서모파일 효과를 낼 수 있는 재료는 많은 연구가 진행되고 있다. 그리고 서모파일 센서로 온도를 측정하고자 할 경우, 서모커플인 두 접점 사이의 온도 차이에 의한 열기전력이 출력전압으로 나오는 것이므로, 반드시 서모파일 센서 내부에 온도를 측정할 수 있는 다른 소자를 결합

그림 10-19 서모파일 센서의 단면 및 윗면 형상

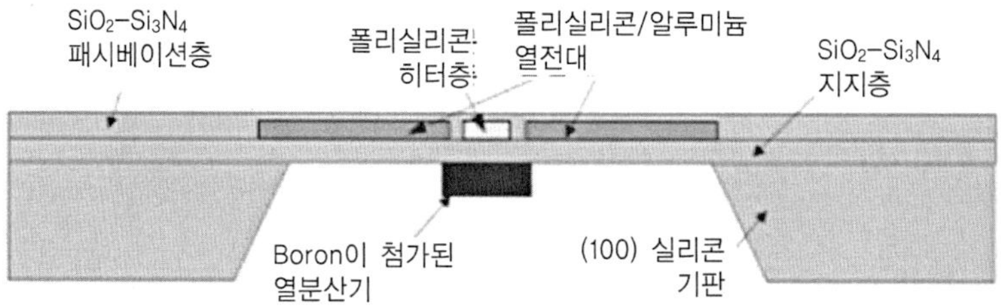

(a) 서모파일 센서의 단면도

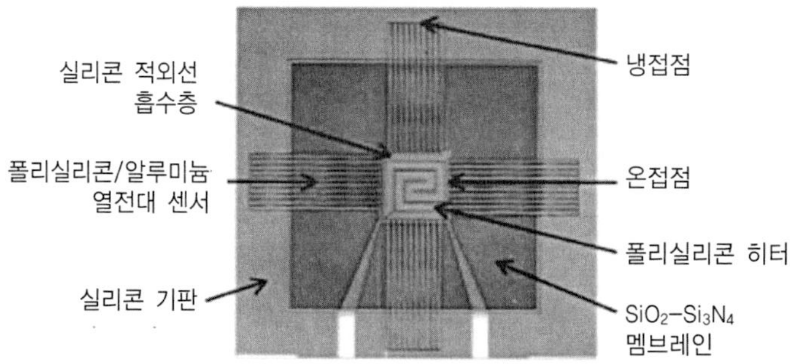

(b) 서모파일 센서의 윗면 사진

하여야만 대상물체의 온도를 비접촉식으로 측정할 수 있다.

서모파일은 마이크로볼로미터와 같이 진공을 유지할 필요가 없어 제작공정 측면에서는 매우 간단하므로 가격이 비교적 저렴한 편이다. 그러나 센서의 반응속도가 마이크로볼로미터의 수 ms에 비해 약 수십 배 정도 느린 단점이 있어 고화소용으로 가게 되면 실시간 영상을 볼 수 없는 단점이 있다. 이러한 센서의 한계 때문에 저화소용에 많이 응용되고 있다. 주로 귀속 체온계나 비접촉식 온도 측정기 쪽으로 응용이 되고 있다. 서모파일 센서를 생산하는 회사는 주로 독일과 일본업체를 중심으로 연구·개발되고 있다. 독일의 Haimann 사와 Excelitas 사, 일본의 Nicera 사, Murata 사, Chino 사, Hamamamtsu 사, Panasonic 사 등이다.

10.5 광전도형 센서

적외선을 측정하는 양자형(quantum)은 광전도 효과(photoconductive effect)와 광전압 효과(photovoltaic effect)를 응용한 것이다. 광전도 효과란 반도체의 에너지갭 보다 큰 에너지를 가진 빛이 입사하면 이 빛 에너지는 흡수되며, 이 에너지는 가전도대(valence band) 내에 있는 전자가 전도대(conduction band)로 천이시키는 에너지로 소모되고, 전도대 내에는 다수 전하(majority carrier)인 전자(electron)의 농도가 많아지게 되어 반도체의 저항이 감소되는 원리이다. 만약 외부에서 입사하는 빛의 에너지가 에너지갭 보다 작으면 이 빛은 아무런 작용 없이 반도체를 투과하게 된다. 이와 같은 광전도 효과는 반도체 재료의 결정격자와 광자의 상호작용에 의한 것으로 알버트 아인슈타인(Albert Einstein)에 의해 발견된 광전효과(photoelectric effect)에 기초를 두고 있다. 광전효과는 1905년에 노벨상을 받은 내용이다. 아인슈타인은 그 당시 빛의 에너지는 국부적인 덩어리 형태로 존재한다고 가정을 하였으며, 추후 이것을 광자(photon)라고 명명하였으며, 단일 광자의 에너지는 다음과 같다.

$$E = h\nu \tag{10-31}$$

여기서, ν는 빛의 진동수, $h = 6.626075 \times 10^{-34}$ Js(또는 4.13567×10^{-15} eVs)로 주어지는 Planck 상수이다. 광전효과는 이러한 광자를 도체의 표면에 노출시키게 되면 자유전자가 생성되는 효과이다. 광자 에너지 E의 일부(ϕ)는 표면에서 전자를 떼어내는데 사용되고,

나머지 에너지는 전자에 운동에너지를 주는 것으로 기여한다. 따라서 광전효과는 다음과 같은 수식으로 간략히 표현할 수 있다,

$$h\nu = \phi + K_m \tag{10-32}$$

여기서, ϕ는 전자를 방출하는 표면의 일함수(work function)라고 부르며, K_m은 방출된 전자의 최대 운동에너지이다. 반도체의 pn 접합에 광자를 보내면 이와 유사한 과정이 생성된다. 즉, 광자의 에너지는 전자에 에너지를 전달하게 되고, 만약 전자의 에너지가 움직일 수 있을 정도로 충분히 높아지면 이 전자는 전류에 기여를 하게 된다. 그러나 광자의 에너지가 전자를 움직일 수 있을 만큼 충분하지 않으면 광자의 에너지는 열로 변환되는 것으로 소모된다.

주기적인 격자구조를 가지고 있는 결정체에는 전자가 고체 내부에 존재하면서 전류에 기여할 수 있는 허용된 에너지 대역이 존재하는데, 이것을 전자의 에너지 금지대역 또는 에너지갭이라 한다. 만약 에너지가 충분히 높은 광자가 반도체 결정으로 입사하게 되면, 결정 내에 있는 운반자의 농도(전자와 정공)는 증가하게 되며 이로 인한 전도도는 다음과 같다.

$$\sigma = e\left(\mu_e n + \mu_h p\right) \tag{10-33}$$

여기서, e는 전자의 전하, μ_e는 전자의 이동도, μ_h는 정공의 이동도, n과 p는 전자와 정

그림 10-20 반도체에서의 광전도 효과

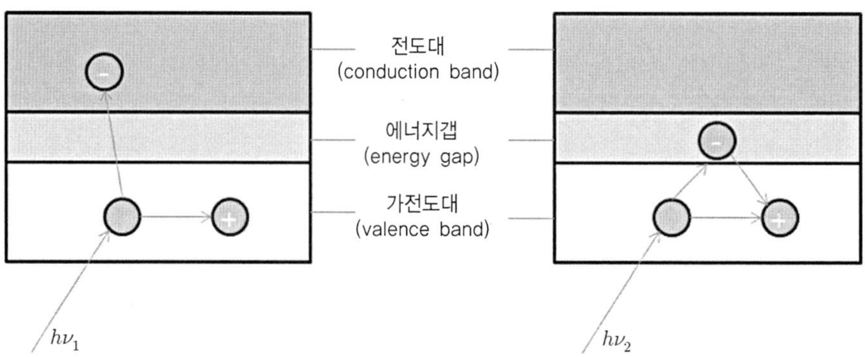

(a) 충분히 높은 광자에너지 입사

(b) 낮은 광자에너지 입사

공의 농도이다. 그림 10-20은 반도체에서의 광전효과를 개념적으로 설명한 내용이다. 그림에서 낮은 쪽 에너지 대역을 가전도대(valence band)라고 하며, 높은 쪽 에너지 대역을 전도대(conduction band)라 하며, 그 사이를 에너지갭이라 하며 이 에너지 크기는 보통 eV 단위를 사용하여 표시한다. 그림 10-20(a)와 같이 에너지갭보다 큰 광자 에너지가 입사하게 되면 가전도대에 있는 전자가 전도대로 천이하게 되고 가전도대에는 정공으로 남게 된다. 전도대에 있는 전자들은 결정 내부를 자유롭게 움직이면서 전류에 기여한다. 이러한 현상을 광전도 효과라 한다. 그러나 그림 10-20(b)와 같이 에너지갭보다 작은 광자 에너지가 입사하게 되면 광자에 의해 생성된 전자가 일시적으로 금지대역으로 갔다가 곧 바로 가전도대의 정공과 다시 재결합을 하며 이때 열이 발생하게 된다.

광전도 효과는 그림 10-21과 같이 크게 내인성(intrinsic) 광전도와 외인성(extrinsic) 광전도 효과로 나눌 수 있다. 그리고 광전도형 센서는 에너지갭에 의해 감지하는 영역이 제한되는데, 감지할 수 있는 가장 긴 파장을 차단파장(cut-off wavelength)이라 하며, 차단파장은 에너지갭으로부터 다음의 관계식에서 계산할 수 있다. 여기서 차단파장은 μm 단위이며, 에너지갭은 eV 단위이다.

$$\lambda_c = \frac{1.24}{E_g} \tag{10-34}$$

그림 10-21 반도체의 광전도 효과 개념

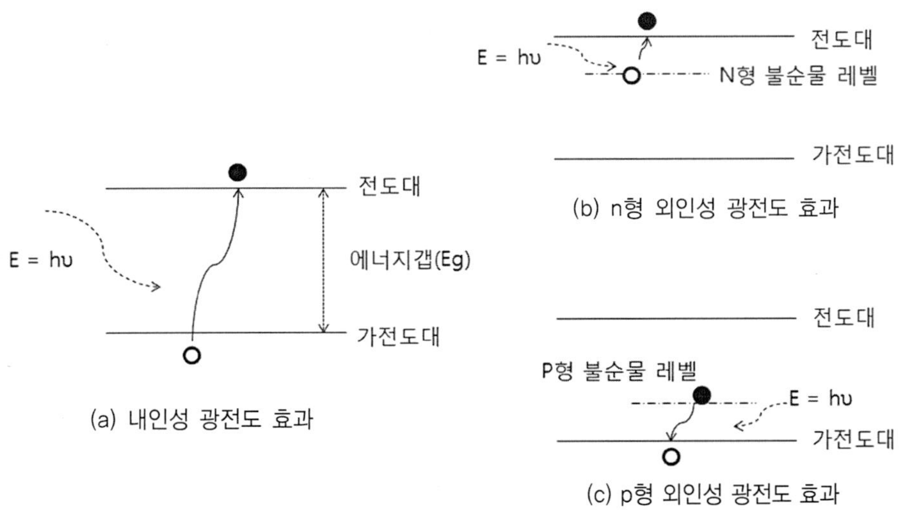

외부 적외선에 의해 전자-정공쌍이 생성되는 정도를 양자효율(quantum efficiency)이라고 하며, 0과 1 사이의 값을 가진다. 이상적인 재료의 양자효율은 1이지만, 실제 상황에서는 반사, 흡수, 산란, 전자 재결합 등의 요인으로 인해 1보다 작은 값을 가진다. 내인성 광전도형에서는 양자효율이 약 60% 정도이며, 외인성 광전도형에서는 약 30% 정도의 값을 가진다.

내인성 광전도 효과는 내인성 반도체(intrinsic semiconductor)인 경우에 나타나는 현상이며, 대표적인 내인성 반도체 재료에 대한 에너지갭과 이에 해당하는 광자에너지인 파장은 표 10-6과 같다. 이 표에서 보듯이 가장 긴 파장이 길수록 광전도 효과를 나타내게 하는 에너지가 더 작아진다. 에너지갭은 재료가 빛에 민감한지 아닌지를 판단하는 하나의 임계값으로 볼 수 있다. 에너지갭의 임계값은 급격한 형태는 아니다. 전자-정공의 운동량과 밀도는 가전도대와 전도대의 중심에서 높으며, 각 대역의 가장자리로 갈수록 0으로 떨어진다. 그러므로 전도대의 운동량과 유사한 여기된 가전도대의 전자를 발견할 확률은 대역의 중심에서 가장 높고 가장자리에서 가장 낮다. 그러므로 광자 에너지에 대한 재료의 반응도는 에너지갭까지 점차적으로 증가하며, 에너지갭에서 최대값을 보인 후 그 다음부터는 0으로 급격히 떨어진다. 또한 표에 있는 재료들에 임의의 불순물을 첨가함으로써 빛

표 10-6 대표적인 내인성 반도체 재료의 특성

재료	밴드갭 E_g(eV)	차단파장 λ_c(μm)
ZnS	3.6	0.345
CdS	2.41	0.52
CdSe	1.8	0.69
CdTe	1.5	0.83
Si	1.12	1.10
Ge	0.67	1.85
PbS	0.37	3.35
InAs	0.35	3.54
Te	0.33	3.75
PbTe	0.3	4.13
PbSe	0.27	4.58
InSb	0.18	6.90

에 대한 반응도 특성을 변화시킬 수가 있다.

외인성 광전도 효과는 임의로 불순물을 주입한 n형 또는 p형 외인성 반도체(extrinsic semiconductor)에서 나타나는 현상이다. 그림 10-21(b)와 같이 n형 반도체는 에너지갭 내에 전도대 가까이에 불순물 레벨이 존재한다. 불순물 레벨과 전도대 사이의 에너지 차이보다 큰 에너지의 빛이 입사하게 되면, 이 빛 에너지는 불순물 레벨에 있는 전자를 전도대로 천이시키는 에너지로 사용되어 흡수된다. 결국 전도대 내에 있는 다수 전하인 전자의 농도가 많아져 저항이 감소하는 원리이다. 마찬가지로 이보다 작은 에너지를 가진 빛이 입사하게 되면 투과하게 된다. 그림 10-21(c)와 같은 p형 반도체는 에너지갭 내에 가전도대 가까이에 불순물 레벨이 존재한다. 불순물 레벨과 가전도대 사이의 에너지 차이보다 큰 에너지의 빛이 입사하게 되면, 불순물 레벨에 있는 정공(hole)이 가전도대로 천이하여 다수 전하인 정공의 농도가 많아져 저항이 감소하는 원리이다. 마찬가지로 에너지가 작은 빛이 입사하게 되면 투과하게 된다.

10.6 광전압형 센서

광전압 효과는 기본적으로 광전도 효과이며, pn 다이오드의 광전도 확장 개념이 광전압 효과이다. 그림 10-22(a)와 같이 p형과 n형 반도체가 서로 접합하게 되면, 두 접합의 경계면에서 정공과 전자가 확산에 의해 고갈층(depletion layer)이 생기게 되고, 평형상태에 이르게 되면 양 단에 확산전위차가 생성된다. 이 상태에서 그림 10-22(b)와 같이 에너지갭보다 큰 에너지의 빛이 입사하면 광전도 효과에 의해 p형 쪽의 가전도대에 있는 전자가 전도대로 천이하게 된다. 이때 전도대의 전자의 농도가 많아져 확산으로 n형 쪽의 전도대로 이동하면서 전류가 발생하는 원리이다. 동일한 원리로 n형 쪽은 가전도대에 있는 전자와 동일한 숫자로 정공의 농도가 많아져 확산으로 전류가 발생하는 원리이다. 빛이 없는 상태에서의 전류보다 빛이 조사하면 빛의 양에 비례하여 전류는 커지게 된다. 광전압 효과는 광전도형과는 달리 외부에서 전원을 가하지 않아도 전류가 발생하는 장점이 있다. 그리고 전압이 0 volt인 조건에서 흐르는 전압-전류의 비인 저항을 R_0라고 하며, 여기에 접합면적을 곱한 R_oA 값은 적외선 포토다이오드의 성능지수를 나타내는 대표적인 지수이며, 다음과 같이 정의된 값이다.

그림 10-22 PV형에서 에너지갭과 빛의 조사에 따른 전류-전압 특성 변화

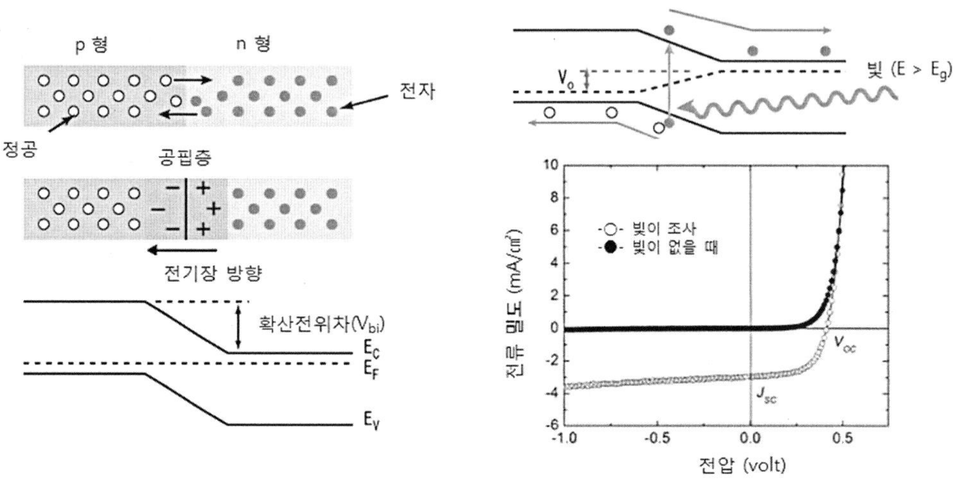

(a) 다이오드의 에너지 밴드 구조

(b) 빛의 입사에 따른 전류 변화

$$R_oA = \left(\frac{\partial J}{\partial V}\right)^{-1}_{|V_b = 0} \tag{10-35}$$

위 식에서 R_oA는 포토다이오드의 전류-전압 특성 곡선에서 바이어스 전압이 0일 때 전류-전압의 기울기 값의 역수를 의미하며, 이 값은 여러 가지 물리적인 현상에 의해 결정되는데, 이 값이 크면 클수록 적외선 센서의 특성이 좋다는 것을 의미한다.

광전도 효과를 이용한 반도체 재료는 InGaAs, PbS, PbSe, InSb, HgCdTe가 있다. InGaAs는 SWIR 영역 감지용으로 주로 사용하며, PbS 및 PbSe는 광전도형 특성을 이용하여 상온에서 동작하며 SWIR 및 MWIR 영역을 감지한다. InSb는 광전압형 특성을 이용하여 액체질소(약 77K) 온도에서 동작하며 MWIR 영역을 감지한다, HgCdTe는 광전압형 특성을 이용하여 액체질소 온도에서 동작하며 SWIR, MWIR과 LWIR 영역대의 적외선을 감지한다. InSb와 HgCdTe는 비록 저온에서 동작한다는 단점이 있지만, 우수한 감지성능 때문에 군사용으로 주로 사용된다. 외인성 광전도 효과를 이용하는 반도체 재료는 Si과 GaAs가 있다. Si의 에너지갭이 1.12eV이므로 불순물을 첨가하여 만든 Si 포토다이오드(photodiode)는 상온에서 동작한다. 불순물 주입레벨에 따라 가시광선을 포함하여 UV부터 NIR 영역까지 광범위한 빛을 감지하는 용도로 사용한다. 그리고 GaAs 계열은 상온에

표 10-7 주요 적외선 센서들의 특성 비교

구분			센서	동작온도(K)	감지영역(μm)	탐지도(D*)
열형	볼로미터		VOx	상온	NIR~LWIR	mid 10^8
열형	초전체		PZT, TGS	상온	NIR~LWIR	low 10^8
열형	서모파일			상온	NIR~LWIR	low 10^8
양자형	내인성	PC	PbS	상온	1~3.6	low 10^9
양자형	내인성	PC	PbSe	상온	1.5~5.8	low 10^8
양자형	내인성	PC	InSb	213	2~6	low 10^9
양자형	내인성	PC	HgCdTe	77	2~16	low 10^{10}
양자형	내인성	PV	Ge	300	0.8~1.8	low 10^{11}
양자형	내인성	PV	InGaAs	300	0.7~1.7	mid 10^{12}
양자형	내인성	PV	Ex. InGaAs	253	1.2~2.5	low 10^{11}
양자형	내인성	PV	InAs	77	1~3.1	low 10^{10}
양자형	내인성	PV	InSb	77	1~5.5	low 10^{10}
양자형	내인성	PV	HgCdTe	77	2~16	low 10^{10}
양자형	외인성		Ge:Au	77	1~10	low 10^{11}
양자형	외인성		Ge:Hg	4	2~14	high 10^9
양자형	외인성		Ge:Cu	4	2~30	mid 10^9
양자형	외인성		Ge:Zn	4	2~40	mid 10^9
양자형	외인성		Si:Zn	4	1~17	mid 10^9
양자형	외인성		Si:As	4	1~23	mid 10^9

서 동작할 수 있으며 NIR 영역의 적외선을 감지하는 용도로 사용한다. 반도체 재료인 양자형 센서와 열형 센서들에 대한 감지성능 비교는 표 10-7과 같다. 표에 있는 탐지도에 대한 정의는 10장 성능지수에 설명되어 있다. 열형 센서들은 에너지갭과 무관하기 때문에 적외선의 넓은 영역을 감지하는 장점은 있으나 감지성능이 낮은 단점이 있고, 양자형 센서는 에너지갭에 의해 동작하므로 감지영역이 정해져 있고 감지성능은 우수하나 냉각을 해야 하는 단점이 있다.

10.7 QWIP의 특성

HgCdTe는 조성에 따라 측정할 수 있는 적외선 파장 대역을 선택할 수 있으며, 이러한 특성으로 이중컬러 구조의 구현도 쉽게 할 수 있는 장점이 있으나 고화소용으로 제작하기 위해서는 픽셀을 2차원상에서 많이 구현을 해야 하는데, 그러기 위해서는 반드시 대면적의 기판이 필요하며 이로 인해 제조 단가가 올라갈 수밖에 없다. 이를 해결하기 위해 가격이 저렴한 기판인 Si이나 사파이어에 대해 많은 연구를 진행하고 있으나 매우 큰 격자 부정합으로 인한 특성의 열화로 아직 실용화는 되지 않았다. 이러한 단점을 극복하기 위해 제안된 기술이 에너지 밴드갭 조절이 가능한 양자우물(quantum well) 구조와 응력 초격자(strained-layer superlattice) 구조이다.

이러한 밴드갭 조절형은 MBE와 MOCVD 기술로 원자층 제어가 가능한 박막성장 기술

그림 10-23 양자우물 구조

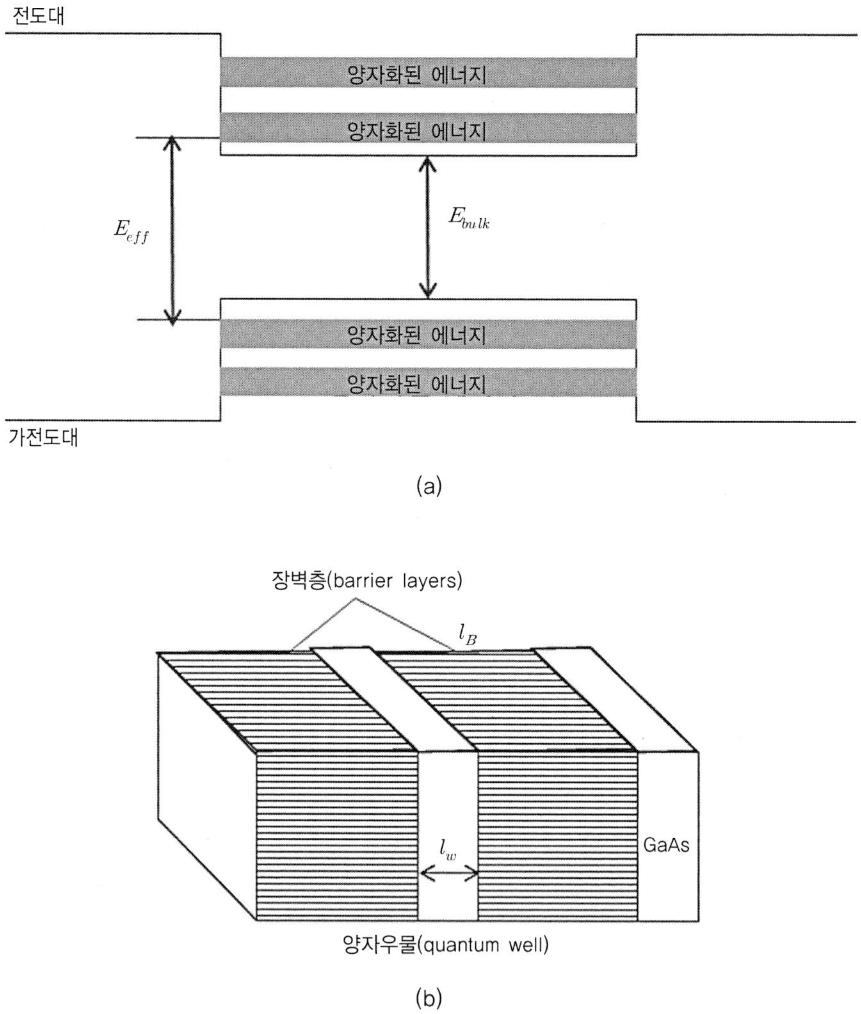

이 발전하면서 1980년대 후반부터 연구되기 시작했다. 양자우물 재료는 HgCdTe와 InSb와 달리 상대적으로 협대역의 파장대역에만 반응하는 단점이 있다. 양자우물 구조는 매우 얇은 층과 두꺼운 층을 번갈아 가면서 성장시켜서 얇은 층 내에 있는 전자들의 파동이 서로 상호작용하지 않도록 설계를 한다. 일반적으로 에너지갭이 큰 물질(AlGaAs) 사이에 에너지갭이 작은 물질(GaAs)을 샌드위치 방식으로 성장시키는데, 그림 10-23(b)와 같은 단일 양자우물 구조에서 얇은 층 내에 있는 전자들의 에너지 상태는 양자화가 되어 전도대의 전자 에너지 레벨과 가전도대의 정공 에너지 레벨이 그림 10-23(a)와 같이 형성된다. 일반적인 벌크 상태에서는 전자들의 에너지 상태가 연속적인 반면, 양자우물에서는 양자화 되어 벌크상태보다 약간 더 큰 에너지갭을 가지게 되며, 에너지 상태의 크기에 해당하는 에너지만 흡수하게 된다. 이런 이유로 반응하는 파장영역이 일반 PV 소자와는 달리 협대역의 특성을 가지게 된다. 그리고 이러한 에너지 레벨은 얇은 층의 두께와 장벽층의 에너지갭으로 조절이 가능하다.

얇은 층의 두께가 Broglie 파장과 유사할 때 에너지 레벨이 양자화가 된다. GaAs인 경우 Broglie 파장은 10Å과 500Å 사이로 주어지는데, 얇은 층의 두께가 이 정도로 얇아지게 되면 우물 내의 전자 에너지 레벨은 불연속적으로 분포하게 되며, 이때의 에너지 레벨은 다음과 같다. 여기서 m_e^*는 전자의 유효질량, l_w는 우물의 폭, m은 에너지 인덱스이다.

$$E_m' = \frac{h^2 m^2}{8 m_e^* l_w} \tag{10-35}$$

양자우물 구조를 반복해서 많이 만들고 장벽층의 두께가 충분히 크다고 하면, 우물 내에 있는 이웃하는 전자들의 에너지 밴드들은 서로 겹치지 않게 된다. 이런 상태에서 광학적인 흡수는 식 (10-35)의 인덱스 m만큼 생기게 되는데, 이것은 가전도대에서 전도대의 흡수가 아닌 그림 10-24와 같은 인터서브밴드 흡수를 의미한다. 이러한 인터서브밴드의 에너지 레벨을 이용해서 적외선을 감지하는 원리이다. 인터서브밴드 천이 에너지는 다음과 같다.

$$E_2 - E_1 = \frac{3\hbar^2 \pi^2}{2 m_e^* l_w^2} \tag{10-36}$$

천이 에너지는 우물 두께의 제곱과 역수관계에 있다. 우물의 두께 100Å, Al(x)Ga(1-x)As

그림 10-24 QWIP의 인터서브밴드 흡수

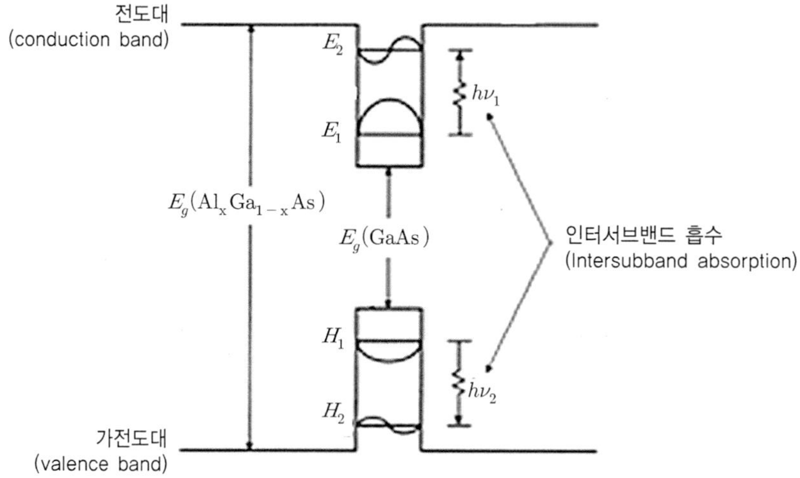

에서 $x=0.45$의 조건에서 $E_1=32.29$ meV, $E_2=128.76$ meV, $E_3=280.63$ meV가 된다.

QWIP 기술은 표준 GaAs 공정 기술을 그대로 적용할 수 있으며, 6인치 이상의 GaAs 기판 위에 매우 고른 특성을 가진 픽셀을 제작할 수 있어 고수율 및 저가격 구현이 가능하다는 장점이 있다. 그러나 QWIP 소자는 양자효율이 10% 정도로 상대적으로 매우 낮으며, 감지하는 파장대역이 매우 좁으며, 77 K의 동작온도에서 약 9 μm의 차단파장을 가지고 있으며, 탐지도가 약 10^{10}~10^{11} Jones 정도이다. 대면적 FPA용으로 사용하기 위해서는 높은 임피던스, 빠른 반응시간, 긴 축적시간(integration time), 낮은 전력 소모 등의 기술이 필요한데, QWIP는 PC형으로 동작함에도 불구하고 이런 필요조건을 충족시킨다. 가장 큰 장점은 픽셀간 균일성이 매우 우수하며 대면적의 어레이 제작이 가능하다는 점이다. 이것은 LWIR HgCdTe FPA 기술로는 TV 포맷과 그 이상의 어레이 제작이 불가한 단점을 대신할 수 있다. 최근 18 μm 픽셀 피치로 1메가픽셀의 QWIP 센서를 구현하였으며, 2k×2k 어레이 개발을 진행하고 있다. GaAs/AlGaAs QWIP의 파장에 따른 반응도 특성은 그림 10-25와 같다. 그림에서 보듯이 반응하는 파장대역이 매우 협소하며, 일반적으로 반응대역은 $\Delta\lambda/\lambda_p \approx 10\%$ 정도이며, 액체질소 온도인 77K에서 주로 사용한다. 최근 MWIR용으로 InGaAs/AlGaAs도 사용하고 있다.

LWIR QWIP 초점면배열(FPA) 기술의 유일한 단점은 낮은 축적시간과 낮은 동작온도이

그림 10-25 GaAs QWIP의 파장에 따른 반응도 특성

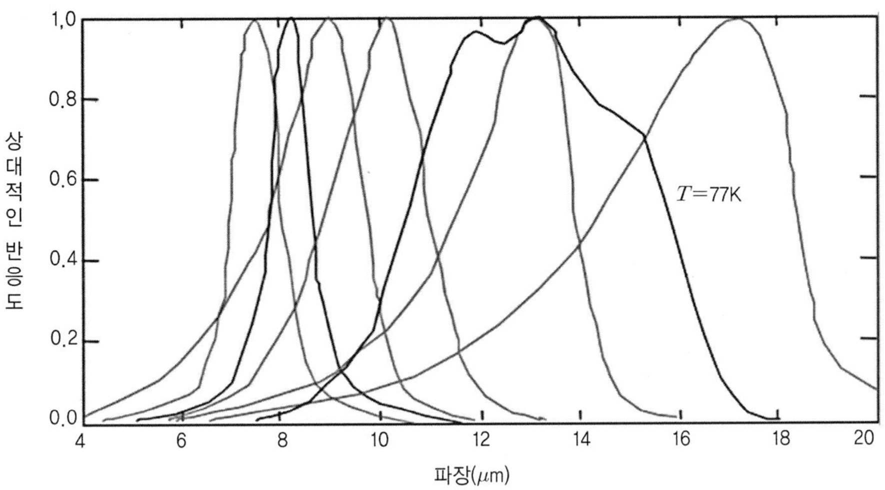

다. QWIP의 NETD는 77 K 동작온도에서 20 ms의 축적시간에 7.4 mK, 40 ms에서는 5.2 mK 정도이다. 반면에 LWIR용 HgCdTe의 축적시간은 약 300 μs 이하로 매우 빠르며, 이는 빨리 움직이는 물체를 정지상태의 화면처럼 깨끗한 영상을 얻을 수 있는 장점이 있다. QWIP는 우수한 균일성과 낮은 광전도 이득으로 우수한 NETD 특성이 있지만, 축적시간이 5~20 ms로 HgCdTe에 비해 약 10~100배 정도 긴 것이 유일한 단점이다.

QWIP의 가장 큰 장점은 다중컬러 감지가 가능한 구조로 제작이 가능하다는 점이다. 최근 4~6, 8.5~10, 10~12, 13~15 μm 밴드인 4컬러 FPA 시제품이 그림 10-26과 같은 구조로 제작되었는데, 이것은 전체 어레이 포맷이 640×512이며, 각 밴드는 640×128 어레이를 4개로 구성해서 영상을 획득하는 구조이다. 4개의 다른 밴드들은 서로 깊은 트렌치 에칭으로 서로 분리하였으며, 소자의 윗부분은 2D 에칭 기법으로 각 신호출력부분과 전기적으로 연결된 구조이다.[65]

QWIP의 연구결과에 따라 QDIP(quantum dot infrared photodetector)에 대한 연구도 진행이 되고 있다. 일반적으로 QDIP는 양자우물이 양자점으로 대체된 것을 제외하고는 QWIP와 동일하다. 이론적으로는 QDIP가 QWIP에 비해 수직입사, 낮은 암전류, 높은 동작온도, 높은 반응도와 탐지도 등의 장점이 있지만,[66] 실험적으로 Stranski-Krastanow 성장 모드에서 점 크기의 선폭이 매우 불균일하여 QD의 크기와 밀도를 정확히 제어할 수

그림 10-26 4컬러 QWIP 소자 구조

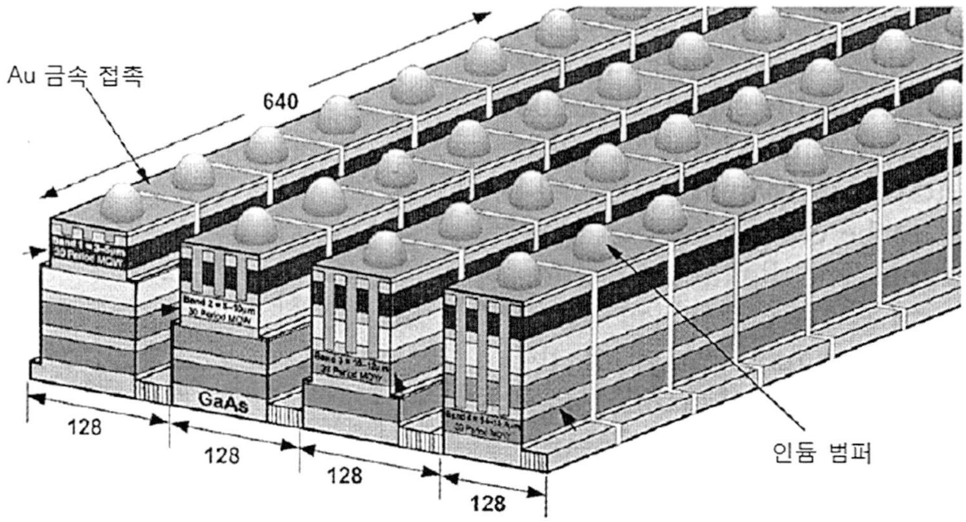

없는 단점이 있다. 이런 문제점으로 아직 상용화 제품은 나오지 않고 있다.

10.8 Type-II 초격자 구조의 특성

초격자(superlattice) 구조는 1970년에 Esaki와 Tsu에 의해 제안되었으며, 양자우물과 비슷하게 두 개의 유사한 반도체 층을 나노미터의 두께로 번갈아 만든 것을 의미한다.[67] 초격자의 주기적인 구조로 전위도 주기적으로 반복된다. 양자우물은 우물과 우물 사이에 전자들이 터널링을 하지 못하도록 장벽층이 충분히 두꺼운 점이 초격자와 다른 점이다. 즉, 초격자는 전자들이 터널링할 수 있을 만큼 장벽층 두께가 얇으며, 서로 이웃하는 전자들을 볼 수 있다. 초격자는 밴드 구조의 차이로 크게 Type I과 Type II로 구분한다. Type I은 양자우물 구조와 동일한 에너지 밴드 구조를 가진 것으로 전자와 정공이 같은 층에 구속된 상태의 구조를 의미한다. 반면 Type II는 간접 밴드갭 구조로 되어 있는데, 전자와 정공이 서로 다른 층에 구속된 상태의 구조이다. 이 중에서 에너지갭이 제로인 구조를 Type III라고 한다. 각각의 대표적인 에너지 밴드 개념은 그림 10-27과 같다.

InAs/Ga(1-x)In(x)Sb 응력 초격자(strained layer superlattices, SLSs)는 HgCdTe와

그림 10-27 에너지 밴드 구조에 따른 초격자 분류

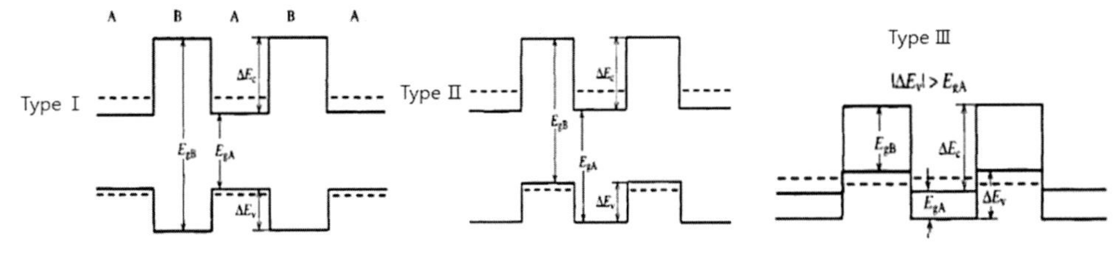

GaAs/AlGaAs QWIP와 같이 3세대 적외선 시스템으로 사용이 가능한 것으로 연구되고 있다. QWIP의 낮은 양자효율은 광학적으로 수직입사를 하지 못하는 구조적인 원인에서 기인되는데, InAs/GaInSb SLS 구조에서는 수직입사가 가능하여 HgCdTe와 유사한 수준의 높은 반응도를 얻을 수 있는 장점이 있다. 또한 광전압형 모드로 동작이 가능하므로 높은 온도에서도 동작이 가능하며 III-V족 반도체 프로세스를 사용할 수 있어 픽셀간 균일도가 높으며 누설전류가 작다는 장점이 있다. InAs/GaInSb 반도체 제조 기술은 현재 개발 초기 단계이며, 재료성장, 기판 준비, 소자 보호막 관련된 문제점들이 여전히 남아있다. SL 성장 최적화를 위해서 계면 거칠기(roughness)는 보다 높은 온도에서 더 편평한 계면을 가진다는 것과 잔여 배경 운반자 농도 사이에 트레이드오프(trade-off)가 있다.

그림 10-28 Type II 초격자의 에너지밴드 구조와 조절 가능한 파장대역

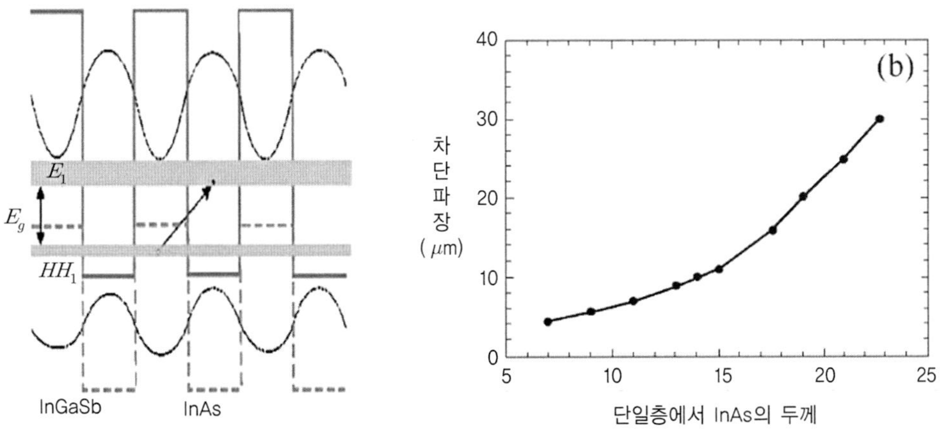

(a) 에너지 밴드 구조 (b) p-i-n 포토다이오드 구조

InAs/GaInSb Type II SLS 포토다이오드의 에너지밴드는 그림 10-28(a)와 같다. InAs 층의 전도대가 InGaAs 층의 가전도대보다 낮은 위치에 엇갈린 밴드 구조로 되어 있다. 전자들은 주로 InAs 층에 몰려 있으며, 정공들은 GaInSb 층에 몰려 있다. 빛이 입사하면 간접천이로 전도에 기여하게 된다. SL의 에너지갭은 전자 미니밴드 E_1과 첫 번째 heavy hole 상태인 HH_1 사이의 에너지 차이로 결정되며, 이 값은 0부터 250 meV까지 연속적으로 가변이 가능하며, 이로 인해 반응하는 파장대역은 (b)와 같이 5~30 μm까지 조절이 가능하다.

InAs/GaInSb SLS 포토다이오드는 그림 10-29와 같은 p-i-n 구조로 제작한다. 박막성장은 주로 MBE법을 이용하여 도핑이 되지 않은 GaSb(001) 기판 위에 400℃ 온도에서 박막을 성장시킨다. 상대적으로 낮은 흡수 계수를 보완하기 위해 GaSb 기판을 적외선이 잘 투과하도록 25 μm 이하로 연마한다. GaSb 기판 위의 GaSb 버퍼층은 성장시 베릴륨(Be)을 주입하여 1×10^{18} cm^{-3} 농도를 가진 p형으로 만든다. 측면은 터널링에 의한 전자들의 표면 누설전류를 줄이기 위해 보호막을 입히는데, 질화규소(silicon nitride), 실리콘 산화물(silicon oxide), 황화암모늄(ammonium sulfide), AlGaAsSb 등의 재료를 사용한다.

MWIR과 LWIR 대역용 센서로 InAs/GaSb 짧은 주기의 초격자 구조가 제안되었다.[68] 이 대역은 층의 두께가 매우 얇아야 하는 조건이 있기 때문에 GaInSb 재료는 특별한 장점이

그림 10-29 p-i-n SLS의 단면도

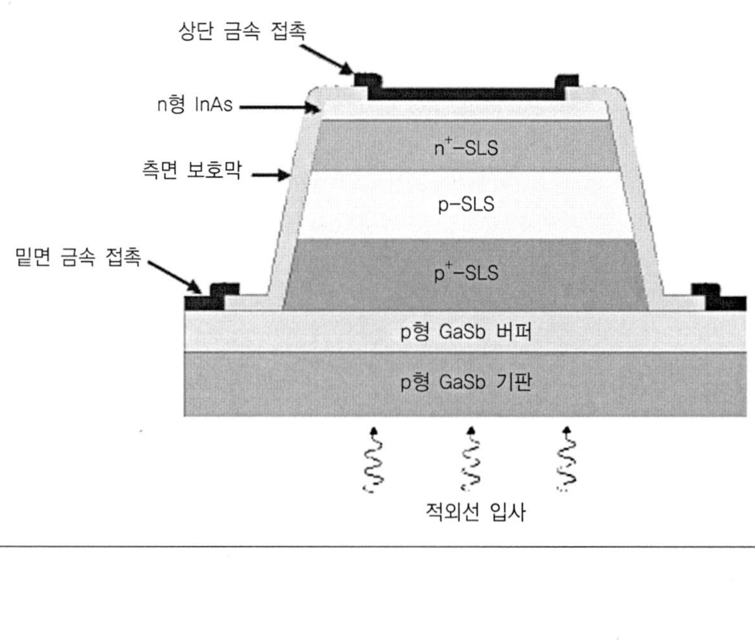

없어 사용하지 않는다. p-i-n InAs/GaSb 포토다이오드는 p형인 GASb 층에 Be을 이용해서 1×10^{17} cm^{-3} 농도가 되도록 도핑을 하며, n형인 InAs 층에 Si을 이용해서 1×10^{17}~1×10^{18} cm^{-3} 농도가 되도록 도핑을 하며, 제일 윗부분은 좋은 금속접합을 위해 InAs에 1×10^{18} cm^{-3} 이상의 농도가 되도록 제작한다.

표 10-8에 현재 가장 많이 사용되고 있는 HgCdTe의 특성과 최근 연구되고 있는 QWIP와 SLS의 77 K에서의 물리특성을 비교하였다. SLS는 QWIP와는 달리 양자효율도 높은 편이며, 감지하는 파장대역도 비교적 넓으며, 탐지도는 HgCdTe에 비해 약 2~3배 정도 작지만 QWIP에 비해서는 10배 정도 우수하다. InAs/GaInSb SLS의 LWIR용 포토다이오드의 온도에 따른 R_oA 특성은 그림 10-30과 같다. 11 μm 차단 파장에서 실선은 이론적으로 계산한 시뮬레이션 결과이며 원은 측정값인데, 이론값과 실험값이 비교적 잘 일치한다. 이 결과에 의하면 고온에서는 주로 확산에 의한 재결합 프로세스가 일어나며, 온도가 낮아질수록 G-R 재결합, 트랩 재결합의 순서로 일어난다.[69] R_oA 값은 HgCdTe와 유사한 수준의 결과를 보이고 있다.

더 좋은 성능을 낼 수 있는 SLS 포토다이오드에 대한 다양한 연구가 이루어지고 있다. 대표적인 것이 W 구조에 대한 초격자 연구인데, LWIR 영역에서 HgCdTe와 거의 동등 수준의 R_oA 값을 나타내고 있다. 이것은 기존의 InAs/GaInSb 구조에서 InAs은 InGaSb 층 사이에 위치하고 있으며, InAs은 전자 우물로 사용하고, InGaSb 층은 홀 우물로 사용하는 방법은 기존과 동일하나, AlGaInSb 장벽 층을 양쪽에 추가로 만드는 것이 다른 점이다. 이 장벽층은 전자의 파동함수를 구속시켜 광흡수를 더 좋게 만든 구조이다. 현재 10.5 μm

표 10-8 대표적인 적외선 센서 재료의 성능지수 비교

성능지수	HgCdTe	QWIP(n형)	InAs/GaInSb SLS
적외선 흡수	수직 입사	수직 입사 불가	수직 입사
양자효율	70% 이상	10% 이하	30~40%
반응 파장대역	넓은 대역	좁은 대역	넓은 대역
열적 생성 수명	약 1 μs	약 10 ps	약 0.1 μs
$R_oA(\lambda_c=10\ \mu m)$	300 Ωcm^2	10^4 Ωcm^2	100 Ωcm^2
탐지도 ($\lambda_c=10\ \mu m$, FOV=0)	2×10^{12} Jones	2×10^{10} Jones	5×10^{11} Jones

그림 10-30 11 μm 차단 파장에서 InAs/GaInSb 포토다이오드의 R_oA 특성

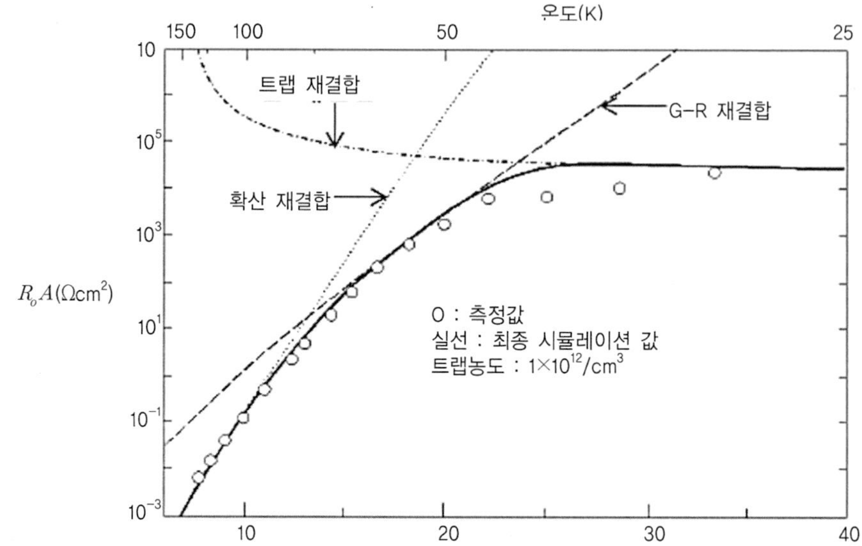

차단 파장에서 78K에서 $R_oA = 216\,\Omega\,cm^2$로 구현되었다. 또 다른 구조는 M 구조에 대한 초격자 연구이다. 이것은 암전류를 획기적으로 줄이기 위해 고안된 것으로 AlSb 층을 GaSb 층 사이에 삽입시킨 구조이다. 이 경우 10.5 μm 차단 파장에서 $R_oA = 200\,\Omega\,cm^2$로 구현되었다. 이와 같이 SLS의 특성을 향상시키기 위한 다양한 연구가 시도되고 있으며, 최근 MWIR과 LWIR용 시제품이 제작되었다. 256×256 SL MWIR의 차단 파장은 5.3 μm, NETD는 f/2의 광학계에서 10 mK, 축적시간이 5 ms로 구현되었다.[70]

CHAPTER 11

적외선 카메라

11.1 적외선 센서 성능지수

지난 수십 년 동안 적외선 센서의 성능을 나타내는 많은 방법들이 제안되었다. 이 중에서 대표적으로 지금까지 유용하게 사용하는 성능지수는 반응도(responsivity), 등가잡음전력(noise equivalent power, NEP), 규격화된 탐지도(detectivity, D*), 잡음등가온도차(noise equivalent temperature difference, NETD), 최소분해온도차(minimum resolvable temperature difference), 반응시간(response time, τ) 등이다. 이 외에도 반응도의 선형성(linearity of response), 픽셀들과의 간섭도(cross-talk), 다이내믹 범위, 변조전달함수(modulation transfer function, MTF) 등이 사용되며, 특히 MTF는 렌즈와 이미지 시스템을 포함한 성능지수의 특성을 나타낸다.[71]

반응도는 카메라에 입사한 적외선 복사량에 대해 전기적 신호로 변환시켜주는 정도를 나타내는 것이고, 탐지도는 반응도에 시스템의 잡음 수준을 고려한 성능이며, NETD는 적외선 센서가 온도를 구분할 수 있는 성능을 나타낸다. 반응도와 탐지도는 클수록 성능이 좋다는 의미이고, NETD는 작을수록 성능이 우수하다는 의미이다. 일반적으로 적외선 센서의 총체적인 평가는 탐지도로 결정할 수 있으나, 탐지도 값은 직관적으로 이해하기 어려운 값이기 때문에 이를 대신하여 쉽게 직관적으로 이해할 수 있는 파라미터로 NETD를 많이 사용한다. 일반적으로 냉각형 열화상 카메라용 센서의 NETD는 10 mK 이하이며, 비냉각형 열화상 카메라용 센서의 NETD는 약 100 mK 수준이다.

11.1.1 반응도(responsivity)

반응도는 R로 표시하며, 센서로 입사하는 복사량에 대해 센서가 전기적인 신호(전압 또는 전류)로 얼마나 잘 변환되는가 하는 이득을 나타내는 성능지수이며, 다음과 같은 수식으로 표현한다.

$$R_V = \frac{V_s}{P_o},\ \left[\frac{\mathrm{V}}{\mathrm{W}}\right],\ R_I = \frac{I_s}{P_o},\ \left[\frac{\mathrm{A}}{\mathrm{W}}\right] \tag{11-1}$$

여기서, V_s는 센서출력신호의 전압(V)으로 주로 양자형 광전도(photoconductive, PC) 센서인 경우이며, I_s는 센서출력신호의 전류(A)로 주로 양자형 광전압(photovoltaic, PV) 센서인 경우이며, P_o는 입사하는 복사량(W)이다. 따라서 반응도의 단위는 V/W 또는 A/W이다. 쵸퍼(chopper)를 사용하는 시스템에서는 쵸퍼의 회전 주파수에 따라 일반적으로 주파수가 높아지면 반응도는 줄어드는 특성이 있으며, 또한 입사하는 파장에 따라서도 반응도는 달리 표현된다. 그러므로 반응도는 주파수와 파장의 함수인 $R(\lambda, f)$로 표시한다. 양자형 센서의 경우에는 반도체의 에너지갭에 의해 정해진 차단 파장(cut-off wavelength)보다 짧은 파장에 대해서만 에너지가 흡수되어 전류 또는 전압이 생성되므로 반응도는 반드시 파장의 함수로 표현해야 한다. 반면 열형 센서는 파장과는 거의 무관하다. 반응도의 다른 표현인 $R(T, f)$는 흑체 반응도(blackbody responsivity)를 나타낸 것으로, 흑체 소스 온도 T에 따른 센서의 출력전압을 나타내는 반응도이다. 이와 같이 반응도는 주어진 파장과 적외선 복사량에 대해 센서가 얼마나 전기적인 신호로 잘 기여하는가를 나타내 주는 성능지수이다.

반응도는 입사하는 복사량을 파장을 기준으로 보는 방법과 온도를 기준으로 보는 방법 등 2가지가 있으며 각각에 대한 표현방법은 다음과 같다. R(500 K, 800)은 500 K의 흑체 소스를 사용해서 800 Hz의 변조(modulation)에 대한 반응도이며, R(5.3 μm, 20 k)는 적외선 필터 또는 단색화 장치(monochromater)를 통해 나온 단색광 5.3 μm 파장에서 20 kHz의 변조에 대한 반응도이며, R(5.3 μm, 800)은 5.3 μm 파장에서 800 Hz의 변조에 대한 반응도를 의미한다.

양자형 광전압 센서의 출력신호는 입사광에 의한 광전류로 기여되므로, 광전압 센서의 반응도의 단위는 A/W이다. 광전압 센서의 광전류(I_{sc})는 다음과 같다.

$$I_{sc} = \frac{\eta q P_o \lambda}{hc} = \frac{\eta q P_\lambda A_d \lambda}{hc} \quad (11\text{-}2)$$

따라서 광전압 센서의 반응도는 식 (11-1)의 정의에 의해 다음과 같다.

$$R_\lambda = \frac{I_{sc}}{P_\lambda A_d} = \frac{\eta q \lambda}{hc} = \frac{\eta \lambda}{1.24} \quad (11\text{-}3)$$

여기서, η는 양자효율이며, A_d는 센서의 수광면적이다. 식 (11-3)에 의하면 광전압 센서의 반응도는 차단파장이 되기까지는 선형적으로 증가하는 특성을 가지고 있다. 이것은 차단파장보다 짧은 파장의 에너지는 반도체의 에너지갭보다 크기 때문에 센서를 지나면서 가전도대의 전자를 전도대로 천이시키는데 충분한 에너지를 가지고 있어, 에너지에 비례해서 반응도는 증가한다. 그러나 차단파장보다 긴 파장을 가진 빛이 입사하게 되면 에너지갭보다 작기 때문에 반도체 내부에서 흡수되지 않고 그냥 투과해 버리게 된다. 이러한 광전압 센서의 대표적인 반응도는 그림 11-1과 같다.

양자형 광전도 센서의 출력신호는 그림 11-2와 같은 회로에 의해 전압으로 나오며, 따

그림 11-1 반도체 재료의 파장에 따른 반응도 특성

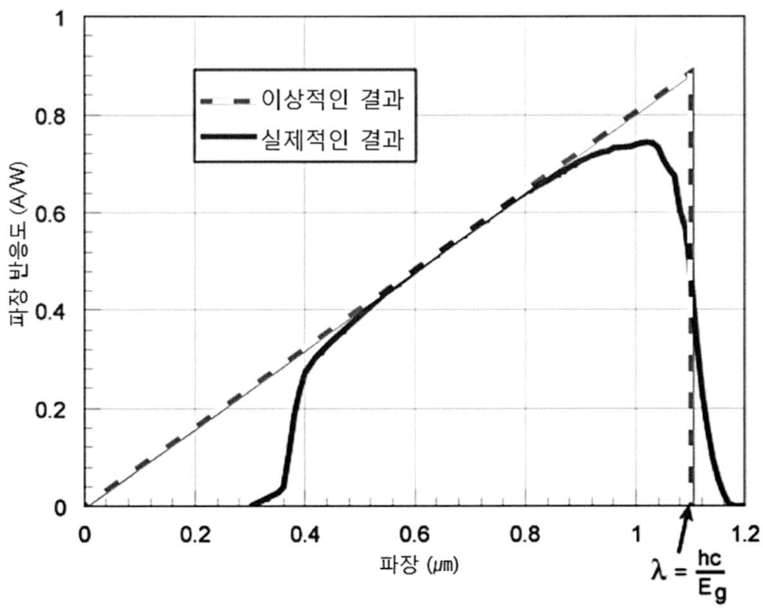

그림 11-2 광전도 센서의 출력신호 측정회로 개념

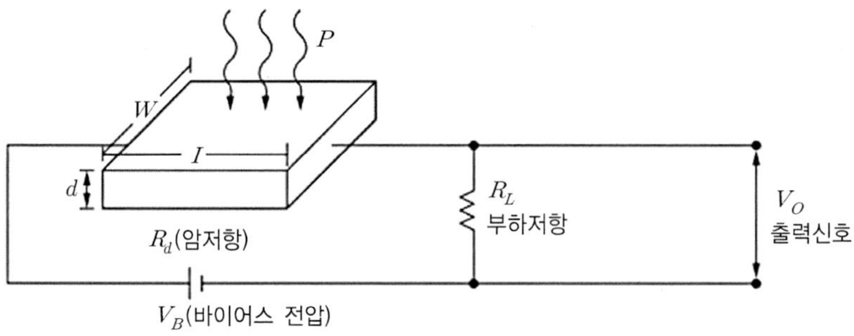

라서 반응도는 V/W의 단위로 표시된다. 여기서 출력전압 V_o는 다음과 같이 주어진다.

$$V_o = \frac{R_L}{R_d + R_L} \cdot V_B \tag{11-4}$$

외부의 복사에 의해 암저항의 변화에 의한 출력전압의 변화량은 다음과 같다.

$$\Delta V_o = -\frac{R_L \cdot V_B}{(R_d + R_L)^2} \cdot \Delta R_d \tag{11-5}$$

$$\Delta R_d = -R_d \frac{q(\mu_e + \mu_h)}{\sigma} \cdot \frac{\eta\tau\lambda P_\lambda A_d}{(lwd)hc} \tag{11-6}$$

여기서, τ는 운반자 수명(carrier lifetime), μ_e는 전자의 이동도, μ_h는 정공의 이동도, σ는 전기전도도이다. 따라서 광전도 센서의 반응도는 다음과 같다.

$$R_\lambda = \frac{\Delta V_o}{P_\lambda A_d} = \frac{q\eta\tau\lambda(\mu_e + \mu_h)}{(lwd)\sigma hc} \cdot \frac{R_L R_d V_B}{(R_d + R_L)^2} \tag{11-7}$$

볼로미터와 같은 열형 센서의 경우는 입사한 복사량에 의한 내부적인 온도증가를 설명하는 열흐름 방정식을 고려해야 한다. 픽셀 단위의 열흐름 방정식은 다음과 같다.

$$C\frac{d(\Delta T)}{dt} + G(\Delta T) = \eta P = \eta P_o \exp(j\omega t) \tag{11-8}$$

여기서, C는 픽셀 수광면적의 열용량(heat capacity), G는 지지대의 열전도 계수(thermal conductance), P_o는 픽셀로 입사하는 변조된 적외선 복사량의 진폭, η는 픽셀 수광부 필름의 적외선 흡수도(absorbance), ω는 변조복사의 각주파수, $\triangle T$는 픽셀의 수광면적의 온도 증가분을 각각 의미한다. 식 (11-8)에서 인가하는 전기적인 바이어스에 의한 수광부의 소비전력을 무시하고 해를 풀면 다음과 같다.

$$\triangle T = \frac{\eta P_o \exp(j\omega t)}{G + j\omega C} = \frac{\eta P_o}{G(1+\omega^2\tau^2)^{1/2}} \tag{11-9}$$

여기서, τ는 열적 반응시간 또는 열 시정수이다. 대부분의 금속센서인 경우, 온도변화와 저항변화는 선형적인데, 만약 온도변화가 저항변화에 선형적인 관계에 있다고 하면 저항은 다음과 같이 표현할 수 있다.

$$R = R_o\{1 + \alpha(T - T_o)\} \tag{11-10}$$

여기서, R_o는 온도 T_o에서의 저항이며, α는 저항의 온도계수인 TCR 값이다. 적외선 복사의 흡수로 인한 온도 증가분 $\triangle T = T - T_o$는 매우 작으며, 이 값은 저항변화와 거의 선형적으로 변한다고 볼 수 있다.

$$\triangle R = \alpha R \triangle T \tag{11-11}$$

따라서 이런 저항변화에 의한 픽셀의 출력신호전압은 다음과 같다.

$$V_s = I_b \triangle R = I_b \alpha R \triangle T \tag{11-12}$$

여기서, I_b는 픽셀에 인가되는 바이어스 전류이다. 따라서 식 (11-9)를 식 (11-12)에 대입하면 다음과 같다.

$$V_s = \frac{I_b \alpha R \eta P_o}{G(1+\omega^2\tau^2)^{1/2}} \tag{11-13}$$

따라서 열형센서의 반응도는 다음과 같다.

$$R_v = \frac{I_b \alpha R \eta}{G(1+\omega^2\tau^2)^{1/2}} \tag{11-14}$$

즉, 열형센서의 반응도는 TCR에 비례하고, 열전도 계수 G에 반비례하는 관계에 있다.

TCR과 G는 비냉각 볼로미터 센서에서는 매우 중요한 값이며, 열적으로 분리되는 구조가 필수적이다.

대표적인 파장 반응도(spectral responsivity) 측정 시스템 개략도는 그림 11-3과 같다. IR Source에서 나온 적외선은 전 파장영역의 빛이 나오므로 이를 파장별로 나누어 주기 위해 격자 분광계(grating spectrometer) 또는 단색화 장치를 사용해서 빛을 파장별로 나누어서 측정하고자 하는 시험 검출기로 입사시키는 구조이다. 측정하고자 하는 시험 검출기의 광출력 값을 표준 검출기(standard detector)의 광출력 값과 비교해서 아래의 수식으로부터 반응도를 계산한다.[72]

$$R_v = \frac{V_v}{V_s} \times \frac{G_s}{G_v} \times R_s \ , \ \left[\frac{\mathrm{V}}{\mathrm{W}}\right] \tag{11-15}$$

여기서, R_v, V_v, G_v는 각각 시험 검출기의 반응도, 신호출력값, 이득이며, V_s, G_s, R_s는 각각 표준 검출기의 신호출력 전압, 이득, 반응도이다. 표준 검출기로는 고성능의 볼로미터를 사용하며, 그 이유는 측정대역에서 파장에 대해 거의 일정한 특성을 가지고 있기 때문이다. 이 방법으로 측정하면 5% 이내의 오차 범위 내에서 정확하게 측정할 수 있다. 반응도를 측정하는 다른 방법으로는 FTIR을 이용하는 방법, 흑체와 적외선 필터 셋을 이

그림 11-3 파장 반응도(spectral responsivity) 측정 시스템 개략도

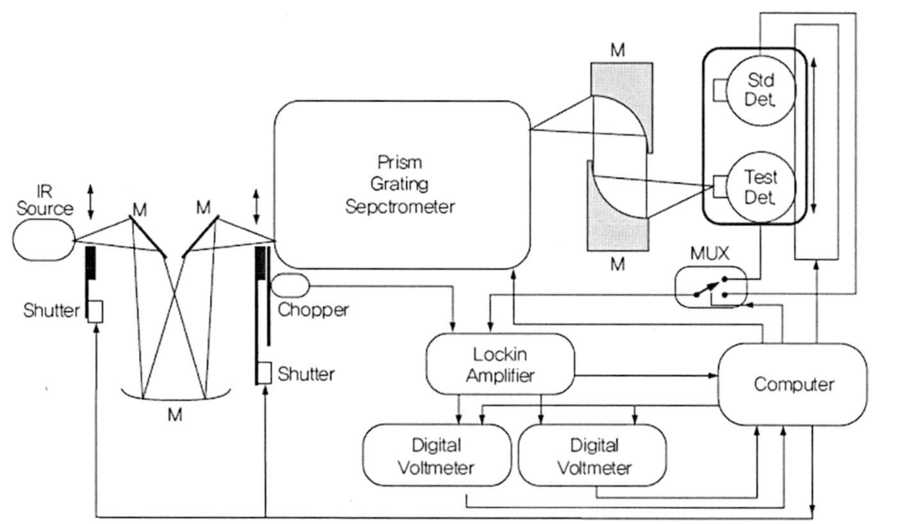

용해서 측정하는 방법 등 여러 가지 방법이 있다.

흑체를 이용하여 반응도를 측정하는데 사용하는 수식은 다음과 같다. 여기서 σ는 Stefan Boltzmann 상수로 5.6696×10^{-12} W/cm^2/K4, P_λ는 흑체에서 나오는 광량, A_{ap}는 흑체의 구경(aperture) 면적, A_d는 시험 검출기(test detector)의 수광면적(active area), D는 흑체의 구경에서부터 검출기 사이의 거리, G는 광전도 이득, T_{BB}는 흑체의 온도, T_{CH}는 쵸퍼의 온도, F_M은 변조율(modulation factor)로 0.3~0.45 사이의 값이며, peak-to-peak를 rms로 변환한 변형률(form factor)이다. 흑체의 구경이 쵸퍼의 구경보다 작으면 F_F는 0.45이며, 구경이 서로 비슷하면 F_F는 0.3의 값을 가진다.

$$R(T_{BB}, f) = \frac{V_s}{P_\lambda G},\ P_\lambda = \frac{\sigma}{\pi}\times\frac{A_{ap}A_d}{D^2}\times\left(T_{BB}^4 - T_{CH}^4\right)\times F_M \tag{11-16}$$

광소자의 반응도는 주파수를 무시하면 다음과 같이 파장에 비례하는 관계를 가진다.

$$R(\lambda) = \frac{\eta\lambda q}{hc}G \tag{11-17}$$

광소자의 반응도는 차단 주파수인 λ_c에서 최대값을 가지므로 식 (11-17)은 다음과 같이 쓸 수 있다.

$$\frac{R(\lambda)}{R(\lambda_c)} = \frac{\lambda}{\lambda_c} \tag{11-18}$$

흑체를 이용해서 광소자의 반응도를 측정한다면 차단주파수에서의 반응도는 다음과 같다.

$$R_v(\lambda_c, f) = \frac{v_0}{P_{\lambda_c}} \tag{11-19}$$

$$P_{\lambda_c} = \left[\frac{hc}{\lambda_c}\right]\left[\int_0^{\lambda_c}\frac{2\pi c}{\lambda^4[\exp(hc/\lambda kT) - 1]}d\lambda\right]\left[\frac{A_s A_D}{\pi D^2}T_r F_F\right] \tag{11-20}$$

$$P_{\lambda_c} = \left[\frac{hc}{\lambda_c}\right]\left[\int_0^{\lambda_c}M_q(\lambda, T)\,d\lambda\right]\left[\frac{A_s A_D}{\pi D^2}T_r F_F\right] \tag{11-21}$$

따라서 흑체반응도와 피크 파장 반응도와의 관계는 다음과 같다.

$$R_v(\lambda_c, f) = \frac{\sigma T^4}{\dfrac{hc}{\lambda_c}\displaystyle\int_0^{\lambda_c} M_q(\lambda,\ T)\,d\lambda} R_v(T, f) = u\,R_v(T, f) \tag{11-22}$$

위 식의 u를 총 흑체에너지에 의한 반응도 대비 광소자의 최대 반응도의 변환인자(conversion factor)라고 한다.

11.1.2 등가잡음전력 (noise equivalent power)

등가잡음전력은 NEP(noise equivalent power)로 표시한다. 잡음에는 크게 외부잡음과 내부잡음으로 구분할 수 있는데, 외부잡음이란 60 Hz에 의한 전원 노이즈 등을 의미하며, 내부잡음은 시험 검출기 내부의 열, 증폭회로 잡음 등을 의미하며, NEP에서의 잡음은 이 내 잡음을 의미한다. NEP는 신호에 의한 신호전압과 잡음에 의한 잡음전압이 동일할 때의 입사 광 파워를 의미한다. 시간에 따른 rms 잡음은 그림 11-4와 같이 불규칙(random)한 특성이 있다.

그림 11-4는 시간에 따른 어떤 순간의 전압을 나타낸 것으로 잡음의 불규칙한 특성 때문에 평균 전압인 V_{av}를 기준으로 변하고 있다. 이때의 변동전압은 T시간 동안 V_{av}를 기준으로 변동한 rms로 계산하며, 잡음전압은 $V_{N,rms}$는 식 (11-23)으로 계산한다. $V_{N,rms}$는 적외선 소스를 차단하고 파형 분석기(wave analyzer)에서 1 Hz에서의 잡음전압을 측정할 수 있다. 비록 잡음의 크기가 주파수와 무관한 백색잡음(white noise)이라 하더라도 rms 잡음은 주기 T의 함수이므로 $V/\sqrt{\text{Hz}}$의 단위를 가진다.

그림 11-4 시간에 따른 불규칙 잡음(random noise)

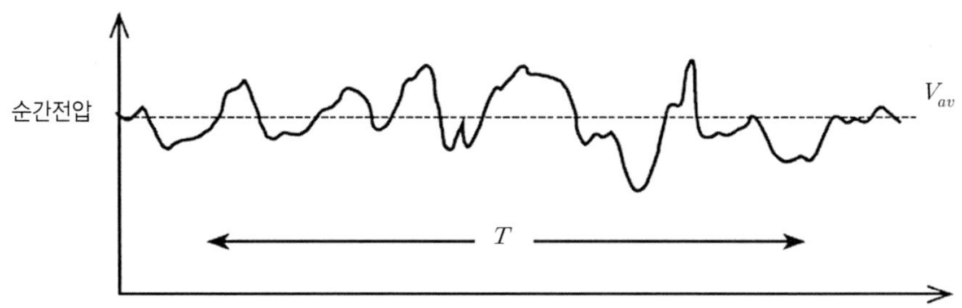

$$V_{N,rms} = \left[\overline{(V-V_{av})^2}\right]^{1/2} = \left[\frac{1}{T}\int_0^T (V-V_{av})^2\,dt\right]^{1/2},\ \left[\frac{V}{\sqrt{\mathrm{Hz}}}\right] \tag{11-23}$$

동일한 반응도를 가진 센서라고 하더라도 등가잡음전력이 낮은 센서가 감지력이 우수한 센서라고 할 수 있다. 잡음은 일반적인 전기적 전압과 전류처럼 특정 시간의 순간에 잡음을 표현할 수 있는 성격이 아니며, 일정 시간의 rms 평균값으로 표현할 수밖에 없다. 그러므로 NEP는 다음과 같이 정의할 수 있다.

$$NEP = \frac{V_{N,rms}}{R_V},\ NEP = \frac{I_{N,rms}}{R_I},\ \left[\frac{\mathrm{W}}{\sqrt{\mathrm{Hz}}}\right] \tag{11-24}$$

NEP는 반응도의 함수이므로 파장과 주파수의 함수인 $NEP(\lambda, f)$로 표시하기도 하며, 센서의 온도의 함수인 $NEP(T_D, f)$로 표시하기도 한다. 그리고 NEP는 센서의 열적 반응 시간 τ와 주파수에 따른 센서잡음에 의해서도 결정된다. 따라서 $NEP(\lambda, f)$와 $NEP(T_D, f)$는 1 Hz 밴드폭에 대한 값이므로 W/$\sqrt{\mathrm{Hz}}$의 단위로 표시한다.

11.1.3 정규 탐지도(normalized detectivity)

NEP는 최소 탐지 가능한 복사량을 예측할 수 있기 때문에 단일 적외선 센서의 성능을 평가하기에 좋은 성능 지수이다. 그러나 최소 복사량보다 많은 광량에 대한 반응도를 같이 보기 위해서는 식 (11-25)와 같이 정의된 정규 탐지도(normalized detectivity)라는 성능지수를 사용한다. 이것은 센서 픽셀의 단위면적당 신호 밴드폭당 입사되는 1 W의 적외선 복사량에 대해 출력신호 대 잡음의 비로 정의된다.

$$D^* = \frac{\sqrt{A_d \times \Delta f}}{NEP} = \frac{\sqrt{A_d \times \Delta f}}{V_{n,rms}} \times R,\ \left[\frac{\mathrm{cm}\cdot\sqrt{\mathrm{Hz}}}{\mathrm{watt}}\right] \tag{11-25}$$

여기서, A_d는 픽셀의 수광면적(active area), Δf는 밴드폭을 의미한다. 탐지도의 단위를 줄여서 Jones라고 하며, 1 Jones = 1 cm $\mathrm{Hz}^{1/2}\mathrm{W}^{-1}$이다. 정규 탐지도는 양자형 센서의 특성 때문에 사용되었다. 양자형 센서의 잡음출력은 센서의 수광면적에 항상 비례하므로, 잡음신호(V_n 또는 I_n)는 수광면적의 제곱근에 비례한다. 그러나 열형 센서의 잡음은 수광면적과 제곱근에 비례하는 특성을 가지고 있지 않으며, 온도변동과 열에 의한 기구적 잡음은 수광면적과 무관하다. 그러므로 열형센서의 탐지도는 조심스럽게 평가해야 한다. 일반적으로 열형센서는 흡수면적이 클수록 탐지도는 과평가되고, 면적이 작으면 과소평가 되는 경향이 있다. 그리고 고배열 2차원 픽셀인 양자형과 열형센서는 매우 작은 수광면적을 가지므로 탐지도는 큰 의미를 가지지 않는다.

파장에 따른 반응도를 측정한 후 rms 잡음을 고려하면 바로 탐지도를 구할 수 있다. 주요 적외선 센서 재료들의 파장에 따른 탐지도 특성은 그림 11-5와 같다.[73] 탐지도 결과를 이 그림에서 알 수 있듯이 열형 센서들의 탐지도는 파장에 무관한 특성을 보이지만 탐지도 값이 상대적으로 낮고, 양자형(반도체) 센서들은 파장에 따라 탐지도 값이 변하고 열형에 비해 높다. 반도체 센서에 차단파장보다 긴 파장이 입사하면 센서에 아무런 반응 없이 투과하게 되고, 차단파장보다 짧은 파장이 입사하게 되면 이 에너지를 흡수하여 가전도대의 전자가 전도대로 천이하게 되어 전자 수의 변화가 생기게 되어 적외선을 감지하게 된다. 따라서 냉각형 반도체 센서는 파장에 따라 감도가 달라지는 특성이 있다. 반면 비냉각형인 마이크로볼로미터는 저항의 TCR 특성을 이용하기 때문에 파장에 따른 특성변화가 없는 점이 두 센서의 큰 차이점으로 이러한 특성을 이 그림에서 알 수 있다. 그러므

그림 11-5 주요 적외선 센서들의 파장에 따른 탐지도 특성

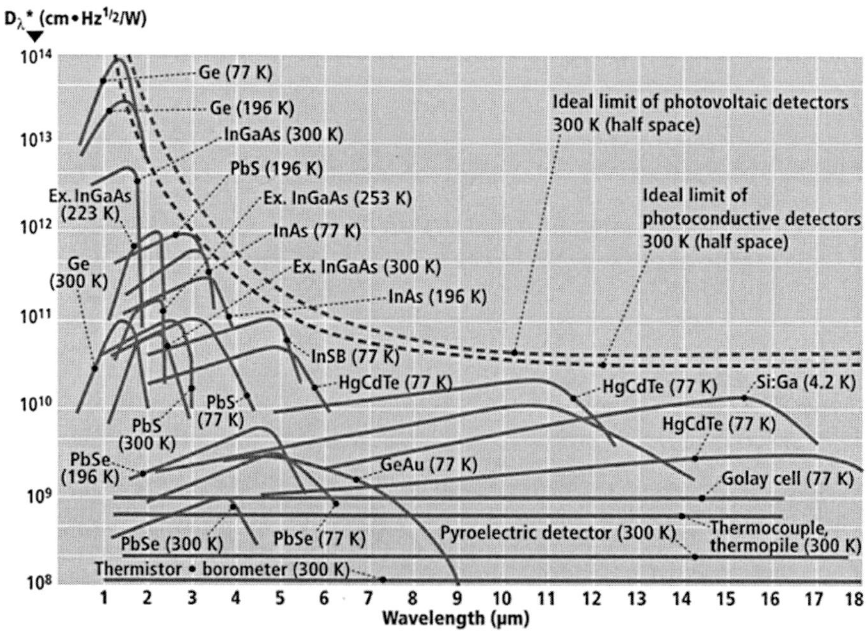

로 탐지도는 센서의 성능을 단적으로 보여 주는 특성이다.

그리고 파장이 짧을수록(MWIR 영역) 파장이 긴 영역에 비해(LWIR 영역) 탐지도가 높다. 이러한 특성 때문에 MWIR 특성이 있는 센서로 비록 300K에 해당하는 상온의 적외선 복사량이 적지만 이미지를 획득하는 데 사용되기도 한다. 그리고 점선으로 나와 있는 것이 이론적으로 계산한 최대의 탐지도 값을 나타내는데, 광전압형이 광전도형에 비해 약 $\sqrt{2}$ 배 좋다. 따라서 군수용에 사용되는 적외선 센서는 ROIC와의 호환성 문제뿐만 아니라 우수한 광성능을 갖는 광전압형 형태로 제작하여 사용한다.

11.1.4 잡음등가온도차(NETD)

탐지도로 센서를 최종 평가는 하지만, 탐지도는 직관적이지 못하다. 이러한 문제점을 대신할 수 있는 성능이 잡음등가온도차(NETD, noise equivalent temperature difference)이다. NETD는 시스템이 가지고 있는 잡음을 고려해서 온도를 구분할 수 있는 최소의 온도 차이를 의미한다. 즉, 이 값이 작으면 좋은 카메라이고, 이 값이 크면 상대적으로 특성이 좋지 않은 카메라이다. NETD의 물리적인 의미는 점소스 대신에 어떤 광원의 복사량 L이 센서에 도달한 광속량은 다음과 같다.

$$\phi_d = L \times A_{enp} \times \Omega_d = L \times \frac{\pi D_{enp}^2}{4} \times \frac{A_d}{F^2} \tag{11-26}$$

센서의 반응도를 고려한 신호전압은 다음과 같다.

$$v_s = R_v \times \frac{\pi L}{4} \frac{A_d}{(F/\#)^2} \tag{11-27}$$

이 식에서 온도에 대한 미분을 취하면 다음과 같다.

$$\frac{\Delta v_s}{\Delta T} = R_v \times \frac{\partial L}{\partial T} \times \frac{\pi}{4} \frac{A_d}{(F/\#)^2} = \frac{v_n D^*}{\sqrt{A_d}\sqrt{\Delta f}} \times \frac{\partial L}{\partial T} \times \frac{\pi}{4} \frac{A_d}{(F/\#)^2} \tag{11-28}$$

이 식을 SNR의 항으로 다시 풀어쓰면 다음과 같다.

$$SNR = \frac{\Delta v_s}{v_n} = \Delta T \times \frac{D^*}{\sqrt{A_d}\sqrt{\Delta f}} \times \frac{\partial L}{\partial T} \times \frac{\pi}{4} \frac{A_d}{(F/\#)^2}$$

$$SNR = \Delta T \times \frac{D^*}{\sqrt{\Delta f}} \times \frac{\partial L}{\partial T} \times \frac{\pi}{4} \frac{\sqrt{A_d}}{(F/\#)^2} \tag{11-29}$$

NETD는 SNR이 1이 되는 온도차이로 정의되므로, 위의 식에서 SNR=1로 하고 ΔT를 NETD로 교체하여 다시 쓰면 다음과 같다.

$$\mathrm{NETD} = \frac{4}{\pi}\left[\frac{(F/\#)^2\sqrt{\Delta f}}{D^*\,\partial L/\partial T\,\sqrt{A_d}}\right] \tag{11-30}$$

위 식에서 알 수 있듯이 좋은 탐지도를 가지면 당연히 NETD도 작은 값을 가짐을 알 수 있다. 따라서 탐지도 대신에 NETD라는 표현을 사용하면 직관적으로 좋은 카메라임을 알 수 있다. NETD를 측정하는 방법은 반응도 특성 측정방법에 비해 매우 간단하다. 원리상 NETD의 측정은 다음과 같이 정의된다. 아래 식에서 만약 SNR이 50이고 온도차이가 2라고 하면 NETD는 40 mK이 된다.

$$\mathrm{NETD} = \frac{\Delta T}{(v_s/v_n)} = \frac{\Delta T}{SNR} \tag{11-31}$$

이 성능지수를 측정하기 위해서는 그림 11-6과 같이 흑체의 온도를 T_A 및 T_B로 설정

그림 11-6 NETD 측정 시스템 개요

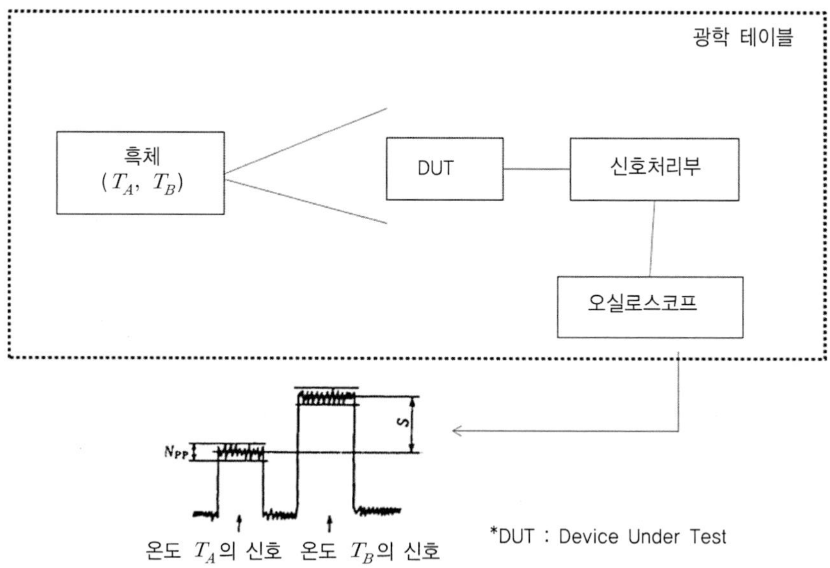

한 후 그때의 신호파형을 오실로스코프로 관측하고 아래 식에 의해 NETD 값을 계산한다. 보통 T_A의 온도는 30±1℃, T_B의 온도는 35±1℃로 설정하고, 표준로의 개구부(aperture)는 적외선 센서의 수평 촬영범위의 10% 정도로 설정한다. 여기서 S는 두 온도에 따른 신호의 전압차(V)이며, N_{pp}는 잡음전압의 p-p값(V)이다.

$$\mathrm{NETD} = \frac{T_B - T_A}{\left(\frac{S}{N}\right)}, \quad N = \frac{N_{pp}}{2\sqrt{2}} \tag{11-32}$$

11.1.5 반응시간(response time)

입사하는 적외선을 급격하게 변화시키게 되면 적외선 센서의 출력특성에 약간의 지연현상이 발생하는데, 이러한 특성은 대부분의 트랜스듀서 센서들이 가지고 있는 특성이다. 이러한 센서 시스템에서의 반응시간(response time) τ는 입력상태가 변화되었을 때 센서의 출력신호가 정상상태의 0.707($1/\sqrt{2}$)에 도달할 때까지 걸린 시간으로 정의된다. 만약 반응도에 시간과 주파수 개념으로 표현하면 다음과 같다.

$$R(t) = R(t=\infty)\left[1 - \exp(-t/\tau)\right] \tag{11-33}$$

$$R(f) = \frac{R_0}{\sqrt{1 + (2\pi f\tau)^2}} \tag{11-34}$$

여기서, R_0는 dc 반응도이다. 시간영역에서 차단주파수인 τ는 dc 반응도의 0.707에 해당하는 주파수 또는 50% 지점을 의미한다. 양자형 적외선 센서의 경우 반응시간은 일반적으로 1 ms 보다 짧으며, 이 정도의 반응시간이면 동영상을 보는데 큰 문제가 없다. 그러나 열형 센서의 반응도는 일반적으로 1 ms~100 ms 정도이며, 열용량과 열전도율에 의해 반응시간은 다음과 같다. 여기서 C는 픽셀 수광면적의 열용량(heat capacity)이며, G는 수광부와 지지대 사이의 총 열전도 계수(thermal conductance)이다.

$$\tau = C/G \tag{11-35}$$

11.1.6 최소분해온도차(MRTD)

잡음신호뿐만 아니라 분해능의 특성까지 포함한 성능지수가 최소분해온도차이(MRTD,

그림 11-7 MRTD 측정용 테스트바 및 측정 시스템

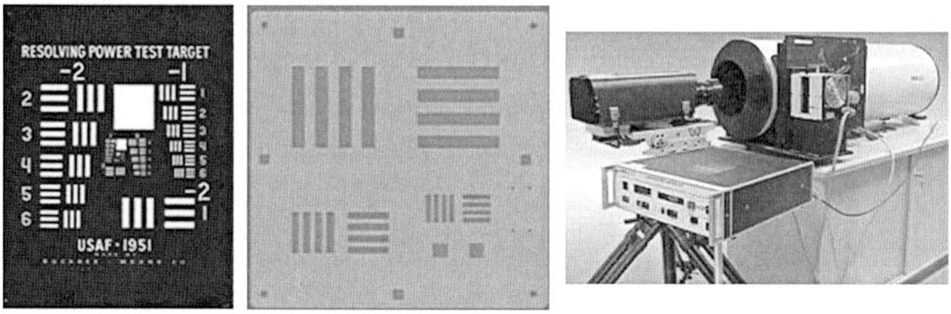

(a) USAF의 테스트 차트 (b) 일반적으로 사용하는 테스트 패턴 (c) MRTD 측정 시스템

minimum resolvable temperature difference)이다. 개념적으로 가시광용 카메라의 분해능 테스트 차트 시험과 유사한 방법으로 수행한다. 대표적인 테스트 차트는 그림 11-7과 같이 1951년 미국 공군(US Air Force)에서 제정한 것과 유사한 형태를 사용한다. 테스트바는 공간분해능을 체크하기 위해 다양한 크기로 구성되어 있다. 테스트바를 흑체소스 앞에 두고 테스트바의 흰색 부분은 구멍이 뚫린 부분으로 흑체의 온도를 내 보내며, 검은색 부분은 실온을 보여 주므로, 이 두 패턴의 온도차이로 테스트바를 구분할 수 있다. 우수한 MRTD 시스템은 매우 작은 패턴까지도 뚜렷이 볼 수 있다. MRTD 측정을 통해 NETD와

그림 11-8 MRTD 측정 비교 결과

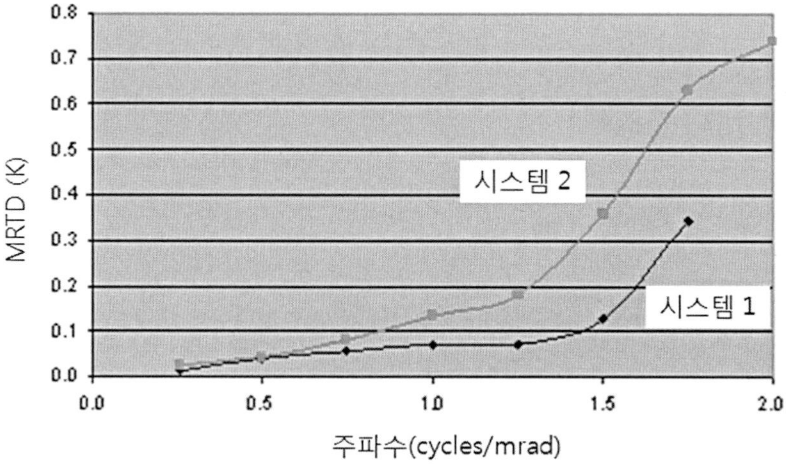

분해능까지 동시에 측정할 수 있다.

그림 11-8은 두 시스템에 대한 MRTD 측정결과를 나타내고 있다. c축은 주파수 개념으로 테스트바를 의미하며, 주파수가 낮은 것은 작은 패턴을 의미하며, 높은 주파수는 큰 패턴을 의미한다. 1번 시스템이 2번 시스템보다 분해능이 우수하다는 것을 뜻하며, 주파수 1.5 cycles/mrad에서 1번 시스템은 약 0.125 K의 온도차이를 구분할 수 있는 반면, 2번 시스템은 0.36 K의 온도차이를 구분할 수 있다는 것을 나타낸다. 따라서 1번 시스템이 2번 시스템보다 훨씬 뛰어난 성능을 가지고 있다는 것을 알 수 있다.

11.1.7 존슨 기준(Johnson's Criteria)

열화상 카메라는 조도가 없는 환경에서 사람이나 물체를 볼 수 있게 해 주는 장비이다. 열화상 카메라로 무한히 멀리 떨어진 물체를 볼 수 있는 것은 아니고, 센서의 성능지수와 광학계 특성에 의해 탐지할 수 있는 거리는 정해진다. 카메라의 특성에 따라 더 먼 곳에 있는 물체를 볼 수 있는지가 결정된다. 만약 카메라가 작은 물체를 볼 수 있다면 좋은 카메라이며, 이런 카메라들은 높은 반응도와 높은 탐지도를 가지고 있다. 이렇게 하기 위해서는 센서도 중요하지만 광학계 및 신호처리부도 매우 중요하다. 탐지거리와 카메라의 성능

그림 11-9 거리 r에서 위치한 점소스의 광 경로

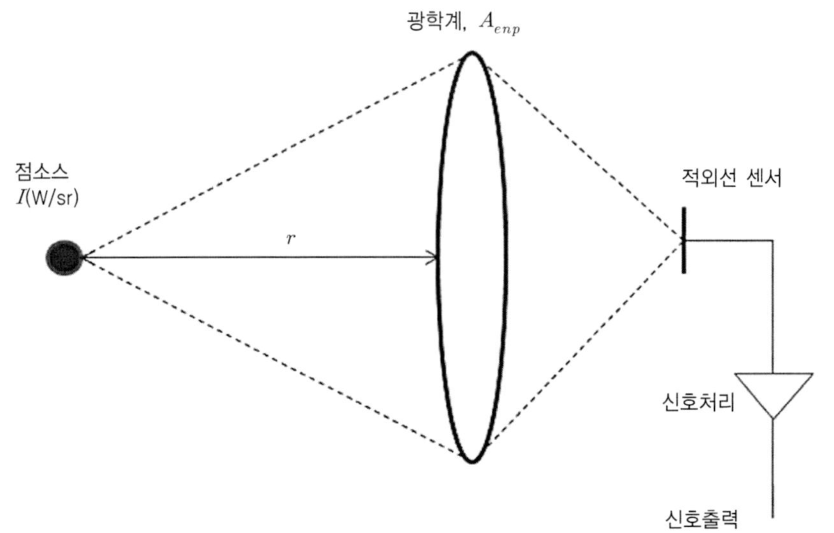

과는 다음과 같은 관계가 있다. 그림 11-9와 같이 거리 r만큼 떨어진 곳의 점소스에서 나온 광량이 광학계를 통과해서 적외선 센서에 도달한 광량은 다음과 같다.

$$\phi_d = \frac{I \times A_{enp}}{r^2} \tag{11-36}$$

여기서, A_{enp}는 광학계를 통과하는 구경 면적이며, enp는 입사동(入射瞳, entrance pupil)의 약자이다. 적외선 센서에서 나오는 신호전압 v_{sig}는 다음과 같다.

$$v_{sig} = R_v \times \frac{I \times A_{enp}}{r^2} \tag{11-37}$$

여기서, R_v는 [V/W]로 표시되는 센서의 반응도이다. 이 식에서 I는 광학계 렌즈의 투과특성에 달려있기 때문에 엄밀하게 표현한다면 다음과 같다.

$$R_v \times I = \int_{\lambda_1}^{\lambda_2} R_v(\lambda) I(\lambda) d\lambda \tag{11-38}$$

따라서 신호처리부의 rms 잡음신호를 고려한 신호 대 잡음비인 SNR은 다음과 같다.

$$SNR = \frac{v_{sig}}{v_n} = \frac{R_v}{v_n} \times \frac{I \times A_{enp}}{r^2} = \frac{D^*}{\sqrt{A_d \Delta f}} \times \frac{I \times A_{enp}}{r^2} \tag{11-39}$$

여기서, A_d는 센서의 수광면적이다. 위의 식에서 거리 r에 대해 다시 풀어쓰면 다음과 같다.

$$r = \sqrt{\frac{D^*}{\sqrt{A_d \Delta f}} \times \frac{I \times A_{enp}}{SNR}} \tag{11-40}$$

여기서, A_{enp}를 초점거리, 렌즈직경, F/# 등으로 변환하면 다음과 같이 보다 쉽게 이해할 수 있는 형식으로 표현이 가능하다.

$$A_{enp} = \frac{\pi D_{lens}^2}{4}, \ \Omega_d = \frac{A_d}{F^2}, \ \sqrt{A_d} = \sqrt{\Omega_d} \times F$$

$$r = \left[\frac{ID^*}{SNR\sqrt{\Delta f}} \times \frac{\pi}{4} \frac{D_{lens}^2}{\sqrt{A_d}} \right]^{1/2}$$

$$r = \left[\frac{ID^*}{SNR\sqrt{\Delta f}} \times \frac{\pi}{4} \frac{D_{lens}^2}{\sqrt{\Omega_d}\, F} \right]^{1/2}$$

$$r = \left[\frac{ID^*}{SNR\sqrt{\Delta f}} \times \frac{\pi}{4} \frac{D_{lens}}{\sqrt{\Omega_d}\, F/\#} \right]^{1/2} \tag{11-41}$$

이 식을 광학계, 점소스, 센서, 신호처리기로 풀어쓰면 다음과 같다. 즉, 점소스를 멀리까지 보기 위해서는 좋은 광학계, 좋은 탐지도, 잡음이 적은 신호처리부 등이 우수해야 한다.

$$r = \left[\frac{\pi}{4} \frac{D_{lens}}{F/\#\sqrt{\Omega_d}} \right]^{1/2} [I]^{1/2} \left[D^*\right]^{1/2} \left[\frac{1}{SNR\sqrt{\Delta f}} \right]^{1/2} \tag{11-42}$$

광학계 점소스 센서 신호처리부

위 계산 결과에는 대기조건이 맑은 날인 경우에 적합한 결과이다. 그러나 기후환경이 비가 오거나 안개가 끼는 상황이 되면 탐지 거리는 짧아지게 된다. 빗방울은 안개 입자보다는 크기가 크지만 밀도는 상대적으로 낮은데, 이것은 비가 오는 날이 안개 낀 날보다 산란이 덜 된다는 의미이다. 눈이 내리는 환경에서는 안개와 비가 내리는 중간 단계만큼 산란에 의해 감쇄가 일어난다. 기후 조건에 따른 감쇄 정도는 표 11-1과 같다.

물체를 탐지하고, 이로부터 어떤 물체인지 인식하고, 인식된 물체가 정확히 무엇인지 식별하는 기준을 존슨 기준(Johnson's criteria)이라고 한다. 이것의 정의는 다음과 같다. 배경과 2℃ 정도의 온도차이가 나는 상황에서 0.75 m 크기의 사람이 있는 경우, 물체가 있는지 없는지 50% 확신으로 판단하기 위해서는 최소 1.5픽셀이 필요하며(미터당 4픽셀), 탐지된 물체가 사람인지 차인지 50% 확신으로 인식하기 위해서는 최소 6픽셀이 필요하며(미터당 8픽셀), 마지막으로 인식된 물체가 남자인지 여자인지 50% 확신으로 식별하기 위해서는 12픽셀이 필요하다(미터당 16픽셀)는 것을 의미한다. 이에 대한 개념적인 정의는 그림 11-10과 같다.

표 11-1 기후 환경에 따른 적외선 감쇄량

폭우	가랑비	대기 오염	짙은 안개	옅은 안개
11 dB/km	4 dB/km	0.5 dB/km	80 dB/km	10 dB/km
17.6 dB/mile	6.4 dB/mile	0.8 dB/mile	128 dB/mile	16 dB/mile

그림 11-10 픽셀 수에 따른 탐지, 인식, 식별의 구분

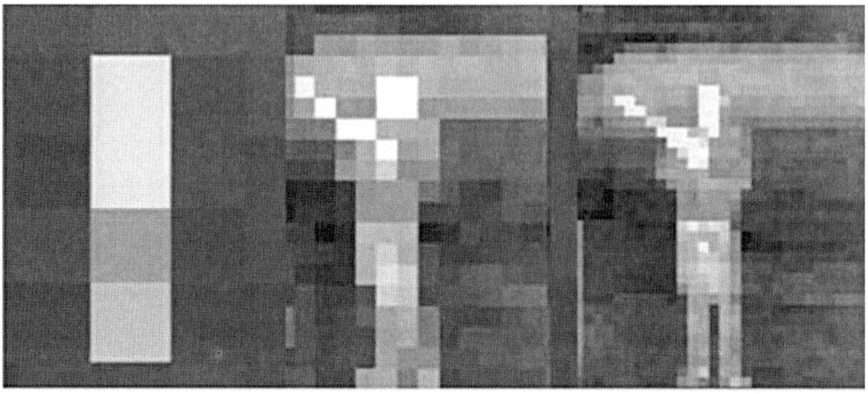

표 11-2 타깃 인식 기준

관측자 임무		타깃 크기당 픽셀의 수	
		관측자 확신	
Night Vision	Naval Air Defence	50%	95%
탐지(detect)	탐지(detect)	2	4
	지향(orient)	3	
인식(recognise)		7	14
	인식(recognise)	8	16
	식별(identify)	12	
식별(identify)		13	32

존슨 기준은 군수용으로 판단 기준을 만들기 위해 나온 것으로 기관마다 조금씩 차이가 난다. 표 11-2는 미국의 대표적인 2개 기관에서 50% 확신과 95% 확신에 따른 픽셀의 수를 비교한 것이다. 그리고 표 11-3은 물체의 측면을 바라볼 때 픽셀의 수를 비교하였다. 여기서 라인의 정의는 그림 11-11과 같다.

배경과 2.5℃ 차이가 나는 $3\times3\,m^2$ 크기의 탱크를 탐지하고 인식하기 위한 거리를 MRTD 결과를 이용해서 계산할 수 있다. 그림 11-12는 열화상 카메라에서 측정된 MRTD

표 11-3 물체 종류에 따른 필요한 라인 수

측면 물체 종류	탐지	인식	식별
트럭	0.9	4.5	8.0
M-48 탱크	0.75	3.5	7.0
스탈린 탱크	0.75	3.3	6.0
첸투리 탱크	0.75	3.5	6.0
군용 자동차	1.0	4.0	5.0
지프	1.2	4.5	5.5
지휘관 차	1.2	4.3	5.5
서 있는 병사	1.5	3.8	8.0
105 mm 곡사포	1.0	4.3	6.0
평균	1.0 ±0.25	4.0 ±0.8	6.4 ±.5

그림 11-11 물체에 따른 라인 수의 정의

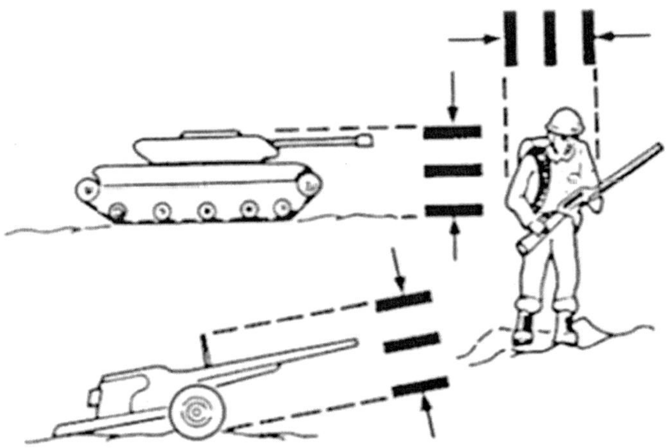

결과라고 하면, 이 그래프에 해당하는 공간 주파수는 17.6 cycle/mrad이다. 표 11-3의 Johnson criteria에 의하면 탐지는 1 cycle, 인식은 4 cycles이 필요하고, 타깃의 크기가 3 m이면, 각 공간 주파수간 사이클은 3 km의 거리에 해당한다. 따라서 탐지와 인식이 가능한 거리는 다음과 같이 계산할 수 있다.

그림 11-12 임의의 열화상 카메라에서 측정된 MRTD 결과

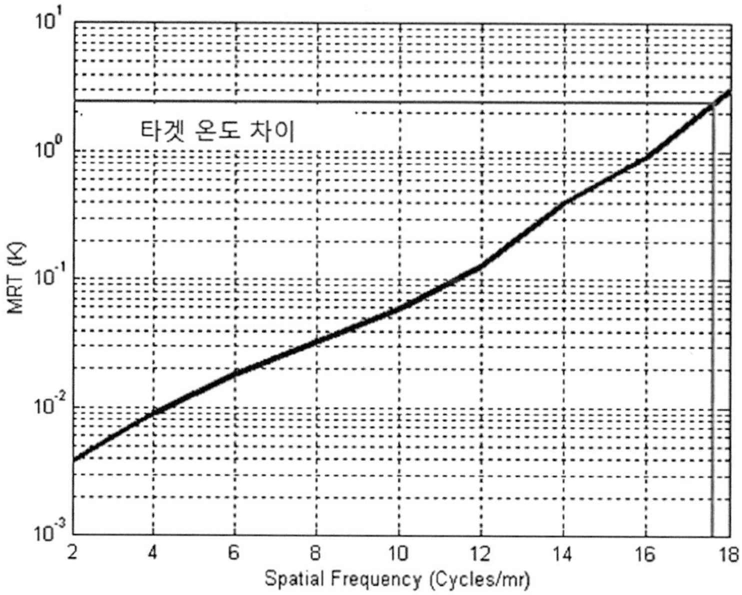

$$R_{\mathrm{det}} = (3\,\mathrm{km}) \times 17.6 = 52.8\,\mathrm{km} \tag{11-43}$$

$$R_{rec} = (3\,\mathrm{km}) \times 17.6/4 = 13.2\,\mathrm{km} \tag{11-44}$$

위의 계산에는 대기 조건은 전혀 고려되지 않은 상황이다. 일반적으로 시계가 약 4 km 정도의 맑은 날이라고 하면, 경험적으로 투과 손실은 0.72~0.97 dB/km 정도를 고려하면 그 만큼 짧아지게 된다. 다른 기후 조건은 표 4-1의 투과 손실을 고려하면 계산할 수 있다. 광학계를 고려한 열화상 카메라의 탐지 범위의 사례는 그림 11-13과 같다. 이 결과는 FLIR 사에서 제조한 VO_x 계열의 마이크로볼로미터로 제작한 열화상 카메라이다.

11.2 적외선 카메라 응용 분야

오감 중에 시각은 약 80% 정도의 정보를 제공해 주기 때문에 영상과 사진에 의한 판독이 가장 확실한 정보라고 할 수 있다. 적외선 분야도 픽셀의 숫자를 이차원으로 늘린 이미지 센서를 이용해서 적외선을 감지하는 열화상(thermal imaging) 카메라를 제작하고 있

그림 11-13 640×480 열화상 카메라의 탐지범위(FLIR사)

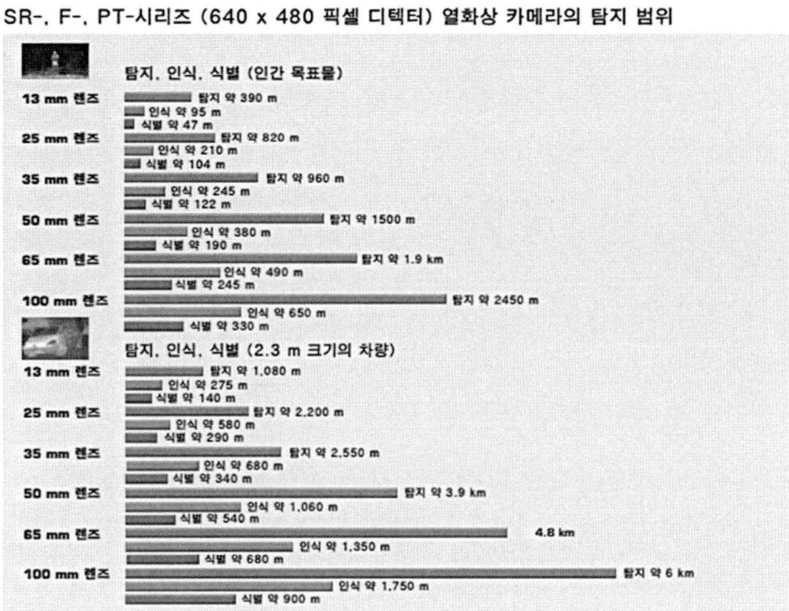

다. 열화상 기술은 초기에 군사용 목적으로 기술이 발전하였으며, 열화상 카메라를 통해 깜깜한 밤에 부가적인 조명이 없어도 뚜렷한 영상을 볼 수 있다. 또한 안개, 비, 눈이 오는 기후환경에서도 어느 정도 물체를 구분할 수 있는 특징이 있다. 이러한 열화상 카메라가 가지고 있는 장점과 가격이 저렴한 적외선 센서 기술이 개발됨에 따라 군사용뿐만 아니라 상업용에도 널리 사용하게 되었다. 열화상 카메라는 가시광선을 감지하는 Si을 이용해서 만든 CCD/CMOS 센서 대신에 적외선을 감지하는 센서로 만든 것이다. 적외선 센서로 만든 카메라를 적외선 카메라 또는 열화상 카메라라고 하는데, 주로 MWIR과 LWIR 영역의 카메라는 열화상 카메라라고 하고, NIR/SWIR 영역의 카메라는 적외선 카메라라고 한다. 그 이유는 원리적으로 MWIR과 LWIR은 물체 자체에서 복사하는 열선을 감지하는 것이고, SWIR과 NIR은 물체에서 반사되어 온 빛을 감지하는 것이기 때문에 구분해서 부른다. 그러나 일반적인 CCTV와 구분해서 통칭해서 일반적으로 적외선 카메라로 명명한다. SWIR/MWIR/LWIR 적외선 카메라는 수동형(passive) 카메라이고, NIR 적외선 카메라는 능동형(active) 카메라이며, 일반적인 CCD/CMOS 센서와 적외선 LED를 이용해서 이용한 카메라이기 때문에 엄밀한 의미에서는 적외선 카메라라고 하지 않는다.

적외선을 감지하는 센서 재료에 대해서는 수많은 재료들이 연구되어 왔다. 세계 2차 대전 기간에 현재와 같은 적외선 센서에 대한 기틀이 잡혀졌다. 그 이후 반도체 제조 기술과 신호판독회로 기술의 발전으로 오늘날 이차원 배열의 초점면 어레이(focal plane array, FPA) 기술이 자리 잡게 되었다. 초창기 1세대에는 광학적인 스캔 시스템을 이용해서 2차원 영상을 획득하였으며, 픽셀의 수가 점점 증가하여 약 10^6개 이상의 픽셀을 구현하면서 2차원 FPA를 만들 수 있었다. 신호판독회로인 ROIC와 포토다이오드는 In 범퍼를 이용해서 전기적으로 연결한 하이브리드 구조로 되어 있었는데, 이런 구조를 하이브리드 FPA라고 불렀다. 그리고 1990년대 초반에 픽셀의 수는 더 많아지고 2가지 대역의 적외선을 감지할 수 있는 포토다이오드 구조가 개발되었는데, 이를 3세대 이미지 센서라고 한다. 이러한 적외선 이미지 센서의 개발역사를 1900년도 이후부터 정리하면 그림 11-14와 같다.

1세대와 2세대의 차이점은 그림 11-15와 같다. 1세대 스캔방식은 픽셀의 수가 1개 또는 1차원 배열로 된 곳에 다각형 반사거울을 이용해서 영상을 구현하는 원리이다. 단일 픽셀의 센서인 경우에는 x축과 y축 스캐너가 별도로 동작하여 2차원 영상을 구현하였다. 1차원 배열인 경우에는 1축 또는 2축 스캐너가 동작하여 2차원 영상을 구현하였다. 이 경우에는 배열 개수만큼 신호가 증폭되기 때문에 단일 픽셀 대비 S/N비가 개선되었다. 그러나 신호처리는 외부에서 이루어져야 하므로 픽셀 개수만큼의 신호선이 필요하였다. 또한 스캐너가 구동되기 위해서 광학부의 크기도 비교적 많은 공간을 차지하였다. 2세대에서는 픽셀의 수가 2차원적으로 늘어남에 따라 스캐너가 없어도 영상을 구현할 수 있었으며, 센서가 ROIC에 일체화되어 있기 때문에 외부에 연결되는 신호선은 ROIC의 구동용 배선과

그림 11-14 적외선 이미지 센서의 기술발전 역사

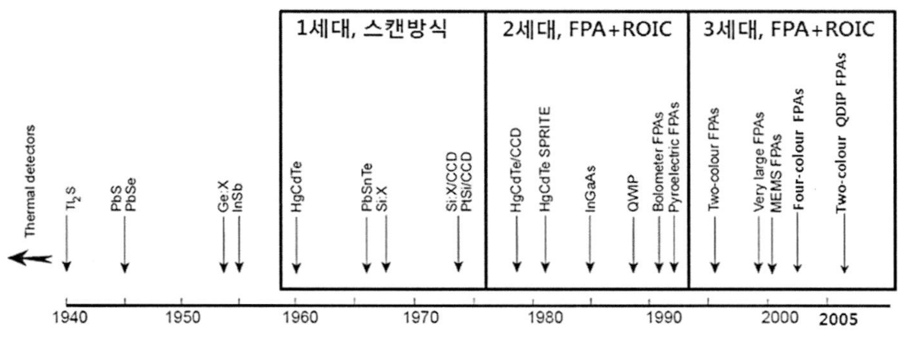

그림 11-15 스캐닝 시스템과 FPA 시스템의 차이

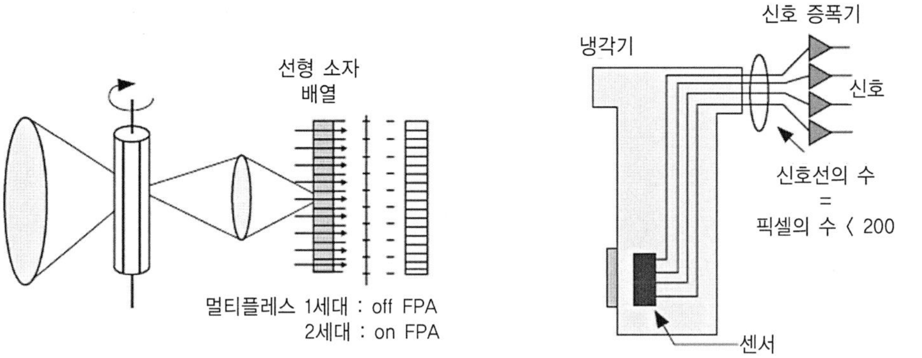

(a) 스캐닝 시스템의 초점면 배열(FPA)

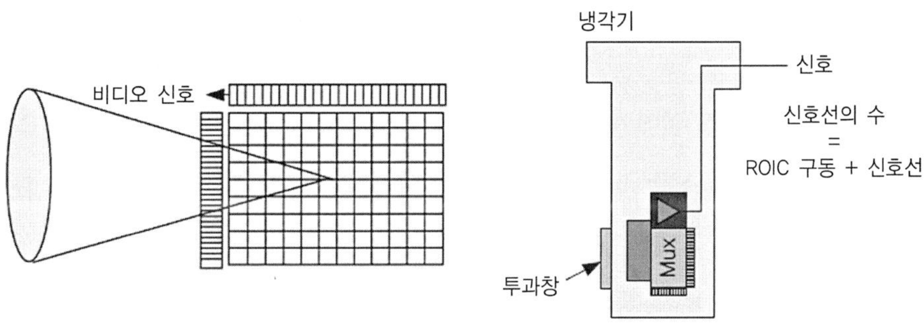

(b) Staring 초점면 배열(FPA)

센서의 출력신호선만 필요하다. 스캐너가 없기 때문에 광학부분의 공간을 줄일 수 있으며, 전체적인 크기 및 중량을 크게 개선할 수 있었다.

적외선 센서 기술은 앞에서도 언급되었듯이 크게 양자형과 열형 두 종류로 구분이 된다. 양자형(quantum)은 반도체 재료의 광전도 현상을 이용한 것이며, 우수한 양자효율과 매우 낮은 동작온도로 열적 잡음이 작아 탐지도 및 NETD 특성이 매우 우수하다. 그러나 에너지갭에 따라 적외선에 반응하는 영역이 정해져 있으며, 동작온도가 액체질소(77 K) 온도 근처이며, 이를 위해 반드시 진공을 유지해야 하는 문제점이 있다. 따라서 이런 재료를 이용해서 만든 열화상 카메라는 가격이 매우 높아 상업용 보다는 군사용으로 많이 사용되고 있다. 열형은 반도체 이외의 재료를 이용하며, 파장에 무관한 반응도의 특성을 가지고 있으며, 대부분 상온에서 동작을 하므로 카메라 가격이 상대적으로 저렴한 것이 장점이다. 그러나 상온에서 동작을 하기 때문에 열적 잡음이 그만큼 높으므로 탐지도 및 NETD 특성이 양자형에 비해 좋지 않은 단점이 있다.

적외선 감지용 센서로 사용되는 대표적인 재료의 사용영역은 표 11-4와 같다. 열형센서는 대부분 적외선의 모든 영역을 감지할 수 있지만, 상온에서 동작하기 때문에 열적잡음이 비교적 높다. 이런 이유로 주로 사용하는 영역은 LWIR 영역의 감지용으로 사용이 되고 있다. 반면 양자형은 에너지갭에 따라 감지영역은 정해진다. 특히 $Hg_{1-x}C_xdTe$(MCT)는 HgTe와 CdTe의 조성 비율에 따라 감지영역의 조정이 가능하며, 이런 이유로 다중컬러 감지용으로 사용된다. 다만 양자형은 온도를 액체질소 온도까지 낮추어서 사용해야 하며, 이로 인해 반드시 진공을 유지해야 하는 단점이 있다. PtSi를 이용한 광전자방출(photo emission)형은 Si을 이용해서 제조가 가능한 것과 상온에서 동작 가능한 것이 장점이다.[74] 바이메탈 원리로는 상온에서 동작이 가능한 미세 캔틸레버를 Sarnoff 사에서 MEMS 기술을 이용하여 320×240 어레이 센서의 가능성을 발표하였다.[75]

지난 약 30년간 어레이당 픽셀의 수는 그림 11-16과 같이 지수함수적으로 증가하였고, 메모리 반도체의 집적도 법칙인 Moore 법칙과 동일한 경향을 보이고 있으며, 매 19개월마

표 11-4 대표적인 적외선 센서 재료의 감지영역

<table>
<tr><th colspan="4">양자형</th><th colspan="3">열형</th></tr>
<tr><th colspan="2">종류</th><th>센서재료</th><th>사용영역</th><th>종류</th><th>센서재료</th><th>사용영역</th></tr>
<tr><td rowspan="6">내인성</td><td rowspan="4">PV</td><td>HgCdTe</td><td>SWIR, MWIR, LWIR</td><td rowspan="4">볼로미터</td><td>V_2O_5</td><td rowspan="9">LWIR*</td></tr>
<tr><td>Si, Ge</td><td>NIR</td><td>Poly-SiGe</td></tr>
<tr><td>InGaAs</td><td>NIR, SWIR</td><td>Poly-Si</td></tr>
<tr><td>InSb, InAsSb</td><td>MWIR</td><td>α-Si</td></tr>
<tr><td rowspan="2">PC</td><td>HgCdTe</td><td>SWIR, MWIR, LWIR</td><td>서모파일</td><td>Bi/Sb</td></tr>
<tr><td>PbS, PbSe</td><td>MWIR</td><td rowspan="2">초전체</td><td>LiTa</td></tr>
<tr><td colspan="2">외인성</td><td>Si:X</td><td>NIR</td><td>PbZT</td></tr>
<tr><td colspan="2">양자우물</td><td>GaAs/AlGaAs</td><td>LWIR</td><td>강유전체</td><td>BST</td></tr>
<tr><td colspan="2">광전자 방출</td><td>PtSi</td><td>LWIR</td><td>미세 캔틸레버</td><td>바이메탈</td></tr>
</table>

* 열형은 적외선 전 영역에서 감지를 하지만, 열화상 카메라는 주로 LWIR 영역을 감지한다.

그림 11-16 적외선 어레이의 픽셀 증가 추세

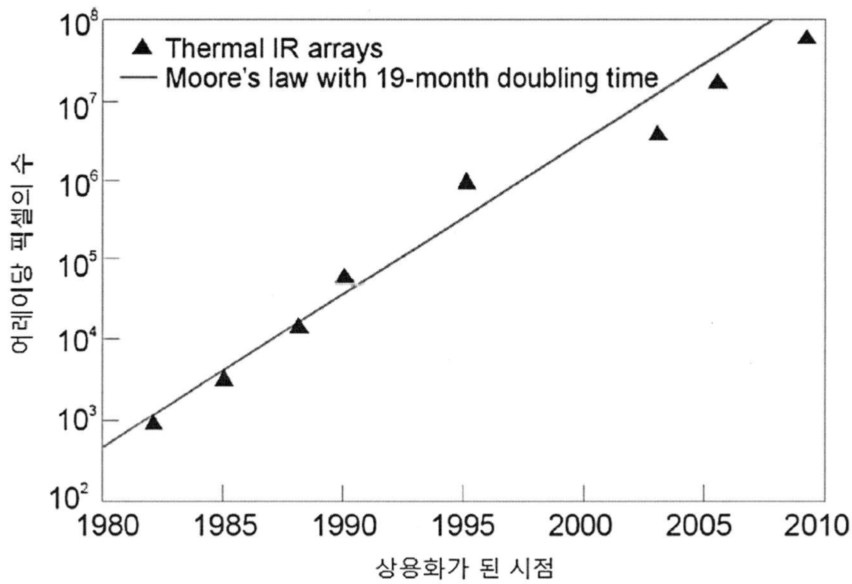

다 픽셀의 수는 배로 증가하고 있다. 2009년에 10 μm 픽셀의 8k×8k 어레이가 가능할 것으로 예상하였으나 약 1년 정도 지연되었다. 현재 Teledyne Imaging Sensors에서 2048 ×2048 픽셀의 센서모듈을 35개의 모자이크 배열로 묶어서 약 147메가픽셀의 FPA를 제작한 것이 세계에서 가장 큰 어레이다. 현재 기술로는 100메가픽셀 이상으로 픽셀 수를 늘리는 것은 문제가 없으나, 단지 예산의 한계로 제작하지 않을 뿐이다.

비냉각형 적외선 센서를 이용한 열화상 카메라의 시장규모는 Yole사에 의하면 약 2조원 정도의 시장규모를 형성하고 있다. 또한 Yole사의 시장보고서에 의하면 군사용으로 사용되는 비냉각형 열화상 센서는 전체 군사용 시장의 약 15%만 차지하고 나머지 75%는 냉각형 적외선 센서가 사용되고 있다고 한다. 비냉각형의 약 50%가 군사용에 사용되고 있으니 군사용까지 포함한 전체 시장 규모는 약 7조원 정도 되며 연평균 5% 정도 성장하고 있다고 예상하고 있다.[76]

적외선 카메라의 응용 분야는 파장에 따라 4가지 영역으로 구분할 수 있다. 먼저 근적외선 영역(NIR, near infrared)이다. 이것은 0.75~1.4 μm 영역대로 일반적인 CCD 또는 CMOS 이미지 센서를 사용하는 CCTV 카메라로 day & night 기능으로 야간에 시각적으로

볼 수 있는 응용 분야이다. CCTV 카메라로 낮에는 컬러로 볼 수 있고, 야간에는 카메라에 장착된 근적외선 LED를 이용해서 흑백영상으로 볼 수 있다. 근적외선 LED로 볼 수 있는 거리와 시야각이 한정되어 있기 때문에 발전소와 같은 중요시설의 외곽 감시를 위해서 야간에 조명등을 설치하여 운용하는 방법도 있다. 이 방식은 현재 보안용 감시 분야에서 가장 많이 사용하고 있다.

두 번째 응용영역은 단적외선 영역(SWIR, short wavelength infrared)인데, 파장으로 1.4~3 μm에 해당한다. 이 영역은 NIR과 마찬가지로 빛이 물체에 반사되어 온 빛을 감지하는 반사형 카메라이다. 센서의 픽셀은 CMOS나 CCD와 유사한 수준으로 구현이 가능하기 때문에 영상 분해능은 CCTV와 거의 유사하다. NIR 카메라와 다른 점은 야간에 공기 중 분자들의 진동에 의해 SWIR 영역대의 파장이 하늘에서 내려오고 있기 때문에 추가적인 조명이 필요하지 않다. 이런 원리로 달빛이 없는 깜깜한 밤에도 SWIR 카메라로 영상을 볼 수 있다. 매우 높은 온도의 물체, 예를 들면 용광로에서 금속이 녹을 때에는 SWIR 영역의 빛을 스스로 복사하기도 하므로 고온 영역의 물체 온도를 측정할 때에는 SWIR 영역을 사용하기도 한다.

세 번째 응용영역은 중적외선 영역(MWIR, medium wavelength infrared)이다. 이 영역의 파장은 3~6 μm에 해당하며, 절대온도 0 K 이상의 모든 물체는 자체 열(온도)에 의해 발산하는 중적외선을 감지하는 영역이다. 따라서 이 영역은 야간 감시용뿐만 아니라 물체의 온도 측정도 가능하다. 그러나 MWIR 영역대의 피크 파장은 약 500 K 정도의 높은 온도에 해당하므로 비교적 높은 온도를 측정하고자 할 때 사용되며, 주로 군수용의 미사일 추적 시스템에 사용된다.

네 번째 응용영역은 원적외선 영역(LWIR, long wavelength infrared)이다. 이 영역의 파장은 8~14 μm에 해당하며, 상온의 물체에서 나오는 열을 감지하는 영역이다. 중적외선과 마찬가지로 물체에서 나오는 열을 감지하는 영역이므로, 중적외선과 더불어 열에너지를 감지한다는 의미에서 적외선이라는 용어 대신에 열화상 카메라라는 용어를 사용한다. 이 영역은 온도 측정뿐만 아니라 야간 감시용으로도 사용이 가능하며, 가장 많이 활용되고 있는 영역이다. 상기 4가지 영역에 대한 응용 분야를 요약하면 표 11-5와 같다.

비냉각형 적외선 카메라는 상온에서 동작하기 때문에 열적 잡음에 의한 노이즈로 온도 분해능이 다소 떨어지고 큰 시정수로 빠른 움직임의 물체를 정확하게 획득하지 못하는 일

표 11-5 적외선 응용 분야별 사용파장 및 시장 크기

구분	분야	NIR	SWIR	MWIR	LWIR
열화상 (Thermography)	예측 보수				●●●
	건물 진단				●●●
	R&D, 의학, 자동제어 등	●	●	●	●●●
감시 (Vision)	군사용	●●	●●	●	●●
	보안용 야간감시	●●●	●		●●
	자동차용 전방감시	●●			●●
재료 분석	화재 진압				●●●
	해양	●●	●●		●●
	자동제어, R&D	●●	●●	●●	

●의 개수는 적외선 시장의 상대적인 크기
점 1개 : 낮음, 점 2개 : 중간, 점 3개 : 높음

부 단점은 있지만, 저렴한 가격과 높은 해상도, 개선된 온도 분해능 등의 성능이 개선되면서 냉각형 적외선 카메라를 대신할 수 있게 되었으며, 그 사용 범위는 점차 확대되고 있는 추세이다. 특히 온도 측정용으로는 비냉각형 LWIR 열화상 카메라가 주류이며, 1,000℃ 이상의 고온을 측정하기 위해 SWIR 적외선 카메라가 사용되기도 한다. 영상관측용으로는 다양한 파장대의 카메라가 사용되고 있으며, 특히 외곽감시용으로는 가격적인 문제 때문에 NIR 능동형 카메라를 많이 사용하고 있다.

최근 몇 년 사이에 열화상 카메라 기술이 민수용 분야에서 다양하게 응용되기 시작했다. 고성능이 필요한 군수용과는 달리 민수용은 카메라의 가격이 낮아야 하는 것이 필수적이었으며, 군수용으로도 모든 병사들의 야간 전투력 향상을 위해 기존 냉각형 열화상 카메라 대비 가볍고 크기도 작은 비냉각형 열화상 카메라가 필요하게 되었다. 민수용과 군수용을 충족시킬 수 있는 기술이 바로 열화상 카메라의 가장 핵심기술인 LWIR용 비냉각형 적외선 센서기술이다. 열화상 카메라에 탑재되는 비냉각형 적외선 센서로는 마이크로볼로미터와 강유전체가 사용되고 있는데, 마이크로볼로미터는 산화바나듐(VO_x, vanadium oxide)과 비정질 실리콘($\alpha-$Si, amorphous silicon)을 재료로 구현하며, 강유전체로는 티탄산바륨스트론튬(BST, Barium Strontium Titanate)을 재료로 구현하고 있다. 이러한 재료들이 개발되기 전까지는 앞 절에서 설명된 냉각형 양자형 센서들이 주로 사용되었다.

비냉각형 적외선 센서 기술은 1970년대 초반에 미국 군인들의 야간 전투력 향상을 목적으로 크기도 작고, 무게도 가벼워 이동시 문제가 없어야 했으며, 모든 병사들에게 지급해야 하므로 가격 또한 획기적으로 낮아야 하는 필요성이 제기되었다. 1978년에 Texas Instruments사에서 BST를 이용한 강유전체 적외선 센서에 대해 특허를 출원하였으며, 1979년에 처음으로 제품이 만들어졌다. 동시에 Honeywell에서 미세가공기술을 이용한 VO_x 볼로미터를 이용한 연구도 진행이 되었다. 미 국방부의 지원으로 약 15년간 두 기술이 발전하게 되었다. 그러나 2000년대에 VO_x가 BST보다 우수하다는 것이 증명이 되었고, 그 이후로 미 국방부는 BST에 대한 지원을 중단하였다. BST에 대한 정부지원 중단으로 이 분야에 대한 연구가 급속하게 줄어들게 되었다. 최근 10여년 동안 BST의 픽셀 크기는 50 μm 수준에서 변화가 없었으며, 원리적으로 기계적인 쵸퍼(chopper)의 사용으로 광량의 50%만 센서로 입사해서 민감도가 낮다는 치명적인 단점과 기계적인 쵸퍼는 고장이 잘 나며 충격과 진동에 취약하다는 단점이 노출되었다. 결과적으로 VO_x와 비정질 실리콘 마이크로볼로미터 카메라에 비해 BST 카메라의 평균고장시간(MTBF, mean time between failures)이 짧으며 전기적인 분극을 안정화시키기 위해 냉각을 해야 한다는 추가적인 단점이 발견되었다.

1990년대 중반부터 비정질 실리콘($\alpha-$Si)을 이용한 카메라 기술을 연구하기 시작하였다. $\alpha-$Si의 가장 큰 장점은 실리콘 제조공정을 그대로 사용할 수 있다는 것이다. 최근 VO_x 볼로미터도 실리콘 공정으로 제조가 가능해지면서 마이크로볼로미터 카메라를 미국 이외의 국가로 판매하기 위해 필요했던 수출 허가는 필요가 없게 되었다. 최근 비냉각 적외선 카메라에 사용되는 센서 재료의 시장 점유율은 그림 11-17과 같다.[77] 그림에서 보듯

그림 11-17 고화소용 VO_x, $\alpha-$Si, BST 센서의 시장 점유율

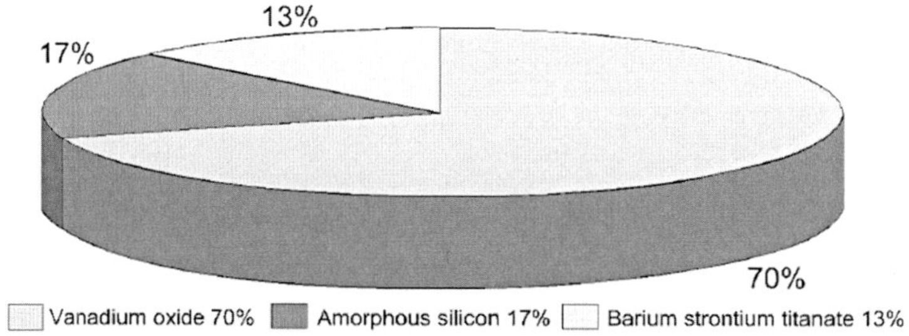

이 최근의 비냉각용 센서 재료는 VO_x 볼로미터가 주류를 이루고 있다. 중저화소용으로는 공정이 쉽고 가격이 저렴한 재료인 서모파일에 대해서도 제품이 나오고 있다. 이러한 기술적인 발전에 따라 열형 비냉각형 적외선 카메라는 민수용뿐만 아니라 군수용으로도 시장이 점점 확대되고 있다. 냉각형과 비냉각형 적외선 카메라에 적용된 센서 재료들의 연도에 따른 추이는 그림 11-18과 같다. 냉각형에서는 HgCdTe를 이용한 센서들이 대부분을 차지하고 있으며, 일부 InSb, 양자우물 구조 등이 사용되고 있다. 비냉각형에서는 VO_x를 이용한 마이크로볼로미터가 대부분이며, 일부 초전체와 서모파일 센서를 사용하고 있다. 초창기에 개발되었던 PbS와 Golay 셀 등의 센서는 거의 사용하지 않고 있다.

적외선 센서관련 시장 조사기관인 Yole 사의 2012년 리포트에 의하면, 연도에 따라 응용 분야별 시장규모는 표 11-6과 같다.[78] 군수용의 연도별 시장규모는 거의 변화가 없으나, 민수용으로는 사용수량이 큰 폭으로 확대될 것으로 예상하고 있다. 특히 온도측정, 외곽감시, 자동차 나이트비전 분야는 성장세가 매우 클 것으로 예상하고 있으며, 사용수량의 증가만큼 시장규모가 따라가지 않는 것은 카메라의 가격이 매년 획기적으로 낮아질 것이기 때문이다. 온도측정용의 카메라 단가는 민수용의 다른 카메라보다 높게 형성되어 있

그림 11-18 적외선 센서 재료의 개발 역사

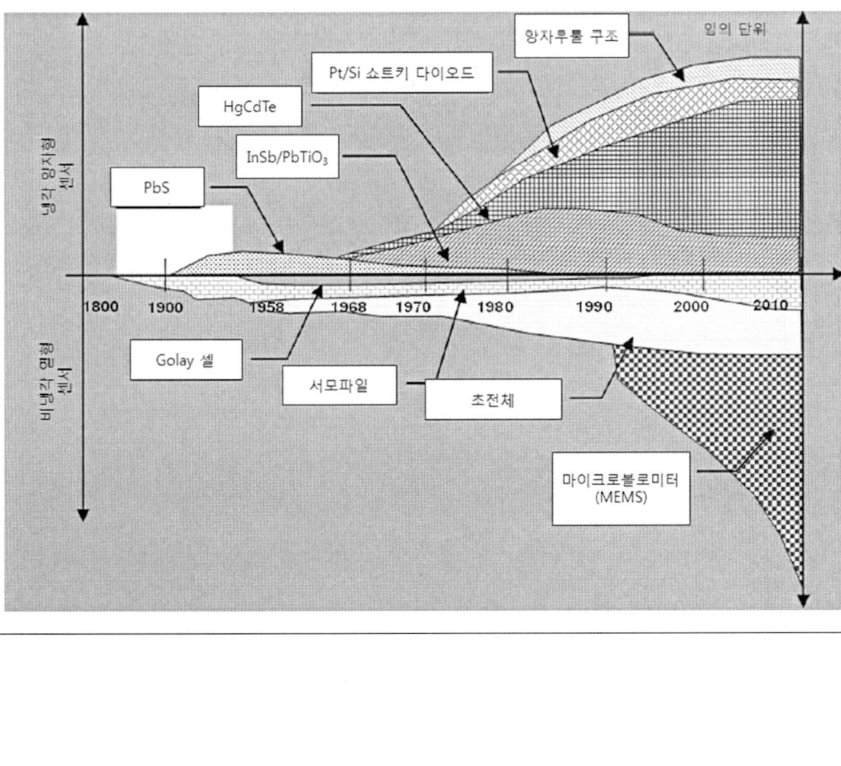

표 11-6 연도별 응용 분야에 따른 시장규모 및 사용수량 예측(출처 : Yole 2012 report)

(시장규모단위 : M$), (사용수량단위 : units)

응용 분야 \ 연도			2010		2012		2014		2016	
			시장규모	사용수량	시장규모	사용수량	시장규모	사용수량	시장규모	사용수량
군수용	소총야간감시(TWS)		$383	44,000	$310	36,652	$288	37,759	$312	45,273
	전차/탱크야간감시		$241	24,150	$245	26,299	$221	26,297	$218	28,716
	휴대용야간감시		$168	18,700	$155	17,593	$150	18,824	$162	22,571
	원격무기체계		$178	12,000	$187	12,852	$208	14,577	$242	17,478
	기타군사목적		$30	3,000	$32	3,308	$36	3,785	$43	4,539
	계		$1,000	101,850	$929	96,704	$903	101,242	$977	118,577
민수용	온도측정	초급형	$11	8,200	$20	19,701	$34	47,330	$57	113,711
		보급형	$231	42,000	$261	65,625	$303	98,438	$310	124,523
		일반형	$280	28,000	$300	37,030	$321	48,972	$315	59,256
		고급형	$61	2,444	$63	2,957	$64	3,578	$66	4,330
	외곽감시	보급형	$19	5,320	$24	8,581	$30	13,840	$37	22,322
		일반형	$136	21,280	$171	41,709	$215	81,749	$335	176,652
		고급형	$28	1,400	$34	2,419	$42	2,903	$51	4,180
	자동차나이트비전		$36	39,200	$44	66,248	$58	120,571	$71	235,114
	해안용		$71	6,120	$87	8,094	$104	10,704	$124	14,156
	소방		$119	15,450	$114	15,450	$109	15,450	$105	15,450
	기타상용목적		$32	8,400	$38	11,109	$45	14,692	$54	19,430
	계		$1,018	177,814	$1,155	278,519	$1,324	458,227	$1,525	789,125
합계			$2,018	279,664	$2,084	375,223	$2,227	559,469	$2,502	907,702

다. 그 이유는 온도 측정을 위해 광학계 부분이 더 정밀하며, 마이크로프로세스에서 입사된 광량으로부터 온도로 계산해 주는 모듈이 탑재되어 있기 때문이다.

11.3 LWIR/MWIR 열화상 카메라 응용

적외선을 이용한 열화상 카메라는 열 또는 온도를 감지하는 특성을 이용해서 다양한 분야에 활용되고 있다. 최초에는 군사용의 목적으로 주로 사용되었고, 차츰 그 기술이 보

그림 11-19 TOD 시스템 및 열영상

편화됨에 따라 상업용으로 확대되었다. 군사용으로는 야간에도 주간처럼 아주 뚜렷한 영상을 확보할 수 있는 장점 때문에 외곽 감시용으로 주로 사용되었다.

2010년 서해안 천안함 폭발 당시 많은 방송 매체를 통해 열상감시장비(TOD, thermal observation device)라고 하는 용어가 많이 사용되어 이 분야 전문가가 아니더라도 귀에 익은 용어가 되었다. 그림 11-19는 대표적인 TOD 시스템의 외관과 영상이다. 그 당시 언

표 11-7 TOD(모델 TAS-970K)의 사양

항목	사양
탐지 파장 대역	원적외선 영역(8~12 μm)
스캐닝 방식	1세대 serial-parallel 스캐닝 방식
배율	3~10배 배율 적외선 광학계
화면 정밀도	0.24 메가 픽셀(800×600의 SD급)
장착 모니터	9인치
삼각대 높이	47 cm~104 cm
장착 방식	핸드 헬드/차량 탑재
시야각(Field of View)	wide mode : 3×(6.3°×10.1°) narrow mode : 10×(2.0°×3.1°)
회전 각도(spinning angle)	수동조작 : 수평 360°, 수직 ±22.5° 원격조작 : 수평 350°, 수직 ±80.0°
회전 속도(rotational speed)	수평: 1.5°/sec~12.0°/sec, 수직: 0.3°/sec~1.5°/sec

론에 공개된 사양은 표 11-7과 같다. 최근 도입된 시스템은 초점면 배열 방식의 2세대급 시스템이 보급되어 있어 성능이 훨씬 뛰어나다.

외곽 경계용으로 TOD가 사용되었다면, 전투기의 조종사가 주야간 영상 추적을 위해 열화상 카메라를 사용한다. 이런 목적으로 사용하는 카메라를 전방주시형 적외선 레이더(FLIR, forward looking infrared radar)라고 하며, 줄여서 FLIR라고 한다. 비행기에 장착하기 위해서는 카메라를 보호하고 있는 적외선 돔(dome)이 중요한 역할을 한다. 그림 11-20에서 볼 수 있듯이 카메라가 외부에 노출되어 있기 때문에 돔의 표면이 기계적으로 매우 강해야 한다. 돔의 표면 특성을 강하게 하고, 적외선도 잘 투과시킬 수 있는 유사 다이아몬드 카본(diamond like carbon, DLC) 코팅 기술이 적용되어 있다.

FLIR 시스템은 전투기뿐만 아니라 미사일의 추적기로도 사용된다. 추적기는 미사일의 앞부분에 장착하며, 비가 오는 날에 적외선 투과가 잘되지 않는 문제점이 있기 때문에 통상 마이크로웨이브 센서와 적외선 센서를 동시에 탑재한 추적기를 미사일에서는 사용한다. 공대지(air to surface)와 지대지(surface to surface) 미사일 적외선 추적기(IR seeker)에는 주로 LWIR용 적외선 센서를 사용하는데, 이것은 지상에 있는 물체들은 대부분 300 K 근처의 물체를 추적하고자 하는 용도이기 때문이다. 반면, 공대공(air to air)과 지대공(surface to air) 미사일에는 MWIR용 적외선 센서를 사용하는데, 하늘을 향해 발사하는 것은 주로 전투기를 추적하기 위함인데 전투기에서 나오는 온도가 대부분 약 500 K 정도가 나오고 있기 때문이다. 전투기에서 열이 나는 부분은 그림 11-21과 같이 여러 부위가 있지만, 대부분 미사일의 적외선 추적기는 배기 화염에서 나오는 열이 가장 많이 나오므

그림 11-20 FLIR 시스템이 장착된 모습과 획득한 영상

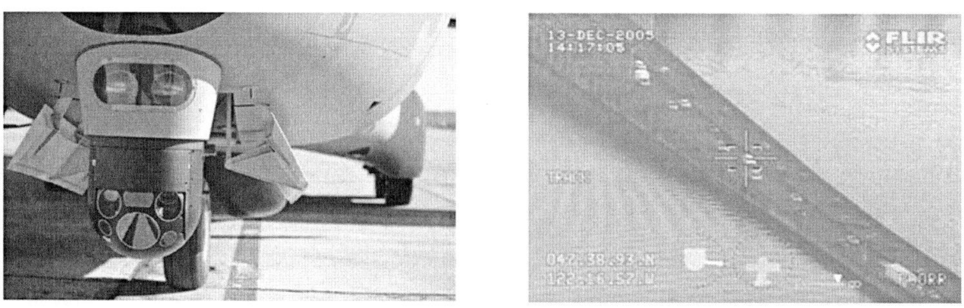

(a) 전투기 하단부에 설치된 열화상 카메라

(b) FLIR 시스템으로 획득한 영상

그림 11-21 전투기 표면의 열추적이 가능한 부위

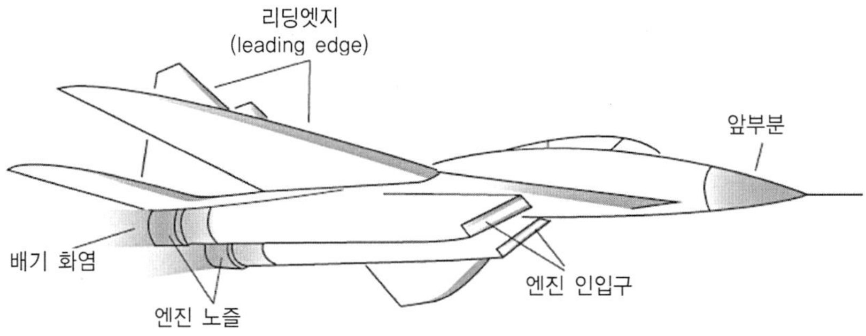

로 이 부분을 조준해서 추적하게 된다. 이러한 추적기 기술이 발전함에 따라 전투기 쪽에서도 적외선 추적기를 피할 수 있는 각종 재밍(Jamming) 기술들이 나오고 있다.

2003년 이라크 전쟁은 CNN 방송을 통해 전 세계에 실시간으로 중계되었다. 당시 미군은 주로 야간에 주요 표적물에 대해 미사일 공격을 많이 했는데, 이때 사용된 기술이 적외선 추적 기술 및 야간 열화상 카메라 기술들이었다. 이라크 전쟁 이후 적외선의 효용성이 증명되면서 적외선 관련된 기술은 더 많은 발전을 하게 되었다. 전차와 탱크에도 야간 전투력을 향상시키기 위해 열화상 카메라가 도입되었다.

그림 11-22와 같이 의료용으로도 열화상 카메라가 많이 사용되고 있다. 한방 분야에서는 오래전부터 인체의 열영상 정보로부터 온도가 평균보다 낮거나 높게 측정되는 부위를

그림 11-22 열화상 카메라로 촬영한 인체 열영상

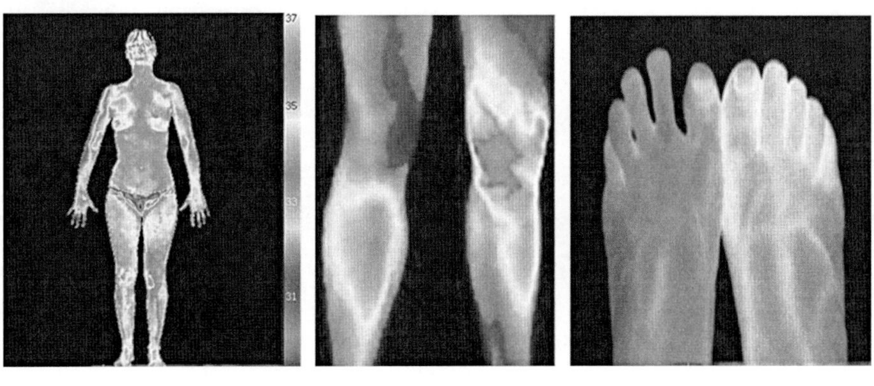

통해 혈액의 비정상 흐름을 판단하는 용도로 사용해 왔다. 최근 한의학에서는 적외선 체열 영상에 대한 학문적인 연구가 많이 진전되고 있으며, 인체의 주요 부위에 대한 온도 표준화 작업도 진행 중이다. 또한, 사람뿐만 아니라 가축에도 열화상 카메라 기술을 적용하는 연구가 진행 중이다. 구제역 또는 조류인플루엔자에 감염된 가축은 초기에 고열(약 40℃)이 발생하는데, 열화상 카메라로 가축들의 체온을 실시간 모니터링하면 이상 발생시 즉시 알 수 있다.

2000년대 접어들면서 비냉각형 적외선 센서 제조기술이 발전함에 따라 개인 병사의 야간 전투력 향상을 위해 개인화기와 결합된 적외선 카메라가 개발되었다. 기존 냉각형 방식은 무게가 무겁고 냉각을 위한 냉각기를 구동해 줄 전원공급 문제 때문에 휴대가 어려웠다. 그러나 비냉각형 열화상 카메라는 무게가 상대적으로 가볍고 휴대용 배터리로 약 2~3시간 정도는 사용이 가능한 장점 때문에 병사용으로 개발되었는데, 이를 열상무기 조준기(TWS, thermal weapon sight)라고 한다. 그림 11-23은 TWS를 개인화기에 장착한 외관과 실제 병사가 야전에서 사용하고 있는 예를 보여 주고 있다. 그리고 표 11-8은 대표적인 TWS의 사양이다.

2000년대 후반부터 군수용의 목적으로 개발된 기술들이 점점 민수용으로 전파되기 시작하였다. 물론 1~4개 픽셀을 갖는 적외선 센서를 이용한 응용은 많은 곳에서 이루어졌다. 주로 시큐리티용의 침입자 감지, 아파트의 실내등 자동점멸, 비접촉식 귀속 온도계, 가스 및 화재 감지용, 계측기의 센서용 등의 목적으로 사용되었다. 그러나 열영상을 이용

그림 11-23 TWS의 외관 및 운용 사례

(a) 배터리 케이스와 TWS의 외관 (b) TWS의 운용 사례

표 11-8 TWS의 사양

항목	사양
인식 거리	약 500 m
FOV	수평 : 15°, 수직 : 11.3°
크기(길이×폭×높이)	32.4 cm ×8.3 cm ×11.2 cm
무게	1.4 kg(배터리 포함)
작동 온도	−37℃~50℃
배터리 수명	5시긴(상용 AA 리튬 배터리)
센서 정보	320 ×240, 8~12 μm, 비냉각형

한 민수용은 SARS라고 하는 전염병이 생기면서부터 급격히 늘어나게 되었으며, 그때까지 군수용 기술을 보유하고 있었던 미국의 FLIR사는 경쟁사를 물리치고 선두주자로 나서게 되었다. 향후 민수용 분야에서 가장 큰 시장을 형성할 것으로 기대하는 분야가 바로 그림 11-24와 같은 자동차용 열화상 카메라분야이다.

안개가 낀 야간에 자동차를 운전하다 보면 마주오는 차량의 불빛 때문에 전방을 자세히 보기가 어려운 경우가 종종 있어 교통사고의 위험이 매우 커진다. 이런 경우 열화상 카메라를 이용하면 전방을 아주 깨끗하게 확인할 수 있으며, 인체와 유사한 온도를 가진 물체가 전방에 발견되면 경보도 보내어 사고를 획기적으로 줄일 수 있다. 현재는 고급용 승용차에만 적용되고 있지만, 조만간 열화상 카메라의 가격이 낮아지면 일반 승용차에도 보급될 것으로 예상한다. 또한, 32×32 정도의 픽셀을 가진 열화상 센서를 이용하여 승용차 내부의 온도를 정확히 분석해서 에어컨 또는 히터의 효율적인 통풍으로 더욱 쾌적한 환경을 유지할 수 있다. 특히 시장 예측 기관인 Yole사에서는 2013년 이후부터 자동차용 열화상 카메라 시장이 급격히 확대될 것으로 예측하고 있다.

또한, 화재 때문에 연기가 발생하여 앞을 볼 수가 없을 때 열화상 카메라를 이용하면 화재로 인한 뜨거운 곳과 차가운 곳을 알 수 있어 화상을 입지 않고 피할 수 있으며, 연기 너머에 있는 물체를 볼 수 있어 화재시 인명 조난용으로 사용이 가능하다. 현재는 가격이 너무 높아 소방대원만 소지하고 있으나, 향후 가격이 획기적으로 낮아진다면 공공건물 또는 지하철 역사 등에 방독면과 같이 비치하여 화재시 쉽게 출구를 찾아 빠져나올 수 있도록 하는 용도로도 사용이 가능하다.

그림 11-24 자동차용 열화상 카메라 적용 사례

(a) 자동차용 열화상 카메라 설치 사례

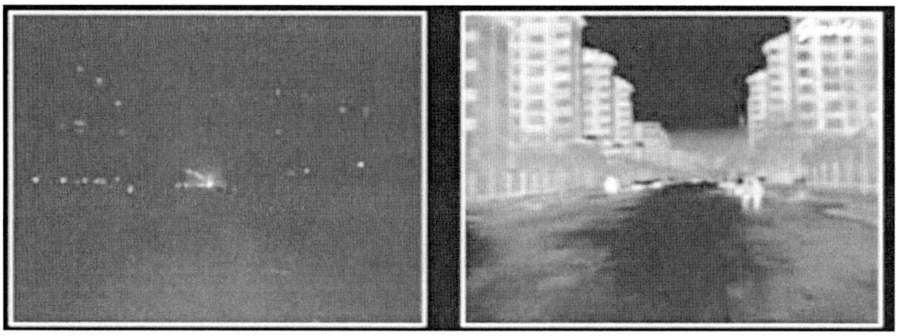

(b) 야간 일반 영상

(c) 야간 열화상 영상

지구 온난화로 점점 에너지 문제는 심각해지고 있다. 특히 전기를 많이 사용하는 겨울과 여름에 단열 문제 때문에 열이 밖으로 새어 나간다면 그만큼 에너지를 낭비하는 것이다. 그림 11-25는 건물의 단열 상태를 열화상 카메라로 측정한 사진과 단열 조치 전후에 따른 비교 영상으로 확연히 단열에 대한 상태를 한눈에 알 수가 있다. 앞으로는 일정 기간이 지난 건축물의 외관을 열화상 카메라로 점검하여 에너지가 낭비되지 않도록 하는 제도도 필요하지 않을까 생각한다.

또한, 건물이 노후화되면 장마철에 비 때문에 누수가 생기는데, 조그만 누수가 발생했을 때 그림 11-26과 같이 열화상 카메라를 통해서 누수 위치파악이 가능하다. 이처럼 열화상 카메라를 이용하면 단열뿐만 아니라 누수로 인한 피해도 초기에 진단하여 더 큰 피해

그림 11-25 에너지 관리를 위한 열화상 카메라 적용 사례

(a) 건물 외벽의 단열상태 (b) 단열 조치를 취한 전과 후의 비교 영상

를 막는 데 사용할 수 있다. 미국에는 단독주택이 많아서 열화상 카메라로 단열 및 누수를 찾아주는 서비스를 하는 업체도 많이 있다.

겨울철 전기로 인한 화재가 자주 발생하고 있는데, 대부분 무절제한 전열기구의 남용에

그림 11-26 천정의 누수 현상의 비교 영상

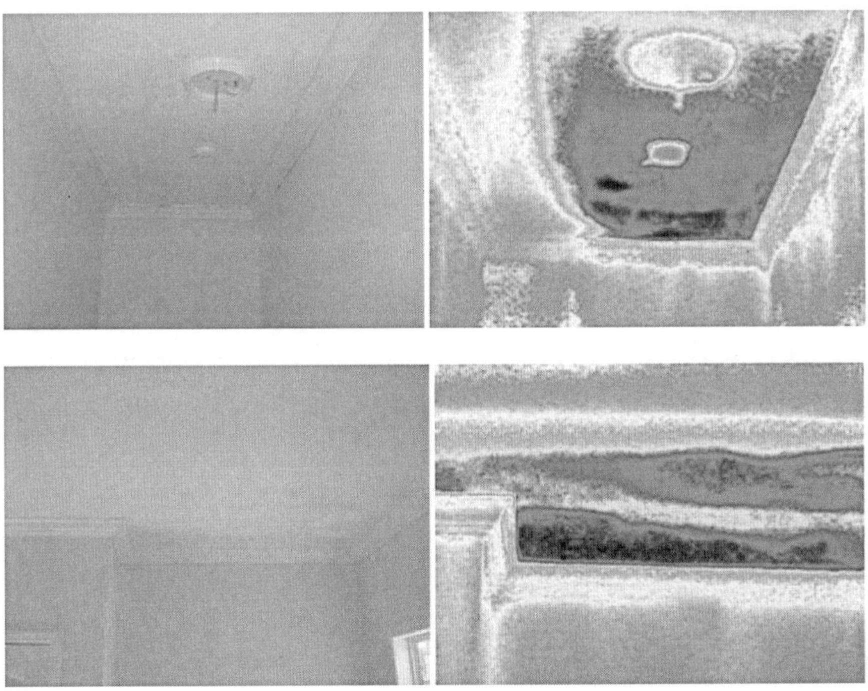

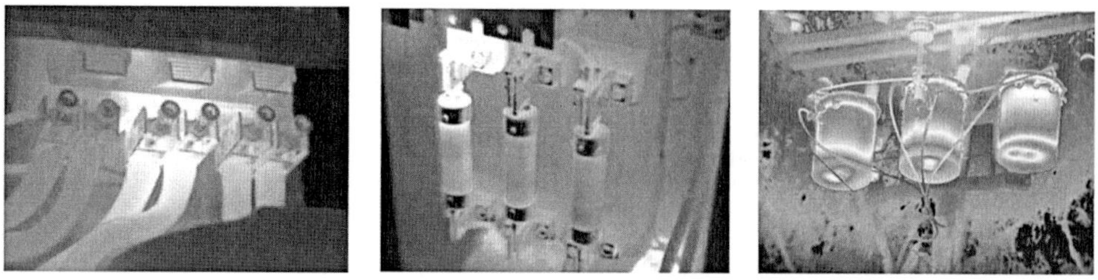

그림 11-27 전기 과부하로 인한 열영상

따른 과부하와 누전이나 합선으로 화재가 발생한다. 이상이 있는 부분을 열화상 카메라로 보면 그림 11-27과 같이 과열된 것을 알 수 있다. 고가의 열화상 카메라로 일일이 이렇게 확인을 한다는 것은 어렵지만, 과부하가 예상되는 곳에 중화소용 열화상 카메라를 설치하여 사전에 일정 온도 이상 올라갔을 때 경보가 발생하도록 하면 화재를 사전에 예방할 수 있다.

적외선은 온도와 관련되어 있어 물체의 온도를 측정하고자 하는 목적으로도 사용된다. 매우 높은 온도를 사용하는 제철 및 철강 관련 산업, 유리산업, 의약품 생산, 플라스틱 산업, 정유산업 등 비교적 높은 온도 영역에서 정교한 온도제어가 필요한 산업현장에는 열화상 카메라를 이용한 온도측정이 매우 일반적으로 사용되고 있다. 현재까지는 320×240 픽셀 이상의 고화소용 열화상 카메라가 사용되고 있으나, 중저화소용 카메라를 이용해서 제조공정 중 필요한 부분에 설치하여 이상 시 경보를 발생시키는 용도로 사용될 수 있다.

그림 11-28 열화상 카메라에 의한 화재 초기 감지

표 11-9 화재 감지기 종류에 따른 장단점

감지기 종류	장점	단점
CCTV	- 가격이 비교적 저렴함 - 매우 넓은 영역을 감시할 수 있음	- 야간에는 별도의 조명이 필요함 - 조명등 운영으로 유지비용이 과다 - 스모그 등의 환경에서 제약이 있음 - 어느 정도의 연기가 발생해야 감지
화재감지기	- 가장 가격이 저렴함	- 화재 단계가 많이 진전됨 - 오보가 많은 편임 - 유지비용이 많이 듬
열화상카메라	- 외부 조명등이 필요없음 - 스모그 환경에서도 감시가 가능 - 화재 초기단계에 감지가 가능 - 넓은 영역을 감시할 수 있음 - 화재원과 배경의 우수한 대조영상 - 오보가 거의 없음 - 유지비용이 없음	- 구입 가격이 매우 높음

이 외에도 고급식당의 조리실에서 음식을 만드는 과정 중에 온도측정이 필요한 곳에도 응용할 수 있다. 열화상 카메라는 화재 초기 단계에서 문제점을 발견할 수 있는데, 그 사례는 그림 11-28과 같다.[79] 창고나 물류 시설 등을 열화상 카메라로 24시간 실시간 온도 분포를 감시할 수 있다. 특히 화재 가능성이 있는 위치의 온도를 상시 감시하다가 이상 현상이 발생하면(그림에서 98.8℃에서 128.8℃로 변함), 이를 알람으로 발생하게 해서 화재가 발생하기 직전에 이상상태를 모니터할 수 있는 장점이 있다. 화재를 감지할 수 있는 방법에 대한 장단점은 표 11-9와 같다. 현재는 가격적인 문제 때문에 화재감지기를 주로 사용하고 있지만, 가격적인 문제도 향후에는 열화상 카메라 제조비용이 점점 낮아지고 있으므로 가까운 미래에는 열화상 카메라가 화재감지기의 많은 부분을 대체할 수 있을 것으로 예상한다.

비냉각형 열화상 카메라의 온도 분해능이 거의 0.05 K 정도로 성능이 급격히 향상됨으로 인해, 최근 온도 측정용으로는 냉각형 보다는 비냉각형 카메라를 주로 사용한다. 최근 출시되고 있는 열화상 카메라의 등급에 따른 가격 대비 성능 비교는 표 11-10과 같다. 기술의 발달로 카메라의 가격은 매년 약 10% 정도씩 낮아질 것으로 예상하고 있다. 대부분은 비냉각 기술로 응용이 되고 있으나, 매우 높은 성능의 온도분해능이 요구되는 가스 누출에 대한 열화상 감시는 거의 100% 냉각형 열화상 카메라가 사용되고 있다. 현재 민수용

표 11-10 열화상 카메라 온도계의 등급에 따른 가격 대 성능

등급	가격(2011년 기준)	이미지 센서 크기	NETD(K)	대표 제품
초보용	$1,200	60 ×60	0.1	FLIR i3, DeWALT
보급형	$1,500~$7,500 (평균 : $5,500)	80 ×80 120 ×120 160 ×120 140 ×140	0.1	Fluke Ti100
중급형	$7,500~$15,000 (평균 : $10,000)	180 ×180 200 ×150 320 ×240 384 ×288	0.08~0.05	Flir T series
고급형	$20,000~$30,000	640 ×480	0.05~0.03	NEC H2640

열화상 카메라 시장의 약 50%는 미국의 FLIR 사가 차지하고 있다. FLIR 사는 적외선과 관련하여 센서부터 카메라까지 전 부품을 자체적으로 개발 및 생산하고 있는 회사이며, 자체적으로 생산한 마이크로볼로미터 센서를 외부에 판매하기도 한다. 그 다음으로 미국의 Fluke 사가 민수용의 약 30% 정도 차지하고 있으며, 특히 Fluke 사는 이동식 테스트&측정 장비 분야에서 두각을 나타내고 있다. 프랑스의 Ulis 사는 카메라는 전혀 제조하지 않고, 오직 비정질 실리콘 기술을 바탕으로 640×480까지의 이미지 센서를 외부에 공급하고 있다. 미국의 L-3Com은 비정질 실리콘 기술의 이미지 센서 제작 기술을 보유하고 있으며, 센서 생산량의 1/3은 군수용으로 사용하고, 나머지 2/3는 자체 민수용 카메라 양산에 사용하고 있다. 미국의 DRS 사는 군수용 카메라의 최대 공급자이며, 그 뒤를 이어 BAE, Raytheon 사 등이 군수용으로 생산 공급하고 있다.

11.4 SWIR 적외선 카메라

TDN(true day & night) 카메라는 NIR 영역의 LED를 이용해서 물체에서 반사되어 온 빛을 감지하는 능동형 카메라이다. 이와 유사한 원리로 동작하는 것이 SWIR 영역을 이용한 능동형 적외선 카메라이다. 이런 이유로 NIR과 SWIR 영역의 적외선을 반사형 적외선 영역이라고 한다. 반면, MWIR과 LWIR 영역을 이용한 열화상 카메라는 물체에서 나오는 적외선 복사량으로부터 인식하는 수동형 카메라이며, 이런 이유로 MWIR과 LWIR 영역을 열형 적외선 영역이라고 한다. SWIR 대역의 파장은 가시광과 NIR에 비해 상대적으로 길어 산란에 의한 효과가 작으며, 이런 특성으로 분자 진동의 스펙트럼 분석과 눈에 보이지 않는 소스를 이용한 조명(대기 상공으로부터 나오는 수동형의 야광 또는 눈에 안전한 LED를 이용한 능동형 조명)으로 영상을 획득하는 카메라 그리고 약 150℃ 이상의 매우 높은 온도를 가진 물체의 온도측정 용도로 사용된다. 달빛이 전혀 없는 밤하늘에서 SWIR 영역의 반사된 빛으로 물체를 볼 수 있는 이유는 대기 상공에 있는 O-H 분자들의 진동으로 그림 11-29와 같이 야광과 달빛의 양에 따라 SWIR 대역의 파장이 복사되기 때문이다.[80]

SWIR은 가시광에 비해 파장이 긴 특성이 있어 산란현상이 덜 일어나므로 안개나 먼지 등의 기후조건에서도 잘 통과한다. 그림 11-30은 약 2 km 떨어진 호텔의 영상을 일반 카메라와 640×512 픽셀의 SWIR 카메라로 획득한 것을 비교한 것인데, 일반 카메라인 그림 11-30(a)는 안개로 인해 호텔이 보이지 않는 반면, SWIR 카메라인 그림 11-30(b)는 안개가 있음에도 불구하고 깨끗한 영상을 획득할 수 있다.

그림 11-31(a)에서 보듯이 가시광선으로는 시야가 약 5 km 정도 확보가 되지만, SWIR

그림 11-29 달빛의 양에 따른 밤하늘의 파장 복사량

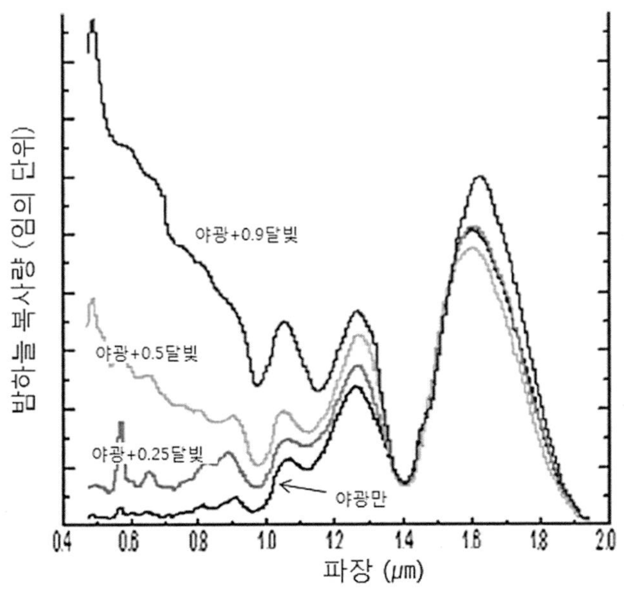

그림 11-30 안개가 낀 상황에서 획득한 일반 카메라와 SWIR 카메라 영상 비교

(a) 안개가 있는 날씨에서 약 2 km 떨어진 호텔을 일반 카메라로 획득한 영상

(b) 동일한 기후조건에서 SWIR 카메라로 획득한 영상

로는 시야가 약 20 km까지 확보가 가능하며 영상의 화질도 훨씬 뚜렷함을 볼 수 있다. 다만 컬러 영상이 아니기 때문에 색상에 대한 정보가 없다는 것이 단점이다. 그리고 (b)와 같이 가시광선으로는 먼지가 있는 환경에서의 차량을 구분할 수 없지만, SWIR 영상으로는 뚜렷한 영상 획득이 가능하다. 이처럼 SWIR 영상은 거의 전천후 영상 획득이 가능하다는 장점을 가지고 있어 군사용으로도 응용범위가 확대되고 있다. 따라서 평상시 맑은 경우에도 SWIR의 영상이 일반 가시광선 카메라의 영상보다 훨씬 뚜렷한 영상을 얻을 수가 있다.

또한 긴 파장이 짧은 파장보다 물체 표면을 깊이 투과하는 특성이 있는데, 이런 특성을 이용해서 신경조직 관측과 산업용 코팅막 관측용으로도 사용된다. 광간섭단층촬영(optical coherent tomography, OCT)에도 SWIR의 영역을 이용한 사례가 늘고 있다. 안과에서 각막과 망막의 OCT 영상촬영을 위해 기존에는 0.84 μm의 파장을 사용하였다. 그러나 각막 주변은 산란 현상 때문에 녹내장의 잠재원인을 진단할 수가 없었다. 대신 1.04 μm 또는 1.3 μm 파장을 이용하여 눈에 대한 다양한 OCT 영상을 얻을 수 있다. 또 다른 바이오 응용 분야로 혈관 위치를 찾는 용도로도 사용될 수 있다. 간호사들은 정맥을 대부분 느낌으로 찾는데, 노약자 또는 유아인 경우에는 정맥의 정확한 위치를 찾기 어렵다. SWIR 카메라를 이용하면 그림 11-32와 같이 쉽게 정맥의 위치를 찾을 수 있다.[81]

그림 11-31 다양한 환경에서 가시광선과 SWIR 영상 비교

(a) 맑은 날, 가시광선으로는 약 5 km 시야 확보, SWIR로는 약 20 km 시야 확보 가능

(b) 먼지로 인해 가시광선으로는 산란이 일어나 차량이 보이지 않지만 SWIR로는 비교적 깨끗한 영상 확보가 가능

그림 11-32 NIR/SWIR 카메라로 획득한 팔뚝 정맥 영상 및 손목을 투과시켜 획득한 정맥/동맥 영상

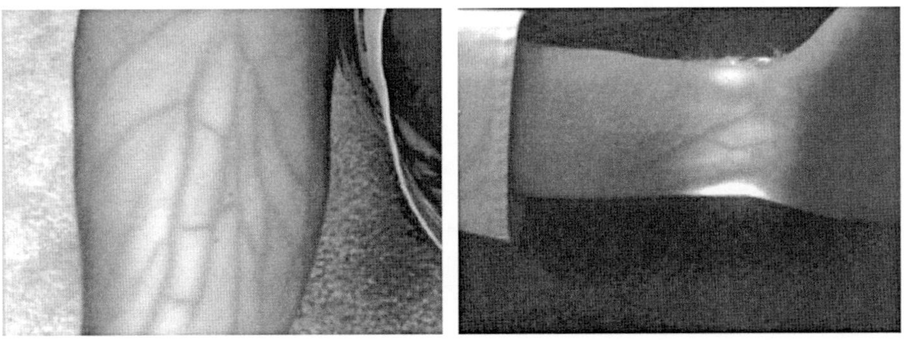

(a) NIR/SWIR InGaAs 카메라로 획득한 팔뚝 표면의 정맥 영상

(b) 손목을 투과시켜 획득한 정맥과 동맥 영상 (뼈는 이 파장 대역에서 상대적으로 투과함)

그림 11-33 달빛에 의한 그림자 영상 비교

(a) SWIR InGaAs 카메라로 획득한 달빛이 전혀 없는 영상

(b) 만월(full moon) 상황에서 달빛에 그늘진 그림자까지 촬영한 영상

현재 InGaAs 재료에 대한 연구는 잡음을 더 줄여서 0.7~1.65 μm 대역까지 확장할 수 있는 카메라가 나오고 있다. 감지 성능을 높이게 되면 달빛에 의한 그림자까지 촬영이 가능하다. 그림 11-33은 달빛이 전혀 없는 상황에서 촬영한 영상과 만월(full moon) 상태에서 촬영한 영상을 비교한 것이다. 그림 11-33(a)는 달빛이 전혀 없는 상황이므로 물체만 촬영되지만, 그림 11-33(b)의 경우는 달빛에 의한 그림자까지 구별할 수 있다.

CHAPTER 12

적외선 온도계

12.1 비접촉식 온도측정

온도를 측정하는 방법은 접촉식과 비접촉식 방법으로 나눌 수 있다. 접촉식은 측정하고자 하는 물체에 센서를 접촉해서 측정하는 방법이고, 비접촉식은 물체에서 나오는 복사량을 측정해서 온도를 측정하는 방법이다. 비접촉식 온도계를 영어로는 pyrometer라고 하는데, 이 용어는 그리스어로 열을 뜻하는 pyro에서 유래된 것이다. 1917년에 만들어진 최초의 pyrometer는 필라멘트로 만든 것인데, 그림 12-1에서 보듯이 필라멘트에서 나오는 가시광 색깔과 측정하고자 하는 금속에서 나오는 색깔을 눈으로 비교해서 동일한 색깔이 되도록 필라멘트에 인가하는 전류를 조절하였다. 이때 필라멘트에 인가한 전류로부터 온도

그림 12-1 초창기 Pyrometer의 원리

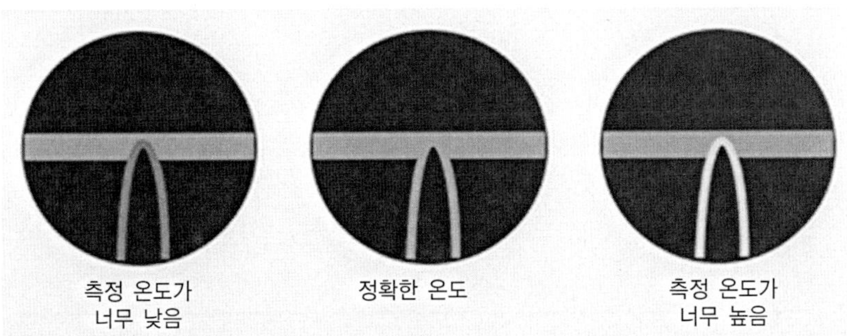

를 유추하였다. 이 장치의 장점은 0.0005" 직경 정도의 얇은 금속선의 온도 측정에 효과적이라는 점이다. 이 방법은 대략 700~3,200℃ 범위의 온도를 쉽게 측정할 수 있으며, 회로를 보완하면 약 10,000℃까지도 측정이 가능하였다. 주로 대장장이나 주물관련 종사자들이 사용한 방법이었으며, 고온의 금속 온도만 측정이 가능하였다.

이로 인해 pyrometer의 번역을 복사고온계 또는 고온계라는 용어로 번역하였다. 그러나 적외선 센서를 이용한 적외선 온도계는 −20~4,000℃ 범위의 물체온도 측정이 가능하게 되었기 때문에 복사고온계 또는 고온계라는 표현은 맞지 않다. 따라서 pyrometer는 적외선 온도계로 번역을 하는 것이 옳으며, 이 책에서는 적외선 온도계로 통일하였다. 비접촉식인 적외선 온도계는 접촉식 온도계보다 다음과 같은 장점이 있다. 적외선 온도계의 가장 큰 장점은 온도 측정에 시간이 많이 소요되지 않는다는 것이다. 접촉식은 프로브 끝을 대상물체에 접촉을 해서 온도를 측정하는 방식으로 프로브 끝의 온도가 대상물체의 온도에 도달해야만 하는데, 열전도 특성 때문에 시간이 많이 소요된다. 그러나 적외선 온도계는 대상물체의 복사로부터 온도를 측정하기 때문에 ms 이내에 온도 측정이 가능하다. 이러한 특성으로 움직이는 물체의 온도 측정도 가능하다. 접촉식과 비접촉식의 온도 측정 시간 차이는 그림 12-2와 같다. 다음 장점으로 적외선 온도계는 측정 대상물에 어떠한 영

그림 12-2 접촉식과 비접촉식의 측정 시간 비교

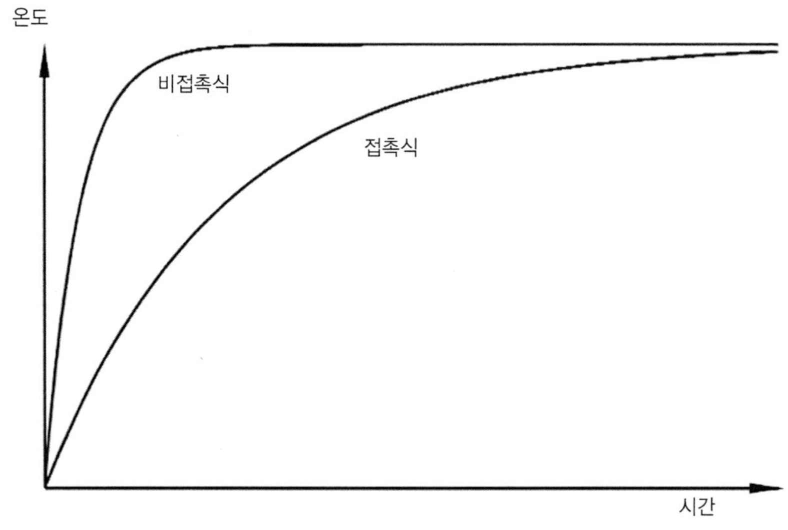

향도 주지 않고 측정이 가능하다. 적외선 온도계는 대상물체에서 나오는 복사 에너지의 양을 이용해서 온도를 유추하므로 온도를 측정하는 동안 물체에 어떠한 영향도 주지 않는다. 반면 접촉식은 측정하기 위해 프로브 끝을 물체 표면에 접촉을 해야만 하는데, 접촉한 자리의 표면 온도에 변화가 일어날 가능성이 있다. 반대로 프로브 끝 부분의 잦은 온도 변화로 인해 프로브의 수명이 짧아질 수 있다. 그러나 적외선 온도계는 비접촉식이므로 접촉식 센서에 비해 센서가 고장이 날 확률이 매우 낮다. 또한 적외선 온도계는 광학계를 잘 구성하면 작은 물체의 온도도 측정이 가능하다. 최근의 광학 기술로 0.2 mm 직경의 물체 온도 측정이 가능하며, 접촉식에서는 불가능한 매우 얇은 선의 온도 측정도 가능하다. 또한 접촉식에서는 측정이 불가한 매우 높은 온도의 대상물체, 해독성 물질 또는 물리적으로 접촉이 불가능한 대상물에 대한 온도 측정이 가능하다는 점이다.

열은 매우 서서히 전달되는 특성이 있기 때문에 얇은 호일과 플라스틱 필름과 같이 열전도율이 낮은 물체, 낮은 열용량 물체, 매우 작은 질량의 물체 등의 온도를 접촉식으로 측정하기에는 부적합하다. 그러나 비접촉식으로는 이러한 문제점을 극복할 수 있다. 또한 적외선 온도계로 우주 행성의 온도나 태양 표면의 온도처럼 멀리 떨어져 있는 물체의 온도, 용광로 내부의 매우 높은 온도, 음식의 조리 중, 음식보관의 온도 조절이 필요한 경우 등 접촉식 방법으로 할 수 없는 것을 적외선 온도계로는 측정이 가능하다.

이상과 같은 많은 장점이 있음에도 비접촉식으로 온도를 측정할 때에는 다음과 같은 주의사항이 필요하다. ① 온도를 측정하고자 하는 대상물과 온도계 사이에 먼지나 연기 등의 장애물이 없어야 한다. ② 비접촉식 온도계의 광학계 부분이 먼지나 액체 등에 오염이 되지 않도록 해야 한다. ③ 측정 대상물의 크기는 광학계에서 바라보는 면적보다 커야 한다.

비접촉식인 적외선 온도계는 기본적으로 플랑크 복사법칙과 물체의 방사율을 이용해서 온도를 측정 및 계산하는 원리이다. 방사율은 물체 표면의 현상을 반영하는 것이므로 적외선 온도계는 물체 표면의 온도만 측정하는 것이다. 적외선 온도계의 온도 측정 개념도는 그림 12-3과 같다. 적외선 온도계로 측정할 경우, 제일 먼저 생각해야 할 것이 시야각(FOV)이다. 기본적인 개념은 적외선 온도계가 바라보는 시야각보다 물체 표면의 면적이 넓어야 한다. 예를 들면, 온도계로부터 15인치 떨어진 거리에 있는 물체표면을 직경 1인치만 볼 수 있는 시야각을 가진 렌즈 시스템이 있다고 하면, 만약 동일한 렌즈 시스템으로

그림 12-3 적외선 온도계의 측정 개념도

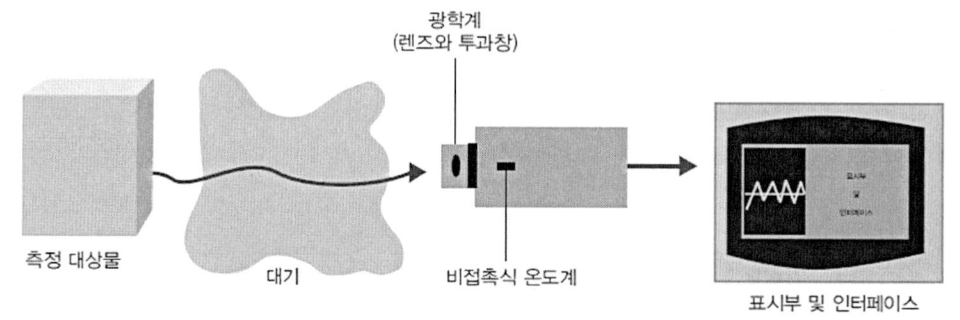

거리를 30인치로 늘리게 되면 볼 수 있는 면적은 2인치로 커지게 된다. 이 경우 물체의 크기가 2인치보다 작으면 온도 측정에 오차가 발생할 수 있다. 일부 고가의 적외선 온도계에는 줌인 기능이 있는 광학계를 사용하기 때문에 문제가 없을 수 있지만, 일반적인 적외선 온도계의 광학시스템은 시야각이 고정되어 있다.

12.2 방사율의 정의 및 보정

적외선을 이용해서 비접촉식으로 물체 표면의 온도를 측정할 때, 그림 12-4와 같이 반

그림 12-4 적외선 온도계에 도달하는 에너지

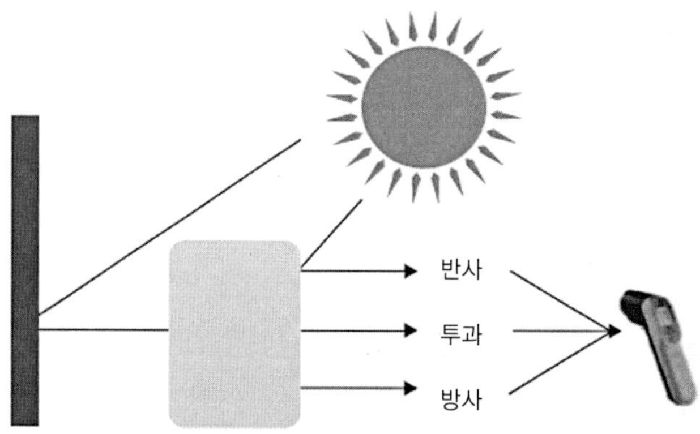

사, 투과, 방사와 같은 3가지 에너지 형태가 존재하게 된다. 이 중에서 오직 방사에 의한 에너지만 물체 표면의 온도를 측정하는 데 사용된다. 반사에 의한 에너지와 투과에 의한 에너지는 물체 표면 자체의 에너지와 관계없는 빛이다. 따라서 적외선 온도계로 온도를 측정하고자 할 때는 반사와 투과에 의한 효과는 제거하고 오직 방사에 의한 에너지로만 측정해야 한다. 일반적으로 투명하지 않은 물체인 경우는 투과에 의한 효과는 거의 없으며 반사에 의한 효과만 오차에서 고려하면 된다.

빛이 물체를 통과하게 되면 투과 τ, 흡수 α, 반사 ρ 세 가지 물리적 특성이 나타난다. 불투명한 물체는 약간의 반사가 있더라도 투과를 하지 못하는 것인데, 이 경우 $\tau=0$, $\alpha+\rho=1$로 표현되며, 투명한 물체는 $\tau=1$, $\alpha=\rho=0$로 볼 수 있다. 백색체(white body)는 입사하는 빛을 모든 방향으로 반사하는 것으로, $\tau=0$, $\alpha=0$, $\rho=1$이며, 흑체는 $\tau=0$, $\alpha=1$, $\rho=0$로 정의할 수 있다. 그리고 회색체(gray body)는 α, ρ, τ가 모든 파장에 대해 일정한 특성이 있는 것으로, 각 파장에서의 복사의 세기가 그 물체와 같은 온도에 있는 흑체의 동일 파장의 복사와 언제나 일정한 비율로 작아지는 표면을 갖는 물체를 의미한다. 공학적으로 흑체를 제외한 다른 모든 고체는 일반적으로 회색체로 간주한다. 키르히호프는 동일한 온도에서 어떤 물체가 빛을 발산하는 능력은 그것을 흡수하는 능력과 동일하다는 사실을 발표했는데, 이는 방사율이 흡수율과 동일하다는 의미이다. 즉, 방사율(emissivity) $\varepsilon=\alpha$의 관계에 있다. 따라서 흑체는 $\alpha=1$이며, 방사율 $\varepsilon=1$인 소스를 의미한다.

일반적인 물체는 적외선을 방사하지만 플랑크 복사법칙을 따르지 않고, 방사율에 의해 결정된다. 방사율은 아래 수식과 같이 흑체 복사량에 비해 얼마만큼의 복사량을 내놓는가 하는 정도이다. 즉 방사율은 주어진 온도에서 흑체에서 나오는 방사와 물체에서 나오는 방사의 비율로 정의된다.[82]

$$\varepsilon(\lambda, T)=\frac{E(\lambda, T)_{source}}{E(\lambda, T)_{Blackbody}} \tag{12-1}$$

회색체의 방사율은 파장에 따라 일정하지만 실제 일반적인 재료의 방사율은 그림 12-5와 같이 파장의 함수로 주어진다. 흑체는 이론적인 최대의 적외선 복사량을 내어놓는 물체이므로 방사율은 1.0이며, 회색체 및 일반적인 물체의 방사율은 항상 0과 1 사이의 값을 가진다. 일반적으로 금속 물질의 방사율은 대부분 0.5 이하이며, 비금속 물질은 0.5 이상

그림 12-5 파장에 따른 방사율의 특성

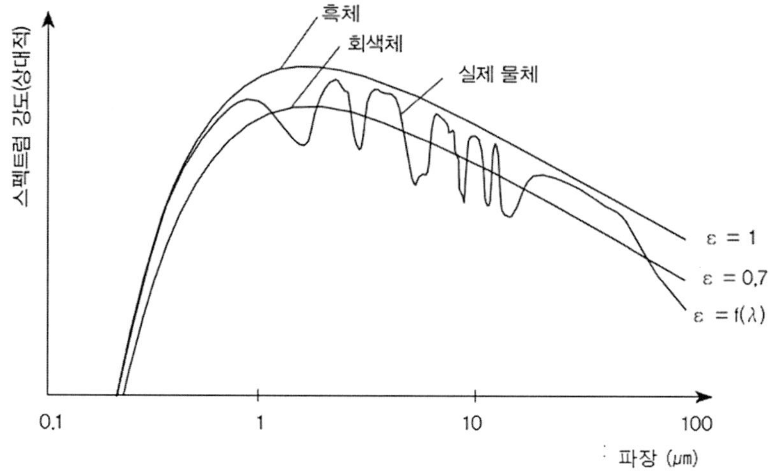

의 값을 가진다. 또한, 금속 물질은 온도가 올라가면 표면에 산화막이 생기기 때문에 방사율이 올라가고, 반면 비금속 물질은 온도가 올라가면 방사율이 낮아지는 경향이 있다. 금속 재질의 표면 상태에 따라 파장에 따른 방사율의 변화는 그림 12-6과 같다. 표면이 반짝

그림 12-6 금속 표면 상태에 따라 파장에 따른 방사율 변화

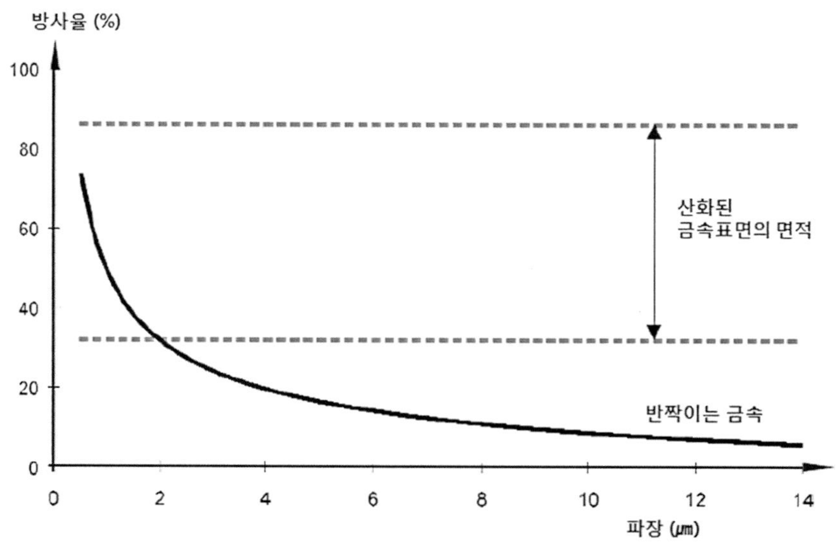

이는 금속의 경우 긴 파장 영역에서는 방사율은 낮고, 짧은 파장 영역에서는 방사율이 높다. 그리고 표면 산화막의 상태에 따라 긴 파장 영역에서도 방사율이 0.8 근처의 값을 가진다. 그러므로 금속의 경우에는 정확한 방사율을 알아야 온도를 정확히 측정할 수 있다.

대표적인 재료에 대한 파장에 따른 방사율은 그림 12-7과 같다. 물체의 방사율은 파장에 무관하게 일정한 것이 아니고, 파장에 따라 방사율이 다르다. 일반적으로 금속 재료들은 짧은 파장으로 갈수록 방사율이 커지며, 비금속 재료들은 반대로 짧은 파장에서 방사율이 작아진다. 그리고 방사율은 물질의 표면 특성에 의해 결정되며, 이러한 물질의 방사율을 이용해서 물체의 온도를 비접촉식인 적외선 온도계로 측정할 수 있다. 따라서 방사율은 비접촉식 방법으로 온도를 측정할 때 매우 중요한 역할을 한다. 방사율이 1에 가까운 물체의 온도를 적외선 온도계로 측정하는 경우 오차가 작게 발생하지만, 방사율이 0에 가까운 물체의 온도를 적외선 온도계로 측정할 때에는 많은 오차가 생길 수 있다.

방사율이 온도측정에 미치는 영향은 그림 12-8과 같다. 그림 12-8(a)와 같이 물체의 실제 온도가 100℃로 동일하더라도 방사율이 달라지면 겉보기 온도는 각각 100℃와 80℃로 달리 측정되며, 또한, 방사율이 동일하더라도 실제 온도가 다르면 겉보기 온도도 달리 측정된다. 따라서 적외선 온도계로 측정할 때 반드시 정확한 방사율을 고려해서 측정해야

그림 12-7 대표적인 재료에 대한 파장별 방사율 특성

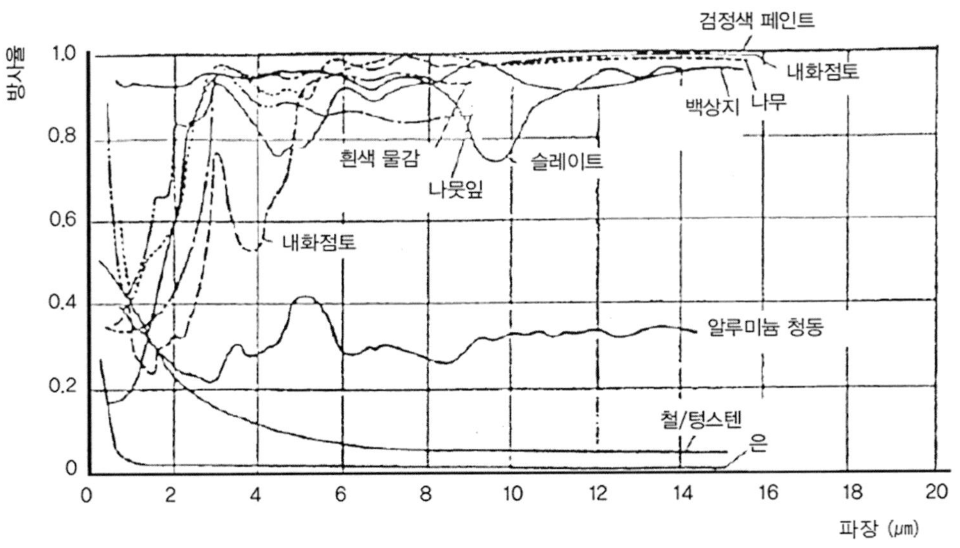

그림 12-8 방사율이 겉보기 온도 측정에 미치는 영향

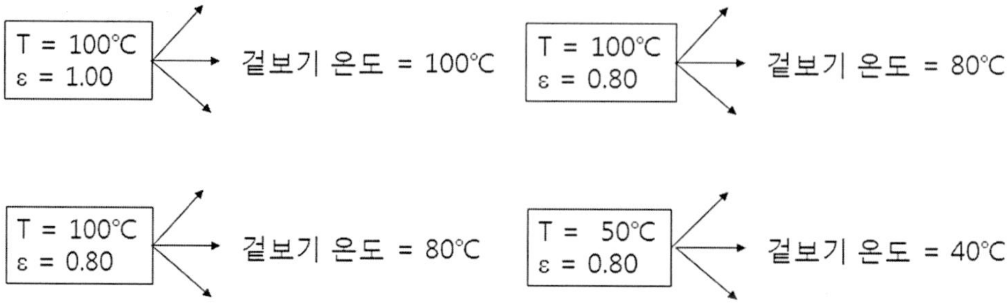

(a) 방사율이 다른 고정된 물체온도 (b) 일정한 방사율에 다른 물체온도

한다.

비접촉식 온도 측정에서 유의해야 할 사항은 물체 표면의 반사도이다. 적외선 온도계는 물체 표면의 방사율 및 반사율을 직접 측정할 수 없다. 따라서 적외선 온도계를 이용하여 겉보기 온도를 측정할 때, 물체 표면의 방사율 뿐만 아니라 반사율도 고려해서 계산해야 한다. 그림 12-9와 같이 만약 측정 대상물 옆에 매우 높은 온도를 가진 물체가 있다면, 고온의 물체로부터 측정하고자 하는 대상 물체로 복사하게 되고, 대상 물체의 겉보기 온도는 실제 온도보다 높게 측정된다. 마찬가지로 옆에 측정 대상물의 온도보다 낮은 온도를 가진 물체가 가까이에서 복사를 하게 되면 겉보기 온도는 실제 온도보다 낮게 측정된다. 따라서 적외선 온도계로 측정할 경우, 주위에 온도 측정에 영향을 줄 수 있는 열원체가 없는 상황에서는 방사율만 고려하면 비교적 정확하게 온도를 측정할 수 있다.

대표적인 금속 재료 및 비금속 재료에 대한 방사율 값은 표 12-1과 같다. 비금속 재료들

그림 12-9 반사가 겉보기 온도 측정에 미치는 영향

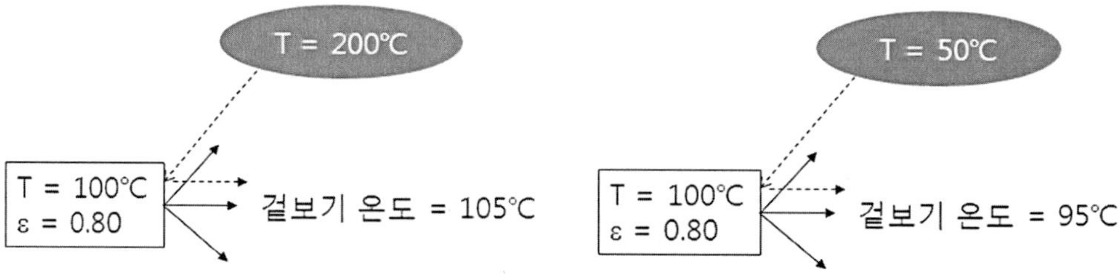

은 보통 0.8에서 0.9 사이의 값을 가진다. 방사율에 대한 보다 많은 정보는 부록 G에 정리되어 있다. 방사율 원리를 응용한 것은 겨울철 전기 히터에서 볼 수 있다. 발열부의 뒤쪽은 잘 연마된 금속면으로 되어 있어 발열부의 열을 최대한 반사하는 역할을 한다. 뒷면의 금속면은 방사율이 매우 낮아서 흡수하지 않고 발열체에서 나오는 대부분의 열을 앞쪽으로 반사하는 역할을 한다. 그리고 발열부 앞쪽에 발열부만을 가린 매우 얇은 금속판이 있는데, 이 금속판을 손으로 만져도 별로 뜨겁지 않다. 이것은 금속판의 발열부 쪽의 표면이 매끄럽게 되어 있어 발열체에서 나온 열을 히터 쪽으로 대부분 반사하고 열흡수가 없기 때문이다.

따라서 비접촉식 적외선 온도계로 정확한 온도를 측정하기 위해서는 물체의 방사율 값을 정확히 알아야 한다. 이미 많은 재료에 대한 방사율 값은 알려져 있으므로 굳이 새로 측정하지 않아도 되지만, 새로운 재료에 대해 온도를 측정하고자 하면 다음과 같은 5가지 방법으로 방사율을 보정하여 온도를 측정해야 한다.

① 측정 대상물의 온도를 정밀한 온도 조절기를 이용해서 일정 온도까지 올린다. 그 다음 적외선 온도계로 방사율 값을 조절하여 정확한 온도가 나오도록 보정을 한다. 만약 온도 조절기가 없으면, 접촉식 온도계의 온도와 적외선 온도계의 온도를 비교하면서 방사율을 조절한다.

② 비교적 낮은 온도인 경우(약 260℃ 이하), 방사율을 알고 있는 특수한 플라스틱 스티커를 대상물에 붙여서 온도를 올린다. 방사율을 알고 있는 값을 이용해서 스티커의 온도를 측정한다. 그 다음 스티커를 제거한 후 대상물의 온도가 스티커의 온도와 같이 되도록 방사율을 조절한다. 보통 스티커는 방사율이 1 근처인 검은색 페인트 재료를 주로 사용한다.

③ 높은 온도를 측정하는 경우, 측정하고자 하는 재료를 이용해서 간이 흑체를 만든다. 홀의 깊이는 최소한 구멍 직경의 6배 이상이 되도록 한다. 또한, 구멍의 직경은 적외선 온도계의 광학적 측정 직경보다 커야 한다. 이런 구멍은 방사율이 1인 흑체와 같은 역할을 한다. 적외선 온도계로 구멍 내부의 온도를 측정하고, 그 다음 물체의 표면을 측정하여 비교하면 물체 표면의 방사율을 결정할 수 있다. 그러나 이 방법은 고체이면서 어느 정도 부피가 있어야만 측정할 수 있다는 단점이 있다.

④ 물체 표면의 일부에 코팅을 할 수 있는 환경이라면, 거의 방사율이 1인 윤기없는 검은색 페인트를 칠하고, 이 페인트 부분의 온도를 적외선 온도계로 측정한다. 그

다음 페이트가 없는 부분의 물체 온도를 측정해서 방사율을 보정하면 된다.

⑤ 만약 측정하고자 하는 물체가 표 12-1의 방사율 테이블에서 찾을 수 있으면, 그 물체의 방사율을 입력해서 측정하면 된다.

방사율은 파장에 따라 다른 값을 가지므로 온도에 따라 측정하는 파장 대역을 잘 선택해야 한다. 700℃ 이하의 온도를 측정하는 일반적인 적외선 온도계는 8~14 μm의 필터를 사용한다. 그러나 경우에 따라서는 매우 좁은 대역의 필터를 사용하기도 하는데, 매우 높

표 12-1 대표적인 재료들의 파장에 따른 방사율

재료	방사율 (파장, μm)			
	1.0	2.2	5.1	8 ~ 14
납	0.65	0.5	0.4	0.4
- 연마	0.35	0.05~0.2	0.05~0.2	0.05~0.1
- 산화막	–	0.3~0.7	0.2~0.7	0.2~0.6
니켈				
- 산화막	0.8~0.9	0.4~0.7	0.3~0.6	0.2~0.5
- 전해연마	0.2~0.4	0.1~0.2	0.1~0.15	0.05~0.15
은	0.04	0.02	0.02	0.02
카본	0.8~0.95	0.8~0.9	0.8~0.9	0.8~0.9
- 그래파이트	0.8~0.9	0.8~0.9	0.7~0.9	0.7~0.8
아스팔트	0.9	0.8	0.9	0.95
세라믹	0.4	0.8~0.95	0.85~0.95	0.95
콘크리트	0.65	0.9	0.9	0.95
점토	–	0.8~0.95	0.85~0.9	0.95
플라스틱	–	–	0.95	0.95
나무	–	–	0.9~0.95	0.9~0.95
눈				0.9
모래				0.9
흙				0.9~0.98
물				0.93
얼음				0.98
종이			0.95	0.95
피부				0.98

은 온도를 측정하고자 할 때에는 2.2 또는 3.8 μm의 협대역 필터를 사용한다. 일반적으로 1,300℃ 이상의 온도를 측정할 때에는 일반적으로 2.1~2.3 μm의 협대역 필터를 사용하며, 경우에 따라서는 0.78~1.06 μm의 협대역 필터를 사용하기도 한다.

측정하고자 하는 재료의 특성에 따라 선택하는 적외선 주파수를 달리하는 것이 오차를 줄일 수 있다. 금속 재료인 경우는 일반적으로 반사를 잘 하므로 상대적으로 방사율이 낮다. 금속 재료를 LWIR 대역의 파장을 사용하면 오히려 방사율 때문에 측정 오차가 커질 수 있다. 따라서 금속 재료인 경우는 NIR 또는 SWIR 영역 대의 적외선을 사용하는 것이 좋다. 평탄하고 반짝이는 금속 표면의 방사율은 짧은 파장에서는 높고 긴 파장에서는 낮아진다. 또한 산화막의 유무 또는 부식여부에 따라서도 방사율이 달라진다. 따라서 고온의 금속 물체 온도를 측정하기 위해서는 0.8 μm~1.0 μm 대역이 적합하며, 1.6, 2.2, 3.9 μm 파장 대역도 많이 사용한다.

유리나 석영을 통해서 온도를 측정해야 하는 상황에서는 몇 가지 고려해야 할 사항이 있다. 유리의 경우는 그림 12-10에서 보듯이 가시광선부터 약 4 μm까지만 투과하는 특성을 가지고 있으므로, 높은 온도의 물체를 유리를 통해 측정해야 하는 상황에서는 2~2.2 μm 파장 대역의 협대역 필터를 사용하면 비교적 정확히 측정할 수 있지만, 700℃ 이하의 온도인 경우는 필터의 문제로 인해 정확한 측정이 어려울 수 있다. 이 경우에는 유리 대신에 LWIR 대역을 투과할 수 있는 투과창 재질로 바꾸는 것이 좋다. 그리고 낮은 온도인 경우, 8~14 μm 파장과 표면 반사도를 고려해서 방사율을 0.85로 고정하여 측정하면 오차를 최소화할 수 있다. 만약 유리 표면의 온도를 측정해야 한다고 하면, 방사율이 높은 5~8

그림 12-10 유리의 파장에 따른 투과도, 반사도, 방사율 특성

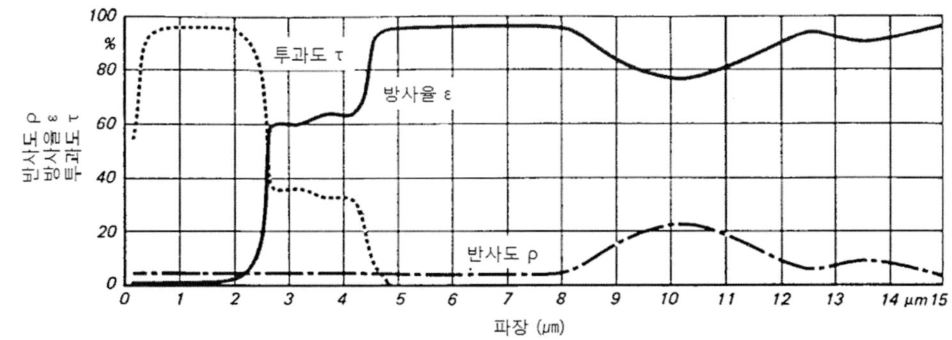

μm 파장 대역을 사용하는 것이 좋다. 온도가 낮은 경우, 8~14 μm 파장 대역을 사용하는 것이 좋으며, 이 파장에서는 반사를 고려하여 방사율을 약 0.85로 정하는 것을 권장한다. 이 경우 외부에서 유리로 빛 또는 열원이 입사하지 않도록 조심해야 한다. 그림에서 보듯이 10 μm 근처에서 반사도가 20% 가까이 되기 때문에 실제 온도보다 높게 측정될 가능성이 있다. 유리는 열전도가 좋지 않으며 유리 표면의 온도는 빨리 변하기 때문에 빠른 반응 시간을 가진 기기가 필요하다.

플라스틱 재료인 경우는 적외선 영역에서 투과를 잘하는 특성이 있는 재료가 많이 있다. 두께가 두꺼우면 투과하는 양은 적지만, 두께가 얇은 경우는 투과를 많이 하므로 오차가 생길 수 있다. 그림 12-11의 위 그래프의 투과도 특성을 가진 일부 플라스틱 재질(특히 폴리에틸렌, 폴리프로필렌, 나일론, 폴리스티롤 등)은 3.43 μm에서 투과도가 0%에 가까우며, 아래 그래프의 투과도 특성을 가진 다른 플라스틱 재질(폴리에스테르, 폴리우레탄, 테

그림 12-11 플라스틱 재료의 파장에 따른 특성

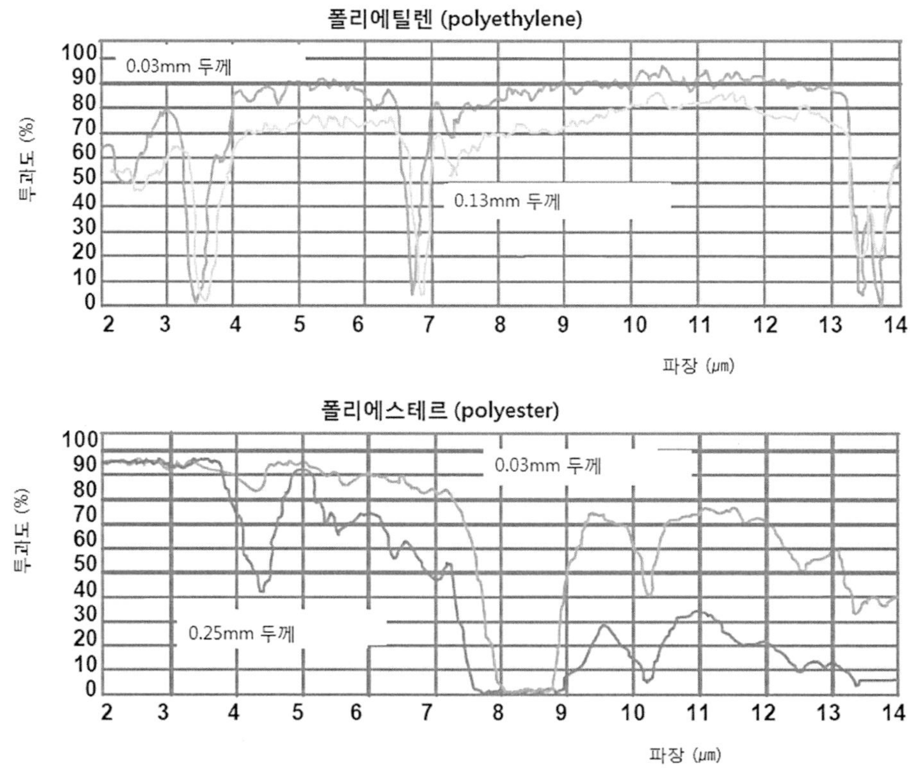

플론, 폴리아미드 등)은 8~9 μm에서 투과도가 낮다. 따라서 이와 같은 파장에서 측정을 하는 것이 오차를 줄일 수 있다. 기타 짙은 색상으로 표면에 코팅이 되어 있거나, 재질의 두께가 두꺼운 경우(약 0.4 mm 이상)에는 투과가 잘 되지 않으므로 LWIR 영역 대의 파장을 사용하는 것이 좋다. 따라서 플라스틱 재질의 경우에는 적외선 온도계로 측정하기 전에 FTIR을 이용하여 적외선 영역에서의 투과도를 측정하여 투과도가 0%에 가까운 파장 대역을 사용하는 것이 온도의 오차를 줄일 수 있다. 대부분의 플라스틱 필름은 적외선 영역에서 평균적으로 5~10% 정도의 반사도를 가지고 있다.

측정 대상물과 온도계 사이의 거리가 멀리 떨어져 있으면, 그 사이 대기 중에 있는 수증기나 이산화탄소 등에 의해 흡수가 많이 일어나기 때문에 실제 온도보다 낮은 온도로 측정될 가능성이 있다. 그러나 다행히 대기는 흡수가 일어나지 않는 투과창 영역이 존재하기 때문에 투과가 잘 일어나는 영역을 이용해서 온도를 측정하는 것을 권장한다. 그림 12-12는 적외선이 대기 중 1 m 거리를 통과할 때 나타나는 대표적인 투과도 특성이다. 대기 내 흡수가 일어나지 않는 투과창인 0.7~1.1 μm, 1.4~1.8 μm, 2~2.5 μm, 3~4.2 μm, 4.3~5 μm, 8~14 μm 등 총 6개의 영역으로 구분하고, 각 영역별로 적합한 센서의 종류 및 측정 온도 및 적합한 대상물은 표 12-2와 같다. 방사율에 의한 오차를 줄이기 위해서는 가능한 짧은 파장의 대역을 사용하는 것이 좋다. 그러나 짧은 파장의 대역을 사용하는 것

그림 12-12 공기 중의 대기 투과창

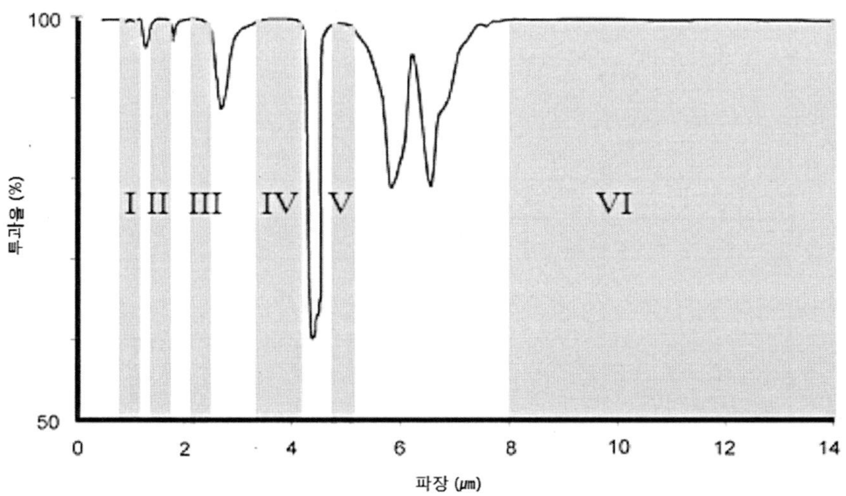

표 12-2 감지 센서에 따른 적절한 온도 및 대상 물체

감지 센서	대기 투과창 영역	대상 물체
Si	I (0.7~1.1 μm)	높은 온도의 금속(550℃ 이상)
Ge, InGaAs	II (1.4~1.8 μm)	높은 온도의 금속과 세라믹 등(250℃ 이상)
PbS	III (2.0~2.5 μm)	낮은 온도의 금속 재료(75℃ 이상)
PbSe	IV(3.0~4.2 μm)	불꽃, 유리 등(50℃ 이상)
서모파일 (Thermopile)	VI(8.0~14.0 μm)	비금속 재료, 플라스틱 등(-40℃ 이상)
	IV(3.0~4.2 μm)	전기로 측정용(200℃ 이상)
	V (4.3~5.0 μm)	유리 표면(100℃ 이상)
초전체 (Pyroelectric)	VI(8.0~14.0 μm)	비금속 재료, 플라스틱 등(-40℃ 이상)
	IV(3.0~4.2 μm)	플라스틱 필름 등(50℃ 이상)
	V (4.3~5.0 μm)	유리 표면, 전기로 측정용(100℃ 이상)

에는 다음과 같은 제약이 있다. 태양빛 또는 외부광이 강하게 비치는 환경이거나 짧은 파장 대역에서 방사율이 좋지 않은 재료인 경우에는 짧은 파장을 피해야 한다.

일반적으로 5가지 파장 대역에서 방사율의 입력값에 오차가 10% 생겼을 때 온도에 따

그림 12-13 방사율 10% 오차에 따른 측정온도의 차이

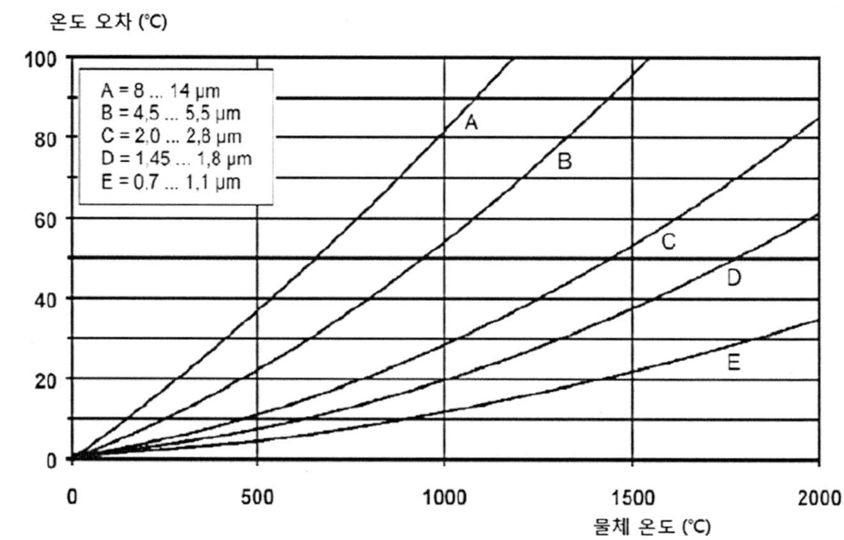

라 발생할 수 있는 온도의 오차는 그림 12-13과 같다. 예를 들면, 8~14 μm 대역으로 750℃ 물체의 온도를 측정한다고 하면, 10% 방사율 오차에 따라 약 60℃의 온도 오차가 발생할 수 있다. 반면, 0.7~1.1 μm 대역으로 동일한 온도를 가진 물체의 온도를 측정한다고 할 때, 10% 방사율의 오차에 의해 단 7℃ 정도의 온도 오차만 발생한다. 이것은 금속 물체의 온도를 측정할 때 매우 중요한 사항이므로 금속인 경우에는 가급적 짧은 파장의 영역을 이용해서 측정하는 것이 온도 오차를 줄일 수 있다. 예를 들면, 0.85~1.15 μm에서 순수한 강철의 방사율은 약 0.4~0.45 정도이며, 8~14 μm 영역에서의 방사율은 0.1~0.3의 값을 가진다. 따라서 잠재적인 방사율의 오차로 인해 발생할 수 있는 온도 오차는 SWIR 대역에서는 약 6%, LWIR 대역에서는 50%의 온도 오차가 발생할 수 있다. 일반적으로 금속 이외의 물체에 대해서는 방사율에 의한 오차가 금속보다는 매우 작다.[83]

진공챔버 또는 전기로와 같이 폐쇄되어 있는 내부 물체의 온도를 측정하기 위해서는 온도계를 챔버 내에 같이 두고 측정할 수는 없다. 왜냐하면 진공챔버인 경우 온도계에 의해 진공도가 유지되지 않을 우려가 있으며, 전기로인 경우에는 전기로 내부 온도가 80℃ 이상 올라가게 되면 온도계 내부에 있는 전기회로가 동작을 하지 않게 된다. 따라서 진공챔버 또는 전기로 외부에서 적외선을 측정해야 하므로 내부의 적외선이 외부로 나올 수 있도록 적외선 투과창이 필요하다. 전기로의 온도가 높으면, 투과창 재료로 석영유리가 적합하며, 낮은 온도인 경우에는 게르마늄 또는 ZnS, ZnSe 등의 재료가 적합하다. 투과창 재료를 선택하게 되면, 창의 직경, 압력을 견딜 수 있는 창의 두께, 창의 투과도 등의 특성을 알아야 한다. 또한 내부를 관찰하면서 온도를 측정해야 한다면, 적외선뿐만 아니라 가시광도 투과하는 재료를 선택해야 한다. 이런 용도로 사용할 수 있는 투과창의 특성은 표 12-3과 같다. 원적외선 영역에서 사용이 가능한 ZnS와 KRS5는 수분에 약하기 때문에 습

표 12-3 가시광도 투과하는 적외선 투과창 재료의 특성 비교

특성	사파이어	석영유리	CaF_2	Ge	ZnS	ZnSe	KRS5
투과영역(μm)	0.15~5	0.17~3.3	0.13~12	1.8~20	0.4~14	0.5~22	0.6~40
최대온도(℃)	1,800	900	600	900	250	250	–
가시광 투과	○	○	○	×	○	○	○
진공용	○	○	○	○	○	○	○
수분 내성	○	○	×	○	×	○	×

기가 높은 곳에 오래 사용하면 렌즈 표면이 녹아내리는 성질이 있다. 이에 반해 ZnSe는 수분에 강한 특성이 있다. 이런 투과창들은 전반사 코팅을 하게 되면 투과율을 95% 이상 좋게 만들 수 있다. 투과창들의 투과도를 고려해서 적외선 온도계의 방사율도 보정을 해주어야 한다. 예를 들어 투과창의 투과도가 70%, 측정 대상물의 방사율이 0.9라고 하면, 온도계의 방사율은 0.63으로 보정을 해야 한다.

대기 중에 먼지, 연기, 기타 오염 물질이 있으면, 적외선 온도계의 광학계를 오염시키게 되어 실제 온도보다 낮은 온도로 측정될 가능이 높다. 이러한 오염물질에 의한 광학계의 오염을 방지하기 위해 공기를 이용해서 광학계가 손실되지 않도록 하는 것도 좋은 방법이다. 온도계 내에 있는 전기 회로는 온도가 높으면 오동작 가능성이 있으므로 적외선 온도계 자체의 온도는 약 80℃를 넘지 않도록 유의해야 한다.

12.3 스폿크기와 측정거리

적외선 온도계의 광학계는 측정하고자 하는 물체 표면의 측정면적의 이미지를 센서까지 전달하는 역할을 한다. 이러한 측정면적을 스폿크기(spot size)라고 하며, 스폿크기의 형태는 광학계의 조리개에 따라 원형 또는 사각형으로 정의된다. 일반적으로 대상물체가 렌즈로부터 멀어지면 이미지는 확대되듯이, 적외선 온도계와 물체 사이의 거리가 멀어질수록 스폿크기의 직경은 더 커지게 된다. 적외선 온도계에 사용되는 광학계는 주로 다음과 같은 두 가지 형태이다. 하나는 고정 초점식이고, 다른 하나는 가변 초점식이다. 고정 초점식 적외선 온도계에서 측정거리는 스폿크기의 최소 직경으로 결정되므로, 응용 분야에 따라 적절한 광학계를 선택해야 한다. 따라서 이러한 고정 초점식은 측정 환경이 자주 바뀌지 않는 장소에 설치해서 모니터링하는 용도로 주로 사용된다. 반면, 가변 초점식 적외선 온도계는 거리에 따라 대상물체의 초점거리를 조절할 수 있도록 광학계가 구성되어 있기 때문에 측정 환경이 자주 바뀌는 환경에 적합한 온도계이다.

스폿크기의 직경은 거리와 직경의 비(ratio)로부터 계산할 수 있다. 스폿크기와 측정거리의 관계는 그림 12-14와 같다. 여기서 M_1은 명목상 측정거리인 a_1에서의 스폿크기이며, M_2는 측정거리가 $a_2 > a_1$에서의 스폿크기이며, M_3는 측정거리가 $a_3 < a_1$에서의 스폿크기이며, 그리고 D는 렌즈의 직경이다. 이 관계식은 고정식과 가변식 모두에 적용이

그림 12-14 스폿크기와 측정거리의 관계

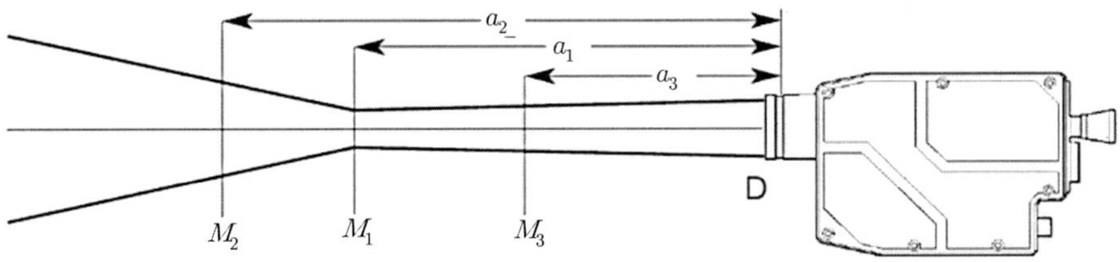

가능하다. 고정식에서 a_1은 렌즈의 초점에 의해 물체의 상이 가장 뚜렷해지는 물체까지의 거리이며, 이 위치에서의 스폿크기 직경인 M_1이 가장 작게 된다. 만약 거리가 변한다면, 거리 방향에 관계없이 스폿크기의 직경은 커지게 되며, M_2와 M_3의 관계식은 각각 다음과 같다.[84]

$$M_2 = \frac{a_2}{a_1}(M_1 + D) - D,\ M_3 = \frac{a_3}{a_1}(M_1 - D) + D \qquad (12\text{-}2)$$

적외선 온도계 제조사들은 측정거리 대 스폿크기의 직경의 비인 S:M으로 사양을 표시한다. 이에 대한 개념은 그림 12-15와 같다. 여기서 S는 온도계와 대상물체까지의 거리이고, M은 스폿크기의 직경이다. 아래 그림에서 약 14 cm까지는 빔의 직경이 약 13 mm로 좁게 유지된 채 측정이 가능하며, 이보다 더 멀어지게 되면 스폿크기의 직경은 커지게 된다. 그림과 같이 약 1 m 떨어진 물체인 경우, 스폿크기의 직경은 약 50 mm라는 의미로 S:M=200:1로 표시한다. 즉, 대상물체의 크기는 50 mm보다 작아야만 정확하게 측정할 수 있다는 의미이다. 그리고 약 13 mm까지 빔이 퍼지지 않는 거리를 집속거리(focusing distance)라 하며, 적절한 측정거리와 스폿크기와의 관계는 그림 12-16과 같다. 오차를 피하

그림 12-15 측정거리 대 스폿크기 직경과의 관계(S:M = 200:1의 경우)

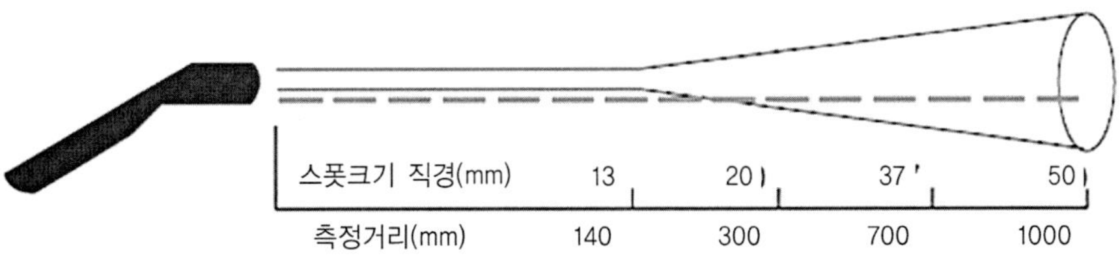

그림 12-16 스폿크기와 물체크기의 비교

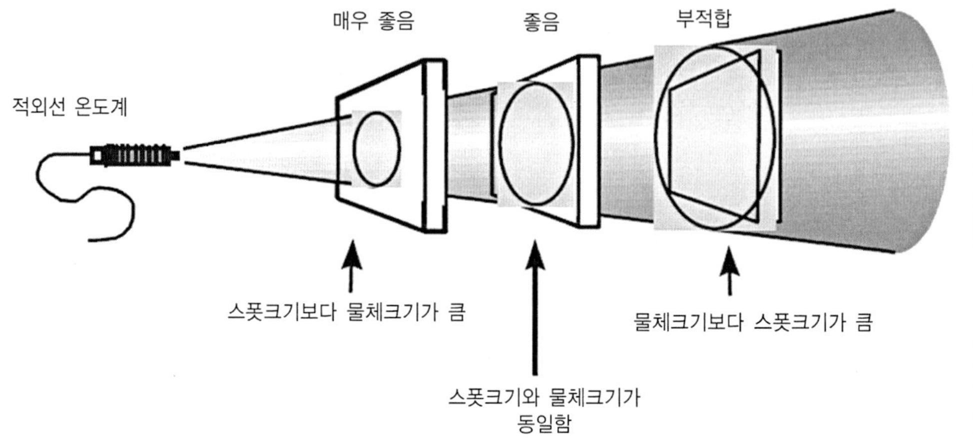

기 위해서는 물체크기가 스폿크기 보다는 약간 더 커야 한다. 만약 스폿크기보다 물체크기가 더 커지게 되면 많은 측정오차가 발생한다.

적외선 온도계로 물체의 온도를 측정하고자 할 때, 가까이 있는 물체의 경우에는 쉽게 광학계의 조준이 가능하지만 멀리 떨어져 있다고 하면 광학계의 조준이 쉽지 않다. 이러한 어려움을 해결하기 위해 적외선 온도계에는 두 가지 방법으로 원거리 물체에 대한 온도 측정을 해결하고 있다. 하나는 망원 렌즈를 사용하는 방법이고, 다른 하나는 레이저 포인터를 사용하는 방법이다. 망원 렌즈 방식은 가격이 워낙 고가이기 때문에 잘 사용하지 않고, 후자인 레이저 포인터 방법을 주로 사용한다.

레이저빔을 사용하면 측정하고자 하는 위치를 매우 빠르고 쉽게 알 수 있다. 특히 움직이는 물체나 조명환경이 좋지 않은 장소에 매우 유용하다. 레이저 포인터 종류는 다음과 같다.

① 광축으로부터 옵셋을 가진 레이저빔 : 이것은 가장 간단한 모델이며, 낮은 광 분해능을 가진 소자에 적합하다. 레이저 스폿은 측정 대상 물체의 중심에 맞도록 향하고 있지만, 가까운 거리에서는 약간의 오차가 생길 수 있다.

② 동축 레이저 빔 : 광축의 중심에서 레이저 빔이 나와서 광축을 따라 레이저 빔이 나아가게 되어 있다. 따라서 어떤 측정 거리에서도 측정 대상 물체의 중심에 맞도록 설계되어 있다.

③ 이중/쌍 레이저 : 두 개의 광축을 가진 쌍 레이저는 먼 거리에 떨어져 있는 대상물체의 스폿 직경을 알려주는 용도로 사용된다. 따라서 사용자는 거리에 따른 스폿 크기를 미리 계산하지 않아도 되는 편리함이 있어, 측정 도중에 스폿크기가 대상물체보다 커지게 되는 실수를 범하지 않도록 한다.

④ 옵셋을 가진 원형 레이저 : 측정 면적의 위치뿐만 아니라 측정 크기도 쉽게 알 수 있는 장치이다. 장비 제작자는 거리에 따른 오차를 줄이기 위해 레이저 원의 크기를 실제 측정 스폿보다 약간 크게 설계해서 제작을 하여 사용자가 레이저 원의 전체가 측정 대상 크기 이내에 오도록 하여 정확한 측정이 되도록 유도한다. 그림 12-17은 레이저 원의 분포와 적외선 스폿의 크기를 비교한 것으로, 적외선 스폿의 크기는 에어리 디스크(Airy disk)를 고려해서 적외선 전체의 약 90%에 해당하는 영역을 의미한다.

⑤ 정밀 3-점 동축 레이저빔 : 이것은 3개의 레이저빔으로 구성되어 있고, 사용자에게 거리에 따른 측정 스폿의 크기와 각도를 명확히 알려줄 수 있도록 설계된 기기이다. 중앙의 레이저빔은 항상 광축을 유지하도록 되어 있고, 바깥의 다른 2개의 레이저빔은 측정스폿의 직경을 나타내도록 되어 있다. 부가적으로 그림 12-18과 같이 바깥쪽 2개의 빔 크기로부터 거리에 따른 가능한 최소의 스폿크기를 알 수 있다.

그림 12-17 원형 레이저빔과 적외선 스폿 크기

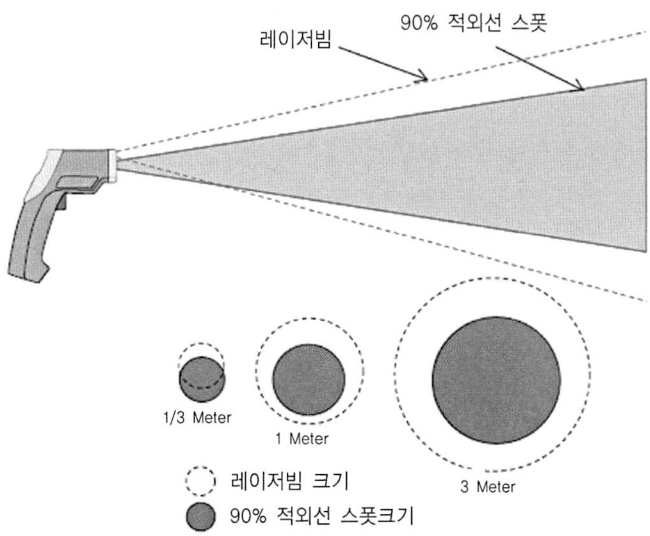

그림 12-18 정밀 3-점 동축 레이저 시스템

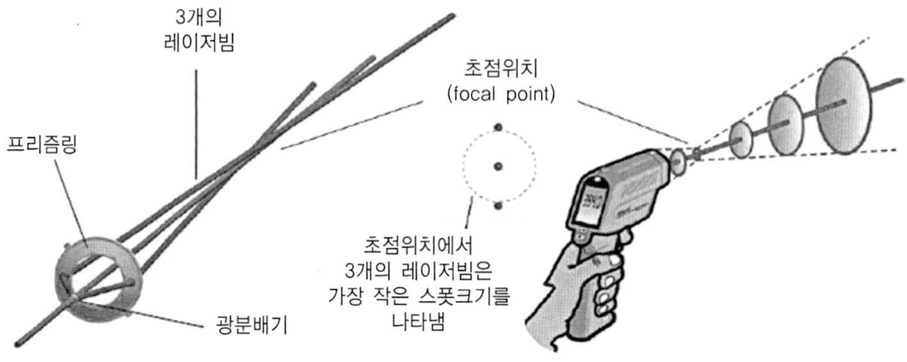

이와 같은 레이저 포인터는 사용자에게 눈에 보이지 않는 적외선 온도계를 대상 물체 쪽으로 효과적으로 향하도록 도움을 줄 수 있다. 만약 먼 거리에 떨어져 있는 물체의 경우, 레이저 포인터에 망원 렌즈까지 첨가한다면 더 좋은 결과를 얻을 수 있다.

12.4 적외선 온도계 원리

적외선 온도계의 기본적인 부품은 렌즈, 조리개, 필터, 적외선 센서, 신호처리부로 구성되어 있으며, 개념적인 내부 구조는 그림 12-19와 같다. 물체에서 복사되는 적외선은 렌즈에 의해 집중되고, 조리개는 렌즈를 통해 입사한 적외선 중에서 불필요한 가장자리 신호들을 제거하는 역할을 한다. 적외선 필터에서 원하는 적외선 파장 대역만 통과시켜 적외선 센서쪽으로 들어가게 한다. 적외선 센서에서는 이러한 광학적 신호를 전기적인 신호로 변화시키는 역할을 하며, 신호처리 회로부에서 전기적인 신호로부터 온도로 환산하는 역할을 하게 된다.

신호처리부에서는 다음과 같은 3종류의 알고리즘을 이용해서 온도를 계산한다. ① 물체의 복사온도 측정, ② 물체의 밝기온도 측정, ③ 물체의 컬러온도 또는 이색컬러(two color) 측정 등이 있다. ①번의 복사온도 측정법은 넓은 파장대역(2.5~20 μm)의 복사량을 측정하는 방식인데, 측정방식이 간단하고 가격도 저렴하지만, 방사율 값에 의해 결과가 많이 좌우된다. 따라서 이러한 형태의 온도계는 오차가 많이 생기기 때문에 보급형 목적으로

그림 12-19 적외선 온도계의 내부 구성도

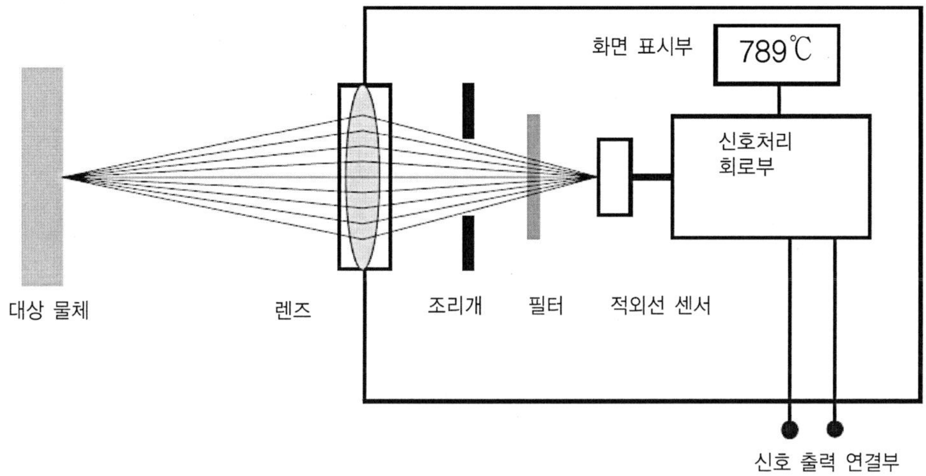

사용되며, 정밀한 온도 측정에는 부적합하다. ②번의 밝기온도 측정을 위해서는 보통 다음과 같은 두 가지 형태를 사용한다. 하나는 광대역용으로 8~14 μm 대역의 필터를 이용하는 방법이고, 다른 하나는 유리와 같은 특수한 재료를 측정하기 위해 협대역용으로 5.14 μm 대역을 사용한다. 특수한 상황에서 물체의 온도를 측정해야 하는 경우에는 그 목적에 맞는 필터를 사용해서 측정을 한다. 현재 중급형의 적외선 온도계는 대부분 이 방식을 채용하고 있다. ③번의 컬러온도 측정법은 동시에 두 가지 파장을 사용해서 측정하는 방법으로, 방사율에 무관하게 측정할 수 있다는 장점이 있다. 따라서 두 가지 파장은 방사율이 거의 변하지 않는 가까운 두 가지 파장대역을 사용하는데, 보통 0.95 μm와 1.05 μm 대역을 사용한다. 이와 같은 파장은 보통 고온의 영역에 해당하므로 금속의 높은 온도를 측정하고자 할 때 주로 사용된다. 두 파장대의 복사에너지의 비율로 계산한다는 의미에서 비율 온도측정(ratio pyrometer)이라고 한다.

복사온도 측정법은 대상물체에서 나오는 적외선의 전 파장영역의 복사량을 측정하여 흑체의 복사량과 상대 비교를 통해 물체의 온도를 추정하는 방법인데, 이 방법은 물체의 복사량 측정범위에서 오차가 많이 발생할 수 있기 때문에 어느 정도의 온도 정밀도를 필요로 하는 곳에는 사용하지 않는다. 물체의 밝기온도 측정법은 플랑크 복사법칙을 이용해서 측정하는 방법이다. 복사온도 측정법의 단점을 보완하기 위해 협대역 파장만 복사량을 측정할 수 있도록 필터를 사용하고, 그 파장대의 흑체 복사량을 계산해서 물체의 온도를 추정하는 방법이다. 그 계산 방법은 다음과 같다. 여기서 ε는 물체의 방사율, $C = hc/k$ 이다.

$$L(\lambda_0, T_B) = \frac{2hc^2}{\lambda_0^5 [\exp(hc/\lambda_0 k T_B) - 1]} \left[\frac{\text{Watt}}{\text{cm}^2 \cdot \mu\text{m} \cdot \text{sr}} \right] \tag{12-3}$$

$$L_{obj}(\lambda_0, T_{obj}) = \frac{2hc^2}{\lambda_0^5 [\exp(hc/\lambda_0 k T_{obj}) - 1]} \left[\frac{\text{Watt}}{\text{cm}^2 \cdot \mu\text{m} \cdot \text{sr}} \right] \tag{12-4}$$

$$L(\lambda_0, T_B) = \varepsilon L_{obj}(\lambda_0, T_{obj}) \tag{12-5}$$

$$T_{obj} = \frac{C}{\lambda_0} \cdot \frac{1}{\ln[\varepsilon(\exp(C/\lambda_0 T_B) - 1) + 1]} \tag{12-6}$$

컬러온도 방법은 기본적으로 밝기온도 측정법과 유사한 방법이며, 하나의 파장 대역에서의 방사율 오차를 없애기 위해 두 파장에서 나오는 복사량을 계산 및 측정해서 온도를 측정하는 방법으로 가장 정확하게 온도를 측정할 수 있는 방법이다. 이때 사용하는 파장 대역은 서로 이웃하는 파장을 선택해서 방사율 $\varepsilon_1 = \varepsilon_2$로 가정하여 아래의 플랑크 복사 수식에서 온도를 계산하는 방법이다.

$$R = \frac{L(\lambda_2)}{L(\lambda_1)} = \frac{\varepsilon_1}{\varepsilon_2} \frac{\lambda_2^5 [\exp(hc/\lambda_2 k T_{obj}) - 1]}{\lambda_1^5 [\exp(hc/\lambda_1 k T_{obj}) - 1]} \tag{12-7}$$

위의 식에서 인접한 2개 파장대역의 방사율은 $\varepsilon_1 \simeq \varepsilon_2$로 근사할 수 있으므로 물체온도 T_{obj}는 각 필터의 광출력의 비로부터 계산할 수 있다. 이 방법은 다음과 같은 장점이 있어 비교적 정확하게 온도를 측정할 수 있다. ① 파장에 따른 방사율을 고려할 필요가 없다. ② 측정장소의 먼지나 기타 오염물질에 의한 오차를 줄일 수 있다. ③ 측정 부위에 약간의 진동이 있어도 정확하게 측정할 수 있다. 이와 같은 장점으로 인해 매우 높은 온도를 측정해야 하는 경우, 대기 중에 연기 등으로 의해 적외선 경로에 간섭이 있는 경우, 스폿크기보다 물체의 크기가 작은 경우, 방사율이 매우 낮거나 모르는 경우 등에 사용이 가능하다. 이와 같이 두 영역을 측정하기 위해서는 샌드위치 형태의 센서, 또는 두 개의 광학필터와 이에 해당하는 두 개의 분리된 센서, 회전하는 필터휠을 가진 센서 등으로 구현이 가능하

그림 12-20 컬러온도 측정 개념

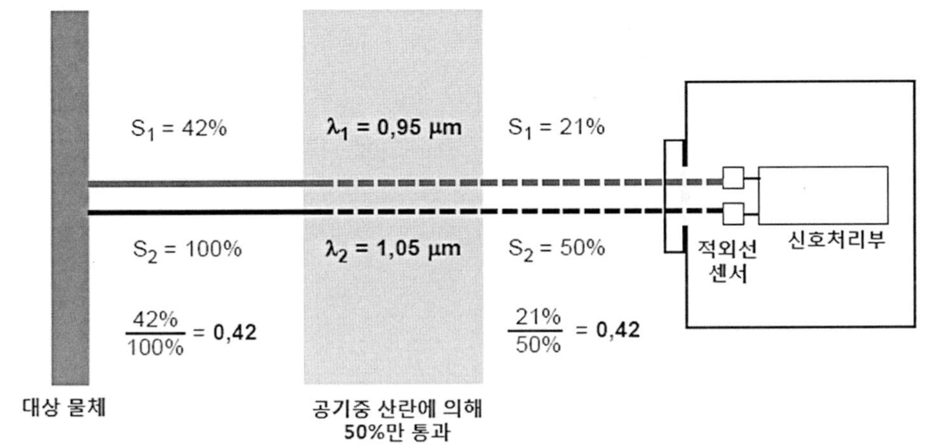

다. 이 중에서 필터휠을 사용하는 방법은 동시에 두 영역의 적외선을 측정하지 못한다는 단점이 있어 움직이는 물체이거나 급격히 온도가 변하는 물체의 온도를 측정하기에는 부적합하다. 보다 높은 정밀도를 위해 세 가지 파장 이상을 사용하는 멀티온도 방식도 최근에 개발되어 사용되고 있다. 컬러온도 측정에 사용되는 적외선 온도계의 개념적인 내부구조는 그림 12-20과 같다.

열화상 카메라로 획득한 영상은 물체에서 나온 복사와 주위 환경에 의해 물체에 반사된 복사의 합으로 획득된 영상이다. 방사율이 큰 경우에는 물체에서 반사되어 온 양은 매우 작아 무시할 정도이다. 그러나 금속처럼 방사율이 낮은 물체인 경우에는 반사에 의한 기여를 무시할 수가 없다. 그러므로 정확한 온도를 측정하기 위해서는 반사에 의한 효과를 제거해야 한다. 이를 위해 열화상에서도 협대역 투과필터를 이용해서 이색컬러 또는 비율온도측정법으로 해결할 수가 있다. 만약 T_{obj} 온도를 가진 물체가 $[\lambda, \lambda+d\lambda]$의 좁은 파장 대역 내에서 방사율 ε_{obj}로 복사를 한다고 하면, 이 경우 센서에 전달된 플랑크 복사량은 다음과 같다.

$$L_\lambda(\varepsilon_{obj}, T_{obj})d\lambda = \varepsilon_{obj}(\lambda, T_{obj})\frac{2hc^2}{\lambda^5\left[\exp(hc/\lambda k T_{obj})-1\right]}d\lambda \tag{12-8}$$

방사율을 고려하지 않기 위해서는 두 개 또는 그 이상의 협대역 필터가 필요하며, 동시에 측정한 신호의 비율로부터 물체의 온도를 결정할 수 있다. 이런 방법은 철강 제조 분야, 반도체 제조 공정, 자동화된 온라인 제어 분야 등에 활용이 가능하다. 가장 간단한 경우는 물체의 온도와 파장에 무관한 물체(gray body, 회색체)의 방사율인 경우이다. 이 경우에 두 개의 고정된 파장에서 복사는 다음과 같이 오직 물체의 온도 함수로만 주어진다.

$$SR(\lambda_2, \lambda_1) = \text{신호비율}(\lambda_2, \lambda_1) = \frac{L_{\lambda_2}(\varepsilon_{obj}, T_{obj})}{L_{\lambda_1}(\varepsilon_{obj}, T_{obj})} = \frac{\lambda_1^5}{\lambda_2^5} \frac{[\exp(hc/\lambda_1 k T_{obj}) - 1]}{[\exp(hc/\lambda_2 k T_{obj}) - 1]} \quad (12\text{-}9)$$

실제상황에서는 식 (12-9)가 맞지 않다. 배경에서 반사되어 나온 신호와 측정 대상물이 회색체가 아닌 영향도 고려해야 한다. 비율 온도측정법에서 파장 민감도, 대역 필터 특성, 카메라의 신호대 잡음비, 협대역 필터 사용시 보정 프로세스 등 카메라와 관련된 변수들도 고려해야 한다.

식 (12-9)에 의하면 이색 측정의 신호비율은 선택된 두 개의 파장과 물체의 온도에만 의존한다. 따라서 임의의 주어진 물체의 온도에 대한 온도 결정의 정밀도는 대상물체 온도의 신호비율에 의해 결정된다. $\lambda T_{obj} \approx 1{,}500\ \mu\text{m}\cdot\text{K}$을 만족하는 짧은 파장에서는 이색 측정법으로 1% 이내 오차를 갖는 정밀도의 온도결과를 얻을 수 있다. 따라서 짧은 파장 ($\lambda \ll hc/kT_{obj}$)에서는 플랑크 복사를 다음과 같은 빈의 복사법칙으로 대체할 수 있다.

$$L_{\lambda}^{Wien}(\varepsilon_{obj}, T_{obj})d\lambda = \varepsilon_{obj}(\lambda, T_{obj})\frac{2hc^2}{\lambda^5}e^{-\frac{hc}{\lambda k T_{obj}}}d\lambda \quad (12\text{-}10)$$

만약 $\lambda T_{obj} < 3{,}130\ \mu\text{m}\cdot\text{K}$이라면, 오차는 약 1% 미만이 될 것이다. 위 식의 경우 두 파장의 비를 구하면 다음과 같다.

$$SR(\lambda_1, \lambda_2) = \frac{L_{\lambda_2}^{Wien}(\varepsilon_{obj}, T_{obj})}{L_{\lambda_1}^{Wien}(\varepsilon_{obj}, T_{obj})} = \frac{\lambda_1^5}{\lambda_2^5}\frac{e^{hc/\lambda_1 k T_{obj}}}{e^{hc/\lambda_2 k T_{obj}}} \quad (12\text{-}11)$$

따라서 짧은 파장을 이용한 이색컬러 측정법에서 물체 온도는 식 (12-11)에서 로그를 취한 다음 풀면 다음과 같다.

$$\frac{1}{T_{obj}} = \frac{k}{hc}\frac{\lambda_1\lambda_2}{\lambda_2 - \lambda_1}\left\{\ln[SR(\lambda_2, \lambda_1)] + 5\ln\left[\frac{\lambda_1}{\lambda_2}\right]\right\} \quad (12\text{-}12)$$

다음은 배경에서 반사되는 영향을 고려해 보자. 빛의 경로에 따른 대기 투과도에 의한 신호 감쇄를 무시한다면(즉, 측정 거리가 비교적 짧다고 가정을 하면), 물체의 복사에 의한 효과와 배경에 의한 반사효과를 고려한 열화상 카메라에 도달하는 복사량은 다음과 같다.

$$L_{inc}(\lambda)=\underbrace{\varepsilon_{obj}(\lambda,\,T_{obj})\,L_{BB}(\lambda,\,T_{obj})}_{\text{물체복사에 의한 효과}}+\underbrace{[1-\varepsilon_{obj}(\lambda,\,T_{obj})]\,L_{BB}(\lambda,\,T_{bgr})}_{\text{반사에 의한 효과}} \qquad (12\text{-}13)$$

만약 복사를 두 개의 다른 파장(λ_2, λ_1)에서 측정한다고 하면, 이때의 신호비율은 다음과 같다.

$$SR(\lambda_2,\lambda_1)=\frac{L(\lambda_2)}{L(\lambda_1)}=\frac{\varepsilon_{obj}(\lambda_2,T_{obj})L_{BB}(\lambda_2,T_{obj})+[1-\varepsilon_{obj}(\lambda_2,T_{obj})]\,L_{BB}(\lambda_2,T_{bgr})}{\varepsilon_{obj}(\lambda_1,T_{obj})L_{BB}(\lambda_1,T_{obj})+[1-\varepsilon_{obj}(\lambda_1,T_{obj})]\,L_{BB}(\lambda_1,T_{bgr})} \qquad (12\text{-}14)$$

위 식에서 방사율 값은 반사에 의한 효과에도 매우 중요한 값임을 알 수 있다. 방사율 ε의 파장 의존성은 λ_1과 λ_2 사이의 복사량 차이에 의해 결정된다. 만약 방사율 ε_{obj}가 작다고 하면, 물체가 회색체($\varepsilon_{obj}(\lambda_1, T_{obj})=\varepsilon_{obj}(\lambda_2, T_{obj})$)의 특성을 가지고 있다고 하더라도, 반사된 복사량은 무시할 수가 없다. 그러나 짧은 파장에서 배경 복사량과 물체 복사량이 $L_{obj}/L_{bgr}>100$이라고 하면, 식 (12-14)는 다음과 같이 쓸 수 있다.

$$SR(\lambda_2,\lambda_1)=\frac{L(\lambda_2)}{L(\lambda_1)}=\frac{\varepsilon_{obj}(\lambda_2,T_{obj})L_{BB}(\lambda_2,T_{obj})}{\varepsilon_{obj}(\lambda_1,T_{obj})L_{BB}(\lambda_1,T_{obj})}=\frac{L_{BB}(\lambda_2,T_{obj})}{L_{BB}(\lambda_1,T_{obj})} \qquad (12\text{-}15)$$

예를 들면, 만약 물체의 방사율이 0.02라고 하면, 대상물체의 온도가 200℃인 경우에는 2 μm보다 짧은 파장을 사용해야 하고, 500℃와 1000℃로 온도가 올라가면 파장은 3.5 μm와 4.5 μm를 사용해도 된다. 만약 방사율이 0.02이고, 온도가 200℃인 물체를 파장 4.5 μm에서 측정한다면, 물체에서 나온 복사량과 배경에서 반사되어 온 복사량이 같아지게 되고, 결과적으로 반사를 무시하지 못하는 상황에서는 큰 오차를 가져오게 된다. 약 1,000℃ 이상의 매우 높은 물체의 온도를 측정한다고 하더라도, 방사율이 0.4 이상인 물체에서는 파장이 8 μm 이상의 긴 파장을 사용하면 오차가 발생할 수도 있다는 사실이다. 긴 파장을 사용하고자 한다면, 방사율도 높아야만 상대적으로 반사에 의한 효과를 무시하면서 정확한 온도를 측정할 수 있다.

이색컬러 측정은 협대역 필터를 사용하게 되는데, 이러한 필터로 인해 신호 대 잡음비가 감소하게 되어 신호비율로부터 온도를 계산할 때 오차가 증가할 가능성이 있다. 두 개의 필터는 가급적 회색체 조건을 만족해야 하므로 가능한 한 인접한 파장을 사용해야 오차를 줄일 수 있으며, 신호 대 잡음비를 고려해서 낮은 온도의 물체보다는 높은 온도를 가진 물체에 대해 적용해야 상대적으로 오차를 줄일 수 있다. 대표적인 열화상 카메라 제조사인 FLIR사에서 사용하는 협대역 필터셋의 종류는 그림 12-21과 같다. 2 μm 이하 파장의 필터는 협대역 필터 투과도와 낮은 카메라 센서의 민감도를 고려해서 500℃ 이상의 물체온도를 측정하는 용도로 사용된다. 1.95 μm와 4.35 μm 필터는 대기 중의 수분과 이산화탄소에 의해 흡수가 일어나는 영역이므로, 350℃의 온도까지는 2.097 μm, 2.29 μm, 3.56 μm, 3.9 μm 필터를 사용한다.[85]

온도의 함수로 이론적인 신호비율을 찾기 위해서는, 먼저 물체를 회색체라고 가정하고 선택된 필터를 사용한 카메라에 탐지된 물체 온도에 따른 복사를 계산해야 한다.

$$L_{filter}(T_{obj}) = \int_0^\infty T_{filter}(\lambda) Sens(\lambda) L_\lambda(\lambda, T_{obj}) d\lambda \qquad (12\text{-}16)$$

그림 12-21 FLIR SC6000 열화상 카메라의 필터셋 특성

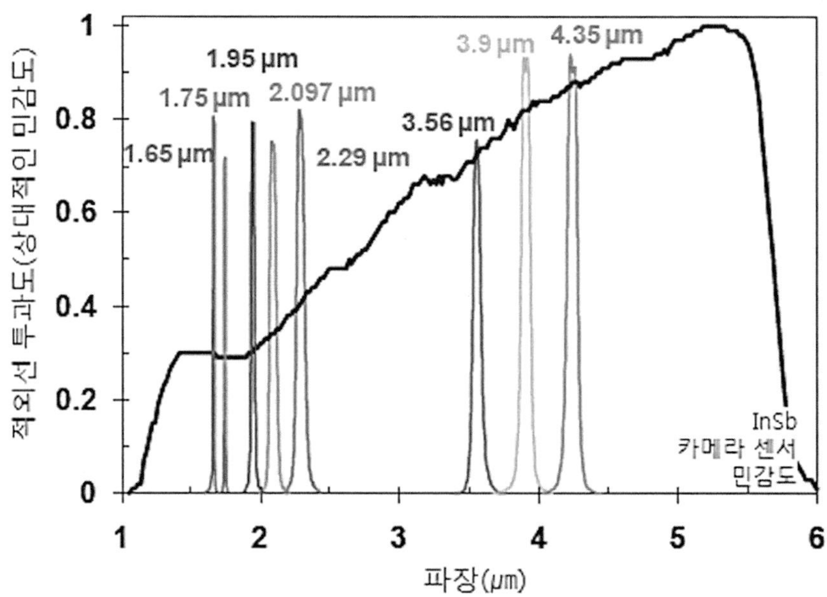

물체의 온도가 25℃~500℃인 경우, 플랑크 복사함수는 빈의 복사법칙과 완벽히 일치한다. 그러므로 복사량은 다음과 같이 간략화할 수 있다.

$$L_{filter}(T_{obj}) \sim \exp\left[-\frac{const(\lambda_{filter})}{T_{obj}}\right] \tag{12-17}$$

이 식을 $1/T_{obj}$ 대 $\log(L_{filter}(T_{obj}))$를 그래프로 그리면, 역비례 관계를 얻을 수 있다. 따라서 필터를 바꾸어 가면서 $L_{filter}(T_{obj})$를 측정하면, 파장에 따른 신호비율을 계산할 수 있다. 모든 필터들에 대해 흑체를 이용해서 물체온도 대 카메라 신호에 대해 각 픽셀별로 옵셋과 이득을 미리 교정을 해 두면, 각각 다른 필터를 이용해서 적외선 이미지를 획득하고, 각 픽셀별로 신호를 계산한 후, 신호비율을 통해 각 픽셀별로 온도를 계산할 수 있다.

열화상으로 온도를 측정함에 있어 필터와 관련하여 오차를 발생시키는 가장 중요한 두 가지 요인은 광축불량 문제와 필터에 의한 복사방출 문제이다.

① 광축 불량 문제 : 필터는 필터링에 의해 카메라 렌즈에 직접 연결되어 있으며, 필터를 교환할 시 렌즈는 카메라로부터 제거되어야 한다. 교정 중에는 흑체로부터 균일한 복사가 나오기 때문에 이 과정이 그렇게 중요하지 않다. 그러나 물체의 온도 측정 시에는 필터교환에 의해 광축이 약간 틀어질 수가 있는데, 이런 경우 물체에서 나오는 공간적인 방사율 변화로 인해 신호비율에 오차를 유발할 수 있다. 방사율의 1% 오차는 카메라 신호에 그대로 1% 오차를 만든다.

② 필터들의 복사방출 문제 : 신호비율로 측정하기 위해서는 협대역 필터가 필요하며, 이들 필터에 대해 옵셋을 보정해 주어야 한다. 필터 기판(주로 사파이어)은 카메라에 민감한 대역을 부분적으로 흡수할 수도 있기 때문에 이런 영향을 옵셋으로 보정해 주어야 한다. 이러한 필터 옵셋 보정은 필터의 온도에 영향을 받으므로 필터의 온도가 다르게 되면 그만큼 오차가 발생할 수 있다.

12.5 적외선온도계 보정용 흑체

흑체(blackbody)는 적외선 카메라, 적외선 온도계, 귓속 온도계 등을 보정하는데 필수

그림 12-22 적외선 온도계 픽셀의 보정

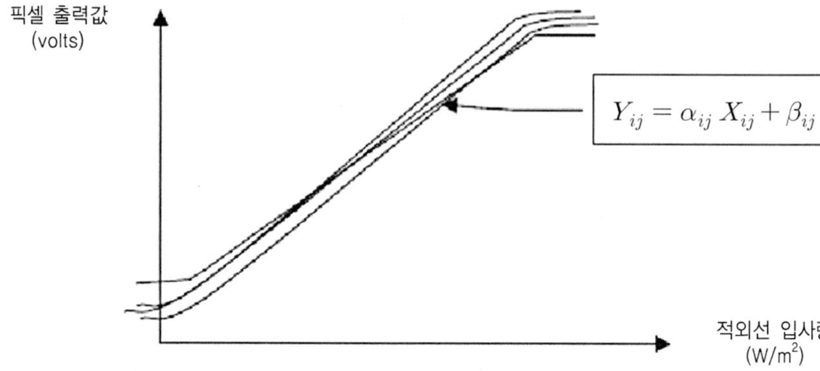

적으로 사용되는 장비이다. 온도계를 제작할 때, 흑체의 온도를 이용하여 각 픽셀들의 옵셋과 기울기를 교정하는데 사용한다. 초기 제작된 적외선 온도계 내의 각 픽셀의 이득(α_{ij})과 옵셋(β_{ij}) 값은 그림 12-22와 같이 픽셀마다 다른 특성이 있는데, 이것을 동일한 옵셋과 이득을 갖도록 보정해 주어야 정확한 온도로 측정할 수 있다. 픽셀 간 특성 보정은 선형 보정법과 비선형 보정법이 있는데, 보통 선형 보정법이 많이 사용된다. 선형 보정법에는 단점 보정(single point correction), 두점 보정(two points correction), 다점 보정(multi points correction) 등이 있다. 단점 보정은 표준 열원을 이용해서 FPA의 모든 픽셀의 옵셋을 보정하는 것이며, 두점 보정은 이득과 옵셋을 보정하는 것이고, 다점 보정은 여러 개의 표준 온도에 대해 이득과 옵셋을 보정하는 방법이다. 일반적으로 두점 보정이 많이 사용된다.[86] 또한 사용 중에도 주기적으로 교정을 하는 목적으로 흑체를 사용한다. 이러한 목적을 위해 이론적으로는 흑체의 방사율이 1이 되어야 하나 실제 상업용으로 제작되는 흑체의 방사율은 보통 0.95~9.99 사이의 값을 가진다. 흑체를 만들 수 있는 가장 간단한 구조는 그림 12-23과 같다. 공동(cavity)의 깊이는 공동 입구 직경보다 최소한 6배 이상의 깊이로 만들면 공동 내부에서 복사해서 나오는 방사율은 거의 1에 가깝다.

상업용의 흑체에는 열판형(hot plate type)과 공동형(cavity type) 두 가지로 구분된다. 열판형은 사각형의 금속판(일반적으로는 알루미늄)으로 되어 있으며, 뒷면에는 서모커플 또는 RTD 센서를 이용해서 판의 온도를 측정하고 조절할 수 있는 구조로 되어 있으며, 전면부는 방사율이 0.95 이상이 되도록 반짝이지 않는 검은색으로 페인트가 칠해져 있다. 공동형은 조그만 구경을 가지고 있는 실린더 또는 구형으로 되어 있으며, 온도 측정 및

그림 12-23 적외선 온도계 보정용 흑체의 구조

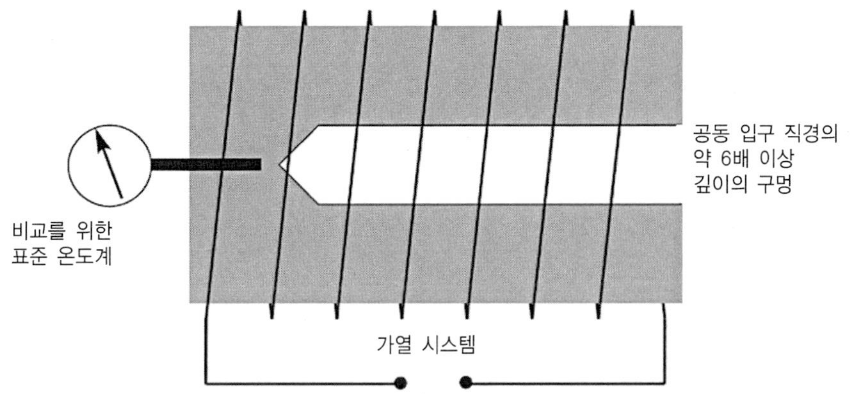

제어에 서모커플 센서가 사용되며, 방사율은 보통 0.98 이상이다. 따라서 적외선 온도계 보정에 사용되는 흑체는 ① 흑체의 형태 (열판형 또는 공동형), ② 타깃 면적(열판의 면적 또는 공동형의 구경), ③ 타깃 방사율 등의 3가지를 고려해야 한다. 적외선 온도계를 보정할 때, 흑체와 온도계 사이의 거리는 가급적 흑체와 가까울수록 좋으며, 보통 0.2~1.0 m 정도의 거리에서 보정을 실시한다. 이때 온도계가 바라보는 시야각을 고려해서 타깃 면적이 넓은 열판형을 선택할 것인지, 아니면 구경 면적이 작은 공동형을 선택할 것인지 선택해야 한다. 정밀한 온도 보정을 위해서는 방사율이 좋은 공동형 흑체를 사용하는 것이 좋다.

흑체를 제작함에 있어 가장 중요한 요소는 흑체 구경 표면에서의 최대 방사율과 흑체 내부의 온도 변화이다. 방사율은 이상적으로 1이 가장 좋지만, 현실적으로 1이 되기 위해서는 매우 많은 비용이 소요된다. 따라서 가급적 1에 가까운 방사율이 나오도록 설계를 해야 한다. 그리고 설정온도에 맞춰 빠른 시간 내에 흑체 내부로 온도가 도달해야 하며, 시간에 따라 온도 변화가 매우 작아야 좋은 흑체로서의 역할을 할 수 있다. 먼저 방사율을 고려해 보면, 공동형 흑체는 방사율을 높이기 위한 구조로 여러 가지 모델이 있는데, 그 중에서 간단한 한 가지 모델만 소개하면 다음과 같다.[87] 그림 12-24와 같은 원뿔형의 구조에 대한 방사율은 다음과 같다.

$$\varepsilon_{app} = \frac{\varepsilon}{1-(1-\varepsilon)F_{2,2}} \tag{12-8}$$

그림 12-24 원뿔형 흑체의 내부구조 개념

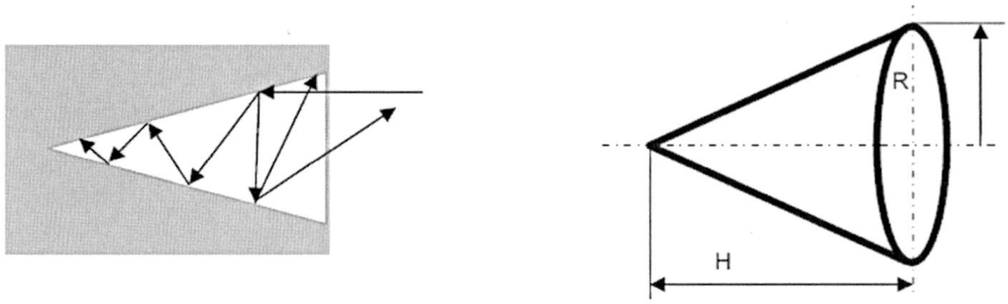

여기서, $F_{2,2}=1-\dfrac{R}{\sqrt{H^2+R^2}}$으로 기구적인 형태로 인해 결정되는 값이고, R과 H는 각각 콘의 반경과 높이에 해당하며, ε은 콘 내부 표면의 방사율이다. 식 (12-8)을 이용해서 내부 방사율을 0.9, 반경을 60이라고 하여 시뮬레이션을 하면 그림 12-25와 같다. 이 결과에서 보듯이 H가 깊어질수록 방사율은 높아지며, H가 250 mm일 때 방사율이 거의 0.9747에 근접한 결과를 얻을 수 있다.

두 번째로 흑체의 온도변화에 대한 안정성 부분인데, 이를 위해 필요한 것이 히터 부분과 온도제어 부분이다. 히터 부분은 외부와 열적으로 고립이 되도록 하여 손실 없이 열에너지가 용기(원뿔형)에 전달이 잘 되도록 해야 한다. 시간에 따른 흑체의 내부 온도변화는

그림 12-25 H=250 mm일 때 시뮬레이션 결과

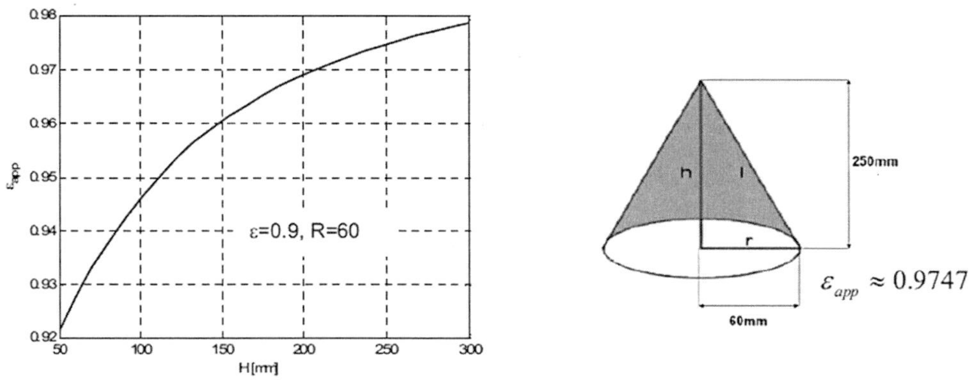

(a) H에 따른 방사율 시뮬레이션 결과 (b) H=250, R=60일 때 흑체 형태와 방사율

그림 12-26 흑체의 설정온도에 대한 시간에 따른 내부온도 변화량

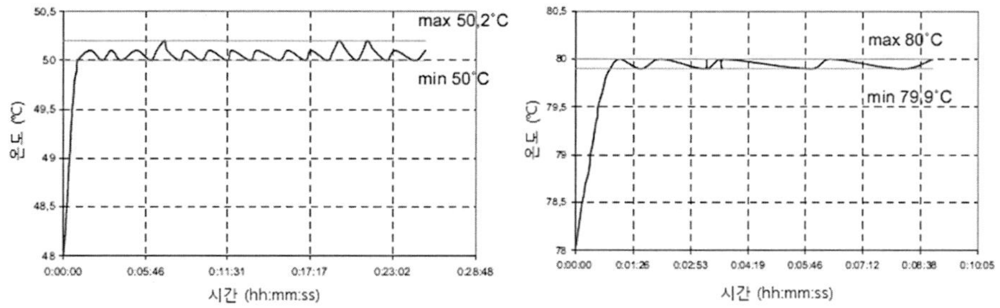

(a) 설정온도=50℃ (b) 설정온도=80℃

그림 12-26과 같이 변화량이 매우 작아야 하며, PID 제어 알고리즘을 사용한다. 흑체의 성능을 표시하는 가장 중요한 변수 중의 하나가 바로 온도 변화율이 얼마정도인가 하는 것이다. 이 값이 작으면 작을수록 좋은 흑체이다. 일반적인 흑체는 약 ±0.2℃ 정도의 값을 가지고 있다. 흑체를 제조하는 SBIR 사의 흑체의 외관과 사양은 표 12-4와 같다.[88]

표 12-4 SBIR사의 대표적인 흑체 사양

파라미터	열판형(extended type)	공동형(cavity type)
외관		
온도 범위	50℃~600℃	50℃~1000℃
구경 직경	2", 4", 6"	1"
방사율	〉 0.93	〉 0.98
온도 안정성	±0.30℃ short term, ±0.50℃ long term	±0.30℃ short term, ±0.50℃ long term
크기	7.65" ×7.81" ×7.5"	6.65" ×8.31" ×12"
중량	21파운드	21파운드

12.6 귓속 온도계

체온을 측정하는 데에는 2가지 방법이 사용되고 있다. 하나는 유리로 된 수은 온도계이며, 다른 하나는 적외선을 이용한 디지털 온도계이다. 수은 온도계는 가격이 저렴하고 사용하기에 쉽다는 장점이 있지만, 신체와 열 평형상태에 도달하기까지 약 3~5분 정도의 긴 시간이 필요하며, 유리로 만들었기 때문에 깨지기 쉬우며, 수은이라는 원소는 인체에 노출 시 상당히 위험하다는 단점이 있다. 디지털 온도계는 열형 적외선 센서를 이용해서 만든 것으로 수초 내에 측정이 가능한 장점이 있지만, 귀에 염증이 있거나 다른 증상이 있으면 정확한 온도 측정이 어렵다는 단점이 있다.

신체 온도는 관상동맥의 온도를 측정하는 것이 정확한 방법이지만, 이렇게 하기 위해서는 외과적인 방법만이 가능하다. 대신 귓속의 고막 근처의 온도가 신체의 온도를 측정하기에 좋은 방법임이 여러 논문에서 밝혀졌으며, 그림 12-27은 인체의 여러 부위에 대한 나이에 따른 온도분포이다. 이 그림에 의하면 귓속의 온도가 몸속의 온도를 가장 잘 나타냄을 알 수 있다. 이러한 의학적인 목적으로 적외선을 이용한 귓속 온도계가 개발되었다.

귓속의 고막은 혈관을 시상하부와 같이 사용하고 있으며, 고막에서 나오는 적외선의 온도는 인체의 몸속 온도와 거의 일치한다. 입속의 온도와는 달리 귓속 온도는 말하거나 먹고 마시는 것에 영향을 전혀 받지 않는 장점이 있다. 이러한 귓속의 온도를 측정하는 내부 구조는 그림 12-28과 같다.

귓속 온도계(tympanic temperature sensor)의 내부 구조는 그림 12-29와 같다. 시작버

그림 12-27 인체 부위별 나이에 따른 온도 분포

°C	0 ~ 2 세	3 ~ 10 세	11 ~ 65 세	65세 이상
입속	—	35.5 37.5	36.4 37.5	35.8 37.0
직장	36.6 38.0	36.6 38.0	37.0 38.1	36.1 37.3
겨드랑이	34.7 37.3	35.9 36.7	35.2 36.9	35.5 36.3
귓속	36.4 38.0	36.1 37.8	35.9 37.6	35.8 37.5
몸속	36.4 37.8	36.4 37.8	36.8 37.9	35.9 37.1

그림 12-28 귓속의 온도측정 부위

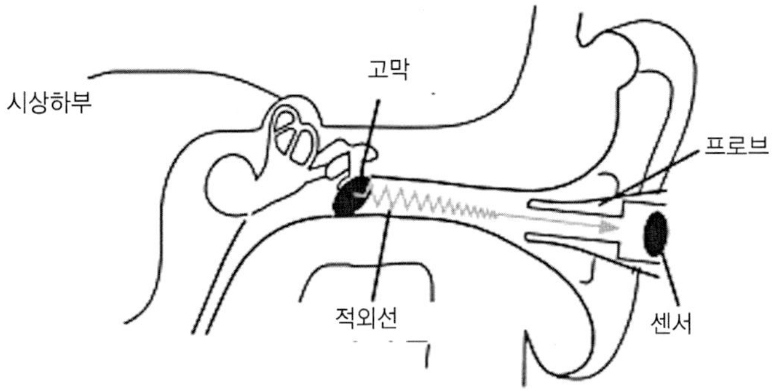

튼을 누르면 셔터가 구동되어 고막에서 나오는 적외선이 IR 센서로 입사하게 된다. IR 센서로는 초전 센서 또는 서모파일 센서가 주로 사용되는데, 서모파일 센서가 약간 더 많이 사용된다. 대표적인 서모파일 센서의 출력 특성은 그림 (b)와 같다. 이 센서는 귓속 온도계의 센서로 특화된 제품으로 모델명은 TS318-5C50이며, 주요 사양은 표 12-5와 같다.[89]

귓속 온도계에 대한 유럽 규격은 다음과 같다. 체온 근처 온도인 35.5 ~ 42.0℃ 범위에서 최대 허용 오차는 ±0.2℃이며, 다른 온도 범위에서는 ±0.3℃이다. 온도계가 의학용으로 사용되려면 유럽에서는 CE 등급을 받아야 한다. 의학용 기기에는 4가지 등급의 클래스가 있으며, 주요한 유럽 규격인 EN12470의 내용은 표 12-6과 같다.

표 12-5 TS318-5C50 서모파일 센서의 주요 사양

파라미터	기호	값	단위	조건
동작 온도	T_{amb}	−20~85	℃	연속 동작
패키지		TO-5		
흡수 면적	A	0.8 ×0.8	mm^2	
서모파일 저항	R_{TP}	70 ±30	kΩ	T_{amb} =25℃
저항온도계수	TCR	−0.06 ±0.04	%/K	T_{amb} =25℃~75℃
전압 반응	V_{TP}	9.2 ±2.2	mV	T_{amb} =25℃, T_{obj} =100℃,전 FOV
전압반응의 온도계수	TCV_{TP}	−0.45 ±0.08	%/K	T_{amb} =25℃~75℃
잡음동등전압	NEV	45	$nV/Hz^{1/2}$	T_{amb} =25℃

그림 12-29 귓속 온도계 내부구조 및 서모파일 출력 특성

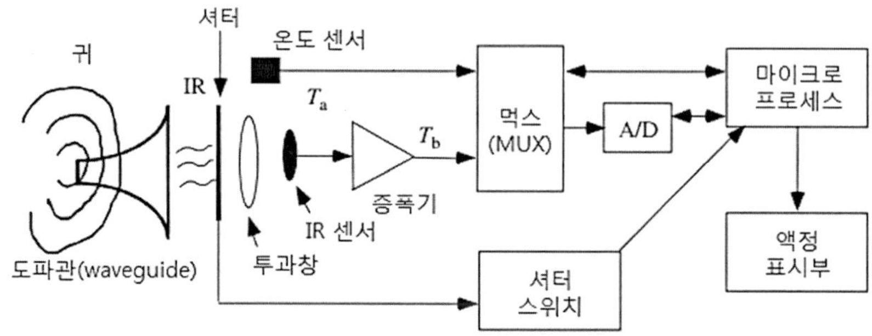

(a) 귓속 온도계 내부 구조

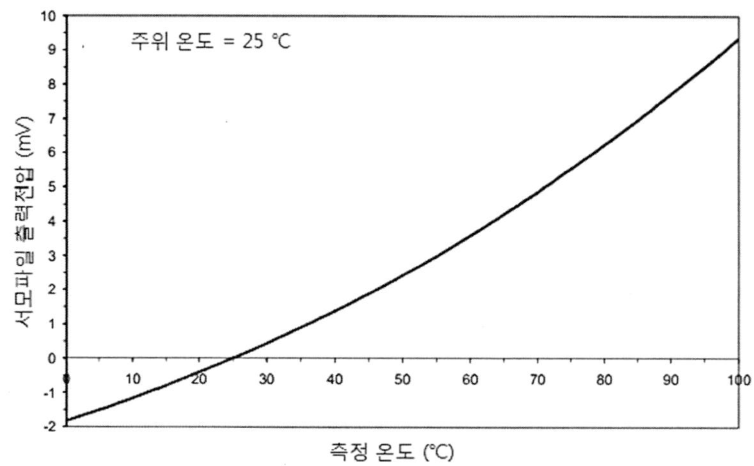

(b) 귓속 온도계용 서모파일의 출력 특성

표 12-6 유럽 규격인 EN 12470-5:2003의 주요 내용

파라미터	규격 요약		테스트 방법
최대 허용오차	±0.2℃	측정온도 : 35.5~42.0℃ 주위온도 : 18~28℃	EN12470-5:2003의 7.4와 7.5의 방법
	±0.3℃	다른 측정 온도 범위	
최소 측정범위	35.5~40.0℃		EN12470-5:2003의 7.3 방법
최대 허용 반복성	모든 연령대 그룹에 대해 ±0.3℃		EN12470-5:2003의 7.7 방법
디지털 분해능	0.1℃ 또는 그 이하		눈으로 확인
주위 동작온도	16~35℃		EN12470-5:2003의 7.4 방법

CHAPTER 13

기타 비접촉식 온도센서

13.1 Golay Cell 온도센서

기구적인 특성으로 온도를 측정하는 골레이 셀(Golay cell) 방법은 아날로그식 측정에 사용된 방식이었다. 이 방법은 셀 내부에 적외선을 흡수하는 재료 주위로 가스가 차 있으며, 적외선 투과창을 통해 입사한 적외선(또는 열)에 의해 가스가 팽창하여 다이아프램 또는 멤브레인(membrane)을 밀어 올리게 된다. 이때 다이아프램 또는 멤브레인 쪽으로 비추고 있는 빛의 반사 형태가 바뀌는 정도로부터 온도를 측정하는 원리이다. 이 온도계는 정밀도가 매우 높으며 반응 속도도 10 ms 이내로 매우 빨리 측정할 수 있는 장점이 있다. 그러나 진동으로 멤브레인의 위치가 변하게 되면 오차가 생길 수 있는 단점이 있다. 이 시스템은 1947년 골레이(M. J. E. Golay)에 의해 제안된 아이디어로 사람의 이름을 시스템의 이름으로 사용하였다. 이 시스템의 개략도는 그림 13-1과 같다. 이 시스템은 디지털 추세에 맞지 않기 때문에 거의 사용하지 않고 있다.

13.2 광섬유 분산형 온도센서

기존의 열저항 방식이나 열전도 방식과 같은 전기적인 온도센서는 부분적인 온도 측정만이 가능하여 넓은 지역의 온도를 측정하기에는 부적합하다. 이에 반해 최근 실용화되고 있는 광섬유 방식의 온도센서는 기존의 온도센서가 가지고 있는 여러 문제점들을 해결할

그림 13-1 Golay Cell 개념도(위키디피아 사전 참고)

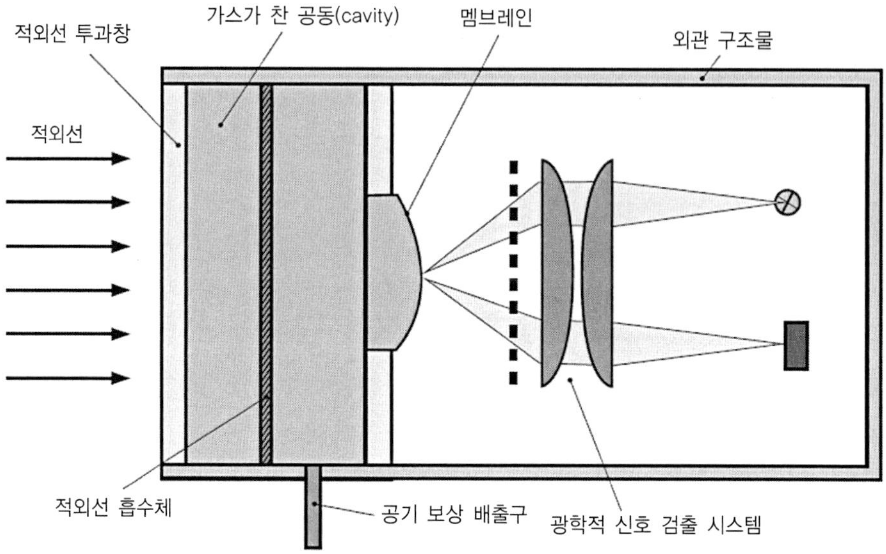

수 있는 광응용 계측방법의 많은 장점을 가지고 있다. 아직 광섬유 및 광소자들이 갖고 있는 기계적인 왜란에 대한 취약성과 가격 경쟁력이 낮고 운영경험이 부족한 단점이 있지만, 향후에는 스마트그리드 등의 다양한 지능형 전력기기에 적용이 가능할 것으로 예상하고 있다. 광섬유 온도센서가 가지고 있는 장점은 다음과 같다. ① 고전압을 사용하고 있는 전자파가 강한 환경에서 전자기적인 잡음에 영향을 받지 않는다. ② 전기적 온도센서의 오작동 및 폭발의 위험성이 예상되는 물질을 취급하거나 내 화학성이 요구되거나 부식성이 강한 물질 환경에서의 온도 측정이 가능하다. ③ 광범위한 지역의 온도를 정밀하게 측정할 수 있으며, 한 가닥의 광섬유만을 사용하기 때문에 경량 및 소형 시스템을 구현할 수 있는 장점이 있다. ④ 또한 광섬유를 이용한 센서는 대부분의 물리량을 측정할 수 있고 측정 대상 및 활용 범위에 따라 광의 세기, 위상, 산란, 흡수 등의 빛의 성질을 이용하여 외부의 변화량을 측정하고 계산할 수 있다.

광섬유 온도센서는 측정방법에 따라 접촉식과 비접촉식이 있다. 광섬유 자체를 센서로 활용하는 방법과 별도의 광 온도센서와 결합시켜 광섬유는 광을 전송만 하는 방법이 있다. 또 다른 구분으로 공간적으로 측정하고자 하는 범위에 따라 분산형 센서(distributed sensor)와 국부형 센서(point sensor)로 구분한다. 분산형 센서는 광섬유 자체를 센서로 이용하는 광섬유 기능형 센서에만 가능한 방법으로 DTS(distributed temperature sensor) 또는 FTR(fiber optic temperature laser radar)과 같은 방법이 대표적으로 실용화된 방법이다. 국소형 센서는 반도체 발광 특성, 형광물질의 온도의존 특성, 흑체복사 등을 이용하는 방법들이다.

광섬유 분산형 온도센서는 광섬유를 센서로 사용한다는 점에서 기존의 전기적인 센서 방식과는 전혀 다른 원리이다. 기존의 서모커플이나 RTD와 같은 전기적인 온도센서는 부분적인 온도측정을 위한 것이어서 넓은 지역의 온도를 측정하기 위해서는 엄청난 비용이 들어 거의 실현 불가능하나, 광섬유를 이용한 온도센서 시스템은 전자기적인 영향을 받지 않아 광범위한 지역의 온도를 정밀하게 측정할 수 있고, 또한 한 가닥의 광섬유만을 사용하기 때문에 경량 및 소형 시스템을 구현할 수 있어 대형 구조물의 전체 온도를 측정하는 것을 가능하게 해 준다.

광섬유의 여러 가지 특성 중에서 라만효과(Raman effect)는 강한 온도 종속성을 가지고 있으며 온도에 따라 특성이 변한다. 이러한 온도 측정기술은 영국의 Southampton 대학에서 1980년을 시작으로 발전되었다. 광섬유센서 케이블에 매우 폭이 좁은 레이저를 입사하면 대부분의 레이저는 직진하고 극히 일부분이 산란된다. 이러한 산란파에는 그림 13-2와 같이 Rayleigh 산란, Raman 산란, Brillouin 산란 등 세 가지 종류가 있다. 산란파 중 가장 큰 진폭을 갖는 Rayleigh 산란은 입사되는 파장과 산란되는 파장이 동일하며, 대체로 광케이블의 손실이나 케이블의 단락된 위치를 찾는데 활용된다. Raman 산란은 바로 케이블 주위의 온도와 유관하게 반응하며, 그 산란파는 입사 파장보다 작은 스토크(stokes) 영역과 입사된 파장보다 큰 반스토크(anti-stokes) 영역으로 나누어진다. 스토크 영역의 Raman 산란은 온도변화에 따라 거의 변화가 없으나, 반스토크 영역의 산란은 온도변화에 따라 그 진폭이 민감하게 반응한다. 따라서 온도측정은 바로 스토크 영역 및 반스토크 영역의 Raman 산란 세기의 비는 다음과 같다.[90]

$$R(T) = \left(\frac{\lambda_s}{\lambda_a}\right)^4 \exp\left(-\frac{hcv}{kT}\right) \tag{13-1}$$

여기서, λ_s는 스토크 파장, λ_a는 반스토크 파장, h는 플랑크 상수, k는 볼쯔만 상수, c는 진공 중의 광속도, ν는 입사광의 주파수이다. 따라서 위 식에서 광섬유 센서의 온도를 구할 수 있다. 광섬유 내의 스토크광과 반스토크광의 역 산란광 비를 측정하면 광 가도나

그림 13-2 광섬유센서 기술의 기본 원리

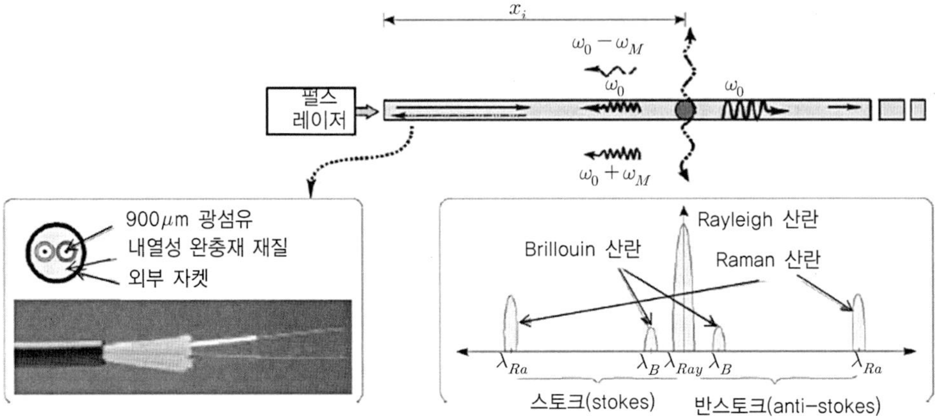

입사 조건, 광섬유의 구조, 재질의 조성에 상관없이 물체의 절대온도를 측정할 수 있다.

Brillouin 산란은 Raman 산란과 마찬가지로 입사된 파장과 다른 두 개의 파장(스토크 영역 및 반스토크 영역)으로 산란되나, 그 파장의 변화는 Raman 산란에 비하여 대단히 작아 Rayleigh 산란파와 인접되어 나타난다. 그리고 Brillouin 산란은 케이블 주위의 온도 변화와 변형률 변화에 따라 반응을 한다. 그림 13-3은 온도 및 변형률 변화에 따른

그림 13-3 온도 및 변형률에 따른 Brillouin 산란의 조도 및 주파수 변화

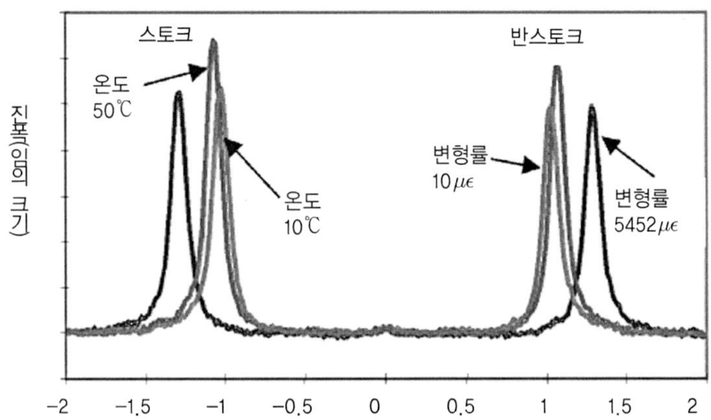

Brillouin 산란파의 변화를 나타내고 있다. 즉, 변형률이 거의 변하지 않고 온도만 변하는 경우, Brillouin 산란파의 파장 변화는 극히 미소하게 변하지만 진폭은 크게 변화한다. 그리고 온도는 거의 변하지 않고 변형률만 변하는 경우, 진폭의 변화는 대단히 작지만 주파수(또는 파장)의 변화가 크게 나타난다. 따라서 다양한 온도 및 변형률 변화에 따른 Brillouin 산란의 조도 및 주파수 변화 실험을 통해 각 계수를 산정하고 이를 이용하여 Brillouin 산란의 계측치인 조도 및 주파수 변화로부터 온도 및 변형률을 산출할 수 있다.

측정 시스템은 다음과 같다. 레이저에서 나온 광 펄스는 분광 광학계를 지나서 광섬유로 입사되고, 광섬유 안에서 여러 요인으로 이해 라만 역 산란광이 발생하여 입사단으로 돌아오면 분광 광학계에 의해서 스토크광과 반스토크광으로 분리된 후 검출소자를 거쳐 전기신호로 변환된다. 이 신호는 아날로그 증폭기에 의해서 증폭된 후 A/D 변환기로 디지털화되어 매번 측정때 마다 메모리에 기억되며, SNR(signal to noise ratio) 개선을 위해 디지털 평균화기에서 평균화 처리된다. 이 과정을 여러 번 반복하여 전체 측정 데이터를 가산 평균하면 불규칙 잡음은 감소하며 평균화 처리된 데이터는 컴퓨터로 전송되어 온도로 환산된다. 이와 같은 구성법을 사용하면 원리적으로 각 지점간의 온도 차는 간단히 측정할 수 있지만 절대치를 측정하기는 어렵다. 이를 해결하기 위해 온도 기준용 광섬유를 내장하고 있으며, 피 측정 광섬유와 동시에 온도를 측정하고 내장한 기준 광섬유의 온도는 서모커플 또는 RTD 센서 등으로 측정된 온도와 비교함으로써 피 측정 광섬유 전체 길이의 온도 절대치를 결정할 수 있다.

광섬유센서 케이블에 의한 온도 측정의 근본원리는 연속적으로 역산란되는 신호를 대상으로 하기 때문에 입사되는 레이저 파의 지속시간(duration time)이 최소 측정간격으로 간주된다. 이러한 측정법을 분산형 온도측정법(distributed temperature sensing, DTS)이라고 한다. 그 기본적인 측정원리는 그림 13-4와 같으며, 현재 기술 수준에서는 측정점 간격은 0.5 m이다. DTS 측정기법은 Raman 역산란파를 측정하여 분석한 결과를 이용하기 때문에 온도측정 분해능은 측정거리, 측정시간, 측정점 간격 선정에 따라 달라진다. 즉, 광케이블의 길이가 길어질수록 분해능이 떨어지고, 측정시간이 길어질수록 분해능이 좋아진다. 예를 들면, 케이블 길이가 20 km일 때 측정시간이 1분이면 분해능은 약 1.13℃ 정도이며, 측정시간이 10분이면 분해능은 약 0.35℃로 좋아진다.

이와 같이 광섬유를 이용한 온도센서는 넓은 지역을 동시에 측정할 수 있는 장점이 있

그림 13-4 DTS 측정기법의 기본원리

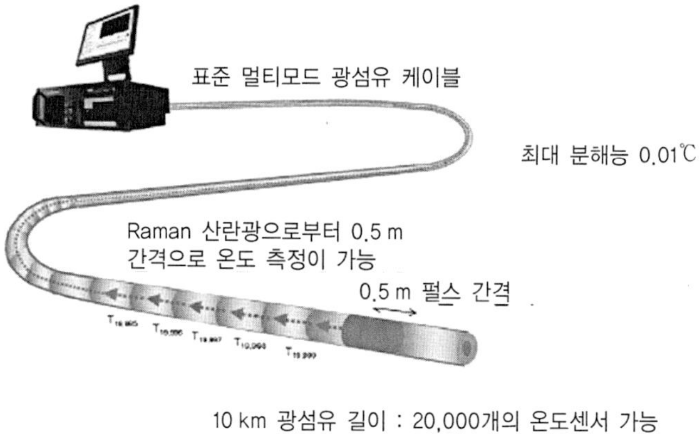

기 때문에 LNG 터미널의 저장 설비의 누수 모니터링이 가능하며, 전력선 케이블에 광케이블을 같이 포설하여 전력선 케이블의 이상유무를 실시간 모니터링을 할 수 있다. 또한 지하 공동구나 터미널 등에 화재감시용으로 사용이 가능하며, 동절기에 차도나 보도에도 설치하여 이상온도를 감시하여 교통사고를 사전에 방지할 수 있다. 또한 엄격한 온도 제어가 필요한 창고 내 전역의 온도 변화를 감지 및 경보 출력이 가능하다.

13.3 광전송기

광섬유 적외선 전송기(transmitter)는 광학부, 광섬유관, 신호처리부 등 3가지 부품으로 이루어져 있으며, 광학부에는 오직 광학계만 있고 신호처리 관련된 부품은 없다. Omega 사의 광전송기 외관은 그림 13-5와 같다. 적외선 복사가 광학계로 입사하게 되면, 렌즈를 통해 광섬유관으로 집속이 되고, 광섬유는 최대 30 m까지 신호처리부로 광신호를 전달한다. 유리로 된 광섬유는 약 2 μm 대역까지만 전달이 가능하기 때문에 보통 약 100~150℃ 이상의 온도측정에 사용된다. 이러한 광섬유 적외선 온도계가 복사 적외선 온도계에 비해 다음과 같은 몇 가지 장점이 있다.

① 광섬유는 강력한 전자기장에 영향을 전혀 받지 않으므로 이러한 전자기장이 있는 환경에 사용이 가능하다.

그림 13-5 광섬유 적외선 온도계 외관

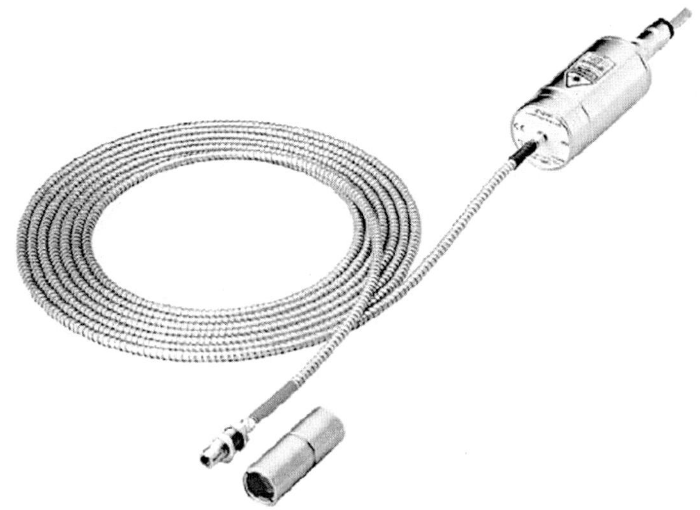

② 접근하기 어려운 지역에 설치가 가능하다.

③ 전기적인 신호가 전혀 흐르지 않으므로 폭발성이 있거나 위험한 지역에 적합하다.

④ 광학부와 광섬유는 어떠한 전기적인 부품이 없으므로 냉각이 전혀 필요하지 않다. 따라서 외부환경의 온도가 약 250℃인 환경에서도 냉각할 필요없이 사용이 가능하다. 반면 복사 적외선 온도계는 이런 환경에서는 냉각이 필요하다.

⑤ 광섬유의 직경이 매우 작으므로 작은 스폿크기로 작은 물체의 온도 측정이 가능하다.

광섬유는 내부의 전반사 효과를 이용하여 광신호를 손실없이 전송이 가능하며, 코어(core)와 클래딩(cladding)으로 구성되어 있으며, 모노(싱글) 광섬유 또는 멀티 광섬유를 사용한다. 멀티 광섬유는 모노 광섬유를 다발로 묶어 놓은 것을 말한다. 모노 광섬유와 멀티 광섬유의 차이점은 다음과 같다. 모노 광섬유의 파손 상태는 멀티에 비해 즉각 탐지가 가능하며, 멀티에서는 개별 광섬유의 클래딩끼리 마찰과 외부 보호막 재질에 의한 마찰로 손상이 갈 우려가 있으나, 모노 광섬유에는 이와 같은 손상 우려는 없다. 그리고 멀티 광섬유는 상대적으로 가격이 저렴하며, 구부릴 수 있는 각도도 상대적으로 높아 다양한 응용 분야에 활용이 가능하다는 것이 차이점이다. 대표적인 광섬유의 내부구조는 그림 13-6과 같다.

그림 13-6 광섬유 내부 구조

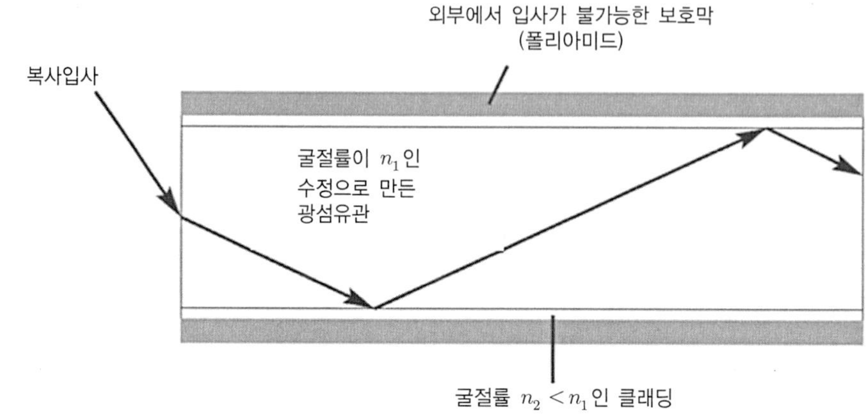

13.4 적외선 서모커플

적외선 서모커플(줄여서 IRt/c)의 기본적인 동작원리는 접촉식 서모커플과 동일하지만, 기존의 서모커플용 제어기, PLC, 트랜스미터, 기타 출력 시스템을 변경없이 그대로 이용하여 비접촉식으로 물체의 온도를 측정할 수 있다는 장점이 있다. 주로 높은 온도 또는 움직이는 물체의 온도를 측정하고자 하는 목적으로 개발되었다. 그림 13-7과 같이 접촉식 서모커플에 적외선 렌즈를 부착하여 외관은 주로 스테인리스강으로 조립한 형태로 되어 있다. 렌즈에 따라 거리 대 스폿 크기의 비로 1:1, 2:1, 5:1, 10:1, 20:1, 또는 1:2 등 다양한

그림 13-7 다양한 형태의 적외선 서모커플 외관

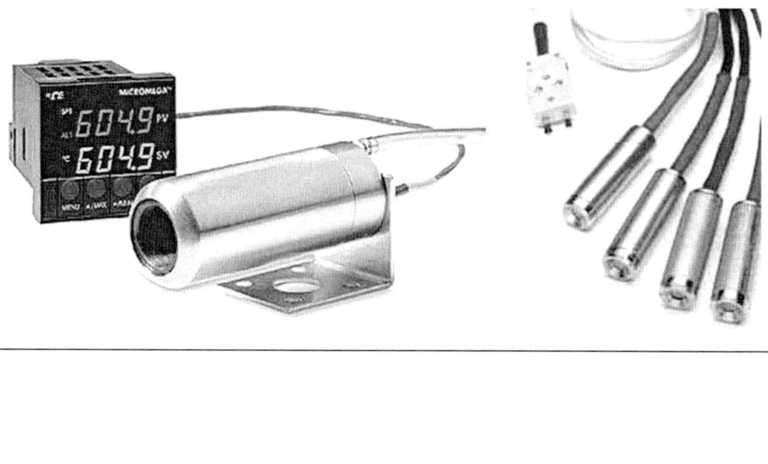

그림 13-8 IRt/c과 접촉식 서모커플의 기전력 차이

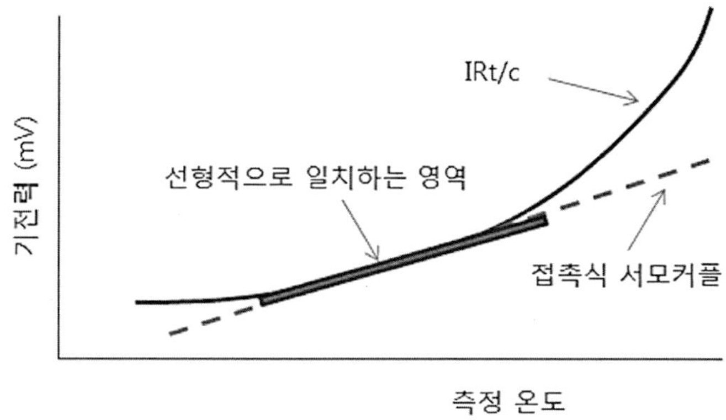

시야각(FOV)으로 제작된다. 10:1의 의미는 센서부터 물체까지 거리가 10 cm인 경우, 스폿의 직경은 1 cm라는 의미이다.

서모커플 타입은 접촉식과 마찬가지로 온도 측정 범위에 따라 J, K, E, R, S 형 등의 전기적 특성을 그대로 따른다. 그러나 적외선을 이용하기 때문에 접촉식과 비교해서 온도에 따른 기전력 출력 형태는 그림 13-8과 같이 전 온도 영역에서 다 일치하는 것은 아니고 일부 온도 영역에서만 선형적으로 일치한다. IRt/c의 기전력 출력전압은 온도에 대해 4차 다항식으로 근사시킬 수 있는데, 이것은 IRt/c의 한계라기보다는 적외선 복사를 이용하기 때문에 생기는 물리적인 현상이다. 접촉식 서모커플과 선형적으로 일치하는 영역을 이용하면 온도 오차를 기존 접촉식 서모커플과 동등하게 유지할 수 있다.

모든 IRt/c는 센서가 바라보는 물체로부터 복사된 열에너지를 받는 특허받은 적외선 감지 시스템이며, 열에너지를 전기적 에너지로 바꾸어 준다. 신호전압은 mV 수준이며, 이것은 서모커플의 출력 전압과 같은 크기이다. 그리고 IRt/c은 자가발전 소자이기 때문에 외부 전원이 필요 없으며, 플랑크 복사법칙에 따라 입사한 적외선 복사에너지를 비선형적인 전기적 신호가 출력이 된다. 그러나 IRt/c를 일반적인 서모커플과 바로 교환이 가능한 충분히 넓은 선형적인 구간의 신호출력이 존재한다. 예를 들어, 그림 13-9와 같이 서모커플의 선형성이 맞는 온도의 범위를 2%로 설정하면, IRt/c도 이 온도 범위 내에서 2% 내의 오차를 가지게 된다. 만약 5%를 지정하게 되면 온도 범위는 더 늘어나게 된다.

IRt/c 모델은 접촉식 서모커플과 잘 맞는 선형성 구간에서 최적의 성능을 내도록 특별히

그림 13-9 선형성 범위에 따른 온도 범위

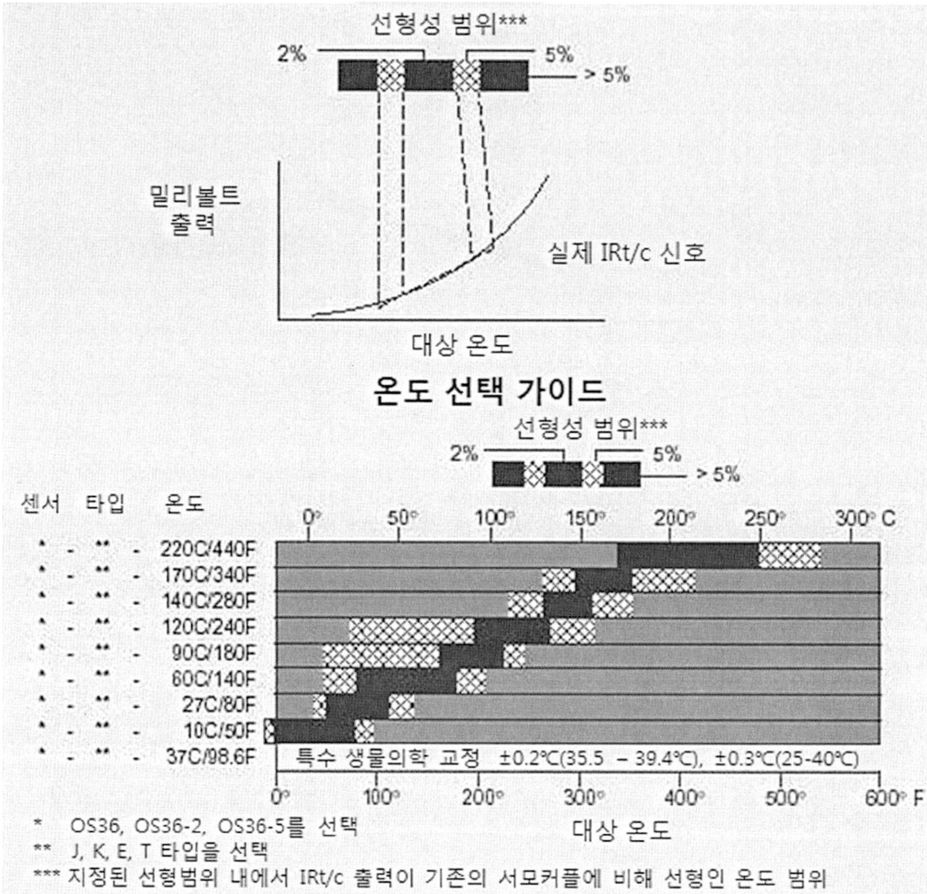

설계되어 있다. 그러나 판독 출력 장치를 적절히 교정하면 이 범위보다 더 넓은 영역에서도 사용할 수 있다. 출력신호는 전체 정격온도 범위 내에서 매끄럽고 연속적이며 1%의 반복성을 나타낸다. 그림 13-9의 온도선택 가이드는 각 IRt/c의 선형 범위 성능을 요약한 것이다. 사용자는 응용 목적에 따른 온도 범위에 맞는 IRt/c 모델과 타입을 선택할 수 있다. 서모커플 판독 장치에 장착되어 있는 옵셋 조정을 통해 방사율과 배경에 의한 효과를 교정할 수 있다.

온도 제어의 가장 기본은 측정 소자가 얼마나 오랜 기간 동안 교정된 상태로 유지할 수 있는지에 대한 능력이다. IRt/c은 1% 반복성으로 교정되어 있으면 오랜 기간 교정없이 사용이 가능하며, 이런 특성으로 신뢰성 있는 온도 제어에 사용이 가능하다. 접촉식 서모커플은 주위의 온도가 변화하는 환경에 있기 때문에 시간이 지나면 특성이 약간씩 변화하지만, IRt/c는 상온에서 동작하기 때문에 거의 특성에 변화가 없이 사용이 가능하다. 반복성은 동일한 조건에서 교정을 재현하는 측정 소자의 능력으로 정의된다. IRt/c는 튼튼하고 밀폐되어 있어 기구적으로나 금속학적으로 변하지 않도록 되어 있다.

또한 능동적인 전기 회로 부품이 없으며, 신호를 만들어 내기 위한 전원 소스도 없으며, 오직 서모커플 신호를 내는 열전효과만을 이용한 것이다. 1% 등급은 소자의 문제보다는 테스트 조건 하에서 발생할 수 있는 오차 범위를 기반한 보수적인 값에 가깝다. 장기간 정밀도는 기구적인 변화와 금속학적인 변화와 같은 반복성에 의해 영향을 받는다. 서모커플은 이러한 효과 때문에 시간에 따라 교정해야 하는 것으로 알려져 있다. 서모커플은 일반적으로 반응 시간을 빨리 하기 위해 가능한 한 가볍고 작게 만들기 때문에 열전특성을 변화시킬 수 있는 변형에 취약하다. 더 중요한 것은 접촉식 서모커플은 그 자신의 온도만을 측정하기 때문에 높은 온도에서 작동시켜야 한다. 열전 특성에 영향을 주는 금속학적 변화는 매우 큰 온도함수로 주어지는데, 상온에서는 무시할 수 있지만 높은 온도에서는 심각한 영향을 미칠 수 있다.

Omega 사의 IRt/c는 디자인과 기본적인 동작원리로 이러한 두 가지 문제점을 해결할 수 있다. 외관은 단단한 스테인리스강 재질로 감싸고 있으며, 상온 근처의 온도에서 동작을 하며, 이를 동해 접촉식 서모커플의 고전적인 특성변화 같은 문제점들을 해결할 수 있다. 모든 IRt/c은 장기간 안정성을 보장하기 위해 약 100℃ 온도에서 이중 열처리를 하며, 패키징에 앞서 5번 시험을 한다. 이를 통해 IRt/c은 무제한의 교정 정밀도를 제공한다. 전 세계적으로 IRt/c는 일부 업체서만 생산하고 있다. 대표적인 곳이 Omega 사, CAMPBELL Scientific 사, HCS 사 등에서 생산하고 있다. 더 자세한 정보는 Omega 사에서 제공하는 기술자료를 참고하기 바란다.[91]

부록

온도센서에 관련된 데이터 시트

부록 A

ITS-90 온도 표준

온도계 개발의 역사를 보면 기준이 되는 온도 표준점을 정하기 위해 많은 노력이 있어 왔음을 알 수 있다. 표준점은 주위에서 쉽게 구할 수 있는 재료이어야 하기 때문에 주로 인체의 겨드랑이 온도와 물과 소금의 어는점과 끓는점 등을 사용하였다. 그러나 겨드랑이 온도는 사람마다 차이가 있었으며, 물체의 어는점과 끓는점은 기압과도 관련이 있어 쉽게 해결이 되지 않았다. 이에 1875년에 프랑스 파리에서 국제도량형국(BIPM, 불어:Bureau International des Poids et Mesures)이 설립되었으며, BIPM에서 보정된 수은 유리온도계를 각 나라에 보급하였다. 듀라렉스 계열의 유리로 온도계를 만들었는데, 안정성과 재현성이 매우 우수하였다. 1887년에 BIPM에서 물의 어는점(0℃)과 증기온도(100℃)를 실제적인 국제 표준 온도점으로 정의하였으며, 1889년에 개최된 제1차 국제도량형총회(CGPM, 영어: General Conference on Weights and Measures, 불어: Conference generale des poids et measures)에서 비준되었다.

1927년에 제7차 국제도량형총회에서 국제온도척도(ITS, International Temperature Scale)를 제정하였으며, 산소의 끓는점과 금의 어는점을 표준점으로 추가하였다. 금의 어는점보다 높은 영역의 온도는 빈의 복사법칙을 이용한 적외선 온도계를 이용하는 방법을 제안하였으며, 660℃ 이상의 온도는 백금-로듐/백금 서모커플을 이용하는 방법을 제안하였다. 1948년에 열린 제9차 CGPM에서 백금저항온도계 범위의 하한선을 −190℃에서 −182.97℃, 서모커플의 상한선을 660℃에서 안티몬의 어는점인 630℃로 수정하였으며, 은의 어는점을 960.5℃에서 960.8℃로 수정하였다. 또한 금의 녹는점인 1,063℃는 어는점으로 대체하였다. 고온 영역은 빈(Wien)의 복사법칙 대신에 플랑크(Planck) 복사법칙으로 대체하였다.

1958년에는 온도범위가 0.5 K에서 5.23 K 사이의 온도에 따른 ^{4}He 증기압을 표준화하였으며, 이것을 1958 ^{4}He 등급이라고 하며, 이 영역의 온도를 T_{58}로 표기하였다. 1962년에는 ^{3}He 증기압에 대한 온도 데이터도 표준화하였으며, 1962 ^{3}He 등급 또는 T_{62}로 표시하였다. 0.9 K 이상의 온도는 ^{4}He 증기압 온도를 사용, 0.9 K 이하의 온도는 ^{3}He 증기압 온도를 사용하게 되었다. 1954년에 제10차 국제도량형총회에서 켈빈이 1854년에 만든 온도 체계를 최종적으로 승인하였으며, 물의 삼중점 온도를 273.16 K로 정하였다. 1968년에 온도등급에 대해 두 번째 개정을 단행하였는데, 이것을 ITS-68이라고 한다. 그리고 "도 켈빈(degree Kelvin)"에서 "켈빈(Kelvin)"으로 이름을 바꾸었으며, 단위도 "°K"에서 "K"로 변경하였다. ITS-68에서는 온도 구간을 (a) 13.81 K~273.15 K, (b) 0℃~630.74℃, (c) 630.74℃~1064.43℃, (d) 1064.43℃ 이상인 4개의 구간으로 나누었으며, 각각 표준온도 측정법도 정의를 하였다. 1976년에는 0.5 K부터 30 K 영역의 낮은 온도에 대한 등급을 새로이 승인하였으며, 이 온도 영역사이에 11개의 고정점을 두어 온도를 보정하도록 하였다.

현재 사용하고 있는 온도 표준은 1990년에 채택된 ITS-90 기준을 따르고 있다. 국제온도척도(ITS-90, international temperature scale)는 1989년에 열린 국제도량형협회에서 채택되었으며, 이 등급은 1968년에 제정한 국제온도등급과 1976년에 제정된 삼성적 온도등급의 개정판이었다. 1968년에 채택된 ITS-68은 30K 이하에서 열역학 온도와 일치하지 않는다는 사실이 밝혀져서 이 결점을 보완하기 위해 ITS-90에서 개정이 되었다.

A1. 온도 단위

열역학적 온도의 기호가 T인 물리적 기본량의 단위로 켈빈(kelvin), 기호로는 K, 이 값을 물의 삼중점의 열역학적 온도의 1/273.16로 정의하였다. 이전에 정해진 섭씨온도(기호 t)와의 관계를 다음과 같이 정의하였다.

$$t/℃ = T/K - 273.15 \tag{A-1}$$

섭씨온도의 단위는 "도 섭씨(degree Celsius)", 기호로는 "℃"로 정의하였다. 1990년의 국제온도척도(ITS-90)에서 국제 켈빈온도의 기호를 T_{90}, 국제 섭씨온도의 기호로 t_{90}으로 정의하였으며, 두 척도의 관계는 식 (A-1)과 동일한 형태인 다음과 같이 정의하였다.

$$t_{90}/℃ = T_{90}/K - 273.15 \tag{A-2}$$

열역학적 온도인 T와 섭씨온도 t와 마찬가지로 물리량 T_{90}의 단위는 켈빈이며, 기호는 K, 물리량 t_{90}의 단위는 "도 섭씨(degree Celsius", 기호로는 ℃로 정의하였다.

A2. 1990년 국제온도척도(ITS-90)의 원칙

ITS-90에서 0.65 K부터 가장 높은 온도로 실제 측정이 가능한 단색광 복사인 플랑크 복사 법칙까지 확대하였다. ITS-90에는 온도 T_{90}에서 정의된 다양한 범위와 하위범위로 구성되어 있다. 다양한 범위와 하위범위는 일부 중복이 되며, 그러한 중복이 있는 영역에서의 T_{90}은 각각 달리 정의되어 있다. 동일한 온도에서 서로 다른 방법을 이용하여 매우

그림 A-1 t_{90}과 t_{68}의 온도 차이

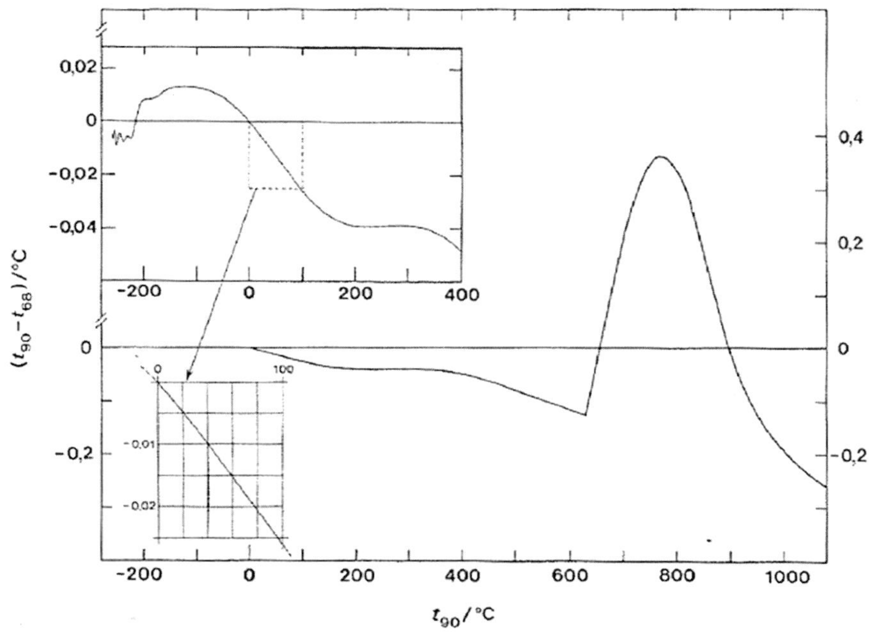

높은 정밀도로 측정한 결과에 있어 약간의 차이가 생길 수도 있으나, 서로 다른 정의를 통해 일치시킬 수 있다. 마찬가지로 한 가지 정의만을 이용하면서도 정의된 고정점 사이의 온도에서 허용 가능한 2가지 보간 장비(예, 저항 온도계)에서 T_{90}의 다른 값을 나타낼 수 있다. 실제로 이런 차이는 실제 상황에서 매우 무시할 정도로 작다. 이에 대한 상세한 정보는 "ITS-90에 대한 추가 정보 (Supplementary Information for the ITS-90)"에 자세히 기록되어 있다.[92]

온도 구간에서 주어진 온도에 대한 T_{90}은 선택된 온도 구간에서 최고로 추정된 수치적인 값인 T와 가장 근접한 값이 될 수 있는 방법으로 ITS-90은 구성되어 있다. 열역학적 온도의 직접적인 측정을 비교하는 방식을 이용함으로써 T_{90}의 측정은 매우 쉬우며, 정교하고 재현성도 우수하다. T_{90}과 1968년에 국제실용온도척도(IPTS-68)에서 정의된 값 사이에는 그림 A-1과 표 A-1에서 보듯이 약간의 차이가 있다. 마찬가지로 IPTS-68과 IPTS-48 사이에도 차이가 있으며, ITS-48과 ITS-27 사이에도 차이가 있다.

표 A-1 T_{90}, T_{76}, T_{68}의 온도 차이

$(T_{90}-T_{76})$/mK

T_{90}/K	0	1	2	3	4	5	6	7	8	9
0						−0.1	−0.2	−0.3	−0.4	−0.5
10	−0.6	−0.7	−0.8	−1.0	−1.1	−1.3	−1.4	−1.6	−1.8	−2.0
20	−2.2	−2.5	−2.7	−3.0	−3.2	−3.5	−3.8	−4.1		

$(T_{90}-T_{68})$/K

T_{90}/K	0	1	2	3	4	5	6	7	8	9
10					−0.006	−0.003	−0.004	−0.006	−0.008	−0.009
20	−0.009	−0.008	−0.007	−0.007	−0.006	−0.005	−0.004	−0.004	−0.005	−0.006
30	−0.006	−0.007	−0.008	−0.008	−0.008	−0.006	−0.007	−0.007	−0.006	−0.006
40	−0.006	−0.006	−0.006	−0.006	−0.006	−0.006	−0.007	−0.007	−0.006	−0.006
50	−0.006	−0.005	−0.005	−0.004	−0.003	−0.002	−0.001	−0.000	0.001	0.002
60	0.003	0.003	0.004	0.004	0.005	0.005	0.006	0.006	0.007	0.007
70	0.007	0.007	0.007	0.007	0.007	0.008	0.008	0.008	0.008	0.008
80	0.008	0.008	0.008	0.008	0.008	0.008	0.008	0.008	0.008	0.008
90	0.008	0.008	0.008	0.008	0.008	0.008	0.008	0.009	0.009	0.009
T_{90}/K	**0**	**10**	**20**	**30**	**40**	**50**	**60**	**70**	**80**	**90**
100	0.009	0.011	0.013	0.014	0.014	0.014	0.014	0.013	0.012	0.012
200	0.011	0.010	0.009	0.008	0.007	0.005	0.003	0.001		

A3. 1990년의 국제온도척도 정의(ITS-90)

0.65 K와 5.0 K 사이의 온도에 대해 ^{3}He과 ^{4}He의 증기압과 온도 관계를 이용하여 T_{90} 온도가 정의되어 있으며, 3.0 K와 네온의 삼중점(24.5561 K) 사이에 대해서는 3가지 현실성 있는 온도(고정점)에서 교정된 헬륨가스 온도계를 사용하여 특화된 보간법으로 T_{90} 온도가 정의되어 있다. 평형 수소의 삼중점(13.8033 K)과 은의 녹는점(961.78℃)의 온도에 대해, 정의된 고정점에서 교정된 백금저항온도계를 이용하여 특화된 보간법을 사용하여 T_{90} 온도가 정의되어 있다. 은의 어는점(961.78℃) 이상에서는 고정점과 플랑크 복사법칙을 이용해서 T_{90}이 정의되어 있다. ITS-90에서 정의된 고정점은 표 A-2와 같으며, 14종의 순수한 화학 물질과 물의 열역학적 평형상태의 온도를 사용하였다. 압력의 영향, 센서를 담그는 깊이에 따른 효과와 기타 원인들에 의한 효과는 표 A-3과 같다. 그리고 그림 A-2와 표 A-4에서 보듯이 각 온도 범위에 적합한 표준온도계도 정의하였다.[93]

표 A-2 ITS-90에서 정의된 표준 온도점

#	물질의 상태	온도	
		절대온도(K)	섭씨온도(℃)
1	헬륨 증기	3~5	
2	수소 삼중점	13.8033	−259.3467
3	네온 삼중점	24.5561	−248.5939
4	산소 삼중점	54.3584	−218.7916
5	아르곤 삼중점	83.8058	−189.3442
6	수은 삼중점	234.3156	−38.8344
7	물 삼중점	273.16	0.01
8	갈륨 녹는점	302.9146	29.7646
9	인듐 녹는점	429.7485	156.5985
10	주석 녹는점	505.078	231.928
11	아연 녹는점	692.677	419.527
12	알루미늄 녹는점	933.473	660.323
13	은 녹는점	1234.93	961.78
14	금 녹는점	1337.33	1064.18
15	구리 녹는점	1357.77	1084.62

표 A-3 정의된 고정점에서 온도에 영향을 주는 압력과 깊이의 효과

재료	평형 온도값 T_{90}/K	온도 변동	
		압력효과 $(dT/dP)/(10^{-8}K \cdot Pa^{-1})$	깊이 h 효과 $(dT/dh)/(10^{-3}K \cdot m^{-1})$
평형 수소(T)	13.8033	34	0.25
네온(T)	24.5561	16	1.9
산소(T)	54.3584	12	1.5
아르곤(T)	83.8058	25	3.3
수은(T)	234.3156	5.4	7.1
물(T)	273.16	−7.5	−0.73
갈륨	302.9146	−2.0	−1.2
인듐	429.7485	4.9	3.3
주석	505.078	3.3	2.2
아연	692.677	4.3	2.7
알루미늄	933.473	7.0	1.6
은	1,234.93	6.0	5.4
금	1,337.33	6.1	10
구리	1,357.77	3.3	2.6

그림 A-2 ITS-90에서 정의된 구간온도별 표준 온도계

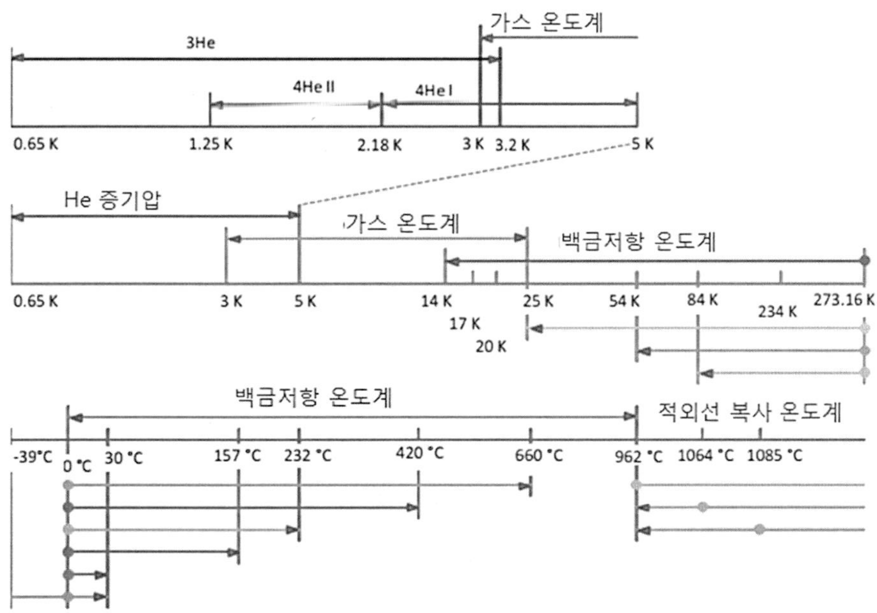

표 A-4 ITS-90에서 정의한 구간온도별 표준온도 및 교정법

낮은 온도(K)	높은 온도(K)	변수	표준 온도계	교정 식
0.65	3.2	1	^{3}He 증기압 온도계	증기압-온도 관계식을 이용
1.25	2.1768	1	^{4}He 증기압 온도계	
2.1768	5.0	1		
3.0	24.5561	1	헬륨 가스 온도계	3개의 고정점을 이용하여 계산
13.8033	1234.93	11	백금저항 온도계	온도와 저항관계식을 이용
1234.93	∞	3	적외선 온도계	플랑크 복사법칙을 이용

A3.1 0.65K~5.0K 영역 : 헬륨 증기압 온도 방정식

이 영역의 온도는 ^{3}He과 ^{4}He의 증기압 p로부터 T_{90} 온도를 다음의 식으로부터 계산한다. 0.65 K~3.2 K 영역에서는 ^{3}He의 증기압, 1.25 K~2.1768 K 영역과 2.1768 K~5.0 K 영역에서는 ^{4}He의 증기압을 사용한다. 그리고 여기서 상수 A_0와 A_i, B, C는 표 A-5와 같다.

$$T_{90} = A_0 + \sum_{i=1}^{9} A_i \left[\frac{\ln(p/Pa) - B}{C} \right]^i \tag{A-3}$$

표 A-5. ^{3}He과 ^{4}He 증기압에 따른 식 (A-3)의 상수값

	^{3}He, 0.65K~3.2K	^{4}He, 1.25K~2.1768K	^{4}He, 2.1768K~5.0K
A_0	1.053 447	1.392 408	3.146 631
A_1	0.980 106	0.527 153	1.357 655
A_2	0.676 380	0.166 756	0.413 923
A_3	0.372 692	0.050 988	0.091 159
A_4	0.151 656	0.026 514	0.016 349
A_5	−0.002 263	0.001 975	0.001 826
A_6	0.006 596	−0.017 976	−0.004 325
A_7	0.088 966	0.005 409	−0.004 973
A_8	−0.004 770	0.013 259	0
A_9	−0.054 943	0	0
B	7.3	5.6	10.3
C	4.3	2.9	1.9

A3.2 3.0K~네온 삼중점(24.5561 K) 영역 : 가스 온도계

이 영역에서의 온도는 3가지 온도에서 교정된 정압형 ^{3}He과 ^{4}He의 가스 온도계로 정의된다. 네온의 삼중점(24.5561 K), 수소의 삼중점(13.8033 K), 3.0 K~5.0 K 사이의 온도는 A3.1에서 정의된 온도로 결정된다.

A3.2.1 ^{4}He 가스 온도계를 이용한 4.2 K~네온 삼중점(24.5561 K) 영역

^{4}He의 가스 온도계를 이용하여 4.2 K부터 네온의 삼중점인 24.5561 K 사이의 온도는 다음의 식으로 정의된다.

$$T_{90} = a + bp + cp^2 \qquad \text{(A-4)}$$

여기서, p는 가스 온도계의 압력이고, a, b, c는 3가지 온도에서 측정된 값으로부터 계산되는 값이다. 그러나 가장 낮은 온도 측정영역은 4.2 K와 5.0 K 사이로 제한된다.

A3.2.2 ^{3}He 또는 ^{4}He의 가스 온도계를 이용한 3.0 K~네온 삼중점(24.5561 K) 영역

4.2 K 이하에서 사용이 가능한 ^{3}He과 ^{4}He의 가스 온도계를 이용하는 경우, 가스의 비이상성 특성은 적절한 2차 비리알 계수(virial coefficient) $B_3(T_{90})$ 또는 $B_4(T_{90})$를 사용하여 해결해야 한다. 이 영역에서의 T_{90}은 다음의 식으로 정의된다.

$$T_{90} \frac{a + bp + cp^2}{1 + B_x(T_{90})N/V} \qquad \text{(A-5)}$$

여기서, p는 가스 온도계의 압력이고, a, b, c는 식 (A-4)와 같은 방법으로 유도할 수 있는 값이다. 가스 밀도인 N/V에서 V는 벌브의 부피이며 N은 가스의 양이다. 그리고 x는 사용하는 동위원소에 따라 3 또는 4의 값을 가지며, 2차 비리알 계수(virial coefficient)의 관계는 다음과 같다.

^{3}He의 경우,

$$B_3(T_{90})/\mathrm{m^3\,mol^{-1}} = \{16.69 - 336.98(T_{90}/K)^{-1} + 91.04(T_{90}/K)^{-2} - 13.82(T_{90}/K)^{-3}\}\,10^{-6} \qquad \text{(A-6a)}$$

^{4}He의 경우,

$$B_4(T_{90})/\mathrm{m}^3\mathrm{mol}^{-1} = \{16.708 - 374.05(T_{90}/K)^{-1} - 383.53(T_{90}/K)^{-2} + 1{,}799.2(T_{90}/K)^{-3} - 4{,}033.2(T_{90}/K)^{-4} + 3{,}252.8(T_{90}/K)^{-5}\}\ 10^{-6} \quad \text{(A-6b)}$$

식 (A-4)와 식 (A-5)를 이용한 T_{90}의 정밀도는 가스 온도계의 디자인과 사용된 가스의 밀도에 의해 결정된다. 이에 대한 상세한 내용은 "ITS-90에 대한 추가 정보 (Supplementary Information for the ITS-90)"에 나와 있다.

A3.3 평형 수소 삼중점(13.8033 K)에서 은의 어는점(961.78℃) 영역: 백금저항 온도계 사용

이 영역의 온도는 백금저항 온도계를 사용하는 것을 표준으로 한다. 하나의 백금저항 온도계로 전 온도영역에 대한 표준을 제공하지는 않고, 구조에 따라 제조방법에 따라 정해지며, 특히 온도계 형태, 동작 온도 범위, 허용 가능한 누설전류, 저항, 열처리 등에 따라 달라진다. 이에 대한 보다 상세한 정보는 "ITS-90에 대한 추가 정보(Supplementary Information for the ITS-90)"에 자세히 기록되어 있다.[94] 약 420℃ 이상의 온도에서 사용하고자 하면 적절한 열처리 기법으로 만든 백금저항 온도계를 사용해야 한다.

이 영역의 온도는 온도 T_{90}에서 저항 $R(T_{90})$과 물의 삼중점에서의 저항 $R(273.16K)$의 비율에서 계산할 수 있다. 그리고 저항비율 $W(T_{90})$은 다음과 같다.

$$W(T_{90}) = R(T_{90})/R(273.16K) \quad \text{(A-7)}$$

이 값은 ITS-27, ITS-48, ITS-68에서 정의한 값과 다르게 정의되었는데, 이전의 값들은 0℃의 온도(1954년 이후로 273.15 K로 정의)를 사용하여 $W(T)$를 정의하였다. 백금저항 온도계는 순수하고 변형이 없는 백금을 이용하여 만들어야 하며, 최소한 다음의 두 가지 관계식 중에 하나는 만족해야 한다.

$$W(29.7646℃) \geq 1.11807 \quad \text{(A-8a)}$$

$$W(-38.8344℃) \leq 0.844235 \quad \text{(A-8b)}$$

그리고 은의 어는점까지 백금저항온도계를 사용하려면 다음의 조건을 만족해야 한다.

$$W(961.78℃) \geq 4.2844 \tag{A-8c}$$

백금저항 온도계는 3가지 구간온도별로 계산하는 방법이 서로 약간씩 다르다. T_{90}은 아래 식 (A-9b)와 식 (A-10b)에서 적절한 표준함수로 정의된 $W_r(T_{90})$과 $W(T_{90}) - W_r(T_{90})$ 차이로부터 온도를 얻을 수 있다. 정의된 고정점에서 직접 온도계의 교정을 통해 $W(T_{90}) - W_r(T_{90})$ 차이는 얻을 수 있다. 고정점 사이의 중간 온도는 편차함수 {식 (A-12), 식 (A-13), 식 (A-14)}로부터 계산할 수 있다.

(i) 13.8033 K~273.16 K의 온도에서는 아래에 정의된 함수를 사용한다.

$$\ln[W_r(T_{90})] = A_0 + \sum_{i=1}^{12} A_i \left[\frac{\ln(T_{90}/273.16K) + 1.5}{1.5}\right]^i \tag{A-9a}$$

위의 식에서 0.1 mK 오차 범위에서 동일한 역함수는 다음과 같다.

$$T_{90}/273.16K = B_0 + \sum_{i=1}^{15} B_i \left[\frac{W_r(T_{90})^{1/6} - 0.65}{0.35}\right]^i \tag{A-9b}$$

위 식에 있는 상수 A_0, A_i, B_0, B_i는 표 A-6과 같다. 백금저항 온도계는 이 온도 범위의 전 영역을 이용해서 교정할 수도 있고, 273.16 K가 상한 온도이고 저온의 하한온도가 각각 24.5561 K, 54.3584 K, 83,8058 K인 경우에는 보다 작은 온도 교정점을 이용해서 교정할 수도 있다.

(ii) 0℃~961.78℃의 온도에서는 다음과 같은 함수를 이용한다.

$$W_r(T_{90}) = C_0 + \sum_{i=1}^{9} C_i \left[\frac{T_{90}/K - 754.15}{481}\right]^i \tag{A-10a}$$

위의 식에서 0.13 mK 오차 범위에서 동일한 역함수는 다음과 같다.

$$T_{90}/K - 273.15 = D_0 + \sum_{i=1}^{9} D_i \left[\frac{W_r(T_{90}) - 2.64}{1.64}\right]^i \tag{A-10b}$$

여기에 주어진 상수는 표 A-6의 값과 같다. 백금저항 온도계는 전 온도범위를 사용해서 교정할 수도 있고, 0℃인 하한 온도이고 상한 온도가 660.323℃, 419.527℃, 231.928℃, 156.5985℃, 29.7646℃인 경우에는 보다 작은 교정점을 이용해서 교정해도 된다.

(iii) 234.3156K(-38.8344℃)에서 29.7646℃ 사이의 온도범위에서는 온도계를 교정해서 사용할 수 있으며, 교정은 이들 온도와 물의 삼중점을 이용해서 수행할 수 있다.

표 A-6 백금저항 온도계의 기준함수에 대한 상수값

A_0	−2.135 347 29	B_0	0.183 324 722
A_1	3.183 247 20	B_1	0.240 975 303
A_2	−1.801 435 97	B_2	0.209 108 771
A_3	0.717 272 04	B_3	0.190 439 972
A_4	0.503 440 27	B_4	0.142 648 498
A_5	−0.618 993 95	B_5	0.077 993 465
A_6	−0.053 323 22	B_6	0.012 475 611
A_7	0.280 213 62	B_7	−0.032 267 127
A_8	0.107 152 24	B_8	−0.075 291 522
A_9	−0.293 028 65	B_9	−0.056 470 670
A_{10}	0.044 598 72	B_{10}	0.076 201 285
A_{11}	0.118 686 32	B_{11}	0.123 893 204
A_{12}	−0.052 481 34	B_{12}	−0.029 201 193
		B_{13}	−0.091 173 542
		B_{14}	0.001 317 696
		B_{15}	0.026 025 526
C_0	2.781 572 54	D_0	439.932 854
C_1	1.646 509 16	D_1	472.418 020
C_2	−0.137 143 90	D_2	37.684 494
C_3	−0.006 497 67	D_3	7.472 018
C_4	−0.002 344 44	D_4	2.920 828
C_5	0.005 118 68	D_5	0.005 184
C_6	0.001 879 82	D_6	−0.963 864
C_7	−0.002 044 72	D_7	−0.188 732
C_8	−0.000 461 22	D_8	0.191 203
C_9	0.000 457 24	D_9	0.049 025

표 A-7 다양한 온도범위에서 백금저항 온도계의 편차함수와 교정점

상한이 273.16K인 온도범위		
하한온도	편차 함수	교정점
13.8033K	$a[W(T_{90})-1]+b[W(T_{90})-1]^2 + \sum_{i=1}^{5} c_i [\ln W(T_{90})]^{i+n},\ n=2$ (1)	2~9
24.5561K	위의 식 (1)에서 $c_4=c_5=n=0$	2, 5~9
54.3584K	위의 식 (1)에서 $c_2=c_3=c_4=c_5=0, n=1$	6~9
83.8058K	$a[W(T_{90})-1]+b[W(T_{90})-1]\ln W(T_{90})$	7~9
하한이 0℃인 온도범위		
상한온도	편차 함수	교정점
961.78℃	$a[W(T_{90})-1]+b[W(T_{90})-1]^2+c[W(T_{90})-1]^3 + d[W(T_{90})-W(660.323℃)]^2$ (2)	9, 12~15
660.323℃	위의 식 (2)에서 $d=0$	9, 12~14
419.527℃	위의 식 (2)에서 $c=d=0$	9, 12, 13
231.928℃	위의 식 (2)에서 $c=d=0$	9, 11, 12
156.5985℃	위의 식 (2)에서 $b=c=d=0$	9, 11
29.7646℃	위의 식 (2)에서 $b=c=d=0$	9, 10
234.315 K(−38.8344℃) ~ 29.7646℃인 온도범위		
	위의 식 (2)에서 $c=d=0$	8~10

그리고 식 (A-9)와 식 (A-10)의 표준함수들은 이 온도영역에서도 필요하다. 다양한 온도범위와 정의된 고정점은 표 A-7과 같다.

A3.3.1 평형 수소의 삼중점(13.8033 K)에서 물의 삼중점(273.16 K) 영역

온도계는 평형 수소(13.8033 K), 네온(24.5561 K), 산소(54.3584 K), 아르곤(83.8058 K), 수은(234.3156 K), 그리고 물(273.16 K)의 삼중점과 부가적으로 17.0 K와 20.3 K의 온도를 이용해서 교정할 수 있다. 앞에서 설명된 가스 온도계를 사용하거나(여기서 17.0 K와 20.3 K의 두 온도는 16.9 K와 17.1 K, 20.2 K와 20.4 K의 범위 내에 있어야 함), 평형 수소의 증기압-온도 관계식을 이용해서 각각 17.045 K와 20.26 K, 20.26 K와 20.28 K의 온도 범위에 있도록 하고, 각각의 온도에 대해 다음과 같은 식을 이용해서 정확한 온도를 계산할 수 있다.

$$T_{90}/K - 17.035 = \frac{p/\mathrm{kPa} - 33.3213}{13.32} \tag{A-11a}$$

$$T_{90}/K - 20.27 = \frac{p/\mathrm{kPa} - 101.292}{30} \tag{A-11b}$$

그리고 편차함수는 다음과 같다.

$$W(T_{90}) - W_r(T_{90}) = a[W(T_{90}) - 1] + b[W(T_{90}) - 1]^2 + \sum_{i=1}^{5} c_i [\ln W(T_{90})]^{i+n} \tag{A-12}$$

상수 a, b, c_i는 $n=2$일 때 정의된 고정점을 이용해서 측정되는 값이다. 다음에서 기술될 A3.3.1.1에서부터 A3.3.1.3까지의 전 범위와 부분범위에 대해 $W_r(T_{90})$에 필요한 값들은 식 (A-9a) 또는 표 A-2로부터 얻을 수 있다.

A3.3.1.1 네온의 삼중점(24.5561 K)과 물의 삼중점(273.16 K) 사이의 온도

온도계는 평형 수소(13.8033 K), 네온(24.5561 K), 산소(54.3584 K), 아르곤(83.8058 K), 수은(234.3156 K), 물(273.16 K)의 삼중점 온도에서 교정을 하며, 편차 함수는 식 (A-12)를 사용하며, a, b, c_1, c_2, c_3 계수들은 정의된 온도에서 측정된 값이며, $c_4 = c_5 = n = 0$이다.

A3.3.1.2 산소의 삼중점(54.3584 K)과 물의 삼중점(273.16 K) 사이의 온도

온도계는 산소(54.3584 K), 아르곤(83.8058 K), 수은(234.3156 K), 물(273.16 K)의 삼중점에서 교정을 한다. 편차 함수는 식 (2-13)을 사용하며, a, b, c_1은 정의된 고정점에서 측정된 값이고, $c_2 = c_3 = c_4 = c_5 = 0$이고, $n=1$이다.

A3.3.1.3 아르곤의 삼중점(83.8058 K)과 물의 삼중점(273.16 K) 사이의 온도

온도계는 아르곤(83.8058 K), 수은(234.3156 K), 물(273.16 K)의 삼중점에서 교정을 한다. 편차함수는 다음과 같다.

$$W(T_{90}) - W_r(T_{90}) = a[W(T_{90}) - 1] + b[W(T_{90}) - 1]\ln W(T_{90}) \tag{A-13}$$

여기서, a, b는 고정점 온도에서 측정을 통해서 얻어지는 값이다.

A3.3.2 0℃부터 은의 어는점(961.78℃) 사이의 온도

온도계는 물의 삼중점(0.01℃), 주석의 어는점(231.928℃), 아연의 어는점(419.527℃), 알루미늄의 어는점(660.323℃), 은의 어는점(961.78℃)에서 교정을 한다. 이때 편차함수는 다음과 같다.

$$W(T_{90}) - W_r(T_{90}) = a[W(T_{90}) - 1] + b[W(T_{90}) - 1]^2$$
$$+ c[W(T_{90}) - 1]^3 + d[W(T_{90}) - W(660.323℃)]^2 \qquad \text{(A-14)}$$

알루미늄의 어는점 이하의 온도에서는 $d = 0$이며, 나머지 상수 a, b, c는 주석, 아연, 알루미늄의 어는점에서 $W_r(T_{90})$의 측정된 차이로부터 계산할 수 있다. 알루미늄의 어는점에서부터 은의 어는점 사이에서의 a, b, c는 앞에서 결정된 값을 그대로 사용하고, d는 은의 어는점에서 $W_r(T_{90})$로부터 측정된 차이로 결정된다. 다음에 나오는 A3.3.2.1에서부터 A3.3.2.5까지 온도범위와 부분온도범위에 대해 $W_r(T_{90})$에 필요한 값들은 식 (A-10a) 또는 표 A-2에서 얻을 수 있다.

A3.3.2.1 0℃부터 알루미늄의 어는점(660.323℃) 영역

온도계는 물의 삼중점(0.01℃)과 주석(231.928℃), 아연(419.527℃), 알루미늄(660.323℃)의 녹는점에서 교정을 수행한다. 편차함수는 식 (A-14)와 같으며, 상수 a, b, c는 정의된 고정점에서 측정된 값으로부터 결정이 되고, 이때 $d = 0$이다.

A3.3.2.2 0℃부터 아연의 어는점(419.527℃) 영역

온도계는 물의 삼중점(0.01℃)과 주석(231.928℃), 아연(419.527℃)의 녹는점에서 교정을 수행한다. 편차함수는 식 (A-14)와 같으며, 상수 a, b는 정의된 고정점에서 측정된 값으로부터 결정이 되고, $c = d = 0$이다.

A3.3.2.3 0℃부터 주석의 어는점(231.928℃) 영역

온도계는 물의 삼중점(0.01℃)과 주석(231.928℃), 인듐(156.5985℃)의 녹는점에서 교정을 수행한다. 편차함수는 식 (A-14)와 같으며, 상수 a, b는 정의된 고정점에서 측정된 값으로부터 결정이 되고, $c = d = 0$이다.

A3.3.2.4 0℃부터 인듐의 어는점(156.5985℃) 영역

온도계는 물의 삼중점(0.01℃)과 인듐(156.5985℃)의 녹는점에서 교정을 수행한다. 편차함수는 식 (A-14)와 같으며, 상수 a는 정의된 고정점에서 측정된 값으로부터 결정이 되고, $b = c = d = 0$이다.

A3.3.2.5 0℃부터 갈륨의 어는점(29.7646℃) 영역

온도계는 물의 삼중점(0.01℃)과 갈륨(29.7646℃)의 녹는점에서 교정을 수행한다. 편차함수는 식 (A-14)와 같으며, 상수 a는 정의된 고정점에서 측정된 값으로부터 결정이 되고, $b = c = d = 0$이다.

A3.3.3 수은의 삼중점(−38.8344℃)에서 갈륨의 녹는점(29.7646℃) 사이

온도계는 물의 삼중점(0.01℃), 수은의 삼중점(-38.8344℃), 그리고 갈륨(29.7646℃)의 녹는점에서 교정을 수행한다. 편차함수는 식 (A-14)와 같으며, 상수 a, b는 정의된 고정점에서 측정된 값으로부터 결정이 되고, $c = d = 0$이다. $W_r(T_{90})$에 요구된 값은 식 (A-9a)와 식 (A-10a)를 이용하여 각각 273.16K의 위 아래의 온도에서 측정된 값로부터 얻을 수 있다.

A3.4 은의 녹는점(961.78℃) 이상의 온도: 플랑크 복사법칙

은의 녹는점 이상에서의 T_{90}은 다음의 식으로 정의된다.

$$\frac{L_\lambda(T_{90})}{L_\lambda[T_{90}(X)]} = \frac{\exp(c_2[\lambda T_{90}(X)]^{-1}) - 1}{\exp(c_2[\lambda T_{90}]^{-1}) - 1} \qquad \text{(A-15)}$$

여기서, $T_{90}(X)$는 은 $\{T_{90}(Ag) = 1{,}234.93K\}$, 금 $\{T_{90}(Au) = 1{,}337.33K\}$, 또는 구리 $\{T_{90}(Cu) = 1{,}357.77K\}$ 녹는점 중의 하나를 나타내며, $L_\lambda(T_{90})$과 $L_\lambda[T_{90}(X)]$는 각각 온도 T_{90}과 $T_{90}(X)$에서 파장 λ에 해당하는 흑체 복사의 파장 세기를 의미하며, $c_2 = 0.014388\,\mathrm{m \cdot K}$이다. 여기에 대한 자세한 사용법에 대한 것은 "ITS-90에 대한 추가 정보(Supplementary Information for the ITS-90)"에 나와 있다

A4. 추가 정보와 초기 척도와의 차이

세부적인 장치, 방법, 그리고 절차는 "ITS-90에 대한 추가 정보(Supplementary Information for the ITS-90)"에 나와 있다. 이 문서는 이전의 국제온도척도와의 차이점에 대해

서도 설명되어 있으며, $T_{90} - T_{68}$의 차이점에 대해 실질적이고 수학적인 함수로 설명이 되어 있다. 여기에 관한 문서들은 BIPM에서 출판을 주도하고 있으며, 주기적으로 개정판을 내고 업데이트를 실시하고 있다.

부록 B

RTD 센서의 온도-저항 관계

B1. Pt RTD 센서

Din 43760, IEC 751 100Ω Platinum RTD
Alpha=.00385
JMS TYPE E, P, S

Temp. (degrees C)	0	(-10)	(-20)	(-30)	(-40)	(-50)	(-60)	(-70)	(-80)	(-90)
-200	18.53	14.36	10.41							
-100	60.20	56.13	52.04	47.93	43.80	39.65	35.48	31.28	27.05	22.78
0	100.00	96.07	92.13	88.17	84.21	80.25	76.28	72.29	68.28	64.25
	0	(10)	(20)	(30)	(40)	(50)	(60)	(70)	(80)	(90)
0	100.00	103.90	107.79	111.67	115.54	119.40	123.24	127.07	130.89	134.70
100	138.50	142.28	146.06	149.82	153.57	157.32	161.04	164.76	168.47	172.16
200	175.84	179.51	183.17	186.82	190.46	194.08	197.70	201.30	204.88	208.46
300	212.03	215.58	219.13	222.66	226.18	229.69	233.19	236.67	240.15	243.61
400	247.06	250.50	253.93	257.34	260.75	264.14	267.52	270.89	274.25	277.60
500	280.93	284.26	287.57	290.87	294.16	297.43	300.70	303.95	307.20	310.43
600	313.65	316.86	320.05	323.24	326.41	329.57	332.72	335.86	338.99	342.10

NOTE: Due to the interchangeability tolerance of the RTD's, the JMS type E matches both DIN 43760 / IEC 751, and British Standard BS 1904 curves.

BS 1904, 100Ω Platinum RTD
Alpha=.00385
JMS TYPE E

Temp. (degrees C)	0	(-10)	(-20)	(-30)	(-40)	(-50)	(-60)	(-70)	(-80)	(-90)
-200	18.56	14.40	10.45							
-100	60.28	56.21	52.12	48.01	43.88	39.72	35.54	31.34	27.11	22.83
0	100.00	96.09	92.16	88.23	84.29	80.32	76.34	72.35	68.34	64.32
	0	(10)	(20)	(30)	(40)	(50)	(60)	(70)	(80)	(90)
0	100.00	103.90	107.79	111.67	115.54	119.40	123.24	127.07	130.89	134.70
100	138.50	142.29	146.06	149.82	153.57	157.31	161.04	164.76	168.46	172.16
200	175.83	179.50	183.16	186.82	190.45	194.07	197.69	201.29	204.88	208.46
300	212.02	215.58	219.12	222.66	226.18	229.69	233.19	236.68	240.16	243.61
400	247.08	250.52	253.95	257.37	260.77	264.17	267.56	270.94	274.29	277.64
500	280.98	284.31	287.67	290.93	294.22	297.50	300.76	304.02	307.27	310.51
600	313.72	316.93	320.12	323.31	326.50	329.60	332.80	335.90	339.10	342.20

NOTE: Due to the interchangeability tolerance of the RTD's, the JMS type E matches both DIN 43760 / IEC 751, and British Standard BS 1904 curves.

SAMA RC21-4 1966, 98.13Ω Platinum RTD
Alpha=.003923
JMS TYPE F

Temp. (degrees C)	0	(-10)	(-20)	(-30)	(-40)	(-50)	(-60)	(-70)	(-80)	(-90)
-200	16.67									
-100	58.40	54.34	50.26	46.15	42.02	37.87	33.69	29.48	25.24	20.97
0	98.13	94.22	90.29	86.36	82.41	78.44	74.47	70.47	66.47	62.44
	0	(10)	(20)	(30)	(40)	(50)	(60)	(70)	(80)	(90)
0	98.13	102.03	105.92	109.80	113.67	117.52	121.37	125.20	129.02	132.83
100	136.63	140.41	144.19	147.95	151.70	155.44	159.17	162.89	166.06	170.29
200	173.97	177.64	181.30	184.95	188.58	192.22	195.83	199.43	203.02	206.60
300	210.17	213.73	217.27	220.80	224.33	227.84	231.34	234.83	238.30	241.77
400	245.22	248.66	252.09	255.51	258.92	262.32	265.70	269.07	272.43	275.78
500	279.12	282.45	285.76	289.07	292.36	295.64	298.91	302.17	305.42	308.65
600	311.88									

JISC 1604-1981, 100Ω Platinum RTD
Alpha=.003916
JMS TYPE G

Temp. (degrees C)	0	(-10)	(-20)	(-30)	(-40)	(-50)	(-60)	(-70)	(-80)	(-90)
-200	17.05									
-100	59.57	55.43	51.28	47.10	42.90	38.67	34.41	03.12	25.80	21.44
0	100.00	92.03	92.03	88.02	84.00	79.97	75.92	71.86	67.78	63.68
	0	(10)	(20)	(30)	(40)	(50)	(60)	(70)	(80)	(90)
0	100.00	103.97	107.93	111.87	115.81	119.73	123.64	127.54	131.42	135.30
100	139.16	143.01	146.85	150.68	154.49	158.30	162.09	165.87	169.64	173.40
200	177.14	180.87	184.60	188.30	192.00	195.69	199.36	203.03	206.68	210.31
300	213.94	217.56	221.16	224.75	228.33	231.90	235.46	239.00	242.53	246.05
400	249.56	253.06	256.55	260.02	263.48	266.93	270.37	273.80	277.21	280.61
500	284.00	287.38	290.75	294.11	297.45	300.78	304.10	307.41	310.71	313.99
600	317.27	320.53	323.78							

Laboratory Grade, 100Ω Platinum RTD
Alpha=.00392
JMS TYPE J

Temp. (degrees C)	0	(-10)	(-20)	(-30)	(-40)	(-50)	(-60)	(-70)	(-80)	(-90)
0	100.00	96.02	92.02	88.01	83.99	79.96	75.91			
	0	(10)	(20)	(30)	(40)	(50)	(60)	(70)	(80)	(90)
0	100.00	103.97	107.93	111.88	115.82	119.75	123.66	127.56	131.45	135.33
100	139.20	143.06	146.90	150.73	154.55	158.36	162.16	165.94	169.72	173.48
200	177.23	180.97	184.69	188.41	192.11	195.80	199.48	203.15	206.80	210.45
300	214.08	217.70	221.31	224.91	228.50	232.07	235.63	239.19	242.72	246.25
400	249.76	253.27	256.76	260.24	263.71	267.16	270.61	274.04	277.46	280.88
500	284.27	287.66	291.03	294.40	297.75	301.09	304.42	307.73	3011.04	314.33
600	317.61	320.88	324.14	327.38	330.62	333.84	337.05	340.25	343.44	346.61

NOTE: Based on NIST Supplementary ITS-90. These values were available at time if publication but subject to approval by ASTM as laboratory grade.

Uncommon American 100Ω Platinum RTD
Alpha=.003902
JMS TYPE H

Temp. (degrees C)	0	(-10)	(-20)	(-30)	(-40)	(-50)	(-60)	(-70)	(-80)	(-90)
-100	59.69									
0	100.00	96.03	92.06	88.06	84.06	80.04	76.01	71.96	67.89	63.80
	0	(10)	(20)	(30)	(40)	(50)	(60)	(70)	(80)	(90)
0	100.00	103.96	107.90	111.83	115.75	119.66	123.55	127.44	131.31	135.17
100	139.02	142.86	146.68	150.50	154.30	158.09	161.87	165.64	169.39	173.14
200	176.87	180.59	184.30	188.00	191.68	195.35	199.02	202.67	206.31	209.93
300	213.55	217.15	220.74	224.32	227.89	231.45	234.99	238.52	242.05	245.56
400	249.05	252.54	256.01	259.48	262.93	266.37	269.79	273.21	276.62	280.01
500	283.39	286.76	290.11	239.46	296.79	300.12	303.43	306.73	310.01	313.29
600	316.55	319.80	323.04	326.27	329.49	332.70				

B2. Cu RTD 센서(10Ω @ 25℃)

°C	0	1	2	3	4	5	6	7	8	9
-190	1.471	1.430	1.389	1.348	1.306	1.265	1.223	1.182	1.140	1.009
-180	1.884	1.843	1.802	1.761	1.719	1.678	1.637	1.596	1.554	1.513
-170	2.295	2.254	2.213	2.172	2.131	2.090	2.049	2.008	1.967	1.925
-160	2.705	2.664	2.623	2.582	2.541	2.500	2.459	2.418	2.377	2.336
-150	3.112	3.072	3.031	2.990	2.949	2.909	2.868	2.827	2.786	2.745
-140	3.519	3.478	3.437	3.397	3.356	3.316	3.275	3.234	3.194	3.153
-130	3.923	3.883	3.842	3.802	3.762	3.721	3.681	3.640	3.600	3.559
-120	4.326	4.286	4.246	4.206	4.165	4.125	4.085	4.044	4.004	3.964
-110	4.728	4.688	4.648	4.608	4.567	4.527	4.487	4.447	4.407	4.366
-100	5.128	5.088	5.048	5.008	4.968	4.928	4.888	4.848	4.808	4.768
-90	5.526	5.486	5.446	5.407	5.367	5.327	5.287	5.247	5.208	5.168
-80	5.923	5.883	5.844	5.804	5.764	5.725	5.685	5.645	5.606	5.566
-70	6.318	6.279	6.239	6.200	6.160	6.121	6.081	6.042	6.002	5.962
-60	6.712	6.672	6.633	6.594	6.554	6.515	6.476	6.436	6.397	6.358
-50	7.104	7.064	7.025	6.986	6.947	6.908	6.869	6.830	6.790	6.751
-40	7.490	7.451	7.413	7.374	7.335	7.296	7.258	7.220	7.181	7.142
-30	7.876	7.838	7.799	7.761	7.722	7.683	7.645	7.606	7.568	7.529
-20	8.263	8.224	8.185	8.147	8.108	8.070	8.031	7.992	7.954	7.915
-10	8.649	8.610	8.572	8.533	8.494	8.456	8.417	8.378	8.340	8.301
0	9.035	9.996	9.958	8.919	8.881	8.842	8.805	8.765	8.726	8.687
0	9.035	9.074	9.112	9.151	9.189	9.228	9.267	9.305	9.344	9.383
10	9.421	9.460	9.498	9.537	9.576	9.614	9.653	9.692	9.730	9.769
20	9.807	9.846	9.885	9.923	9.962	10.000	10.039	10.078	10.116	10.155
30	10.194	10.232	10.271	10.309	10.348	10.387	10.425	10.464	10.502	10.541
40	10.580	10.618	10.657	10.696	10.734	10.773	10.811	10.850	10.889	10.927
50	10.966	11.005	11.043	11.082	11.120	11.159	11.198	11.236	11.275	11.313
60	11.352	11.391	11.429	11.468	11.507	11.545	11.584	11.622	11.661	11.700
70	11.738	11.777	11.816	11.854	11.893	11.931	11.970	12.009	12.047	12.086
80	12.124	12.163	12.202	12.240	12.279	12.318	12.356	12.395	12.433	12.472
90	12.511	12.549	12.588	12.627	12.665	12.704	12.742	12.781	12.820	12.858
100	12.897	12.935	12.974	13.013	13.051	13.090	13.129	13.167	13.206	13.244
110	13.283	13.322	13.360	13.399	13.437	13.476	13.515	13.553	13.592	13.631
120	13.669	13.708	13.746	13.785	13.824	13.862	13.901	13.940	13.978	14.017
130	14.055	14.094	14.133	14.171	14.210	14.248	14.287	14.326	14.364	14.403
140	14.442	14.480	14.519	14.557	14.596	14.635	14.673	14.712	14.751	14.789
150	14.828	14.867	14.906	14.945	14.984	15.022	15.061	15.100	15.139	15.178
160	15.217	15.256	15.295	15.334	15.373	15.412	15.451	15.490	15.529	15.568
170	15.607	15.646	15.685	15.724	15.736	15.802	15.840	15.879	15.918	15.957
180	15.996	16.035	16.074	16.113	16.152	16.191	16.230	16.269	16.308	16.347
190	16.386	16.425	16.464	16.503	16.542	16.581	16.620	16.659	16.698	16.737
200	16.776	16.815	16.854	16.893	16.932	16.971	17.010	17.049	17.088	17.127
210	17.166	17.205	17.244	17.283	17.321	17.360	17.399	17.348	17.477	17.516
220	17.555	17.594	17.633	17.672	17.711	17.750	17.789	17.828	17.867	17.906
230	17.945	17.984	18.023	18.062	18.101	18.140	18.179	18.218	18.257	18.296
240	18.335	18.374	18.413	18.452	18.491	18.530	18.569	18.608	18.648	18.687
250	18.726	18.765	18.804	18.843	18.882	18.921	18.960	18.999	18.038	18.077
260	19.116									

B3. Ni RTD 센서(120Ω @ 0℃)

°C	0	1	2	3	4	5	6	7	8	9
-70	73.10	72.45	71.80	71.15	70.50	69.85	69.20	68.55	67.90	67.25
-60	79.62	78.97	78.31	77.66	77.01	76.36	75.71	75.06	74.40	73.75
-50	86.17	85.51	84.86	84.20	83.55	82.89	82.84	81.58	80.93	80.27
-40	92.76	92.10	91.44	90.78	90.12	89.46	88.80	88.14	87.48	86.83
-30	99.41	98.74	98.07	97.41	96.74	96.07	95.41	94.75	94.08	93.42
-20	106.15	105.47	104.79	104.11	103.44	102.77	102.09	101.42	100.75	100.08
-10	113.00	112.31	111.62	110.93	110.25	109.56	108.87	108.19	107.51	106.83
0	120.00	119.29	118.58	117.88	117.17	116.47	115.77	115.08	114.38	113.69
0	120.00	120.71	121.42	122.13	112.85	123.57	124.28	125.00	125.72	126.45
10	127.17	127.90	128.63	129.36	130.09	130.82	131.56	132.29	133.03	133.77
20	134.52	135.26	136.01	136.76	137.51	138.26	139.02	139.77	140.53	141.29
30	142.06	142.82	143.59	144.36	145.13	145.90	145.68	147.46	148.23	149.01
40	149.79	150.58	151.36	152.15	152.94	153.74	154.53	155.33	156.13	156.93
50	157.74	158.55	159.36	160.17	160.98	161.80	162.62	163.44	164.26	165.08
60	165.90	166.73	167.56	168.38	169.21	170.05	170.88	171.72	172.56	173.40
70	174.25	175.10	175.95	176.80	177.66	178.51	179.37	180.24	181.10	181.97
80	182.84	183.71	184.59	185.46	186.34	187.22	188.10	188.98	189.87	190.75
90	191.64	192.53	194.32	193.42	195.21	196.11	197.01	197.91	198.82	199.73
100	200.64	201.55	202.46	203.38	204.30	205.22	206.14	207.06	207.99	208.92
110	209.85	210.78	211.72	212.66	213.60	214.54	215.49	216.44	217.39	218.34
120	219.29	220.25	221.21	222.17	223.14	224.10	225.07	226.04	227.01	227.99
130	228.96	229.94	230.92	231.90	232.89	233.88	234.87	235.86	236.85	237.85
140	238.85	239.85	240.85	241.86	242.86	243.87	244.88	245.89	246.91	247.93
150	248.95	249.97	251.00	242.02	253.05	254.09	255.12	256.16	257.21	258.25
160	259.30	260.35	261.40	262.45	263.51	264.57	265.63	266.60	267.76	268.83
170	269.91	270.98	272.06	273.14	274.22	275.30	276.39	277.48	278.57	279.67
180	280.77	281.87	282.98	284.09	285.21	286.33	287.45	288.57	289.70	290.83
190	291.96	293.10	294.24	295.38	296.52	297.67	298.82	299.97	301.13	302.29
200	303.46	304.62	305.80	306.97	308.15	309.34	310.52	311.72	312.91	314.11
210	315.31	316.52	317.72	318.94	320.15	321.37	322.59	323.82	325.05	326.29
220	327.53	328.77	330.02	331.27	332.52	335.05	333.78	336.32	337.59	338.86
230	340.14	314.42	342.71	344.00	345.30	346.59	234.90	349.20	350.51	351.82
240	353.14	354.46	355.79	357.12	358.45	359.79	361.13	362.47	363.82	365.18
250	366.53	376.89	369.26	370.62	372.00	373.37	374.75	376.13	377.52	378.91
260	380.31	381.70	385.11	384.52	385.93	387.34	388.77	390.19	391.62	393.05
270	394.49	395.93	379.38	398.82	400.28	401.73	403.19	404.66	406.12	407.60
280	409.07	410.55	412.03	413.52	415.01	416.51	418.01	419.51	421.02	422.53
290	424.05	425.57	427.09	428.62	430.16	431.70	433.24	434.78	436.33	437.89
300	439.44	441.00	442.57	444.13	445.70	447.28	448.86	450.44	452.02	453.61
310	455.20	456.80	458.40	460.00	461.60	463.20	464.80	466.40	468.00	46.60
320	471.20									

Omega 사의 서미스터 센서의 온도-저항 관계

Model No.	44004 44033	44005 44030	44007 44034	44006 44031	44008 44032
Ω 25°C	2252	3000	5000	10,000	30,000
BODY	BLACK ORANGE	BLACK ORANGE	BLACK ORANGE	BLACK ORANGE	BLACK ORANGE
END	YELLOW ORANGE	GREEN BLACK	VIOLET YELLOW	BLUE BROWN	GREY RED
TEMP. °C	RESISTANCE Ω				
- 80	1660K	2211K	3685K	3558K	
79	1518K	2022K	3371K	3296K	
78	1390K	1851K	3086K	3055K	
77	1273K	1696K	2827K	2833K	
76	1167K	1555K	2592K	2629K	
75	1071K	1426K	2378K	2440K	
74	982.8K	1309K	2182K	2266K	
73	902.7K	1202K	2005K	2106K	
72	829.7K	1105K	1843K	1957K	
71	763.1K	1016K	1695K	1821K	
-70	702.3K	935.4K	1560K	1694K	
69	646.7K	861.4K	1436K	1577K	
68	595.9K	793.7K	1323K	1469K	
67	549.4K	731.8K	1220K	1369K	
66	506.9K	675.2K	1126K	1276K	
65	467.9K	623.3K	1039K	1190K	
64	432.2K	575.7K	959.9K	1111K	
63	399.5K	532.1K	887.2K	1037K	
62	369.4K	492.1K	820.5K	968.4K	
61	341.8K	455.3K	759.2K	904.9K	
-60	316.5K	421.5K	702.9K	845.9K	
59	293.2K	390.5K	651.1K	791.1K	
58	271.7K	361.9K	603.5K	740.2K	
57	252.0K	335.7K	559.7K	692.8K	
56	233.8K	311.5K	519.4K	648.8K	
55	217.1K	289.2K	482.2K	607.8K	
54	201.7K	268.6K	447.9K	569.6K	
53	187.4K	249.7K	416.3K	534.1K	
52	174.3K	232.2K	387.1K	501.0K	
51	162.2K	216.0K	360.2K	470.1K	
-50	151.0K	201.1K	335.3K	441.3K	
49	140.6K	187.3K	312.3K	414.5K	
48	131.0K	174.5K	291.0K	389.4K	
47	122.1K	162.7K	271.3K	366.0K	
46	113.9K	151.7K	253.0K	344.1K	
45	106.3K	141.6K	236.2K	323.7K	
44	99.26K	132.2K	220.5K	304.6K	
43	92.72K	123.5K	205.9K	286.7K	
42	86.65K	115.4K	192.5K	270.0K	
41	81.02K	107.9K	180.0K	254.4K	
-40	75.79K	101.0K	168.3K	239.8K	884.6K
39	70.93K	94.48K	157.5K	226.0K	830.9K
38	66.41K	88.46K	147.5K	213.2K	780.8K
37	62.21K	82.87K	138.2K	201.1K	733.9K
36	58.30K	77.66K	129.5K	189.8K	690.2K
35	54.66K	72.81K	121.4K	179.2K	649.3K
34	51.27K	68.30K	113.9K	169.3K	611.0K
33	48.11K	64.09K	106.9K	160.0K	575.2K
32	45.17K	60.17K	100.3K	151.2K	541.7K
31	42.42K	56.51K	94.22K	143.0K	510.4K
-30	39.86K	53.10K	88.53K	135.2K	481.0K
29	37.47K	49.91K	83.22K	127.9K	453.5K
28	35.24K	46.94K	78.26K	121.1K	427.7K
27	33.15K	44.16K	73.62K	114.6K	403.5K
26	31.20K	41.56K	69.29K	108.6K	380.9K
25	29.38K	39.13K	65.24K	102.9K	359.6K
24	27.67K	36.86K	61.45K	97.49K	339.6K
23	26.07K	34.73K	57.90K	92.43K	320.9K
22	24.58K	32.74K	54.58K	87.66K	303.3K
21	23.18K	30.87K	51.47K	83.16K	286.7K

Model No.	44004 44033	44005 44030	44007 44034	44006 44031	44008 44032
Ω 25°C	2252	3000	5000	10,000	30,000
BODY	BLACK ORANGE	BLACK ORANGE	BLACK ORANGE	BLACK ORANGE	BLACK ORANGE
END	YELLOW ORANGE	GREEN BLACK	VIOLET YELLOW	BLUE BROWN	GREY RED
TEMP. °C	RESISTANCE Ω				
-20	21.87K	29.13K	48.56K	78.91K	271.2K
19	20.64K	27.49K	45.83K	74.91K	256.5K
18	19.48K	25.95K	43.27K	71.13K	242.8K
17	18.40K	24.51K	40.86K	67.57K	229.8K
16	17.39K	23.16K	38.61K	64.20K	217.6K
15	16.43K	21.89K	36.49K	61.02K	206.2K
14	15.54K	20.70K	34.50K	58.01K	195.4K
13	14.70K	19.58K	32.63K	55.17K	185.2K
12	13.91K	18.52K	30.88K	52.48K	175.6K
11	13.16K	17.53K	29.23K	49.94K	166.6K
-10	12.46K	16.60K	27.67K	47.54K	158.0K
9	11.81K	15.72K	26.21K	45.27K	150.0K
8	11.19K	14.90K	24.83K	43.11K	142.4K
7	10.60K	14.12K	23.54K	41.07K	135.2K
6	10.05K	13.39K	22.32K	39.14K	128.5K
5	9534	12.70K	21.17K	37.31K	122.1K
4	9046	12.05K	20.08K	35.57K	116.0K
3	8586	11.44K	19.06K	33.93K	110.3K
2	8151	10.86K	18.10K	32.37K	104.9K
- 1	7741	10.31K	17.19K	30.89K	99.80K
0	7355	9796	16.33K	29.49K	94.98K
+ 1	6989	9310	15.52K	28.15K	90.41K
2	6644	8851	14.75K	26.89K	86.09K
3	6319	8417	14.03K	25.69K	81.99K
4	6011	8006	13.34K	24.55K	78.11K
5	5719	7618	12.70K	23.46K	74.44K
6	5444	7252	12.09K	22.43K	70.96K
7	5183	6905	11.51K	21.45K	67.66K
8	4937	6576	10.96K	20.52K	64.53K
9	4703	6265	10.44K	19.63K	61.56K
+10	4482	5971	9951	18.79K	58.75K
11	4273	5692	9486	17.98K	56.07K
12	4074	5427	9046	17.22K	53.54K
13	3886	5177	8628	16.49K	51.13K
14	3708	4939	8232	15.79K	48.84K
15	3539	4714	7857	15.13K	46.67K
16	3378	4500	7500	14.50K	44.60K
17	3226	4297	7162	13.90K	42.64K
18	3081	4105	6841	13.33K	40.77K
19	2944	3922	6536	12.79K	38.99K
+ 20	2814	3748	6247	12.26K	37.30K
21	2690	3583	5972	11.77K	35.70K
22	2572	3426	5710	11.29K	34.17K
23	2460	3277	5462	10.84K	32.71K
24	2354	3135	5225	10.41K	31.32K
25	2252	3000	5000	10.00K	30.00K
26	2156	2872	4787	9605	28.74K
27	2064	2750	4583	9227	27.54K
28	1977	2633	4389	8867	26.40K
29	1894	2523	4204	8523	25.31K
+ 30	1815	2417	4029	8194	24.27K
31	1739	2317	3861	7880	23.28K
32	1667	2221	3702	7579	22.33K
33	1599	2130	3549	7291	21.43K
34	1533	2042	3404	7016	20.57K
35	1471	1959	3266	6752	19.74K
36	1412	1880	3134	6500	18.96K
37	1355	1805	3008	6258	18.21K
38	1301	1733	2888	6026	17.49K
+ 39	1249	1664	2773	5805	16.80K

Notes: Data in white refers to thermistors with ±0.2°C interchangeability. Data in purple refer to thermistors with ±0.1°C interchangeability. Temperature/resistance figures are the same for both types. Only thermistors with ±0.2°C interchangeability are available encased in Teflon® as standard parts. For part no. of Teflon® encased thermistors add 100 to part no. of ±0.2°C interchangeable thermistors. Example: 44005 is a standard thermistor. 44105 is a Teflon® encased thermistor with the same resistance values..

Model No.	44004 44033	44005 44030	44007 44034	44006 44031	44008 44032
Ω 25°C	2252	3000	5000	10,000	30,000
BODY	BLACK ORANGE	BLACK ORANGE	BLACK ORANGE	BLACK ORANGE	BLACK ORANGE
END	YELLOW ORANGE	GREEN BLACK	VIOLET YELLOW	BLUE BROWN	GREY RED
TEMP. °C	RESISTANCE Ω				
+40	1200	1598	2663	5592	16.15K
41	1152	1535	2559	5389	15.52K
42	1107	1475	2459	5193	14.92K
43	1064	1418	2363	5006	14.35K
44	1023	1363	2272	4827	13.80K
45	983.8	1310	2184	4655	13.28K
46	946.2	1260	2101	4489	12.77K
47	910.2	1212	2021	4331	12.29K
48	875.8	1167	1944	4179	11.83K
49	842.8	1123	1871	4033	11.39K
+50	811.3	1081	1801	3893	10.97K
51	781.1	1040	1734	3758	10.57K
52	752.2	1002	1670	3629	10.18K
53	724.5	965.0	1608	3504	9807
54	697.9	929.6	1549	3385	9450
55	672.5	895.8	1493	3270	9109
56	648.1	863.3	1439	3160	8781
57	624.8	832.2	1387	3054	8467
58	602.4	802.3	1337	2952	8166
59	580.9	773.7	1290	2854	7876
+60	560.3	746.3	1244	2760	7599
61	540.5	719.9	1200	2669	7332
62	521.5	694.7	1158	2582	7076
63	503.3	670.4	1117	2497	6830
64	485.8	647.1	1079	2417	6594
65	469.0	624.7	1041	2339	6367
66	452.9	603.3	1006	2264	6149
67	437.4	582.6	971.1	2191	5940
68	422.5	562.9	938.0	2122	5738
69	408.2	543.7	906.3	2055	5545
+70	394.5	525.4	875.7	1990	5359
71	381.2	507.8	846.4	1928	5180
72	368.5	490.9	818.3	1868	5007
73	356.2	474.7	791.2	1810	4842
74	344.5	459.0	765.1	1754	4682
75	333.1	444.0	740.0	1700	4529
76	322.3	429.5	715.9	1648	4381
77	311.8	415.6	692.7	1598	4239
78	301.7	402.2	670.3	1549	4102
79	292.0	389.3	648.8	1503	3970
+80	282.7	376.9	628.1	1458	3843
81	273.7	364.9	608.2	1414	3720
82	265.0	353.4	588.9	1372	3602
83	256.7	342.2	570.4	1332	3489
84	248.6	331.5	552.6	1293	3379
85	240.9	321.2	535.4	1255	3273
86	233.4	311.3	518.8	1218	3172
87	226.2	301.7	502.8	1183	3073
88	219.3	292.4	487.4	1149	2979
89	212.6	283.5	472.6	1116	2887
+90	206.1	274.9	458.2	1084	2799
91	199.9	266.6	444.4	1053	2714
92	193.9	258.6	431.0	1023	2632
93	188.1	250.9	418.2	994.2	2552
94	182.5	243.4	405.7	966.3	2476
95	177.1	236.2	393.7	939.3	2402
96	171.9	229.3	382.1	913.2	2331
97	166.9	222.6	370.9	887.9	2262
98	162.0	216.1	360.1	863.4	2195
99	157.3	209.8	349.7	839.7	2131

Model No.	44004 44033	44005 44030	44007 44034	44006 44031	44008 44032
Ω 25°C	2252	3000	5000	10,000	30,000
BODY	BLACK ORANGE	BLACK ORANGE	BLACK ORANGE	BLACK ORANGE	BLACK ORANGE
END	YELLOW ORANGE	GREEN BLACK	VIOLET YELLOW	BLUE BROWN	GREY RED
TEMP. °C	RESISTANCE Ω				
+100	152.8	203.8	339.6	816.8	2069
101	148.4	197.9	329.8	794.6	2009
102	144.2	192.2	320.4	773.1	1950
103	140.1	186.8	311.3	752.3	1894
104	136.1	181.5	302.5	732.1	1840
105	132.3	176.4	294.0	712.6	1788
106	128.6	171.4	285.7	693.6	1737
107	125.0	166.7	277.8	675.3	1688
108	121.6	162.0	270.1	657.5	1640
109	118.2	157.6	262.6	640.3	1594
+110	115.0	153.2	255.4	623.5	1550
111	111.8	149.0	248.4	607.3	1507
112	108.8	145.0	241.6	591.6	1465
113	105.8	141.1	235.1	576.4	1425
114	103.0	137.2	228.7	561.6	1386
115	100.2	133.6	222.6	547.3	1348
116	97.6	130.0	216.7	533.4	1311
117	95.0	126.5	210.9	519.9	1276
118	92.5	123.2	205.3	506.8	1241
119	90.0	119.9	199.9	494.1	1208
+120	87.7	116.8	194.7	481.8	1176
121	85.4	113.8	189.6	469.8	1145
122	83.2	110.8	184.7	458.2	1114
123	81.1	107.9	179.9	446.9	1085
124	79.0	105.2	175.3	435.9	1057
125	77.0	102.5	170.8	425.3	1029
126	75.0	99.9	166.4	414.9	1002
127	73.1	97.3	162.2	404.9	976.3
128	71.3	94.9	158.1	395.1	951.1
129	69.5	92.5	154.1	385.6	926.7
+130	67.8	90.2	150.3	376.4	903.0
131	66.1	87.9	146.5	367.4	880.0
132	64.4	85.7	142.9	358.7	857.7
133	62.9	83.6	139.4	350.3	836.1
134	61.3	81.6	136.0	342.0	815.0
135	59.8	79.6	132.6	334.0	794.6
136	58.4	77.6	129.4	326.3	774.8
137	57.0	75.8	126.3	318.7	755.6
138	55.6	73.9	123.2	311.3	736.9
139	54.3	72.2	120.3	304.2	718.8
+140	53.0	70.4	117.4	297.2	701.2
141	51.7	68.8	114.6	290.4	684.1
142	50.5	67.1	111.9	283.8	667.5
143	49.3	65.5	109.2	277.4	651.3
144	48.2	64.0	106.7	271.2	635.6
145	47.0	62.5	104.2	265.1	620.3
146	45.9	61.1	101.8	259.2	605.5
147	44.9	59.6	99.40	253.4	591.1
148	43.8	58.3	97.10	247.8	577.1
149	42.8	56.9	94.87	242.3	563.5
+150	41.9	55.6	92.70	237.0	550.2

Notes: Data in white refer to thermistors with ±0.2°C interchangeability.
Data in purple refer to thermistors with ±0.1°C interchangeability.
Temperature/resistance figures are the same for both types.
Only thermistors with ±0.2°C interchangeability are available encased in Teflon® as standard parts. For part no. of Teflon® encased thermistors add 100 to part no. of ±0.2°C interchangeable thermistors. Example: 44005 is a standard thermistor. 44105 is a Teflon® encased thermistor with the same resistance values.

부록 D

서모커플 타입별 온도-전압 관계

MAXIMUM TEMPERATURE RANGE
Thermocouple Grade
32 to 3092°F
0 to 1700°C
Extension Grade
32 to 212°F
0 to 100°C
LIMITS OF ERROR
(whichever is greater)
Standard: 0.5°C over 800°C
Special: NOT ESTABLISHED
COMMENTS, BARE WIRE ENVIRONMENT:
Oxidizing or Inert; Do Not Insert in Metal Tubes; Beware of Contamination; High Temperature; Common Use in Glass Industry
TEMPERATURE IN DEGREES °C
REFERENCE JUNCTION AT 0°C

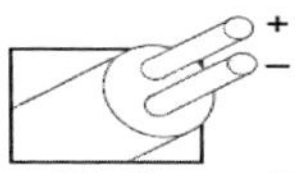

Thermocouple Grade
NONE ESTABLISHED

Platinum-30% Rhodium vs. Platinum-6% Rhodium

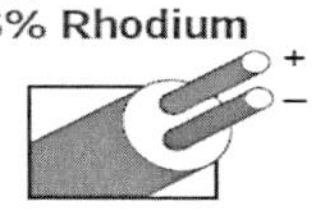

Extension Grade

Revised Thermocouple Reference Tables

TYPE B

Reference Tables
N.I.S.T.
Monograph 175
Revised to
ITS-90

Thermoelectric Voltage in Millivolts

°C	0	1	2	3	4	5	6	7	8	9	10	°C
0	0.000	0.000	0.000	-0.001	-0.001	-0.001	-0.001	-0.001	-0.002	-0.002	-0.002	0
10	-0.002	-0.002	-0.002	-0.002	-0.002	-0.002	-0.002	-0.002	-0.003	-0.003	-0.003	10
20	-0.003	-0.003	-0.003	-0.003	-0.003	-0.002	-0.002	-0.002	-0.002	-0.002	-0.002	20
30	-0.002	-0.002	-0.002	-0.002	-0.002	-0.001	-0.001	-0.001	-0.001	-0.001	0.000	30
40	0.000	0.000	0.000	0.000	0.000	0.001	0.001	0.001	0.002	0.002	0.002	40
50	0.002	0.003	0.003	0.003	0.004	0.004	0.004	0.005	0.005	0.006	0.006	50
60	0.006	0.007	0.007	0.008	0.008	0.009	0.009	0.010	0.010	0.011	0.011	60
70	0.011	0.012	0.012	0.013	0.014	0.014	0.015	0.015	0.016	0.017	0.017	70
80	0.017	0.018	0.019	0.020	0.020	0.021	0.022	0.022	0.023	0.024	0.025	80
90	0.025	0.026	0.026	0.027	0.028	0.029	0.030	0.031	0.031	0.032	0.033	90
100	0.033	0.034	0.035	0.036	0.037	0.038	0.039	0.040	0.041	0.042	0.043	100
110	0.043	0.044	0.045	0.046	0.047	0.048	0.049	0.050	0.051	0.052	0.053	110
120	0.053	0.055	0.056	0.057	0.058	0.059	0.060	0.062	0.063	0.064	0.065	120
130	0.065	0.066	0.068	0.069	0.070	0.072	0.073	0.074	0.075	0.077	0.078	130
140	0.078	0.079	0.081	0.082	0.084	0.085	0.086	0.088	0.089	0.091	0.092	140
150	0.092	0.094	0.095	0.096	0.098	0.099	0.101	0.102	0.104	0.106	0.107	150
160	0.107	0.109	0.110	0.112	0.113	0.115	0.117	0.118	0.120	0.122	0.123	160
170	0.123	0.125	0.127	0.128	0.130	0.132	0.134	0.135	0.137	0.139	0.141	170
180	0.141	0.142	0.144	0.146	0.148	0.150	0.151	0.153	0.155	0.157	0.159	180
190	0.159	0.161	0.163	0.165	0.166	0.168	0.170	0.172	0.174	0.176	0.178	190
200	0.178	0.180	0.182	0.184	0.186	0.188	0.190	0.192	0.195	0.197	0.199	200
210	0.199	0.201	0.203	0.205	0.207	0.209	0.212	0.214	0.216	0.218	0.220	210
220	0.220	0.222	0.225	0.227	0.229	0.231	0.234	0.236	0.238	0.241	0.243	220
230	0.243	0.245	0.248	0.250	0.252	0.255	0.257	0.259	0.262	0.264	0.267	230
240	0.267	0.269	0.271	0.274	0.276	0.279	0.281	0.284	0.286	0.289	0.291	240
250	0.291	0.294	0.296	0.299	0.301	0.304	0.307	0.309	0.312	0.314	0.317	250
260	0.317	0.320	0.322	0.325	0.328	0.330	0.333	0.336	0.338	0.341	0.344	260
270	0.344	0.347	0.349	0.352	0.355	0.358	0.360	0.363	0.366	0.369	0.372	270
280	0.372	0.375	0.377	0.380	0.383	0.386	0.389	0.392	0.395	0.398	0.401	280
290	0.401	0.404	0.407	0.410	0.413	0.416	0.419	0.422	0.425	0.428	0.431	290
300	0.431	0.434	0.437	0.440	0.443	0.446	0.449	0.452	0.455	0.458	0.462	300
310	0.462	0.465	0.468	0.471	0.474	0.478	0.481	0.484	0.487	0.490	0.494	310
320	0.494	0.497	0.500	0.503	0.507	0.510	0.513	0.517	0.520	0.523	0.527	320
330	0.527	0.530	0.533	0.537	0.540	0.544	0.547	0.550	0.554	0.557	0.561	330
340	0.561	0.564	0.568	0.571	0.575	0.578	0.582	0.585	0.589	0.592	0.596	340
350	0.596	0.599	0.603	0.607	0.610	0.614	0.617	0.621	0.625	0.628	0.632	350
360	0.632	0.636	0.639	0.643	0.647	0.650	0.654	0.658	0.662	0.666	0.669	360
370	0.669	0.673	0.677	0.680	0.684	0.688	0.692	0.696	0.700	0.703	0.707	370
380	0.707	0.711	0.715	0.719	0.723	0.727	0.731	0.735	0.738	0.742	0.746	380
390	0.746	0.750	0.754	0.758	0.762	0.766	0.770	0.774	0.778	0.782	0.787	390
400	0.787	0.791	0.795	0.799	0.803	0.807	0.811	0.815	0.819	0.824	0.828	400
410	0.828	0.832	0.836	0.840	0.844	0.849	0.853	0.857	0.861	0.866	0.870	410
420	0.870	0.874	0.878	0.883	0.887	0.891	0.896	0.900	0.904	0.909	0.913	420
430	0.913	0.917	0.922	0.926	0.930	0.935	0.939	0.944	0.948	0.953	0.957	430
440	0.957	0.961	0.966	0.970	0.975	0.979	0.984	0.988	0.993	0.997	1.002	440
450	1.002	1.007	1.011	1.016	1.020	1.025	1.030	1.034	1.039	1.043	1.048	450
460	1.048	1.053	1.057	1.062	1.067	1.071	1.076	1.081	1.086	1.090	1.095	460
470	1.095	1.100	1.105	1.109	1.114	1.119	1.124	1.129	1.133	1.138	1.143	470
480	1.143	1.148	1.153	1.158	1.163	1.167	1.172	1.177	1.182	1.187	1.192	480
490	1.192	1.197	1.202	1.207	1.212	1.217	1.222	1.227	1.232	1.237	1.242	490
500	1.242	1.247	1.252	1.257	1.262	1.267	1.272	1.277	1.282	1.288	1.293	500
510	1.293	1.298	1.303	1.308	1.313	1.318	1.324	1.329	1.334	1.339	1.344	510
520	1.344	1.350	1.355	1.360	1.365	1.371	1.376	1.381	1.387	1.392	1.397	520
530	1.397	1.402	1.408	1.413	1.418	1.424	1.429	1.435	1.440	1.445	1.451	530
540	1.451	1.456	1.462	1.467	1.472	1.478	1.483	1.489	1.494	1.500	1.505	540
550	1.505	1.511	1.516	1.522	1.527	1.533	1.539	1.544	1.550	1.555	1.561	550
560	1.561	1.566	1.572	1.578	1.583	1.589	1.595	1.600	1.606	1.612	1.617	560
570	1.617	1.623	1.629	1.634	1.640	1.646	1.652	1.657	1.663	1.669	1.675	570
580	1.675	1.680	1.686	1.692	1.698	1.704	1.709	1.715	1.721	1.727	1.733	580
590	1.733	1.739	1.745	1.750	1.756	1.762	1.768	1.774	1.780	1.786	1.792	590
°C	0	1	2	3	4	5	6	7	8	9	10	°C

°C	0	1	2	3	4	5	6	7	8	9	10	°C
600	1.792	1.798	1.804	1.810	1.816	1.822	1.828	1.834	1.840	1.846	1.852	600
610	1.852	1.858	1.864	1.870	1.876	1.882	1.888	1.894	1.901	1.907	1.913	610
620	1.913	1.919	1.925	1.931	1.937	1.944	1.950	1.956	1.962	1.968	1.975	620
630	1.975	1.981	1.987	1.993	1.999	2.006	2.012	2.018	2.025	2.031	2.037	630
640	2.037	2.043	2.050	2.056	2.062	2.069	2.075	2.082	2.088	2.094	2.101	640
650	2.101	2.107	2.113	2.120	2.126	2.133	2.139	2.146	2.152	2.158	2.165	650
660	2.165	2.171	2.178	2.184	2.191	2.197	2.204	2.210	2.217	2.224	2.230	660
670	2.230	2.237	2.243	2.250	2.256	2.263	2.270	2.276	2.283	2.289	2.296	670
680	2.296	2.303	2.309	2.316	2.323	2.329	2.336	2.343	2.350	2.356	2.363	680
690	2.363	2.370	2.376	2.383	2.390	2.397	2.403	2.410	2.417	2.424	2.431	690
700	2.431	2.437	2.444	2.451	2.458	2.465	2.472	2.479	2.485	2.492	2.499	700
710	2.499	2.506	2.513	2.520	2.527	2.534	2.541	2.548	2.555	2.562	2.569	710
720	2.569	2.576	2.583	2.590	2.597	2.604	2.611	2.618	2.625	2.632	2.639	720
730	2.639	2.646	2.653	2.660	2.667	2.674	2.681	2.688	2.696	2.703	2.710	730
740	2.710	2.717	2.724	2.731	2.738	2.746	2.753	2.760	2.767	2.775	2.782	740
750	2.782	2.789	2.796	2.803	2.811	2.818	2.825	2.833	2.840	2.847	2.854	750
760	2.854	2.862	2.869	2.876	2.884	2.891	2.898	2.906	2.913	2.921	2.928	760
770	2.928	2.935	2.943	2.950	2.958	2.965	2.973	2.980	2.987	2.995	3.002	770
780	3.002	3.010	3.017	3.025	3.032	3.040	3.047	3.055	3.062	3.070	3.078	780
790	3.078	3.085	3.093	3.100	3.108	3.116	3.123	3.131	3.138	3.146	3.154	790
800	3.154	3.161	3.169	3.177	3.184	3.192	3.200	3.207	3.215	3.223	3.230	800
810	3.230	3.238	3.246	3.254	3.261	3.269	3.277	3.285	3.292	3.300	3.308	810
820	3.308	3.316	3.324	3.331	3.339	3.347	3.355	3.363	3.371	3.379	3.386	820
830	3.386	3.394	3.402	3.410	3.418	3.426	3.434	3.442	3.450	3.458	3.466	830
840	3.466	3.474	3.482	3.490	3.498	3.506	3.514	3.522	3.530	3.538	3.546	840
850	3.546	3.554	3.562	3.570	3.578	3.586	3.594	3.602	3.610	3.618	3.626	850
860	3.626	3.634	3.643	3.651	3.659	3.667	3.675	3.683	3.692	3.700	3.708	860
870	3.708	3.716	3.724	3.732	3.741	3.749	3.757	3.765	3.774	3.782	3.790	870
880	3.790	3.798	3.807	3.815	3.823	3.832	3.840	3.848	3.857	3.865	3.873	880
890	3.873	3.882	3.890	3.898	3.907	3.915	3.923	3.932	3.940	3.949	3.957	890
900	3.957	3.965	3.974	3.982	3.991	3.999	4.008	4.016	4.024	4.033	4.041	900
910	4.041	4.050	4.058	4.067	4.075	4.084	4.093	4.101	4.110	4.118	4.127	910
920	4.127	4.135	4.144	4.152	4.161	4.170	4.178	4.187	4.195	4.204	4.213	920
930	4.213	4.221	4.230	4.239	4.247	4.256	4.265	4.273	4.282	4.291	4.299	930
940	4.299	4.308	4.317	4.326	4.334	4.343	4.352	4.360	4.369	4.378	4.387	940
950	4.387	4.396	4.404	4.413	4.422	4.431	4.440	4.448	4.457	4.466	4.476	950
960	4.475	4.484	4.493	4.501	4.510	4.519	4.528	4.537	4.546	4.555	4.564	960
970	4.564	4.573	4.582	4.591	4.599	4.608	4.617	4.626	4.635	4.644	4.653	970
980	4.653	4.662	4.671	4.680	4.689	4.698	4.707	4.716	4.725	4.734	4.743	980
990	4.743	4.753	4.762	4.771	4.780	4.789	4.798	4.807	4.816	4.825	4.834	990
1000	4.834	4.843	4.853	4.862	4.871	4.880	4.889	4.898	4.908	4.917	4.926	1000
1010	4.926	4.935	4.944	4.954	4.963	4.972	4.981	4.990	5.000	5.009	5.018	1010
1020	5.018	5.027	5.037	5.046	5.055	5.065	5.074	5.083	5.092	5.102	5.111	1020
1030	5.111	5.120	5.130	5.139	5.148	5.158	5.167	5.176	5.186	5.195	5.205	1030
1040	5.205	5.214	5.223	5.233	5.242	5.252	5.261	5.270	5.280	5.289	5.299	1040
1050	5.299	5.308	5.318	5.327	5.337	5.346	5.356	5.365	5.375	5.384	5.394	1050
1060	5.394	5.403	5.413	5.422	5.432	5.441	5.451	5.460	5.470	5.480	5.489	1060
1070	5.489	5.499	5.508	5.518	5.528	5.537	5.547	5.556	5.566	5.576	5.585	1070
1080	5.585	5.595	5.605	5.614	5.624	5.634	5.643	5.653	5.663	5.672	5.682	1080
1090	5.682	5.692	5.702	5.711	5.721	5.731	5.740	5.750	5.760	5.770	5.780	1090
1100	5.780	5.789	5.799	5.809	5.819	5.828	5.838	5.848	5.858	5.868	5.878	1100
1110	5.878	5.887	5.897	5.907	5.917	5.927	5.937	5.947	5.956	5.966	5.976	1110
1120	5.976	5.986	5.996	6.006	6.016	6.026	6.036	6.046	6.055	6.065	6.075	1120
1130	6.075	6.085	6.095	6.105	6.115	6.125	6.135	6.145	6.155	6.165	6.175	1130
1140	6.175	6.185	6.195	6.205	6.215	6.225	6.235	6.245	6.256	6.266	6.276	1140
1150	6.276	6.286	6.296	6.306	6.316	6.326	6.336	6.346	6.356	6.367	6.377	1150
1160	6.377	6.387	6.397	6.407	6.417	6.427	6.438	6.448	6.458	6.468	6.478	1160
1170	6.478	6.488	6.499	6.509	6.519	6.529	6.539	6.550	6.560	6.570	6.580	1170
1180	6.580	6.591	6.601	6.611	6.621	6.632	6.642	6.652	6.663	6.673	6.683	1180
1190	6.683	6.693	6.704	6.714	6.724	6.735	6.745	6.755	6.766	6.776	6.786	1190
°C	0	1	2	3	4	5	6	7	8	9	10	°C

MAXIMUM TEMPERATURE RANGE

Thermocouple Grade
32 to 3092°F
0 to 1700°C

Extension Grade
32 to 212°F
0 to 100°C

LIMITS OF ERROR
(whichever is greater)
Standard: 0.5°C over 800°C
Special: NOT ESTABLISHED

COMMENTS, BARE WIRE ENVIRONMENT:
Oxidizing or Inert; Do Not Insert in Metal Tubes; Beware of Contamination; High Temperature; Common Use in Glass Industry

TEMPERATURE IN DEGREES °C
REFERENCE JUNCTION AT 0°C

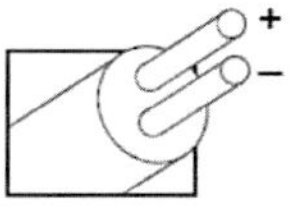

Thermocouple Grade

NONE ESTABLISHED

Platinum-30% Rhodium vs. Platinum-6% Rhodium

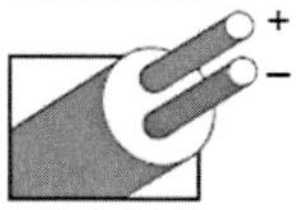

Extension Grade

Revised Thermocouple Reference Tables

TYPE B

Reference Tables
N.I.S.T.
Monograph 175
Revised to
ITS-90

Thermoelectric Voltage in Millivolts

°C	0	1	2	3	4	5	6	7	8	9	10	°C
1200	6.786	6.797	6.807	6.818	6.828	6.838	6.849	6.859	6.869	6.880	6.890	1200
1210	6.890	6.901	6.911	6.922	6.932	6.942	6.953	6.963	6.974	6.984	6.995	1210
1220	6.995	7.005	7.016	7.026	7.037	7.047	7.058	7.068	7.079	7.089	7.100	1220
1230	7.100	7.110	7.121	7.131	7.142	7.152	7.163	7.173	7.184	7.194	7.205	1230
1240	7.205	7.216	7.226	7.237	7.247	7.258	7.269	7.279	7.290	7.300	7.311	1240
1250	7.311	7.322	7.332	7.343	7.353	7.364	7.375	7.385	7.396	7.407	7.417	1250
1260	7.417	7.428	7.439	7.449	7.460	7.471	7.482	7.492	7.503	7.514	7.524	1260
1270	7.524	7.535	7.546	7.557	7.567	7.578	7.589	7.600	7.610	7.621	7.632	1270
1280	7.632	7.643	7.653	7.664	7.675	7.686	7.697	7.707	7.718	7.729	7.740	1280
1290	7.740	7.751	7.761	7.772	7.783	7.794	7.805	7.816	7.827	7.837	7.848	1290
1300	7.848	7.859	7.870	7.881	7.892	7.903	7.914	7.924	7.935	7.946	7.957	1300
1310	7.957	7.968	7.979	7.990	8.001	8.012	8.023	8.034	8.045	8.056	8.066	1310
1320	8.066	8.077	8.088	8.099	8.110	8.121	8.132	8.143	8.154	8.165	8.176	1320
1330	8.176	8.187	8.198	8.209	8.220	8.231	8.242	8.253	8.264	8.275	8.286	1330
1340	8.286	8.298	8.309	8.320	8.331	8.342	8.353	8.364	8.375	8.386	8.397	1340
1350	8.397	8.408	8.419	8.430	8.441	8.453	8.464	8.475	8.486	8.497	8.508	1350
1360	8.508	8.519	8.530	8.542	8.553	8.564	8.575	8.586	8.597	8.608	8.620	1360
1370	8.620	8.631	8.642	8.653	8.664	8.675	8.687	8.698	8.709	8.720	8.731	1370
1380	8.731	8.743	8.754	8.765	8.776	8.787	8.799	8.810	8.821	8.832	8.844	1380
1390	8.844	8.855	8.866	8.877	8.889	8.900	8.911	8.922	8.934	8.945	8.956	1390
1400	8.956	8.967	8.979	8.990	9.001	9.013	9.024	9.035	9.047	9.058	9.069	1400
1410	9.069	9.080	9.092	9.103	9.114	9.126	9.137	9.148	9.160	9.171	9.182	1410
1420	9.182	9.194	9.205	9.216	9.228	9.239	9.251	9.262	9.273	9.285	9.296	1420
1430	9.296	9.307	9.319	9.330	9.342	9.353	9.364	9.376	9.387	9.398	9.410	1430
1440	9.410	9.421	9.433	9.444	9.456	9.467	9.478	9.490	9.501	9.513	9.524	1440
1450	9.524	9.536	9.547	9.558	9.570	9.581	9.593	9.604	9.616	9.627	9.639	1450
1460	9.639	9.650	9.662	9.673	9.684	9.696	9.707	9.719	9.730	9.742	9.753	1460
1470	9.753	9.765	9.776	9.788	9.799	9.811	9.822	9.834	9.845	9.857	9.868	1470
1480	9.868	9.880	9.891	9.903	9.914	9.926	9.937	9.949	9.961	9.972	9.984	1480
1490	9.984	9.995	10.007	10.018	10.030	10.041	10.053	10.064	10.076	10.088	10.099	1490
1500	10.099	10.111	10.122	10.134	10.145	10.157	10.168	10.180	10.192	10.203	10.215	1500
1510	10.215	10.226	10.238	10.249	10.261	10.273	10.284	10.296	10.307	10.319	10.331	1510
1520	10.331	10.342	10.354	10.365	10.377	10.389	10.400	10.412	10.423	10.435	10.447	1520
1530	10.447	10.458	10.470	10.482	10.493	10.505	10.516	10.528	10.540	10.551	10.563	1530
1540	10.563	10.575	10.586	10.598	10.609	10.621	10.633	10.644	10.656	10.668	10.679	1540
°C	0	1	2	3	4	5	6	7	8	9	10	°C

°C	0	1	2	3	4	5	6	7	8	9	10	°C
1550	10.679	10.691	10.703	10.714	10.726	10.738	10.749	10.761	10.773	10.784	10.796	1550
1560	10.796	10.808	10.819	10.831	10.843	10.854	10.866	10.877	10.889	10.901	10.913	1560
1570	10.913	10.924	10.936	10.948	10.959	10.971	10.983	10.994	11.006	11.018	11.029	1570
1580	11.029	11.041	11.053	11.064	11.076	11.088	11.099	11.111	11.123	11.134	11.146	1580
1590	11.146	11.158	11.169	11.181	11.193	11.205	11.216	11.228	11.240	11.251	11.263	1590
1600	11.263	11.275	11.286	11.298	11.310	11.321	11.333	11.345	11.357	11.368	11.380	1600
1610	11.380	11.392	11.403	11.415	11.427	11.438	11.450	11.462	11.474	11.485	11.497	1610
1620	11.497	11.509	11.520	11.532	11.544	11.555	11.567	11.579	11.591	11.602	11.614	1620
1630	11.614	11.626	11.637	11.649	11.661	11.673	11.684	11.696	11.708	11.719	11.731	1630
1640	11.731	11.743	11.754	11.766	11.778	11.790	11.801	11.813	11.825	11.836	11.848	1640
1650	11.848	11.860	11.871	11.883	11.895	11.907	11.918	11.930	11.942	11.953	11.965	1650
1660	11.965	11.977	11.988	12.000	12.012	12.024	12.035	12.047	12.059	12.070	12.082	1660
1670	12.082	12.094	12.105	12.117	12.129	12.141	12.152	12.164	12.176	12.187	12.199	1670
1680	12.199	12.211	12.222	12.234	12.246	12.257	12.269	12.281	12.292	12.304	12.316	1680
1690	12.316	12.327	12.339	12.351	12.363	12.374	12.386	12.398	12.409	12.421	12.433	1690
1700	12.433	12.444	12.456	12.468	12.479	12.491	12.503	12.514	12.526	12.538	12.549	1700
1710	12.549	12.561	12.572	12.584	12.596	12.607	12.619	12.631	12.642	12.654	12.666	1710
1720	12.666	12.677	12.689	12.701	12.712	12.724	12.736	12.747	12.759	12.770	12.782	1720
1730	12.782	12.794	12.805	12.817	12.829	12.840	12.852	12.863	12.875	12.887	12.898	1730
1740	12.898	12.910	12.921	12.933	12.945	12.956	12.968	12.980	12.991	13.003	13.014	1740
1750	13.014	13.026	13.037	13.049	13.061	13.072	13.084	13.095	13.107	13.119	13.130	1750
1760	13.130	13.142	13.153	13.165	13.176	13.188	13.200	13.211	13.223	13.234	13.246	1760
1770	13.246	13.257	13.269	13.280	13.292	13.304	13.315	13.327	13.338	13.350	13.361	1770
1780	13.361	13.373	13.384	13.396	13.407	13.419	13.430	13.442	13.453	13.465	13.476	1780
1790	13.476	13.488	13.499	13.511	13.522	13.534	13.545	13.557	13.568	13.580	13.591	1790
1800	13.591	13.603	13.614	13.626	13.637	13.649	13.660	13.672	13.683	13.694	13.706	1800
1810	13.706	13.717	13.729	13.740	13.752	13.763	13.775	13.786	13.797	13.809	13.820	1810
°C	0	1	2	3	4	5	6	7	8	9	10	°C

MAXIMUM TEMPERATURE RANGE
Thermocouple Grade
-32 to 4208°F
-0 to 2320°C
Extension Grade
32 to 1600°F
0 to 870°C
LIMITS OF ERROR
(whichever is greater)
Standard: 4.5°C to 425°C
1.0% to 2320°C
Special: Not Established
COMMENTS, BARE WIRE ENVIRONMENT:
Vacuum, Inert; Hydrogen; Beware of Embrittlement; Not Practical Below 750°F; Not for Oxidizing Atmosphere
TEMPERATURE IN DEGREES °C
REFERENCE JUNCTION AT 0°C

°C

Tungsten-5% Rhenium vs. Tungsten-26% Rhenium

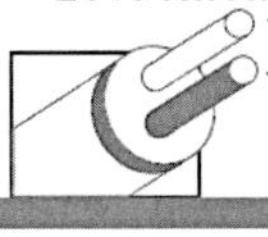

Extension Grade

IEC color code

ANSI color code

Revised Thermocouple Reference Tables

TYPE C

Reference Tables
ANSI/ASTM
E-230

Thermoelectric Voltage in Millivolts

°C	0	1	2	3	4	5	6	7	8	9	10	°C
0	0.000	0.013	0.027	0.040	0.054	0.067	0.081	0.094	0.108	0.122	0.135	0
10	0.135	0.149	0.163	0.176	0.190	0.204	0.218	0.231	0.245	0.259	0.273	10
20	0.273	0.287	0.301	0.315	0.329	0.342	0.356	0.370	0.385	0.399	0.413	20
30	0.413	0.427	0.441	0.455	0.469	0.483	0.498	0.512	0.526	0.540	0.555	30
40	0.555	0.569	0.583	0.598	0.612	0.627	0.641	0.656	0.670	0.685	0.699	40
50	0.699	0.714	0.728	0.743	0.757	0.772	0.787	0.801	0.816	0.831	0.846	50
60	0.846	0.860	0.875	0.890	0.905	0.920	0.934	0.949	0.964	0.979	0.994	60
70	0.994	1.009	1.024	1.039	1.054	1.069	1.084	1.099	1.114	1.129	1.145	70
80	1.145	1.160	1.175	1.190	1.205	1.221	1.236	1.251	1.266	1.282	1.297	80
90	1.297	1.312	1.328	1.343	1.359	1.374	1.389	1.405	1.420	1.436	1.451	90
100	1.451	1.467	1.483	1.498	1.514	1.529	1.545	1.561	1.576	1.592	1.608	100
110	1.608	1.624	1.639	1.655	1.671	1.687	1.702	1.718	1.734	1.750	1.766	110
120	1.766	1.782	1.798	1.814	1.830	1.846	1.862	1.878	1.894	1.910	1.926	120
130	1.926	1.942	1.958	1.974	1.990	2.006	2.023	2.039	2.055	2.071	2.087	130
140	2.087	2.104	2.120	2.136	2.152	2.169	2.185	2.201	2.218	2.234	2.251	140
150	2.251	2.267	2.283	2.300	2.316	2.333	2.349	2.366	2.382	2.399	2.415	150
160	2.415	2.432	2.449	2.465	2.482	2.498	2.515	2.532	2.548	2.565	2.582	160
170	2.582	2.599	2.615	2.632	2.649	2.666	2.682	2.699	2.716	2.733	2.750	170
180	2.750	2.767	2.784	2.800	2.817	2.834	2.851	2.868	2.885	2.902	2.919	180
190	2.919	2.936	2.953	2.970	2.987	3.004	3.021	3.039	3.056	3.073	3.090	190
200	3.090	3.107	3.124	3.141	3.159	3.176	3.193	3.210	3.228	3.245	3.262	200
210	3.262	3.279	3.297	3.314	3.331	3.349	3.366	3.383	3.401	3.418	3.436	210
220	3.436	3.453	3.470	3.488	3.505	3.523	3.540	3.558	3.575	3.593	3.610	220
230	3.610	3.628	3.645	3.663	3.680	3.698	3.716	3.733	3.751	3.768	3.786	230
240	3.786	3.804	3.821	3.839	3.857	3.875	3.892	3.910	3.928	3.945	3.963	240
250	3.963	3.981	3.999	4.017	4.034	4.052	4.070	4.088	4.106	4.124	4.141	250
260	4.141	4.159	4.177	4.195	4.213	4.231	4.249	4.267	4.285	4.303	4.321	260
270	4.321	4.339	4.357	4.375	4.393	4.411	4.429	4.447	4.465	4.483	4.501	270
280	4.501	4.519	4.537	4.555	4.573	4.592	4.610	4.628	4.646	4.664	4.682	280
290	4.682	4.701	4.719	4.737	4.755	4.773	4.792	4.810	4.828	4.846	4.865	290
300	4.865	4.883	4.901	4.920	4.938	4.956	4.974	4.993	5.011	5.030	5.048	300
310	5.048	5.066	5.085	5.103	5.121	5.140	5.158	5.177	5.195	5.214	5.232	310
320	5.232	5.250	5.269	5.287	5.306	5.324	5.343	5.361	5.380	5.398	5.417	320
330	5.417	5.435	5.454	5.473	5.491	5.510	5.528	5.547	5.565	5.584	5.603	330
340	5.603	5.621	5.640	5.658	5.677	5.696	5.714	5.733	5.752	5.770	5.789	340
350	5.789	5.808	5.827	5.845	5.864	5.883	5.901	5.920	5.939	5.958	5.976	350
360	5.976	5.995	6.014	6.033	6.051	6.070	6.089	6.108	6.127	6.145	6.164	360
370	6.164	6.183	6.202	6.221	6.240	6.259	6.277	6.296	6.315	6.334	6.353	370
380	6.353	6.372	6.391	6.410	6.429	6.447	6.466	6.485	6.504	6.523	6.542	380
390	6.542	6.561	6.580	6.599	6.618	6.637	6.656	6.675	6.694	6.713	6.732	390
400	6.732	6.751	6.770	6.789	6.808	6.827	6.846	6.865	6.884	6.903	6.922	400
410	6.922	6.941	6.961	6.980	6.999	7.018	7.037	7.056	7.075	7.094	7.113	410
420	7.113	7.132	7.152	7.171	7.190	7.209	7.228	7.247	7.267	7.286	7.305	420
430	7.305	7.324	7.343	7.362	7.382	7.401	7.420	7.439	7.458	7.478	7.497	430
440	7.497	7.516	7.535	7.554	7.574	7.593	7.612	7.631	7.651	7.670	7.689	440
450	7.689	7.708	7.728	7.747	7.766	7.786	7.805	7.824	7.843	7.863	7.882	450
460	7.882	7.901	7.921	7.940	7.959	7.979	7.998	8.017	8.037	8.056	8.075	460
470	8.075	8.095	8.114	8.133	8.153	8.172	8.191	8.211	8.230	8.249	8.269	470
480	8.269	8.288	8.308	8.327	8.346	8.366	8.385	8.404	8.424	8.443	8.463	480
490	8.463	8.482	8.502	8.521	8.540	8.560	8.579	8.599	8.618	8.637	8.657	490
°C	0	1	2	3	4	5	6	7	8	9	10	°C

°C	0	1	2	3	4	5	6	7	8	9	10	°C
500	8.657	8.676	8.696	8.715	8.735	8.754	8.774	8.793	8.812	8.832	8.851	500
510	8.851	8.871	8.890	8.910	8.929	8.949	8.968	8.988	9.007	9.027	9.046	510
520	9.046	9.066	9.085	9.105	9.124	9.144	9.163	9.183	9.202	9.222	9.241	520
530	9.241	9.261	9.280	9.300	9.319	9.339	9.358	9.378	9.397	9.417	9.436	530
540	9.436	9.456	9.475	9.495	9.514	9.534	9.553	9.573	9.592	9.612	9.631	540
550	9.631	9.651	9.670	9.690	9.710	9.729	9.749	9.768	9.788	9.807	9.827	550
560	9.827	9.846	9.866	9.885	9.905	9.925	9.944	9.964	9.983	10.003	10.022	560
570	10.022	10.042	10.061	10.081	10.100	10.120	10.140	10.159	10.179	10.198	10.218	570
580	10.218	10.237	10.257	10.276	10.296	10.316	10.335	10.355	10.374	10.394	10.413	580
590	10.413	10.433	10.452	10.472	10.491	10.511	10.531	10.550	10.570	10.589	10.609	590
600	10.609	10.628	10.648	10.667	10.687	10.706	10.726	10.746	10.765	10.785	10.804	600
610	10.804	10.824	10.843	10.863	10.882	10.902	10.921	10.941	10.960	10.980	10.999	610
620	10.999	11.019	11.038	11.058	11.077	11.097	11.117	11.136	11.156	11.175	11.195	620
630	11.195	11.214	11.234	11.253	11.273	11.292	11.312	11.331	11.351	11.370	11.390	630
640	11.390	11.409	11.429	11.448	11.468	11.487	11.507	11.526	11.546	11.565	11.585	640
650	11.585	11.604	11.624	11.643	11.663	11.682	11.702	11.721	11.741	11.760	11.780	650
660	11.780	11.799	11.818	11.838	11.857	11.877	11.896	11.916	11.935	11.955	11.974	660
670	11.974	11.994	12.013	12.033	12.052	12.072	12.091	12.111	12.130	12.150	12.169	670
680	12.169	12.189	12.208	12.228	12.247	12.267	12.286	12.306	12.325	12.344	12.364	680
690	12.364	12.383	12.403	12.422	12.442	12.461	12.481	12.500	12.520	12.539	12.559	690
700	12.559	12.578	12.597	12.617	12.636	12.656	12.675	12.695	12.714	12.734	12.753	700
710	12.753	12.772	12.792	12.811	12.831	12.850	12.870	12.889	12.908	12.928	12.947	710
720	12.947	12.967	12.986	13.006	13.025	13.044	13.064	13.083	13.103	13.122	13.141	720
730	13.141	13.161	13.180	13.200	13.219	13.238	13.258	13.277	13.297	13.316	13.335	730
740	13.335	13.355	13.374	13.393	13.413	13.432	13.452	13.471	13.490	13.510	13.529	740
750	13.529	13.548	13.568	13.587	13.606	13.626	13.645	13.665	13.684	13.703	13.723	750
760	13.723	13.742	13.761	13.781	13.800	13.819	13.839	13.858	13.877	13.896	13.916	760
770	13.916	13.935	13.954	13.974	13.993	14.012	14.032	14.051	14.070	14.089	14.109	770
780	14.109	14.128	14.147	14.167	14.186	14.205	14.224	14.244	14.263	14.282	14.301	780
790	14.301	14.321	14.340	14.359	14.378	14.398	14.417	14.436	14.455	14.475	14.494	790
800	14.494	14.513	14.532	14.551	14.571	14.590	14.609	14.628	14.647	14.667	14.686	800
810	14.686	14.705	14.724	14.743	14.763	14.782	14.801	14.820	14.839	14.858	14.878	810
820	14.878	14.897	14.916	14.935	14.954	14.973	14.993	15.012	15.031	15.050	15.069	820
830	15.069	15.088	15.107	15.126	15.146	15.165	15.184	15.203	15.222	15.241	15.260	830
840	15.260	15.279	15.298	15.317	15.336	15.356	15.375	15.394	15.413	15.432	15.451	840
850	15.451	15.470	15.489	15.508	15.527	15.546	15.565	15.584	15.603	15.622	15.641	850
860	15.641	15.660	15.679	15.698	15.717	15.736	15.755	15.774	15.793	15.812	15.831	860
870	15.831	15.850	15.869	15.888	15.907	15.926	15.945	15.964	15.983	16.002	16.021	870
880	16.021	16.040	16.058	16.077	16.096	16.115	16.134	16.153	16.172	16.191	16.210	880
890	16.210	16.229	16.248	16.266	16.285	16.304	16.323	16.342	16.361	16.380	16.398	890
900	16.398	16.417	16.436	16.455	16.474	16.493	16.511	16.530	16.549	16.568	16.587	900
910	16.587	16.606	16.624	16.643	16.662	16.681	16.699	16.718	16.737	16.756	16.775	910
920	16.775	16.793	16.812	16.831	16.850	16.868	16.887	16.906	16.924	16.943	16.962	920
930	16.962	16.981	16.999	17.018	17.037	17.055	17.074	17.093	17.111	17.130	17.149	930
940	17.149	17.167	17.186	17.205	17.223	17.242	17.261	17.279	17.298	17.317	17.335	940
950	17.335	17.354	17.373	17.391	17.410	17.428	17.447	17.465	17.484	17.503	17.521	950
960	17.521	17.540	17.558	17.577	17.595	17.614	17.633	17.651	17.670	17.688	17.707	960
970	17.707	17.725	17.744	17.762	17.781	17.799	17.818	17.836	17.855	17.873	17.892	970
980	17.892	17.910	17.929	17.947	17.966	17.984	18.002	18.021	18.039	18.058	18.076	980
990	18.076	18.095	18.113	18.131	18.150	18.168	18.187	18.205	18.223	18.242	18.260	990
°C	0	1	2	3	4	5	6	7	8	9	10	°C

MAXIMUM TEMPERATURE RANGE
Thermocouple Grade
-32 to 4208°F
-0 to 2320°C
Extension Grade
32 to 1600°F
0 to 870°C
LIMITS OF ERROR
(whichever is greater)
Standard: 4.5°C to 425°C
1.0% to 2320°C
Special: Not Established
COMMENTS, BARE WIRE ENVIRONMENT:
Vacuum, Inert; Hydrogen; Beware of Embrittlement; Not Practical Below 750°F; Not for Oxidizing Atmosphere
TEMPERATURE IN DEGREES °C
REFERENCE JUNCTION AT 0°C

°C

Tungsten-5% Rhenium vs. Tungsten-26% Rhenium

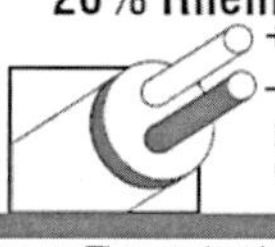

Revised Thermocouple Reference Tables

IEC color code

ANSI color code

TYPE C

Reference Tables
ANSI/ASTM E-230

Thermoelectric Voltage in Millivolts

°C	0	1	2	3	4	5	6	7	8	9	10	°C
1000	18.260	18.279	18.297	18.315	18.334	18.352	18.370	18.389	18.407	18.425	18.444	1000
1010	18.444	18.462	18.480	18.499	18.517	18.535	18.553	18.572	18.590	18.608	18.627	1010
1020	18.627	18.645	18.663	18.681	18.700	18.718	18.736	18.754	18.773	18.791	18.809	1020
1030	18.809	18.827	18.845	18.864	18.882	18.900	18.918	18.936	18.955	18.973	18.991	1030
1040	18.991	19.009	19.027	19.045	19.064	19.082	19.100	19.118	19.136	19.154	19.172	1040
1050	19.172	19.190	19.208	19.227	19.245	19.263	19.281	19.299	19.317	19.335	19.353	1050
1060	19.353	19.371	19.389	19.407	19.425	19.443	19.461	19.479	19.497	19.515	19.533	1060
1070	19.533	19.551	19.569	19.587	19.605	19.623	19.641	19.659	19.677	19.695	19.713	1070
1080	19.713	19.731	19.749	19.767	19.785	19.803	19.821	19.839	19.856	19.874	19.892	1080
1090	19.892	19.910	19.928	19.946	19.964	19.982	19.999	20.017	20.035	20.053	20.071	1090
1100	20.071	20.089	20.106	20.124	20.142	20.160	20.178	20.195	20.213	20.231	20.249	1100
1110	20.249	20.267	20.284	20.302	20.320	20.338	20.355	20.373	20.391	20.409	20.426	1110
1120	20.426	20.444	20.462	20.479	20.497	20.515	20.532	20.550	20.568	20.585	20.603	1120
1130	20.603	20.621	20.638	20.656	20.674	20.691	20.709	20.727	20.744	20.762	20.779	1130
1140	20.779	20.797	20.815	20.832	20.850	20.867	20.885	20.902	20.920	20.938	20.955	1140
1150	20.955	20.973	20.990	21.008	21.025	21.043	21.060	21.078	21.095	21.113	21.130	1150
1160	21.130	21.148	21.165	21.183	21.200	21.218	21.235	21.253	21.270	21.287	21.305	1160
1170	21.305	21.322	21.340	21.357	21.375	21.392	21.409	21.427	21.444	21.461	21.479	1170
1180	21.479	21.496	21.514	21.531	21.548	21.566	21.583	21.600	21.618	21.635	21.652	1180
1190	21.652	21.670	21.687	21.704	21.721	21.739	21.756	21.773	21.790	21.808	21.825	1190
1200	21.825	21.842	21.859	21.877	21.894	21.911	21.928	21.946	21.963	21.980	21.997	1200
1210	21.997	22.014	22.032	22.049	22.066	22.083	22.100	22.117	22.135	22.152	22.169	1210
1220	22.169	22.186	22.203	22.220	22.237	22.254	22.271	22.289	22.306	22.323	22.340	1220
1230	22.340	22.357	22.374	22.391	22.408	22.425	22.442	22.459	22.476	22.493	22.510	1230
1240	22.510	22.527	22.544	22.561	22.578	22.595	22.612	22.629	22.646	22.663	22.680	1240
1250	22.680	22.697	22.714	22.731	22.748	22.765	22.782	22.799	22.815	22.832	22.849	1250
1260	22.849	22.866	22.883	22.900	22.917	22.934	22.950	22.967	22.984	23.001	23.018	1260
1270	23.018	23.035	23.052	23.068	23.085	23.102	23.119	23.136	23.152	23.169	23.186	1270
1280	23.186	23.203	23.219	23.236	23.253	23.270	23.286	23.303	23.320	23.337	23.353	1280
1290	23.353	23.370	23.387	23.403	23.420	23.437	23.453	23.470	23.487	23.503	23.520	1290
1300	23.520	23.537	23.553	23.570	23.587	23.603	23.620	23.636	23.653	23.670	23.686	1300
1310	23.686	23.703	23.719	23.736	23.753	23.769	23.786	23.802	23.819	23.835	23.852	1310
1320	23.852	23.868	23.885	23.901	23.918	23.934	23.951	23.967	23.984	24.000	24.017	1320
1330	24.017	24.033	24.050	24.066	24.083	24.099	24.116	24.132	24.148	24.165	24.181	1330
1340	24.181	24.198	24.214	24.230	24.247	24.263	24.280	24.296	24.312	24.329	24.345	1340
1350	24.345	24.361	24.378	24.394	24.410	24.427	24.443	24.459	24.476	24.492	24.508	1350
1360	24.508	24.524	24.541	24.557	24.573	24.590	24.606	24.622	24.638	24.655	24.671	1360
1370	24.671	24.687	24.703	24.719	24.736	24.752	24.768	24.784	24.800	24.817	24.833	1370
1380	24.833	24.849	24.865	24.881	24.897	24.913	24.930	24.946	24.962	24.978	24.994	1380
1390	24.994	25.010	25.026	25.042	25.058	25.075	25.091	25.107	25.123	25.139	25.155	1390
1400	25.155	25.171	25.187	25.203	25.219	25.235	25.251	25.267	25.283	25.299	25.315	1400
1410	25.315	25.331	25.347	25.363	25.379	25.395	25.411	25.427	25.443	25.459	25.475	1410
1420	25.475	25.490	25.506	25.522	25.538	25.554	25.570	25.586	25.602	25.618	25.633	1420
1430	25.633	25.649	25.665	25.681	25.697	25.713	25.729	25.744	25.760	25.776	25.792	1430
1440	25.792	25.808	25.823	25.839	25.855	25.871	25.886	25.902	25.918	25.934	25.949	1440
1450	25.949	25.965	25.981	25.997	26.012	26.028	26.044	26.060	26.075	26.091	26.107	1450
1460	26.107	26.122	26.138	26.154	26.169	26.185	26.201	26.216	26.232	26.248	26.263	1460
1470	26.263	26.279	26.294	26.310	26.326	26.341	26.357	26.372	26.388	26.403	26.419	1470
1480	26.419	26.435	26.450	26.466	26.481	26.497	26.512	26.528	26.543	26.559	26.574	1480
1490	26.574	26.590	26.605	26.621	26.636	26.652	26.667	26.683	26.698	26.714	26.729	1490
°C	0	1	2	3	4	5	6	7	8	9	10	°C

°C	0	1	2	3	4	5	6	7	8	9	10	°C
1500	26.729	26.744	26.760	26.775	26.791	26.806	26.822	26.837	26.852	26.868	26.883	1500
1510	26.883	26.899	26.914	26.929	26.945	26.960	26.975	26.991	27.006	27.021	27.037	1510
1520	27.037	27.052	27.067	27.083	27.098	27.113	27.128	27.144	27.159	27.174	27.190	1520
1530	27.190	27.205	27.220	27.235	27.250	27.266	27.281	27.296	27.311	27.327	27.342	1530
1540	27.342	27.357	27.372	27.387	27.403	27.418	27.433	27.448	27.463	27.478	27.493	1540
1550	27.493	27.509	27.524	27.539	27.554	27.569	27.584	27.599	27.614	27.629	27.645	1550
1560	27.645	27.660	27.675	27.690	27.705	27.720	27.735	27.750	27.765	27.780	27.795	1560
1570	27.795	27.810	27.825	27.840	27.855	27.870	27.885	27.900	27.915	27.930	27.945	1570
1580	27.945	27.960	27.975	27.990	28.005	28.020	28.034	28.049	28.064	28.079	28.094	1580
1590	28.094	28.109	28.124	28.139	28.154	28.169	28.183	28.198	28.213	28.228	28.243	1590
1600	28.243	28.258	28.272	28.287	28.302	28.317	28.332	28.346	28.361	28.376	28.391	1600
1610	28.391	28.406	28.420	28.435	28.450	28.465	28.479	28.494	28.509	28.524	28.538	1610
1620	28.538	28.553	28.568	28.582	28.597	28.612	28.626	28.641	28.656	28.670	28.685	1620
1630	28.685	28.700	28.714	28.729	28.744	28.758	28.773	28.787	28.802	28.817	28.831	1630
1640	28.831	28.846	28.860	28.875	28.890	28.904	28.919	28.933	28.948	28.962	28.977	1640
1650	28.977	28.991	29.006	29.020	29.035	29.049	29.064	29.078	29.093	29.107	29.122	1650
1660	29.122	29.136	29.151	29.165	29.180	29.194	29.209	29.223	29.237	29.252	29.266	1660
1670	29.266	29.281	29.295	29.309	29.324	29.338	29.353	29.367	29.381	29.396	29.410	1670
1680	29.410	29.424	29.439	29.453	29.467	29.482	29.496	29.510	29.525	29.539	29.553	1680
1690	29.553	29.567	29.582	29.596	29.610	29.625	29.639	29.653	29.667	29.681	29.696	1690
1700	29.696	29.710	29.724	29.738	29.753	29.767	29.781	29.795	29.809	29.823	29.838	1700
1710	29.838	29.852	29.866	29.880	29.894	29.908	29.922	29.937	29.951	29.965	29.979	1710
1720	29.979	29.993	30.007	30.021	30.035	30.049	30.063	30.077	30.091	30.106	30.120	1720
1730	30.120	30.134	30.148	30.162	30.176	30.190	30.204	30.218	30.232	30.246	30.260	1730
1740	30.260	30.274	30.288	30.302	30.315	30.329	30.343	30.357	30.371	30.385	30.399	1740
1750	30.399	30.413	30.427	30.441	30.455	30.469	30.482	30.496	30.510	30.524	30.538	1750
1760	30.538	30.552	30.565	30.579	30.593	30.607	30.621	30.635	30.648	30.662	30.676	1760
1770	30.676	30.690	30.704	30.717	30.731	30.745	30.759	30.772	30.786	30.800	30.813	1770
1780	30.813	30.827	30.841	30.855	30.868	30.882	30.896	30.909	30.923	30.937	30.950	1780
1790	30.950	30.964	30.978	30.991	[illegible]	[illegible]	[illegible]	[illegible]	[illegible]	31.073	31.087	1790
1800	31.087	31.100	31.114	31.127	31.141	31.154	31.168	31.182	31.195	31.209	31.222	1800
1810	31.222	31.236	31.249	31.263	31.276	31.290	31.303	31.317	31.330	31.344	31.357	1810
1820	31.357	31.371	31.384	31.397	31.411	31.424	31.438	31.451	31.465	31.478	31.491	1820
1830	31.491	31.505	31.518	31.532	31.545	31.558	31.572	31.585	31.598	31.612	31.625	1830
1840	31.625	31.638	31.652	31.665	31.678	31.692	31.705	31.718	31.731	31.745	31.758	1840
1850	31.758	31.771	31.784	31.798	31.811	31.824	31.837	31.851	31.864	31.877	31.890	1850
1860	31.890	31.903	31.917	31.930	31.943	31.956	31.969	31.982	31.996	32.009	32.022	1860
1870	32.022	32.035	32.048	32.061	32.074	32.087	32.101	32.114	32.127	32.140	32.153	1870
1880	32.153	32.166	32.179	32.192	32.205	32.218	32.231	32.244	32.257	32.270	32.283	1880
1890	32.283	32.296	32.309	32.322	32.335	32.348	32.361	32.374	32.387	32.400	32.413	1890
1900	32.413	32.426	32.439	32.451	32.464	32.477	32.490	32.503	32.516	32.529	32.542	1900
1910	32.542	32.554	32.567	32.580	32.593	32.606	32.619	32.631	32.644	32.657	32.670	1910
1920	32.670	32.683	32.695	32.708	32.721	32.734	32.746	32.759	32.772	32.784	32.797	1920
1930	32.797	32.810	32.823	32.835	32.848	32.861	32.873	32.886	32.899	32.911	32.924	1930
1940	32.924	32.937	32.949	32.962	32.974	32.987	33.000	33.012	33.025	33.037	33.050	1940
1950	33.050	33.063	33.075	33.088	33.100	33.113	33.125	33.138	33.150	33.163	33.175	1950
1960	33.175	33.188	33.200	33.213	33.225	33.238	33.250	33.263	33.275	33.287	33.300	1960
1970	33.300	33.312	33.325	33.337	33.350	33.362	33.374	33.387	33.399	33.411	33.424	1970
1980	33.424	33.436	33.448	33.461	33.473	33.485	33.498	33.510	33.522	33.535	33.547	1980
1990	33.547	33.559	33.571	33.584	33.596	33.608	33.620	33.632	33.645	33.657	33.669	1990
°C	0	1	2	3	4	5	6	7	8	9	10	°C

MAXIMUM TEMPERATURE RANGE
Thermocouple Grade
-32 to 4208°F
-0 to 2320°C
Extension Grade
32 to 1600°F
0 to 870°C
LIMITS OF ERROR
(whichever is greater)
Standard: 4.5°C to 425°C
1.0% to 2320°C
Special: Not Established
COMMENTS, BARE WIRE ENVIRONMENT:
Vacuum, Inert; Hydrogen; Beware of Embrittlement; Not Practical Below 750°F; Not for Oxidizing Atmosphere
TEMPERATURE IN DEGREES °C
REFERENCE JUNCTION AT 0°C

°C

Tungsten-5% Rhenium vs. Tungsten-26% Rhenium

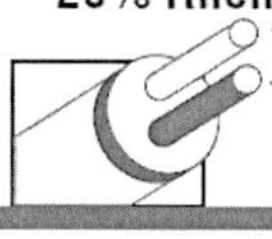

Extension Grade

IEC color code

ANSI color code

Revised Thermocouple Reference Tables

TYPE C

Reference Tables ANSI/ASTM E-230

Thermoelectric Voltage in Millivolts

°C	0	1	2	3	4	5	6	7	8	9	10	°C
2000	33.669	33.681	33.693	33.706	33.718	33.730	33.742	33.754	33.766	33.779	33.791	2000
2010	33.791	33.803	33.815	33.827	33.839	33.851	33.863	33.875	33.887	33.899	33.911	2010
2020	33.911	33.923	33.936	33.948	33.960	33.972	33.984	33.996	34.008	34.019	34.031	2020
2030	34.031	34.043	34.055	34.067	34.079	34.091	34.103	34.115	34.127	34.139	34.151	2030
2040	34.151	34.163	34.174	34.186	34.198	34.210	34.222	34.234	34.245	34.257	34.269	2040
2050	34.269	34.281	34.293	34.304	34.316	34.328	34.340	34.351	34.363	34.375	34.387	2050
2060	34.387	34.398	34.410	34.422	34.433	34.445	34.457	34.468	34.480	34.492	34.503	2060
2070	34.503	34.515	34.527	34.538	34.550	34.561	34.573	34.585	34.596	34.608	34.619	2070
2080	34.619	34.631	34.642	34.654	34.665	34.677	34.688	34.700	34.711	34.723	34.734	2080
2090	34.734	34.746	34.757	34.769	34.780	34.792	34.803	34.814	34.826	34.837	34.849	2090
2100	34.849	34.860	34.871	34.883	34.894	34.905	34.917	34.928	34.939	34.951	34.962	2100
2110	34.962	34.973	34.984	34.996	35.007	35.018	35.029	35.041	35.052	35.063	35.074	2110
2120	35.074	35.085	35.097	35.108	35.119	35.130	35.141	35.152	35.164	35.175	35.186	2120
2130	35.186	35.197	35.208	35.219	35.230	35.241	35.252	35.263	35.274	35.285	35.296	2130
2140	35.296	35.307	35.318	35.329	35.340	35.351	35.362	35.373	35.384	35.395	35.406	2140
2150	35.406	35.417	35.428	35.439	35.450	35.461	35.472	35.482	35.493	35.504	35.515	2150
2160	35.515	35.526	35.537	35.547	35.558	35.569	35.580	35.591	35.601	35.612	35.623	2160
2170	35.623	35.634	35.644	35.655	35.666	35.676	35.687	35.698	35.708	35.719	35.730	2170
2180	35.730	35.740	35.751	35.762	35.772	35.783	35.793	35.804	35.814	35.825	35.836	2180
2190	35.836	35.846	35.857	35.867	35.878	35.888	35.899	35.909	35.920	35.930	35.940	2190
°C	0	1	2	3	4	5	6	7	8	9	10	°C

°C	0	1	2	3	4	5	6	7	8	9	10	°C
2200	35.940	35.951	35.961	35.972	35.982	35.993	36.003	36.013	36.024	36.034	36.044	2200
2210	36.044	36.055	36.065	36.075	36.086	36.096	36.106	36.116	36.127	36.137	36.147	2210
2220	36.147	36.157	36.168	36.178	36.188	36.198	36.208	36.219	36.229	36.239	36.249	2220
2230	36.249	36.259	36.269	36.279	36.289	36.300	36.310	36.320	36.330	36.340	36.350	2230
2240	36.350	36.360	36.370	36.380	36.390	36.400	36.410	36.420	36.430	36.440	36.449	2240
2250	36.449	36.459	36.469	36.479	36.489	36.499	36.509	36.519	36.528	36.538	36.548	2250
2260	36.548	36.558	36.568	36.577	36.587	36.597	36.607	36.616	36.626	36.636	36.645	2260
2270	36.645	36.655	36.665	36.675	36.684	36.694	36.703	36.713	36.723	36.732	36.742	2270
2280	36.742	36.751	36.761	36.771	36.780	36.790	36.799	36.809	36.818	36.828	36.837	2280
2290	36.837	36.846	36.856	36.865	36.875	36.884	36.894	36.903	36.912	36.922	36.931	2290
2300	36.931	36.940	36.950	36.959	36.968	36.978	36.987	36.996	37.005	37.015	37.024	2300
2310	37.024	37.033	37.042	37.051	37.061	37.070						2310
°C	0	1	2	3	4	5	6	7	8	9	10	°C

MAXIMUM TEMPERATURE RANGE

Thermocouple Grade
– 328 to 1652°F
– 200 to 900°C

Extension Grade
32 to 392°F
0 to 200°C

LIMITS OF ERROR
(whichever is greater)
Standard: 1.7°C or 0.5% Above 0°C
1.7°C or 1.0% Below 0°C
Special: 1.0°C or 0.4%

COMMENTS, BARE WIRE ENVIRONMENT:
Oxidizing or Inert; Limited Use in Vacuum or Reducing; Highest EMF Change per Degree

TEMPERATURE IN DEGREES °C
REFERENCE JUNCTION AT 0°C

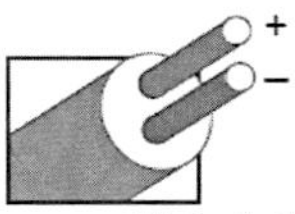

Thermocouple Grade

Nickel-Chromium vs. Copper-Nickel

Extension Grade

Revised Thermocouple Reference Tables

TYPE E

Reference Tables
N.I.S.T. Monograph 175 Revised to ITS-90

Thermoelectric Voltage in Millivolts

°C	-10	-9	-8	-7	-6	-5	-4	-3	-2	-1	0	°C
-260	-9.835	-9.833	-9.831	-9.828	-9.825	-9.821	-9.817	-9.813	-9.808	-9.802	-9.797	-260
-250	-9.797	-9.790	-9.784	-9.777	-9.770	-9.762	-9.754	-9.746	-9.737	-9.728	-9.718	-250
-240	-9.718	-9.709	-9.698	-9.688	-9.677	-9.666	-9.654	-9.642	-9.630	-9.617	-9.604	-240
-230	-9.604	-9.591	-9.577	-9.563	-9.548	-9.534	-9.519	-9.503	-9.487	-9.471	-9.455	-230
-220	-9.455	-9.438	-9.421	-9.404	-9.386	-9.368	-9.350	-9.331	-9.313	-9.293	-9.274	-220
-210	-9.274	-9.254	-9.234	-9.214	-9.193	-9.172	-9.151	-9.129	-9.107	-9.085	-9.063	-210
-200	-9.063	-9.040	-9.017	-8.994	-8.971	-8.947	-8.923	-8.899	-8.874	-8.850	-8.825	-200
-190	-8.825	-8.799	-8.774	-8.748	-8.722	-8.696	-8.669	-8.643	-8.616	-8.588	-8.561	-190
-180	-8.561	-8.533	-8.505	-8.477	-8.449	-8.420	-8.391	-8.362	-8.333	-8.303	-8.273	-180
-170	-8.273	-8.243	-8.213	-8.183	-8.152	-8.121	-8.090	-8.059	-8.027	-7.995	-7.963	-170
-160	-7.963	-7.931	-7.899	-7.866	-7.833	-7.800	-7.767	-7.733	-7.700	-7.666	-7.632	-160
-150	-7.632	-7.597	-7.563	-7.528	-7.493	-7.458	-7.423	-7.387	-7.351	-7.315	-7.279	-150
-140	-7.279	-7.243	-7.206	-7.170	-7.133	-7.096	-7.058	-7.021	-6.983	-6.945	-6.907	-140
-130	-6.907	-6.869	-6.831	-6.792	-6.753	-6.714	-6.675	-6.636	-6.596	-6.556	-6.516	-130
-120	-6.516	-6.476	-6.436	-6.396	-6.355	-6.314	-6.273	-6.232	-6.191	-6.149	-6.107	-120
-110	-6.107	-6.065	-6.023	-5.981	-5.939	-5.896	-5.853	-5.810	-5.767	-5.724	-5.681	-110
-100	-5.681	-5.637	-5.593	-5.549	-5.505	-5.461	-5.417	-5.372	-5.327	-5.282	-5.237	-100
-90	-5.237	-5.192	-5.147	-5.101	-5.055	-5.009	-4.963	-4.917	-4.871	-4.824	-4.777	-90
-80	-4.777	-4.731	-4.684	-4.636	-4.589	-4.542	-4.494	-4.446	-4.398	-4.350	-4.302	-80
-70	-4.302	-4.254	-4.205	-4.156	-4.107	-4.058	-4.009	-3.960	-3.911	-3.861	-3.811	-70
-60	-3.811	-3.761	-3.711	-3.661	-3.611	-3.561	-3.510	-3.459	-3.408	-3.357	-3.306	-60
-50	-3.306	-3.255	-3.204	-3.152	-3.100	-3.048	-2.996	-2.944	-2.892	-2.840	-2.787	-50
-40	-2.787	-2.735	-2.682	-2.629	-2.576	-2.523	-2.469	-2.416	-2.362	-2.309	-2.255	-40
-30	-2.255	-2.201	-2.147	-2.093	-2.038	-1.984	-1.929	-1.874	-1.820	-1.765	-1.709	-30
-20	-1.709	-1.654	-1.599	-1.543	-1.488	-1.432	-1.376	-1.320	-1.264	-1.208	-1.152	-20
-10	-1.152	-1.095	-1.039	-0.982	-0.925	-0.868	-0.811	-0.754	-0.697	-0.639	-0.582	-10
0	-0.582	-0.524	-0.466	-0.408	-0.350	-0.292	-0.234	-0.176	-0.117	-0.059	0.000	0

°C	0	1	2	3	4	5	6	7	8	9	10	°C
0	0.000	0.059	0.118	0.176	0.235	0.294	0.354	0.413	0.472	0.532	0.591	0
10	0.591	0.651	0.711	0.770	0.830	0.890	0.950	1.010	1.071	1.131	1.192	10
20	1.192	1.252	1.313	1.373	1.434	1.495	1.556	1.617	1.678	1.740	1.801	20
30	1.801	1.862	1.924	1.986	2.047	2.109	2.171	2.233	2.295	2.357	2.420	30
40	2.420	2.482	2.545	2.607	2.670	2.733	2.795	2.858	2.921	2.984	3.048	40
50	3.048	3.111	3.174	3.238	3.301	3.365	3.429	3.492	3.556	3.620	3.685	50
60	3.685	3.749	3.813	3.877	3.942	4.006	4.071	4.136	4.200	4.265	4.330	60
70	4.330	4.395	4.460	4.526	4.591	4.656	4.722	4.788	4.853	4.919	4.985	70
80	4.985	5.051	5.117	5.183	5.249	5.315	5.382	5.448	5.514	5.581	5.648	80
90	5.648	5.714	5.781	5.848	5.915	5.982	6.049	6.117	6.184	6.251	6.319	90
100	6.319	6.386	6.454	6.522	6.590	6.658	6.725	6.794	6.862	6.930	6.998	100
110	6.998	7.066	7.135	7.203	7.272	7.341	7.409	7.478	7.547	7.616	7.685	110
120	7.685	7.754	7.823	7.892	7.962	8.031	8.101	8.170	8.240	8.309	8.379	120
130	8.379	8.449	8.519	8.589	8.659	8.729	8.799	8.869	8.940	9.010	9.081	130
140	9.081	9.151	9.222	9.292	9.363	9.434	9.505	9.576	9.647	9.718	9.789	140
150	9.789	9.860	9.931	10.003	10.074	10.145	10.217	10.288	10.360	10.432	10.503	150
160	10.503	10.575	10.647	10.719	10.791	10.863	10.935	11.007	11.080	11.152	11.224	160
170	11.224	11.297	11.369	11.442	11.514	11.587	11.660	11.733	11.805	11.878	11.951	170
180	11.951	12.024	12.097	12.170	12.243	12.317	12.390	12.463	12.537	12.610	12.684	180
190	12.684	12.757	12.831	12.904	12.978	13.052	13.126	13.199	13.273	13.347	13.421	190
200	13.421	13.495	13.569	13.644	13.718	13.792	13.866	13.941	14.015	14.090	14.164	200
210	14.164	14.239	14.313	14.388	14.463	14.537	14.612	14.687	14.762	14.837	14.912	210
220	14.912	14.987	15.062	15.137	15.212	15.287	15.362	15.438	15.513	15.588	15.664	220
230	15.664	15.739	15.815	15.890	15.966	16.041	16.117	16.193	16.269	16.344	16.420	230
240	16.420	16.496	16.572	16.648	16.724	16.800	16.876	16.952	17.028	17.104	17.181	240
250	17.181	17.257	17.333	17.409	17.486	17.562	17.639	17.715	17.792	17.868	17.945	250
260	17.945	18.021	18.098	18.175	18.252	18.328	18.405	18.482	18.559	18.636	18.713	260
270	18.713	18.790	18.867	18.944	19.021	19.098	19.175	19.252	19.330	19.407	19.484	270
280	19.484	19.561	19.639	19.716	19.794	19.871	19.948	20.026	20.103	20.181	20.259	280
290	20.259	20.336	20.414	20.492	20.569	20.647	20.725	20.803	20.880	20.958	21.036	290
300	21.036	21.114	21.192	21.270	21.348	21.426	21.504	21.582	21.660	21.739	21.817	300
310	21.817	21.895	21.973	22.051	22.130	22.208	22.286	22.365	22.443	22.522	22.600	310
320	22.600	22.678	22.757	22.835	22.914	22.993	23.071	23.150	23.228	23.307	23.386	320
330	23.386	23.464	23.543	23.622	23.701	23.780	23.858	23.937	24.016	24.095	24.174	330
340	24.174	24.253	24.332	24.411	24.490	24.569	24.648	24.727	24.806	24.885	24.964	340

°C	0	1	2	3	4	5	6	7	8	9	10	°C
350	24.964	25.044	25.123	25.202	25.281	25.360	25.440	25.519	25.598	25.678	25.757	350
360	25.757	25.836	25.916	25.995	26.075	26.154	26.233	26.313	26.392	26.472	26.552	360
370	26.552	26.631	26.711	26.790	26.870	26.950	27.029	27.109	27.189	27.268	27.348	370
380	27.348	27.428	27.507	27.587	27.667	27.747	27.827	27.907	27.986	28.066	28.146	380
390	28.146	28.226	28.306	28.386	28.466	28.546	28.626	28.706	28.786	28.866	28.946	390
400	28.946	29.026	29.106	29.186	29.266	29.346	29.427	29.507	29.587	29.667	29.747	400
410	29.747	29.827	29.908	29.988	30.068	30.148	30.229	30.309	30.389	30.470	30.550	410
420	30.550	30.630	30.711	30.791	30.871	30.952	31.032	31.112	31.193	31.273	31.354	420
430	31.354	31.434	31.515	31.595	31.676	31.756	31.837	31.917	31.998	32.078	32.159	430
440	32.159	32.239	32.320	32.400	32.481	32.562	32.642	32.723	32.803	32.884	32.965	440
450	32.965	33.045	33.126	33.207	33.287	33.368	33.449	33.529	33.610	33.691	33.772	450
460	33.772	33.852	33.933	34.014	34.095	34.175	34.256	34.337	34.418	34.498	34.579	460
470	34.579	34.660	34.741	34.822	34.902	34.983	35.064	35.145	35.226	35.307	35.387	470
480	35.387	35.468	35.549	35.630	35.711	35.792	35.873	35.954	36.034	36.115	36.196	480
490	36.196	36.277	36.358	36.439	36.520	36.601	36.682	36.763	36.843	36.924	37.005	490
500	37.005	37.086	37.167	37.248	37.329	37.410	37.491	37.572	37.653	37.734	37.815	500
510	37.815	37.896	37.977	38.058	38.139	38.220	38.300	38.381	38.462	38.543	38.624	510
520	38.624	38.705	38.786	38.867	38.948	39.029	39.110	39.191	39.272	39.353	39.434	520
530	39.434	39.515	39.596	39.677	39.758	39.839	39.920	40.001	40.082	40.163	40.243	530
540	40.243	40.324	40.405	40.486	40.567	40.648	40.729	40.810	40.891	40.972	41.053	540
550	41.053	41.134	41.215	41.296	41.377	41.457	41.538	41.619	41.700	41.781	41.862	550
560	41.862	41.943	42.024	42.105	42.185	42.266	42.347	42.428	42.509	42.590	42.671	560
570	42.671	42.751	42.832	42.913	42.994	43.075	43.156	43.236	43.317	43.398	43.479	570
580	43.479	43.560	43.640	43.721	43.802	43.883	43.963	44.044	44.125	44.206	44.286	580
590	44.286	44.367	44.448	44.529	44.609	44.690	44.771	44.851	44.932	45.013	45.093	590
600	45.093	45.174	45.255	45.335	45.416	45.497	45.577	45.658	45.738	45.819	45.900	600
610	45.900	45.980	46.061	46.141	46.222	46.302	46.383	46.463	46.544	46.624	46.705	610
620	46.705	46.785	46.866	46.946	47.027	47.107	47.188	47.268	47.349	47.429	47.509	620
630	47.509	47.590	47.670	47.751	47.831	47.911	47.992	48.072	48.152	48.233	48.313	630
640	48.313	48.393	48.474	48.554	48.634	48.715	48.795	48.875	48.955	49.035	49.116	640
650	49.116	49.196	49.276	49.356	49.436	49.517	49.597	49.677	49.757	49.837	49.917	650
660	49.917	49.997	50.077	50.157	50.238	50.318	50.398	50.478	50.558	50.638	50.718	660
670	50.718	50.798	50.878	50.958	51.038	51.118	51.197	51.277	51.357	51.437	51.517	670
680	51.517	51.597	51.677	51.757	51.837	51.916	51.996	52.076	52.156	52.236	52.315	680
690	52.315	52.395	52.475	52.555	52.634	52.714	52.794	52.873	52.953	53.033	53.112	690
700	53.112	53.192	53.272	53.351	53.431	53.510	53.590	53.670	53.749	53.829	53.908	700
710	53.908	53.988	54.067	54.147	54.226	54.306	54.385	54.465	54.544	54.624	54.703	710
720	54.703	54.782	54.862	54.941	55.021	55.100	55.179	55.259	55.338	55.417	55.497	720
730	55.497	55.576	55.655	55.734	55.814	55.893	55.972	56.051	56.131	56.210	56.289	730
740	56.289	56.368	56.447	56.526	56.606	56.685	56.764	56.843	56.922	57.001	57.080	740
750	57.080	57.159	57.238	57.317	57.396	57.475	57.554	57.633	57.712	57.791	57.870	750
760	57.870	57.949	58.028	58.107	58.186	58.265	58.343	58.422	58.501	58.580	58.659	760
770	58.659	58.738	58.816	58.895	58.974	59.053	59.131	59.210	59.289	59.367	59.446	770
780	59.446	59.525	59.604	59.682	59.761	59.839	59.918	59.997	60.075	60.154	60.232	780
790	60.232	60.311	60.390	60.468	60.547	60.625	60.704	60.782	60.860	60.939	61.017	790
800	61.017	61.096	61.174	61.253	61.331	61.409	61.488	61.566	61.644	61.723	61.801	800
810	61.801	61.879	61.958	62.036	62.114	62.192	62.271	62.349	62.427	62.505	62.583	810
820	62.583	62.662	62.740	62.818	62.896	62.974	63.052	63.130	63.208	63.286	63.364	820
830	63.364	63.442	63.520	63.598	63.676	63.754	63.832	63.910	63.988	64.066	64.144	830
840	64.144	64.222	64.300	64.377	64.455	64.533	64.611	64.689	64.766	64.844	64.922	840
850	64.922	65.000	65.077	65.155	65.233	65.310	65.388	65.465	65.543	65.621	65.698	850
860	65.698	65.776	65.853	65.931	66.008	66.086	66.163	66.241	66.318	66.396	66.473	860
870	66.473	66.550	66.628	66.705	66.782	66.860	66.937	67.014	67.092	67.169	67.246	870
880	67.246	67.323	67.400	67.478	67.555	67.632	67.709	67.786	67.863	67.940	68.017	880
890	68.017	68.094	68.171	68.248	68.325	68.402	68.479	68.556	68.633	68.710	68.787	890
900	68.787	68.863	68.940	69.017	69.094	69.171	69.247	69.324	69.401	69.477	69.554	900
910	69.554	69.631	69.707	69.784	69.860	69.937	70.013	70.090	70.166	70.243	70.319	910
920	70.319	70.396	70.472	70.548	70.625	70.701	70.777	70.854	70.930	71.006	71.082	920
930	71.082	71.159	71.235	71.311	71.387	71.463	71.539	71.615	71.692	71.768	71.844	930
940	71.844	71.920	71.996	72.072	72.147	72.223	72.299	72.375	72.451	72.527	72.603	940
950	72.603	72.678	72.754	72.830	72.906	72.981	73.057	73.133	73.208	73.284	73.360	950
960	73.360	73.435	73.511	73.586	73.662	73.738	73.813	73.889	73.964	74.040	74.115	960
970	74.115	74.190	74.266	74.341	74.417	74.492	74.567	74.643	74.718	74.793	74.869	970
980	74.869	74.944	75.019	75.095	75.170	75.245	75.320	75.395	75.471	75.546	75.621	980
990	75.621	75.696	75.771	75.847	75.922	75.997	76.072	76.147	76.223	76.298	76.373	990

Revised Thermocouple Reference Tables

TYPE J

Reference Tables
N.I.S.T. Monograph 175
Revised to ITS-90

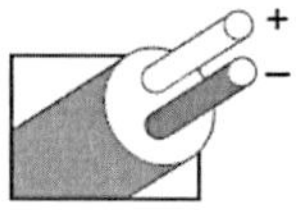

Thermocouple Grade

Iron vs. Copper-Nickel

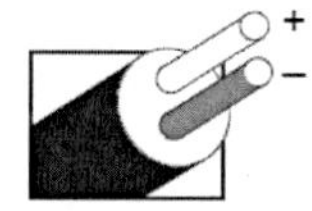

Extension Grade

MAXIMUM TEMPERATURE RANGE

Thermocouple Grade
32 to 1382°F
0 to 750°C

Extension Grade
32 to 392°F
0 to 200°C

LIMITS OF ERROR
(whichever is greater)
Standard: 2.2°C or 0.75%
Special: 1.1°C or 0.4%

COMMENTS, BARE WIRE ENVIRONMENT:
Reducing, Vacuum, Inert; Limited Use in Oxidizing at High Temperatures; Not Recommended for Low Temperatures

TEMPERATURE IN DEGREES °C
REFERENCE JUNCTION AT 0°C

Thermoelectric Voltage in Millivolts

°C	-10	-9	-8	-7	-6	-5	-4	-3	-2	-1	0	°C
-200	-8.095	-8.076	-8.057	-8.037	-8.017	-7.996	-7.976	-7.955	-7.934	-7.912	-7.890	-200
-190	-7.890	-7.868	-7.846	-7.824	-7.801	-7.778	-7.755	-7.731	-7.707	-7.683	-7.659	-190
-180	-7.659	-7.634	-7.610	-7.585	-7.559	-7.534	-7.508	-7.482	-7.456	-7.429	-7.403	-180
-170	-7.403	-7.376	-7.348	-7.321	-7.293	-7.265	-7.237	-7.209	-7.181	-7.152	-7.123	-170
-160	-7.123	-7.094	-7.064	-7.035	-7.005	-6.975	-6.944	-6.914	-6.883	-6.853	-6.821	-160
-150	-6.821	-6.790	-6.759	-6.727	-6.695	-6.663	-6.631	-6.598	-6.566	-6.533	-6.500	-150
-140	-6.500	-6.467	-6.433	-6.400	-6.366	-6.332	-6.298	-6.263	-6.229	-6.194	-6.159	-140
-130	-6.159	-6.124	-6.089	-6.054	-6.018	-5.982	-5.946	-5.910	-5.874	-5.838	-5.801	-130
-120	-5.801	-5.764	-5.727	-5.690	-5.653	-5.616	-5.578	-5.541	-5.503	-5.465	-5.426	-120
-110	-5.426	-5.388	-5.350	-5.311	-5.272	-5.233	-5.194	-5.155	-5.116	-5.076	-5.037	-110
-100	-5.037	-4.997	-4.957	-4.917	-4.877	-4.836	-4.796	-4.755	-4.714	-4.674	-4.633	-100
-90	-4.633	-4.591	-4.550	-4.509	-4.467	-4.425	-4.384	-4.342	-4.300	-4.257	-4.215	-90
-80	-4.215	-4.173	-4.130	-4.088	-4.045	-4.002	-3.959	-3.916	-3.872	-3.829	-3.786	-80
-70	-3.786	-3.742	-3.698	-3.654	-3.610	-3.566	-3.522	-3.478	-3.434	-3.389	-3.344	-70
-60	-3.344	-3.300	-3.255	-3.210	-3.165	-3.120	-3.075	-3.029	-2.984	-2.938	-2.893	-60
-50	-2.893	-2.847	-2.801	-2.755	-2.709	-2.663	-2.617	-2.571	-2.524	-2.478	-2.431	-50
-40	-2.431	-2.385	-2.338	-2.291	-2.244	-2.197	-2.150	-2.103	-2.055	-2.008	-1.961	-40
-30	-1.961	-1.913	-1.865	-1.818	-1.770	-1.722	-1.674	-1.626	-1.578	-1.530	-1.482	-30
-20	-1.482	-1.433	-1.385	-1.336	-1.288	-1.239	-1.190	-1.142	-1.093	-1.044	-0.995	-20
-10	-0.995	-0.946	-0.896	-0.847	-0.798	-0.749	-0.699	-0.650	-0.600	-0.550	-0.501	-10
0	-0.501	-0.451	-0.401	-0.351	-0.301	-0.251	-0.201	-0.151	-0.101	-0.050	0.000	0

°C	0	1	2	3	4	5	6	7	8	9	10	°C
0	0.000	0.050	0.101	0.151	0.202	0.253	0.303	0.354	0.405	0.456	0.507	0
10	0.507	0.558	0.609	0.660	0.711	0.762	0.814	0.865	0.916	0.968	1.019	10
20	1.019	1.071	1.122	1.174	1.226	1.277	1.329	1.381	1.433	1.485	1.537	20
30	1.537	1.589	1.641	1.693	1.745	1.797	1.849	1.902	1.954	2.006	2.059	30
40	2.059	2.111	2.164	2.216	2.269	2.322	2.374	2.427	2.480	2.532	2.585	40
50	2.585	2.638	2.691	2.744	2.797	2.850	2.903	2.956	3.009	3.062	3.116	50
60	3.116	3.169	3.222	3.275	3.329	3.382	3.436	3.489	3.543	3.596	3.650	60
70	3.650	3.703	3.757	3.810	3.864	3.918	3.971	4.025	4.079	4.133	4.187	70
80	4.187	4.240	4.294	4.348	4.402	4.456	4.510	4.564	4.618	4.672	4.726	80
90	4.726	4.781	4.835	4.889	4.943	4.997	5.052	5.106	5.160	5.215	5.269	90
100	5.269	5.323	5.378	5.432	5.487	5.541	5.595	5.650	5.705	5.759	5.814	100
110	5.814	5.868	5.923	5.977	6.032	6.087	6.141	6.196	6.251	6.306	6.360	110
120	6.360	6.415	6.470	6.525	6.579	6.634	6.689	6.744	6.799	6.854	6.909	120
130	6.909	6.964	7.019	7.074	7.129	7.184	7.239	7.294	7.349	7.404	7.459	130
140	7.459	7.514	7.569	7.624	7.679	7.734	7.789	7.844	7.900	7.955	8.010	140
150	8.010	8.065	8.120	8.175	8.231	8.286	8.341	8.396	8.452	8.507	8.562	150
160	8.562	8.618	8.673	8.728	8.783	8.839	8.894	8.949	9.005	9.060	9.115	160
170	9.115	9.171	9.226	9.282	9.337	9.392	9.448	9.503	9.559	9.614	9.669	170
180	9.669	9.725	9.780	9.836	9.891	9.947	10.002	10.057	10.113	10.168	10.224	180
190	10.224	10.279	10.335	10.390	10.446	10.501	10.557	10.612	10.668	10.723	10.779	190
200	10.779	10.834	10.890	10.945	11.001	11.056	11.112	11.167	11.223	11.278	11.334	200
210	11.334	11.389	11.445	11.501	11.556	11.612	11.667	11.723	11.778	11.834	11.889	210
220	11.889	11.945	12.000	12.056	12.111	12.167	12.222	12.278	12.334	12.389	12.445	220
230	12.445	12.500	12.556	12.611	12.667	12.722	12.778	12.833	12.889	12.944	13.000	230
240	13.000	13.056	13.111	13.167	13.222	13.278	13.333	13.389	13.444	13.500	13.555	240
250	13.555	13.611	13.666	13.722	13.777	13.833	13.888	13.944	13.999	14.055	14.110	250
260	14.110	14.166	14.221	14.277	14.332	14.388	14.443	14.499	14.554	14.609	14.665	260
270	14.665	14.720	14.776	14.831	14.887	14.942	14.998	15.053	15.109	15.164	15.219	270
280	15.219	15.275	15.330	15.386	15.441	15.496	15.552	15.607	15.663	15.718	15.773	280
290	15.773	15.829	15.884	15.940	15.995	16.050	16.106	16.161	16.216	16.272	16.327	290
300	16.327	16.383	16.438	16.493	16.549	16.604	16.659	16.715	16.770	16.825	16.881	300
310	16.881	16.936	16.991	17.046	17.102	17.157	17.212	17.268	17.323	17.378	17.434	310
320	17.434	17.489	17.544	17.599	17.655	17.710	17.765	17.820	17.876	17.931	17.986	320
330	17.986	18.041	18.097	18.152	18.207	18.262	18.318	18.373	18.428	18.483	18.538	330
340	18.538	18.594	18.649	18.704	18.759	18.814	18.870	18.925	18.980	19.035	19.090	340
350	19.090	19.146	19.201	19.256	19.311	19.366	19.422	19.477	19.532	19.587	19.642	350
360	19.642	19.697	19.753	19.808	19.863	19.918	19.973	20.028	20.083	20.139	20.194	360
370	20.194	20.249	20.304	20.359	20.414	20.469	20.525	20.580	20.635	20.690	20.745	370
380	20.745	20.800	20.855	20.911	20.966	21.021	21.076	21.131	21.186	21.241	21.297	380
390	21.297	21.352	21.407	21.462	21.517	21.572	21.627	21.683	21.738	21.793	21.848	390
400	21.848	21.903	21.958	22.014	22.069	22.124	22.179	22.234	22.289	22.345	22.400	400
410	22.400	22.455	22.510	22.565	22.620	22.676	22.731	22.786	22.841	22.896	22.952	410
420	22.952	23.007	23.062	23.117	23.172	23.228	23.283	23.338	23.393	23.449	23.504	420
430	23.504	23.559	23.614	23.670	23.725	23.780	23.835	23.891	23.946	24.001	24.057	430
440	24.057	24.112	24.167	24.223	24.278	24.333	24.389	24.444	24.499	24.555	24.610	440
450	24.610	24.665	24.721	24.776	24.832	24.887	24.943	24.998	25.053	25.109	25.164	450
460	25.164	25.220	25.275	25.331	25.386	25.442	25.497	25.553	25.608	25.664	25.720	460
470	25.720	25.775	25.831	25.886	25.942	25.998	26.053	26.109	26.165	26.220	26.276	470
480	26.276	26.332	26.387	26.443	26.499	26.555	26.610	26.666	26.722	26.778	26.834	480
490	26.834	26.889	26.945	27.001	27.057	27.113	27.169	27.225	27.281	27.337	27.393	490
°C	0	1	2	3	4	5	6	7	8	9	10	°C

°C	0	1	2	3	4	5	6	7	8	9	10	°C
500	27.393	27.449	27.505	27.561	27.617	27.673	27.729	27.785	27.841	27.897	27.953	500
510	27.953	28.010	28.066	28.122	28.178	28.234	28.291	28.347	28.403	28.460	28.516	510
520	28.516	28.572	28.629	28.685	28.741	28.798	28.854	28.911	28.967	29.024	29.080	520
530	29.080	29.137	29.194	29.250	29.307	29.363	29.420	29.477	29.534	29.590	29.647	530
540	29.647	29.704	29.761	29.818	29.874	29.931	29.988	30.045	30.102	30.159	30.216	540
550	30.216	30.273	30.330	30.387	30.444	30.502	30.559	30.616	30.673	30.730	30.788	550
560	30.788	30.845	30.902	30.960	31.017	31.074	31.132	31.189	31.247	31.304	31.362	560
570	31.362	31.419	31.477	31.535	31.592	31.650	31.708	31.766	31.823	31.881	31.939	570
580	31.939	31.997	32.055	32.113	32.171	32.229	32.287	32.345	32.403	32.461	32.519	580
590	32.519	32.577	32.636	32.694	32.752	32.810	32.869	32.927	32.985	33.044	33.102	590
600	33.102	33.161	33.219	33.278	33.337	33.395	33.454	33.513	33.571	33.630	33.689	600
610	33.689	33.748	33.807	33.866	33.925	33.984	34.043	34.102	34.161	34.220	34.279	610
620	34.279	34.338	34.397	34.457	34.516	34.575	34.635	34.694	34.754	34.813	34.873	620
630	34.873	34.932	34.992	35.051	35.111	35.171	35.230	35.290	35.350	35.410	35.470	630
640	35.470	35.530	35.590	35.650	35.710	35.770	35.830	35.890	35.950	36.010	36.071	640
650	36.071	36.131	36.191	36.252	36.312	36.373	36.433	36.494	36.554	36.615	36.675	650
660	36.675	36.736	36.797	36.858	36.918	36.979	37.040	37.101	37.162	37.223	37.284	660
670	37.284	37.345	37.406	37.467	37.528	37.590	37.651	37.712	37.773	37.835	37.896	670
680	37.896	37.958	38.019	38.081	38.142	38.204	38.265	38.327	38.389	38.450	38.512	680
690	38.512	38.574	38.636	38.698	38.760	38.822	38.884	38.946	39.008	39.070	39.132	690
700	39.132	39.194	39.256	39.318	39.381	39.443	39.505	39.568	39.630	39.693	39.755	700
710	39.755	39.818	39.880	39.943	40.005	40.068	40.131	40.193	40.256	40.319	40.382	710
720	40.382	40.445	40.508	40.570	40.633	40.696	40.759	40.822	40.886	40.949	41.012	720
730	41.012	41.075	41.138	41.201	41.265	41.328	41.391	41.455	41.518	41.581	41.645	730
740	41.645	41.708	41.772	41.835	41.899	41.962	42.026	42.090	42.153	42.217	42.281	740
750	42.281	42.344	42.408	42.472	42.536	42.599	42.663	42.727	42.791	42.855	42.919	750
760	42.919	42.983	43.047	43.111	43.175	43.239	43.303	43.367	43.431	43.495	43.559	760
770	43.559	43.624	43.688	43.752	43.817	43.881	43.945	44.010	44.074	44.139	44.203	770
780	44.203	44.267	44.332	44.396	44.461	44.525	44.590	44.655	44.719	44.784	44.848	780
790	44.848	44.913	44.977	45.042	45.107	45.171	45.236	45.301	45.365	45.430	45.494	790
800	45.494	45.559	45.624	45.688	45.753	45.818	45.882	45.947	46.011	46.076	46.141	800
810	46.141	46.205	46.270	46.334	46.399	46.464	46.528	46.593	46.657	46.722	46.786	810
820	46.786	46.851	46.915	46.980	47.044	47.109	47.173	47.238	47.302	47.367	47.431	820
830	47.431	47.495	47.560	47.624	47.688	47.753	47.817	47.881	47.946	48.010	48.074	830
840	48.074	48.138	48.202	48.267	48.331	48.395	48.459	48.523	48.587	48.651	48.715	840
850	48.715	48.779	48.843	48.907	48.971	49.034	49.098	49.162	49.226	49.290	49.353	850
860	49.353	49.417	49.481	49.544	49.608	49.672	49.735	49.799	49.862	49.926	49.989	860
870	49.989	50.052	50.116	50.179	50.243	50.306	50.369	50.432	50.495	50.559	50.622	870
880	50.622	50.685	50.748	50.811	50.874	50.937	51.000	51.063	51.126	51.188	51.251	880
890	51.251	51.314	51.377	51.439	51.502	51.565	51.627	51.690	51.752	51.815	51.877	890
900	51.877	51.940	52.002	52.064	52.127	52.189	52.251	52.314	52.376	52.438	52.500	900
910	52.500	52.562	52.624	52.686	52.748	52.810	52.872	52.934	52.996	53.057	53.119	910
920	53.119	53.181	53.243	53.304	53.366	53.427	53.489	53.550	53.612	53.673	53.735	920
930	53.735	53.796	53.857	53.919	53.980	54.041	54.102	54.164	54.225	54.286	54.347	930
940	54.347	54.408	54.469	54.530	54.591	54.652	54.713	54.773	54.834	54.895	54.956	940
950	54.956	55.016	55.077	55.138	55.198	55.259	55.319	55.380	55.440	55.501	55.561	950
960	55.561	55.622	55.682	55.742	55.803	55.863	55.923	55.983	56.043	56.104	56.164	960
970	56.164	56.224	56.284	56.344	56.404	56.464	56.524	56.584	56.643	56.703	56.763	970
980	56.763	56.823	56.883	56.942	57.002	57.062	57.121	57.181	57.240	57.300	57.360	980
990	57.360	57.419	57.479	57.538	57.597	57.657	57.716	57.776	57.835	57.894	57.953	990
1000	57.953	58.013	58.072	58.131	58.190	58.249	58.309	58.368	58.427	58.486	58.545	1000
1010	58.545	58.604	58.663	58.722	58.781	58.840	58.899	58.957	59.016	59.075	59.134	1010
1020	59.134	59.193	59.252	59.310	59.369	59.428	59.487	59.545	59.604	59.663	59.721	1020
1030	59.721	59.780	59.838	59.897	59.956	60.014	60.073	60.131	60.190	60.248	60.307	1030
1040	60.307	60.365	60.423	60.482	60.540	60.599	60.657	60.715	60.774	60.832	60.890	1040
1050	60.890	60.949	61.007	61.065	61.123	61.182	61.240	61.298	61.356	61.415	61.473	1050
1060	61.473	61.531	61.589	61.647	61.705	61.763	61.822	61.880	61.938	61.996	62.054	1060
1070	62.054	62.112	62.170	62.228	62.286	62.344	62.402	62.460	62.518	62.576	62.634	1070
1080	62.634	62.692	62.750	62.808	62.866	62.924	62.982	63.040	63.098	63.156	63.214	1080
1090	63.214	63.271	63.329	63.387	63.445	63.503	63.561	63.619	63.677	63.734	63.792	1090
1100	63.792	63.850	63.908	63.966	64.024	64.081	64.139	64.197	64.255	64.313	64.370	1100
1110	64.370	64.428	64.486	64.544	64.602	64.659	64.717	64.775	64.833	64.890	64.948	1110
1120	64.948	65.006	65.064	65.121	65.179	65.237	65.295	65.352	65.410	65.468	65.525	1120
1130	65.525	65.583	65.641	65.699	65.756	65.814	65.872	65.929	65.987	66.045	66.102	1130
1140	66.102	66.160	66.218	66.275	66.333	66.391	66.448	66.506	66.564	66.621	66.679	1140
1150	66.679	66.737	66.794	66.852	66.910	66.967	67.025	67.082	67.140	67.198	67.255	1150
1160	67.255	67.313	67.370	67.428	67.486	67.543	67.601	67.658	67.716	67.773	67.831	1160
1170	67.831	67.888	67.946	68.003	68.061	68.119	68.176	68.234	68.291	68.348	68.406	1170
1180	68.406	68.463	68.521	68.578	68.636	68.693	68.751	68.808	68.865	68.923	68.980	1180
1190	68.980	69.037	69.095	69.152	69.209	69.267	69.324	69.381	69.439	69.496	69.553	1190
°C	0	1	2	3	4	5	6	7	8	9	10	°C

MAXIMUM TEMPERATURE RANGE
Thermocouple Grade
– 328 to 2282°F
– 200 to 1250°C
Extension Grade
32 to 392°F
0 to 200°C
LIMITS OF ERROR
(whichever is greater)
Standard: 2.2°C or 0.75% Above 0°C
2.2°C or 2.0% Below 0°C
Special: 1.1°C or 0.4%
COMMENTS, BARE WIRE ENVIRONMENT:
Clean Oxidizing and Inert; Limited Use in Vacuum or Reducing; Wide Temperature Range; Most Popular Calibration
TEMPERATURE IN DEGREES °C
REFERENCE JUNCTION AT 0°C

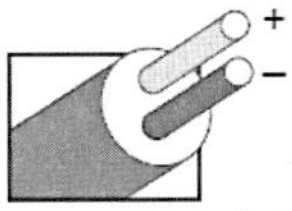

Thermocouple Grade

Nickel-Chromium
vs.
Nickel-Aluminum

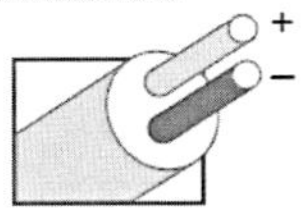

Extension Grade

Revised Thermocouple Reference Tables

TYPE K

Reference Tables
N.I.S.T.
Monograph 175
Revised to
ITS-90

Thermoelectric Voltage in Millivolts

°C	-10	-9	-8	-7	-6	-5	-4	-3	-2	-1	0	°C
-260	-6.458	-6.457	-6.456	-6.455	-6.453	-6.452	-6.450	-6.448	-6.446	-6.444	-6.441	-260
-250	-6.441	-6.438	-6.435	-6.432	-6.429	-6.425	-6.421	-6.417	-6.413	-6.408	-6.404	-250
-240	-6.404	-6.399	-6.393	-6.388	-6.382	-6.377	-6.370	-6.364	-6.358	-6.351	-6.344	-240
-230	-6.344	-6.337	-6.329	-6.322	-6.314	-6.306	-6.297	-6.289	-6.280	-6.271	-6.262	-230
-220	-6.262	-6.252	-6.243	-6.233	-6.223	-6.213	-6.202	-6.192	-6.181	-6.170	-6.158	-220
-210	-6.158	-6.147	-6.135	-6.123	-6.111	-6.099	-6.087	-6.074	-6.061	-6.048	-6.035	-210
-200	-6.035	-6.021	-6.007	-5.994	-5.980	-5.965	-5.951	-5.936	-5.922	-5.907	-5.891	-200
-190	-5.891	-5.876	-5.861	-5.845	-5.829	-5.813	-5.797	-5.780	-5.763	-5.747	-5.730	-190
-180	-5.730	-5.713	-5.695	-5.678	-5.660	-5.642	-5.624	-5.606	-5.588	-5.569	-5.550	-180
-170	-5.550	-5.531	-5.512	-5.493	-5.474	-5.454	-5.435	-5.415	-5.395	-5.374	-5.354	-170
-160	-5.354	-5.333	-5.313	-5.292	-5.271	-5.250	-5.228	-5.207	-5.185	-5.163	-5.141	-160
-150	-5.141	-5.119	-5.097	-5.074	-5.052	-5.029	-5.006	-4.983	-4.960	-4.936	-4.913	-150
-140	-4.913	-4.889	-4.865	-4.841	-4.817	-4.793	-4.768	-4.744	-4.719	-4.694	-4.669	-140
-130	-4.669	-4.644	-4.618	-4.593	-4.567	-4.542	-4.516	-4.490	-4.463	-4.437	-4.411	-130
-120	-4.411	-4.384	-4.357	-4.330	-4.303	-4.276	-4.249	-4.221	-4.194	-4.166	-4.138	-120
-110	-4.138	-4.110	-4.082	-4.054	-4.025	-3.997	-3.968	-3.939	-3.911	-3.882	-3.852	-110
-100	-3.852	-3.823	-3.794	-3.764	-3.734	-3.705	-3.675	-3.645	-3.614	-3.584	-3.554	-100
-90	-3.554	-3.523	-3.492	-3.462	-3.431	-3.400	-3.368	-3.337	-3.306	-3.274	-3.243	-90
-80	-3.243	-3.211	-3.179	-3.147	-3.115	-3.083	-3.050	-3.018	-2.986	-2.953	-2.920	-80
-70	-2.920	-2.887	-2.854	-2.821	-2.788	-2.755	-2.721	-2.688	-2.654	-2.620	-2.587	-70
-60	-2.587	-2.553	-2.519	-2.485	-2.450	-2.416	-2.382	-2.347	-2.312	-2.278	-2.243	-60
-50	-2.243	-2.208	-2.173	-2.138	-2.103	-2.067	-2.032	-1.996	-1.961	-1.925	-1.889	-50
-40	-1.889	-1.854	-1.818	-1.782	-1.745	-1.709	-1.673	-1.637	-1.600	-1.564	-1.527	-40
-30	-1.527	-1.490	-1.453	-1.417	-1.380	-1.343	-1.305	-1.268	-1.231	-1.194	-1.156	-30
-20	-1.156	-1.119	-1.081	-1.043	-1.006	-0.968	-0.930	-0.892	-0.854	-0.816	-0.778	-20
-10	-0.778	-0.739	-0.701	-0.663	-0.624	-0.586	-0.547	-0.508	-0.470	-0.431	-0.392	-10
0	-0.392	-0.353	-0.314	-0.275	-0.236	-0.197	-0.157	-0.118	-0.079	-0.039	0.000	0
0	0.000	0.039	0.079	0.119	0.158	0.198	0.238	0.277	0.317	0.357	0.397	0
10	0.397	0.437	0.477	0.517	0.557	0.597	0.637	0.677	0.718	0.758	0.798	10
20	0.798	0.838	0.879	0.919	0.960	1.000	1.041	1.081	1.122	1.163	1.203	20
30	1.203	1.244	1.285	1.326	1.366	1.407	1.448	1.489	1.530	1.571	1.612	30
40	1.612	1.653	1.694	1.735	1.776	1.817	1.858	1.899	1.941	1.982	2.023	40
50	2.023	2.064	2.106	2.147	2.188	2.230	2.271	2.312	2.354	2.395	2.436	50
60	2.436	2.478	2.519	2.561	2.602	2.644	2.685	2.727	2.768	2.810	2.851	60
70	2.851	2.893	2.934	2.976	3.017	3.059	3.100	3.142	3.184	3.225	3.267	70
80	3.267	3.308	3.350	3.391	3.433	3.474	3.516	3.557	3.599	3.640	3.682	80
90	3.682	3.723	3.765	3.806	3.848	3.889	3.931	3.972	4.013	4.055	4.096	90
100	4.096	4.138	4.179	4.220	4.262	4.303	4.344	4.385	4.427	4.468	4.509	100
110	4.509	4.550	4.591	4.633	4.674	4.715	4.756	4.797	4.838	4.879	4.920	110
120	4.920	4.961	5.002	5.043	5.084	5.124	5.165	5.206	5.247	5.288	5.328	120
130	5.328	5.369	5.410	5.450	5.491	5.532	5.572	5.613	5.653	5.694	5.735	130
140	5.735	5.775	5.815	5.856	5.896	5.937	5.977	6.017	6.058	6.098	6.138	140
150	6.138	6.179	6.219	6.259	6.299	6.339	6.380	6.420	6.460	6.500	6.540	150
160	6.540	6.580	6.620	6.660	6.701	6.741	6.781	6.821	6.861	6.901	6.941	160
170	6.941	6.981	7.021	7.060	7.100	7.140	7.180	7.220	7.260	7.300	7.340	170
180	7.340	7.380	7.420	7.460	7.500	7.540	7.579	7.619	7.659	7.699	7.739	180
190	7.739	7.779	7.819	7.859	7.899	7.939	7.979	8.019	8.059	8.099	8.138	190
200	8.138	8.178	8.218	8.258	8.298	8.338	8.378	8.418	8.458	8.499	8.539	200
210	8.539	8.579	8.619	8.659	8.699	8.739	8.779	8.819	8.860	8.900	8.940	210
220	8.940	8.980	9.020	9.061	9.101	9.141	9.181	9.222	9.262	9.302	9.343	220
230	9.343	9.383	9.423	9.464	9.504	9.545	9.585	9.626	9.666	9.707	9.747	230
240	9.747	9.788	9.828	9.869	9.909	9.950	9.991	10.031	10.072	10.113	10.153	240
°C	0	1	2	3	4	5	6	7	8	9	10	°C

°C	0	1	2	3	4	5	6	7	8	9	10	°C
250	10.153	10.194	10.235	10.276	10.316	10.357	10.398	10.439	10.480	10.520	10.561	250
260	10.561	10.602	10.643	10.684	10.725	10.766	10.807	10.848	10.889	10.930	10.971	260
270	10.971	11.012	11.053	11.094	11.135	11.176	11.217	11.259	11.300	11.341	11.382	270
280	11.382	11.423	11.465	11.506	11.547	11.588	11.630	11.671	11.712	11.753	11.795	280
290	11.795	11.836	11.877	11.919	11.960	12.001	12.043	12.084	12.126	12.167	12.209	290
300	12.209	12.250	12.291	12.333	12.374	12.416	12.457	12.499	12.540	12.582	12.624	300
310	12.624	12.665	12.707	12.748	12.790	12.831	12.873	12.915	12.956	12.998	13.040	310
320	13.040	13.081	13.123	13.165	13.206	13.248	13.290	13.331	13.373	13.415	13.457	320
330	13.457	13.498	13.540	13.582	13.624	13.665	13.707	13.749	13.791	13.833	13.874	330
340	13.874	13.916	13.958	14.000	14.042	14.084	14.126	14.167	14.209	14.251	14.293	340
350	14.293	14.335	14.377	14.419	14.461	14.503	14.545	14.587	14.629	14.671	14.713	350
360	14.713	14.755	14.797	14.839	14.881	14.923	14.965	15.007	15.049	15.091	15.133	360
370	15.133	15.175	15.217	15.259	15.301	15.343	15.385	15.427	15.469	15.511	15.554	370
380	15.554	15.596	15.638	15.680	15.722	15.764	15.806	15.849	15.891	15.933	15.975	380
390	15.975	16.017	16.059	16.102	16.144	16.186	16.228	16.270	16.313	16.355	16.397	390
400	16.397	16.439	16.482	16.524	16.566	16.608	16.651	16.693	16.735	16.778	16.820	400
410	16.820	16.862	16.904	16.947	16.989	17.031	17.074	17.116	17.158	17.201	17.243	410
420	17.243	17.285	17.328	17.370	17.413	17.455	17.497	17.540	17.582	17.624	17.667	420
430	17.667	17.709	17.752	17.794	17.837	17.879	17.921	17.964	18.006	18.049	18.091	430
440	18.091	18.134	18.176	18.218	18.261	18.303	18.346	18.388	18.431	18.473	18.516	440
450	18.516	18.558	18.601	18.643	18.686	18.728	18.771	18.813	18.856	18.898	18.941	450
460	18.941	18.983	19.026	19.068	19.111	19.154	19.196	19.239	19.281	19.324	19.366	460
470	19.366	19.409	19.451	19.494	19.537	19.579	19.622	19.664	19.707	19.750	19.792	470
480	19.792	19.835	19.877	19.920	19.962	20.005	20.048	20.090	20.133	20.175	20.218	480
490	20.218	20.261	20.303	20.346	20.389	20.431	20.474	20.516	20.559	20.602	20.644	490
500	20.644	20.687	20.730	20.772	20.815	20.857	20.900	20.943	20.985	21.028	21.071	500
510	21.071	21.113	21.156	21.199	21.241	21.284	21.326	21.369	21.412	21.454	21.497	510
520	21.497	21.540	21.582	21.625	21.668	21.710	21.753	21.796	21.838	21.881	21.924	520
530	21.924	21.966	22.009	22.052	22.094	22.137	22.179	22.222	22.265	22.307	22.350	530
540	22.350	22.393	22.435	22.478	22.521	22.563	22.606	22.649	22.691	22.734	22.776	540
550	22.776	22.819	22.862	22.904	22.947	22.990	23.032	23.075	23.117	23.160	23.203	550
560	23.203	23.245	23.288	23.331	23.373	23.416	23.458	23.501	23.544	23.586	23.629	560
570	23.629	23.671	23.714	23.757	23.799	23.842	23.884	23.927	23.970	24.012	24.055	570
580	24.055	24.097	24.140	24.182	24.225	24.267	24.310	24.353	24.395	24.438	24.480	580
590	24.480	24.523	24.565	24.608	24.650	24.693	24.735	24.778	24.820	24.863	24.905	590
600	24.905	24.948	24.990	25.033	25.075	25.118	25.160	25.203	25.245	25.288	25.330	600
610	25.330	25.373	25.415	25.458	25.500	25.543	25.585	25.627	25.670	25.712	25.755	610
620	25.755	25.797	25.840	25.882	25.924	25.967	26.009	26.052	26.094	26.136	26.179	620
630	26.179	26.221	26.263	26.306	26.348	26.390	26.433	26.475	26.517	26.560	26.602	630
640	26.602	26.644	26.687	26.729	26.771	26.814	26.856	26.898	26.940	26.983	27.025	640
650	27.025	27.067	27.109	27.152	27.194	27.236	27.278	27.320	27.363	27.405	27.447	650
660	27.447	27.489	27.531	27.574	27.616	27.658	27.700	27.742	27.784	27.826	27.869	660
670	27.869	27.911	27.953	27.995	28.037	28.079	28.121	28.163	28.205	28.247	28.289	670
680	28.289	28.332	28.374	28.416	28.458	28.500	28.542	28.584	28.626	28.668	28.710	680
690	28.710	28.752	28.794	28.835	28.877	28.919	28.961	29.003	29.045	29.087	29.129	690
700	29.129	29.171	29.213	29.255	29.297	29.338	29.380	29.422	29.464	29.506	29.548	700
710	29.548	29.589	29.631	29.673	29.715	29.757	29.798	29.840	29.882	29.924	29.965	710
720	29.965	30.007	30.049	30.090	30.132	30.174	30.216	30.257	30.299	30.341	30.382	720
730	30.382	30.424	30.466	30.507	30.549	30.590	30.632	30.674	30.715	30.757	30.798	730
740	30.798	30.840	30.881	30.923	30.964	31.006	31.047	31.089	31.130	31.172	31.213	740
750	31.213	31.255	31.296	31.338	31.379	31.421	31.462	31.504	31.545	31.586	31.628	750
760	31.628	31.669	31.710	31.752	31.793	31.834	31.876	31.917	31.958	32.000	32.041	760
770	32.041	32.082	32.124	32.165	32.206	32.247	32.289	32.330	32.371	32.412	32.453	770
780	32.453	32.495	32.536	32.577	32.618	32.659	32.700	32.742	32.783	32.824	32.865	780
790	32.865	32.906	32.947	32.988	33.029	33.070	33.111	33.152	33.193	33.234	33.275	790
°C	0	1	2	3	4	5	6	7	8	9	10	°C

MAXIMUM TEMPERATURE RANGE
Thermocouple Grade
– 328 to 2282°F
– 200 to 1250°C
Extension Grade
32 to 392°F
0 to 200°C
LIMITS OF ERROR
(whichever is greater)
Standard: 2.2°C or 0.75% Above 0°C
2.2°C or 2.0% Below 0°C
Special: 1.1°C or 0.4%
COMMENTS, BARE WIRE ENVIRONMENT:
Clean Oxidizing and Inert; Limited Use in Vacuum or Reducing; Wide Temperature Range; Most Popular Calibration
TEMPERATURE IN DEGREES °C
REFERENCE JUNCTION AT 0°C

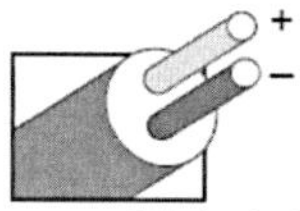

Thermocouple Grade

Nickel-Chromium vs. Nickel-Aluminum

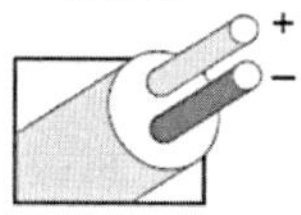

Extension Grade

Revised Thermocouple Reference Tables

TYPE K

Reference Tables
N.I.S.T. Monograph 175
Revised to ITS-90

Thermoelectric Voltage in Millivolts

°C	0	1	2	3	4	5	6	7	8	9	10	°C
800	33.275	33.316	33.357	33.398	33.439	33.480	33.521	33.562	33.603	33.644	33.685	800
810	33.685	33.726	33.767	33.808	33.848	33.889	33.930	33.971	34.012	34.053	34.093	810
820	34.093	34.134	34.175	34.216	34.257	34.297	34.338	34.379	34.420	34.460	34.501	820
830	34.501	34.542	34.582	34.623	34.664	34.704	34.745	34.786	34.826	34.867	34.908	830
840	34.908	34.948	34.989	35.029	35.070	35.110	35.151	35.192	35.232	35.273	35.313	840
850	35.313	35.354	35.394	35.435	35.475	35.516	35.556	35.596	35.637	35.677	35.718	850
860	35.718	35.758	35.798	35.839	35.879	35.920	35.960	36.000	36.041	36.081	36.121	860
870	36.121	36.162	36.202	36.242	36.282	36.323	36.363	36.403	36.443	36.484	36.524	870
880	36.524	36.564	36.604	36.644	36.685	36.725	36.765	36.806	36.845	36.885	36.925	880
890	36.925	36.965	37.006	37.046	37.086	37.126	37.166	37.206	37.246	37.286	37.326	890
900	37.326	37.366	37.406	37.446	37.486	37.526	37.566	37.606	37.646	37.686	37.725	900
910	37.725	37.765	37.805	37.845	37.885	37.925	37.965	38.005	38.044	38.084	38.124	910
920	38.124	38.164	38.204	38.243	38.283	38.323	38.363	38.402	38.442	38.482	38.522	920
930	38.522	38.561	38.601	38.641	38.680	38.720	38.760	38.799	38.839	38.878	38.918	930
940	38.918	38.958	38.997	39.037	39.076	39.116	39.155	39.195	39.235	39.274	39.314	940
950	39.314	39.353	39.393	39.432	39.471	39.511	39.550	39.590	39.629	39.669	39.708	950
960	39.708	39.747	39.787	39.826	39.866	39.905	39.944	39.984	40.023	40.062	40.101	960
970	40.101	40.141	40.180	40.219	40.259	40.298	40.337	40.376	40.415	40.455	40.494	970
980	40.494	40.533	40.572	40.611	40.651	40.690	40.729	40.768	40.807	40.846	40.885	980
990	40.885	40.924	40.963	41.002	41.042	41.081	41.120	41.159	41.198	41.237	41.276	990
1000	41.276	41.315	41.354	41.393	41.431	41.470	41.509	41.548	41.587	41.626	41.665	1000
1010	41.665	41.704	41.743	41.781	41.820	41.859	41.898	41.937	41.976	42.014	42.053	1010
1020	42.053	42.092	42.131	42.169	42.208	42.247	42.286	42.324	42.363	42.402	42.440	1020
1030	42.440	42.479	42.518	42.556	42.595	42.633	42.672	42.711	42.749	42.788	42.826	1030
1040	42.826	42.865	42.903	42.942	42.980	43.019	43.057	43.096	43.134	43.173	43.211	1040
1050	43.211	43.250	43.288	43.327	43.365	43.403	43.442	43.480	43.518	43.557	43.595	1050
1060	43.595	43.633	43.672	43.710	43.748	43.787	43.825	43.863	43.901	43.940	43.978	1060
1070	43.978	44.016	44.054	44.092	44.130	44.169	44.207	44.245	44.283	44.321	44.359	1070
1080	44.359	44.397	44.435	44.473	44.512	44.550	44.588	44.626	44.664	44.702	44.740	1080
1090	44.740	44.778	44.816	44.853	44.891	44.929	44.967	45.005	45.043	45.081	45.119	1090
1100	45.119	45.157	45.194	45.232	45.270	45.308	45.346	45.383	45.421	45.459	45.497	1100
1110	45.497	45.534	45.572	45.610	45.647	45.685	45.723	45.760	45.798	45.836	45.873	1110
1120	45.873	45.911	45.948	45.986	46.024	46.061	46.099	46.136	46.174	46.211	46.249	1120
1130	46.249	46.286	46.324	46.361	46.398	46.436	46.473	46.511	46.548	46.585	46.623	1130
1140	46.623	46.660	46.697	46.735	46.772	46.809	46.847	46.884	46.921	46.958	46.995	1140
1150	46.995	47.033	47.070	47.107	47.144	47.181	47.218	47.256	47.293	47.330	47.367	1150
1160	47.367	47.404	47.441	47.478	47.515	47.552	47.589	47.626	47.663	47.700	47.737	1160
1170	47.737	47.774	47.811	47.848	47.884	47.921	47.958	47.995	48.032	48.069	48.105	1170
1180	48.105	48.142	48.179	48.216	48.252	48.289	48.326	48.363	48.399	48.436	48.473	1180
1190	48.473	48.509	48.546	48.582	48.619	48.656	48.692	48.729	48.765	48.802	48.838	1190
1200	48.838	48.875	48.911	48.948	48.984	49.021	49.057	49.093	49.130	49.166	49.202	1200
1210	49.202	49.239	49.275	49.311	49.348	49.384	49.420	49.456	49.493	49.529	49.565	1210
1220	49.565	49.601	49.637	49.674	49.710	49.746	49.782	49.818	49.854	49.890	49.926	1220
1230	49.926	49.962	49.998	50.034	50.070	50.106	50.142	50.178	50.214	50.250	50.286	1230
1240	50.286	50.322	50.358	50.393	50.429	50.465	50.501	50.537	50.572	50.608	50.644	1240
1250	50.644	50.680	50.715	50.751	50.787	50.822	50.858	50.894	50.929	50.965	51.000	1250
1260	51.000	51.036	51.071	51.107	51.142	51.178	51.213	51.249	51.284	51.320	51.355	1260
1270	51.355	51.391	51.426	51.461	51.497	51.532	51.567	51.603	51.638	51.673	51.708	1270
1280	51.708	51.744	51.779	51.814	51.849	51.885	51.920	51.955	51.990	52.025	52.060	1280
1290	52.060	52.095	52.130	52.165	52.200	52.235	52.270	52.305	52.340	52.375	52.410	1290
1300	52.410	52.445	52.480	52.515	52.550	52.585	52.620	52.654	52.689	52.724	52.759	1300
1310	52.759	52.794	52.828	52.863	52.898	52.932	52.967	53.002	53.037	53.071	53.106	1310
1320	53.106	53.140	53.175	53.210	53.244	53.279	53.313	53.348	53.382	53.417	53.451	1320
1330	53.451	53.486	53.520	53.555	53.589	53.623	53.658	53.692	53.727	53.761	53.795	1330
1340	53.795	53.830	53.864	53.898	53.932	53.967	54.001	54.035	54.069	54.104	54.138	1340
1350	54.138	54.172	54.206	54.240	54.274	54.308	54.343	54.377	54.411	54.445	54.479	1350
1360	54.479	54.513	54.547	54.581	54.615	54.649	54.683	54.717	54.751	54.785	54.819	1360
1370	54.819	54.852	54.886									1370
°C	0	1	2	3	4	5	6	7	8	9	10	°C

Revised Thermocouple Reference Tables

MAXIMUM TEMPERATURE RANGE
Thermocouple Grade
– 450 to 2372°F
– 270 to 1300°C
Extension Grade
32 to 392°F
0 to 200°C
LIMITS OF ERROR
(whichever is greater)
Standard: 2.2°C or 0.75% Above 0°C
2.2°C or 2.0% Below 0°C
Special: 1.1°C or 0.4%
COMMENTS, BARE WIRE ENVIRONMENT:
Alternative to Type K; More Stable at High Temperatures
TEMPERATURE IN DEGREES °C
REFERENCE JUNCTION AT 0°C

Nickel-14.2% Chromium-1.4% Silicon vs. Nickel-4.4% Silicon-0.1% Magnesium

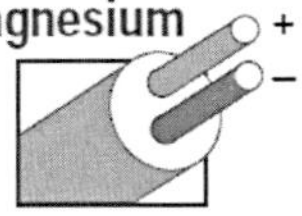

TYPE N

Reference Tables
N.I.S.T.
Monograph 175
Revised to
ITS-90

Thermoelectric Voltage in Millivolts

°C	-10	-9	-8	-7	-6	-5	-4	-3	-2	-1	0	°C
-260	-4.345	-4.345	-4.344	-4.344	-4.343	-4.342	-4.341	-4.340	-4.339	-4.337	-4.336	-260
-250	-4.338	-4.334	-4.332	-4.330	-4.328	-4.326	-4.324	-4.321	-4.319	-4.318	-4.313	-250
-240	-4.313	-4.310	-4.307	-4.304	-4.300	-4.297	-4.293	-4.289	-4.285	-4.281	-4.277	-240
-230	-4.277	-4.273	-4.268	-4.263	-4.258	-4.254	-4.248	-4.243	-4.238	-4.232	-4.226	-230
-220	-4.226	-4.221	-4.215	-4.209	-4.202	-4.196	-4.189	-4.183	-4.176	-4.169	-4.162	-220
-210	-4.162	-4.154	-4.147	-4.140	-4.132	-4.124	-4.116	-4.108	-4.100	-4.091	-4.083	-210
-200	-4.083	-4.074	-4.066	-4.057	-4.048	-4.038	-4.029	-4.020	-4.010	-4.000	-3.990	-200
-190	-3.990	-3.980	-3.970	-3.960	-3.950	-3.939	-3.928	-3.918	-3.907	-3.898	-3.884	-190
-180	-3.884	-3.873	-3.862	-3.850	-3.838	-3.827	-3.815	-3.803	-3.790	-3.778	-3.786	-180
-170	-3.766	-3.753	-3.740	-3.728	-3.715	-3.702	-3.688	-3.675	-3.662	-3.648	-3.634	-170
-160	-3.634	-3.621	-3.607	-3.593	-3.578	-3.564	-3.550	-3.535	-3.521	-3.506	-3.491	-160
-150	-3.491	-3.476	-3.461	-3.446	-3.431	-3.415	-3.400	-3.384	-3.368	-3.352	-3.336	-150
-140	-3.336	-3.320	-3.304	-3.288	-3.271	-3.255	-3.238	-3.221	-3.205	-3.188	-3.171	-140
-130	-3.171	-3.153	-3.136	-3.119	-3.101	-3.084	-3.066	-3.048	-3.030	-3.012	-2.994	-130
-120	-2.994	-2.976	-2.958	-2.939	-2.921	-2.902	-2.883	-2.865	-2.846	-2.827	-2.808	-120
-110	-2.808	-2.789	-2.769	-2.750	-2.730	-2.711	-2.691	-2.672	-2.652	-2.632	-2.612	-110
-100	-2.612	-2.592	-2.571	-2.551	-2.531	-2.510	-2.490	-2.469	-2.448	-2.428	-2.407	-100
-90	-2.407	-2.386	-2.385	-2.344	-2.322	-2.301	-2.280	-2.258	-2.237	-2.215	-2.193	-90
-80	-2.193	-2.172	-2.150	-2.128	-2.106	-2.084	-2.082	-2.039	-2.017	-1.995	-1.972	-80
-70	-1.972	-1.950	-1.927	-1.905	-1.882	-1.859	-1.836	-1.813	-1.790	-1.767	-1.744	-70
-60	-1.744	-1.721	-1.698	-1.674	-1.651	-1.627	-1.604	-1.580	-1.557	-1.533	-1.509	-60
-50	-1.509	-1.485	-1.462	-1.438	-1.414	-1.390	-1.366	-1.341	-1.317	-1.293	-1.269	-50
-40	-1.269	-1.244	-1.220	-1.195	-1.171	-1.146	-1.122	-1.097	-1.072	-1.048	-1.023	-40
-30	-1.023	-0.998	-0.973	-0.948	-0.923	-0.898	-0.873	-0.848	-0.823	-0.798	-0.772	-30
-20	-0.772	-0.747	-0.722	-0.696	-0.671	-0.646	-0.620	-0.595	-0.589	-0.544	-0.518	-20
-10	-0.518	-0.492	-0.467	-0.441	-0.415	-0.390	-0.364	-0.338	-0.312	-0.286	-0.260	-10
0	-0.260	-0.234	-0.209	-0.183	-0.157	-0.131	-0.104	-0.078	-0.052	-0.026	0.000	0
0	0.000	0.026	0.052	0.078	0.104	0.130	0.156	0.182	0.208	0.235	0.261	0
10	0.261	0.287	0.313	0.340	0.366	0.393	0.419	0.446	0.472	0.499	0.525	10
20	0.525	0.552	0.578	0.605	0.632	0.659	0.685	0.712	0.739	0.766	0.793	20
30	0.793	0.820	0.847	0.874	0.901	0.928	0.955	0.983	1.010	1.037	1.065	30
40	1.065	1.092	1.119	1.147	1.174	1.202	1.229	1.257	1.284	1.312	1.340	40
50	1.340	1.368	1.395	1.423	1.451	1.479	1.507	1.535	1.563	1.501	1.619	50
60	1.619	1.647	1.675	1.703	1.732	1.760	1.788	1.817	1.845	1.873	1.902	60
70	1.902	1.930	1.959	1.988	2.016	2.045	2.074	2.102	2.131	2.160	2.189	70
80	2.189	2.218	2.247	2.276	2.305	2.334	2.363	2.392	2.421	2.450	2.480	80
90	2.480	2.509	2.538	2.568	2.597	2.826	2.656	2.685	2.715	2.744	2.774	90
100	2.774	2.804	2.833	2.863	2.893	2.923	2.953	2.983	3.012	3.042	3.072	100
110	3.072	3.102	3.133	3.163	3.193	3.223	3.253	3.283	3.314	3.344	3.374	110
120	3.374	3.405	3.435	3.466	3.496	3.527	3.557	3.588	3.619	3.649	3.680	120
130	3.680	3.711	3.742	3.772	3.803	3.834	3.865	3.896	3.927	3.958	3.989	130
140	3.989	4.020	4.051	4.083	4.114	4.145	4.176	4.208	4.239	4.270	4.302	140
150	4.302	4.333	4.365	4.396	4.428	4.459	4.491	4.523	4.554	4.586	4.618	ISO
160	4.618	4.650	4.681	4.713	4.745	4.777	4.809	4.841	4.873	4.905	4.937	160
170	4.937	4.969	5.001	5.033	5.066	5.098	5.130	5.162	5.195	5.227	5.259	170
180	5.259	5.292	5.324	5.357	5.389	5.422	5.454	5.487	5.520	5.552	5.585	ISO
190	5.585	5.618	5.650	5.683	5.716	5.749	5.782	5.815	5.847	5.880	5.913	190
200	5.913	5.946	5.979	6.013	6.046	6.079	6.112	6.145	6.178	6.211	6.245	200
210	6.245	6.278	6.311	6.345	6.378	6.411	6.445	6.478	6.512	6.545	6.579	210
220	6.579	68.612	e.e'	6.680	8.713	15.747	6.781	6.814	6.848	6.882	6.918	220
230	6.916	6.949	6.983	7.017	7.051	7.085	7.119	7.153	7.187	7.221	7.255	230
240	7.255	7.289	7.323	7.357	7.392	7.426	7.460	7.494	7.528	7.583	7.597	240
250	7.597	7.631	7.666	7.700	7.734	7.769	7.803	7.838	7.872	7.907	7.941	250
260	7.941	7.976	8.010	8.045	8.080	8.114	8.149	8.184	8.218	8.253	8.288	260
270	8.288	8.323	8.358	8.392	8.427	8.462	8.497	8.532	8.567	8.602	8.637	270
280	8.637	8.672	8.707	8.742	8.777	8.812	8.847	8.882	8.918	8.953	8.988	280
290	8.988	9.023	9.058	9.094	9.129	9.164	9.200	9.235	9.270	9.306	9.341	290
°C	0	1	2	3	4	5	6	7	8	9	10	°C

°C	0	1	2	3	4	5	6	7	8	9	10	°C
300	9.341	9.377	9.412	9.448	9.483	9.519	9.554	9.590	9.625	9.661	9.696	300
310	9.696	9.732	9.768	9.803	9.839	9.875	9.910	9.946	9.982	10.018	10.054	310
320	10.054	10.089	10.125	10.161	10.197	10.233	10.269	10.305	10.341	10.377	10.413	320
330	10.413	10.449	10.485	10.521	10.557	10.593	10.629	10.665	10.701	10.737	10.774	330
340	10.774	10.810	10.846	10.882	10.918	10.955	10.991	11.027	11.064	11.100	11.136	340
350	11.136	11.173	11.209	11.245	11.282	11.318	11.355	11.391	11.428	11.464	11.501	350
360	11.501	11.537	11.574	1.610	11.647	11.683	11.720	11.757	11.793	11.830	11.867	360
370	11.867	11.903	11.940	11.977	12.013	12.050	12.087	12.124	12.160	12.197	12.234	370
380	12.234	12.271	12.308	12.345	12.382	12.418	12.455	12.492	12.529	12.566	12.603	380
390	12.603	12.640	12.677	12.714	12.751	12.788	12.825	12.862	12.899	12.937	12.974	390
400	12.974	13.011	13.048	13.085	13.122	13.159	13.197	13.234	13.271	13.308	13.346	400
410	13.346	13.383	13.420	13.457	13.495	13.532	13.569	13.607	13.644	13.682	13.719	410
420	13.719	13.756	13.794	13.831	13.869	13.906	13.944	13.981	14.019	14.056	14.094	420
430	14.094	14.131	14.169	14.206	14.244	14.281	14.319	14.356	14.394	14.432	14.469	430
440	14.469	14.507	14.545	14.582	14.620	14.658	14.695	14.733	14.771	14.809	14.846	440
450	14.848	14.884	14.922	14.960	14.998	15.035	15.073	15.111	15.149	15.187	15.225	450
460	15.225	15.262	15.300	15.338	15.376	15.414	15.452	15.490	15.528	15.566	15.604	460
470	15.604	15.642	15.680	15.718	15.756	15.794	15.832	15.870	15.908	15.946	15.984	470
480	15.984	16.022	16.060	I 6.099	16.137	16.175	16.213	16.251	16.289	16.327	16.366	480
490	16.366	16.404	16.442	16.480	16.518	16.557	16.595	16.633	16.671	16.710	16.748	490
500	16.748	16.786	I 6.824	16.883	16.901	16.939	16.978	17.016	17.054	17.093	17.131	Soo
510	17.131	17.169	17.208	17.246	17.285	17.323	17.361	17.400	17.438	17.477	17.515	510
520	17.515	17.554	17.592	17.630	17.669	17.707	17.746	17.784	17.823	17.861	17.900	520
530	17.900	17.938	17.977	18.016	18.054	18.093	18.131	18.170	18.208	18.247	18.286	530
540	18.286	18.324	18.363	18.401	18.440	18.479	18.517	18.556	18.595	18.633	18.672	540
550	18.672	18.711	18.749	18.788	18.827	18.865	18.904	18.943	18.982	19.020	19.059	550
560	19.059	19.096	19.136	19.175	19.214	19.253	19.292	19.330	19.369	19.408	19.447	560
570	19.447	19.485	19.524	19.563	19.602	19.641	19.680	19.718	19.757	19.796	19.835	570
580	19.835	19.874	19.913	19.952	19.990	20.029	20.068	20.107	20.146	20.185	20.224	580
590	20.224	20.263	20.302	20.341	20.379	20.418	20.457	20.496	20.535	20.574	20.613	590
600	20.613	20.652	20.691	20.730	20.769	20.808	20.847	20.886	20.925	20.964	21.003	600
610	21.003	21.042	21.081	21.120	21.159	21.198	21.237	21.276	21.315	21.354	21.393	610
620	21.393	21.432	21.471	21.510	21.549	21.588	21.628	21.667	21.706	21.745	21.784	620
630	21.784	21.823	21.862	21.901	21.940	21.979	22.018	22.058	22.097	22.136	22.175	630
640	22.175	22.214	22.253	22.292	22.331	22.370	22.410	22.449	22.488	22.527	22.566	640
650	22.556	22.605	22.644	22.684	22.723	22.762	22.801	22.840	22.879	22.919	22.958	650
660	22.958	22.997	23.036	23.075	23.115	23.154	23.193	23.232	23.271	23.311	23.350	660
670	23.350	23.389	23.428	23.467	23.507	23.546	23.585	23.624	23.663	23.703	23.742	670
680	23.742	23.781	23.820	23.860	23.899	23.938	23.977	24.016	24.056	24.095	24.134	680
690	24.134	24.173	24.213	24.252	24.291	24.330	24.370	24.409	24.448	24.487	24.527	690
700	24.527	24.566	24.605	24.644	24.684	24.723	24.762	24.801	24.841	24.880	24.919	700
710	24.919	24.959	24.998	25.037	25.076	25.116	25.155	25.194	25.233	25.273	25.312	710
720	25.312	25.351	25.391	25.430	25.469	25.508	25.548	25.587	25.626	25.666	25.705	720
730	25.705	25.744	25.783	25.823	25.862	25.901	25.941	25.980	26.019	26.058	26.098	730
740	26.098	26.137	26.176	26.216	26.255	26.294	26.333	26.373	26.412	26.451	26.491	740
750	26.491	26.530	26.569	26.608	26.648	26.687	26.726	26.766	26.805	26.844	26.883	750
760	26.883	26.923	26.962	27.001	27.041	27.080	27.119	27.158	27.198	27.237	27.276	760
770	27.276	27.316	27.355	27.394	27.433	27.473	27.512	27.551	27.591	27.630	27.669	770
780	27.669	27.708	27.748	27.787	27.826	27.866	27.905	27.944	27.983	28.023	28.062	780
790	28.062	28.101	28.140	28.180	28.219	28.258	28.297	28.337	28.376	28.415	28.455	790
800	28.455	28.494	28.533	28.572	28.612	28.651	28.690	28.729	28.769	28.808	28.847	800
810	28.847	28.886	28.926	28.965	29.004	29.043	29.083	29.122	29.161	29.200	29.239	810
820	29.239	29.279	29.318	29.357	29.396	29.436	29.475	29.514	29.553	29.592	29.632	820
830	29.632	29.671	29.710	29.749	29.789	29.828	29.867	29.906	29.945	29.985	30.024	830
840	30.024	30.063	30.102	30.141	30.181	30.220	30.259	30.298	30.337	30.376	30.416	840
850	30.416	30.455	30.494	30.533	30.572	30.611	30.651	30.690	30.729	30.768	30.807	850
860	30.807	30.846	30.886	30.925	30.964	31.003	31.042	31.081	31.120	31.160	31.199	860
870	31.199	31.238	31.277	31.316	31.355	31.394	31.433	31.473	31.512	31.551	31.590	870
880	31.590	31.629	31.668	31.707	31.746	31.785	31.824	31.863	31.903	31.942	31.981	880
890	31.981	32.020	32.059	32.098	32.137	32.176	32.215	32.254	32.293	32.332	32.371	890
°C	0	1	2	3	4	5	6	7	8	9	10	°C

MAXIMUM TEMPERATURE RANGE

Thermocouple Grade
– 450 to 2372°F
– 270 to 1300°C

Extension Grade
32 to 392°F
0 to 200°C

LIMITS OF ERROR
(whichever is greater)
Standard: 2.2°C or 0.75% Above 0°C
2.2°C or 2.0% Below 0°C
Special: 1.1°C or 0.4%

COMMENTS, BARE WIRE ENVIRONMENT:
Alternative to Type K; More Stable at High Temperatures

TEMPERATURE IN DEGREES °C
REFERENCE JUNCTION AT 0°C

Thermocouple Grade

Nickel-14.2% Chromium-1.4% Silicon
vs.
Nickel-4.4% Silicon-0.1% Magnesium

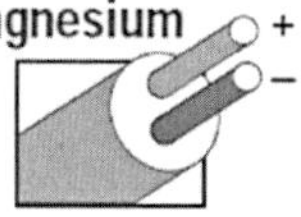

Extension Grade

Revised Thermocouple Reference Tables

TYPE N

Reference Tables
N.I.S.T. Monograph 175
Revised to ITS-90

Thermoelectric Voltage in Millivolts

°C	0	1	2	3	4	5	6	7	8	9	10	°C
900	32.371	32.410	32.449	32.488	32.527	32.566	32.605	32.644	32.683	32.722	32.761	900
910	32.761	32.800	32.839	32.878	32.917	32.956	32.995	33.034	33.073	33.112	33.151	910
920	33.151	33.190	33.229	33.268	33.307	33.346	33.385	33.424	33.463	33.502	33.541	920
930	33.541	33.580	33.619	33.658	33.697	33.736	33.774	33.813	33.852	33.891	33.930	930
940	33.930	33.969	34.008	34.047	34.086	34.124	34.163	34.202	34.241	34.280	34.319	940
950	34.319	34.358	34.396	34.435	34.474	34.513	34.552	34.591	34.629	34.668	34.707	950
960	34.707	34.746	34.785	34.823	34.862	34.901	34.940	34.979	35.017	35.056	35.095	960
970	35.095	35.134	35.172	35.211	35.250	35.289	35.327	35.366	35.405	35.444	35.482	970
980	35.482	35.521	35.560	35.598	35.637	35.676	35.714	35.753	35.792	35.831	35.889	980
990	35.869	35.908	35.946	35.985	36.024	36.062	36.101	36.140	36.178	36.217	36.256	990
1000	36.256	38.294	36.333	36.371	36.410	36.449	36.487	36.526	36.564	36.603	36.641	1000
1010	36.841	36.680	36.718	38.757	38.796	38.834	36.873	36.911	36.950	36.988	37.027	1010
1020	37.027	37.065	37.104	37.142	37.181	37.219	37.258	37.296	37.334	37.373	37.411	1020
1030	37.411	37.450	37.488	37.527	37.565	37.603	37.642	37.680	37.719	37.757	37.795	1030
1040	37.795	37.834	37.872	37.911	37.949	37.987	38.026	38.064	38.102	38.141	38.179	1040
1050	38.179	38.217	38.256	38.294	38.332	38.370	38.409	38.447	38.485	38.524	38.562	1050
1060	38.562	38.600	38.638	38.677	38.715	38.753	38.791	38.829	38.868	38.906	38.944	1060
1070	38.944	38.982	39.020	39.059	39.097	39.135	39.173	39.211	39.249	39.287	39.326	1070
1080	39.326	39.364	39.402	39.440	39.478	39.516	30.554	39.592	39.630	39.668	39.706	1000
1090	39.708	39.744	39.783	39.821	39.859	39.897	39.935	39.973	40.011	40.049	40.087	1090
1100	40.087	40.125	40.163	40.201	40.238	40.276	40.314	40.352	40.390	40.428	40.466	1100
1110	40.466	40.504	40.542	40.580	40.818	40.655	40.693	40.731	40.769	40.807	40.845	1110
1120	40.845	40.883	40.920	40.958	40.996	41.034	41.072	41.109	41.147	41.185	41.223	1120
1130	41.223	41.260	41.298	41.336	41.374	41.411	41.449	41.487	41.525	41.562	41.600	1130
1140	41.600	41.638	41.675	41.713	41.751	41.788	41.826	41.864	41.901	41.939	41.976	1140
°C	0	1	2	3	4	5	6	7	8	9	10	°C

°C	0	1	2	3	4	5	6	7	8	9	10	°C
1150	41.976	42.014	42.052	42.089	42.127	42.164	42.202	42.239	42.277	42.314	42.352	1150
1160	42.352	42.390	42.427	42.465	42.502	42.540	42.577	42.614	42.652	42.689	42.727	1160
1170	42.727	42.764	42.802	42.839	42.877	42.914	42.951	42.989	43.026	43.064	43.101	1170
1180	43.101	43.138	43.176	43.213	43.250	43.288	43.325	43.362	43.399	43.437	43.474	1190
1190	43.474	43.511	43.549	43.586	43.623	43.660	43.698	43.735	43.772	43.809	43.846	1190
1200	43.846	43.884	43.921	43.958	43.995	44.032	44.069	44.106	44.144	44.181	44.218	1900
1210	44.218	44.255	44.292	44.329	44.366	44.403	44.440	44.477	44.514	44.551	44.551	1210
1220	44.588	44.625	44.662	44.699	44.736	44.773	44.810	44.847	44.884	44.921	44.958	1220
1230	44.958	44.995	45.032	45.069	45.105	45.142	45.179	45.216	45.253	45.290	45.326	1230
1240	45.326	45.363	45.400	45.437	45.474	45.510	45.547	45.584	45.621	45.657	45.694	1240
1250	45.694	45.731	45.767	45.804	45.841	45.877	45.914	45.951	45.987	46.024	46.080	1250
1260	46.060	46.097	46.133	46.170	46.207	46.243	46.280	46.316	46.353	46.389	46.425	1260
1270	46.425	46.462	46.498	46.535	46.571	46.608	46.844	46.880	46.717	46.753	46.789	1270
1280	46.789	46.826	46.862	46.898	46.935	46.971	47.007	47.043	47.079	47.116	47.152	1280
1290	47.152	47.188	47.224	47.260	47.296	47.333	47.369	47.405	47.441	47.477	47.513	1290
°C	0	1	2	3	4	5	6	7	8	9	10	°C

MAXIMUM TEMPERATURE RANGE

Thermocouple Grade
32 to 2642°F
0 to 1450°C

Extension Grade
32 to 300°F
0 to 150°C

LIMITS OF ERROR
(whichever is greater)
Standard: 1.5°C or 0.25%
Special: 0.6°C or 0.1%

COMMENTS, BARE WIRE ENVIRONMENT:
Oxidizing or Inert; Do Not Insert in Metal Tubes; Beware of Contamination; High Temperature

TEMPERATURE IN DEGREES °C
REFERENCE JUNCTION AT 0°C

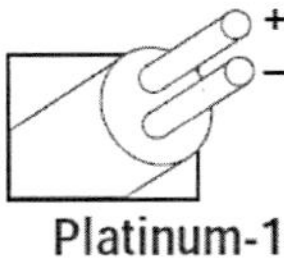

Thermocouple Grade

NONE ESTABLISHED

Platinum-13% Rhodium vs. Platinum

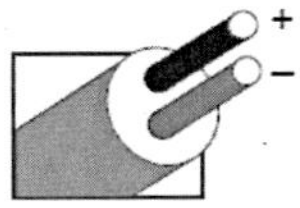

Extension Grade

Revised Thermocouple Reference Tables

TYPE R

Reference Tables N.I.S.T. Monograph 175 Revised to ITS-90

Thermoelectric Voltage in Millivolts

°C	-10	-9	-8	-7	-6	-5	-4	-3	-2	-1	0	°C
-40	-0.226	-0.223	-0.219	-0.215	-0.211	-0.208	-0.204	-0.200	-0.196	-0.192	-0.188	-40
-30	-0.188	-0.184	-0.180	-0.175	-0.171	-0.167	-0.163	-0.158	-0.154	-0.150	-0.145	-30
-20	-0.145	-0.141	-0.137	-0.132	-0.128	-0.123	-0.119	-0.114	-0.109	-0.105	-0.100	-20
-10	-0.100	-0.095	-0.091	-0.086	-0.081	-0.076	-0.071	-0.066	-0.061	-0.056	-0.051	-10
0	-0.051	-0.046	-0.041	-0.036	-0.031	-0.026	-0.021	-0.016	-0.011	-0.005	0.000	0

°C	0	1	2	3	4	5	6	7	8	9	10	°C
0	0.000	0.005	0.011	0.016	0.021	0.027	0.032	0.038	0.043	0.049	0.054	0
10	0.054	0.060	0.065	0.071	0.077	0.082	0.088	0.094	0.100	0.105	0.111	10
20	0.111	0.117	0.123	0.129	0.135	0.141	0.147	0.153	0.159	0.165	0.171	20
30	0.171	0.177	0.183	0.189	0.195	0.201	0.207	0.214	0.220	0.226	0.232	30
40	0.232	0.239	0.245	0.251	0.258	0.264	0.271	0.277	0.284	0.290	0.296	40
50	0.296	0.303	0.310	0.316	0.323	0.329	0.336	0.343	0.349	0.356	0.363	50
60	0.363	0.369	0.376	0.383	0.390	0.397	0.403	0.410	0.417	0.424	0.431	60
70	0.431	0.438	0.445	0.452	0.459	0.466	0.473	0.480	0.487	0.494	0.501	70
80	0.501	0.508	0.516	0.523	0.530	0.537	0.544	0.552	0.559	0.566	0.573	80
90	0.573	0.581	0.588	0.595	0.603	0.610	0.618	0.625	0.632	0.640	0.647	90
100	0.647	0.655	0.662	0.670	0.677	0.685	0.693	0.700	0.708	0.715	0.723	100
110	0.723	0.731	0.738	0.746	0.754	0.761	0.769	0.777	0.785	0.792	0.800	110
120	0.800	0.808	0.816	0.824	0.832	0.839	0.847	0.855	0.863	0.871	0.879	120
130	0.879	0.887	0.895	0.903	0.911	0.919	0.927	0.935	0.943	0.951	0.959	130
140	0.959	0.967	0.976	0.984	0.992	1.000	1.008	1.016	1.025	1.033	1.041	140
150	1.041	1.049	1.058	1.066	1.074	1.082	1.091	1.099	1.107	1.116	1.124	150
160	1.124	1.132	1.141	1.149	1.158	1.166	1.175	1.183	1.191	1.200	1.208	160
170	1.208	1.217	1.225	1.234	1.242	1.251	1.260	1.268	1.277	1.285	1.294	170
180	1.294	1.303	1.311	1.320	1.329	1.337	1.346	1.355	1.363	1.372	1.381	180
190	1.381	1.389	1.398	1.407	1.416	1.425	1.433	1.442	1.451	1.460	1.469	190
200	1.469	1.477	1.486	1.495	1.504	1.513	1.522	1.531	1.540	1.549	1.558	200
210	1.558	1.567	1.575	1.584	1.593	1.602	1.611	1.620	1.629	1.639	1.648	210
220	1.648	1.657	1.666	1.675	1.684	1.693	1.702	1.711	1.720	1.729	1.739	220
230	1.739	1.748	1.757	1.766	1.775	1.784	1.794	1.803	1.812	1.821	1.831	230
240	1.831	1.840	1.849	1.858	1.868	1.877	1.886	1.895	1.905	1.914	1.923	240
250	1.923	1.933	1.942	1.951	1.961	1.970	1.980	1.989	1.998	2.008	2.017	250
260	2.017	2.027	2.036	2.046	2.055	2.064	2.074	2.083	2.093	2.102	2.112	260
270	2.112	2.121	2.131	2.140	2.150	2.159	2.169	2.179	2.188	2.198	2.207	270
280	2.207	2.217	2.226	2.236	2.246	2.255	2.265	2.275	2.284	2.294	2.304	280
290	2.304	2.313	2.323	2.333	2.342	2.352	2.362	2.371	2.381	2.391	2.401	290
300	2.401	2.410	2.420	2.430	2.440	2.449	2.459	2.469	2.479	2.488	2.498	300
310	2.498	2.508	2.518	2.528	2.538	2.547	2.557	2.567	2.577	2.587	2.597	310
320	2.597	2.607	2.617	2.626	2.636	2.646	2.656	2.666	2.676	2.686	2.696	320
330	2.696	2.706	2.716	2.726	2.736	2.746	2.756	2.766	2.776	2.786	2.796	330
340	2.796	2.806	2.816	2.826	2.836	2.846	2.856	2.866	2.876	2.886	2.896	340
350	2.896	2.906	2.916	2.926	2.937	2.947	2.957	2.967	2.977	2.987	2.997	350
360	2.997	3.007	3.018	3.028	3.038	3.048	3.058	3.068	3.079	3.089	3.099	360
370	3.099	3.109	3.119	3.130	3.140	3.150	3.160	3.171	3.181	3.191	3.201	370
380	3.201	3.212	3.222	3.232	3.242	3.253	3.263	3.273	3.284	3.294	3.304	380
390	3.304	3.315	3.325	3.335	3.346	3.356	3.366	3.377	3.387	3.397	3.408	390
400	3.408	3.418	3.428	3.439	3.449	3.460	3.470	3.480	3.491	3.501	3.512	400
410	3.512	3.522	3.533	3.543	3.553	3.564	3.574	3.585	3.595	3.606	3.616	410
420	3.616	3.627	3.637	3.648	3.658	3.669	3.679	3.690	3.700	3.711	3.721	420
430	3.721	3.732	3.742	3.753	3.764	3.774	3.785	3.795	3.806	3.816	3.827	430
440	3.827	3.838	3.848	3.859	3.869	3.880	3.891	3.901	3.912	3.922	3.933	440
450	3.933	3.944	3.954	3.965	3.976	3.986	3.997	4.008	4.018	4.029	4.040	450
460	4.040	4.050	4.061	4.072	4.083	4.093	4.104	4.115	4.125	4.136	4.147	460
470	4.147	4.158	4.168	4.179	4.190	4.201	4.211	4.222	4.233	4.244	4.255	470
480	4.255	4.265	4.276	4.287	4.298	4.309	4.319	4.330	4.341	4.352	4.363	480
490	4.363	4.373	4.384	4.395	4.406	4.417	4.428	4.439	4.449	4.460	4.471	490
500	4.471	4.482	4.493	4.504	4.515	4.526	4.537	4.548	4.558	4.569	4.580	500
510	4.580	4.591	4.602	4.613	4.624	4.635	4.646	4.657	4.668	4.679	4.690	510
520	4.690	4.701	4.712	4.723	4.734	4.745	4.756	4.767	4.778	4.789	4.800	520
530	4.800	4.811	4.822	4.833	4.844	4.855	4.866	4.877	4.888	4.899	4.910	530
540	4.910	4.922	4.933	4.944	4.955	4.966	4.977	4.988	4.999	5.010	5.021	540

°C	0	1	2	3	4	5	6	7	8	9	10	°C
550	5.021	5.033	5.044	5.055	5.066	5.077	5.088	5.099	5.111	5.122	5.133	550
560	5.133	5.144	5.155	5.166	5.178	5.189	5.200	5.211	5.222	5.234	5.245	560
570	5.245	5.256	5.267	5.279	5.290	5.301	5.312	5.323	5.335	5.346	5.357	570
580	5.357	5.369	5.380	5.391	5.402	5.414	5.425	5.436	5.448	5.459	5.470	580
590	5.470	5.481	5.493	5.504	5.515	5.527	5.538	5.549	5.561	5.572	5.583	590
600	5.583	5.595	5.606	5.618	5.629	5.640	5.652	5.663	5.674	5.686	5.697	600
610	5.697	5.709	5.720	5.731	5.743	5.754	5.766	5.777	5.789	5.800	5.812	610
620	5.812	5.823	5.834	5.846	5.857	5.869	5.880	5.892	5.903	5.915	5.926	620
630	5.926	5.938	5.949	5.961	5.972	5.984	5.995	6.007	6.018	6.030	6.041	630
640	6.041	6.053	6.065	6.076	6.088	6.099	6.111	6.122	6.134	6.146	6.157	640
650	6.157	6.169	6.180	6.192	6.204	6.215	6.227	6.238	6.250	6.262	6.273	650
660	6.273	6.285	6.297	6.308	6.320	6.332	6.343	6.355	6.367	6.378	6.390	660
670	6.390	6.402	6.413	6.425	6.437	6.448	6.460	6.472	6.484	6.495	6.507	670
680	6.507	6.519	6.531	6.542	6.554	6.566	6.578	6.589	6.601	6.613	6.625	680
690	6.625	6.636	6.648	6.660	6.672	6.684	6.695	6.707	6.719	6.731	6.743	690
700	6.743	6.755	6.766	6.778	6.790	6.802	6.814	6.826	6.838	6.849	6.861	700
710	6.861	6.873	6.885	6.897	6.909	6.921	6.933	6.945	6.956	6.968	6.980	710
720	6.980	6.992	7.004	7.016	7.028	7.040	7.052	7.064	7.076	7.088	7.100	720
730	7.100	7.112	7.124	7.136	7.148	7.160	7.172	7.184	7.196	7.208	7.220	730
740	7.220	7.232	7.244	7.256	7.268	7.280	7.292	7.304	7.316	7.328	7.340	740
750	7.340	7.352	7.364	7.376	7.389	7.401	7.413	7.425	7.437	7.449	7.461	750
760	7.461	7.473	7.485	7.498	7.510	7.522	7.534	7.546	7.558	7.570	7.583	760
770	7.583	7.595	7.607	7.619	7.631	7.644	7.656	7.668	7.680	7.692	7.705	770
780	7.705	7.717	7.729	7.741	7.753	7.766	7.778	7.790	7.802	7.815	7.827	780
790	7.827	7.839	7.851	7.864	7.876	7.888	7.901	7.913	7.925	7.938	7.950	790
800	7.950	7.962	7.974	7.987	7.999	8.011	8.024	8.036	8.048	8.061	8.073	800
810	8.073	8.086	8.098	8.110	8.123	8.135	8.147	8.160	8.172	8.185	8.197	810
820	8.197	8.209	8.222	8.234	8.247	8.259	8.272	8.284	8.296	8.309	8.321	820
830	8.321	8.334	8.346	8.359	8.371	8.384	8.396	8.409	8.421	8.434	8.446	830
840	8.446	8.459	8.471	8.484	8.496	8.509	8.521	8.534	8.546	8.559	8.571	840
850	8.571	8.584	8.597	8.609	8.622	8.634	8.647	8.659	8.672	8.685	8.697	850
860	8.697	8.710	8.722	8.735	8.748	8.760	8.773	8.785	8.798	8.811	8.823	860
870	8.823	8.836	8.849	8.861	8.874	8.887	8.899	8.912	8.925	8.937	8.950	870
880	8.950	8.963	8.975	8.988	9.001	9.014	9.026	9.039	9.052	9.065	9.077	880
890	9.077	9.090	9.103	9.115	9.128	9.141	9.154	9.167	9.179	9.192	9.205	890
900	9.205	9.218	9.230	9.243	9.256	9.269	9.282	9.294	9.307	9.320	9.333	900
910	9.333	9.346	9.359	9.371	9.384	9.397	9.410	9.423	9.436	9.449	9.461	910
920	9.461	9.474	9.487	9.500	9.513	9.526	9.539	9.552	9.565	9.578	9.590	920
930	9.590	9.603	9.616	9.629	9.642	9.655	9.668	9.681	9.694	9.707	9.720	930
940	9.720	9.733	9.746	9.759	9.772	9.785	9.798	9.811	9.824	9.837	9.850	940
950	9.850	9.863	9.876	9.889	9.902	9.915	9.928	9.941	9.954	9.967	9.980	950
960	9.980	9.993	10.006	10.019	10.032	10.046	10.059	10.072	10.085	10.098	10.111	960
970	10.111	10.124	10.137	10.150	10.163	10.177	10.190	10.203	10.216	10.229	10.242	970
980	10.242	10.255	10.268	10.282	10.295	10.308	10.321	10.334	10.347	10.361	10.374	980
990	10.374	10.387	10.400	10.413	10.427	10.440	10.453	10.466	10.480	10.493	10.506	990
1000	10.506	10.519	10.532	10.546	10.559	10.572	10.585	10.599	10.612	10.625	10.638	1000
1010	10.638	10.652	10.665	10.678	10.692	10.705	10.718	10.731	10.745	10.758	10.771	1010
1020	10.771	10.785	10.798	10.811	10.825	10.838	10.851	10.865	10.878	10.891	10.905	1020
1030	10.905	10.918	10.932	10.945	10.958	10.972	10.985	10.998	11.012	11.025	11.039	1030
1040	11.039	11.052	11.065	11.079	11.092	11.106	11.119	11.132	11.146	11.159	11.173	1040
1050	11.173	11.186	11.200	11.213	11.227	11.240	11.253	11.267	11.280	11.294	11.307	1050
1060	11.307	11.321	11.334	11.348	11.361	11.375	11.388	11.402	11.415	11.429	11.442	1060
1070	11.442	11.456	11.469	11.483	11.496	11.510	11.524	11.537	11.551	11.564	11.578	1070
1080	11.578	11.591	11.605	11.618	11.632	11.646	11.659	11.673	11.686	11.700	11.714	1080
1090	11.714	11.727	11.741	11.754	11.768	11.782	11.795	11.809	11.822	11.836	11.850	1090
1100	11.850	11.863	11.877	11.891	11.904	11.918	11.931	11.945	11.959	11.972	11.986	1100
1110	11.986	12.000	12.013	12.027	12.041	12.054	12.068	12.082	12.096	12.109	12.123	1110
1120	12.123	12.137	12.150	12.164	12.178	12.191	12.205	12.219	12.233	12.246	12.260	1120
1130	12.260	12.274	12.288	12.301	12.315	12.329	12.342	12.356	12.370	12.384	12.397	1130
1140	12.397	12.411	12.425	12.439	12.453	12.466	12.480	12.494	12.508	12.521	12.535	1140

MAXIMUM TEMPERATURE RANGE

Thermocouple Grade
32 to 2642°F
0 to 1450°C

Extension Grade
32 to 300°F
0 to 150°C

LIMITS OF ERROR
(whichever is greater)
Standard: 1.5°C or 0.25%
Special: 0.6°C or 0.1%

COMMENTS, BARE WIRE ENVIRONMENT:
Oxidizing or Inert; Do Not Insert in Metal Tubes; Beware of Contamination; High Temperature

TEMPERATURE IN DEGREES °C
REFERENCE JUNCTION AT 0°C

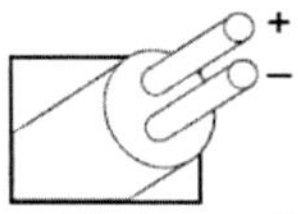

Thermocouple Grade

NONE ESTABLISHED

Platinum-13% Rhodium vs. Platinum

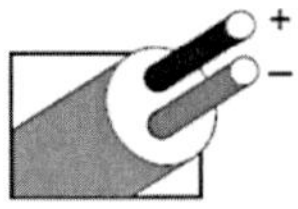

Extension Grade

Revised Thermocouple Reference Tables

TYPE R

Reference Tables
N.I.S.T.
Monograph 175
Revised to
ITS-90

Thermoelectric Voltage in Millivolts

°C	0	1	2	3	4	5	6	7	8	9	10	°C
1150	12.535	12.549	12.563	12.577	12.590	12.604	12.618	12.632	12.646	12.659	12.673	1150
1160	12.673	12.687	12.701	12.715	12.729	12.742	12.756	12.770	12.784	12.798	12.812	1160
1170	12.812	12.825	12.839	12.853	12.867	12.881	12.895	12.909	12.922	12.936	12.950	1170
1180	12.950	12.964	12.978	12.992	13.006	13.019	13.033	13.047	13.061	13.075	13.089	1180
1190	13.089	13.103	13.117	13.131	13.145	13.158	13.172	13.186	13.200	13.214	13.228	1190
1200	13.228	13.242	13.256	13.270	13.284	13.298	13.311	13.325	13.339	13.353	13.367	1200
1210	13.367	13.381	13.395	13.409	13.423	13.437	13.451	13.465	13.479	13.493	13.507	1210
1220	13.507	13.521	13.535	13.549	13.563	13.577	13.590	13.604	13.618	13.632	13.646	1220
1230	13.646	13.660	13.674	13.688	13.702	13.716	13.730	13.744	13.758	13.772	13.786	1230
1240	13.786	13.800	13.814	13.828	13.842	13.856	13.870	13.884	13.898	13.912	13.926	1240
1250	13.926	13.940	13.954	13.968	13.982	13.996	14.010	14.024	14.038	14.052	14.066	1250
1260	14.066	14.081	14.095	14.109	14.123	14.137	14.151	14.165	14.179	14.193	14.207	1260
1270	14.207	14.221	14.235	14.249	14.263	14.277	14.291	14.305	14.319	14.333	14.347	1270
1280	14.347	14.361	14.375	14.390	14.404	14.418	14.432	14.446	14.460	14.474	14.488	1280
1290	14.488	14.502	14.516	14.530	14.544	14.558	14.572	14.586	14.601	14.615	14.629	1290
1300	14.629	14.643	14.657	14.671	14.685	14.699	14.713	14.727	14.741	14.755	14.770	1300
1310	14.770	14.784	14.798	14.812	14.826	14.840	14.854	14.868	14.882	14.896	14.911	1310
1320	14.911	14.925	14.939	14.953	14.967	14.981	14.995	15.009	15.023	15.037	15.052	1320
1330	15.052	15.066	15.080	15.094	15.108	15.122	15.136	15.150	15.164	15.179	15.193	1330
1340	15.193	15.207	15.221	15.235	15.249	15.263	15.277	15.291	15.306	15.320	15.334	1340
1350	15.334	15.348	15.362	15.376	15.390	15.404	15.419	15.433	15.447	15.461	15.475	1350
1360	15.475	15.489	15.503	15.517	15.531	15.546	15.560	15.574	15.588	15.602	15.616	1360
1370	15.616	15.630	15.645	15.659	15.673	15.687	15.701	15.715	15.729	15.743	15.758	1370
1380	15.758	15.772	15.786	15.800	15.814	15.828	15.842	15.856	15.871	15.885	15.899	1380
1390	15.899	15.913	15.927	15.941	15.955	15.969	15.984	15.998	16.012	16.026	16.040	1390
1400	16.040	16.054	16.068	16.082	16.097	16.111	16.125	16.139	16.153	16.167	16.181	1400
1410	16.181	16.196	16.210	16.224	16.238	16.252	16.266	16.280	16.294	16.309	16.323	1410
1420	16.323	16.337	16.351	16.365	16.379	16.393	16.407	16.422	16.436	16.450	16.464	1420
1430	16.464	16.478	16.492	16.506	16.520	16.534	16.549	16.563	16.577	16.591	16.605	1430
1440	16.605	16.619	16.633	16.647	16.662	16.676	16.690	16.704	16.718	16.732	16.746	1440
1450	16.746	16.760	16.774	16.789	16.803	16.817	16.831	16.845	16.859	16.873	16.887	1450
1460	16.887	16.901	16.915	16.930	16.944	16.958	16.972	16.986	17.000	17.014	17.028	1460
1470	17.028	17.042	17.056	17.071	17.085	17.099	17.113	17.127	17.141	17.155	17.169	1470
1480	17.169	17.183	17.197	17.211	17.225	17.240	17.254	17.268	17.282	17.296	17.310	1480
1490	17.310	17.324	17.338	17.352	17.366	17.380	17.394	17.408	17.423	17.437	17.451	1490
1500	17.451	17.465	17.479	17.493	17.507	17.521	17.535	17.549	17.563	17.577	17.591	1500
1510	17.591	17.605	17.619	17.633	17.647	17.661	17.676	17.690	17.704	17.718	17.732	1510
1520	17.732	17.746	17.760	17.774	17.788	17.802	17.816	17.830	17.844	17.858	17.872	1520
1530	17.872	17.886	17.900	17.914	17.928	17.942	17.956	17.970	17.984	17.998	18.012	1530
1540	18.012	18.026	18.040	18.054	18.068	18.082	18.096	18.110	18.124	18.138	18.152	1540
1550	18.152	18.166	18.180	18.194	18.208	18.222	18.236	18.250	18.264	18.278	18.292	1550
1560	18.292	18.306	18.320	18.334	18.348	18.362	18.376	18.390	18.404	18.417	18.431	1560
1570	18.431	18.445	18.459	18.473	18.487	18.501	18.515	18.529	18.543	18.557	18.571	1570
1580	18.571	18.585	18.599	18.613	18.627	18.640	18.654	18.668	18.682	18.696	18.710	1580
1590	18.710	18.724	18.738	18.752	18.766	18.779	18.793	18.807	18.821	18.835	18.849	1590
1600	18.849	18.863	18.877	18.891	18.904	18.918	18.932	18.946	18.960	18.974	18.988	1600
1610	18.988	19.002	19.015	19.029	19.043	19.057	19.071	19.085	19.098	19.112	19.126	1610
1620	19.126	19.140	19.154	19.168	19.181	19.195	19.209	19.223	19.237	19.250	19.264	1620
1630	19.264	19.278	19.292	19.306	19.319	19.333	19.347	19.361	19.375	19.388	19.402	1630
1640	19.402	19.416	19.430	19.444	19.457	19.471	19.485	19.499	19.512	19.526	19.540	1640
1650	19.540	19.554	19.567	19.581	19.595	19.609	19.622	19.636	19.650	19.663	19.677	1650
1660	19.677	19.691	19.705	19.718	19.732	19.746	19.759	19.773	19.787	19.800	19.814	1660
1670	19.814	19.828	19.841	19.855	19.869	19.882	19.896	19.910	19.923	19.937	19.951	1670
1680	19.951	19.964	19.978	19.992	20.005	20.019	20.032	20.046	20.060	20.073	20.087	1680
1690	20.087	20.100	20.114	20.127	20.141	20.154	20.168	20.181	20.195	20.208	20.222	1690
1700	20.222	20.235	20.249	20.262	20.275	20.289	20.302	20.316	20.329	20.342	20.356	1700
1710	20.356	20.369	20.382	20.396	20.409	20.422	20.436	20.449	20.462	20.475	20.488	1710
1720	20.488	20.502	20.515	20.528	20.541	20.554	20.567	20.581	20.594	20.607	20.620	1720
1730	20.620	20.633	20.646	20.659	20.672	20.685	20.698	20.711	20.724	20.736	20.749	1730
1740	20.749	20.762	20.775	20.788	20.801	20.813	20.826	20.839	20.852	20.864	20.877	1740
1750	20.877	20.890	20.902	20.915	20.928	20.940	20.953	20.965	20.978	20.990	21.003	1750
1760	21.003	21.015	21.027	21.040	21.052	21.065	21.077	21.089	21.101			1760
°C	0	1	2	3	4	5	6	7	8	9	10	°C

MAXIMUM TEMPERATURE RANGE
Thermocouple Grade
32 to 2642°F
0 to 1450°C
Extension Grade
32 to 300°F
0 to 150°C
LIMITS OF ERROR
(whichever is greater)
Standard: 1.5°C or 0.25%
Special: 0.6°C or 0.1%
COMMENTS, BARE WIRE ENVIRONMENT:
Oxidizing or Inert; Do Not Insert in Metal Tubes; Beware of Contamination; High Temperature
TEMPERATURE IN DEGREES °C
REFERENCE JUNCTION AT 0°C

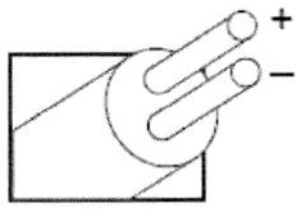

Thermocouple Grade
NONE ESTABLISHED

Platinum-10% Rhodium vs. Platinum

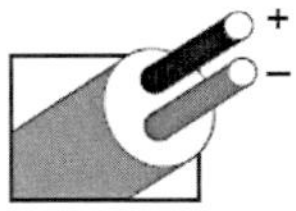

Extension Grade

Revised Thermocouple Reference Tables

TYPE S

Reference Tables
N.I.S.T. Monograph 175
Revised to ITS-90

Thermoelectric Voltage in Millivolts

°C	-10	-9	-8	-7	-6	-5	-4	-3	-2	-1	0	°C
-40	-0.236	-0.232	-0.228	-0.224	-0.219	-0.215	-0.211	-0.207	-0.203	-0.199	-0.194	-40
-30	-0.194	-0.190	-0.186	-0.181	-0.177	-0.173	-0.168	-0.164	-0.159	-0.155	-0.150	-30
-20	-0.150	-0.146	-0.141	-0.136	-0.132	-0.127	-0.122	-0.117	-0.113	-0.108	-0.103	-20
-10	-0.103	-0.098	-0.093	-0.088	-0.083	-0.078	-0.073	-0.068	-0.063	-0.058	-0.053	-10
0	-0.053	-0.048	-0.042	-0.037	-0.032	-0.027	-0.021	-0.016	-0.011	-0.005	0.000	0

°C	0	1	2	3	4	5	6	7	8	9	10	°C
0	0.000	0.005	0.011	0.016	0.022	0.027	0.033	0.038	0.044	0.050	0.055	0
10	0.055	0.061	0.067	0.072	0.078	0.084	0.090	0.095	0.101	0.107	0.113	10
20	0.113	0.119	0.125	0.131	0.137	0.143	0.149	0.155	0.161	0.167	0.173	20
30	0.173	0.179	0.185	0.191	0.197	0.204	0.210	0.216	0.222	0.229	0.235	30
40	0.235	0.241	0.248	0.254	0.260	0.267	0.273	0.280	0.286	0.292	0.299	40
50	0.299	0.305	0.312	0.319	0.325	0.332	0.338	0.345	0.352	0.358	0.365	50
60	0.365	0.372	0.378	0.385	0.392	0.399	0.405	0.412	0.419	0.426	0.433	60
70	0.433	0.440	0.446	0.453	0.460	0.467	0.474	0.481	0.488	0.495	0.502	70
80	0.502	0.509	0.516	0.523	0.530	0.538	0.545	0.552	0.559	0.566	0.573	80
90	0.573	0.580	0.588	0.595	0.602	0.609	0.617	0.624	0.631	0.639	0.646	90
100	0.646	0.653	0.661	0.668	0.675	0.683	0.690	0.698	0.705	0.713	0.720	100
110	0.720	0.727	0.735	0.743	0.750	0.758	0.765	0.773	0.780	0.788	0.795	110
120	0.795	0.803	0.811	0.818	0.826	0.834	0.841	0.849	0.857	0.865	0.872	120
130	0.872	0.880	0.888	0.896	0.903	0.911	0.919	0.927	0.935	0.942	0.950	130
140	0.950	0.958	0.966	0.974	0.982	0.990	0.998	1.006	1.013	1.021	1.029	140
150	1.029	1.037	1.045	1.053	1.061	1.069	1.077	1.085	1.094	1.102	1.110	150
160	1.110	1.118	1.126	1.134	1.142	1.150	1.158	1.167	1.175	1.183	1.191	160
170	1.191	1.199	1.207	1.216	1.224	1.232	1.240	1.249	1.257	1.265	1.273	170
180	1.273	1.282	1.290	1.298	1.307	1.315	1.323	1.332	1.340	1.348	1.357	180
190	1.357	1.365	1.373	1.382	1.390	1.399	1.407	1.415	1.424	1.432	1.441	190
200	1.441	1.449	1.458	1.466	1.475	1.483	1.492	1.500	1.509	1.517	1.526	200
210	1.526	1.534	1.543	1.551	1.560	1.569	1.577	1.586	1.594	1.603	1.612	210
220	1.612	1.620	1.629	1.638	1.646	1.655	1.663	1.672	1.681	1.690	1.698	220
230	1.698	1.707	1.716	1.724	1.733	1.742	1.751	1.759	1.768	1.777	1.786	230
240	1.786	1.794	1.803	1.812	1.821	1.829	1.838	1.847	1.856	1.865	1.874	240
250	1.874	1.882	1.891	1.900	1.909	1.918	1.927	1.936	1.944	1.953	1.962	250
260	1.962	1.971	1.980	1.989	1.998	2.007	2.016	2.025	2.034	2.043	2.052	260
270	2.052	2.061	2.070	2.078	2.087	2.096	2.105	2.114	2.123	2.132	2.141	270
280	2.141	2.151	2.160	2.169	2.178	2.187	2.196	2.205	2.214	2.223	2.232	280
290	2.232	2.241	[illegible]	[illegible]	[illegible]	2.277	2.287	2.296	2.305	2.314	2.323	290
300	2.323	2.332	2.341	2.350	2.360	2.369	2.378	2.387	2.396	2.405	2.415	300
310	2.415	2.424	2.433	2.442	2.451	2.461	2.470	2.479	2.488	2.497	2.507	310
320	2.507	2.516	2.525	2.534	2.544	2.553	2.562	2.571	2.581	2.590	2.599	320
330	2.599	2.609	2.618	2.627	2.636	2.646	2.655	2.664	2.674	2.683	2.692	330
340	2.692	2.702	2.711	2.720	2.730	2.739	2.748	2.758	2.767	2.776	2.786	340
350	2.786	2.795	2.805	2.814	2.823	2.833	2.842	2.851	2.861	2.870	2.880	350
360	2.880	2.889	2.899	2.908	2.917	2.927	2.936	2.946	2.955	2.965	2.974	360
370	2.974	2.983	2.993	3.002	3.012	3.021	3.031	3.040	3.050	3.059	3.069	370
380	3.069	3.078	3.088	3.097	3.107	3.116	3.126	3.135	3.145	3.154	3.164	380
390	3.164	3.173	3.183	3.192	3.202	3.212	3.221	3.231	3.240	3.250	3.259	390
400	3.259	3.269	3.279	3.288	3.298	3.307	3.317	3.326	3.336	3.346	3.355	400
410	3.355	3.365	3.374	3.384	3.394	3.403	3.413	3.423	3.432	3.442	3.451	410
420	3.451	3.461	3.471	3.480	3.490	3.500	3.509	3.519	3.529	3.538	3.548	420
430	3.548	3.558	3.567	3.577	3.587	3.596	3.606	3.616	3.626	3.635	3.645	430
440	3.645	3.655	3.664	3.674	3.684	3.694	3.703	3.713	3.723	3.732	3.742	440
450	3.742	3.752	3.762	3.771	3.781	3.791	3.801	3.810	3.820	3.830	3.840	450
460	3.840	3.850	3.859	3.869	3.879	3.889	3.898	3.908	3.918	3.928	3.938	460
470	3.938	3.947	3.957	3.967	3.977	3.987	3.997	4.006	4.016	4.026	4.036	470
480	4.036	4.046	4.056	4.065	4.075	4.085	4.095	4.105	4.115	4.125	4.134	480
490	4.134	4.144	4.154	4.164	4.174	4.184	4.194	4.204	4.213	4.223	4.233	490
500	4.233	4.243	4.253	4.263	4.273	4.283	4.293	4.303	4.313	4.323	4.332	500
510	4.332	4.342	4.352	4.362	4.372	4.382	4.392	4.402	4.412	4.422	4.432	510
520	4.432	4.442	4.452	4.462	4.472	4.482	4.492	4.502	4.512	4.522	4.532	520
530	4.532	4.542	4.552	4.562	4.572	4.582	4.592	4.602	4.612	4.622	4.632	530
540	4.632	4.642	4.652	4.662	4.672	4.682	4.692	4.702	4.712	4.722	4.732	540

°C	0	1	2	3	4	5	6	7	8	9	10	°C
550	4.732	4.742	4.752	4.762	4.772	4.782	4.793	4.803	4.813	4.823	4.833	550
560	4.833	4.843	4.853	4.863	4.873	4.883	4.893	4.904	4.914	4.924	4.934	560
570	4.934	4.944	4.954	4.964	4.974	4.984	4.995	5.005	5.015	5.025	5.035	570
580	5.035	5.045	5.055	5.066	5.076	5.086	5.096	5.106	5.116	5.127	5.137	580
590	5.137	5.147	5.157	5.167	5.178	5.188	5.198	5.208	5.218	5.228	5.239	590
600	5.239	5.249	5.259	5.269	5.280	5.290	5.300	5.310	5.320	5.331	5.341	600
610	5.341	5.351	5.361	5.372	5.382	5.392	5.402	5.413	5.423	5.433	5.443	610
620	5.443	5.454	5.464	5.474	5.485	5.495	5.505	5.515	5.526	5.536	5.546	620
630	5.546	5.557	5.567	5.577	5.588	5.598	5.608	5.618	5.629	5.639	5.649	630
640	5.649	5.660	5.670	5.680	5.691	5.701	5.712	5.722	5.732	5.743	5.753	640
650	5.753	5.763	5.774	5.784	5.794	5.805	5.815	5.826	5.836	5.846	5.857	650
660	5.857	5.867	5.878	5.888	5.898	5.909	5.919	5.930	5.940	5.950	5.961	660
670	5.961	5.971	5.982	5.992	6.003	6.013	6.024	6.034	6.044	6.055	6.065	670
680	6.065	6.076	6.086	6.097	6.107	6.118	6.128	6.139	6.149	6.160	6.170	680
690	6.170	6.181	6.191	6.202	6.212	6.223	6.233	6.244	6.254	6.265	6.275	690
700	6.275	6.286	6.296	6.307	6.317	6.328	6.338	6.349	6.360	6.370	6.381	700
710	6.381	6.391	6.402	6.412	6.423	6.434	6.444	6.455	6.465	6.476	6.486	710
720	6.486	6.497	6.508	6.518	6.529	6.539	6.550	6.561	6.571	6.582	6.593	720
730	6.593	6.603	6.614	6.624	6.635	6.646	6.656	6.667	6.678	6.688	6.699	730
740	6.699	6.710	6.720	6.731	6.742	6.752	6.763	6.774	6.784	6.795	6.806	740
750	6.806	6.817	6.827	6.838	6.849	6.859	6.870	6.881	6.892	6.902	6.913	750
760	6.913	6.924	6.934	6.945	6.956	6.967	6.977	6.988	6.999	7.010	7.020	760
770	7.020	7.031	7.042	7.053	7.064	7.074	7.085	7.096	7.107	7.117	7.128	770
780	7.128	7.139	7.150	7.161	7.172	7.182	7.193	7.204	7.215	7.226	7.236	780
790	7.236	7.247	7.258	7.269	7.280	7.291	7.302	7.312	7.323	7.334	7.345	790
800	7.345	7.356	7.367	7.378	7.388	7.399	7.410	7.421	7.432	7.443	7.454	800
810	7.454	7.465	7.476	7.487	7.497	7.508	7.519	7.530	7.541	7.552	7.563	810
820	7.563	7.574	7.585	7.596	7.607	7.618	7.629	7.640	7.651	7.662	7.673	820
830	7.673	7.684	7.695	7.706	7.717	7.728	7.739	7.750	7.761	7.772	7.783	830
840	7.783	7.794	7.805	7.816	7.827	7.838	7.849	7.860	7.871	7.882	7.893	840
850	7.893	7.904	7.915	7.926	7.937	7.948	7.959	7.970	7.981	7.992	8.003	850
860	8.003	8.014	8.026	8.037	8.048	8.059	8.070	8.081	8.092	8.103	8.114	860
870	8.114	8.125	8.137	8.148	8.159	8.170	8.181	8.192	8.203	8.214	8.226	870
880	8.226	8.237	8.248	8.259	8.270	8.281	8.293	8.304	[illegible]	[illegible]	8.337	[illegible]
890	8.337	8.348	8.360	8.371	8.382	8.393	8.404	8.416	8.427	8.438	8.449	890
900	8.449	8.460	8.472	8.483	8.494	8.505	8.517	8.528	8.539	8.550	8.562	900
910	8.562	8.573	8.584	8.595	8.607	8.618	8.629	8.640	8.652	8.663	8.674	910
920	8.674	8.685	8.697	8.708	8.719	8.731	8.742	8.753	8.765	8.776	8.787	920
930	8.787	8.798	8.810	8.821	8.832	8.844	8.855	8.866	8.878	8.889	8.900	930
940	8.900	8.912	8.923	8.935	8.946	8.957	8.969	8.980	8.991	9.003	9.014	940
950	9.014	9.025	9.037	9.048	9.060	9.071	9.082	9.094	9.105	9.117	9.128	950
960	9.128	9.139	9.151	9.162	9.174	9.185	9.197	9.208	9.219	9.231	9.242	960
970	9.242	9.254	9.265	9.277	9.288	9.300	9.311	9.323	9.334	9.345	9.357	970
980	9.357	9.368	9.380	9.391	9.403	9.414	9.426	9.437	9.449	9.460	9.472	980
990	9.472	9.483	9.495	9.506	9.518	9.529	9.541	9.552	9.564	9.576	9.587	990
1000	9.587	9.599	9.610	9.622	9.633	9.645	9.656	9.668	9.680	9.691	9.703	1000
1010	9.703	9.714	9.726	9.737	9.749	9.761	9.772	9.784	9.795	9.807	9.819	1010
1020	9.819	9.830	9.842	9.853	9.865	9.877	9.888	9.900	9.911	9.923	9.935	1020
1030	9.935	9.946	9.958	9.970	9.981	9.993	10.005	10.016	10.028	10.040	10.051	1030
1040	10.051	10.063	10.075	10.086	10.098	10.110	10.121	10.133	10.145	10.156	10.168	1040
1050	10.168	10.180	10.191	10.203	10.215	10.227	10.238	10.250	10.262	10.273	10.285	1050
1060	10.285	10.297	10.309	10.320	10.332	10.344	10.356	10.367	10.379	10.391	10.403	1060
1070	10.403	10.414	10.426	10.438	10.450	10.461	10.473	10.485	10.497	10.509	10.520	1070
1080	10.520	10.532	10.544	10.556	10.567	10.579	10.591	10.603	10.615	10.626	10.638	1080
1090	10.638	10.650	10.662	10.674	10.686	10.697	10.709	10.721	10.733	10.745	10.757	1090
1100	10.757	10.768	10.780	10.792	10.804	10.816	10.828	10.839	10.851	10.863	10.875	1100
1110	10.875	10.887	10.899	10.911	10.922	10.934	10.946	10.958	10.970	10.982	10.994	1110
1120	10.994	11.006	11.017	11.029	11.041	11.053	11.065	11.077	11.089	11.101	11.113	1120
1130	11.113	11.125	11.136	11.148	11.160	11.172	11.184	11.196	11.208	11.220	11.232	1130
1140	11.232	11.244	11.256	11.268	11.280	11.291	11.303	11.315	11.327	11.339	11.351	1140
°C	0	1	2	3	4	5	6	7	8	9	10	°C

MAXIMUM TEMPERATURE RANGE

Thermocouple Grade
32 to 2642°F
0 to 1450°C

Extension Grade
32 to 300°F
0 to 150°C

LIMITS OF ERROR
(whichever is greater)
Standard: 1.5°C or 0.25%
Special: 0.6°C or 0.1%

COMMENTS, BARE WIRE ENVIRONMENT:
Oxidizing or Inert; Do Not Insert in Metal Tubes; Beware of Contamination; High Temperature

TEMPERATURE IN DEGREES °C
REFERENCE JUNCTION AT 0°C

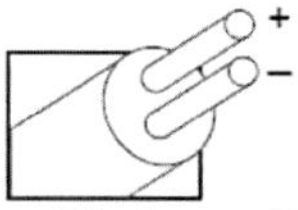

Thermocouple Grade

NONE ESTABLISHED

Platinum-10% Rhodium vs. Platinum

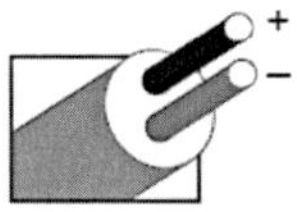

Extension Grade

Revised Thermocouple Reference Tables

TYPE S

Reference Tables
N.I.S.T. Monograph 175
Revised to ITS-90

Thermoelectric Voltage in Millivolts

°C	0	1	2	3	4	5	6	7	8	9	10	°C
1150	11.351	11.363	11.375	11.387	11.399	11.411	11.423	11.435	11.447	11.459	11.471	1150
1160	11.471	11.483	11.495	11.507	11.519	11.531	11.542	11.554	11.566	11.578	11.590	1160
1170	11.590	11.602	11.614	11.626	11.638	11.650	11.662	11.674	11.686	11.698	11.710	1170
1180	11.710	11.722	11.734	11.746	11.758	11.770	11.782	11.794	11.806	11.818	11.830	1180
1190	11.830	11.842	11.854	11.866	11.878	11.890	11.902	11.914	11.926	11.939	11.951	1190
1200	11.951	11.963	11.975	11.987	11.999	12.011	12.023	12.035	12.047	12.059	12.071	1200
1210	12.071	12.083	12.095	12.107	12.119	12.131	12.143	12.155	12.167	12.179	12.191	1210
1220	12.191	12.203	12.216	12.228	12.240	12.252	12.264	12.276	12.288	12.300	12.312	1220
1230	12.312	12.324	12.336	12.348	12.360	12.372	12.384	12.397	12.409	12.421	12.433	1230
1240	12.433	12.445	12.457	12.469	12.481	12.493	12.505	12.517	12.529	12.542	12.554	1240
1250	12.554	12.566	12.578	12.590	12.602	12.614	12.626	12.638	12.650	12.662	12.675	1250
1260	12.675	12.687	12.699	12.711	12.723	12.735	12.747	12.759	12.771	12.783	12.796	1260
1270	12.796	12.808	12.820	12.832	12.844	12.856	12.868	12.880	12.892	12.905	12.917	1270
1280	12.917	12.929	12.941	12.953	12.965	12.977	12.989	13.001	13.014	13.026	13.038	1280
1290	13.038	13.050	13.062	13.074	13.086	13.098	13.111	13.123	13.135	13.147	13.159	1290
1300	13.159	13.171	13.183	13.195	13.208	13.220	13.232	13.244	13.256	13.268	13.280	1300
1310	13.280	13.292	13.305	13.317	13.329	13.341	13.353	13.365	13.377	13.390	13.402	1310
1320	13.402	13.414	13.426	13.438	13.450	13.462	13.474	13.487	13.499	13.511	13.523	1320
1330	13.523	13.535	13.547	13.559	13.572	13.584	13.596	13.608	13.620	13.632	13.644	1330
1340	13.644	13.657	13.669	13.681	13.693	13.705	13.717	13.729	13.742	13.754	13.766	1340
1350	13.766	13.778	13.790	13.802	13.814	13.826	13.839	13.851	13.863	13.875	13.887	1350
1360	13.887	13.899	13.911	13.924	13.936	13.948	13.960	13.972	13.984	13.996	14.009	1360
1370	14.009	14.021	14.033	14.045	14.057	14.069	14.081	14.094	14.106	14.118	14.130	1370
1380	14.130	14.142	14.154	14.166	14.178	14.191	14.203	14.215	14.227	14.239	14.251	1380
1390	14.251	14.263	14.276	14.288	14.300	14.312	14.324	14.336	14.348	14.360	14.373	1390
1400	14.373	14.385	14.397	14.409	14.421	14.433	14.445	14.457	14.470	14.482	14.494	1400
1410	14.494	14.506	14.518	14.530	14.542	14.554	14.567	14.579	14.591	14.603	14.615	1410
1420	14.615	14.627	14.639	14.651	14.664	14.676	14.688	14.700	14.712	14.724	14.736	1420
1430	14.736	14.748	14.760	14.773	14.785	14.797	14.809	14.821	14.833	14.845	14.857	1430
1440	14.857	14.869	14.881	14.894	14.906	14.918	14.930	14.942	14.954	14.966	14.978	1440
1450	14.978	14.990	15.002	15.015	15.027	15.039	15.051	15.063	15.075	15.087	15.099	1450
1460	15.099	15.111	15.123	15.135	15.148	15.160	15.172	15.184	15.196	15.208	15.220	1460
1470	15.220	15.232	15.244	15.256	15.268	15.280	15.292	15.304	15.317	15.329	15.341	1470
1480	15.341	15.353	15.365	15.377	15.389	15.401	15.413	15.425	15.437	15.449	15.461	1480
1490	15.461	15.473	15.485	15.497	15.509	15.521	15.534	15.546	15.558	15.570	15.582	1490
1500	15.582	15.594	15.606	15.618	15.630	15.642	15.654	15.666	15.678	15.690	15.702	1500
1510	15.702	15.714	15.726	15.738	15.750	15.762	15.774	15.786	15.798	15.810	15.822	1510
1520	15.822	15.834	15.846	15.858	15.870	15.882	15.894	15.906	15.918	15.930	15.942	1520
1530	15.942	15.954	15.966	15.978	15.990	16.002	16.014	16.026	16.038	16.050	16.062	1530
1540	16.062	16.074	16.086	16.098	16.110	16.122	16.134	16.146	16.158	16.170	16.182	1540
1550	16.182	16.194	16.205	16.217	16.229	16.241	16.253	16.265	16.277	16.289	16.301	1550
1560	16.301	16.313	16.325	16.337	16.349	16.361	16.373	16.385	16.396	16.408	16.420	1560
1570	16.420	16.432	16.444	16.456	16.468	16.480	16.492	16.504	16.516	16.527	16.539	1570
1580	16.539	16.551	16.563	16.575	16.587	16.599	16.611	16.623	16.634	16.646	16.658	1580
1590	16.658	16.670	16.682	16.694	16.706	16.718	16.729	16.741	16.753	16.765	16.777	1590
1600	16.777	16.789	16.801	16.812	16.824	16.836	16.848	16.860	16.872	16.883	16.895	1600
1610	16.895	16.907	16.919	16.931	16.943	16.954	16.966	16.978	16.990	17.002	17.013	1610
1620	17.013	17.025	17.037	17.049	17.061	17.072	17.084	17.096	17.108	17.120	17.131	1620
1630	17.131	17.143	17.155	17.167	17.178	17.190	17.202	17.214	17.225	17.237	17.249	1630
1640	17.249	17.261	17.272	17.284	17.296	17.308	17.319	17.331	17.343	17.355	17.366	1640
1650	17.366	17.378	17.390	17.401	17.413	17.425	17.437	17.448	17.460	17.472	17.483	1650
1660	17.483	17.495	17.507	17.518	17.530	17.542	17.553	17.565	17.577	17.588	17.600	1660
1670	17.600	17.612	17.623	17.635	17.647	17.658	17.670	17.682	17.693	17.705	17.717	1670
1680	17.717	17.728	17.740	17.751	17.763	17.775	17.786	17.798	17.809	17.821	17.832	1680
1690	17.832	17.844	17.855	17.867	17.878	17.890	17.901	17.913	17.924	17.936	17.947	1690
1700	17.947	17.959	17.970	17.982	17.993	18.004	18.016	18.027	18.039	18.050	18.061	1700
1710	18.061	18.073	18.084	18.095	18.107	18.118	18.129	18.140	18.152	18.163	18.174	1710
1720	18.174	18.185	18.196	18.208	18.219	18.230	18.241	18.252	18.263	18.274	18.285	1720
1730	18.285	18.297	18.308	18.319	18.330	18.341	18.352	18.362	18.373	18.384	18.395	1730
1740	18.395	18.406	18.417	18.428	18.439	18.449	18.460	18.471	18.482	18.493	18.503	1740
1750	18.503	18.514	18.525	18.535	18.546	18.557	18.567	18.578	18.588	18.599	18.609	1750
1760	18.609	18.620	18.630	18.641	18.651	18.661	18.672	18.682	18.693			1760
°C	0	1	2	3	4	5	6	7	8	9	10	°C

Revised Thermocouple Reference Tables

TYPE T

Reference Tables
N.I.S.T.
Monograph 175
Revised to
ITS-90

Thermocouple Grade

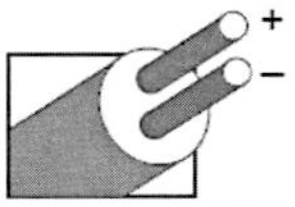

Copper
vs.
Copper-Nickel

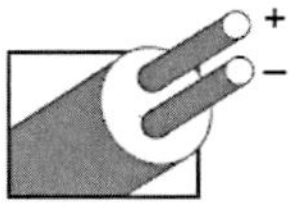

Extension Grade

MAXIMUM TEMPERATURE RANGE
Thermocouple Grade
– 328 to 662°F
– 200 to 350°C
Extension Grade
– 76 to 212°F
– 60 to 100°C
LIMITS OF ERROR
(whichever is greater)
Standard: 1.0°C or 0.75% Above 0°C
1.0°C or 1.5% Below 0°C
Special: 0.5°C or 0.4%
COMMENTS, BARE WIRE ENVIRONMENT:
Mild Oxidizing, Reducing Vacuum or Inert; Good Where Moisture Is Present; Low Temperature and Cryogenic Applications
TEMPERATURE IN DEGREES °C
REFERENCE JUNCTION AT 0°C

Thermoelectric Voltage in Millivolts

°C	-10	-9	-8	-7	-6	-5	-4	-3	-2	-1	0	°C
-260	-6.258	-6.256	-6.255	-6.253	-6.251	-6.248	-6.245	-6.242	-6.239	-6.236	-6.232	-260
-250	-6.232	-6.228	-6.223	-6.219	-6.214	-6.209	-6.204	-6.198	-6.193	-6.187	-6.180	-250
-240	-6.180	-6.174	-6.167	-6.160	-6.153	-6.146	-6.138	-6.130	-6.122	-6.114	-6.105	-240
-230	-6.105	-6.096	-6.087	-6.078	-6.068	-6.059	-6.049	-6.038	-6.028	-6.017	-6.007	-230
-220	-6.007	-5.996	-5.985	-5.973	-5.962	-5.950	-5.938	-5.926	-5.914	-5.901	-5.888	-220
-210	-5.888	-5.876	-5.863	-5.850	-5.836	-5.823	-5.809	-5.795	-5.782	-5.767	-5.753	-210
-200	-5.753	-5.739	-5.724	-5.710	-5.695	-5.680	-5.665	-5.650	-5.634	-5.619	-5.603	-200
-190	-5.603	-5.587	-5.571	-5.555	-5.539	-5.523	-5.506	-5.489	-5.473	-5.456	-5.439	-190
-180	-5.439	-5.421	-5.404	-5.387	-5.369	-5.351	-5.334	-5.316	-5.297	-5.279	-5.261	-180
-170	-5.261	-5.242	-5.224	-5.205	-5.186	-5.167	-5.148	-5.128	-5.109	-5.089	-5.070	-170
-160	-5.070	-5.050	-5.030	-5.010	-4.989	-4.969	-4.949	-4.928	-4.907	-4.886	-4.865	-160
-150	-4.865	-4.844	-4.823	-4.802	-4.780	-4.759	-4.737	-4.715	-4.693	-4.671	-4.648	-150
-140	-4.648	-4.626	-4.604	-4.581	-4.558	-4.535	-4.512	-4.489	-4.466	-4.443	-4.419	-140
-130	-4.419	-4.395	-4.372	-4.348	-4.324	-4.300	-4.275	-4.251	-4.226	-4.202	-4.177	-130
-120	-4.177	-4.152	-4.127	-4.102	-4.077	-4.052	-4.026	-4.000	-3.975	-3.949	-3.923	-120
-110	-3.923	-3.897	-3.871	-3.844	-3.818	-3.791	-3.765	-3.738	-3.711	-3.684	-3.657	-110
-100	-3.657	-3.629	-3.602	-3.574	-3.547	-3.519	-3.491	-3.463	-3.435	-3.407	-3.379	-100
-90	-3.379	-3.350	-3.322	-3.293	-3.264	-3.235	-3.206	-3.177	-3.148	-3.118	-3.089	-90
-80	-3.089	-3.059	-3.030	-3.000	-2.970	-2.940	-2.910	-2.879	-2.849	-2.818	-2.788	-80
-70	-2.788	-2.757	-2.726	-2.695	-2.664	-2.633	-2.602	-2.571	-2.539	-2.507	-2.476	-70
-60	-2.476	-2.444	-2.412	-2.380	-2.348	-2.316	-2.283	-2.251	-2.218	-2.186	-2.153	-60
-50	-2.153	-2.120	-2.087	-2.054	-2.021	-1.987	-1.954	-1.920	-1.887	-1.853	-1.819	-50
-40	-1.819	-1.785	-1.751	-1.717	-1.683	-1.648	-1.614	-1.579	-1.545	-1.510	-1.475	-40
-30	-1.475	-1.440	-1.405	-1.370	-1.335	-1.299	-1.264	-1.228	-1.192	-1.157	-1.121	-30
-20	-1.121	-1.085	-1.049	-1.013	-0.976	-0.940	-0.904	-0.867	-0.830	-0.794	-0.757	-20
-10	-0.757	-0.720	-0.683	-0.646	-0.608	-0.571	-0.534	-0.496	-0.459	-0.421	-0.383	-10
0	-0.383	-0.345	-0.307	-0.269	-0.231	-0.193	-0.154	-0.116	-0.077	-0.039	0.000	0
0	0.000	0.039	0.078	0.117	0.156	0.195	0.234	0.273	0.312	0.352	0.391	0
10	0.391	0.431	0.470	0.510	0.549	0.589	0.629	0.669	0.709	0.749	0.790	10
20	0.790	0.830	0.870	0.911	0.951	0.992	1.033	1.074	1.114	1.155	1.196	20
30	1.196	1.238	1.279	1.320	1.362	1.403	1.445	1.486	1.528	1.570	1.612	30
40	1.612	1.654	1.696	1.738	1.780	1.823	1.865	1.908	1.950	1.993	2.036	40
°C	0	1	2	3	4	5	6	7	8	9	10	°C

°C	0	1	2	3	4	5	6	7	8	9	10	°C
50	2.036	2.079	2.122	2.165	2.208	2.251	2.294	2.338	2.381	2.425	2.468	50
60	2.468	2.512	2.556	2.600	2.643	2.687	2.732	2.776	2.820	2.864	2.909	60
70	2.909	2.953	2.998	3.043	3.087	3.132	3.177	3.222	3.267	3.312	3.358	70
80	3.358	3.403	3.448	3.494	3.539	3.585	3.631	3.677	3.722	3.768	3.814	80
90	3.814	3.860	3.907	3.953	3.999	4.046	4.092	4.138	4.185	4.232	4.279	90
100	4.279	4.325	4.372	4.419	4.466	4.513	4.561	4.608	4.655	4.702	4.750	100
110	4.750	4.798	4.845	4.893	4.941	4.988	5.036	5.084	5.132	5.180	5.228	110
120	5.228	5.277	5.325	5.373	5.422	5.470	5.519	5.567	5.616	5.665	5.714	120
130	5.714	5.763	5.812	5.861	5.910	5.959	6.008	6.057	6.107	6.156	6.206	130
140	6.206	6.255	6.305	6.355	6.404	6.454	6.504	6.554	6.604	6.654	6.704	140
150	6.704	6.754	6.805	6.855	6.905	6.956	7.006	7.057	7.107	7.158	7.209	150
160	7.209	7.260	7.310	7.361	7.412	7.463	7.515	7.566	7.617	7.668	7.720	160
170	7.720	7.771	7.823	7.874	7.926	7.977	8.029	8.081	8.133	8.185	8.237	170
180	8.237	8.289	8.341	8.393	8.445	8.497	8.550	8.602	8.654	8.707	8.759	180
190	8.759	8.812	8.865	8.917	8.970	9.023	9.076	9.129	9.182	9.235	9.288	190
200	9.288	9.341	9.395	9.448	9.501	9.555	9.608	9.662	9.715	9.769	9.822	200
210	9.822	9.876	9.930	9.984	10.038	10.092	10.146	10.200	10.254	10.308	10.362	210
220	10.362	10.417	10.471	10.525	10.580	10.634	10.689	10.743	10.798	10.853	10.907	220
230	10.907	10.962	11.017	11.072	11.127	11.182	11.237	11.292	11.347	11.403	11.458	230
240	11.458	11.513	11.569	11.624	11.680	11.735	11.791	11.846	11.902	11.958	12.013	240
250	12.013	12.069	12.125	12.181	12.237	12.293	12.349	12.405	12.461	12.518	12.574	250
260	12.574	12.630	12.687	12.743	12.799	12.856	12.912	12.969	13.026	13.082	13.139	260
270	13.139	13.196	13.253	13.310	13.366	13.423	13.480	13.537	13.595	13.652	13.709	270
280	13.709	13.766	13.823	13.881	13.938	13.995	14.053	14.110	14.168	14.226	14.283	280
290	14.283	14.341	14.399	14.456	14.514	14.572	14.630	14.688	14.746	14.804	14.862	290
300	14.862	14.920	14.978	15.036	15.095	15.153	15.211	15.270	15.328	15.386	15.445	300
310	15.445	15.503	15.562	15.621	15.679	15.738	15.797	15.856	15.914	15.973	16.032	310
320	16.032	16.091	16.150	16.209	16.268	16.327	16.387	16.446	16.505	16.564	16.624	320
330	16.624	16.683	16.742	16.802	16.861	16.921	16.980	17.040	17.100	17.159	17.219	330
340	17.219	17.279	17.339	17.399	17.458	17.518	17.578	17.638	17.698	17.759	17.819	340
350	17.819	17.879	17.939	17.999	18.060	18.120	18.180	18.241	18.301	18.362	18.422	350
360	18.422	18.483	18.543	18.604	18.665	18.725	18.786	18.847	18.908	18.969	19.030	360
370	19.030	19.091	19.152	19.213	19.274	19.335	19.396	19.457	19.518	19.579	19.641	370
380	19.641	19.702	19.763	19.825	19.886	19.947	20.009	20.070	20.132	20.193	20.255	380
390	20.255	20.317	20.378	20.440	20.502	20.563	20.625	20.687	20.748	20.810	20.872	390
°C	0	1	2	3	4	5	6	7	8	9	10	°C

부록 E

전선의 미국규격과 영국규격 비교

규격 번호	AWG		SWG	
	인치	mm	인치	mm
0	0.3249	8.25	0.324	8.23
1	0.2893	7.35	0.300	7.62
2	0.2576	6.54	0.276	7.01
3	0.2294	5.83	0.252	6.40
4	0.2043	5.19	0.232	5.89
5	0.1819	4.62	0.212	5.38
6	0.1620	4.11	0.192	4.88
7	0.1443	3.67	0.176	4.47
8	0.1285	3.26	0.160	4.06
9	0.1144	2.91	0.144	3.66
10	0.1019	2.59	0.128	3.25
11	0.0907	2.30	0.116	2.95
12	0.0808	2.05	0.104	2.64
13	0.0720	1.83	0.092	2.34
14	0.0641	1.63	0.080	2.03
15	0.0571	1.45	0.072	1.83
16	0.0508	1.29	0.064	1.63
17	0.0453	1.15	0.056	1.42
18	0.0403	1.02	0.048	1.22
19	0.0359	0.912	0.040	1.02
20	0.0320	0.813	0.036	0.914
21	0.0285	0.724	0.032	0.813
22	0.0253	0.643	0.028	0.711
23	0.0226	0.574	0.024	0.610
24	0.0201	0.511	0.022	0.559
25	0.0179	0.455	0.0180	0.508

규격 번호	AWG		SWG	
	인치	mm	인치	mm
26	0.0159	0.404	0.0164	0.457
27	0.0142	0.361	0.0148	0.417
28	0.0126	0.320	0.0136	0.376
29	0.0113	0.287	0.0124	0.345
30	0.0100	0.254	0.0124	0.315
31	0.0089	0.226	0.0116	0.295
32	0.0080	0.203	0.0108	0.274
33	0.0071	0.180	0.0100	0.254
34	0.0063	0.160	0.0092	0.234
35	0.0056	0.142	0.0084	0.213
36	0.0050	0.127	0.0076	0.193
37	0.0045	0.114	0.0068	0.173
38	0.0040	0.102	0.0060	0.152
39	0.0035	0.089	0.0052	0.132
40	0.0031	0.079	0.0048	0.122
41	0.0028	0.071	0.0044	0.112
42	0.0025	0.064	0.0040	0.102
43	0.0022	0.056	0.0036	0.091
44	0.0020	0.051	0.0032	0.081
45	0.0018	0.046	0.0028	0.071

시스 서모커플 보호관 재료 가이드

SUBSTANCE	CONDITIONS	RECOMMENDED METAL
Acetate Solvents	Crude or Pure	Monel or Nickel
Acetic Acid	10% - 70°F	304 Stainless Steel
" "	50% - 70°F	304 Stainless Steel
" "	50% - 212°F	316 Stainless Steel
" "	99% - 70°F	430 Stainless Steel
" "	99% - 212°F	430 Stainless Steel
Acetic Anhydride		Monel
Acetone	212°F	304 Stainless Steel
Acetylene		304, Monel, Nickel
Alcohol Ethyl	70°F	304 Stainless Steel
" "	212°F	304 Stainless Steel
Alcohol Methyl	70°F	304 Stainless Steel
" "	212°F	304 Stainless Steel
Aluminum	Molten	Cast iron
Aluminum Acetate	Saturated	304 Stainless Steel
Aluminum Sulphate	10% - 70°F	304 Stainless Steel
" "	Saturated 70°F	304 Stainless Steel
" "	10% - 212°F	316 Stainless Steel
" "	Saturated 212°F	316 Stainless Steel
Ammonia	All concentrations 70°F	304 Stainless Steel
Ammonium Chloride	All concentrations 212°F	316 Stainless Steel
Ammonium Nitrate	All concentrations 70°F	304 Stainless Steel
" "	All concentrations 212°F	304 Stainless Steel
Ammonium Sulphate	5% - 70°F	304 Stainless Steel
" "	10% - 212°F	316 Stainless Steel
" "	Saturated 212°F	316 Stainless Steel
Aniline	All concentrations 70°F	304 Stainless Steel
Amylacetate		Monel
Asphalt		Steel (C1018) Phosphor Bronze, Monel, Nickel
Barium Carbonate	70°F	304 Stainless Steel
Barium Chloride	5% - 70°F	Monel
" "	Saturated 70°F	Monel
" "	Aqueous - Hot	316 Stainless Steel
Barium Hydroxide		Steel (C1018)
Barium Sulphite		Nichrome
Benzaldehyde		Steel (C1018)
Benzene	70°F	304 Stainless Steel
Benzine		Steel (C1018), Monel, Inconel
Benzol	Hot	304 Stainless Steel
Boracic Acid	5% Hot or Cold	304 Stainless Steel

SUBSTANCE	CONDITIONS	RECOMMENDED METAL
Bromine	70°F	Tantalum
Butadiene		Brass, 304
Butane	70°F	304 Stainless Steel
Butylacetate		Monel
Butyl Alcohol		Copper
Butylenes		Steel (C1018), Phosphor Bronze
Butyric Acid	5% - 70°F	304 Stainless Steel
" "	5% - 150°F	304 Stainless Steel
Calcium Bisulfite	70°F	316 Stainless Steel
Calcium Chlorate	Dilute 70°F	304 Stainless Steel
" "	Dilute 150°F	304 Stainless Steel
Calcium Hydroxide	10% - 212°F	304 Stainless Steel
" "	20% - 212°F	304 Stainless Steel
" "	50% - 212°F	317 Stainless Steel
Carbolic Acid	All 212°F	316 Stainless Steel
Carbon Dioxide	Dry	Steel (C1018), Monel
" "	Wet	Aluminum,Monel,Nickel
Carbon Tetrachloride	10% - 70°F	Monel
Chlorex Caustic		316SS, 317SS
Chlorine Gas	Dry 70°F	317 Stainless Steel
" "	Moist 70°F	Hastelloy C
" "	Moist 212°F	Hastelloy C
Chromic Acid	5% - 70°F	304 Stainless Steel
" "	10% - 212°F	316 Stainless Steel
" "	50% - 212°F	316 Stainless Steel
Citric Acid	15% - 70°F	304 Stainless Steel
" "	15% - 212°F	316 Stainless Steel
" "	Concentrated 212°F	317 Stainless Steel
Coal Tar	Hot	304 Stainless Steel
Coke Oven Gas		Aluminum
Copper Nitrate		304, 316
Copper Sulphate		304, 316
Core Oils		316 Stainless Steel
Cottonseed Oil		Steel (C1018), Monel, Nickel
Creosols		304 Stainless Steel
Creosote Crude		Steel (C 1018), Monel, Nickel
Cyanogen Gas		304 Stainless Steel
Dowtherm		Steel (C1018)
Epsom Salt	Hot and Cold	304 Stainless Steel
Ether	70°F	304 Stainless Steel

SUBSTANCE	CONDITIONS	RECOMMENDED METAL
Ethyl Acetate		Monel
Ethyl Chloride	70°F	304 Stainless Steel
Ethylene Glycol		Steel (C1018)
Ethyl Sulphate	70°F	Monel
Ferric Chloride	1% - 70°F	316 Stainless Steel
" "	5% - 70°F	Tantalum
" "	5% - Boiling	Tantalum
Ferric Sulphate	5% - 70°F	304 Stainless Steel
Ferrous Sulphate	Dilute 70°F	304 Stainless Steel
Formaldehyde		304 Stainless Steel
Freon		Steel (C1018)
Formic Acid	5% - 70°F	316 Stainless Steel
" "	5% - 150°F	316 Stainless Steel
Gallic Acid	5% - 70°F	Monel
" "	5% - 150°F	Monel
Gasoline	70°F	304 Stainless Steel
Glucose	70°F	304 Stainless Steel
Glycerine	70°F	304 Stainless Steel
Glycerol		304 Stainless Steel
Heat Treating		446 Stainless Steel
Hydrobromic Acid	48% - 212°F	Hastelloy B
Hydrochloric Acid	1% - 70°F	Hastelloy C
" "	1% - 212°F	Hastelloy B
" "	5% - 70°F	Hastelloy C
" "	5% - 212°F	Hastelloy B
" "	25% - 70°F	Hastelloy B
" "	25% - 212°F	Hastelloy B
Hydrocyanic Acid		316 Stainless Steel
Hydrofluoric Acid		Hastelloy C
Hydrogen Peroxide	70°F	316 Stainless Steel
" "	212°F	316 Stainless Steel
Hydrogen Sulphide	Wet and dry	316 Stainless Steel
Iodine	70°F	Tantalum
Kerosene	70°F	304 Stainless Steel
Lactic Acid	5% - 70°F	304 Stainless Steel
" "	5% - 150°F	316 Stainless Steel
" "	10% - 212°F	Tantalum
Lacquer	70°F	316 Stainless Steel
Latex		Steel (C1018)
Lime Sulphur		Steel (C1018), 304, Monel
Linseed Oil	70°F	304 Stainless Steel
Magnesium Chloride	5% - 70°F	Monel
" "	5% - 212°F	Nickel

SUBSTANCE	CONDITIONS	RECOMMENDED METAL
Magnesium Sulphate	Cold and Hot	Monel
Malic Acid	Cold and Hot	316 Stainless Steel
Mercury		Steel (C1018) , 304, Monel
Methane	70°F	Steel (1020)
Milk		304, Nickel
Mixed Acids (Sulphuric and Nitric - all temp. and %)		Carpenter #20
Molasses		Steel (C1018), 304, Monel, Nickel
Muriatic Acid	70°F	Tantalum
Nap	70°F	304 Stainless Steel
Natural Gas	70°F	304 Stainless Steel
Neon	70°F	304 Stainless Steel
Nickel Chloride	70°F	304 Stainless Steel
Nickel Sulphate	Hot and Cold	304 Stainless Steel
Nitric Acid	5% - 70°F	304 Stainless Steel
" "	20% - 70°F	304 Stainless Steel
" "	50% - 70°F	304 Stainless Steel
" "	50% - 212°F	304 Stainless Steel
" "	65% - 212°F	316 Stainless Steel
" "	Concentrated - 70°F	304 Stainless Steel
" "	Concentrated - 212°F	Tantalum
Nitrobenzene	70°F	304 Stainless Steel
Nitrous Acid		304 Stainless Steel
Oleic Acid	70°F	316 Stainless Steel
Oleum	70°F	316 Stainless Steel
Oxalic Acid	5% - Hot and Cold	304 Stainless Steel
" "	10% - 212°F	Monel
Oxygen	70°F	Steel (C1018)
"	Liquid	304 Stainless Steel
Palmitic Acid		316 Stainless Steel
Petroleum Ether		
Phenol		304 Stainless Steel
Pentane		304 Stainless Steel
Phosphoric Acid	1% - 70°F	304 Stainless Steel
" "	5% - 70°F	304 Stainless Steel
" "	10% - 70°F	316 Stainless Steel
" "	10% - 212°F	Hastelloy C
" "	30% - 70°F	Hastelloy B

SUBSTANCE	CONDITIONS	RECOMMENDED METAL
Picric Acid	70°F	304 Stainless Steel
Potassium Bromide	70°F	316 Stainless Steel
Potassium Carbonate	1% - 70°F	304 Stainless Steel
Potassium Chlorate	70°F	304 Stainless Steel
Potassium Chloride	5% - 70°*F	304 Stainless Steel
" "	5% - 212°F	304 Stainless Steel
Potassium Hydroxide	5% - 70°F	304 Stainless Steel
" "	25% - 212°F	304 Stainless Steel
" "	50% - 212°F	316 Stainless Steel
Potassium Nitrate	5% - 70°F	304 Stainless Steel
" "	5% - 212°F	304 Stainless Steel
Potassium Permanganate	5% - 70°F	304 Stainless Steel
Potassium Sulphate	5% - 70°F	304 Stainless Steel
" "	5% - 212°F	304 Stainless Steel
Potassium Sulphide	70°F	304 Stainless Steel
Propane		304 Stainless Steel
Pyrogallic Acid		304 Stainless Steel
Quinine Bisulphate	Dry	316 Stainless Steel
Quinine Sulphate	Dry	304 Stainless Steel
Resin		304 Stainless Steel
Rosin	Molten	304 Stainless Steel
Sea Water		Monel
Salommoniac		Monel
Salicylic Acid		Nickel
Shellac		304 Stainless Steel
Soap	70°F	304 Stainless Steel
Sodium Bicarbonate	All concentrations 70°F	304 Stainless Steel
" "	5% - 150°F	304 Stainless Steel
Sodium Bisulphate		Monel
Sodium Carbonate	5% - 70°F	304 Stainless Steel
" "	5% - 150°F	304 Stainless Steel
Sodium Chloride	5% - 70°F	316 Stainless Steel
" "	5% - 150°F	316 Stainless Steel
" "	Saturated - 70°F	316 Stainless Steel
" "	Saturated - 212°F	316 Stainless Steel
Sodium Fluoride	5% - 70°F	Monel
Sodium Hydroxide		304 Stainless Steel
Sodium Hypochlorite	5% still	316 Stainless Steel
Sodium Nitrate	Fused	317 Stainless Steel
Sodium Peroxide		304 Stainless Steel
Sodium Phosphate		Steel (C1018)
Sodium Silicate		Steel (C1018)
Sodium Sulphate	70°F	304 Stainless Steel

SUBSTANCE	CONDITIONS	RECOMMENDED METAL
Sodium Sulphide	70°F	316 Stainless Steel
Sodium Sulphite	150°F	304 Stainless Steel
Steam		304 Stainless Steel
Stearic Acid		304 Stainless Steel
Sulphur Dioxide	Moist Gas - 70°F	316 Stainless Steel
" "	Gas - 575°F	304 Stainless Steel
Sulphur	Dry - Molten	304 Stainless Steel
"	Wet	316 Stainless Steel
Sulphuric Acid	5% - 70°F	Carp. 20, Hastelloy B
" "	5% - 212°F	Carp. 20, Hastelloy B
" "	10% - 70°F	Carp. 20, Hastelloy B
" "	10% - 212°F	Carp. 20, Hastelloy B
" "	50% - 70°F	Carp. 20, Hastelloy B
" "	50% - 212°F	Carp. 20, Hastelloy B
" "	90% - 70°F	Carp. 20, Hastelloy B
" "	90% - 212°F	Hastelloy D
Tannic Acid	70°F	304 Stainless Steel
Tar		Steel (C1018), 304, Monel, Nickel
Tartaric Acid	70°F	304 Stainless Steel
" "	150°F	316 Stainless Steel
Tin	Molten	Cast Iron
Tolvene		Aluminum, Phosphor Bronze, Monel
Trichloroethylene		Steel (C1018)
Turpentine		304 Stainless Steel
Varnish		304 Stainless Steel
Vegetable Oils		Steel (C1018), 304, Monel
Vinegar		304 Stainless Steel
Water	Fresh	Copper, Steel (C1018), Monel
"	Salt	Aluminum
Whiskey, Wine		304, Nickel
Xylene		Copper
Zinc	Molten	Cast Iron
Zinc Chloride		Monel
Zinc Sulphate	5% - 70°F	304 Stainless Steel
" "	Saturated - 70°F	304 Stainless Steel
" "	25% - 212°F	304 Stainless Steel

비금속, 금속 재료들의 방사율

G1. 금속 재료

Material	Temp °F (°C)	E-Emissivity
Alloys		
20-Ni, 24-CR, 55-FE, Oxid.	392 (200)	.90
20-Ni, 24-CR, 55-FE, Oxid.	932 (500)	.97
60-Ni , 12-CR, 28-FE, Oxid.	518 (270)	.89
60-Ni , 12-CR, 28-FE, Oxid.	1040 (560)	.82
80-Ni, 20-CR, Oxidized	212 (100)	.87
80-Ni, 20-CR, Oxidized	1112 (600)	.87
80-Ni, 20-CR, Oxidized	2372 (1300)	.89
Aluminium		
Unoxidized	77 (25)	.02
Unoxidized	212 (100)	.03
Unoxidized	932 (500)	.06
Oxidized	390 (199)	.11
Oxidized	1110 (599)	.19
Oxidized at 599°C (1110°F)	390 (199)	.11
Oxidized at 599°C (1110°F)	1110 (599)	.19
Heavily Oxidized	200 (93)	.20
Heavily Oxidized	940 (504)	.31
Highly Polished	212 (100)	.09
Roughly Polished	212 (100)	.18
Commercial Sheet	212 (100)	.09
Highly Polished Plate	440 (227)	.04
Highly Polished Plate	1070 (577)	.06
Bright Rolled Plate	338 (170)	.04
Bright Rolled Plate	932 (500)	.05
Alloy A3003, Oxidized	600 (316)	.40
Alloy A3003, Oxidized	900 (482)	.40
Alloy 1100-0	200-800 (93-427)	.05
Alloy 24ST	75 (24)	.09
Alloy 24ST, Polished	75 (24)	.09
Alloy 75ST	75 (24)	.11
Alloy 75ST, Polished	75 (24)	.08
Bismuth, Bright	176 (80)	.34
Bismuth, Unoxidized	77 (25)	.05
Bismuth, Unoxidized	212 (100)	.06
Brass		
73% Cu, 27% Zn, Polished	476 (247)	.03
73% Cu, 27% Zn, Polished	674 (357)	.03
62% Cu, 37% Zn, Polished	494 (257)	.03
62% Cu, 37% Zn, Polished	710 (377)	.04
83% Cu, 17% Zn, Polished	530 (277)	.03
Matte	68 (20)	.07
Burnished to Brown Colour	68 (20)	.40
Cu-Zn, Brass Oxidized	392 (200)	.61
Cu-Zn, Brass Oxidized	752 (400)	.60
Cu-Zn, Brass Oxidized	1112 (600)	.61
Unoxidized	77 (25)	.04
Unoxidized	212 (100)	.04
Cadmium	77 (25)	.02
Carbon		
Lampblack	77 (25)	.95
Unoxidized	77 (25)	.81
Unoxidized	212 (100)	.81
Unoxidized	932 (500)	.79
Candle Soot	250 (121)	.95
Filament	500 (260)	.95
Graphitized	212 (100)	.76
Graphitized	572 (300)	.75
Graphitized	932 (500)	.71
Chromium	100 (38)	.08
Chromium	1000 (538)	.26
Chromium, Polished	302 (150)	.06
Cobalt, Unoxidized	932 (500)	.13
Cobalt, Unoxidized	1832 (1000)	.23
Columbium, Unoxidized	1500 (816)	.19
Columbium, Unoxidized	2000 (1093)	.24
Copper		
Cuprous Oxide	100 (38)	.87
Cuprous Oxide	500 (260)	.83
Cuprous Oxide	1000 (538)	.77
Black, Oxidized	100 (38)	.78
Etched	100 (38)	.09
Matte	100 (38)	.22
Roughly Polished	100 (38)	.07
Polished	100 (38)	.03
Highly Polished	100 (38)	.02
Rolled	100 (38)	.64
Rough	100 (38)	.74
Molten	1000 (538)	.15
Molten	1970 (1077)	.16
Molten	2230 (1221)	.13
Nickel Plated	100-500 (38-260)	.37
Dow Metal	0.4-600 (-18-316)	.15
Gold		
Enamel	212 (100)	.37
Plate (.0001)		
Plate on .0005 Silver	200-750 (93-399)	.11-.14
Plate on .0005 Nickel	200-750 (93-399)	.07-.09
Polished	100-500 (38-260)	.02
Polished	1000-2000 (538-1093)	.03
Haynes Alloy C, Oxidized	600-2000 (316-1093)	.90-.96
Haynes Alloy 25, Oxidized	600-2000 (316-1093)	.86-.89
Haynes Alloy X, Oxidized	600-2000 (316-1093)	.85-.88
Inconel Sheet	1000 (538)	.28
Inconel Sheet	1200 (649)	.42
Inconel Sheet	1400 (760)	.58
Inconel X, Polished	75 (24)	.19
Inconel B, Polished	75 (24)	.21
Iron		
Oxidized	212 (100)	.74
Oxidized	930 (499)	.84
Oxidized	2190 (1199)	.89
Unoxidized	212 (100)	.05
Red Rust	77 (25)	.70
Rusted	77 (25)	.65
Liquid	2760-3220 (1516-1771)	.42-.45
Cast Iron		
Oxidized	390 (199)	.64
Oxidized	1110 (599)	.78
Unoxidized	212 (100)	.21
Strong Oxidation	40 (104)	.95
Strong Oxidation	482 (250)	.95
Liquid	2795 (1535)	.29
Wrought Iron		
Dull	77 (25)	.94
Dull	660 (349)	.94
Smooth	100 (38)	.35
Polished	100 (38)	.28
Lead		
Polished	100-500 (38-260)	.06-.08
Rough	100 (38)	.43
Oxidized	100 (38)	.43
Oxidized at 1100°F	100 (38)	.63
Gray Oxidized	100 (38)	.28
Magnesium	100-500 (38-260)	.07-.13
Magnesium Oxide	1880-3140 (1027-1727)	.16-.20
Mercury	32 (0)	.09
"	77 (25)	.10
"	100 (38)	.10
"	212 (100)	.12
Molybdenum	100 (38)	.06
"	500 (260)	.08
"	1000 (538)	.11
"	2000 (1093)	.18
" Oxidized at 1000°F	600 (316)	.80
" Oxidized at 1000°F	700 (371)	.84
" Oxidized at 1000°F	800 (427)	.84
" Oxidized at 1000°F	900 (482)	.83
" Oxidized at 1000°F	1000 (538)	.82
Monel, Ni-Cu	392 (200)	.41
Monel, Ni-Cu	752 (400)	.44
Monel, Ni-Cu	1112 (600)	.46
Monel, Ni-Cu Oxidized	68 (20)	.43
Monel, Ni-Cu Oxid. at 1110°F	1110 (599)	.46
Nickel		
Polished	100 (38)	.05
Oxidized	100-500 (38-260)	.31-.46
Unoxidized	77 (25)	.05
Unoxidized	212 (100)	.06
Unoxidized	932 (500)	.12
Unoxidized	1832 (1000)	.19
Electrolytic	100 (38)	.04
Electrolytic	500 (260)	.06
Electrolytic	1000 (538)	.10
Electrolytic	2000 (1093)	.16
Nickel Oxide	1000-2000 (538-1093)	.59-.86
Palladium Plate (.00005 on .0005 silver)	200-750 (93-399)	.16-.17
Platinum	100 (38)	.05
"	500 (260)	.05
"	1000 (538)	.10
Platinum, Black	100 (38)	.93
"	500 (260)	.96
"	2000 (1093)	.97
" Oxidized at 1100°F	500 (260)	.07
"	1000 (538)	.11
Rhodium Flash (0.0002 on 0.0005 Ni)	200-700 (93-371)	.10-.18
Silver		
Plate (0.0005 on Ni)	200-700 (93-371)	.06-.07
Polished	100 (38)	.01
"	500 (260)	.02
"	1000 (538)	.03
"	2000 (1093)	.03
Steel		
Cold Rolled	200 (93)	.75-.85
Ground Sheet	1720-2010 (938-1099)	.55-.61
Polished Sheet	100 (38)	.07
"	500 (260)	.10
"	1000 (538)	.14
Mild Steel, Polished	75 (24)	.10
Mild Steel, Smooth	75 (24)	.12
Mild Steel, Liquid	2910-3270 (1599-1793)	.28
Steel, Unoxidized	212 (100)	.08
Steel, Oxidized	77 (25)	.80
Steel Alloys		
Type 301, Polished	75 (24)	.27
Type 301, Polished	450 (232)	.57
Type 301, Polished	1740 (949)	.55
Type 303, Oxidized	600-2000 (316-1093)	.74-.87
Type 310, Rolled	1500-2100 (816-1149)	.56-.81
Type 316, Polished	75 (24)	.28
Type 316, Polished	450 (232)	.57
Type 316, Polished	1740 (949)	.66
Type 321	200-800 (93-427)	.27-.32
Type 321 Polished	300-1500 (149-815)	.18-.49
Type 321 w/BK Oxide	200-800 (93-427)	.66-.76
Type 347, Oxidized	600-2000 (316-1093)	.87-.91
Type 350	200-800 (93-427)	.18-.27
Type 350 Polished	300-1800 (149-982)	.11-.35
Type 446, Polished	300-1500 (149-815)	.15-.37
Type 17-7 PH	200-600 (93-316)	.44-.51
Type 17-7 PH Polished	300-1500 (149-815)	.09-.16
Type C1020, Oxidized	600-2000 (316-1093)	.87-.91
Type PH-15-7 MO	300-1200 (149-649)	.07-.19
Stellite, Polished	68 (20)	.18
Tantalum, Unoxidized	1340 (727)	.14
"	2000 (1093)	.19
"	3600 (1982)	.26
"	5306 (2930)	.30
Tin, Unoxidized	77 (25)	.04
"	212 (100)	.05
Tinned Iron, Bright	76 (24)	.05
"	212 (100)	.08
Titanium		
Alloy C110M, Polished	300-1200 (149-649)	.08-.19
" Oxidized at 538°C (1000°F)	200-800 (93-427)	.51-.61
Alloy Ti-95A, Oxid. at 538°C (1000°F)	200-800 (93-427)	.35-.48
Anodized onto SS	200-600 (93-316)	.96-.82
Tungsten		
Unoxidized	77 (25)	.02
Unoxidized	212 (100)	.03
Unoxidized	932 (500)	.07
Unoxidized	1832 (1000)	.15
Unoxidized	2732 (1500)	.23
Unoxidized	3632 (2000)	.28
Filament (Aged)	100 (38)	.03
Filament (Aged)	1000 (538)	.11
Filament (Aged)	5000 (2760)	.35
Uranium Oxide	1880 (1027)	.79
Zinc		
Bright, Galvanized	100 (38)	.23
Commercial 99.1%	500 (260)	.05
Galvanized	100 (38)	.28
Oxidized	500-1000 (260-538)	.11
Polished	100 (38)	.02
Polished	500 (260)	.03
Polished	1000 (538)	.04
Polished	2000 (1093)	.06

G2. 비금속 재료

Material	Temp °F (°C)	ε-Emissivity
Adobe	68 (20)	.90
Asbestos		
Board	100 (38)	.96
Cement	32-392 (0-200)	.96
Cement, Red	2500 (1371)	.67
Cement, White	2500 (1371)	.65
Cloth	199 (93)	.90
Paper	100-700 (38-371)	.93
Slate	68 (20)	.97
Asphalt, pavement	100 (38)	.93
Asphalt, tar paper	68 (20)	.93
Basalt	68 (20)	.72
Brick		
Red, rough	70 (21)	.93
Gault Cream	2500-5000 (1371-2760)	.26-.30
Fire Clay	2500 (1371)	.75
Light Buff	1000 (538)	.80
Lime Clay	2500 (1371)	.43
Fire Brick	1832 (1000)	.75-.80
Magnesite, Refractory	1832 (1000)	.38
Gray Brick	2012 (1100)	.75
Silica, Glazed	2000 (1093)	.88
Silica, Unglazed	2000 (1093)	.80
Sandlime	2500-5000 (1371-2760)	.59-.63
Carborundum	1850 (1010)	.92
Ceramic		
Alumina on Inconel	800-2000 (427-1093)	.69-.45
Earthenware, Glazed	70 (21)	.90
Earthenware, Matte	70 (21)	.93
Greens No. 5210-2C	200-750 (93-399)	.89-.82
Coating No. C20A	200-750 (93-399)	.73-.67
Porcelain	72 (22)	.92
White Al_2O_3	200 (93)	.90
Zirconia on Inconel	800-2000 (427-1093)	.62-.45
Clay	68 (20)	.39
* Fired	158 (70)	.91
* Shale	68 (20)	.69
* Tiles, Light Red	2500-5000 (1371-2760)	.32-.34
* Tiles, Red	2500-5000 (1371-2760)	.40-.51
* Tiles, Dark Purple	2500-5000 (1371-2760)	.78
Concrete		
Rough	32-2000 (0-1093)	.94
Tiles, Natural	2500-5000 (1371-2760)	.63-.62
* Brown	2500-5000 (1371-2760)	.87-.83
* Black	2500-5000 (1371-2760)	.94-.91
Cotton Cloth	68 (20)	.77
Dolomite Lime	68 (20)	.41
Emery Corundum	176 (80)	.86
Glass		
Convex D	212 (100)	.80
Convex D	600 (316)	.80
Convex D	932 (500)	.76
Nonex	212 (100)	.82
Nonex	600 (316)	.82
Nonex	932 (500)	.78
Smooth	32-200 (0-93)	.92-.94
Granite	70 (21)	.45
Gravel	100 (38)	.28
Gypsum	68 (20)	.80-.90
Ice, Smooth	32 (0)	.97
Ice, Rough	32 (0)	.98
Lacquer		
Black	200 (93)	.96
Blue, on Al Foil	100 (38)	.78
Clear, on Al Foil (2 coats)	200 (93)	.08 (.09)
Clear, on Bright Cu	200 (93)	.66
Clear, on Tarnished Cu	200 (93)	.64
Red, on Al Foil (2 coats)	100 (38)	.61 (.74)
White	200 (93)	.95
White, on Al Foil (2 coats)	100 (38)	.69 (.88)
Yellow, on Al Foil (2 coats)	100 (38)	.57 (.79)
Lime Mortar	100-500 (38-260)	.90-.92
Limestone	100 (38)	.95
Marble, White	100 (38)	.95
* Smooth, White	100 (38)	.56
* Polished Gray	100 (38)	.75
Mica	100 (38)	.75
Oil on Nickel		
0.001 Film	72 (22)	.27
0.002 *	72 (22)	.46
0.005 *	72 (22)	.72
Thick *	72 (22)	.82
Oil, Linseed		
On Al Foil, uncoated	250 (121)	.09
On Al Foil, 1 coat	250 (121)	.56
On Al Foil, 2 coats	250 (121)	.51
On Polished Iron, .001 Film	100 (38)	.22
On Polished Iron, .002 Film	100 (38)	.45
On Polished Iron, .004 Film	100 (38)	.65
On Polished Iron, Thick Film	100 (38)	.83
Paints		
Blue, Cu_2O_3	75 (24)	.94
Black, CuO	75 (24)	.96
Green, Cu_2O_3	75 (24)	.92
Red, Fe_2O_3	75 (24)	.91
White, Al_2O_3	75 (24)	.94
White, Y_2O_3	75 (24)	.90
White, ZnO	75 (24)	.95
White, $MgCO_3$	75 (24)	.91
White, ZrO_2	75 (24)	.95
White, ThO_2	75 (24)	.90
White, MgO	75 (24)	.91
White, $PbCO_3$	75 (24)	.93
Yellow, PbO	75 (24)	.90
Yellow, $PbCrO_4$	75 (24)	.93
Paints, Aluminium	100 (38)	.27-.67
10% Al	100 (38)	.52
26% Al	100 (38)	.30
Dow XP-310	200 (93)	.22
Paints, Bronze	Low	.34-.80
Gum Varnish (2 coats)	70 (21)	.53
Gum Varnish (3 coats)	70 (21)	.50
Cellulose Binder (2 coats)	70 (21)	.34
Paints, Oil		
All colors	200 (93)	.92-.96
Black	200 (93)	.92
Black Gloss	70 (21)	.90
Camouflage Green	125 (52)	.85
Flat Black	80 (27)	.88
Flat White	80 (27)	.91
Gray-Green	70 (21)	.95
Green	200 (93)	.95
Lamp Black	209 (98)	.96
Red	200 (93)	.95
White	200 (93)	.94
Quartz, Rough, Fused	70 (21)	.93
Glass, 1.98 mm	540 (282)	.90
Glass, 1.98 mm	1540 (838)	.41
Glass, 6.88 mm	540 (282)	.93
Glass, 6.88 mm	1540 (838)	.47
Opaque	570 (299)	.92
Opaque	1540 (838)	.68
Red Lead	212 (100)	.93
Rubber, Hard	74 (23)	.94
Rubber, Soft, Gray	76 (24)	.86
Sand	68 (20)	.76
Sandstone	100 (38)	.67
Sandstone, Red	100 (38)	.60-.83
Sawdust	68 (20)	.75
Shale	68 (20)	.69
Silica,Glazed	1832 (1000)	.85
Silica, Unglazed	2012 (1100)	.75
Silicon Carbide	300-1200 (149-649)	.83-.96
Silk Cloth	68 (20)	.78
Slate	100 (38)	.67-.80
Snow, Fine Particles	20 (−7)	.82
Snow, Granular	18 (−8)	.89
Soil		
Surface	100 (38)	.38
Black Loam	68 (20)	.66
Plowed Field	68 (20)	.38
Soot		
Acetylene	75 (24)	.97
Camphor	75 (24)	.94
Candle	250 (121)	.95
Coal	68 (20)	.95
Stonework	100 (38)	.93
Water	100 (38)	.67
Waterglass	68 (20)	.96
Wood	Low	.80-.90
Beech Planed	158 (70)	.94
Oak, Planed	100 (38)	.91
Spruce, Sanded	100 (38)	.89

부록 H

온도 측정 관련 국제 표준

전기적 온도계는 공정 프로세스 측정과 다양한 형태의 디자인 때문에 온도 측정의 표준을 정하는 것이 매우 어렵다. 그러나 온도 측정은 매우 중요한 물리적 요소이기 때문에 국제적으로 규정된 규격은 다음과 같다.

H1. 국가별 가장 중요한 국가 표준 체계

국가명	표준 이름	약어 풀이
미국	ANSI	American National Standard Institue
유럽	EN	European Standards
캐나다	CSA	Canadian Standards Association
프랑스	NF	Normalisation Francaise
영국	BSI	British Standard Institution
독일	DIN	German Industrial Standard
일본	JIS	Japanese Industrial Standards
러시아	GOST	National Standards of Russian Federation
이탈리아	UNI	Uniticazion Nazionale Italiano
한국	KS	Korean Standard

H2. 온도관련 대표적인 국제표준

표준명	내용
IEC/EN 60584-1	Thermocouple - Part 1 : Reference Table
IEC/EN 60584-2	Thermocouple - Part 2 : Tolerances
IEC/EN 60584-3	Thermocouple - Part 3 : Extention and Compensation Cables - Tolerances and identification system
IEC/EN 60751	Industrial Platinum Resistance Thermometer Sensors
IEC/EN 61152	Dimensions of Metal Sheathed Thermometer Elements
IEC/EN 61515	Mineral Insulated Thermocouple Cables and Thermocouples
EN 50112	Measurement, control, regulation - Electrical temperature sensors - Metal Thermowelss for Thermocouples Assemblies

부록 I

적외선 카메라의 천문학 응용

적외선 천문학(infrared astronomy)은 우주에 있는 물체들에서 복사되어 나오는 적외선 복사를 연구하는 학문이다. 천문학에서 관심이 있는 적외선 영역은 1~300 μm 사이이며, 인간의 눈은 0.69 μm에서는 우주의 전자기 복사량의 약 1%, 그리고 0.75 μm에서는 약 0.01% 정도만 감지가 가능하며, 이 보다 더 긴 파장에 대해서는 전혀 볼 수가 없다.

우주는 지구로 전자기 복사의 형태로 엄청난 양의 정보를 보내주고 있다. 이 정보 중에서 많은 부분이 가시광 망원경으로는 볼 수 없는 적외선 영역이다. 그리고 적외선 정보 중 아주 적은 양이 지구 표면에 도달하고 있다. 그러나 이렇게 적은 양의 적외선 정보로도

그림 I-1 IRAS 위성에서 바라본 우리 은하계 영상

우주에 대한 새로운 정보를 얻을 수가 있다. 1980년대부터 인간은 지구 궤도 밖으로 적외선 망원경을 보낼 수 있었으며, IRAS(Infrared Astronomical Satellite) 위성은 약 350,000개의 적외선 소스를 탐지했다.

우주에는 가스와 먼지로 뒤덮여 있어 광학적 망원경으로 볼 수 없는 영역이 많이 있다. 그러나 가시광보다 파장이 긴 적외선 망원경으로는 이러한 먼지와 가스에 산란되지 않고 잘 볼 수 있다. 적외선 망원경으로 우리 은하계 중심부와 새롭게 형성되는 별들의 영역에 대한 정보를 얻을 수 있다. 그림 I-2(a)는 우리 은하계 중심부의 은하수이며, (b)는 백조자리(Cygnus) 영역의 별의 형성 사진이다. 빨간색인 광학 망원경에 나타난 검은색들은 먼지에 가려 잘 보이지 않지만, 가시광으로는 볼 수 없는 부분을 적외선으로는 잘 볼 수 있다. 여기서 보이는 부분은 별에 의해 생성된 것이지만, 더 작고 더 차가운 부분이 더 잘 나타난다. 먼지의 라인들은 부분적으로 투명해져서 가시광에서는 볼 수 없던 부분을 볼 수 있게 해 준다. 짧은 파장 영역에서는 전혀 보이지 않았던 우리 은하계의 중심부가 별로 가득 찬 영상으로 보인 것은 매우 특이하다. 아래 부분의 영상은 극적외선(far infrared) 영역의 영상인데, 이 파장 대역에서는 온도가 매우 낮은 영역에 해당하므로 별들이 빛을 내놓기가 어렵다. 그러므로 이 영역에서 보인 모든 것은 먼지 구름에 의해 생성된 빛으로 볼 수

그림 I-2 광학 망원경과 적외선 망원경 영상 비교

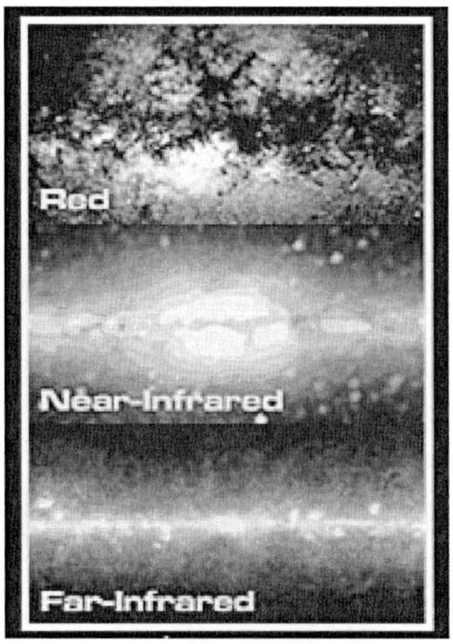

(a) 우리 은하계 중심 영상

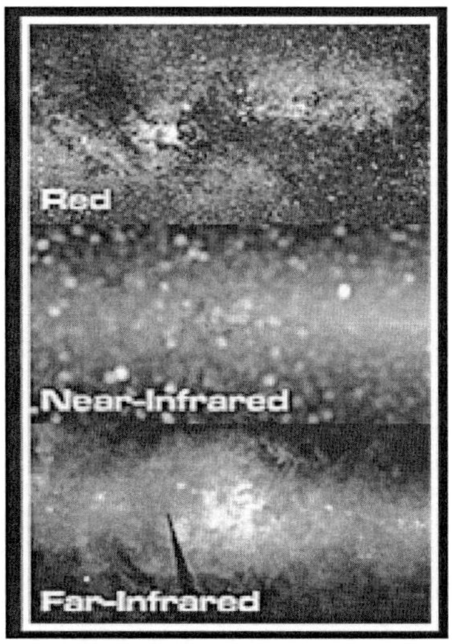

(b) 시그너스별 탄생 영상

그림 I-3 적외선과 가시광 영상의 비교

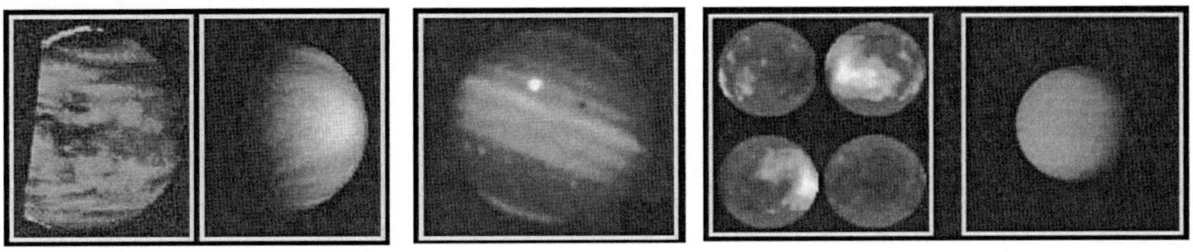

(a) 금성의 적외선과 가시광 영상 (b) 목성의 적외선 영상 (c) 타이탄 적외선 영상과 가시광 영상

있다. 지구의 가장 추운 북극 밤에서보다 더 차가운 먼지이지만 절대영도 이상이므로 여전히 열적 적외선 복사를 하고 있다.

우주에는 매우 차갑고 가시광으로 희미하게 보이는 많은 물체들이 있으며, 이를 적외선을 이용해 관측이 가능하다. 즉, 차가운 별, 적외선 우주, 별 주위의 입자 구름, 성운, 성간 분자(interstellar molecules), 갈색왜성과 행성들의 관측이 가능하다. 가시광으로 행성을 볼 때, 행성 주위를 돌고 있는 밝은 별들에 의해 가려진다. 적외선 영역에서는 별의 밝기는 줄어들고 대신 행성의 밝기가 좋아지기 때문에 적외선 망원경으로 행성의 관측이 가능하다. 적외선 천문학에서 가장 흥미로는 발견은 다른 행성 주위를 돌고 있는 가능한 행성과 재료 디스크(disk of material)의 관측이다. 최근 적외선으로 관측된 오리온 성운의 트라페지움(Trapezium) 별 무리는 백색왜성보다 질량이 100배 낮은 것으로 관측되었다.

적외선으로 천문학자들은 아주 오래전 우주에 대한 정보를 모으고 있었으며, 이를 통해 우주 초기의 생성과정을 연구하고 있다. 빅뱅의 결과로 우주는 팽창하고 있으며, 우주 내에 있는 대부분의 은하계는 서로 멀리 떨어져 가고 있다. 천문학자들은 멀리 떨어져 있는 은하계가 우리로부터 점점 더 빨리 더 멀리 멀어져 가고 있는 것을 관측했다. 이와 같은 은하계의 물러남은 은하계로부터 발산되는 빛에 재미있는 영향을 나타내었다. 물체가 우리로부터 멀어지게 되면, 빛은 적색편이 현상이 나타난다. 이것은 파장이 더 길어진다는 것을 의미하며, 스펙트럼의 빨간색 부분으로 천이함을 의미한다. 이런 효과를 도플러 효과라고 하며, 큰 적색편이에 대해서는 적외선 영역으로만 분석이 가능하다는 것을 의미한다. 적외선 천문학으로 우주의 형성과 초창기 우주의 모양에 대해 많은 정보를 얻을 수 있을 것으로 기대하고 있다.

참고문헌

1. 온도측정 개요

1. "A New Method of Chemistry", 3rd Ed., 1753
2. 위키디피아, "Timeline of temperature and pressure measurement technology" en.wikipedia.org/wiki/Timeline_of_temperature_and_pressure_measurement_technology #cite_note-B-2
3. http://sciencesummit.wordpress.com/2011/05/28/michelson%E2%80%93morley-experiment/
4. Astheimer, R.W., Handbook of Infrared Radiation Measurements, Barnes Engineering Co., Stanford, CT, (1983)
5. Bramson, M.A., Infrared: A Handbook for Applications, Plenum Press, New York, (1966)
6. 정용택, "센서물리학 개론", 9장, 홍릉과학출판사, 2013
7. 눈높이대백과, http://newdle.noonnoppi.com/xmlView.aspx?xmldid=40256
8. 두산백과, http://terms.naver.com/entry.nhn?docId=1077423&cid=40942&categoryId=32251
9. 네이버 지식백과, http://terms.naver.com/entry.nhn?docId=945129&cid=47337&categoryId=47337

2. 열저항 센서

10. Komets사 홈페이지 자료, http://www.komets.co.kr/new/product/view.php?cat=1&Acate=1&Bcate= 9&uid=81
11. Omega사 홈페이지, http://www.omega.co.uk/pptst/RTD-805_RTD-806.html
12. Omega사 홈페이지, http://www.omega.com/Temperature/pdf/RTD_Gen_Specs_Ref.pdf
13. Thermistor, 포항공과대학교 신소재공학과, 우형준
14. Kyocera 홈페이지, http://www.avx.com/docs/masterpubs/nctherm.pdf
15. Omega사 Homepage, http://www.omega.com/Temperature/pdf/44000_THERMIS_ELEMENTS.pdf
16. Omega사 Homepage, http://www.omega.com/temperature/Z/pdf/z256-257.pdf
17. Philips Sensor, Data sheet 참고
18. 네이버캐스트, http://navercast.naver.com/contents.nhn?rid=20&contents_id=5987

3. 서모커플 센서

19. G.S.Nolas, J.Sharp, and H.J.Goldsmid, "Thermoelectrics: Basic Principles and New Developments", Springer Deries in Material Science, Springer-Verlag Berlin, 2001
20. Richard M. Park, "Thermocouple Fundamentals", Marlin Manufacturing Corporation, Cleveland, Ohio, USA

21. Omega사 Homepage, www.omega.com/temperature/Z/pdf/z021-032.pdf
22. Omega사 홈페이지, http://www.omega.com/manuals/manualpdf/M0060.pdf
23. Omega사 홈페이지, http://www.omega.com/manuals/manualpdf/M0156.pdf
24. Omega사 홈페이지, http://www.omega.com/manuals/manualpdf/M1710.pdf
25. Omega사 Homepage, http://www.omega.com/thermocouples.html
26. NIST 홈페이지, http://srdata.nist.gov/its90/main/
27. Omega사 Homepage, http://www.omega.com/temperature/z/useferritecores.html
28. Omega사 Homepage, http://www.omega.com/temperature/z/lownoisetc.html
29. ASTM :E235-reap.96, "Standard Specification for Thermocouples, Sheathed, Type K, for Nuclear or for Other High-Reliability Applications"
30. Omega사 홈페이지, http://www.omega.com/temperature/Z/pdf/z045-047.pdf
31. Omega사 홈페이지, http://www.omega.com/pptst/XC.html

4. 보호관

32. Omega사 홈페이지, http://www.omega.com/pptst/BARE_SH_DH_OV_ELEMENTS.html
33. 코닉스, http://konics.co.kr/upload/data/Temp_Sensor_Summary_cat_kor_140102.pdf
34. ASTM, Vol. 14.03, E 344-02 § 3.1 (2007)
35. ASCHCROFT Inc., Technical Note, "Eight Steps to Thermowell Selection", 2012
36. http://www.think-tank.co.kr/145
37. ABB Technical Note, "Industrial Temperature Measurement, Basics and Practice", 2013

6. 기타 접촉식 온도센서

38. 김남중, "온도계의 종류와 교정방법(하)", GMP Update & Technology Follow-up, vol. 9, 2012. 05
39. Omega 홈페이지, http://www.omega.com/subsection/glass-thermometers.html
40. KS B 5320, Bimetallic Thermometers
41. 이승희, 윤태훈, "LCD 개요 및 액정기술", 물리학과 첨단기술, October 2008
42. 네이버 지식백과, "감열지와 지시약과 위조 지폐", http://terms.naver.com/entry.nhn?docId=2073971&cid =42423&categoryId=42423
43. LCR Hallcrest, "Thermochromic Leuco Dye Test Lit Users Guide"
44. Pragna Kiri, et al., "Solid State Thermochromic Materials", Adv. Mat. Lett., vol.1(2), 2010
45. Omega사 홈페이지, http://www.omega.com/section/indicating-labels-crayons-cements.html

8. 적외선 물리학

46. Astheimer, R.W., Handbook of Infrared Radiation Measurements, Barnes Engineering Co., Stanford, CT, (1983)
47. Bramson, M.A., Infrared: A Handbook for Applications, Plenum Press, New York, (1966)
48. 위키백과, http://ko.wikipedia.org/wiki/흑체

49. DR.Sabah anwer salman, University of Diyala, "Attenuation of Infrared Laser Beam Propagation in the Atmosphere", Diala, Jour, Vol. 36, 2009

9. 적외선 광학계

50. 정용택 이학박사학위 논문, "HgCdTe 반도체의 조성", 동국대학교, 1998년
51. Hamamatsu photonics home page, technical paper
52. IRISS사, 2009년 기술자료 참고
53. Chattopahyay et al., Materials Science and Engineering, R 69 (2010), pp. 1-35
54. Max Born and Emil Wolf, "Principles of Optics", 7th Edition, Cambridge
55. Sirohi RS (1979) Design and performance of plano-cylindrical Fresnel lens, Appl. Opt., vol.14, 45(A)
56. FresnelTech Homepage, http://www.fresneltech.com
57. Fresnel Technology Inc.사 기술자료 참고
58. Swinburne University of Technology, http://astronomy.swin.edu.au/cosmos/A/Airy+Disk

10. 적외선 센서

59. 한명수, "적외선센서 기술 및 MEMS 공정기술 응용", 한국광기술원
60. "적외선 센서용 볼로미터 박막의 성능평가 발법", 한국정보통신기술협회, 2010년
61. 박용수, 포항공과대학 신소재공학과, "Pyroelectric Sensor"
62. Chaeles Kittel, "Introduction to Solid State Physics", 8th Edition
63. P. Curie and J. Curie, "Les cristaux hemiedres a faces inclinees" Comptes Rendus des Seances de l'Academie des Sciences, vol. 93, (1881), 204-207
64. A.G. Chynoweth, "Dynamic Method for Measuring the Pyroelectric Effect with Special Reference to Barium Titanate", J. Appl. Phys. vol. 27, (1956), 78-84
65. Gunapala S.D. et al., "640×512 pixel narrow-band, four-band, and broad-band QWIP FPA", Infrared Phys. Technol., vol. 44, 411~425, (2003)
66. J. Phillips, *J. Appl. Phys.*, vol. 91, 4590, (2002)
67. L.Esaki and r. Tsu, *IBM J. Res. Dev.* 14, vol. 61 (1970)
68. C.J.Brown, *Proc. SPIE*, vol. 5783, 65 (2005)
69. O.K.Yang, et al., *Proc. SPIE*, vol. 4999, 448 (2003)
70. W.Cabanski, et al., *Proc. SPIE*, vol. 5406, 184 (2005)

11. 적외선 카메라

71. Panos G. Datskos and Nickolay V. Lavrik, "Detectors - Figures of Merit", http://123.physics.ucdavis.edu/week_6_files/detectors_figures_of_merit.pdf
72. Alan Migdall, et al. "IR Detector Spectral Responsivity Calibration Facility at NIST", SPIE vol. 2227, pp.46
73. Technical Information, SD-12, "Characteristics and use of infrared detectors", Hamamatsu
74. Sirica 홈페이지, 기술자료, "A New Approach for Quantum Infrared Detection at Room

Temperature"

75. Hunter, Scott R, etc., Proc. of the SPIE, "High-sensitivity uncooled microcantilever infrared imaging arrays", vol. 5074, p. 469 (2003)
76. Yole사 시장보고서 "Uncooled Infrared Imaging Market 2012"
77. http://www.flir.com/iploadedFiles/Eurasia/Cores_and_Components/Technical_Notes/uncooled%20 detectors%20BST.pdf
78. "Uncooled Infrared Imaging Market 2012", Yole Development, (2012)
79. FLIR사 홈페이지, http://www.flir.com/thermography/americas/us/view/?id=43988
80. "Seeing Photons: Progress and Limits of Visible and Infrared Sensor Arrays", National Academy of Science, 2010
81. Marc P. Hansen and Douglas S. Malchow, "Overview of SWIR detectors, cameras, and applications", Proc. of SPIE vol.6939

12. 적외선 온도계

82. Wikipedia, http://en.wikipedia.org/wiki/Emissivity
83. Pyrometer Handbook, IMPAC Infrared GmbH, 2004
84. Mikron Infrared사 홈페이지, 기술자료, http://www.mikroninfrared.com
85 "Two-Color or Ratio Thermal Imaging-Potentials and Limits", Application Note for Research and Science, FLIR Technical Series
86 "최신 적외선센서의 기술 동향", 정용택, 홍릉과학출판사, 2014년 5월
87. M. Fidali, M. Mikulski, "An inexpensive blackbody model", 9th International Conference on Quantitative Infrared Thermography, July 2-5, 2008, Krakow, Poland
88. Santa Barbara Infrared, Inc., http://www.sbir.com
89. Measurement Specialties, http://www.meas spec.com, model TS318-5C50, (2011)

13. 기타 비접촉식 온도센서

90. 권현호 외, "광섬유센서 케이블을 이용한 분포개념의 온도 및 변형률 계측기법의 활용", 광해방지기술, vol.2, No.1, (2008)
91. Omega사 홈페이지, http://www.omega.com/temperature/Z/IRTC.html

부록

92. BIPM 홈페이지, http://www.bipm.org/en/publications/mep_kelvin/its-90_techniques.html
93. "The International Temperature Scale of 1990 (ITS-90)", Prodes-Verbaux du Comite International des Poisds et Mesure, 78th meeting, 1989
94. BIPM 홈페이지, http://www.bipm.org/en/publications/mep_kelvin/its-90_techniques.html

찾아보기

정 용 택

[학력]

1981. 3 ~ 1985. 2　부산대학교 자연과학대학 물리학과
1985. 3 ~ 1987. 2　부산대학교 대학원 고체물리학 석사
1994. 3 ~ 1998. 2　동국대학교 대학원 고체물리학 박사

[경력]

1987. 3 ~ 2003. 3　국방과학연구소 선임연구원
　적외선 카메라 개발 업무
2003. 4 ~ 2008. 4　(주)에스원 기술연구소 수석연구원
　물리보안용 센서개발 총괄
2008. 5 ~ 2012. 12 (주)에스원 기술연구소 상무
　물리보안용 시스템 개발업무 총괄
2013. 1 ~ 현재　(주)시큐아이 R&D센터 상무
　정보보안 시스템 개발업무 총괄

[저서]

"물리보안용 센서의 원리와 응용", (주)인포더, 2012. 5
"적외선 센서의 원리와 응용", (주)인포더, 2012. 8
"센서물리학 개론", 홍릉과학출판사, 2013. 10
"적외선 센서의 最新 기술동향", 홍릉과학출판사, 2014. 6

정가 35,000원

최신 온도센서 기술동향
-접촉식, 비접촉식 온도센서의 동작 원리 및 응용-

2015년 2월 12일 초판 인쇄
2015년 2월 25일 초판 발행
저　자 : 정용택
발행자 : 우명찬·송　준
발행처 : 홍릉과학출판사
주　소 : 서울시 강북구 인수봉로 50길 10
142-885
등　록 : 1976년 10월 21일 제5-66호
전　화 : (02) 999-2274~5, 903-7037
팩　스 : (02) 905-6729
e-mail: hongpub@hongpub.co.kr
http://www.hongpub.co.kr
ISBN: 979-11-5600-343-4

저자와의 협의하에 인지생략